U0228922

LIQUEFIED PETROLEUM GAS UNDERGROUND STORAGE IN WATER-SEALED ROCK CAVERNS

液化石油气地下水封洞库

万华化学集团股份有限公司　组织编写
刘博学　主编

化学工业出版社
·北京·

内容简介

《液化石油气地下水封洞库》依托万华化学一期、二期液化石油气地下水封洞库工程,通过提炼与总结，全面阐述了液化石油气地下水封洞库工程建设全过程所涉及的重要工作与关键技术。全书共9章，第1章介绍了液化石油气地下水封洞库原理、现状、发展前景以及万华一期、二期洞库建设成效，第2～4章分别介绍了液化石油气地下水封洞库工程勘察、基于勘察与监测成果的水文地质与工程地质专题研究、洞库工程设计，第5～7章分别从地下工程施工、操作竖井安装与地面设施安装等方面介绍了液化石油气地下水封洞库现场施工与安装，第8章介绍了洞库勘察设计、采购、施工与竣工验收等全过程管理体系，第9章介绍了洞库试车、运行管理与维护措施。

《液化石油气地下水封洞库》可供从事水封洞库工程勘察、设计、施工、监测、检测及监理的技术人员与建设项目管理人员使用，也可供土木、水利、交通、矿山等工程领域的科研与技术人员使用，同时可作为高等院校相关专业师生的参考书。

图书在版编目(CIP)数据

液化石油气地下水封洞库/万华化学集团股份有限公司组织编写;刘博学主编.—北京:化学工业出版社,2024.2

ISBN 978-7-122-44822-4

Ⅰ.①液… Ⅱ.①万…②刘… Ⅲ.①液化石油气-地下油库 Ⅳ.①TE972

中国国家版本馆 CIP 数据核字(2024)第 016044 号

责任编辑：高　震　杜进祥　　　　装帧设计：韩　飞
责任校对：杜杏然

出版发行：化学工业出版社
（北京市东城区青年湖南街 13 号　邮政编码 100011）
印　　装：北京建宏印刷有限公司
787mm×1092mm　1/16　印张 23¼　彩插 4　字数 565 千字
2024 年 7 月北京第 1 版第 1 次印刷

购书咨询：010-64518888　　　　售后服务：010-64518899
网　　址：http://www.cip.com.cn
凡购买本书，如有缺损质量问题，本社销售中心负责调换。

定　　价：199.00 元

《液化石油气地下水封洞库》编写人员名单

主　　编： 刘博学

副 主 编： 夏喜林　郭得福　宋矿银　刘　军　宋　艳

编写人员（按姓氏笔划排序）：

未洪雷　冯　群　朱　华　孙　炜　李　锐
杨振华　张东焱　张宏昌　张　朋　陈　刚
赵　毅　胡　成　曹洋兵　梁佳佳　董富萍
曾庆涛

审　　稿（按姓氏笔划排序）：

孙　宝　杜书泉　李自力　高存成

序一

满足人民日益增长的美好生活需要是国家大型企业的社会责任，作为高新石化标杆企业的万华化学集团股份有限公司走在了前列，从最初向社会提供聚氨酯材料及其制品，到多元化清洁能源和丰富绿色化工产品服务民生，得到国家领导人的肯定与赞扬。

LPG具有污染少、热值高、易于运输、压力稳定的特点，是一种清洁、高效、环保的工业、商业和民用燃料产品，应用面广、需求量大。LPG也可作为深加工原料，用于生产树脂、橡胶、纤维以及医药、染料等产品。化工行业近年来迅猛发展，LPG的需求量进一步加大，由于国内LPG产量不能满足需求，需要大量进口，并配套建设接卸码头及大型LPG储库。伴随着高端化、健康友好型的发展趋势，LPG储存设施日益大型化。地面常温储存通常采用球罐或卧罐，但受到罐体容积和占地的限制，难以满足大型LPG储运设施的建造。地面低温储罐的容积较大，占地受限、工程建设费和运行费用较高、安全和环保风险大等问题。地下水封洞库将LPG储存在地下，具有占地面积小、安全环保、投资低、运行费用低等优势，成为大规模储存的一种新趋势。

万华化学一期洞库是我国第一座自主设计、建造并成功运营的液化石油气地下水封洞库。万华工业园建设伊始，面临土地使用压力，大规模LPG储存设施在地面储罐与水封洞库之间选择。在工业园建设指挥部的推动下，最终选择在装置下方建造LPG洞罐群，打破了传统洞罐布置原则，节约了大量土地，为企业石化产业集群和精细化学品及材料产业集群的拓展预留了空间，种下企业做大、做强的种子。经工程参建单位的努力钻研，全方位攻克了LPG洞库的关键技术，确保工程技术方案可行、建造安全，历经十余年积淀，随着二期洞库工程的顺利投用，标志着LPG洞库建造技术的全面国产化，并为LPG洞库在国内的推广和发展起到积极示范及推动作用。

我国海岸线漫长，进口LPG具有较好的海运条件，沿海、近海以及内陆地区的地质条件优越，适合建造地下水封洞库。万华LPG洞库的建造模式，已经初步为国内行业的同业者接受，企业LPG储库的建设已基本形成一定规模，在地质勘察、工程设计、工程施工、运行管理等方面积累了丰富的经验。随着“双碳”目标的实施，在洞库技术普及和认知不断提高的基础上，利用地下水封洞库储存LPG具有较大优势，必将得到更加迅速的推广和应用。

本书以万华工业园LPG洞库建造过程为基础，对工程实践中的勘察、设计、施工等技术，以及工程监理、验收、运营、管理等方面进行总结。万华工业园分两期建造而成的 LPG 洞罐群，依次在洞库本体和洞罐群相互之间影响等关键技术方面实现突破，参建单位经过刻苦钻研和科学实践，给出全新的地上与地下设施设计方案，创新性利用综合勘察方法查明场地主要导水构造与地质构造带，利用试验数据结果及三维地下水数学模型开展水文地质评价，提出地下水封洞库建设全过程围岩稳定性分析、优化及智能动态调控方法，实施精细化的爆破及竖井管道施工等，既保障了工程质量，又实现了洞罐群的正常投用。

LPG 洞库技术国产化后，在秉持关键技术的基础上，对工程内容实施优化改进，指导建造的工程更符合国内企业需求，本书讲述的工程要点，对后续同类工程具有借鉴意义。

中国工程院院士

序二

万华烟台工业园是万华化学“三次创业、二次腾飞”的起点，旨在打造一座集聚氨酯产业集群、石化产业集群、涂料和特种化学品产业集群为一体的全球最具特色和竞争优势的绿色生态化工园区，为实现公司从万华聚氨酯向万华化学转变、从中国万华向全球万华转变的宏伟目标奠定坚实的基础。PO/AE（环氧丙烷/丙烯酸酯）一体化项目作为万华烟台工业园一期工程的主体建设项目之一，打通PO/AE一体化产业链是万华化学实施一体化、相关多元化的必然选择，也是将企业做大做强的必然选择，对万华化学实施一体化、多元化发展的战略具有重大意义！而原料LPG（液化石油气）需要远洋运输进口且需求量大，为了保证装置稳定运行，需要建设大规模的储存设施。鉴于与球罐及低温储罐相比较具有安全、经济、环保、地面占地小等优势，万华开创性提出“地下建洞库、地上建装置”的想法并付诸实践，为PO/AE一体化的稳定投产奠定坚实基础。2018年8月，万华化学聚氨酯产业链一体化——乙烯项目获得国家批复，为了提高对乙烯联合装置提供丙烷原料的供料保障、提高操作灵活性，结合LPG洞库的运营效益，万华化学决定再建120万立方米二期丙烷洞库。

自2011年一期洞库建设到2021年二期洞库投产，历时十年，项目建设聚集了国内一流的勘察、设计及研究、施工、管理团队，在实施阶段充分发扬“特别能吃苦、特别能战斗、特别能奉献、特别爱万华”的万华精神，披荆斩棘，历艰克难，形成一系列的技术攻关与创新，保证了项目高质量和高水平建设与运营。

交错的日月、更迭的四季搭建了历史的长河，中华民族努力奋斗在伟大复兴的道路上，民族脊梁愈发挺拔，精神和物质生活日渐丰富。美好生活离不开化学的助力，化学产业链的完备与关键技术是产业之核心，在技术创新、自主化的道路上，万华化学迎难向前、逐步壮大，并将继续在“一鼓作气、一气呵成、一以贯之”精神的指导下向着既定目标努力向前。

万华化学集团股份有限公司董事长

廖增太

前言

液化石油气既是绿色高效的燃料产品，也是用途广泛的重要化工原料。未来很长一段时间，我国液化石油气需求量将不断增长。地下水封洞库是利用岩体洞室的防护性、热稳定性与裂隙水密封性储存液化石油气等介质的大型洞室群，在经济、环保、节约土地、安全等方面具有显著优势。在万华化学一期、二期液化石油气地下水封洞库工程安全建设与长期高效益运营示范带动下，液化石油气地下水封洞库在我国得到了高度重视与日益广泛的应用。

万华化学一期洞库是我国第一座自主设计、建造并成功运营的液化石油气地下水封洞库，库容 100 万立方米，始建于 2011 年，投产于 2015 年初并运营至今；二期洞库库容 120 万立方米，是当前全亚洲最大的在运营的液化石油气地下水封洞库工程，2017 年始建并在 2021 年初投产运营至今。这两期洞库工程建设以及累计 10 余年的成功运营检验充分证明：液化石油气地下水封洞库工程建设全流程所涉及的技术已被我们掌握，众多关键核心技术已被我们突破。我们创新性利用综合勘察方法查明场地主要导水构造与地质构造带，利用试验数据结果及三维地下水数学模型开展水文地质评价，提出地下水封洞库建设全过程围岩稳定性分析、优化及智能动态调控方法，实施精细化的爆破及竖井管道施工等，在液化烃地下水封洞库领域不会再被“卡脖子”，我们基本具备与国外大型工程咨询公司在国际市场上一争高下的能力与水平。

我们以项目勘察、设计、施工与监理等主要参建方为技术攻关与创新主体，引进具有丰富经验与技术储备的相关高校开展技术服务，本着“展现建设全程、突出建设重点、彰显建设关键”理念，组织编写了这部《液化石油气地下水封洞库》专著。本专著由刘博学负责框架设计、草拟写作提纲，设置编写要求并统稿和定稿，第 1 章由中石油华东设计院有限公司负责编写，第 2 章由北京东方新星勘察设计有限公司负责编写，第 3 章由中国地质大学（武汉）、福州大学负责编写，第 4 章由中石油华东设计院有限公司负责编写，第 5 章由中铁隧道局集团有限公司负责编写，第 6 章由中国机械工业机械工程有限公司负责编写，第 7 章由岳阳长岭炼化方元建设监理咨询有限公司负责编写，第 8、9 章由万华化学集团股份有限公司负责编写。本书在编写过程中得到了万华化学集团股份有限公司、北京东方新星勘察设计有限公司、中石油华东设计院有限公司、中国地质大学（武汉）、福州大学、岳阳长岭炼化方元建设监理咨询有限公司、中铁隧道局集团有限公司、中国机械工业机械工程有限公司的大力支持和帮助，在此表示衷心感谢！

通过提炼与总结项目建设与运营的实践经验，本书全面客观地阐述了液化石油气地下水封洞库工程建设全过程所涉及的重要工作与关键技术，可以为从事地下水封洞库工程勘察、设计、施工、监测、检测及监理的技术人员与建设项目管理人员提供宝贵的参考经验。我们希冀这部专著成为液化石油气或原油地下水封洞库工程建设指南与手册。

由于编者水平所限，书中疏漏之处在所难免，恳请读者批评指正。

刘博学

2023 年 9 月

目 录

第1章

概　述

液化石油气（Liquified Petroleum Gas，LPG）是烃类的混合物，其主要的组分是丙烷和丁烷，还有少量的乙烷、丙烯、丁烯等。LPG一般泛指商业丙烷、商业丁烷及其混合物产品（气态或者液态，本文统称为LPG）。LPG作为燃料与其他燃料相比较，具有污染少、热值高、易于运输、压力稳定的特点，是一种清洁、高效、环保的工业、商业和民用燃料产品，应用面广、需求量大。作为化工深加工原料，可用来生产合成树脂、合成橡胶、合成纤维以及生产医药、炸药、染料等产品，随着近年来化工行业的迅速发展，LPG的需求量进一步加大。由于国内LPG产量有限，需要大量进口，并建设相应配套船运接卸码头及大型LPG储库。LPG一般采用常温压力储存或低温常压储存，国内外大型LPG储库常温压力储存大部分采用地下水封洞库，低温常压储存采用低温储罐。由于具有节约土地资源、安全环保、投资低、经营管理费用低等优势，国内采用地下水封洞库储存LPG逐渐成为一种新的发展趋势。

1.1　LPG的性质及储存

1.1.1　LPG的性质

（1）LPG的组成

典型进口商业丙烷、商业丁烷及国产LPG由不同比例烃类混合物组成，见表1-1。

表1-1　典型LPG组成（体积）

组分	商业丙烷[①]	商业丙烷（最大值）[②]	商业丁烷[①]	商业丁烷（最大值）[②]	LPG[③]
乙烷/%	2.0	2.0	0.0	3.0	1.33
丙烷/%	96.0	93.0	2.0	10.0	22.85

续表

组分	商业丙烷[①]	商业丙烷（最大值）[②]	商业丁烷[①]	商业丁烷（最大值）[②]	LPG[③]
丙烯/%	0.0	5.0	0.0	1.0	1.27
异丁烷/%	1.5	0.0	31.0	18.0	46.87
正丁烷/%	0.5	0.0	66.0	68.0	12.43
正丁烯/%	—	—	—	—	14.67
戊烷及以上组分/%	0.0	0.0	1.0	0.0	0.58

①典型进口产品组成；②典型进口产品以蒸气压为基准组成；③典型国产 LPG。

（2）LPG 的物理性质

依据《石油化工企业设计防火标准（2018 年版）》（GB 50160）和《爆炸危险环境电力装置设计规范》（GB 50058）的相关规定，LPG 属于甲类火灾危险物料，为易燃、易爆介质，若发生泄漏，遇明火易引发火灾爆炸事故。LPG 典型组分主要为丙烷、丁烷，其物理性质有显著的差别，见表 1-2。

表 1-2　丙烷、丁烷物理性质

序号	性质	丙烷	正丁烷	异丁烷
1	分子式	C_3H_8	n-C_4H_{10}	i-C_4H_{10}
2	分子量	44.10	58.12	58.12
3	熔点/℃	−189.9	−138.3	−145
4	沸点/℃	−42.05	−0.50	−11.72
5	闪点/℃	−105	−60	−83
6	燃点/℃	450	405	460
7	空气中爆炸上限(体积)/%	9.5	8.5	8.5
8	空气中爆炸下限(体积)/%	2.1	1.5	1.8
9	气体密度(标准状况)/(kg/m^3)	2.0102	2.7030	2.6912
10	临界温度/℃	96.67	152.01	135
11	临界压力/MPa	4.25	3.797	3.64

LPG 通常处于气、液平衡的饱和状态，具有气体和液体的物理特性。LPG 一般特性如下：

① 易燃：LPG 成分中包含的烃类化合物的闪点和自燃点低，容易引起燃烧。和空气混合后，一旦遇到火种，能迅速引起燃烧，释放出能量。

② 易爆：LPG 爆炸极限为 1.5%～9.5%，爆炸范围宽而下限低，易与空气混合形成爆炸性混合物，遇明火、高热引起爆炸和燃烧。

③ 微毒：长期接触浓度较高的 LPG，尤其是当空气中浓度超过 10%时，人体会出现毒性反应。LPG 对健康的危害有：急性中毒，主要表现为对中枢神经系统的麻醉作用，出现乏力、恶心、头痛、头晕，容易激动；重者发生呕吐、气急、痉挛，甚至昏迷；对眼、鼻、

喉有刺激性；口服后，口唇、咽喉有烧灼感，后出现口干、呕吐、昏迷、酸中毒和酮症。慢性影响有：长期高浓度接触，出现眩晕、烧灼感、咽炎、支气管炎、乏力、易激动等；皮肤长期反复接触可致皮炎。

典型 LPG（组成见表 1-1）不同温度下的物理参数见表 1-3～表 1-5。

表 1-3 商业丙烷物理参数

序号	温度/℃	饱和蒸气压/kPa	液相密度/(kg/m³)	气相密度/(kg/m³)	液相比热容/[J/(kg·K)]	液相黏度/cP①	液相传热系数/[W/(m·K)]
1	−45	98.5	586.6	2.27	2241	0.197	0.1345
2	−44	102.9	585.4	2.36	2245	0.195	0.1339
3	−40	122.0	580.7	2.77	2261	0.187	0.1313
4	−35	149.6	574.8	3.36	2283	0.177	0.1281
5	−30	181.8	568.8	4.03	2307	0.167	0.1249
6	−25	219.0	562.6	4.80	2333	0.158	0.1218
7	−20	261.9	556.4	5.69	2362	0.150	0.1186
8	−15	310.8	550.0	6.69	2394	0.143	0.1155
9	−10	366.4	543.5	7.83	2428	0.135	0.1124
10	−5	429.2	536.9	9.12	2465	0.129	0.1094
11	0	499.8	530.1	10.57	2507	0.122	0.1064
12	2	530.3	527.3	11.19	2524	0.120	0.1052
13	5	578.7	523.2	12.19	2552	0.116	0.1034
14	10	666.5	516.0	14.01	2602	0.110	0.1005
15	15	763.8	508.7	16.04	2657	0.105	0.0976
16	20	871.3	501.1	18.31	2718	0.099	0.0947
17	25	989.6	493.3	20.85	2787	0.094	0.0919
18	30	1119.5	485.3	23.69	2865	0.090	0.0892
19	35	1261.5	476.9	26.86	2956	0.085	0.0865
20	40	1416.3	468.2	30.41	3058	0.080	0.0838
21	45	1584.6	459.1	34.39	3178	0.076	0.0812
22	50	1767.2	449.6	38.88	3320	0.072	0.0787

①1cP=10^{-3}Pa·s。

表 1-4 商业丁烷物理参数

序号	温度/℃	饱和蒸气压/kPa	液相密度/(kg/m³)	气相密度/(kg/m³)	液相比热容/[J/(kg·K)]	液相黏度/cP	液相传热系数/[W/(m·K)]
1	−6	100.8	−0.5	601.8	2270	0.203	0.1157
2	−5	104.7	3.4	600.7	2275	0.201	0.1152

续表

序号	温度/℃	饱和蒸气压/kPa	液相密度/(kg/m³)	气相密度/(kg/m³)	液相比热容/[J/(kg·K)]	液相黏度/cP	液相传热系数/[W/(m·K)]
3	0	126.0	24.7	595.1	2298	0.191	0.1127
4	2	135.4	34.1	592.9	2308	0.187	0.1117
5	5	150.5	49.2	589.5	2323	0.181	0.1102
6	10	178.6	77.3	583.8	2349	0.173	0.1078
7	15	210.5	109.2	578.0	2377	0.164	0.1053
8	20	246.6	145.3	572.1	2406	0.156	0.1030
9	25	287.2	185.9	566.1	2437	0.149	0.1006
10	30	332.7	231.4	559.9	2470	0.142	0.0983
11	35	383.5	282.2	553.7	2505	0.135	0.0960
12	40	439.9	338.6	547.3	2542	0.129	0.0938
13	45	502.4	401.1	540.7	2581	0.123	0.0916
14	50	571.3	469.9	534.1	2624	0.117	0.0895

表 1-5 LPG 物理参数

序号	温度/℃	饱和蒸气压/kPa	液相密度/(kg/m³)	液相比热容/[J/(mol·K)]	液相黏度/cP	液相传热系数/[W/(m·K)]
1	−30	86.1	576.5	117.7	0.1563	0.1230
2	−25	104.9	571.3	119.3	0.1485	0.1209
3	−20	126.7	565.9	121.0	0.1411	0.1188
4	−15	151.9	560.4	122.7	0.1341	0.1167
5	−10	180.9	554.7	124.4	0.1274	0.1146
6	−5	214.0	548.8	126.3	0.1211	0.1124
7	0	251.5	542.8	128.1	0.1150	0.1103
8	5	293.9	536.6	130.1	0.1093	0.1080
9	10	341.4	530.2	132.1	0.1039	0.1058
10	15	394.6	523.6	134.2	0.0988	0.1034
11	20	453.7	516.8	136.4	0.0940	0.1011
12	25	519.2	509.7	138.7	0.0894	0.0986
13	30	591.5	502.5	141.2	0.0851	0.0961
14	35	671.0	495.0	143.7	0.0810	0.0946
15	40	758.1	487.2	146.5	0.0771	0.0921

1.1.2 LPG 的储存要求

LPG 易燃、易爆，常温常压下为气态，易于扩散，因此需要密闭储存。一个体积的

LPG液体在常温常压下为260倍左右的气体，因此液化更便于运输和储存。丙烷、丁烷及其混合气体加压或冷却即可液化。在常温条件下，当压力大于其饱和蒸气压时，LPG由气态变为液态，即可常温压力密闭储存。在常压条件下，当温度低于其凝点时，LPG由气态变为液态，即可常压低温密闭储存。

1.1.3 LPG的储存方式

目前LPG的储存方法实际采用最多的仍然是地上钢罐储存方法，包括低温常压储存和常温高压储存。大型储存设施普遍采用低温常压储存和水封地下储存。

(1) 常温高压储存

常温高压储存是指LPG在环境温度及其相应饱和压力下储存，一般指地上设施储存。由于储存压力较高，储罐的形式一般采用地上球形储罐。鉴于球罐壁厚、制作方法以及消防安全防护的限制，国家现行标准规定压力球罐容积不超过4000m^3。对于大型储库，采用地上球形储罐，需要的储罐数量较多，且防火安全间距要求较大，占地面积较大。覆土罐近年来也开始建设，单罐容积可达3500m^3。

(2) 低温常压储存

低温常压储存是指LPG在环境大气压力（一般接近于标准大气压）及其相应饱和温度下储存。低温储罐的钢板材料必须具有良好的耐低温性能，并且需要配套维护其低温储存要求的设施，即一套较为复杂的制冷系统。储罐的形式一般为拱顶罐，目前最大容积约为$27\times10^4m^3$。

低温储罐的罐体结构形式有多种，常用的LPG低温储罐基本罐型有两种类型，一种为双壁罐，另一种为单壁罐。双壁罐为双层结构，中间填充绝热材料，保冷性能较好，保冷层不需要维护和检修，成本高，施工难度较大。单壁罐为单层结构，外加绝热层，成本较低，施工容易。丙烷低温储存一般采用双壁罐，丁烷低温储存采用单壁罐。

(3) 水封地下储存

水封地下储存是指利用地下水封岩洞储存LPG，在岩体环境温度及其相应饱和压力下储存。洞罐（相当于地面储罐）位于较深的地下，并直接以岩石作为罐壁。地下洞罐规模没有限制，目前最大的达到$120\times10^4m^3$。由于其工程特殊性，对建设地区的岩体条件和水封条件要求较高，库址选择需要满足合适的地质条件。

洞罐以天然围岩岩体为受力结构，开挖的洞室为储存空间，利用地下水和水封系统将油气产品密闭储存在洞室内，是以围岩岩体本身作为建造材料及建造环境的特殊工程。由于洞罐内所储存油气属于易燃易爆物，一旦泄漏还会对环境尤其是地下水造成污染破坏，因此洞罐应具备严格的液密性和气密性。在地下水封洞库的设计建设过程中，需要最大程度地利用和保护围岩的自稳定能力，以保证地下水封系统的稳定性，并保护区域地下水环境。

目前世界上建设的水封地下库主要有人工开挖的水封地下石洞、废弃矿井、盐穴、含水层、枯竭油气藏等。储存液体石油的主要采用水封地下石洞、废弃矿井洞、盐穴。盐穴、含水层、枯竭油气藏等主要用于储存天然气。我国建设储存液体石油产品的水封地下库主要是人工开挖的水封地下石洞库，万华LPG洞库即为该类型水封洞库。本书中所介绍的地下水封洞库即指人工开挖的水封地下石洞库。

1.2 LPG 洞库储存原理及特点

1.2.1 LPG 洞库储存原理

地下水封洞库是在稳定的地下水位以下一定深度的天然岩体中，人工开挖的以岩体和岩体中的裂隙水共同构成储存空间的一种特殊地下工程。它是由储存洞罐、施工巷道、竖井（操作竖井）、泵坑、水幕系统等单元组成的洞库，见图 1-1。地下水封洞库的洞罐建在稳定的地下水位以下一定深度的岩石里，以确保洞罐围岩中裂隙水压力始终大于洞罐储存温度下储存介质的饱和蒸气压力，既可防止洞罐储存介质顺着围岩裂隙渗透出去，又能保证有少量地下水沿着裂隙流入洞罐内，由于储存介质比水轻而又不相溶，流入洞罐中的水沿着岩壁汇集到洞罐底部，形成防止渗漏的水垫层，储存介质始终浮在水面上。为了确保 LPG 安全密封储存在限定的空间内，改善地下水力分布以提高洞罐气密性而设置水幕系统，水幕系统是由一系列钻孔组成的水平水幕、垂直水幕和水幕巷道组成，这就是地下水封洞库的水封储存原理（图 1-2）。

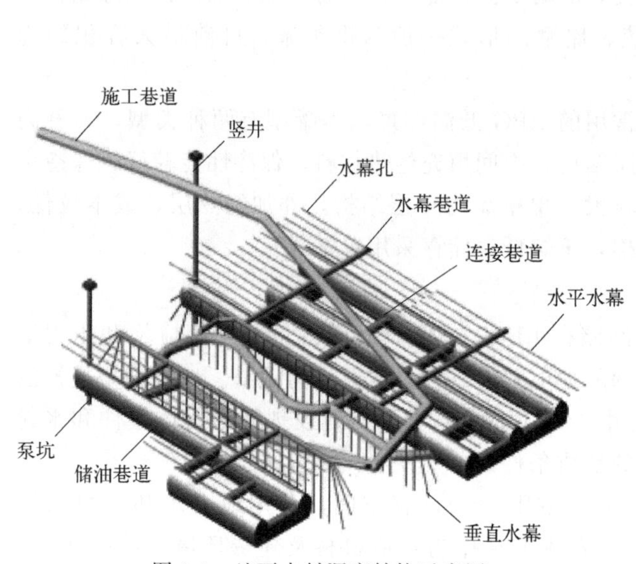

图 1-1 地下水封洞库结构示意图

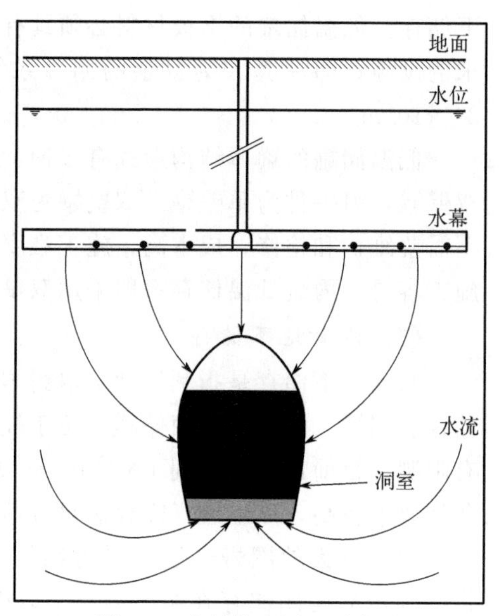

图 1-2 水封储存原理示意图

地下水封洞库有两种储存方式，即固定水位法和变动水位法。变动水位法目前基本不用。固定水位法储存（图 1-3），洞罐底部水位固定，水位不随储量多少而变动，水层高度取决于泵坑围堰的高度，当裂隙水增多超过围堰高度时，水就溢流进入泵坑，泵坑内的水随时由水泵输送到地面进行处理。

LPG 洞库各组成单位的基本概念如下：

洞罐：由主洞室组成且经连接巷道连通的储存单元，相当于地面上的单个储罐。

主洞室：在地下岩体内开挖的水平隧洞，为主要储存空间。

连接巷道：将主洞室连通的隧洞，连通主洞室的气相、液相和水，在施工期间可通往主洞室的不同高度的开挖面。

竖井：从地面垂直向下开挖的通道。

操作竖井：用于安装 LPG 管道、排水管道、仪表、电缆等设施的竖井。

施工巷道：从地面通往主洞室和水幕巷道的隧洞，主要用于施工设备运输和出渣，施工结束后充水封闭，又称交通巷道。

水幕系统：为改善地下水力分布以提高储存洞罐气密性的系列钻孔，由水幕巷道、水平水幕、垂直水幕组成。

水幕巷道：为钻探水幕孔自施工巷道开挖的小断面隧洞。亦为水幕孔补水通道。

水幕孔：用于向围岩裂隙内补充水、改善地下水力分布的钻孔。

水平水幕：由多个水平水幕孔组成的水力系统，位于主洞室之上。

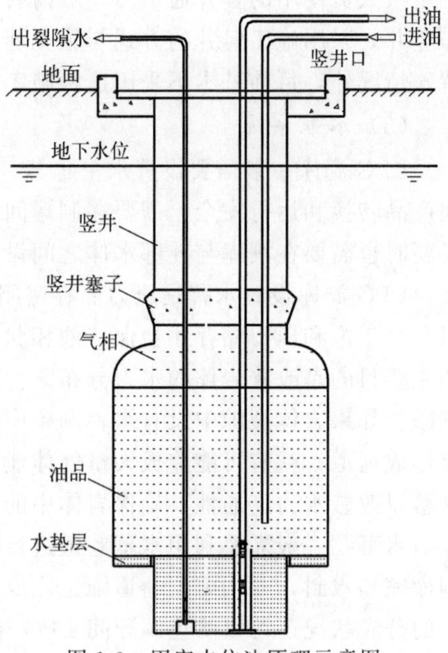

图 1-3 固定水位法原理示意图

垂直水幕：由多个垂直水幕孔组成的水力系统，布设在主洞室外侧或储存不同介质洞罐之间。

泵坑：洞室底部正对着竖井用于安装工艺设备的坑槽。

蓄水池：泵坑上部的扩大部分，在运行期间停车检修时蓄水，以封闭设备套管，又称为集水池。

密封塞：设置在施工巷道或竖井内，用于封堵洞罐的钢筋混凝土结构。

水力保护边界：保持水封洞库设计地下水位稳定的水力保护区域边界线。

水幕监测井：连接水幕巷道与地面的井，运行期间进行水位和水幕水质监控。

1.2.2 LPG洞库主要组成

(1) 洞罐

洞罐即 LPG 的储存设施，一般由一条或几条主洞室组成，由上、下连接巷道连通，相当于地面上的 LPG 储罐。上部连接巷道为气相连通平衡，下部连接巷道为液相和水连通。其断面形状和长短布置根据地质条件确定。洞罐是地下水封洞库的主要组成部分。

(2) 施工巷道

LPG 洞库根据 LPG 的储存规模和储存品种的具体需求，需要建设一条或者几条施工巷道，从地面通往地下洞罐，将挖掘设备，施工时需要的水、电、压缩空气、通风设备及人员运下去，并将挖掘的石渣、地下水排运至地面。施工巷道允许运输卡车或矿用运输车辆通行，其坡度不大于13%，一般为10%左右。

地面与地下洞罐间的通道还可以采用竖井的方式来满足洞罐施工的需要。由于竖井工作面较小，在井底开挖横向巷道通常比较困难，影响挖掘速度，为保证工作人员的安全，需要一条供人员使用的竖井通道。一般需要两口施工竖井，在挖掘结束后可以将挖掘竖井变为操作竖井。采用施工竖井的方式与施工巷道的方式相比，效率较低、工期较长、成本较大，除特殊情况外，目前基本不采用这种施工方法。

（3）水幕系统

LPG 洞库一般需要设置水平水幕。当不同洞罐储存不同 LPG 品种时，为了防止洞罐之间产品转换和运行安全，需要在洞罐间设置垂直水幕。为防止外部水体对洞库造成影响时，必要时也需要在洞库与外部水体之间设置垂直水幕。

LPG 洞库设置水幕是压力储存密闭的需要，也是环保安全的需要。LPG 在地温条件下，只有高于饱和压力储存才会保持液相状态，从而防止 LPG 大量气化和泄漏外溢。设置水幕的主要目的是改善岩体的水力分布条件，确保岩体和裂隙水共同构成一个相当于压力容器的洞罐。如果岩体裂隙中没有水，洞罐中的 LPG 气体就有可能通过裂隙逐步泄漏到地面；如果形成通道，就有可能造成大量气体泄漏。由于地下水文地质条件复杂，为确保安全，设置水幕以改善水力连通性，确保岩体中的水力条件满足压力储存要求。

水幕孔一般需要利用水幕巷道进行施工和补水，洞库施工完成后，内部注满水。为保证洞库完整水封，专用施工巷道施工完成后也需要注满水。设置水幕除了可以改善岩体中裂隙水的分布状况还可以防止洞罐间 LPG 相互转移。在水幕巷道里根据围岩条件和实际需要按照一定间距打成排的钻孔，使岩体裂隙中充满水，从而改善岩体的水封条件。为了防止洞罐间不同产品的转移，例如洞库中的丙烷洞罐和丁烷洞罐，洞罐间的距离必须足够大，以达到洞罐之间不发生水压干扰，否则就要设立垂直水幕。在洞罐间打垂直孔，洞罐间形成一带状水帘，故又称其为水帘幕，防止 LPG 转移。由于罐体的开挖，地下水向罐内渗漏，破坏了罐体附近地下水的原始状态，在罐体上部还会形成一个水位降落，即通常所讲的水漏斗。为了保证油气不渗漏，必须使岩体裂隙充水，以恢复和改善岩体的水封条件。如果两个相邻洞罐距离较近，且不注水，就会导致岩石间壁丧失水封条件。设置水幕，可以使洞罐周围的地下水位和水压分布得以控制，通过改善水压分布及局部不均匀性而加强洞罐周围的水流流型，从而保证洞罐水封条件。

（4）操作竖井

操作竖井是洞罐与外界联系的唯一通道，竖井内安装 LPG 进出管道、排水管道、仪表、电缆等设施。地面管线及仪表信号线均通过操作竖井与洞罐相连，一般一个洞罐设一个操作竖井，根据需要也可设 2 个甚至 3 个竖井。竖井一般为圆形，直径为 3～7m。

操作竖井由混凝土密封塞封闭，井口至密封塞间充满水，使洞罐完全密封。由于设备使用寿命的限制，需要进行维护维修，竖井中管线设备需要设置套管来进行安装，可以从套管中提出至地面进行维护维修。

在操作竖井下方洞罐底部设置泵坑。泵坑可收集裂隙水，并用泵将裂隙水排出洞罐外。产品液下泵也放在泵坑内，以利于泵的冷却。安装泵时，装设套管，泵及出口管都安在套管内。泵坑结构断面尺寸一般与操作竖井相同，泵坑深度一般根据泵的结构尺寸决定，通常为 15～30m。

（5）竖井管道

安装在竖井中的各种管道，主要由地下水封洞库工艺管道和仪表管道组成。受空间限制，检修困难、检修周期长，竖井管道的设计、制作和安装应满足其独特的要求，即满足工艺流程、监测要求的同时，能够保证水封洞库长期安全正常运转。竖井内主要管道简要介绍如下。

进罐管线：每座洞罐设一条垂直进罐管线将 LPG 输入洞罐内，在进罐管线设置防止管线振动的流量控制设备，以及防止 LPG 泄漏的紧急切断设备。

出罐管线：洞罐设 LPG 出罐管线，将 LPG 输送出洞罐，出罐管线下端安装 LPG 液下泵，为防止在故障情况下 LPG 泄漏，在 LPG 液下泵底部安装紧急切断阀，LPG 液下泵及出罐管线安装在套管内。

裂隙水管线：洞罐设裂隙水管线，将裂隙水输出地面处理，以避免洞罐因裂隙水的不断增加导致洞罐液位超高或超压，裂隙水管线下端安装裂隙水提升设备液下泵，液下泵及裂隙水管线安装在套管内。

气相管线：洞罐应设两条气相管线，其中一条气相线连接洞罐与地面设施，装车和装船的气相返回地下洞罐。另设一条气相平衡线将洞罐与洞罐仪表的套管相连，以便精确测量洞罐的储存压力和液位，为防止在故障情况下 LPG 泄漏，气相管线装配紧急切断阀。

仪表测量管线：主要包括液位测量管线、液位报警测量管线、水位（界面）测量管线、温度测量管线、压力测量管线。

套管：套管是安装在液下泵、液位仪表及温度传感器等设备外的保护管，其作用是在液下泵或仪表设备维护时将套管内充水使洞罐液面与外界隔开，避免油气扩散，确保安全，设备在检修时能在套管内顺畅提升至地面。

典型竖井工艺设备及管道见图 1-4。

(6) 竖井设备

地下水封洞库的主要设备均安装在竖井中，通常称为竖井工艺设备或者竖井设备。为了便于检修，一般外部设有套管，检修时可利用套管注水进行置换和水封，将设备提出检修。主要竖井设备简要介绍如下。

LPG 液下泵：LPG 液下泵是 LPG 的增压设备，将洞罐中的 LPG 提升至洞库地面外输，液下泵是洞罐操作过程中的关键设备之一，一般采用多级离心泵。国内目前还没有生产 LPG 液下泵的能力，液下泵均从国外进口，液下泵生产厂家主要有德国 KSB、FLOESERVE HAMBURG GMBH，美国 SCHLUMBERGER 等。

裂隙水泵：裂隙水泵是裂隙水的增压设备，将洞罐中的裂隙水提升至洞库地面外输，也是洞罐操作过程中的关键设备之一。我国多个行业使用液下水泵，国内有关泵厂已经完全掌握液下水泵的技术，具备独立开发和生产的能力，可以用在 LPG 洞库中。

液压安全阀：液压安全阀是为了保证洞罐及时与外界切断的安全设备。当洞罐外部发生火灾等事故时，启动液压安全阀可以迅速关闭，切断洞罐中的 LPG 通过洞库与外界的唯一通道——竖井管道，可以有效防止 LPG 外漏。

(7) 洞库仪表

为保证 LPG 洞库安全运行，需要对洞罐内部各参数进行监控，主要包括洞罐内 LPG 的温度、压力、气液界面、液水界面及液位（高、低位报警，高高位、低低位联锁）。

(8) 运营期安全监测系统

LPG 洞库安全监测系统包括水文地质监测和微震监测。

水文地质监测系统是监控洞罐运行期间水文地质条件情况，为洞库中的 LPG 始终保持水封状态提供判断依据。对洞库的水文地质应进行全过程监测，并保持完整的监测记录，从施工到投产运行不能中断，监测结果应定期进行分析和处理。监测主要是在水位观测孔安装

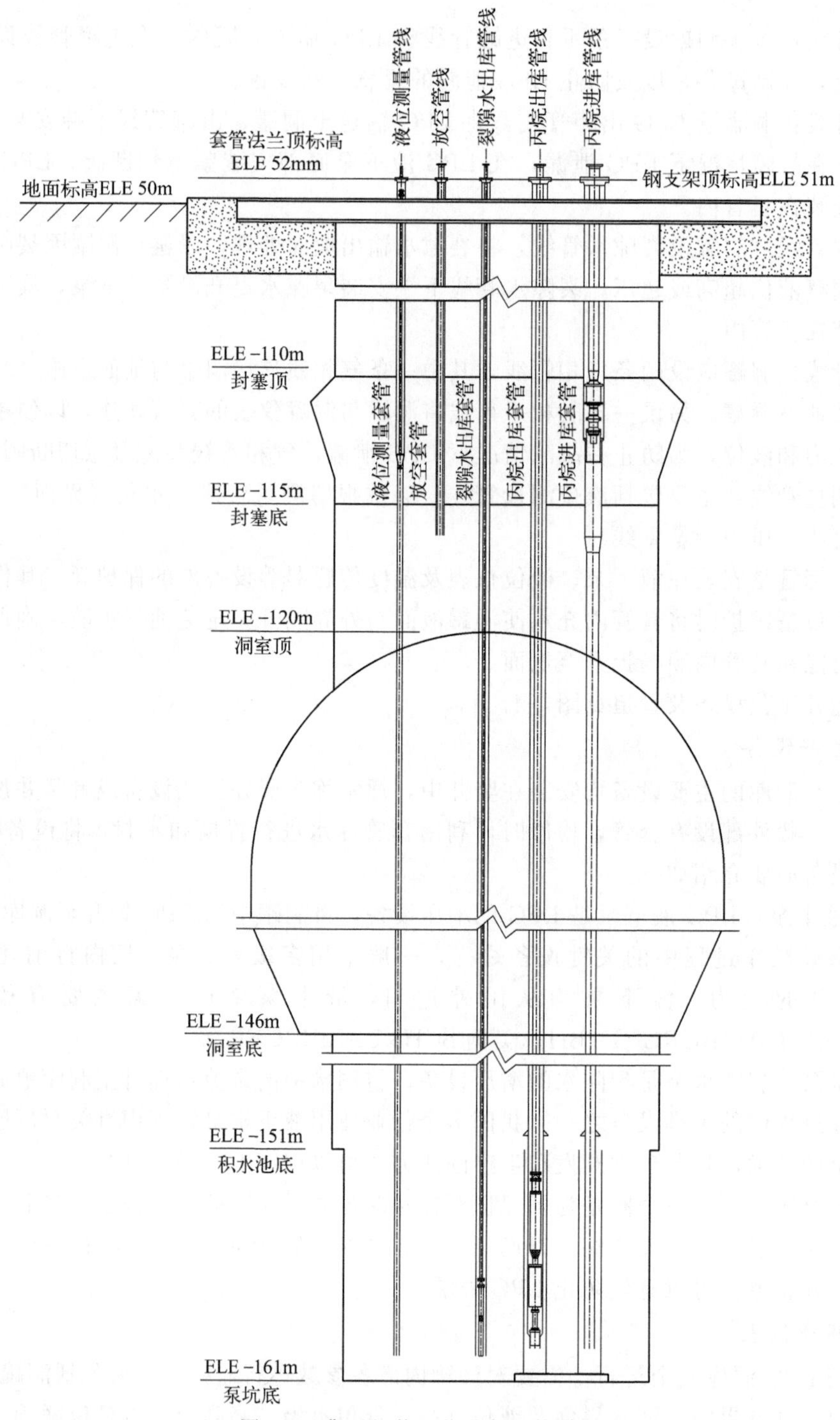

图 1-4　典型竖井工艺设备及管道图

压力传感器进行数据采集。

微震监测系统是为了监测验证洞罐在整个寿命期间的整体稳定性，主要是不间断监测和记录洞罐巷道运行期间相关的微震数据。监测主要是在洞罐周围安装微震监测器进行数据采集和系统分析。

1.2.3　LPG洞库的特点

（1）库址地质条件特殊要求

要建设结构稳定、密封严格、造价合理的LPG洞库，根据其高边墙、大跨度、无钢衬和水密封的工程特点，一般应建设在岩石条件较好的岩体中，即所选择的洞库岩体应有一个较完整的岩石条件，以便开挖出大跨度、高边墙稳定的洞罐，如有的洞罐断面尺寸达到宽22m、高26m，且需要有一个稳定的地下水位以保证洞罐的水封，尽量减少人为改善地质条件的工程量，以降低造价。

一个较好工程地质条件的岩体可以挖出大跨度的稳定主洞室，而不做钢衬。在勘察工作中，需要进行广泛调查、勘探及研究，以确保所选择建设洞罐的岩体是在稳定的地质岩体之内，即确保库址区域相对稳定，山体稳定且岩体稳定。具体来说，库址应避开强震区、强烈倾斜区、岩体不稳定地区，应尽量避开断层带和风化破碎带，在岩块本身的强度、岩块结构体的类型、结构面的性质及受力特点等方面确保开挖后大跨度罐体围岩稳定，做到不垮、不滑、不掉。

稳定的设计地下水位是地下LPG洞库得以安全储存LPG的重要条件，稳定的设计地下水位以保证可靠的静水压力，确保对LPG的有效密封。一般地下水封洞库选择在江、河、湖、海之滨，主要是基于其水封条件的优势。在地下水量方面，地下水封洞库与一般工程要求不同，当地下洞罐存在可以导致LPG渗漏的裂隙时，地下水才成为必不可少的因素，在岩体裂隙充水的条件下，渗水量要小，利于岩体稳定和施工，降低运营期间的排水量及处理费用，为此，对渗水较大的裂隙，在洞罐建设过程中要采用注浆等方法进行处理。在设计中也必须对岩体裂隙性质及其含水规律进行认真调查分析，确保这些影响“水封”的因素有利。

此外，对洞罐周围岩石造岩矿物及水质成分需要进行分析，确保无有害物质。由于洞罐内LPG直接与岩石、地下水等介质接触，如果这些介质中有害元素较多，则有可能影响其质量。造岩矿物中一些元素（如硫、铜、铅等）对质量有较大影响。在具体工程中需要对岩石及地下水的水质成分进行分析，避免影响LPG的质量及对设备仪表腐蚀和混凝土构件的溶蚀。

（2）动态设计与动态施工

LPG洞库的建设需要采用动态设计、动态施工的方法，即勘察—设计—施工—勘察—设计—施工循环，直到洞库施工完成。需要勘察、设计、施工三方密切配合，在现代建设管理模式下，还需要监理方的密切配合。

由于地下岩体的复杂性，仅靠地面勘察及钻探无法完全掌握真实的地质情况，只有在开挖过程中，不断跟进、验证和预测推断，实时掌握地下岩体条件，使设计方案与实际条件相吻合，采用动态设计、动态施工使洞库建设达到安全稳定、质量可靠、经济有效。如为了避开断层、破碎带等不良地质条件，可以对洞库支巷道长度或者巷道平面布局等进行调整；根据开挖岩体实际情况，在满足稳定的条件下可以改变断面形式、几何尺寸和洞室结构，支护部位、措施、强度可进行适当调整；洞室开挖层高的调整、开挖分区及开挖顺序的调整、局部超挖、欠挖等都是在LPG洞库建设过程中动态设计、动态施工的手段。

（3）与常压地下水封洞库的区别

常压储存的地下水封洞库，设置水幕主要是出于环保安全的需要，特别是当地下水封洞库周围的水体条件不能满足长期饱和的情况下。当常压储存的地下水封洞库毗邻江、河、湖、海，可以满足洞库围岩长期处于水饱和状态，裂隙水可以得到及时补充，就不需要设置水幕来改善岩体的水力分布条件。由于油品处于常压状态，就像机械采油井一样，如果不靠泵提升，油品不会外溢，也不会泄漏。简单说来就相当于敞口容器中的水一样安全，不会自动跑出来，简单加一个盖子水汽也跑不出来。也就是说，常压储存的地下水封洞库是否设置水幕需要根据库址水文地质条件来确定，水幕并不是常压储存的地下水封洞库的必要条件。

压力平衡措施：在油品进出洞罐过程中，由于气体空间的变化，造成压力变化，影响输送速度，且对洞库储存安全有一定的威胁，因此，操作过程中需要采取必要的措施对压力进行平衡。常压地下水封洞库进油压力升高，需要排气，可设置油气回收设施处理后达到环保要求后排放；油品外输时洞库压力降低，注入氮气补压。LPG洞库产品注入压力升高，需要密闭降压，一般通过专门设备来液化气相达到降压目的，输出产品时压力降低，利用储存的LPG具有压力降低自气化的特性达到压力平衡，为自循环密闭过程。

竖井防止油气泄漏的安全措施：由于LPG压力降低即自动气化，竖井管道损坏即可造成LPG外泄，LPG洞库竖井管道需要设置紧急切断系统以减少事故状态下泄漏量的增加。常压地下水封洞库，储存油品无自气化特性，不会自动从竖井管道外溢，不需要设置特殊防止油品泄漏的设施。

(4) 与地下天然气储库的区别

地下天然气储库通常简称为地下储气库，具有储存量大、储气压力高、储气成本低、安全系数高等优点，是解决天然气可靠、安全、平稳、连续供气与消费需求量季节、昼夜、小时不均衡性矛盾的有效手段，是当今世界天然气的主要储存方式之一。地下储气库有枯竭油气藏型、地下含水层型、盐穴型、废弃矿坑型、废弃岩洞型，见图1-5。地下储气库总容量中包括工作气（活动气）和垫层气（残余气）两部分。垫层气的主要作用是使储气库在一次抽气末期保持一定的压力、提高气井产量、抑制地层水流动等。垫层气在储气库中是不能抽出的气体。

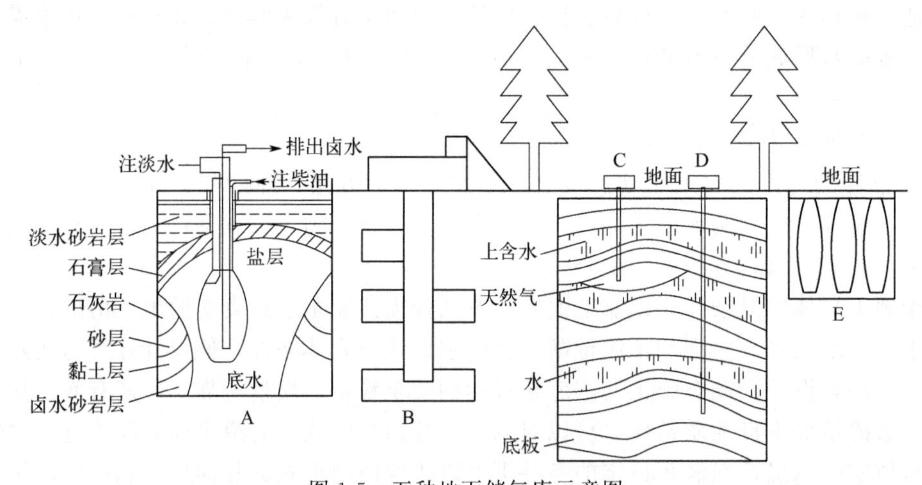

图1-5 五种地下储气库示意图

A—盐穴；B—废弃矿坑；C—地下含水层；D—枯竭油气藏；E—废弃岩洞

地下储气库的主要组成部分包括地下储气层、注采井、与输气干线相连的地面天然气处理、加压、输配、计量、自控等主要工程设施。地下储气库技术涉及地质、气藏工程、采气、天然气集输与净化、天然气管道输送和城市配气等方面。

建造地下储气库的基本条件是：有合适的储气岩层，岩层具有足够的孔隙度和渗透率，天然气能够按设计的速度、压力进入岩层和从岩层中采出，且能够容纳设计要求的储气量；在储气库的上部应有不渗漏的盖层，盖层与储气层之间形成完整的构造，防止储存的天然气向上部运移、渗漏；储气层应是垂直倾斜的或向上隆起形成背斜构造，防止气体的水平运移造成储气损失；储气层底部应没有水或易于控制的水，防止水将被储存的天然气融离（即被淹没）而无法采出；储气层应有一定的埋深，太浅无法承受压力，太深则储气压力过高不经济。地下储气库适宜深度为600m～2500m。

将枯竭废弃的气藏转地下储气库，是各种地下岩层类地下储气库中最好的形式。气藏型储气库有盖层、底层、无水驱或弱水驱，具备良好的封闭条件，密闭性好，储气不易散溢漏失，安全可靠性高。气藏型储气库可选择利用已有采气井，以及完整配套的天然气地面集输、水、电、矿建等系统工程设施。气藏型储气库建库周期短，试注、试采运行把握性大，工程风险小，不需或仅需少量的垫底气，一般调峰工作气量为注气量的70%～90%，注入气利用率高。1969年在大庆利用枯竭气藏建造的萨尔图一号地下储气库，是我国第一座地下储气库。

枯竭油藏或油藏气顶建造储气库仅次于气藏型储气库，只需把部分油井改造成天然气注采井，原油集输系统改为天然气集输系统，配套建设轻质油脱除及回收系统。

在含水层中建设地下储气库，需将岩层孔隙中的水排走，在非渗透性的含水层盖层下直接形成储气场所。含水层地下储气库的地质构造是穹隆形隆起或背斜构造，有完整封闭的地下含水层构造，无断层，含水岩层有一定孔隙度、渗透率可作为储气的容积空间。含水岩层上下有良好的盖层及底层，密封性好，注气后不会发生漏失、散溢。含水岩层埋藏有一定深度，能承受一定的注气能力，与城市生活用水等水源不相互连通。垫底气量一般是气库储气量的35%～65%，储气量、调峰能力较枯竭油气藏小。

在具有巨大的岩盐矿床地质构造的地区，可将天然气储存在地下含盐岩层内，可在短期内提供高储备容量，是目前各国普遍采用的方法。盐穴地下储气库的建造可将废弃的采盐盐穴改建为地下储气库，也可新建盐穴。盐穴地下储气库特点是：单个岩盐空间容积大，采气量大，调速快，调峰能力强，储气无泄漏，注气时间短，垫层气用量少。金坛储气库为我国第一个利用盐矿建立的盐穴地下储气库。

据统计，在36个国家和地区建设的630座地下储气库，总工作气量的74.3%分布于气藏型气库，4.8%分布于油藏型储气库，11.4%分布于含水层储气库，9.3%分布于盐穴储气库，另有约0.2%分布于废弃矿坑和岩洞型气库中。美国是世界上拥有地下储气库设施最多和运行经验最丰富的国家，在役的地下储气库设施达400座，有效工作气体总量达$1158.45\times10^8m^3$。其中枯竭气/油藏型地下储气库326座，盐穴型地下储气库31座，含水层型地下储气库43座。欧洲的16个国家拥有110座地下储气库。加拿大是世界上建造第一座地下储气库的国家，已有百年的建库历史，共拥有52座地下储气库，有效工作气体总量达$185\times10^8m^3$。

目前，我国共建成32座地下储气库，主要为气藏型和盐穴型地下储气库，总储气能力超过$200\times10^8m^3$，工作气量约$100\times10^8m^3$。在地下储气库深度上，我国由于地质条件限制，油气藏比国外深且油气地质条件更复杂，2010年以来高效建设了一批世界上难度最大的储气库，例如华北苏桥储气库群，主体储气库埋深超过4500m，是世界上埋深最大的储气库。

1.3 地下水封洞库发展过程及现状

1.3.1 地下水封洞库发展过程

中国是世界上最早发现和利用石油的国家之一。《汉书》中记载了“高奴有洧水可蘸”(水面上有油可以燃烧)。沈括在《梦溪笔谈》中写道：“鄜、延境内有石油……此物后必大行于世，自余始为之。盖石油至多，生于地中无穷，不若松木有时而竭”。研究表明，石油的生成至少需要 200 万年的时间，在现在已经发现的油藏中，最早的达 5 亿年之久。大多数地质学家认可的“有机成油理论”认为石油是古代有机物通过漫长的压缩和加热后逐渐形成，即在厚厚沉积岩下的适宜的高温高压环境中形成油页岩，在储油构造中液态和气态的碳氢化合物渗透聚集到一起形成油田。

基于石油开采的需要，相应地石油产品的储存历史很长。规模储存石油产品的容器相当长的一段时期主要是钢板罐、钢筋混凝土贴壁罐及非金属涂料罐等，地下水封洞库是一种相对比较新型的储油技术。石油产品的地下储存也有近百年的发展过程。人们发现，当大自然中的石油和天然气未开采之前，就是储藏在储油岩体内相互沟通的孔隙之中，四周被地下水包围封存而不流失，岩体和地下水构成了一个天然的地下油库，长久自然储存。人们借鉴这种大自然中的发现，开始进行相应石油产品的储存研究，利用原生岩体作为储油空间结构体，利用稳定的地下水封存比水轻的石油产品，最终发展成果即为地下水封洞库。

地下水封洞库应用了岩盐层、岩石、废矿坑、岩石的含水层、枯竭油气藏等方式，广泛应用于储存天然气、原油、汽油、柴油、LPG、丙烯和丁烯以及煤气等。加拿大于 1915 年在安大略省韦兰市（Welland）附近建成了第一个地下储气库。美国于 1916 年利用在纽约州西部伊利湖东岸港口城市布法罗（Buffalo）附近的一个枯竭气田建设了第一个真正使用的地下储气库。1916 年德国提出在岩盐中建造地下油库，1945 年美国建设岩盐地下油库。1939 年瑞典开始建造地下岩洞油库。

第二次世界大战期间地下油库开始迅速发展，储存方式和储存油品有了进一步拓展。瑞典等北欧国家，为了防御空袭，在岩层内开挖了大量的地下岩洞。在和平时期，这些岩洞有了新的用途，例如用它们作停车场、飞机库、军需库，甚至用作大型的海军地下基地，其中也有很多岩洞用来作为地下油库。地下油库最初采用的形式为离壁洞罐，在开挖的石洞中放入钢罐，空间利用率低，施工复杂，造价昂贵。后来到 1945～1955 年，发展了较为经济的贴壁洞罐，在开挖的石洞中，沿岩壁衬钢板，在钢板和岩壁之间灌入水泥砂浆或混凝土。薄钢板起到防渗作用，而储油的静压力由岩石壁承受。贴壁洞罐要经常地排除积蓄的渗水，否则水积多了会形成巨大的侧向压力，在空罐时可能将罐压破。基于前文所述的地下天然地下储油库的发现，对岩体和地下水封存效果的研究利用，将这个水压变害为利，取消贴壁钢板，直接利用无被覆岩洞储油。于是，从 1956 年开始，位于斯堪的纳维亚半岛的国家开始建造地下无被覆岩洞油库，即利用水封的原理，岩洞建在稳定的地下水位以下。只要储存介质不与水溶合，且地下水渗入岩洞速度缓慢，就可以实现岩洞储存。岩洞储油逐渐被一些石油公司接受，地下岩洞储库在斯堪的纳维亚半岛的国家及世界其他国家和地区也迅猛发展起来。

LPG地下无被覆岩洞储存，即地下水封岩洞储存20世纪50年代在美国发展起来。美国在得克萨斯州的一个油页岩层中建成了第一个坑道洞库，容量为3000m^3。在20年左右时间内美国建起了70多座LPG洞库，岩体主要包括油页岩、石灰岩和白云岩。1968年瑞典建成欧洲第一个全压力LPG洞库。该库建在地下90m深的片麻岩中，在岩洞开挖时及开挖后不断控制地下水位，以保证水封压力，防止气体外漏。随后法国、芬兰等欧洲国家也相继建造LPG洞库。

20世纪70年代前，瑞典、挪威、芬兰有7/9的炼油厂采用地下水封洞库储存原油及其他产品。总共储存477万吨原油中，286万吨原油储存在地下。当时新建炼厂以大部分原油和75%的产品储存在地下为目标。芬兰一家炼油厂10年间建设了约27座地下水封洞库，储存油品有原油、燃料油、成品油、LPG等。

我国很早以前就开始利用水封原理建设地面水封油罐。基于1973年石油工业部组队参观考察瑞典地下水封洞库的成果，我国1974年开始建设并于1977年7月建成第一座地下水封洞库黄岛地下水封石洞原油库，为15×10^4m^{3}原油库，来储存胜利油田原油，之后建设地下水封石洞柴油库、LPG洞库。

1.3.2 地下水封洞库的发展现状

(1) 世界地下水封洞库的发展现状

利用废弃矿藏和岩穴洞储存各种油品，主要是在美国、德国、法国、加拿大，如美国4座岩盐洞储备库总库容超过1×10^8m^3，法国一座包括28个洞罐的岩盐洞库储存原油、柴油、汽油、石脑油，总容积为650×10^4m^3，法国利用一座铁矿改建的地下水封洞库储存柴油达500×10^4m^3。在北欧主要是利用开挖岩洞来储存油品，其地下油库储存量远远超过地面油库的储存量，如当北欧地下库储量为636×10^4m^{3}时，地面库储量只有35×10^4m^3。

地下水封洞库发展到今天，已经发展成为大型化、多品种、多用途的储运设施，有商业运营库、国家储备库、石油化工企业原料库和成品库，储存的产品有天然气、原油、各种加工过的液体烃类、成品油等，地下储存方式受到各国政府的青睐。苏联建成的一座地下气库仅工作气就达100×10^8m^3，德国一座油库容量超过1700×10^4m^3，岩洞储库最大的单罐容量超过100×10^4m^3。

近年来，地下水封洞库在亚洲的发展比较迅速，分布广泛，储存包括原油、成品油和LPG等产品。日本3个地下水封洞库总容积为500×10^4m^3；日本还建设了一批LPG地下水封洞库及国家LPG地下储备库。韩国8个大型的石油储备基地总容量约为1800×10^4m^3；韩国在LPG地下水封洞库建设上也是比较早的国家，其数量和总容积在世界上也名列前茅。Yosu LPG洞库总容积为29.6×10^4m^3，Ulsan LPG洞库总容积为55×10^4m^3，Pyongtaek LPG洞库总容积为69×10^4m^3，Incon LPG洞库总容积为48×10^4m^3。新加坡建设一座约400×10^4m^{3}的大型地下水封洞库，储存多种石油产品。

(2) 中国地下水封洞库的发展现状

我国第一座地下水封洞库是黄岛地下水封石洞原油库，总容积为15×10^4m^3。1974～1977年进行地质勘察、设计、施工，于1977年7月建成，1984年12月进油。我国第二座地下水封洞库是1976年建设的浙江象山4×10^4m^{3}柴油地下库，20世纪90年代修复后使用至今。之后还进行黄岛二期地下水封石洞原油库、泰安成品油库设计建设。20世纪90年代中后期，我国又开始建设LPG洞库。2010年我国开始建设大型原油地下水封洞库。

1996年开始，随着我国LPG进口量的不断增加，为满足进口贸易的需要，在沿海地区建设了一批大型LPG商业储库。国外LPG贸易公司在我国先后建设了3座液LPG洞库，广东汕头LPG洞库总容积为$20\times10^4m^3$，浙江宁波LPG洞库总容积为$50\times10^4m^3$，广东珠海LPG洞库总容积为$40\times10^4m^3$。3座洞库均储存丙烷和丁烷，库容各一半，由国外公司设计、总承包，国内公司施工安装。山东青岛龙泽LPG洞库总容积为$50\times10^4m^3$，2013年建成，由国外、国内公司合作设计，国内公司施工建设。

2011年万华化学集团股份有限公司开始投资建设万华LPG洞库，包括容积为$50\times10^4m^3$丙烷洞库、容积为$25\times10^4m^3$丁烷洞库、容积为$25\times10^4m^3$LPG洞库，总规模为$100\times10^4m^3$，2015年初投产；2017年万华化学投资建设了二期丙烷洞库，包括两座容积为$60\times10^4m^3$的丙烷洞库，总规模为$120\times10^4m^3$，2021年初投产，全部由国内公司设计建设。

随着我国化工行业的发展，以丙烷为原料的丙烷脱氢装置迅速发展起来，需要配套建设相应大规模丙烷库，在万华LPG洞库示范效应带动下，青岛金能$60\times10^4m^3$丙烷洞库，2021年投产。宁波$200\times10^4m^3$丙烷洞库已经完成建设。浙江、福建、江苏、山东、广东等地多座LPG洞库的建设也在开展设计、施工或者前期研究工作。

1.4 地下水封洞库发展方向及前景

1.4.1 地下水封洞库技术发展方向

随着油气田勘探开发技术以及信息技术的发展，与油气藏相似的地下水封洞库，可以在相关技术的基础上加以改进应用，相关设计施工技术和国产化设备制造水平也必将得到不断发展和提高。在洞库建造和水封方面，也可吸收相关地下工程行业的技术加以开发应用，必将像天然气库一样在不同需求条件下，突破传统技术，进一步发展提高。

国际液化天然气贸易快速增长，大规模储存技术也得到发展。虽然地面液化天然气储罐规模达到了$27\times10^4m^3$，但是其防火安全间距大，占地面积大，而且存在一定的安全环保风险，满足监管要求和本质安全所需要的投资大。地下水封洞库由于其独具的安全性，在世界范围内一直在开展持续的研究。低温LPG和液化天然气地下储存研究20世纪60年代就已开始，无衬岩洞储存技术经过建设试验，由于效果还不理想，但仍然处于持续研究之中。2004年国外几家公司合作建设的液化天然气薄膜衬里的实验地下水封洞库，储存温度为−162℃，并得到经济规模为$15\times10^4m^3$以上的初步结论。

利用地下水封洞库储存压缩空气、CO_2、H_2等在一些国家已经开展了研究和初步应用。随着能源需求的不断变化，储能成为地下水封洞库发展新的方向，如电的转化储存技术，即利用地下水封洞库储存压缩空气来实现用电高低峰调节。此外，在油田废料等废物处理上，利用废弃的矿井进行地下储存具备更大的优势。

1.4.2 地下水封洞库的发展前景

我国国内油气资源远远无法满足消费的需要，目前净进口量超过了我国石油消费量的70%以上。为了保障国民经济安全，我国建设足够规模的石油储备库十分必要。为避免世界石油危机、战争对我国石油的进口造成影响，2004年开始建设战略储备油库，其中地下水封石洞油库占大部分比例。随着人口的不断增长，土地资源日益紧张，环境保护压力日益加大。由于采用地下水封洞库储备石油具有地面储库无可比拟的优越性，地下水封洞库储存石油具有安全可靠、投资少、占地小、环保和生态友好、经济实用的优势，并且利于战备。考虑技术、商业和政治等因素，地下水封洞库的作用越来越重要，其应用前景十分广阔。

我国LPG也随着国民经济的发展，民用、商用及作为工业原料需求量不断增长，而国内生产的增长远远满足不了需求，LPG进口量不断增加。随着LPG市场形势的变化，需要增加LPG的储运设施，要达到规模储存和规模经营，以提高抗风险能力，必须建设大型LPG储运设施。地面常温储存国内一般采用球罐或卧罐，但受容积的限制，它无法满足大型LPG储运设施的需要。而地面低温储罐容积也有限，占地面积大、投资较高、运行费用较高、安全和环保风险较大，大型LPG储运设施建设采用地下水封洞库，具有以下优势：

① 投资低。在工程地质、水文地质情况良好的地方建造地下储库，其造价明显低于储存能力相当的地上储库，储存LPG可以节省更多的投资。

② 节省钢材。钢材用量少是地下水封岩洞油罐显著的特点之一。对于储存LPG的大型储库，可以减少诸如低温钢之类的设备和材料的数量，从而节省投资。

③ 经营管理费用低。地下水封洞罐的单罐容积较大，与地面储罐相比可减少储罐的数量，同时也减少了相应的工艺设备，消防设施简单，减少了消防等配套设施工程量，且地上设备量少的，维修量少，维护费用低，便于生产管理，经营费用低。

④ 安全性高。地下水封洞罐位于地下岩体中，与地面空气隔绝，大大降低了火灾和爆炸的危险性。连接洞罐和地面的管线装有紧急切断阀，一旦井口被毁坏，阀门自动关闭，切断了地面与洞罐间流体的流动，避免LPG大量泄露。与地上储罐相比，抗震能力强，不易毁坏，抵抗爆炸，有利于战时防备，安全可靠。

⑤ 占地面积小。地下水封洞库的地面设施占地面积小，与周围设施的间距较地面储罐小，洞罐本体不占地面，而地下洞罐上面的土地还可以建化工装置等建构筑物，也可进行种植、绿化等。同时，开挖地下结构产生的石渣可以填海造地或用作建筑材料。

⑥ 有利于环境保护。地下水封洞罐与地面储罐相比，占地面积少，不破坏自然景观，操作运行时基本无油气排放，事故率低，有利于环境保护。

$100\times10^4m^3$ LPG储库不同储存方式的经济指标与安全对比见表1-6。

表1-6 经济指标与安全对比表

项目	地上常温压力罐储存	地上低温常压罐储存	地下水封洞库储存
占地	$94\times10^4m^2$	$27\times10^4m^2$	$2\times10^4m^2$
投资	总投资约62亿元，主要包括单罐容积$4000m^3$球罐群及其他配套设施	总投资约30亿元，$50000m^3$全冷冻式全防罐群及其他配套设施	总投资约10亿元，主要包括$50\times10^4m^3$丙烷洞罐1座、$25\times10^4m^3$丁烷洞罐1座、$25\times10^4m^3$LPG洞罐1座，以及其他配套设施

续表

项目	地上常温压力罐储存	地上低温常压罐储存	地下水封洞库储存
设施维护及运行费用	主要包括低温换热、泵的运行等费用，由于储罐数量多，罐区储罐数量较多，维护量大，定员多约100人。维护费用高。每年安全检查。单位运营成本：36元/t	主要包括泵的运行、冷凝系统的费用，定员较多约85人。维护费用高。单位运营成本：30元/t	洞罐建设过程中采用喷锚支护等保护措施，建成后利用封塞进行封闭，无需进行维修，仅对地面设施或竖井内设备及仪表进行维护，维护量小，维护费用低；设计使用年限长，洞库主体结构设计使用年限为50年；到达使用年限后，对库内埋设的孔隙水压力计等安全监测系统数据进行评估，若符合设计要求还可继续使用；主要包括低温换热、泵的运行、裂隙水处理的费用，定员约30人，单位运营成本：5元/t
安全性	1. 储罐压力高，发生破裂后扩散速度快，遇明火发生火灾和爆炸的危险性大； 2. 同等储存容积下，储罐数量多，潜在的危险源多； 3. 需要设置储罐注水及喷淋降温等各种消防设施； 4. 安全性最低	1. 不易爆炸和着火，一旦储罐发生破裂，常压下的碎片不会飞散到很远的地方，破坏时的能量小，不会造成巨大损害，因产生明火发生火灾的危险性小； 2. 不易挥发，低温液化烃汽化为吸热过程，大量液体气化所需的热量很大，储罐破裂后液体的气化速度非常缓慢； 3. 安全性介于常温带压储存方案和地下水封储存方案之间	1. 储存于地面几十米以下，与地面空气隔绝，降低了火灾和爆炸的危险性； 2. 连接地下洞罐和地面的管线安装故障自动保护阀，事故状态下阀门自动关闭，切断地面与地下洞罐间流体的流动，避免大量LPG泄漏； 3. 利用地下水封进行储存，LPG不会泄漏到周围岩体中； 4. 与地上储罐相比，不易毁坏，消防设施简单，安全可靠； 5. 安全性最高
环保性	阀门及法兰等泄漏点较多，存在跑冒滴漏的风险大，不利于环境保护	阀门及法兰等泄漏点较多，存在跑冒滴漏的风险大，不利于环境保护	1. 利用水封保证储存介质不向外泄漏，对水文地质环境不产生影响； 2. 洞罐本体不占地面，地上设施占地面积小，可进行种植、绿化

从对比表可以看出，地下水封储存方案建设总投资低、运行费用低、安全性高，在大型LPG储运设施建设采用地下水封洞库是最优方案。

我国有漫长的海岸线，沿海有很多的花岗岩区块，地质条件也比较好，适合建地下水封洞库。长江、黄河两岸和众多湖泊、大型水库四周，如果有适宜的地质条件和水封条件也可以建地下水封洞库。目前国家原油储备库和企业LPG储库在采用地下水封洞库上已经有了一定的规模，在地下水封洞库勘察、设计、施工、运行管理上已经有了较为成熟丰富的经验，在炼油石化企业采用地下水封洞库，具有更大的优势，在提高有关企业的认识的基础上，将具有广阔的使用前景。

除了沿海企业可以建设LPG洞库储存原料，内陆和无洞库建库条件地区的企业也可以在沿海适宜地区建设大型LPG洞库，通过长输管道输送LPG来满足经济安全的原料供应需求。

万华LPG洞库的设计、建造到操作运行，为LPG地下洞库在我国的推广和发展起到了积极的示范和推动作用，已经为国内广大石化行业同业者接受。基于具有以上特殊优势，LPG洞库必将得到更加广泛的应用。

1.5 LPG洞库建设专业技术特点

LPG洞库建设专业技术涉及选址、设计、安装施工、管理的各个方面和建设的全过程。下面以万华LPG洞库建设过程为例，简要总结LPG洞库建设专业技术及其特点。

1.5.1 LPG洞库建设背景

万华化学集团股份有限公司（简称“万华化学”），前身为烟台万华聚氨酯股份有限公司，成立于1998年12月20日，2001年1月5日上市。2013年，为实现“中国万华向全球万华转变，万华聚氨酯向万华化学转变”的战略，公司正式更名为“万华化学集团股份有限公司”。万华化学主要从事异氰酸酯、多元醇等聚氨酯全系列产品、丙烯酸及酯等石化产品、水性涂料等功能性材料、特种化学品的研发、生产和销售，是全球最具竞争力的MDI制造商之一，欧洲最大的TDI供应商。万华化学是中国唯一一家拥有MDI制造技术自主知识产权的企业，MDI产能和市场占有率世界第一、产品质量和技术世界最好，ADI和特种胺系列产品产能和市场占有率世界第二、亚太第一。目前，万华化学主营业务类型主要包括四部分：聚氨酯板块、石化板块、功能材料解决方案板块以及特种化学品板块。

2011年3月11日，万华MDI一体化项目开工，万华烟台工业园建设正式启动。为了保证自身产业链的稳定，进一步全面发展和壮大中国聚氨酯产业，完善园区的聚氨酯产业链配套，同时实施环氧丙烷及丙烯酸酯一体化项目。环氧丙烷及丙烯酸酯一体化项目主要以LPG（丙烷、丁烷）为原料，通过丙烷脱氢装置生产丙烯作为环氧丙烷、丙烯酸和丁辛醇装置原料来源，下游配套聚醚和丙烯酸酯系列产品。原料LPG周转量大，而且主要是远洋运输进口，为了保证装置的稳定运行，确保原料供应的及时充足，需要一定的储存周期，需要建设较大规模的储存设施。由于球罐储存，不仅投资高、安全风险大，而且占地面积太大，占用较大比例的有限土地资源，选择低温储罐也存在占地面积较大、投资较高的情况。2011年初，鉴于LPG洞库具有安全、经济、环保、地面占地小等优势，国内有建设LPG洞库的先例，万华化学领导层决策建设万华一期洞库。

万华烟台工业园作为聚氨酯特色综合性化工园区，异氰酸酯和多元醇两大主要原料是园区发展的重点。随着一期项目的投产应用，依托现有产业链向高附加值延伸成为万华化学发展方向。2015年以后，二期项目进入筹备，聚氨酯产业链一体化——乙烯项目开始上马。为了提高对100×10^4 t/a乙烯联合装置的供料保障、降低对装置生产的风险、提高操作灵活性，结合万华一期洞库的运营效益，万华集团计划新建$120\times10^4 m^3$丙烷的万华二期洞库，巩固丙烷原料供给。

1.5.2 建设内容及进度

万华一期洞库建设主体工程为丙烷洞库（$50\times10^4 m^3$）、丁烷洞库（$25\times10^4 m^3$）、LPG洞库（$25\times10^4 m^3$），配套设施主要包括：卸船和装船设施、LPG增压及换热设施、裂隙水处理设施、供电及照明设施、自动控制及仪表设备、给排水及消防设施、电信设施等。2011 年开始项目可行性研究，施工期 36 个月。2015 年 8 月 18 日，万华烟台工业园 PO/AE 一体化项目全线投产并生产出合格的产品，标志着万华烟台工业园一期工程全线投产成功。

万华二期洞库建设主体工程为丙烷洞库二、丙烷洞库三 2 座丙烷洞库（库容均为 $60\times10^4m^3$），配套设施主要包括：卸船和装船设施、丙烷增压及换热设施、裂隙水处理设施、供电及照明设施、自动控制及仪表设备、给排水及消防设施、电信设施等。2017 年开始项目可行性研究，施工期 42 个月。2021 年 3 月，万华二期洞库投入运营。万华烟台工业园聚氨酯产业链一体化——乙烯项目于 2020 年 11 月 9 日全线一次投产成功。

1.5.3 建设专业技术

（1）勘察技术

在项目实施过程中，除采用常规勘察技术手段外，勘察单位采用了超声波测井技术、智能钻孔数字成像技术、钻孔超声波成像技术、钻孔压水试验技术、三维数字洞库系统技术等地下水封洞库方面的专门技术。

在有限的可选场地内，查明地质条件，进行实验研究和分析，清晰判定出适宜建设洞库的岩体范围，主要受洞库建设场地周边发育的次级断裂、破碎带控制，据此确定了可用的工程地质边界。

通过对库区钻孔岩体质量等级划分，确定各围岩等级比例，进行工程类比及对单条洞室初步模拟计算，对洞库工程场地围岩稳定性进行评价。通过进一步的岩土工程分析与评价，将洞库洞室主轴线方向定为 NE75°。与设计结合确定丁烷和 LPG 库主洞室顶面埋深为 −90m，丙烷库主洞室顶面埋深为 −130m。

在施工过程中，进行地质超前预报，及时进行地质素描，为设计提供准确的基础资料。

（2）设计技术及优化

万华 LPG 洞库项目设计中结合了厂址地区条件，总体遵照企业装置布局进行统一规划，即：地面设施的布置尽量靠近地下相关设施，做到合理紧凑，减少占地，并保证与相邻装置和设备间距应符合有关安全防火规范的要求。工艺设计在满足各阶段作业要求前提下做到设计合理、调度灵活、节约投资、方便操作、方便检修和事故处理，并与项目有良好的衔接。进口低温丙烷/丁烷加热利用装置循环水回水，节约了能源消耗。

万华 LPG 洞库工艺流程：进口丙烷/丁烷从冷冻槽船上由码头泊位经卸船臂卸船，通过增压泵提高压力，通过码头与库区间 DN600 管道至储库区，经换热器将丙烷（丁烷）从 −44℃（−4.8℃）加热到 +2℃。升压升温后的丙烷（丁烷）沿地面管道至丙烷洞库（丁烷洞库）。一般情况下，地下洞库储存的 LPG 用作丙烷脱氢制丙烯装置和 LPG 精制及丁烷异构装置的加工原料，少部分通过船舶外输。在丙烷、丁烷和 LPG 洞库竖井口附近，分别设置干燥系统，脱水后的产品含水率满足装置加工要求。丙烷、丁烷和 LPG 洞库裂隙水泵定期将洞库中的裂隙水排出洞外，以保持洞库中的水位在安全和操作范围内。三个洞库排出的裂隙水汇集到裂隙水处理设施单元统一处理，总处理量约为 $60m^3/h$。裂隙水先进入缓冲罐，经压缩机抽吸散发出来的碳氢气体后，泵送入气提塔，除去水中的碳氢化合物。压缩机抽吸的气体，返回 LPG 洞库，气提后的裂隙水送至厂区污水处理厂。

万华 LPG 洞库主要设备和仪表是增压泵、循环水泵、LPG 液下泵、裂隙水液下泵、喷射器、液相液压安全阀、气相液压安全阀、液位测量系统、换热器、裂隙水气提塔等。设备和仪表由于有特殊要求，引进部分设备和仪表，主要有：LPG 洞库的液下泵、界面控制仪表等专有设备和仪表；自动控制系统；大口径阀门；液压安全阀；地下振动及水位监测系统。

万华 LPG 洞库设计在洞室主轴线的确定、断面确定、洞库深度、围岩结构处理、围岩裂隙处理、洞库储存压力调节控制、竖井套管稳定控制、设备选择、竖井内管道设备安装、洞库围岩稳定性与支护设计、人工水幕设计与调控、安全保护措施、裂隙水量控制、自动控制、洞库安全检测、长周期运行监控、裂隙水处理、油气处理、环保及节能降耗等方面具有独特的技术特点，涉及工程地质、水文地质、地下结构、工艺、安装、自动控制、节能环保和设备等各个方面。在万华 LPG 洞库项目设计中，主要应用了以下专有技术：

① 低温液化烃换热升温控制技术；

② 洞库注入液体流量与洞室内的压力变化控制技术；

③ 竖井管道紧急切断技术；

④ 竖井管道安装设计技术；

⑤ 竖井管道锚固技术；

⑥ 水幕系统设置技术；

⑦ 洞库围岩裂隙处理技术；

⑧ 洞库加固支护控制技术；

⑨ 洞库测量仪表及自动控制技术；

⑩ 洞库安全监检测技术。

投用后，近年的检测数据表明洞罐整体结构稳定、水幕系统密封效果好，能够保证洞库安全运行。

(3) 专题研究

万华 LPG 洞库项目专项研究主要包括水文地质和工程地质专题研究，为优化设计提供基础。水文地质专题研究的关键性技术方法如下：

① 通过现场水文地质试验进行岩体渗透性评价，包括提水试验、抽水试验、单栓塞压水试验、注水试验、水位恢复试验、双栓塞压水试验等；

② 通过对库址区水文地质单元位置、稳定地下水水位分布、地下水补给条件、设计最低地下水位、洞室埋深、洞室涌水量等主要影响因素分析与地下水数值模拟计算相结合来综合评价洞库水封条件；

③ 通过水幕效率试验对水幕效率评价，包括单孔注水回落试验和多孔联合试验；

④ 对地下洞库（地表、巷道和洞室）及其周围地区在施工期、运营期布设完整的水文地质监测网络，进行全方位的动态监测。

工程地质专题研究的关键性的技术方法如下：

① 基于区域性断裂带、地震烈度、大地热流值进行区域稳定性评价；

② 通过现场地应力测试、地应力场分析、数值模拟中的地应力场反演进行场地地应力场分布特征分析；

③ 开挖施工之前，基于工程勘察获得的地表岩体结构面、钻孔岩体结构面等采样数据，

通过统计推断的方法构建与真实岩体统计等效的岩体离散介质模型；开挖施工期间，直接根据围岩地质编录结果构建岩体离散介质模型；

④ 在开挖施工之前采用试验法和估算法确定LPG洞库工程岩体与结构面力学参数；在开挖施工过程中，依托宏观观测与工程地质监测结果，采用反分析法确定力学参数；

⑤ 通过计算或查阅规范确定锚杆体的横截面面积、弹性模量、抗拉强度、抗压强度；通过锚杆现场基本试验确定锚杆-砂浆或砂浆-围岩的粘结刚度、粘结强度；

⑥ 通过估算法、试验法或反分析法确定喷射混凝土层与围岩接触的法向刚度、切向刚度、内聚力、内摩擦角、抗拉强度；结合规范综合确定泊松比、弹性模量；

⑦ 通过工程类比法、围岩质量分级法、解析计算法和数值模拟法等进行围岩稳定性评价；

⑧ 通过工程类比法、围岩质量分级法、荷载-结构法、地层-结构法等进行围岩支护结构安全性评价。

（4）施工技术

万华LPG洞库施工单位在总结隧道工程和其他洞库工程施工技术的基础上，在施工技术上进行了改进和提高，保证了项目施工的高效、安全和高质量。

① 施工测量。施工测量采用全站仪和激光导向仪进行测量，定期进行洞轴线的全面检查、复测，确保测量控制工序质量。

② 施工通风。根据施工任务不同，将施工通风合理划分阶段，采用专业通风计算软件计算通风量和选择合适的通风设备，根据洞室开挖实际需风量及时调节风机运行功率，并做好通风系统运行与管理，从施工安排上尽量提前贯通竖井、导洞，形成良好通风循环，保证了洞室通风条件。

③ 施工爆破。施工前先进行爆破试验，优化爆破设计，减少爆破震动，使爆破震动对围岩、临洞及地面建筑物的破坏力在可控范围内。在爆破参数发生较大变化时均进行了爆破试验，如施工巷道、水幕巷道、主洞室顶层、主洞室台阶等第一次爆破均进行爆破试验，获取各项爆破参数，验证并优化爆破设计，以提高爆破效果，保证开挖质量，对设计防护目标进行了有效安全保护。

④ 洞罐施工。主洞室采用分层、分区开挖，将大断面变成多个开挖面。主洞室将大跨度断面分区开挖支护，降低开挖对围岩的扰动，缩小一次成型顶拱跨度，降低不良地质段的塌顶风险。高边墙开挖采用分层开挖，采用光面微差爆破的方法开挖，每开挖一层及时支护一层，降低一次成型边墙的高度，确保开挖边墙的稳定。为了控制主洞室底板成形，对底板进行光面爆破。施工巷道主要采用全断面光面爆破开挖。均采用三臂凿岩台车钻孔，平台服务车辅助装药、爆破，侧卸式装载机装渣，挖掘机清底、扒渣，自卸汽车运渣。水幕孔采用液压坑道钻机，钻孔后及时进行流水试验、测斜、孔内成像、压水试验等工作。

施工巷道、竖井封塞：结合围岩地质情况合理调整封塞的位置，保持开挖面的新鲜及干净，钢筋随岩面编制，施工巷道封塞混凝土一次浇筑到顶，进行拱顶的回填注浆、接触注浆。竖井封塞混凝土分层浇筑。

⑤ 地下水位及渗流控制。开挖过程中进行超前地质预报（主要为超前探孔和地质素描），根据探孔的出水量判定是否采用超前注浆堵水，如需要注浆，则采用三臂凿岩台车钻孔，双液注浆机注浆。如水量较少不需注浆，开挖后如局部出水，也进行注浆堵水。在施工

全过程每天进行地下水位的监测，发现地下水位变化及时分析原因并采取措施。

全面水力试验：在洞罐密封塞的人孔封堵前，进行全面水力试验，水幕巷道内全面注水，检测整个水幕系统的水力对洞罐的影响，如出现超标准渗漏等情况，再对其进行注浆等补充作业。

⑥ 断层破碎带、富水段施工。根据探明的地质和地下水情况制定相应的方案和技术措施。当探明前方地下水量大，按照设计采用周边预注浆或帷幕注浆对前方围岩进行堵水；当围岩破碎、稳定性差时，根据情况采用不同形式的超前支护。加强初期支护，增加喷射混凝土的厚度、加密加长锚杆、增设钢筋网或使用喷射钢纤维混凝土、在洞室侧壁增加锚索等。加强围岩量测，发现围岩变形或异常情况，及时采取紧急措施处理。设置完善的排水系统，配备足够的抽水设备，并保证有足够的抽水能力储备，一旦出现涌水能够及时将涌水排出洞外。制定洞室坍塌和涌水应急预案。

竖井设备和管道安装单位具有丰富的经验，万华 LPG 洞库项目竖井安装中井底结构安装、支架安装、锚栓安装、套管安装、U 形卡安装均须在竖井内进行，采用的特别施工技术主要有：

① 井内施工借助工作吊盘、吊篮升降作业。专门制作的吊盘在保证安全可靠的前提下满足竖井内顺利通行。制作的吊篮在保证安全可靠的前提下满足井口钢结构中间口顺利通行。

② 采用特殊工法控制竖井中心线、井口钢结构、井内和井底钢结构安装基准线定位精度。

③ 专门为竖井安装制作施工临时塔架。

1.5.4 LPG 洞库的优势与运营成效

万华 LPG 洞库建设充分发挥了地下水封洞库的优势，且具有以下特点：

① 万华 LPG 洞库建设聚集了国内一流的勘察、设计及研究、施工、管理团队，项目建设过程中能够严格按照进度计划推进，严格执行了万华化学工程建设管理中心的质量、安全、环保规定，保证了项目高质量和高水平；

② 所选库址既满足了地下水封洞库建设的工程地质和水文地质条件的要求，又与环氧丙烷及丙烯酸酯一体化项目主装置区布置在一起，可以充分利用一体化项目的公用工程和设施条件，提高项目的经济效益和社会效益；

③ 主体工程地下洞库布置在项目装置区地下，地面竖井等设施与装置区一体布置，减少了输送管道用量，减少了运行费用，节省了配套设施的投资，同时减少了占地，整个 $220\times10^4\mathrm{m}^3$ 洞库地面占地面积不到 $3\times10^4\mathrm{m}^2$；

④ 进口低温丙烷/丁烷加热利用装置循环水回水，有效利用了热源，节约了大量能源消耗，年节省消耗折合 2240t 标准油；

⑤ 万华 LPG 洞库的投运以来，有效地保证了环氧丙烷及丙烯酸酯一体化项目装置原料供应，确保装置的平稳运行。由于万华 LPG 洞库的规模大，使得采购周期可以加长，增强了项目原料抗市场干扰的能力。运行第一年，仅 LPG 贸易就为公司取得了十分可观的收益。

万华 LPG 洞库建设在我国地下水封洞库建设发展中起到了积极的示范效应与技术推广作用，主要体现如下：

① 开创了我国石油化工企业建设地下水封洞库作为原料罐区的先河；

② 开创了地下建产品储库，地上建设工艺生产装置的先河；

③ 一次建设世界最大规模 LPG 地下库；

④ 参与项目建设的勘察、设计、施工单位根据现场实际地质情况进行了大量有针对性地联合研究，解决了诸多工程地质、水文地质及地下结构等方面的问题，为建设国内其他地下水封洞库积累了宝贵的经验和技术方案；

⑤ 为国家储备库建设提供了宝贵的勘察、设计、施工、试验验收、试运、投产、监测等建设全过程的适用经验和技术参考。建设过程中和投产运营后迎接了大量勘察、设计、施工、建设、监管单位和政府相关部门人员来现场参观学习、交流考察，有力地推动了国内地下水封洞库建设的快速发展。

第2章

LPG洞库工程勘察

工程勘察是指根据建设工程的需求，查明分析评价建设场地的地质地理环境特征以及岩土工程条件，并提出合理建议，编制勘察报告的活动。勘察工作目的是获取现场的各种地质参数，为设计和施工提供数据支持。与一般的地面勘察不同的是，LPG洞库勘察不仅需要获取地表一定深度范围内的地质参数，还需要通过各种手段取得建库岩体深度范围内的工程地质和水文地质参数，同时由于需要对LPG洞库的水封性进行评价，勘察工作需要采取更加先进的现场勘探手段，获取更加准确化、精细化的地质参数，以满足LPG洞库的建设需求。

传统的工程勘察主要通过地表测绘、观察来推测深部的地质构造情况，辅以少量的钻探验证。与传统的工程勘察不同，LPG洞库勘察需要通过大面积高精度的工程地质、水文地质测绘来调查推断建库区域的工程地质水文地质情况，再根据现场实际情况进行下一步的勘察工作，根据设计要求和勘察阶段的不同采用不同的勘察手段作为重点进行勘察作业。国内近年来经过对LPG洞库勘察工作的开展，已经逐渐形成了以工程地质水文地质调查测绘、工程物探、工程钻探、水文地质试验及室内试验为一体的综合勘察技术。

2.1 勘察阶段的划分与主要目标

2.1.1 勘察阶段的划分

根据目前国内现行规范与建设程序，地下水封洞库工程勘察工作分为四个阶段，即预可研阶段勘察、可研阶段勘察、基础设计阶段勘察、施工图设计及施工阶段勘察，对应地面建（构）筑物勘察的可行性研究勘察、初步勘察、详细勘察和施工勘察。

预可研阶段勘察目的主要是初步确定地下水封洞库的建设场地，然后再进行下一阶段勘察工作，预可研阶段勘察在建设单位提供的拟建场地范围内开展，勘察完成后推荐适合建库的岩体范围，再由建设单位结合其他专业设计情况确定最终的建库场址。

可研阶段勘察是整个勘察过程中最重要的勘察阶段，可研阶段勘察完成后，根据勘察查明的场地地质条件，设计单位综合确定LPG洞库的平面布置、埋深与主洞室轴线等。一般情况下，地下洞室的结构基本确定，后期一般不会有颠覆性的变化。如果可研阶段勘察的勘探工作量不足，勘察深度不够，遗漏了重要的地质信息，轻则调整洞室整体布置，重则推翻整个设计方案，并需对调整后的洞室进行勘察作业，将造成大量浪费与建设工期的延误。因此，LPG洞库勘察大部分工作量应主要集中在可研阶段。

基础设计阶段勘察主要针对具体建构筑物来进行，如明槽、竖井、施工巷道、水幕巷道和主洞室等。

施工图设计及施工阶段勘察也是一个非常重要的勘察阶段，是对前期各个勘察阶段成果的补充、验证。施工巷道和水幕巷道开挖后，基本对场地的地质情况有一个完整的揭露，结合前期的勘察成果，可以对下方主洞室所处的工程地质条件有一个明确的认知，能够较好地为主洞室开挖提供指导。

2.1.2 勘察的主要目标

LPG洞库勘察的主要目标为查明场地的工程地质条件，推荐建库岩体的可用范围；确定库址后，通过进一步的勘察判断洞室岩体的稳定性，推测洞室涌水量，查明各个洞室及竖井的地质情况并判断其稳定性；施工期配合进行围岩地质编录、超前地质预报及地下水位监测等工作，为地下洞室的开挖提供指导。

不同勘察阶段的勘察侧重点有所不同，预可研阶段勘察重在一个“选”字，即选择推荐合适的库址进行地下洞库的建设；可研阶段勘察则需要分析场地的地质情况，对地下洞库的平面位置、埋深、洞室轴线等提出建议；基础设计阶段勘察一方面需要查明具体构建筑物的地质情况，另一方面也是一个查漏补缺的阶段，以免施工期间出现大的地质遗漏；施工图设计及施工阶段勘察重在分析洞室的围岩稳定性、洞室涌水量变化及地下水水位的稳定性，为地下洞室开挖提供指导。具体各个勘察阶段的具体工作目标如下。

(1) 预可研阶段勘察

① 通过收集分析有关资料及实地调查研究，对预选场区的区域地质、工程地质及水文地质条件进行综合评价。

② 对比选库址区及其临近区域进行工程地质、水文地质调查与测绘。

③ 在调查测绘的基础上，进行针对性的工程物探、工程钻探，并结合适量的测试、试验工作，对比选库址区进行建库条件对比分析评价，根据评价结果择优推荐库址。

(2) 可研阶段勘察

可研阶段勘察应在前期勘察工作基础上，综合运用各种勘察手段与试验方法，初步查明拟建库址区的工程地质条件，包括岩性、岩体构造、岩体物理力学性质指标、地应力等，划分岩体质量等级，初步评价洞室围岩的稳定性。初步查明拟建库址区水文地质条件，包括地下水的分布、地下水水化学特征、库址区岩体的富水性、渗透性等，估算洞室围岩渗透稳定性、渗水量，初步评价洞库水封性。

(3) 基础设计阶段勘察

基础设计阶段勘察是在前期勘察工作基础上，综合运用各种勘察手段与试验方法，基本查明库址区域水文地质条件，如水文地质结构分段、地下水位、岩体与断层的富水性、渗透性、地下（表）水水化学特征，预测洞库围岩渗透稳定性、渗水量，进行水文地质评价；基本查明建库区域设计地下水位，预测洞库渗水量，为最终确定洞库设置位置提供依据；查明主洞室、水幕巷道与竖井等部位的工程地质条件，划分主洞室、水幕巷道与竖井等的围岩质量等级，评价洞室的整体稳定性与洞室局部块体稳定性，分析岩体应力、应变特征；从工程地质方面确定水幕系统、主洞室埋深的适宜性，确定竖井设置位置的适宜性；进一步查明建库区域岩体分类、破碎带、断层的分布范围，为洞室开挖与支护设计提供依据和建议；提供初步设计阶段所需的勘察成果，为施工图设计及施工阶段勘察提供建议。

(4) 施工图设计及施工阶段勘察

施工图设计及施工阶段勘察是前期各个勘察阶段岩土工程勘察工作的继续和深入，应根据开挖过程中获得的勘察资料校核前期的勘察成果，深入认识和总结库区地质规律；随巷道、竖井和洞室的开挖进行围岩地质编录，确定围岩分类；根据开挖进度使用多种手段进行超前地质预报作业，配合设计和施工单位及时解决对施工安全和工程质量有影响的工程地质和水文地质问题。

2.2 勘察方法

LPG 洞库勘察需要获取拟建场地的各项地质参数，对地下水封洞库工程进行定量分析。各项地质参数的获取需要选择相应的勘探手段。经过近年来洞库勘察工作的不断发展，对部分传统勘探手段进行了升级改造，逐渐形成了以地质测绘为基础，结合工程物探、工程钻探、水文地质试验、室内试验为一体的综合勘察方法。

2.2.1 工程地质与水文地质测绘

工程地质与水文地质测绘是 LPG 洞库勘察的前提和基础，地质测绘工作的好坏直接关系到洞库勘察的质量。地质测绘需根据勘察阶段的不同选择不同的测绘精度：工程地质测绘需覆盖场地及其影响范围，查明场地内部及周边区域的工程地质条件；水文地质测绘则需根据库址的场地位置，以库址区为中心，确定水文地质单元的划分，明确水文地质单元的边界，查明区域内的水文地质情况及其边界条件。

(1) 工程地质测绘

测绘库址区地质条件，形成综合工程地质图（根据勘察阶段的不同，精度有所区别）。工程地质测绘工作是沿着一定的路线并按照精度要求布置观测点，必要时，布置槽探和局部工程物探工作，将地层界线及构造线绘制在地形图上。

① 地质观测点的布置、密度和定位。

a. 在地质构造线、地层接触线、岩性分界线、标准层位和每个地质单元体应有地质观测点。

b. 地质观测点的密度应根据场地的地貌、地质条件、成图比例尺和工程要求等确定，并应具代表性。

c. 地质观测点应充分利用天然和已有的人工露头，如局部区域露头少时，应根据具体情况布置一定数量的探坑或探槽。

d. 地质观测点的定位应根据精度要求选用适当方法，地质构造线、地层接触线、岩性分界线、软弱夹层、地下水露头（泉、水井）和不良地质作用等特殊地质观测点，宜用仪器定位。

② 测绘和调查的内容。

a. 地形地貌。

(a) 调查地貌的成因类型和形态特征，划分地貌单元，分析各地貌单元的发生、发展及其相互关系，并划分各地貌单元的分界线。

(b) 调查微地貌特征及其与地层岩性、地质构造和不良地质作用的联系。

(c) 调查地形的形态及其变化情况。

b. 地层岩性、构造及节理裂隙。

(a) 调查岩石结构、构造和矿物成分及原生、次生构造的特点。

(b) 与围岩的接触关系和围岩的蚀变情况。

(c) 调查岩脉的分布、岩性、产状、厚度及其与断裂的关系。

(d) 调查研究断裂构造的性质、类型、规模、产状、上下盘相对位移量（垂直和水平）及断裂带宽度、充填物和胶结程度。

(e) 调查研究新构造运动的性质、强度、趋向、频率，分析升降变化规律及各地段的相对运动，特别是新构造运动与地震的关系。

(f) 调查节理、裂隙的产状、性质、张开度、成因和充填胶结程度。结合洞库的位置和大比例尺工程地质测绘，选择有代表性的地段和适当的范围，进行节理裂隙的详细调查，为研究岩体工程地质特性、进行有关工程地质问题分析和评价提供资料。对裂隙测绘调查的结果，应进行统计计算和绘制裂隙发育方向玫瑰图。

c. 不良地质作用。

(a) 调查库址范围内可能存在的滑坡、崩塌、岩堆、泥石流等不良地质作用，研究其形成条件、规模、性质及发展状况，以拟建库址区附近区域作为重点调查范围。

(b) 查明岩石的风化程度和各风化带厚度、风化物性质及风化作用与岩性、构造、气候、水文地质条件和地形地貌等因素的关系。

d. 地表水和地下水。

(a) 调查地表水系的水位、水质、流量、流速、洪水位标高和淹没情况及与地下水的关系。

(b) 查明地下水流域范围，补给、径流和排泄条件。

(c) 查明水井的水位、水量、变化幅度及水井结构和深度。

(d) 查明地下水的埋藏条件、类型、水位变化规律和变化幅度。

(e) 调查水的化学成分及其对建筑材料的腐蚀性和对油品的影响。

(2) 水文地质测绘

水文地质测绘主要查明围岩接触蚀变带的类型、宽度、破碎情况和裂隙发育程度及其富水性；各种岩脉的岩性、产状、规模、穿插关系，岩脉本身及围岩接触带的破碎程度和富水性；风化带的性状、厚度和分布规律，尤其是半风化带的厚度和分布规律。注意调查具有一定汇水面积的剥蚀丘陵的风化裂隙水。

① 水点的观察与描述。

调查的水点包括地下水的天然露头及人工露头。天然露头有泉、沼泽和湿地，人工露头有水井与揭露了地下水的钻孔等。

a. 水井、钻孔的调查。

(a) 井孔的位置及所处地貌部位，井孔的深度、结构、形状及口径。

(b) 了解井孔所揭露的地层剖面，确定含水层的位置、厚度和含水性质。

(c) 测量水位、水温，选择有代表性的水井进行简易抽水试验，并取水样作化学分析；通过调查访问搜集水井的水位和涌水量的变化情况；对钻孔要进行水文地质观测、编录及抽水试验。

(d) 了解水的使用和引水设备情况。

(e) 对自流井，应着重调查出水层位和隔水顶板的岩性、水头高度及流量变化情况；在地下水已被开发利用的地区，要采取访问与调查相结合的机、民井普查方法，充分搜集和利用历次调查登记的以及地点保存的机、民井资料。

b. 泉的调查。

(a) 泉水出露的地形地貌部位、高程及与当地基准面的相对高差。

(b) 泉水出露处的地质构造条件和涌出地面时的特点（是明显地一股或几股水涌出，还是呈片状向外渗出），泉的类型。

(c) 根据地质构造和泉的特点，判断补给泉水的含水层，绘制泉水出露处的素描图。

(d) 观测泉水的物理性质，取水样作化学分析；测量泉水的水温和流量，并通过访问和观察泉眼附近的各种隐迹，了解流量的稳定性。

(e) 泉眼附近有特殊的泉水沉淀物时，应进行肉眼鉴定，必要时采样进行化学分析。

(f) 了解泉水目前利用状况及进一步扩泉的可能性。

(g) 对人工挖泉，应了解其挖掘位置、深度、泉水出露的高程和地形条件、遇水层位和水量等。

(h) 对流量较大的泉水，应调查水的去路，对有重要水文地质意义和开采利用价值的大泉，应在初步调查的基础上及早开始动态观测。

(i) 遇有矿泉时，除必须调查上述内容外，应特别研究矿泉的水温、化学成分、成因和地质构造条件。

c. 地表水体（河流、湖泊）的调查。

(a) 河流、湖泊、池塘、渠道等地表水体的位置及周围的地形特征。

(b) 观测地表水体的形态，包括：河流的宽度、长度和深度，湖泊的面积及积水的深度。

(c) 地表水体附近的地层岩性、地貌条件及其所处的构造部位。

(d) 测定其水位、流量、流速、含砂量等。

(e) 观察水的物理性质（如颜色、透明度、嗅和味、沉淀），必要时取水样进行化学分析。

(f) 调查询问动态资料，了解水量、水位、水温一年四季的变化。

(g) 测量和搜集河流上下游间流量的变化、支流的水量、河床沿途的变化情况，特别要重视枯水期地表河流流量的测定。

(h) 地表水的利用情况。

② 水样的采集、保存和送检。

a. 采取水样的基本要求。

（a）水样的代表性：供作化学分析的水样，要求能代表天然条件下的客观水质情况，即采取钻孔或观测孔里的水样时，要抽出钻孔内的积水（死水），待天然含水层之水进入钻孔后再采取；采取生产井水样时，要取当时开泵抽出的鲜水，不要在管网、水塘或蓄水池里取水；采取民井水样时，不要选“死水井”，应在常提水的民井中取水；取泉水时，应在泉口外采取。

（b）水样采取数量：勘察一般仅作水质简要分析工作，一般情况下，每套水样按照1000mL考虑。

（c）对盛水容器的要求：一般应采用带磨口玻璃塞的玻璃瓶或塑料瓶；水样瓶必须用洗涤液洗净，后用蒸馏水清洗；取样时，必须用所取之井、泉水冲洗水样瓶和塞子三次以上。

（d）取样要求：采取水样时，应缓慢地将水注入瓶中，严防杂物混入，并留10～20mm空间；每套水样中单独取出一瓶水样放入$CaCO_3$，用于检测侵蚀性CO_2。

b. 水样的保存和送检要求。

（a）运送途中严防水样瓶封口破损，冬季防止水样瓶冻裂，夏季避免阳光照射。

（b）送样时，要填好送样单，注明送样单位、样品编号、分析项目和要求，交化验人员当面验收。

（c）水样如不能立即分析时，应采取措施存放，使水样温度不超过取样时的水温，各种水样容许存放的参考时间如下：清洁的水，容许存放72h；稍受污染的水，容许存放48h。

2.2.2 工程物探

工程物探即工程地球物理勘探，以研究地下物理场为基础。不同的地质体在物理性质上的差异直接影响地下物理场的分布规律，通过分析研究地下物理场的不同，结合有关地质资料，判断与工程勘察相关的工程地质问题。工程物探具有成本低、效率高、现场易操作的优点，但多数的工程物探方法有其局限性与多解性，所以应用工程物探，选择合适的物探手段，与其他勘察方法如地质测绘、工程钻探等相互结合，才能达到更好的效果。

工程物探常用的方法有电法勘探、地震勘探、弹性波测试、测井及磁法勘探等。通过近年来洞库勘察积累的经验，洞库勘察中主要运用电法勘探、地震勘探、弹性波测试及测井进行洞库的勘察。电法及地震勘探需要覆盖整个场地，结合相应的勘察手段查明洞库场地内的工程地质情况；弹性波测试和测井则在钻孔中进行，结合工程钻探查明具体部位的岩体情况。

（1）电法和地震勘探

电法勘探是通过对人工或天然电场的研究，获得岩石不同电学特性的资料，以判断相关的工程地质和水文地质问题。最常用的是直流电法勘探，主要研究岩石的电阻率和电化学活动性，可分为电阻率法、自然电场法和激发极化法等。

地震勘探是通过研究人工激发的弹性波在地壳内的传播规律来勘探地质构造的方法。由锤击或爆炸引起的弹性波，从激发点向外传播，遇到不同弹性介质的分界面，将产生反射和折射，利用检波器将反射波和折射波到达地面所引起的微弱振动变成电信号，送入地震仪经滤波、放大后，记录在像纸或磁带中，经整理、分析、解释就能推算出不同地层分界面的埋藏深度、产状、构造等。它常用于探测覆盖层或风化壳的厚度，确定断层破碎带，在现场研究岩土的动力学特性，可分为折射波法和反射波法两种。

LPG 洞库勘察一般采用浅层地震反射波法（常用仪器见图 2-1）和高密度电法（常用仪器见图 2-2）进行勘察。

图 2-1　GEODE-144 地震仪

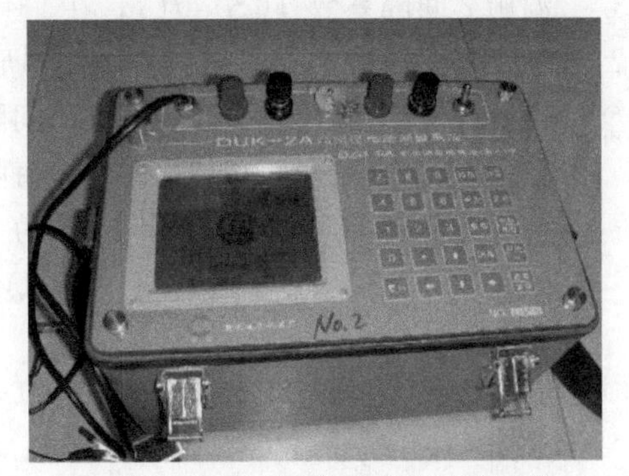

图 2-2　DUK-2A 高密度电法测量仪

浅层地震反射波法是利用介质的波阻抗差异，而高密度电法是利用介质的电性差异。根据物理场的特性和理论原理，地球物理方法可归纳为平面和体积勘探两类。浅层地震反射波法归属于平面（即射线平面）勘探范畴，而高密度电法归属于体积勘探范畴。浅层地震反射波法反映由激发点、接收点和射线构成的平面内的信息，具有较高的分辨率。高密度电法反映发射点和接收点之间（或电极间）所构成体积内的综合信息，可分辨物体的大小与总体积比有关，分辨率随深度的增大而明显降低，局部小范围异常难以被探测，但该方法可对其含水性进行评价。

① 野外数据采集和数字处理。野外数据采集和数字处理是地球物理勘探的重要组成部分。当探测方法确定后，野外数据的可靠性主要取决于所选工作仪器及仪器采集参数、采用的观测方式及观测系统参数。由于任务及要求、表层及深层条件和场地条件的不同，所选的仪器采集参数和采用的观测方式及观测系统参数也就不同，必须通过现场试验来确定。数字处理的目的是获取可进行地质解释的地球物理勘探结果剖面，它直接关系到探测的效果和准确性，处理效果的好坏和精度的高低与所选处理软件、处理流程及模块参数有关。因此，处理时必须从事大量的处理流程及模块参数选择试验，确定适合于所采集资料、任务及目的的处理流程和模块参数。

② 高密度电法野外工作技术。

a. 方法原理。高密度电法是以岩土体的电性差异为基础，根据在施加电场作用下地中传导电流的分布规律，推断地下具有不同电阻率的地质体的赋存情况。高密度电法是在垂向直流电测深与电测断面法两个基本原理的基础上，通过高密度电法测量系统中的软件，控制同一条多芯电缆上布置联结的多个（60～120 个）电极，使其自动组成多个垂向测深点或多个不同深度的探测断面，根据控制系统中选择的探测装置类型，对电极进行相应的排列组合，按照测深点位置的排列顺序或探测断面的深度顺序，逐点或逐层探测，实现供电和测量电极的自动布点、自动跑极、自动供电、自动观测、自动记录、自动计算、自动存储。和常规电阻率法一样，它通过 A、B 电极向地下供电流 I，然后在 M、N 极间测量电位差 ΔV，从而可求得该点（M、N 之间）的视电阻率值。根据实测的视电阻率剖面，进行计算、分析，便可获得地下地层中的电阻率分布情况，从而可以划分地层、判定异常等。

b. 野外工作布置与资料采集。洞库勘察高密度电法一般采用温施装置，根据现场踏勘情况选择相应的参数。以万华二期洞库勘察为例，选定的参数如下：电极距为 7m，电极数 120 个，温施隔离系数 7，测量层数 44 层。

温施 2 间隔系数（CS）为 7，在 1～7 层 MN 间隔为 1，8～14 层 MN 间隔变为 3，15～21 层变为 5，依此类推，得到一个倒梯形剖面图，如下所示。

1层	A	M	N	B	间隔 $MN=1$，MN 间隔等于一个极距
	1	2	3	4	每隔 7 层 MN 间隔改变一次，其改变规律
	2	3	4	5	为 1、3、5、7、9、11……
	3	4	5	6	AM、BN 的间隔随层数递增每增加一层，增加一个间隔

……………………………

2层	A	M	N	B	$N=2$
	1	3	4	6	$AM=BM=2$
	2	4	5	7	$MN=1$
	3	5	6	8	

……………………………

以此类推，断面连续滚动扫描测量。该测量方法在测量时以滚动线为单位进行测量，启动一次测量最少测一条滚动线，存储与显示时则仍以剖面线为单位进行。滚动线是一条沿深度方向的直线或斜线（不可视线），各测线等距分布其上，所有滚动线上相同测点号的测点构成一条剖面，不同深度的测点位于不同剖面上，一条滚动线上的测点数等于断面的剖面数。一个断面由若干条滚动线组成，且每条滚动线有唯一编号。

测量一条滚动线的过程称作单次滚动，即在保持供电电极与某个电极接通不动的情况下沿测线方向（电极号由小到大）移动测量电极，测量电极与供电电极间距起始为一个基本点距，测量并存储当前点电阻率后便移动一次测量电极。每次移动一个基本点距，重复上述测量移动过程直至测量点数等于剖面数为止。

③ 浅层地震工作方法及技术。根据现场踏勘情况确定地震反射波法采集参数和观测系统（图 2-3）。以万华二期洞库为例，选定的参数如下：

记录道数 $N=48$；偏移距 $X_0=40.0\text{m}$；道间距 $d_x=5.0\text{m}$；激发间距 $d_s=20\text{m}$；叠加次数 $n=6$；采样间隔 $d_t=0.25\text{ms}$；记录长度 $t_1=500\text{ms}$；激发方式为单边放炮；激发震源为落锤。

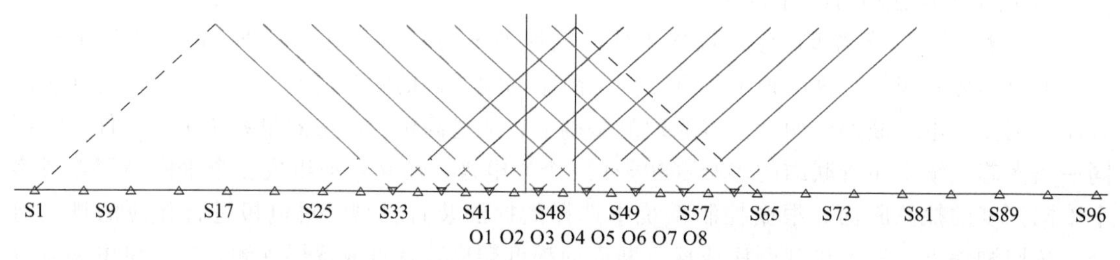

图 2-3 观测系统（△为接收点，▽为激发点）

(2) *超声波波速测试*

超声波波速测试技术是利用人工激发产生的超声波研究该波在岩体内的传播规律的一种技术。常采用带波形显示功能的超声波检测仪和频率为 20kHz～250kHz 声波换能器，测量超声波在岩石中的传播速度、首波振幅和接收信号频谱等声学参数，并根据这些参数及其相对变化，判断岩石的风化及物理性能，以及岩体内结构状态、应力大小、弹性参数及岩体物理力学性质等（图 2-4）。

新鲜完整的岩石波速较高，风化岩石波速较低，风化越严重，波速就越低。这是由于风化作用使岩石中的结构面增加，且原有的矿物分解成次生的亲水矿物，矿物或岩屑颗粒之间的连接状态，也由原来的结晶连接或胶结连接转化为水胶连接，进而较为松散，从而使声波传播时间增长，波速降低，而吸收衰减增大，波幅大大缩小，波在风化岩石中的穿透能力也大为减弱。

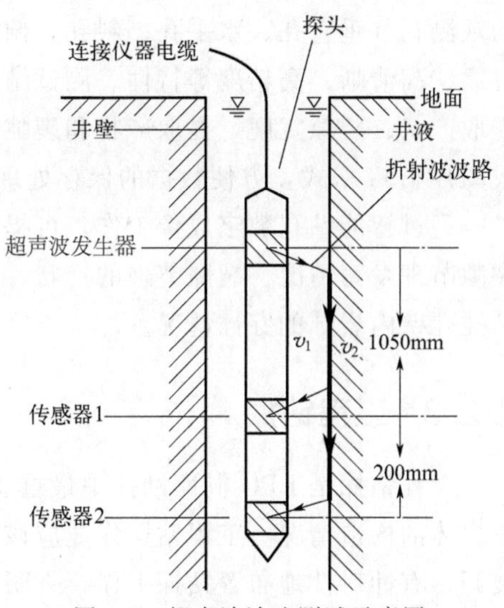

图 2-4　超声波波速测试示意图

（3）智能钻孔数字成像

LPG 洞库勘察中，工程钻探是获取场地内地下岩体情况最直观有效的勘察方法，可以反映地下岩体的真实状况，但通过工程钻探无法直接确定地下岩体的节理产状要素。仅通过地表调查的节理发育方向推断地下岩体的优势节理发育方向显然是不太合理的，且部分场地覆盖层较厚，地表露头较少或没有露头，无法通过地表调查获得区域内的优势节理发育方向，因此采取相应的勘察手段获得地下深部岩体的节理发育方向是洞库勘察的重点工作。

智能钻孔数字成像仪采用先进的 DSP 图像采集与处理技术，系统高度集成，探头全景摄像，剖面实时自动提取，图像清晰逼真（图 2-5），方位及深度自动准确校准，可对所有

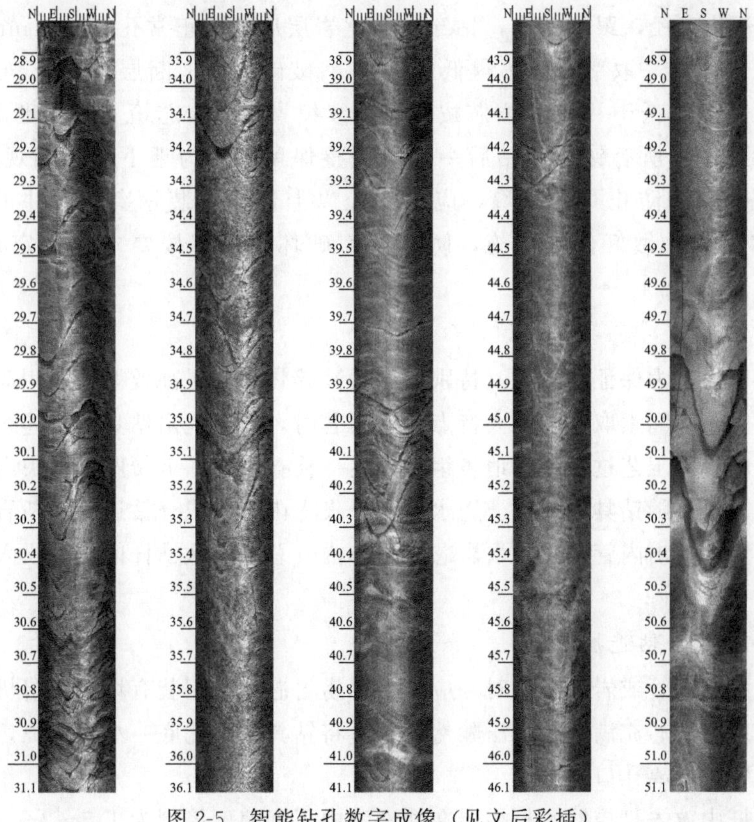

图 2-5　智能钻孔数字成像（见文后彩插）

的观测孔（垂直孔、水平孔、斜孔、俯仰角孔）全方位、全柱面观测成像，具有高集成、高可靠、高清晰、高精度等特性。测试结果通过数据线由仪器传到电脑上后，就可以利用软件提取产状、裂隙宽度，提取产状和裂隙宽度测量结果可以导出成Excel文件。数据可以保存成图片JPG格式，方便数据的保存处理。

通过智能钻孔数字成像工作，可提供各孔的钻孔孔壁的实测展开图，提供每个钻孔实测裂隙节理发育情况、裂隙节理的产状、裂隙的宽度，可用于分析每个钻孔孔壁的破碎情况、钻孔孔壁内岩脉的穿插情况。

2.2.3 工程钻探

工程钻探是LPG洞库勘探中最重要的一项工作，工程钻探的成果可以最直观地反映地下岩体的构造情况。工程钻探作业应该在地质测绘和工程物探（电法和地震勘探）的基础上展开，有针对性地布置钻探工作，查明验证相应的地质信息。钻探完成后可以在钻孔内进行测井、水文地质试验与地应力测试等。

由于地下岩体的工程性质一般具有不均匀性和各向异性，直孔获取的地质信息相对有限，若库址区地下岩体发育的节理裂隙以陡倾角为主，直孔揭露的地质信息则更为片面，无法真实有效地反映地下岩体的地质信息。因此，引入了矿山等工程常用的斜孔钻探（和地面的夹角最大为60°），和直孔钻探相互结合，能够相对全面地反映建库区域的地下岩体构造情况。

工程钻探应根据钻孔位置的第四系覆盖层厚度及岩体风化层厚度的大小，选用不小于110mm的开孔直径，跟管钻进，钻穿中风化岩层后变为正常孔径（91mm）。钻孔一般均为取芯钻探，岩芯采取率一般不得低于95%，破碎地带、断层破碎带、蚀变岩体等部位的岩芯采取率不得低于90%，岩芯按顺序连续编号装入岩芯箱。钻探班报表及时记录，清洁工整，无涂改。所有钻孔完钻后一般需完整保留，作为地下水长期观测孔，进行长期地下水位观测。为防止孔内垮塌，应对变径以上位置加装钢套管，并进行注浆固定，同时应对孔口加锁，做好保护措施，防止人为破坏。岩芯按要求于指定地点进行长期保留。

（1）钻进工艺

因钻孔深度大，为保证取芯率（特别是软弱破碎带）和提高效率，采用双管单动绳索取芯的新型钻进工艺。绳索取芯的最大特点是取岩芯时，无需提出钻具，可连续钻进，大大提高工效。钻进的基本工艺过程是：地表组配钻具→检查卡簧、卡簧座和钻头内径的配合→下钻（内管总成可以不随钻具下入）→送水冲孔→投入内管总成→钻进→卡断岩芯→下入打捞器打捞内管总成→提出内管总成、取岩芯→检查内管总成→从钻杆内孔中投入（或下入）内管总成→继续钻进。

（2）岩芯采取与钻进控制

当岩芯充满岩芯管或岩芯堵塞时，应立即打捞岩芯。使用装有堵塞报警机构的钻具钻进时，当岩芯堵塞或岩芯充满后，泵压骤然上升。将钻具提离孔底一小段距离，卡断岩芯，拧开机上钻杆，钻机退离孔口。

从孔口钻杆中放入打捞器。打捞器在冲洗液中下降速度控制为1.5～2m/s。由此，可根据孔深估算打捞器到达孔底的时间。一般在 1000m 孔深范围内，可听到打捞器到底的轻微撞击声。

当打捞器到达孔底，可缓慢地提动钢丝绳。若因提动钢丝绳而造成冲洗液由钻杆中溢出时，说明打捞可能成功，否则需再次下放打捞器。若打捞成功，则用绳索将内管提出，否则应提钻处理。内管提出后，应缓慢放下摆平，以免将调节螺杆墩弯。当从所取岩芯中判明外管和钻杆内无岩芯时，将另一套备用岩芯管从孔口下入钻杆内。此时可开动钻机缓慢转动并开泵冲送，加快内管下降速度及防止在钻杆中卡塞。

在干孔中，不能直接把内管投入钻杆中，应采用打捞器送入，或在钻杆柱内注入冲洗液，然后迅速将内管投入。通过钻具到底报信机构的显示或根据下降时间判断确认内管已经到位时，慢慢开始扫孔钻进。

在易斜岩层中钻进时要注意防斜。尽管绳索取芯钻杆与孔径配合比较合理，有利于防斜，但绳索取芯钻杆的壁较薄（一般 4.5mm），而钻进压力（钻压）又较大，所以操作不当极易造成钻孔弯曲。因此，在易产生孔斜的地层中钻进时，应适当控制钻压和转速。在地层条件许可的情况下，应尽量采用清水作为冲洗液。

另外，值得注意的是，钻探过程中，在进入微风化岩体后，应停止钻探作业。在已完成的孔内注入混凝土浆液，待浆液凝固后再进行钻探作业。钻探完成后应进行至少 24h 的钻孔清洗工作，之后再进行取水及水位地质试验工作，以获取更为准确的水文地质参数。

2.2.4　水文地质试验

水封性是 LPG 洞库建设成功与否的重要指标之一，地下洞室的开挖要保证原始地下水系统的稳定性，避免地下水的大量流失，因此通过水文地质试验获得场地内的水文地质参数，对库址区进行水文地质评价，是 LPG 洞库勘察的重点工作。一般来讲，LPG 洞库勘察中进行的水文地质试验有提水试验、压水试验、长周期注水试验以及注水干扰试验等。水文地质试验的目的即获取场地内第四系覆盖层与地下岩体的渗透性参数、含水量以及水文地质单元相互间的水力关联等情况。由于地下水封洞库的特殊性，特别是 LPG 洞库，需获得地下岩体不同深度范围特别是洞室开挖标高区域的渗透性参数，对渗透性参数的精度要求也相对较高，分段岩体的渗透性参数通常通过压水试验来获取。传统的压水试验封孔性较差，数据采集精度也相对较低，不能满足 LPG 洞库勘察的要求，目前一般采用钻孔智能压水测试仪，可在一般的钻孔中进行分段水压试验，在地表采用微电脑控制系统进行自动控制、监测、测量、计算、显示压水试验的全过程，钻孔下采用双塞液压封堵，密封高压水管与地表控制器、水泵相连接。与传统的钻孔水压试验相比，可在终孔结束后进行测试，以节省时间。探头与控制器间采用合金钻杆连接，密封性好，可以有效避免漏水现象。控制器可设置单点、多点方式进行试验，密封段长度可调整，每段试验电脑可自动记录，得出的渗透性参数精确性较高，压水试验见图 2-6。

在野外试验过程中，主要是用水泵通过钻杆对试验段压入一定量的水，通过研究压力和流量之间的关系，计算透水率进而换算出岩体渗透系数。LPG 洞库勘察中压水试段长一般取 10m，试验段及其长度的选取根据现场岩芯破碎的具体情况选定，较为破碎的试段取小于 10m，较为完整的取 10m。压力按表 2-1 根据钻孔深度进行选取。

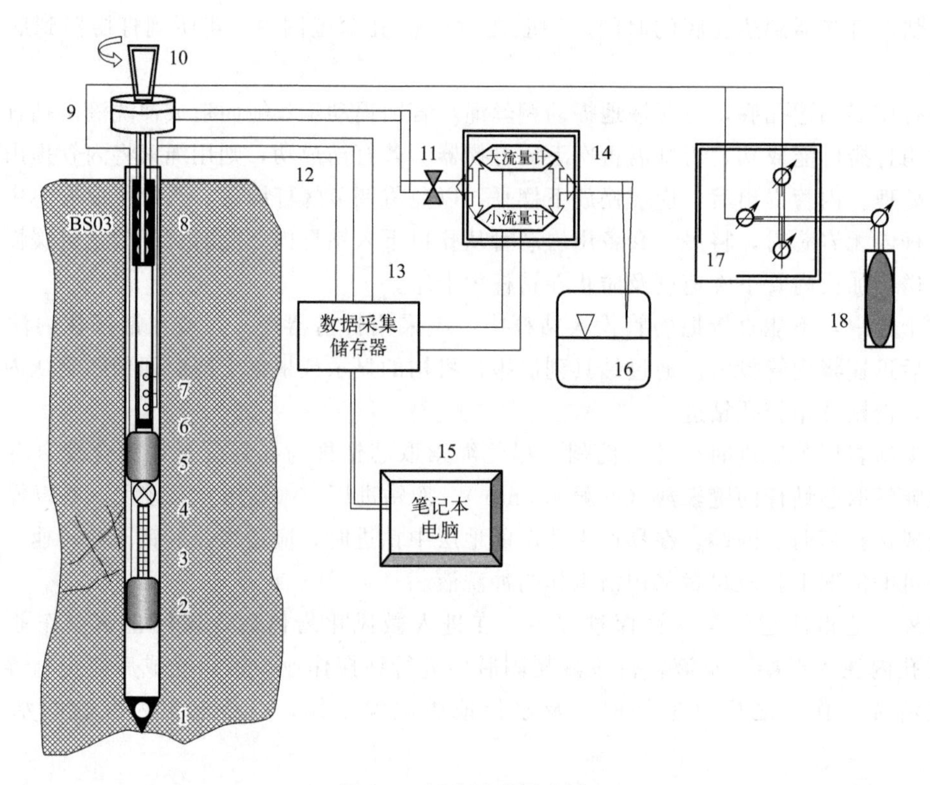

图 2-6　压水试验示意图

1—底端保护器；2—下栓塞；3—花管；4—井下智状阀门；5—上栓塞；6—安全反应接合器；
7—压力/温度探头及保护器；8—莫伊诺泵；9—栓塞阀门加压卸压管线；10—钻机转动头；
11—流量控制阀；12—电缆数据线；13—数据采集系统；14—流量控制系统；
15—数据显示系统；16—储水池；17—压力控制系统；18—高压氮气瓶

表 2-1　压水试验各试段压力值表

封塞埋深/m	吕荣试验压力步骤									替代测试程序的判定准则	
	井口压力(WHP) 深度≤50m:WHP=深度×0.1 深度≥50m:WHP=深度×0.15 /bar									当 WHP 为以下值时，达到最大泵流量，改做降水头试验/bar	当 WHP 为以下值时，注入流量为 0，改做回落试验/bar
20	1	2	3	2	1					1	2
30	1	2	3	5	3	2	1			1	2
40	1	3	4	6	4	3	1			1	3
50	1	3	5	8	5	3	1			1	3
60	1	3	5	7	9	7	5	3	1	1	3
70	1	3	6	8	11	8	6	3	1	1	3
80	2	5	7	10	12	10	7	5	2	2	5
90	2	5	8	11	14	11	8	5	2	2	5
≥100	2	5	9	12	15	12	9	5	2	2	5

注：野外压水试验工作完成后，应及时对试验资料进行整理，计算试验段的透水率 q（Lu），绘制 P-Q 曲线图，并根据透水率计算岩体的渗透系数 K（m/d）。1bar=0.1MPa，1Lu=1×10^{-5}cm/s。

2.2.5 地应力测试

地应力是影响地下洞室结构布局和洞室岩体稳定性分析的重要因素。若库址区位于高应力区域，洞室开挖过程中容易发生岩爆现象（岩爆烈度分级见表2-2），需特别处理。且洞室轴线布置要和最大主应力方向小角度相交，因此，可研阶段勘察需在选定的库址位置进行地应力测试，确定主洞室埋深区域的最大主应力的大小和方向。LPG洞库勘察中，地应力测试一般采用水压致裂法进行。

表2-2 岩爆烈度分级方案

<table>
<tr><th rowspan="2">岩爆分级</th><th rowspan="2">主要现象</th><th>岩爆判据</th><th rowspan="2">支护类型</th></tr>
<tr><th>围岩强度应力比 R_c/σ_{max}</th></tr>
<tr><td>轻微岩爆
（Ⅰ级）</td><td>围岩表层有爆裂脱落、剥离现象，内部有噼啪、撕裂声；岩爆零星间断发生，影响深度小于0.1m；对施工影响较小</td><td>4～7</td><td>不支护或局部锚杆或喷混凝土。大跨度时，喷混凝土、系统锚杆加钢筋网</td></tr>
<tr><td>中等岩爆
（Ⅱ级）</td><td>围岩爆裂脱落、剥离现象较严重，有少量弹射，有似雷管爆破的清脆爆裂声；有一定持续时间，影响深度0.1～1m；对施工有一定影响</td><td>2～4</td><td>喷混凝土、加密锚杆、加钢筋网，局部格栅钢架支撑。跨度大于20m时，并浇混凝土衬砌</td></tr>
<tr><td>强烈岩爆
（Ⅲ级）</td><td>围岩大片爆裂脱落，出现强烈弹射；有似爆破的爆裂声；持续时间长，并向围岩深度发展，影响深度1～3m；对施工影响大</td><td>1～2</td><td rowspan="2">应力释放孔，喷混凝土、加密锚杆、加钢筋网，并浇混凝土衬砌或格栅钢架支撑</td></tr>
<tr><td>极强岩爆
（Ⅳ级）</td><td>围岩大片严重爆裂，大块岩片出现剧烈弹射，震动强烈，有似炮弹、闷雷声；迅速向围岩深部发展，影响深度大于3m；严重影响甚至摧毁工程</td><td><1</td></tr>
</table>

注：R_c 为岩石饱和单轴抗压强度；σ_{max} 为垂直于洞室轴线方向的最大初始地应力。

水压致裂原位应力测量方法是利用一对可膨胀的封隔器在选定的测量深度封隔一段钻孔，然后通过泵入流体对该试验段（常称压裂段）增压，同时利用 X-Y 记录仪、计算机数字采集系统或数字磁带记录仪记录压力随时间的变化。对实测记录曲线进行分析，得到特征压力参数，再根据相应的理论计算公式，就可得到测点处的最大和最小水平主应力的量值以及岩石的水压致裂抗张强度等岩石力学参数。

在封隔段压裂测量之后即可进行裂缝方位的测定，以便确定最大水平主压应力的方向。常用的方法是定向印模法，可直接把孔壁上的裂缝痕迹印下来。它由自动定向仪和印模器组成。印模器从外观上看，与封隔器大致相同，所不同的是，它的表层覆盖着一层半硫化橡胶。

测定方位时，要选择岩石完整、压力-时间关系曲线有较高破裂压力的测段。先将接有定向仪的印模器放到水压致裂应力测量段的深度，然后在地面通过增压系统将印模器膨胀。为了获得清晰的裂缝痕迹，需要施加足够的高压（加压至15MPa左右），促使孔壁上由压裂产生的裂缝重新张开以便半硫化橡胶挤入，并保持相应的时间，印模器表面就印制了与裂缝相对应的凸起印迹。定向仪是由照相系统、测角部件、定向罗盘和时钟控制装置等构成。在预定时间到达时，照相机将自动开启快门，拍摄出角度测量和罗盘刻度的照片。待保压时间结束后，泄掉印模器的压力并将其提出钻孔。取出照相底片进行显影和定影，通过底片即可直接读出印模器的基线方位。同时用透明塑料薄膜将印模器围起，绘下印模器表面凸起的印痕和基线标志，然后利用基线、磁北针和印痕之间的关系可算出所测破裂面的走向，即最大水平主压应力的方向。

2.2.6 围岩地质编录

（1）围岩地质编录的主要内容

施工图设计及施工阶段勘察是前期勘察工作的继续和深入，其目的是根据施工开挖获得的勘察资料校核施工前向设计、施工提供的勘察成果，深入认识和总结库区地质规律。围岩地质编录是施工图设计及施工阶段勘察的重要工作手段，主要包括以下内容：

① 标出围岩的岩性（层）界线、风化程度、断层和软弱夹层的性质规模及分布状况，主要结构面的产状、间距、粗糙度、充填情况；

② 洞库围岩富水程度，标出含水裂隙带分布与宽度、出水点位置及渗流状态等；

③ 围岩结构面组合形态分布图，标出掉块、塌方、片帮等发生处的结构面组合形状与规模，并简要描述其发生原因。

传统的围岩地质编录方法是沿用地面露头编录的常规方法，即采用地质罗盘和皮尺对露头剖面进行人工测绘，画出地质构造线，测量其产状，注明其岩性、填充物等属性特征。

传统的作业方法较为原始，存在野外劳动强度大、速度慢、影响施工、作业危险较大等弊端。采集受操作条件限制等因素影响，存在测量信息量不足、数据粗糙、几何精度低等问题，难以全面反映地下工程开挖面的实际情况。此外，现场地质编录和量测往往是非三维的，几何精度低，信息反馈慢，编录结果不易统计分析和查询。为此，许多专家学者在这方面做出了研究，提出了基于近景测量原理的摄像方法，常见方法有：

① 基于近景摄像机、测图仪或坐标仪方法，通过建立严格的空间模型，利用量测立体相片实现编录信息的获取；

② 普通相机，目视判读方法；

③ 摄像机或数码相机，人机交换提取方法；

④ 以近景摄影测量方法、数字图像处理和GIS技术为手段的地质快速编录系统。

目前运用较为成熟的是第四种方法，即基于数字影像的地质快速编录系统。

（2）围岩质量分级

现场地质人员对新揭露洞段围岩进行详细描述，另外一项很重要的工作就是对围岩稳定性进行初步判定，对围岩质量进行分级，将围岩级别提供给设计单位，由设计单位确定相应支护参数。

目前，针对不同目的、考虑不同因素，产生了许多工程岩体分级（分类）方法。其中，挪威岩土工程研究所（Norwegian Geotechnical Institute）的N. Barton，R. Lien和J. Lunde等人提出的Q系统分类法和Bieniawski提出的地质力学RMR分类法在国际上受到了广泛的应用。在1972年以后，我国各个行业也逐渐提出了自己的围岩分类标准，但针对地下水封洞库工程的围岩分类尚无专门标准规范，因此主要参考国标《工程岩体分级标准》（GB/T

50218—2014）来进行岩体质量分级。上述三种分级方法各有优缺点，现将三种分级方法简述如下：

① Q 系统分类法。

岩体质量 Q 值由 6 个参数来计算，计算公式如下：

$$Q=\frac{\mathrm{RQD}}{J_n}\times\frac{J_r}{J_a}\times\frac{J_w}{\mathrm{SRF}} \tag{2-1}$$

式中　RQD——岩石质量指标；

J_n——节理组数；

J_r——节理粗糙度系数；

J_a——节理风化蚀变系数；

J_w——节理含水折减系数；

SRF——应力折减系数。

Q 值取值范围为 0.001～1000。Q 系统分类法各个参数的取值具体如下：

a. RQD 值一般取值间隔为 5，在计算 Q 值时最小取值可为 10。RQD 分 5 个等级，具体情况详见表 2-3。

表 2-3　RQD 值等级表

RQD 值/%	等级
0～25	极差的
25～50	差的
50～75	较差的
75～90	较好的
90～100	好的

b. 节理组数 J_n 取值见表 2-4。

表 2-4　节理组数 J_n 取值表

节理组数	J_n 值	备　注
A. 整体，没有或很少节理	0.5～1.0	地下洞室在洞口处按 $2J_n$ 计算，在交叉口处按 $3J_n$ 计算
B. 一组节理	2	
C. 一组节理加上不规则	3	
D. 两组节理	4	
E. 两组节理加上不规则	6	
F. 三组节理	9	
G. 三组节理加上不规则	12	
H. 四组或更多节理、不规则、严重节理化、“糖晶状”等	15	
J. 破碎岩石、类似土	20	

c. 节理粗糙度系数 J_r 取值见表 2-5。

表 2-5 节理粗糙度系数 J_r 取值表

节理接触情况	节理情况	J_r 值	备注
(a)节理沿壁面直接接触以及(b)岩壁在剪切(错动)10cm 前仍接触	A. 不连续节理	4.0	如某组节理组的平均间距大于 3m,J_r 值加 1; 对具有线理的光滑平面节理,如线理方向有利,可取 $J_r=0.5$
	B. 粗糙或凹凸不平,起伏的	3.0	
	C. 平整的,起伏的	2.0	
	D. 光滑的,起伏的	1.5	
	E. 粗糙或凹凸不平,平面的	1.5	
	F. 平滑的,平面的	1.0	
	G. 光滑的,平面的	0.5	
(c)剪切(错动)后没有岩壁面接触	H. 含黏土矿物带,厚度足以阻止岩壁接触	1.0	
	J. 夹砂化、砾化或破碎带,厚度足以阻止岩壁接触	1.0	

注:J_r 适于描述最脆弱节理或不连续介质。这些最脆弱节理或不连续介质无论从方向上还是抗剪强度上都是对稳定性最不利的。

d. 节理风化蚀变系数 J_a 取值见表 2-6。

表 2-6 节理风化蚀变系数 J_a 取值表

节理接触情况	节理充填情况	残余摩擦角 φ_r(近似)	J_a 值
(a)节理壁直接接触(无矿物充填,或只有薄膜覆盖)	A. 紧密闭合,坚硬、不软化、不透水的填充物,如石英、绿帘石	—	0.75
	B. 节理壁面未蚀变,仅表面有斑染	25°~35°	1.0
	C. 节理壁轻微蚀变,夹不软化矿物薄层、砂粒、无黏土的碎屑岩等	25°~30°	2.0
	D. 夹粉质或砂质黏土薄层,小的黏土碎片(无软化)	20°~25°	3.0
	E. 夹软化的低摩擦黏土矿物薄层[如高岭石、云母、绿泥石、滑石、石墨、石膏及少量膨胀性黏土等(夹层不连续,厚度 1~2mm 或更薄)]	8°~16°	4.0
(b)岩壁在剪切(错动)10cm 前仍接触(薄层矿物充填)	F. 裂隙中夹有砂粒,无黏土碎屑岩等	25°~30°	4.0
	G. 强烈超固结的、非软化黏土矿物充填(连续,但厚度<5mm)	16°~24°	6.0
	H. 中等或稍微超固结的,由软化矿物组成的黏土充填(连续,厚度<5mm)	12°~16°	8
	J. 膨胀性黏土充填物(连续,厚度<5mm),如蒙脱石、高岭石等,J_a 取决于膨胀性黏粒的含量和水的进入等	6°~12°	8~12
(c)剪切(错动)后没有岩壁面接触(厚层矿物充填)	K~M. 不完整或破碎岩石与黏土条带区(黏土情况参见 G、H、J)	6°~24°	6、8、8~12
	N. 粉质或砂质黏土条带区,含少量黏土成分(非软化)	—	5.0
	O~R. 厚的连续区域或黏土条带(黏土情况见 G、H、J)	6°~24°	10、13、13~20

注:J_a 的选取不能笼统地把该地段节理蚀变程度最差的数值作为代表,而应以最不利于洞室稳定的节理组的蚀变系数作为代表。

e. 节理含水折减系数 J_w 取值见表 2-7。

表 2-7 节理含水折减系数 J_w 取值表

节理含水情况	水压力/MPa	J_w	备注
A. 干燥或微量渗水,即局部<5L/min	<0.1	1.0	1. C~F 的 J_w 值是粗略估计的,如装有排水设施应相应增大 2. 因冰冻造成的特殊问题未考虑
B. 中等渗水或有压水偶然冲刷节理充填物	0.1~0.25	0.66	
C. 具有无填充节理的自稳岩石中有大量渗水或高压水	0.25~1	0.5	
D. 大量渗水或水压很高,大量冲刷节理填充物	0.25~1	0.33	
E. 爆破时渗水量特别大或压力特别高,但随时间衰退	>1	0.2~0.1	
F. 渗水量特别大或压力特别高,持续无明显减退	>1	0.1~0.05	

f. 应力折减系数 SRF 取值见表 2-8。

表 2-8 应力折减系数 SRF 取值表

<table>
<tr><th>情况概述</th><th colspan="3">软弱带、剪切带情况</th><th>SRF值</th><th>备注</th></tr>
<tr><td rowspan="7">(a)软弱带与开挖方向交切,开挖隧道时可能引起岩体松散</td><td colspan="3">A. 含有黏土或化学分解的岩石的软弱带,频繁出现非常松散的围岩(任何深度)</td><td>10.0</td><td rowspan="19">1. 如果有剪切带或软弱带只对洞室有影响但未交切,SRF 值相应减小 25%~50%
2. 对各向异性很强的应力场当 $5\leqslant\sigma_1/\sigma_3\leqslant10$ 时,σ_c、σ_t 折减到 $0.8\sigma_c$ 及 $0.8\sigma_t$;当 $\sigma_1/\sigma_3>10$,折减到 $0.6\sigma_c$ 及 $0.6\sigma_t$
3. 当洞室顶部岩体厚度小于洞跨时,建议 SRF 值从 2.5 增大到 5.0</td></tr>
<tr><td colspan="3">B. 含有黏土或化学分解岩石的单个软弱带(开挖深度≤50m)</td><td>5.0</td></tr>
<tr><td colspan="3">C. 含有黏土或化学分解岩石的单个软弱带(开挖深度>50m)</td><td>2.5</td></tr>
<tr><td colspan="3">D. 自稳岩石中多次出现剪切带(无黏土),松散的围岩(任何深度)</td><td>7.5</td></tr>
<tr><td colspan="3">E. 自稳岩石有单个剪切带(无黏土,开挖深度≤50cm)</td><td>5.0</td></tr>
<tr><td colspan="3">F. 自稳岩石中有单个剪切带(无黏土,开挖深度>50cm)</td><td>2.5</td></tr>
<tr><td colspan="3">G. 松散张开节理,严重节理化或成小块状等(任何深度)</td><td>5.0</td></tr>
<tr><td rowspan="6">(b)自稳岩石,岩石应力问题</td><td>地应力及岩爆情况</td><td>σ_c/σ_1</td><td>σ_t/σ_1</td><td>SRF值</td></tr>
<tr><td>H. 低应力,接近地表</td><td>>200</td><td>>13</td><td>2.5</td></tr>
<tr><td>J. 中等应力</td><td>200~10</td><td>13~0.66</td><td>1.0</td></tr>
<tr><td>K. 高应力,非常紧密的构造(常有利于拱顶稳定,也可能不利于边墙稳定)</td><td>10~5</td><td>0.66~0.33</td><td>0.5~2.0</td></tr>
<tr><td>L. 轻微岩爆(整体岩层)</td><td>5~2.5</td><td>0.33~0.16</td><td>5~10</td></tr>
<tr><td>M. 强烈岩爆(整体岩层)</td><td><2.5</td><td><0.16</td><td>10~20</td></tr>
<tr><td rowspan="3">(c)挤压岩石,在高岩石压力作用下非自稳岩石产生塑流</td><td colspan="3">岩石挤压压力情况</td><td>SRF值</td></tr>
<tr><td colspan="3">N. 轻微的岩石挤压压力</td><td>5~10</td></tr>
<tr><td colspan="3">O. 强烈的岩石挤压压力</td><td>10~20</td></tr>
<tr><td rowspan="3">(d)膨胀岩石,化学膨胀活动根据水的有无确定</td><td colspan="3">岩石膨胀压力情况</td><td>SRF值</td></tr>
<tr><td colspan="3">P. 轻微的岩石膨胀压力</td><td>5~10</td></tr>
<tr><td colspan="3">Q. 强烈的岩石膨胀压力</td><td>10~15</td></tr>
</table>

注:σ_c 为无侧限单轴抗压强度,σ_t 为抗拉强度。

关于 J_r、J_a、J_w、SRF 四个参数确定的几点意见,Barton 在 1984 年补充提出,如下所示。

J_r——在地质测绘中,对节理的粗糙度可分为:粗糙的、波状起伏的、不规则的、光滑的和镜面的五类。

J_a——在多组节理的情况下,主要按对洞室稳定性不利的节理组的壁蚀变程度确定。

J_w——可以按少量渗水、中等渗水、较大渗水和高压渗水四类划分。除第一种情况,其余三种难以用渗水量表达,要根据地质人员的实际观察及经验判断。当有黏土充填的节理渗水时,应注意它对洞室稳定性的影响,可适当降低 J_w 值。

SRF——当洞的轴向与软弱带平行或小角度相交,隧洞掘进时,能导致岩体松动,SRF 应根据野外观察结合表 2-8(a) 所列各条对比选值;对坚硬岩体,则按表 2-8(b) 所列各条对比选值。

计算的 Q 值根据表 2-9 确定围岩质量级别。

表 2-9 Q 系统分类法对岩体质量级别的划分

Q 值	0.001～0.01	0.01～0.1	0.1～1	1～4	4～10	10～40	40～100	100～400	400～1000
等级	特别差的	极差的	很差的	差的	一般	好的	很好的	极好的	特别好的

② RMR 分类法。

根据岩石强度、RQD、节理间距、节理状态、地下水、节理走向等 6 个因素对岩体评分，分值总和称为岩体质量分，取值范围 0～100，按 RMR 的大小进行围岩分级。

$$RMR=\sum_{i=1}^{6}R_i \tag{2-2}$$

式中 R_1——岩石单轴抗压强度；

R_2——RQD 值分数；

R_3——节理间距；

R_4——节理状态分数；

R_5——地下水状态分数；

R_6——修正系数，表示节理的方向对工程的影响。

各参数取值详见表 2-10。

表 2-10 RMR 分数计算表

R_i	项目		数值范围						
R_1	岩石强度/MPa	点荷载	＞10	4～10	2～4	1～2	—		
		单轴抗压强度	＞200	200～100	100～50	50～25	5～25	1～5	＜1
	分数		15	12	7	4	2	1	0
R_2	RQD		90～100	75～90	50～75	25～50	＜25		
	分数		20	17	13	8	3		
R_3	节理间距/m		＞2	0.6～2	0.2～0.6	0.06～0.2	＜0.06		
	分数		20	15	10	8	5		
R_4	节理状态		表面非常粗糙，不连续，紧闭，壁岩未风化	表面较粗糙，张开＜1mm，壁岩微风化	表面较粗糙，张开＜1mm，壁岩强风化	表面平滑，或充填物厚度＜5mm，或张开 1～5mm，节理连续	软弱充填物厚度＞5mm 或张开＞5mm，节理连续		
	分数		30	25	20	10	0		
R_5	地下水状态	每 10m 涌水量/(L/min)	无	＜10	10～25	25～125	＞125		
		裂隙水压力与最大主应力比值	0	＜0.1	0.1～0.2	0.2～0.5	＞0.5		
		干湿程度	干燥	稍潮湿	潮湿	滴水	流水/涌水		
		分数	15	10	7	4	0		
R_6	评定走向与倾向		走向垂直于隧道轴线方向				走向平行于隧道轴线方向		与走向无关
			开挖方向与倾向相同		开挖方向与倾向相反				
	节理倾角		45°～90°	20°～45°	45°～90°	20°～45°	45°～90°	20°～45°	0°～20°
	评价描述		很好	好	中等	差	很差	好	中等
	分数		0	−2	−5	−10	−12	0	−10

按 RMR 值划分围岩等级表见表 2-11。

表 2-11 按 RMR 值划分围岩等级表

岩体分级	Ⅰ	Ⅱ	Ⅲ	Ⅳ	Ⅴ
岩体质量描述	很好	好	中等	差	很差
总分(RMR)	100～81	80～61	60～41	40～21	≤20
自稳时间	15m 跨,10 年	8m 跨,6 月	5m 跨,1 周	2.5m 跨,10h	1m 跨,30min
内聚力/MPa	>0.4	0.3～0.4	0.2～0.3	0.1～0.2	<0.1
摩擦角/(°)	>45	35～45	25～35	15～25	<15

③ 国标 BQ 围岩分级法。

a. 岩体质量基本级别。

本分级标准认为岩体基本质量应由岩石坚硬程度和岩体完整程度两个因素确定，具体公式如下：

$$BQ=100+3R_c+250K_v \tag{2-3}$$

式中 BQ——岩体基本质量指标；

R_c——岩石饱和单轴抗压强度，MPa；

K_v——岩体完整性指数。

其中：当 $R_c>90K_v+30$ 时，应以 $R_c=90K_v+30$ 和 K_v 代入式(2-3) 计算 BQ 值；当 $K_v>0.04R_c+0.4$ 时，应以 $K_v=0.04R_c+0.4$ 和 R_c 代入式(2-3) 计算 BQ 值。

b. 岩体基本质量级别的修正。

工程岩体级别初步定级时可根据 BQ 值按表 2-12 确定，详细定级时需对岩体基本质量指标 BQ 修正后再根据表 2-12 确定，修正时按下式计算：

$$[BQ]=BQ-100(K_1+K_2+K_3) \tag{2-4}$$

式中，[BQ] 为岩体基本质量指标修正值；K_1 为地下水影响修正系数，按表 2-13 确定；K_2 为主要软弱结构面产状影响修正系数，按表 2-14 确定；K_3 为初始应力状态影响修正系数，按表 2-15 确定。

表 2-12 岩体基本质量分级

基本质量级别	岩体基本质量的定性特征	岩体基本质量指标(BQ)
Ⅰ	坚硬岩,岩体完整	>550
Ⅱ	坚硬岩,岩体较完整； 较坚硬岩,岩体完整	550～451
Ⅲ	坚硬岩,岩体较破碎； 较坚硬岩或软硬岩互层,岩体较完整； 较软岩,岩体完整	451～351
Ⅳ	坚硬岩,岩体破碎； 较坚硬岩,岩体较破碎～破碎； 较软岩或软硬岩互层,且以软岩为主； 岩体较完整～较破碎； 软岩,岩体完整～较完整	351～251
Ⅴ	较软岩,岩体破碎； 软岩,岩体较破碎～破碎； 全部极软岩及全部极破碎岩	≤250

表 2-13　地下水影响修正系数 K_1 表

地下水出水状态 \ BQ	>450	450～351	350～251	≤250
潮湿或点滴状出水	0	0.1	0.2～0.3	0.4～0.6
淋雨状或涌流状出水，水压≤0.1MPa 或单位出水量≤10L/(min·m)	0.1	0.2～0.3	0.4～0.6	0.7～0.9
淋雨状或涌流状出水，水压>0.1MPa 或单位出水量>10L/(min·m)	0.2	0.4～0.6	0.7～0.9	1.0

表 2-14　主要软弱结构面产状影响修正系数 K_2 表

结构面产状及其与洞轴线的组合关系	结构面走向与洞轴线夹角<30°、结构面倾角 30°～75°	结构面走向与洞轴线夹角>60°、结构面倾角>75°	其他组合
K_2	0.4～0.6	0～0.2	0.2～0.4

表 2-15　初始应力状态影响修正系数 K_3 表

初始应力状态 \ BQ	>550	550～451	450～351	350～251	≤250
极高应力区	1.0	1.0	1.0～1.5	1.0～1.5	1.0
高应力区	0.5	0.5	0.5	0.5～1.0	0.5～1.0

2.2.7　超前地质预报

在 LPG 洞库施工期间，为进一步查清掌子面前方的工程地质与水文地质条件，保障工程施工顺利进行，降低地质灾害发生的概率和危害程度，同时为优化工程设计提供地质依据，需要在掌子面开挖前进行超前地质预报工作。超前地质预报的主要工作内容为对掌子面前方围岩质量级别、地质构造（断层或破碎带）的分布情况以及水文地质条件等进行预报。洞库超前地质预报工作按图 2-7 工作程序进行。

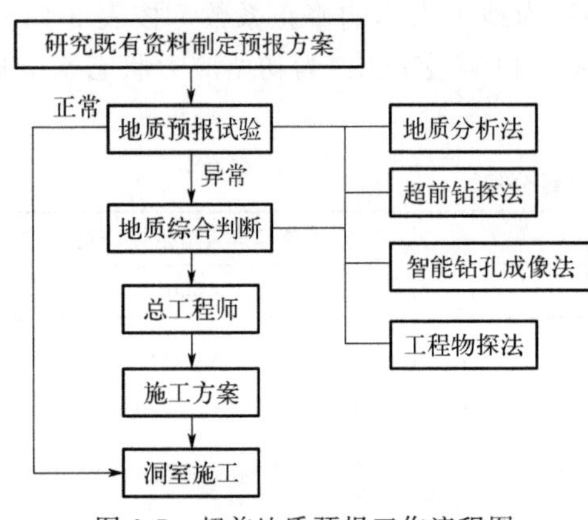

图 2-7　超前地质预报工作流程图

超前地质预报工作主要有地质分析法、超前钻探法、智能钻孔成像法与工程物探法 4 种。在开挖施工过程中需根据地质条件和施工条件选择最优的方法进行超前地质预报。

（1）地质分析法

地质分析法是根据已有勘察资料和施工期各洞室开挖揭露的地质信息，通过构造线地下和地表相关性分析、断层要素与几何参数的相关性分析、临近巷道或主洞室内不良地质体的可能前兆分析等，利用常规地质理论、地质作图和趋势分析等，推测开挖掌子面前方可能揭示的地质情况。地质分析法适用于各种地质条件下洞库开挖的超前地质预报。地质分析法需要将洞库地面地质调查和洞库内的围岩地质编录成果综合分析。地面地质调查主要为对已有地质勘察成果的分析和确认，确认断层、破碎带等地质构造在地表的出露位置、规模、性质及其产状变化情况。

洞库内的围岩地质编录是将洞库开挖后所揭露的地层岩性、地质构造结构面产状、地下水出露点位置及出水状态等准确记录下来并绘制成地质素描图，包括掌子面地质素描图和洞身地质素描图。

地质分析法通过对地面地质调查资料和地质素描图进行综合分析，对掌子面前方进行有效的超前地质预报，提供围岩岩体质量级别以及水文条件。

（2）超前钻探法

超前钻探法是利用钻机在洞库开挖掌子面上进行钻探获取地质信息的一种超前地质预报方法。超前钻探法适用于各种地质条件下的洞库超前地质预报，在断层、破碎带以及富水地带等地质条件复杂洞段必须采用。

为了减少占用开挖工作面的时间，一般钻探不取芯，但可通过钻速及其变化、岩粉、卡钻情况、钻杆震动情况、冲洗液的颜色及流量变化等粗略探明岩性、岩石强度、岩体完整程度、构造位置以及地下水发育情况等。

超前地质钻探应符合下列技术要求：

① 孔数。根据现场情况确定，一般施工巷道及水幕巷道布置1～2个，主洞室或者断层、破碎带及其他破碎富水区域布置3个以上。

② 孔深。不同地段不同目的的钻孔应采用不同的钻孔深度，一般每循环可钻20～40m。万华LPG洞库项目根据施工机械条件以及围岩情况，每循环钻20m深。当连续采用超前地质钻探法预报时前后两循环钻孔应重叠3～4m。

③ 孔径。一般探孔不需要取芯和孔内试验，孔径不做要求，孔内成像探孔孔径需大于75mm。

④ 孔位。一般置于掌子面两侧，距离边墙1.0m并距离底板1.5m处。特殊情况下，可根据情况布置钻孔位置。

超前钻探法需要记录钻进时间、钻速及其变化、岩粉、卡钻情况、钻杆震动情况、冲洗液的颜色及流量变化以及成孔后孔内出水量。通过对以上参数进行分析，预报掌子面前20m内的围岩质量、地质构造的大致分布情况以及岩体渗透性情况。

（3）智能钻孔成像法

智能钻孔成像法需要在掌子面上钻取探孔，利用智能钻孔成像仪，对整个探孔的360°孔壁进行连续摄像，通过图像特征对孔内现象进行定性描述和定量分析，对断层破碎带在钻孔间的发育情况及孔内出水情况进行三维空间上的分析。智能钻孔成像法主要用于断层、破碎带以及富水地带等地质条件复杂的洞段。

智能钻孔成像仪主要包括主机、探头、测深滑轮等主要部件，以及电缆架、连接电缆、充电器和USB转接线等。主机可以通过滑轮旁边的深度计数器来计算探头所在深度，同时探头内水平安装了一个电子罗盘，用于探测探头的方位。探头内的视频信号、控制信号和罗盘数字信号通过电缆传到主机，主机接收探头信号和测深滑轮的深度脉冲信号，计算探头所在的深度位置，并对视频信号进行图像录像、匹配拼接等处理。随着探头不断往孔内行进，整个孔壁信息就自动匹配拼接成一幅完整的平面展开图。

智能钻孔成像法应符合下列技术要求：

① 探孔数量不应少于2个，孔径应大于成像探头直径2cm，孔深不应少于20m，孔位

一般置于掌子面两侧，距离边墙 1.0m 并距离底板 1.5m 处；

② 探孔终孔后必须进行洗孔，将孔内岩粉冲洗出来并保证孔内水质清澈；

③ 成像成果图应保证清晰；

④ 成像记录深度应记录准确。

智能钻孔成像法需要提供探孔孔壁的实测展开图、节理发育情况、岩脉及构造（断层或破碎带）的准确分布位置、出水点位置以及探孔总出水量，并预报围岩的岩体质量等级。

（4）工程物探法

目前工程物探法常用的探测方法有弹性波反射法和电磁波反射法。

① 弹性波反射法。

弹性波反射法是利用人工激发的地震波、声波在不均匀地质体中所产生的反射波特性，来预报洞库开挖掌子面前方地质情况的一种物探方法，它包括地震波反射法、水平声波剖面法、负视速度法和极小偏移距高频反射连续剖面法等方法，弹性波反射法适用于划分层界线、找地质构造、探测不良地质体的厚度和范围，应符合下列要求：

a. 探测对象与相邻介质应存在较明显的波阻抗差异并具有可被探测的规模；

b. 断层或岩性界面的倾角应大于 35°，构造走向与隧道轴线的夹角应大于 45°。

地震记录应符合下列规定：

a. 干扰背景不应影响初至时间的读取和波形的对比；

b. 反射波同相轴必须清晰；

c. 坏道应小于 20%，且不连续出现；

d. 弹性波反射法质量检查记录与原观测记录的同相轴应有较好的重复性和波形相似性；

e. 数据采集时应尽可能减少隧道内其他震源震动产生的地震波、声波的干扰，并应采取压制地震波、声波干扰的措施；

f. 弹性波反射法连续预报时前后两次应重叠 10m 以上。

② 电磁波反射法。

电磁波反射法超前地质预报主要采用地质雷达探测。地质雷达探测是利用电磁波在洞库开挖掌子面前方岩体中的传播及反射，根据传播速度和反射脉冲波行走过程进行超前地质预报的一种物探方法。

地质雷达探测主要用于岩溶探测，亦可用于断层破碎带、软弱夹层等不均匀地质体的探测。地质雷达探测应符合下列规定：

a. 探测体与周边介质之间应存在明显介电常数差异，电磁波反射信号明显；

b. 探测体具有足以被探测的规模，探测体的厚度大于探测天线有效波长的 1/4，探测体的宽度或相邻被探测体可以分辨的最小间距大于探测天线有效波第一菲涅尔带半径；

c. 避开高电导屏蔽层或大范围的金属构件。

地质雷达探测的数据采集应符合下列要求：

a. 通过试验选择雷达天线的工作频率、确定介电常数。当探测对象情况复杂时，宜选择两种及以上不同频率的天线。当多个频率的天线均能符合探测深度要求时，宜选择频率相对较高的天线，一般采用 100MHz 屏蔽天线。

b. 测网密度、天线间距和天线移动速度应适应探测对象的异常反应；掌子面上宜布置两条测线，必要时可布置成“井”字形或其他网格形式。

c. 选择合适的时间窗口和采样间隔，并根据数据采集过程中的干扰变化和图像效果及时调整工作参数。

d. 宜采用连续测量的方式，不能连续测量的地段可采用后测。连续测量时天线应匀速移动，并与仪器的扫描率相匹配。点测时应在天线静止状态采样，测点距不大于 0.2m。

e. 现场不应有较强的电磁波干扰。现场测试时应清除或避开测线附近的金属物等电磁干扰物；当不能清除或避开时应在记录中注明，并标出位置。

f. 测线上天线经过的表面应相对平整，无障碍，且天线易于移动；测试过程中，应保持工作天线的平面与探测面基本平行，距离相对一致。

(5) 超前地质预报的成果应用

超前地质预报的成果主要应用于以下几个方面：

① 对照原勘察设计文件，复核围岩级别。目前大多数巷道的支护参数设计仍然是以工程经验类比为主，围岩级别是工程类比设计施工的基础。原勘察设计文件的围岩级别仅是根据地表少量的钻探及物探工作结果来划分，受勘探工作量、场地条件及工作方法的限制，基础设计阶段所划分的围岩级别往往与实际存在一定的差别，据此施工在经济与安全上难以保证。利用超前地质预报的成果，可以明确巷道围岩的实际级别，从而保证施工的安全和经济。

② 预报不稳定岩层、断层破碎带分布里程，避免盲目施工。通过超前地质预报，预报不稳定岩层、断层破碎带分布里程，以便设计、施工及时变更施工方法，准备应急措施，避免盲目施工。

③ 预报富水带的分布里程，根据钻孔出水量判定是否需要（超前）注浆封堵及其他处理措施。

2.3　工程实践

万华化学烟台工业园区建设的 LPG 洞库分为两期，共计五个洞库。目前，一期洞库、二期洞库 LPG 洞库已经平稳运营数年。万华 LPG 洞库群的建成运营对国内类似地下洞库群的勘察设计及施工等提供了良好的借鉴意义。本节将以万华 LPG 洞库为例，挑选部分地下洞库勘察过程中需要解决的问题，对勘察思路和勘察方法的运用进行简要介绍。主要包括以下几个方面内容：

① 库址区推荐位置的确定；

② 洞室轴线方向的确定；

③ 洞室埋深的确定；

④ 设计水位的确定；

⑤ 施工期动态地质信息反馈。

2.3.1　库址区推荐位置确定

地下水封洞库要选择建设在化学成分稳定、以结晶岩体为主的岩浆岩或变质岩等块状岩体稳定分布的区域，洞室围岩岩体要以坚硬岩为主，岩体的完整性和稳定性要好，具有弱透水性，同时要有稳定的地下水位。

在进行地下水封洞库的预可研阶段勘察时，应首先对建设单位提供的区域进行基本的地质测绘工作，判断区域内是否具备建设 LPG 洞库的岩体和地下水条件，若初步判断可行，则进行下一步的勘察工作，包括工程物探和进一步的地质测绘，并根据具体的地质情况进行适量的工程钻探和原位测试工作。

经过实地的地质踏勘后，结合收集到的区域地质资料对场地进行了初步的分析：场地属地壳基本稳定区，未发现第四系活动断裂，场地内存在黑云母二长花岗岩岩体，该类岩体为坚硬块状岩浆岩，块状构造，岩体完整性好，质地致密坚硬，节理裂隙一般不发育，同时场地内地下水水位相对稳定，具备建设地下水封洞库的基本岩体条件。初步判断场地可行后，随即开展了进一步的勘察工作，分两步进行：第一，确定通过搜集到的相关资料，对库址区地质情况进行初步分析，确定重点勘察方向；第二，展开现场工作，进行库址综合比选，最终择优推荐出适宜的建库位置。

根据 100 万立方米 LPG 洞库所需的岩体范围，以河为界，初步将场地划分为两个区域见图 2-8。西侧为山间河谷冲洪积平原地带，地形平坦，地面高程 4.0～5.0m，第四系覆盖层较厚。东侧为丘陵边缘地带，地形较为起伏，地面高程 10.0～35.0m，区域内基岩二长花岗岩出露。东侧场地的东北部为大理岩，为不可建库岩体，从工程地质角度来讲，东侧场地偏南部位为整个场地建库位置的最佳选择区域，选择的比选库址二及比选库址三均位于此区域，比选库址一位于场地西侧部位，比选库址确定后进行下一步的勘察工作。

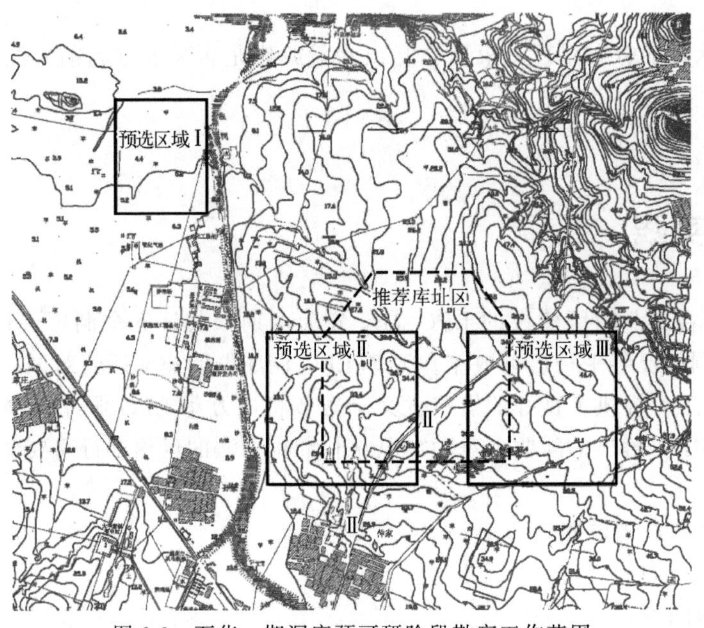

图 2-8　万华一期洞库预可研阶段勘察工作范围

预可研阶段勘察主要以工程地质、水文地质调查测绘和工程物探为主，结合少量的工程钻探作业展开勘察工作。工程物探主要用以查明场地内覆盖层厚度、岩石风化界线以及场地内发育的次级断裂。工程钻探则用来验证工程物探及地质测绘的成果。

比选库址确定后，进行更详细的地质测绘工作，并根据地质测绘的成果进行物探线的布置工作（洞库工程物探一般选择高密度电法以及浅层地震法，具体实施过程中可根据场地的实际情况选择合适的物探方法），物探线的布置一方面要考虑现场的实际情况（地形地貌及地面附着物等），另一方面要考虑区域主要构造的方向。

根据初步的工程物探成果，预选区域一场地位置第四系覆盖层较厚，局部区域超过100m，勘察工作范围东侧场地的地质情况明显优于预选区域一。因此，经过初步的地质比选，将预可研阶段勘察的工作重心放在东侧场地，并进行大面积的工程物探，查明范围内的覆盖层厚度及次级断裂的发育情况。最后根据工程物探的成果选择合适的位置进行工程钻探作业，和工程物探的成果进行相互验证，综合分析后推荐合适的建库位置。

2.3.2 主洞室轴线方向确定

主洞室的轴线方向在可行性研究阶段确定。根据相关的规范要求，地下洞室的轴线方向确定遵循以下原则：当建库岩体以垂直地应力为主时，洞轴线方向应与岩体各主要结构面呈大角度相交，同时应适当兼顾与次要结构面的交角；当建库岩体以水平地应力为主时，洞轴线长轴与最大主应力方向水平投影应小角度相交。

由此可见，选取地下洞室主轴线方向时，首先应考虑地应力因素，其次应考虑洞库岩体主要结构面走向，并兼顾与次要结构面的交角。因此，确定洞室轴线的方向需确定三个参数：一是地应力，二是区域内次级断裂的方向，三是库址区结构面的方向。为获得三个参数需进行多项工作，包括地应力的测定、地面岩体结构面的调查统计、地下岩体结构面的调查统计（智能钻孔数字成像）等。

（1）地应力测定

万华一期洞库勘察期间，在两个钻孔内进行了地应力测试，分别为VBH59号与VBH69号勘探孔，在勘探孔内的不同深度段选择了多个测段进行了水压致裂法试验，VBH59号和VBH69号勘探孔的地应力情况见图2-9。

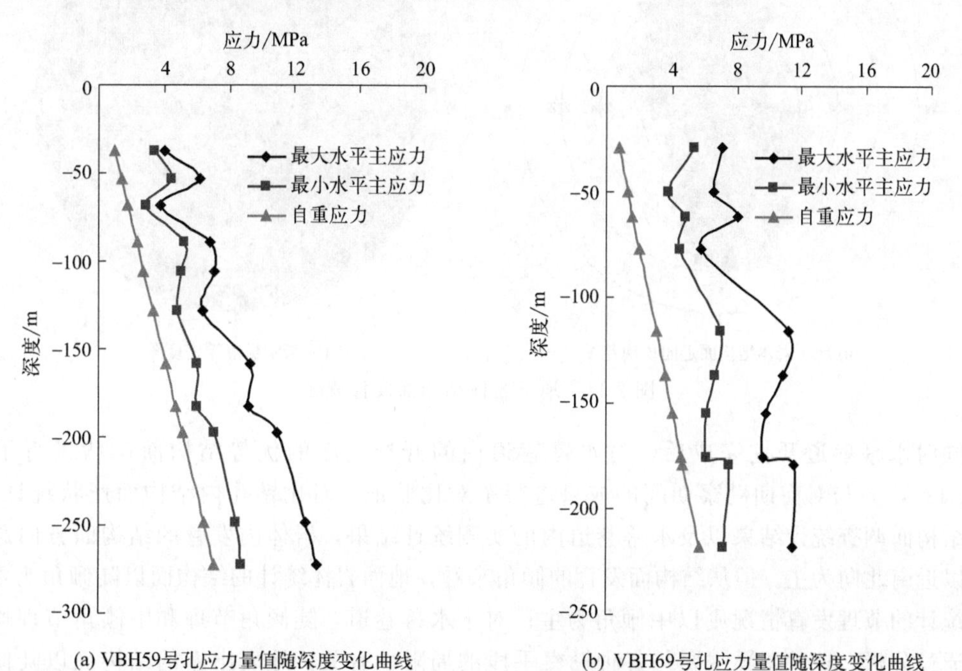

(a) VBH59号孔应力量值随深度变化曲线　(b) VBH69号孔应力量值随深度变化曲线

图2-9　VBH59号和VBH69号勘探孔地应力情况

根据地应力测试成果，在相应的设计洞底标高范围内，万华一期洞库最大水平主应力最大值为13.22MPa，最小水平主应力最大值为8.73MPa，库址区优势主应力方向为NE78°。

(2) 场地优势结构面方向确定

万华二期洞库位于北灵山附近，区域内岩石露头良好，通过地面调查可以获得地表岩体的结构面发育方向（图 2-10），地下岩体的结构面发育情况通过智能钻孔电视成像获得（图 2-11）。

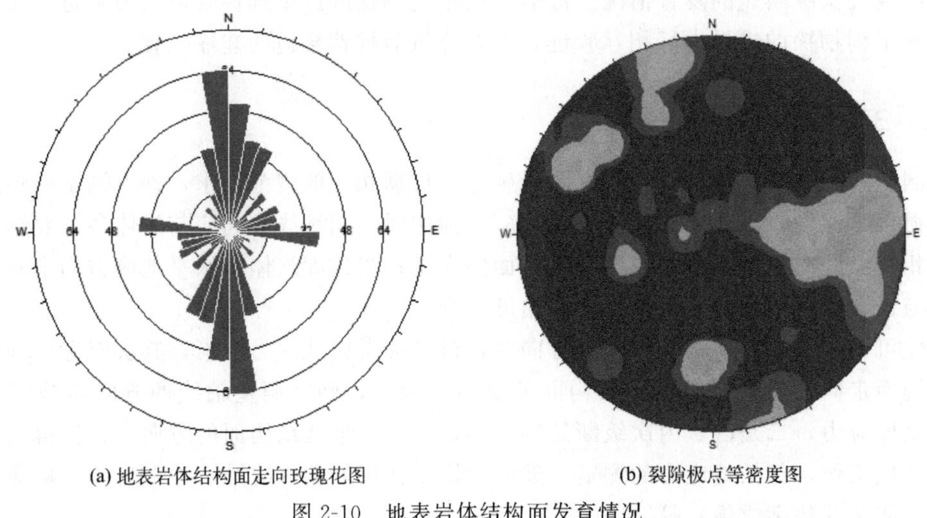

(a) 地表岩体结构面走向玫瑰花图　　(b) 裂隙极点等密度图

图 2-10　地表岩体结构面发育情况

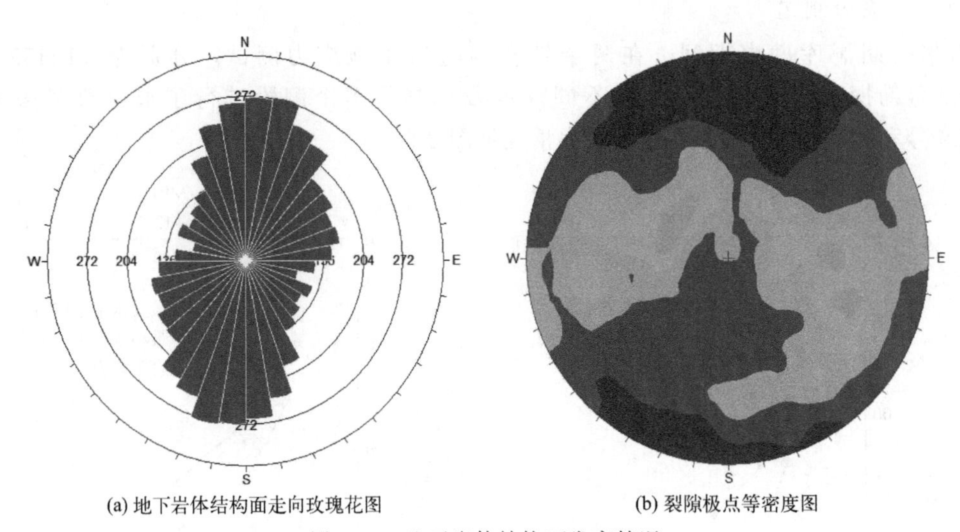

(a) 地下岩体结构面走向玫瑰花图　　(b) 裂隙极点等密度图

图 2-11　地下岩体结构面发育情况

同时水幕巷道开挖完成后，对水幕巷道内的开挖揭露的优势结构面产状进行了统计（图 2-12），并与对前期勘察期间的成果进行了对比验证。对比钻孔内结构面产状统计结果、地表结构面调查统计结果以及水幕巷道内的实测统计结果，岩体内发育的结构面方向总体一致，以近南北向为主。但从结构面发育的倾角来看，地面岩体统计的结构面以陡倾角为主；钻孔内统计的节理发育情况则以中倾角为主；对于水幕巷道，陡倾角节理和中倾角节理均有发育。通过分析，这种差异主要与各种勘察手段的局限性有关，地表出露的结构面以陡倾角为主，而钻孔大部分为直孔，揭露的陡倾角节理相对较少，因此，勘察期间应布置适量斜孔，以获取更接近实际的结构面统计结果，且通过各种手段获取的结构面统计情况应进行综合分析。

综合考虑地应力因素以及万华二期洞库岩体主要结构面走向，并兼顾考虑洞室轴向与次

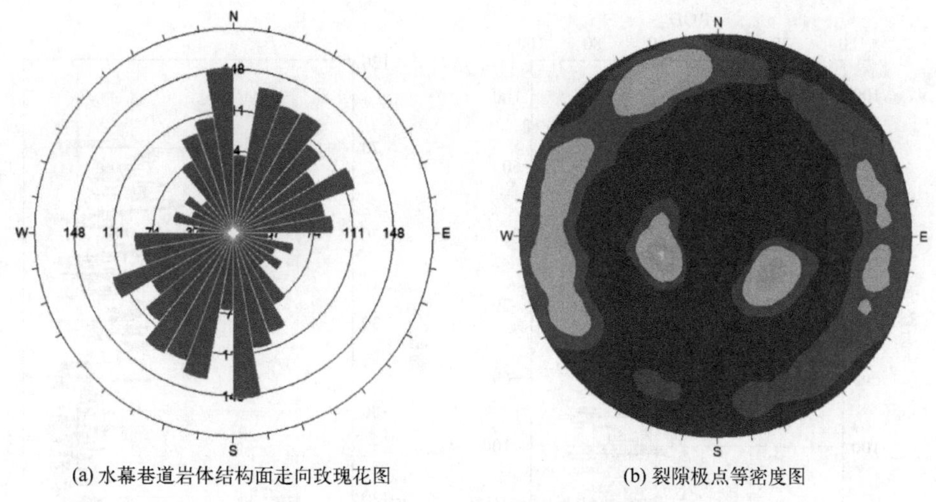

(a) 水幕巷道岩体结构面走向玫瑰花图

(b) 裂隙极点等密度图

图 2-12　水幕巷道岩体结构面发育情况

要结构面的交角，主洞室轴向方向为 EW 向时，与最大主应力方向小角度相交，与主要结构面走向大角度相交，因此，最终确定将拟建主洞室主轴线方向定为 EW。

2.3.3　主洞室埋深的确定

主洞室埋深是可研阶段勘察期间需要确定的关键要素之一。确定主洞室埋深需要获得地下岩体的各项地质参数，包括风化界限、岩体的纵波波速、渗透系数、RQD 值以及岩体的质量级别等，同时需要确定场地的设计地下水位，明确储存介质，根据各项参数综合确定洞室的埋深。

场地的覆盖层厚度和风化界限根据工程物探和工程钻探综合确定，岩体的 RQD 值根据工程钻探确定，渗透系数根据压水试验结果确定，岩体的纵波波速根据孔内波速测试结果确定（图 2-13），岩体的质量级别根据工程钻探、孔内波速测试和室内试验综合确定（图 2-14）。

主洞室埋深确定：

① 根据场地水文地质条件，拟建库区的设计水位标高按±0.00m 考虑；

② 根据场地边界内微风化顶面等值线可知（工程物探及钻探），拟选布置洞库岩体范围内，岩体微风化层顶面标高不小于＋20.0m；

③ 根据各钻孔压水试验数据可知，在标高－60m 深度往下岩体渗透系数有减小且趋于稳定的趋势，且 RQD 值以大于 75 为主，岩体较完整；

④ 根据场地钻孔岩体波速值可知，洞库边界内，在标高－80m 深度往下岩体纵波波速逐渐变大且趋于稳定，约在 4.7km/s 附近，说明场地岩体在标高－80m 以下岩体质量较好，且岩体质量较为稳定；

⑤ 根据场地钻孔岩体质量分级可知，场地内岩体在－60m 高程以下，岩体质量较好，岩体以Ⅱ级～Ⅲ级为主，局部Ⅳ级，岩体质量较为稳定；

⑥ 拟建洞库所在场地区域最低排泄基准面标高±0.00m 作为洞库设计地下水位标高，洞室储存介质为丙烷，在储存温度条件下的饱和液化点水头压力加上适当的安全余量，按照式(2-5) 计算：

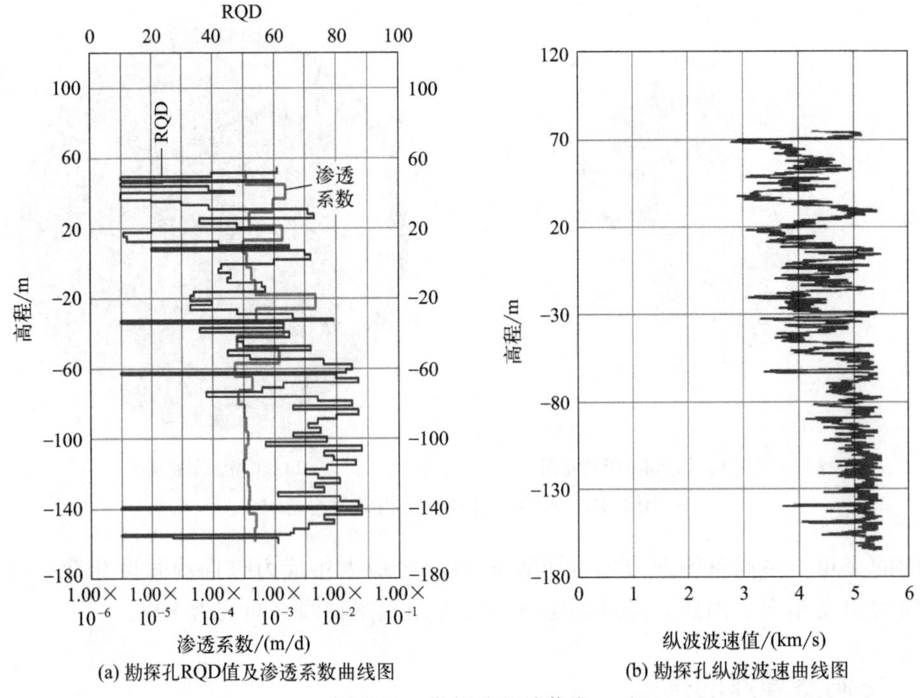

(a) 勘探孔RQD值及渗透系数曲线图　(b) 勘探孔纵波波速曲线图

图 2-13　勘探孔相关信息

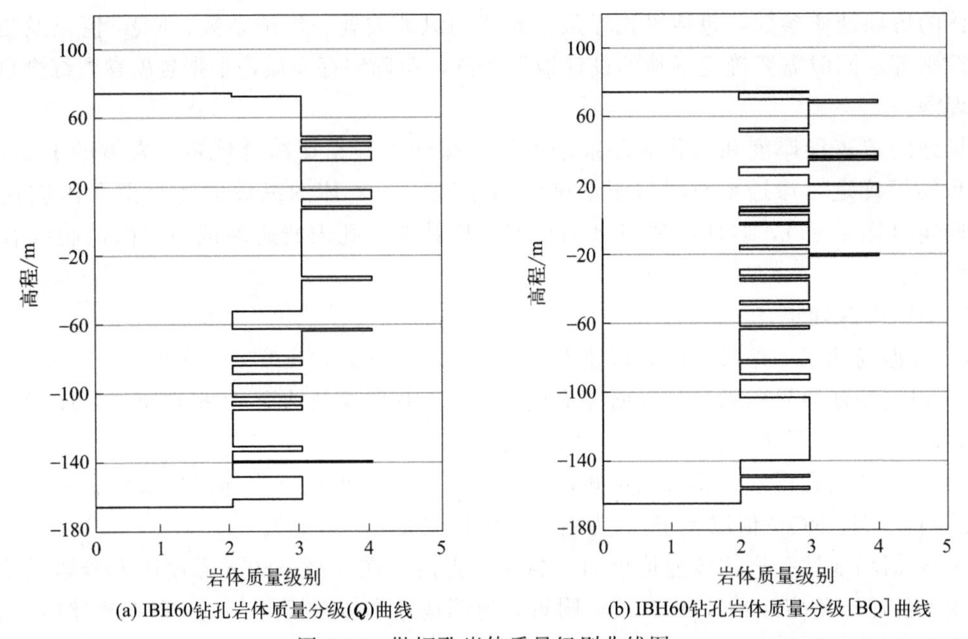

(a) IBH60钻孔岩体质量分级(*Q*)曲线　(b) IBH60钻孔岩体质量分级[BQ]曲线

图 2-14　勘探孔岩体质量级别曲线图

$$P_0 > P_{stor} + (S_f + S) \quad (2\text{-}5)$$

式中，P_0 为静压水势，kPa；P_{stor} 为储库内最大储存压力，kPa；S_f 为形状等因素强度，取决于洞库几何形态、水流边界条件、所储介质的物理特性及岩体渗透特性等因素，一般为 10～15m 水头压力；S 为安全因素强度，一般取 15m 水头压力。

洞室储存介质为丙烷，主洞室内的温度按最大20℃考虑，相应的丙烷饱和蒸气压为900kPa左右，S_f按15m水头压力取值，S也按15m水头压力取值。根据上述公式，P_0应大于1200kPa，即120m的水头压力，主洞室拱顶应位于不小于设计水位以下120m。

综上，万华二期洞库的主洞室顶面埋深宜按设计地下水位标高控制，宜为－120m。

2.3.4 设计地下水位的确定

万华二期洞库位于万华一期洞库东侧，相距约为0.9km，两个洞库的工程地质条件和水文地质条件相近、相互影响。万华二期洞库勘察在收集区域水文地质资料的基础上，对万华一期洞库的地下水水位埋深及其在洞库不同建设阶段过程中的变化规律也进行了数据的收集及分析工作，综合确定万华二期洞库场地的设计地下水位标高。

(1) 万华一期洞库地下水位

万华一期洞库从最开始的勘察阶段到目前运营阶段的钻孔地下水位变化情况，分别按照勘察期、施工期、运营期三个阶段来分析。

① 勘察期（2011年6月～12月）。

场地地下水主要受季节性的影响，地下水位较为稳定，变幅不大，水位标高一般在14.81m(ZK07)～36.81m(ZK19)，与地形变化基本一致，见图2-15。

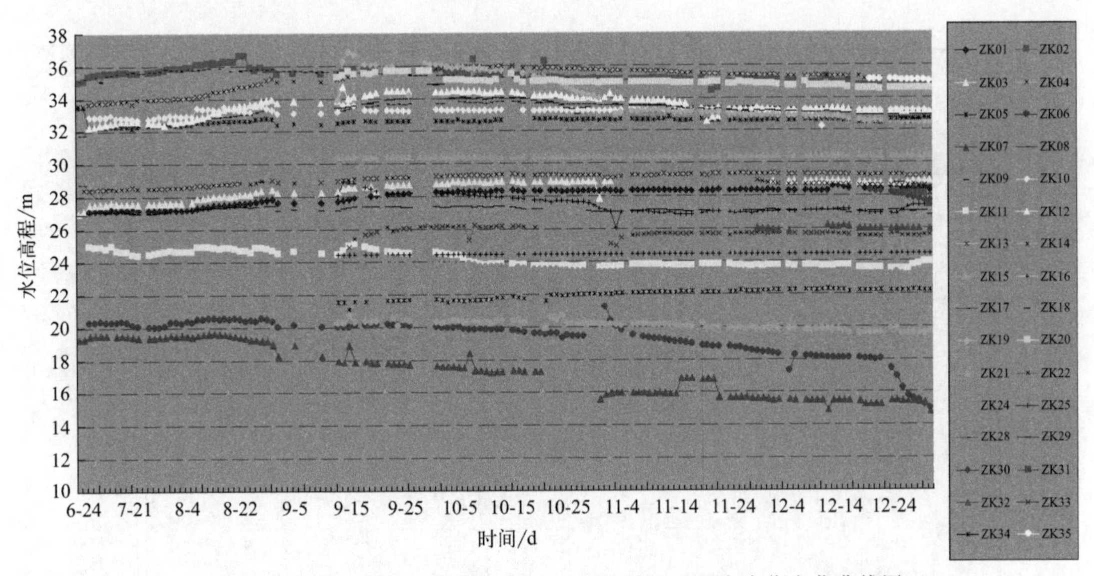

图2-15 万华一期洞库勘察期（2011年）钻孔地下水水位变化曲线图

② 施工期（2012年1月～2014年10月）。

场地除了受季节性影响外，主要受地下水封洞库开挖排泄与水幕系统对地下水的补给影响，场地的地下水位情况发生了较大的变化。个别区域地下水位下降明显，如ZK25号孔从初始的标高27.44m下降到－11.97m，ZK30号孔从初始的标高27.48m下降到－54.12m，ZK37号孔从初始的标高32.92m下降到－19.72m，ZK44号孔从初始的标高22.46m下降到－31.3m。其中ZK30号钻孔地下水水位下降幅度最大，降幅大于80.0m。

施工期，整体上场地地下水水位标高在－57.12m(ZK30)～38.48m(ZK43)范围，见图2-16及图2-17。

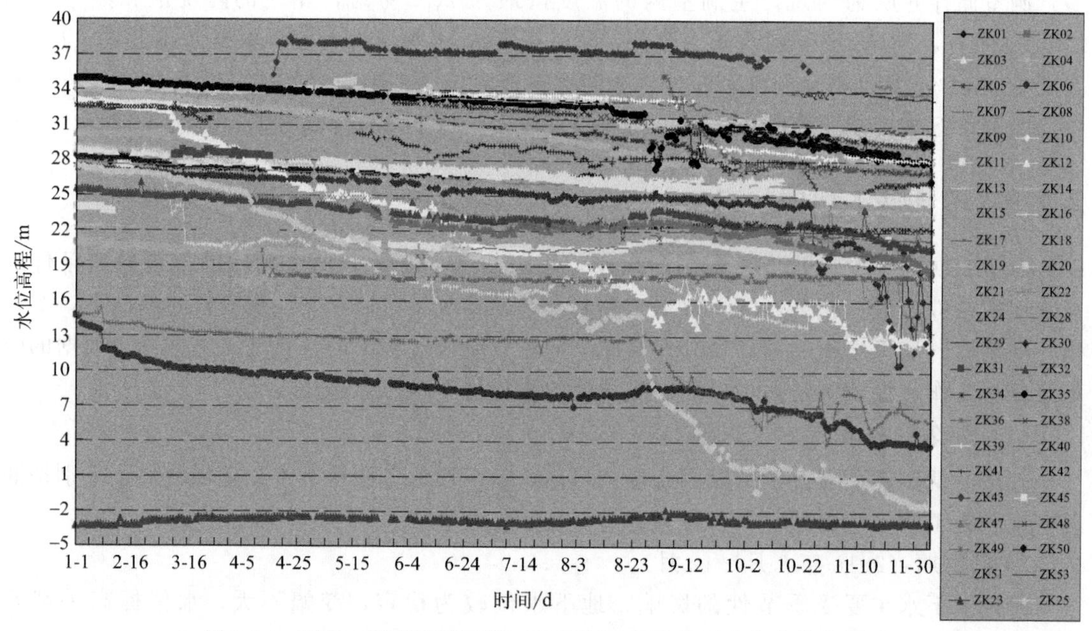

图 2-16　万华一期洞库施工期（2012 年）钻孔地下水位变化曲线图

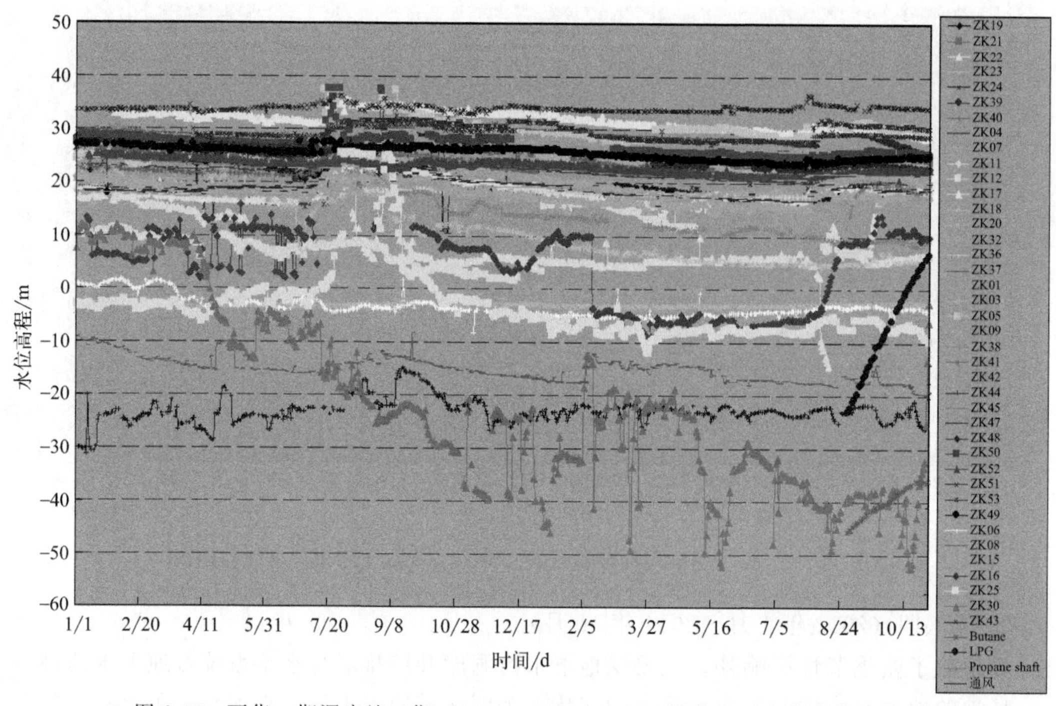

图 2-17　万华一期洞库施工期（2013.1 至 2014.10）钻孔地下水位变化曲线图

③ 运营期（2014 年 11 月～2016 年 12 月）。

洞库进入稳定的运营期后，通过水幕系统与周边地下水不间断地补给，并经过几个完整水文年的运移，场地的地下水流场达到了新的动态平衡。万华一期洞库部分钻孔监测的地下水位有一定的回升，场地地下水水位标高一般在−3.54m(ZK37)～36.06m(ZK51)，见图 2-18。

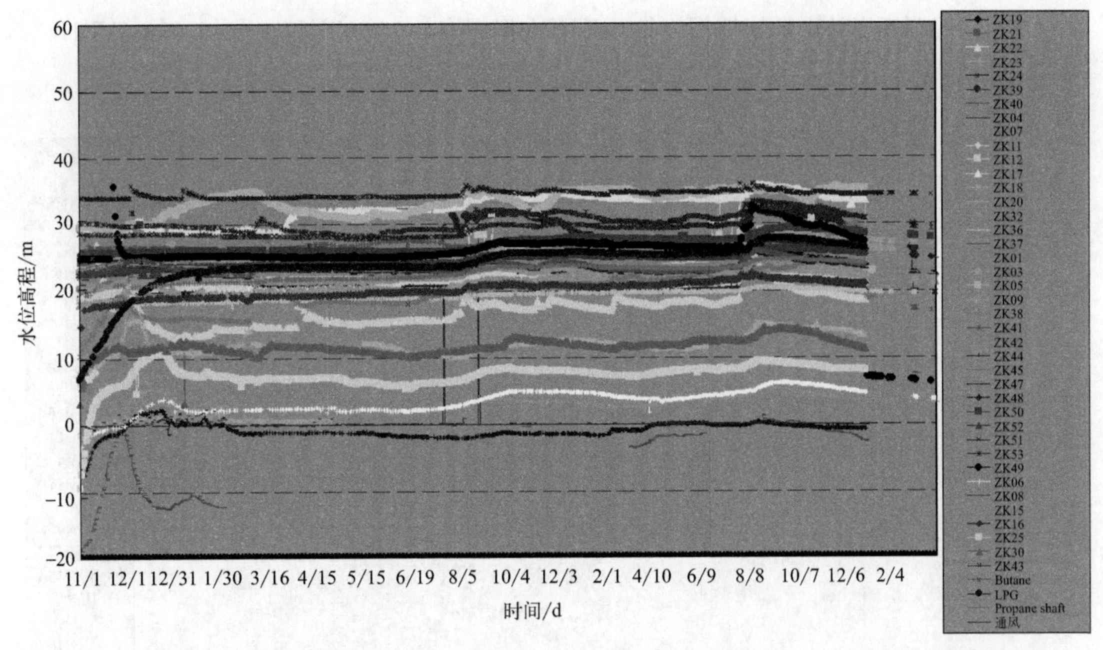

图 2-18　万华一期洞库运营期（2014.11 至 2016.12）钻孔地下水水位变化曲线图

将万华一期洞库运营期场地地下水与勘察期间场地的初始地下水位相比，水位总体呈下降趋势，见图 2-19、图 2-20。其中降幅最大的为 ZK37 号孔，地下水水位标高由 32.92m 降低到－3.54m，降幅为 36.0m 左右，且长时间在标高－3.54m 左右波动。另有 ZK44 号钻孔从初始地下水位标高 22.46m 降低到±0m 左右波动。

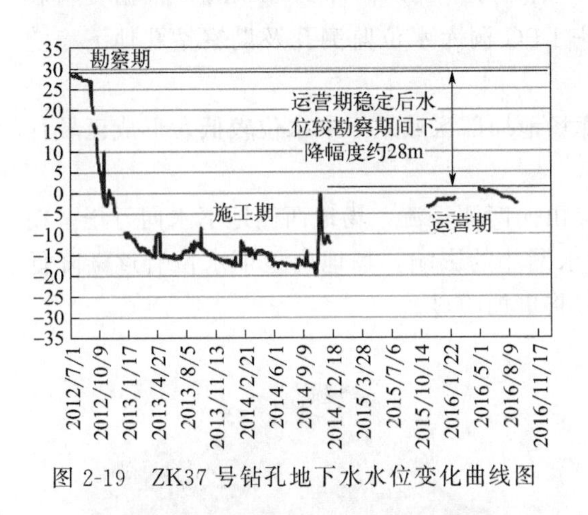

图 2-19　ZK37 号钻孔地下水水位变化曲线图

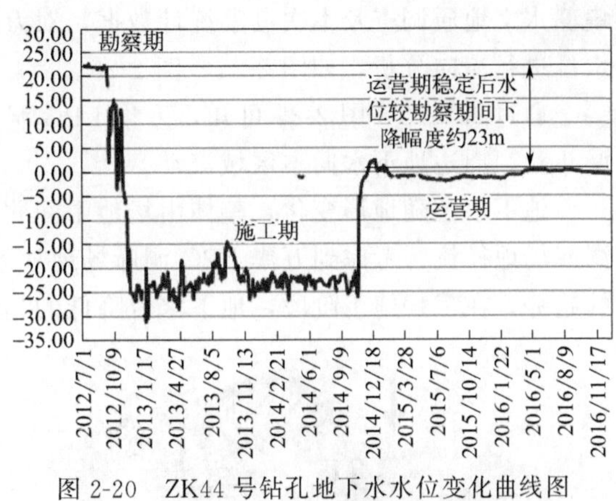

图 2-20　ZK44 号钻孔地下水水位变化曲线图

总体来说，场地内地下水位标高随万华一期洞库建设的不同阶段而变化，如图 2-20，ZK44 号孔在勘察期间，水位比较稳定，随着洞室开挖的进行，水位迅速下降，在一个比较大的范围段内上下波动，施工完成后，通过水幕系统及相邻区域地下水的补给，水位逐渐升高并保持稳定，但钻孔水位较勘察期间即原始状态下的地下水位总体为下降趋势，ZK44 号孔下降幅度约为 23.0m。

(2) 万华二期洞库场地地下水位

万华二期洞库库址区勘察期间，钻孔地下水埋深在 5.19(VBH73)～46.95m(VBH63)，标高在 40.634(VBH74)～99.684m(VBH56)，见图 2-21。

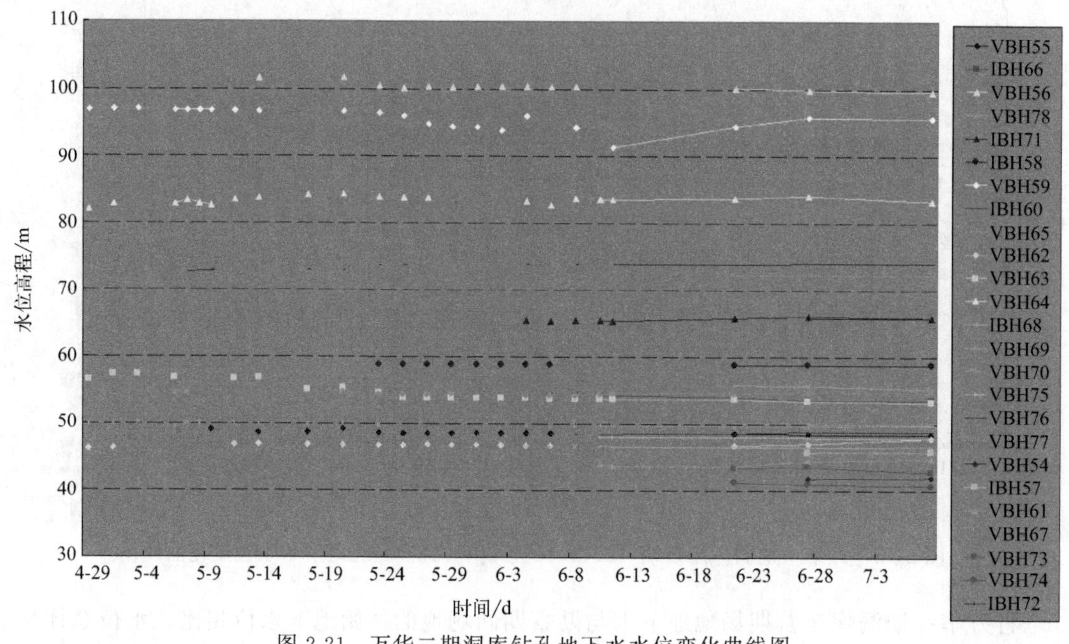

图 2-21 万华二期洞库钻孔地下水水位变化曲线图

(3) 区域地下水水位 3D 表面图及流向图

万华二期洞库场地北部距离黄海约 2.3km，距离万华一期洞库约 0.9km，根据资料收集、水文地质调查及本次勘察统计数据，对万华 LPG 洞库水位监测孔及勘察钻孔地下稳定水位进行流向分析，如图 2-22～图 2-25。

通过图 2-22～图 2-25 可知，万华 LPG 洞库场地局部区域地下水水位较低，形成区域性漏斗状，周边地下水向本区域流动。

地下水位随地形变化，整体由场地中间北灵山向两侧径流，场地西侧地下水向万华一期洞库场地径流，考虑到万华 LPG 洞库场地地下水漏斗的影响，场地内地下水位有逐渐降低的趋势，在工程施工阶段，地下水位降低的趋势将更加明显。

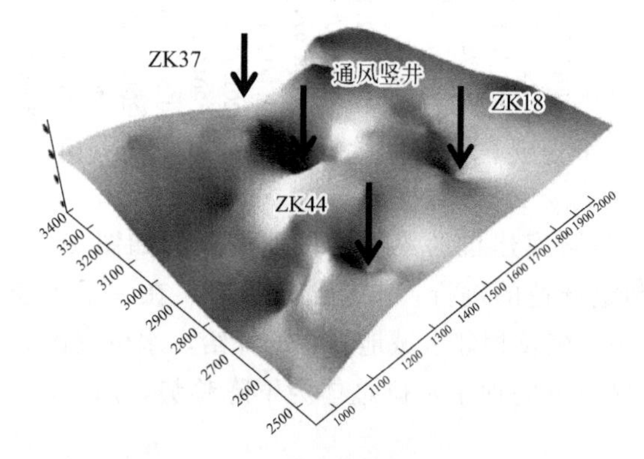

图 2-22 万华一期洞库区域地下水 3D 表面图

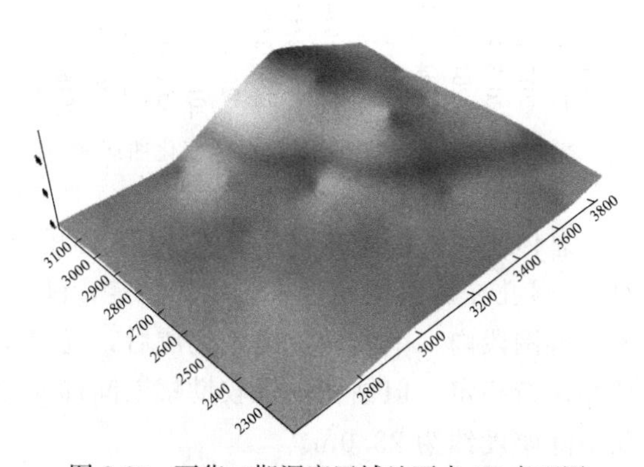

图 2-23 万华二期洞库区域地下水 3D 表面图

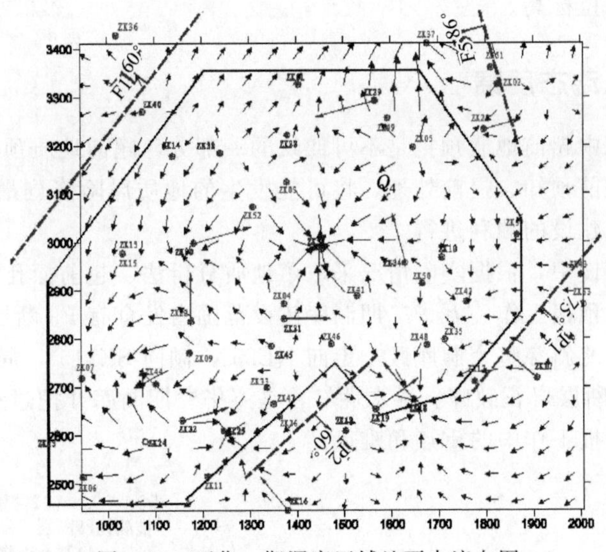

图 2-24　万华一期洞库区域地下水流向图

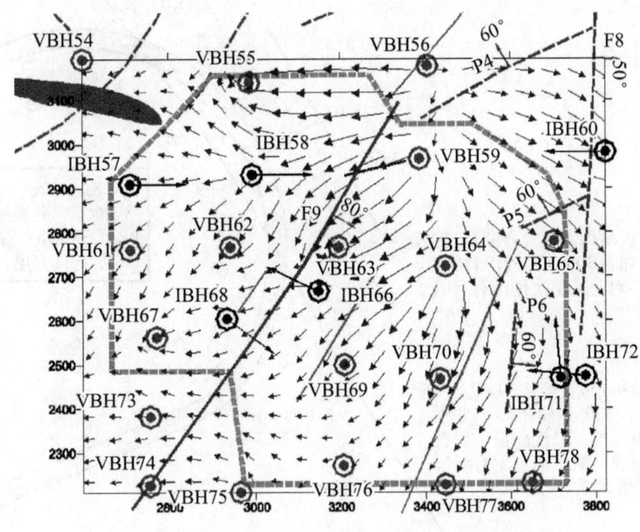

图 2-25　万华二期洞库区域地下水流向图

(4) 设计地下水位的确定

① 万华一期洞库场地内的地下水位已基本平衡，年变化幅度不大，最低水位标高为-3.54m。万华二期洞库勘察场内最低水位标高为40.63m。

② 万华一期洞库施工期及运营期出现多个地下水降落漏斗，由其水幕系统及周围地下水进行补给。万华二期洞库建库址区地下水基本由大气降水补给。

③ 万华二期洞库库址区地下水由于受地形及万华一期洞库场地内地下水漏斗的影响，地下水流向基本为自东向西，补给区域地下水。

综上所述，设计地下水位的选取除考虑地下水水位年变化幅度（2～3m）及极端干旱气候以外，万华一期洞库场地地下水水位动态变化以及因施工而导致的地下水位下降也是重要的影响因素，以万华一期洞库地下水位最低点-3.54m（水位较勘察期间初始水位下降了36.0m）为依据，考虑水力梯度影响，选取万华二期洞库区域最低排泄基准面标高±0.00m

作为洞库设计地下水位标高。

2.3.5 地质信息动态反馈

地下工程的施工中超前地质预报是不可或缺的一部分，超前地质预报将地下工程的不可预见性变为局部可提前预知、提前处理，将可能发生的地质风险降到最低，同时节约工期、节约投资，保障洞库建设的顺利进行。

万华二期洞库建设中，根据实际情况采取了地质分析法、超前探孔以及孔内成像综合勘察方法进行超前地质预报工作。万华二期洞库建设范围内发育有 F9 断层，F9 断层位于库址区中部，自西南向东北斜穿整个洞库区，走向 NE25°，倾向 SE115°，局部反倾，倾角 80°～90°，见图 2-26。F9 断层岩石破碎、导水性好，是万华二期洞库开挖过程中需重点关注的构造，也是超前地质预报工作中的重点和难点。

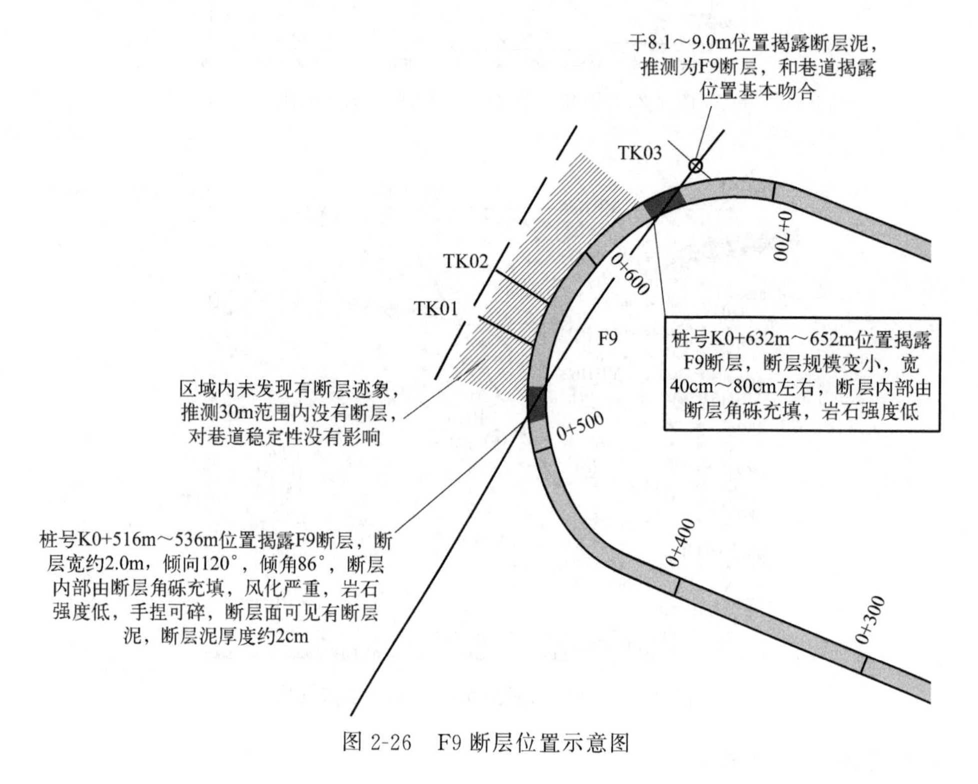

图 2-26　F9 断层位置示意图

根据对 F9 断层的分析推测，施工巷道开挖过程中，桩号 0＋500m 左右会受到 F9 断层的影响，因此，在桩号 0＋480m 左右开始结合地质分析法进行了超前探孔与智能钻孔成像工作，进行了 2 个回次。预测桩号 0＋516m 左右会揭露 F9 断层，提前进行了注浆加固工作。最终在 0＋518m 的位置揭露了 F9 断层，并推测了 F9 断层下次揭露的位置。由于场地内发育有多条与 F9 平行的构造，为避免施工巷道侧边墙受断裂影响，发生地质风险，在施工巷道边墙也进行了钻孔成像工作并分析评价了边墙的稳定性。

F9 断层作为场地内的主要地质构造，施工巷道开挖过程中将不可避免地多次揭露，需要进行相应的处理工作。在水幕巷道和主洞室的开挖中，需要尽量避开 F9 断层。根据超前地质预报的成果，在水幕巷道的开挖中，成功地预测了 F9 断层的揭露位置，将地质信息反馈给设计单位，后经过现场参建各方的讨论商定，调整了水幕巷道的布局，且将万华二期洞库的丙烷洞库三向东整体平移了 35m，成功地避开了 F9 断层（图 2-27），节省了大量经济成本和时间成本。

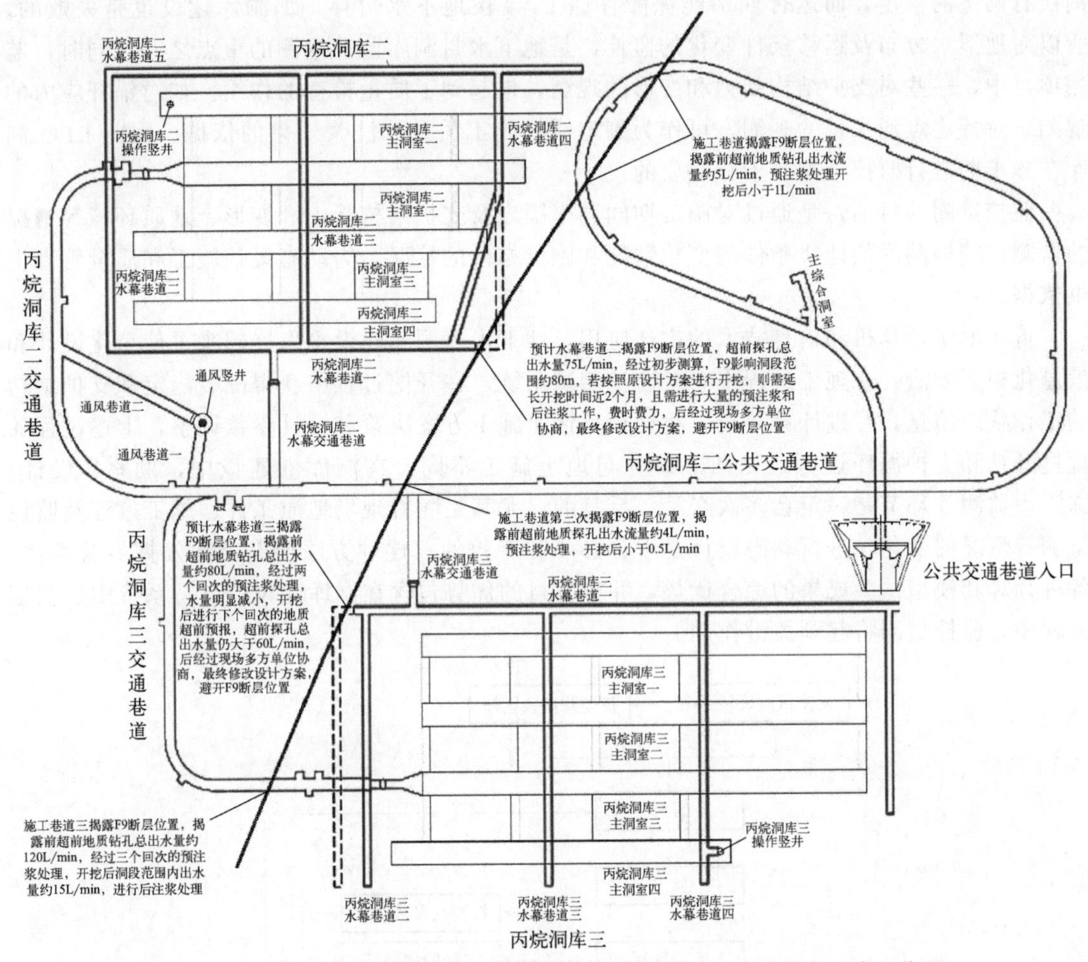

图 2-27　受 F9 断层影响洞室调整示意图（图中虚线位置为巷道的原布置位置）

2.4　监控量测

自 20 世纪 50 年代开始大规模进行地下工程建造以来，在实践中人们发现，安全施工的最佳方式是不能恶化地下天然应力的分布状态。20 世纪 60 年代起，奥地利的工程师和学者在岩体隧道的施工中，总结出了新奥法隧洞施工技术，即在爆破施工中，密切监测围岩变形和应力状态，以锚喷方式为主对围岩进行稳定支护，通过支护措施的调整来控制其变形，从而最大限度地发挥围岩自稳能力。

对围岩稳定和工程特性的研究探索，始终都没有停止过，从最初按连续、均质介质进行的力学理论计算，到建立起连续介质的弹塑性、黏弹性、黏弹塑性模型。但是地质体（包含岩体）的非均质性和复杂性，及具体工程岩体的唯一性，限制了这些理论的实用性。因而，在隧洞施工中，用直接的监测结果来判定围岩稳定，同时参照相关理论的研究成果，为设计提供相关参数，最终确定合理的支护结构形式，或作出施工决策，是最有效的施工方法。

LPG洞库因其特殊性，决定了不但要考虑洞室的稳定，还要考虑水封条件的变化，否则仅有洞室的稳定，而运行期不能保障存储LPG被地下水封存，那洞库建设也是失败的。所以对地下水分布及运移条件变化的监控，是地下水封洞库监控量测的重点之一。同时，监测项目中，一些对支护结构受力和变形的观测，也起到了质量检查的作用。如对锚杆应力的观测、对特定点涌水量的观测，可作为判定锚杆施工质量和注浆效果的依据。因此LPG洞库在施工期进行监控量测是十分必要的。

监控量测的目的，是通过对施工期间洞库围岩及支护结构受力和变形、地质环境等情况的监测，掌握洞库的地质条件的变化情况和施工结果的状况，为动态设计施工和质量管理提供依据。

近年由于计算机和信息技术的广泛应用，地下水封洞库建设也发展起来了信息化设计和信息化施工方法。在施工过程中布置监控测试系统，在开挖过程中获得围岩稳定和支护结构的工作状态信息，经过计算分析，将结果反馈于施工方案决策和设计参数调整，上述过程随掘进开挖和支护循环进行，见图2-28。与地上施工不同，在洞库的建设中，勘察、设计、施工、监测等环节是一定会多次交叉、反复的，尤其是随着现场地质条件、施工过程及监控量测等情况的变化，进行动态设计是十分必要和有效的。这种方法能有效地发挥经验类比、各种计算和模型试验成果的综合优势，并将各自的优势包含在洞库建设的支持系统中。实施流程中，监控量测将起到关键作用。

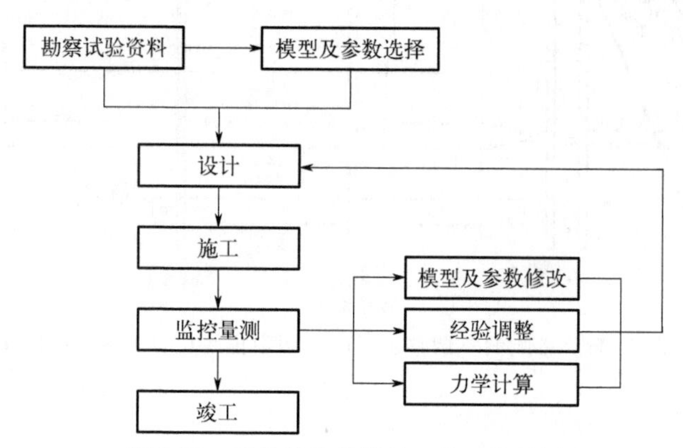

图2-28 洞库信息化设计、施工流程图

在洞库的建设中，设计预测预估能够大致描述正常施工条件下，支护结构与相邻环境的变形规律和受力范围，但必须在掘进和支护施工期间开展严密的现场监测，以保证工程的顺利进行，同时，监控量测也促进着地下工程的发展。归纳起来，开展现场监控量测的作用和意义主要以下几个方面。

(1) 监测可掌握洞室围岩的变形趋势，及时对其稳定性和安全度做出评估和预警

洞库建设与所有工程建设一样，安全始终需放在首位，监测是保障安全的重要手段。监测体系使洞室失稳预警机制得以建立，能及时反馈施工作业中的信息，使得监测数据和成果成为现场施工管理和技术人员判别工程是否安全的依据，为工程决策机构进行决策提供依据，使工程始终处于安全可控状态。这些均是建立在将局部和前期的开挖效应与观察结果加以分析并与预估值比较，验证原施工方案的正确性，或根据分析结果调整施工参数，必要时采取附加工程措施，以此达到信息化施工的目的。近年来，这种预警预报式的信息化施工方

法已纳入相关规范，并通过政府管理部门指令性推行实施，避免了不少可能发生的工程事故。

（2）为设计优化提供直接的参考数据，是信息化施工的关键环节

地下工程设计和施工方案是设计人员通过实体进行物理抽象，采取数学分析手段开展定量化预测计算，借鉴长期工程实践经验确立和制定出来的，在很大程度上揭示和反映了真实状况。然而，实践是检验真理的唯一标准，只有在方案实施过程中才能获得最终的结论，其中现场监测是判断上述方案是否可靠的重要手段。根据工程实际施工的结果来判断和鉴别原设计方案是否安全和适当，必要时还需对原开挖方案和支护结构进行局部修改。应该说，各个场地的地质条件不同，施工工艺和周围环境有差异，具体项目与项目之间千差万别，设计计算中未曾计入的各种复杂因素，都可以通过对现场监测结果分析加以局部修改和完善。新奥法的基本思想是以监测数据调整设计方案，即将施工监测和信息反馈作为设计的一部分，前期设计和后期的动态设计相互补充，相得益彰。

（3）作为施工质量判定依据

对支护结构进行应力、应变的监测，其手段与质量检测的类似，若得到的数据与成熟的理论计算和经验值相差甚远，则有可能是施工质量或施工方案出了问题。对地下水变化的监测，可判定注浆效果的优劣。对监测数据的分析，可判定结构的质量情况和方案实施的效果如何。

（4）可为类似工程积累经验，加深对工程岩体的认识

岩体特性直接影响着设计参数和施工方案的选择，但工程岩体的差异性，使得对其特性的了解是一个长期和逐步深入的过程。对岩体在不同作用条件下变化情况的掌握，监测是一个较为直接的手段。对每个工程而言，通常采用力学分析、数值计算、室内试验模拟等工程技术手段进行分析。对地下结构总是在不同程度上作些近似或简化处理，为突出主要因素忽略其他次要因素，对于工程问题求解是必需和适合的。但在真实刻画自然界客观事物的变化规律方面，不可避免地掺入了人为假定的因素。而现场监测工作的开展，能真实反映结构和岩体在工程施工过程中的变化，是各种复杂因素影响和作用下的综合体现。与其他客观事物的发生和发展一样，洞库工程在空间中存在，在时间上发展，缺少现场观测和分析，对于认识和把握客观事物的发展规律几乎是不可能的。监测可提升工程的设计和施工水平，而人们对自然的认识总是依靠一次次的实践和总结，通过大量工程监测数据的深入分析和信息反演，使得逐渐掌握岩体的工程特性成为可能。发现新理论、掌握新经验，监控工作的开展和监测成果的取得是基础。现场监测不仅为确保本工程项目的安全发挥了作用，而且也为该领域的学科和技术发展作出贡献。

2.4.1 应力与变形监测

（1）监测中常用到的传感器及仪器

在LPG洞库的建设中，需要测定的有位移、压力、应力、应变等，这些物理量大多为非电量，将其转为电量进行测定和记录，会使监测易于进行。将被测物理量直接转换为相应容易检测、传输或处理的信号的元件称为传感器，也俗称探头。

根据《传感器命名法及代码》（GB/T 7666—2005）的规定，传感器的命名应是主题（传感器）前面加四级修饰词：主要技术指标-特征描述-变换原理-被测量，例如100mm串

联型电感式多点位移计。但在实际应用中，可以采用简称，即可省略四级修饰词中的任何一级，但最后一级修饰词（被测量）不可省略，例如可以称电阻应变式位移传感器、荷重传感器。传感器一般可按被测物理量、变换原理和能量转换方式分类：按变换原理分类，可按电阻式、电容式、差动变压器式、光电式等划分，这种分类易于从原理上识别传感器的变换特性，对每一类传感器应配用的测量电路也基本相同；按被测物理量分类，可分为位移传感器、压力传感器、速度传感器等。

① 钢弦式传感器。

在地下工程现场测试中，常利用钢弦式应力计或压力盒作为测量元件，其基本原理是由钢弦内应力的变化转变为钢弦振动频率的变化。当传感器加工完成后，内部的钢弦与受力面相联系，其上产生的张拉力又取决于外部受力，因此外部受力与钢弦的振动频率存在一定的数学关系。

$$f^2-f_0^2=KP \tag{2-6}$$

式中 f——传感器受压后钢弦振动频率；

f_0——传感器未受压时钢弦振动频率；

P——传感器受力部位所受的压力；

K——标定系数，与传感器构造有关，各传感器不同。

如能测定钢弦的振动频率，即能计算出传感器处受到的应力。

钢弦式传感器的钢弦振动频率是由频率仪测定的，主要由放大器、示波器、振荡器和激发电路等组成，若为数字式频率仪，则还有一组数字显示装置。频率仪是由频率仪自动激发装置发出脉冲信号输入到传感器的电磁电路，激励钢弦产生振动，钢弦的振动在电磁线路内部产生交变电动势，输入频率仪整理稳定后，显示读数。

钢弦式传感器构造简单，稳定性好，适应性强，频率信号不受测试电缆长度影响。缺点是测试的灵敏度受传感器尺寸限制，且不能进行动态监测。该类传感器广泛应用于钢筋应力、岩土压力、孔隙水压力等的监测，量程范围多处于0.1～10MPa之间。钢弦式钢筋应力计构造示意图见图2-29。

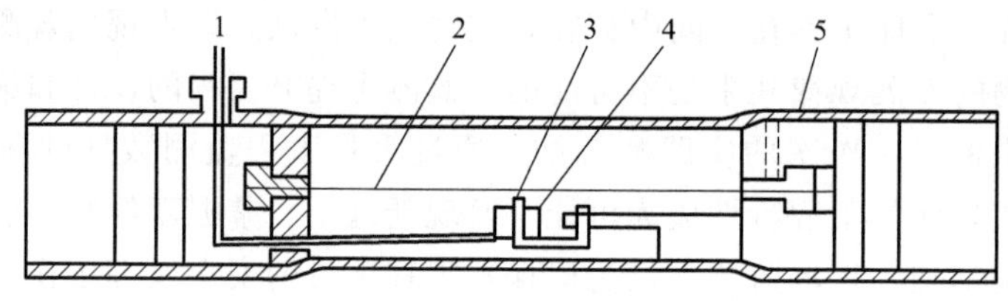

图2-29 钢弦式钢筋应力计的构造示意图

1—电缆引出线；2—钢弦；3—铁芯；4—线圈；5—外壳

② 电阻式传感器。

电阻式传感器是把被测量（如位移、力等参数）转换为电阻变化的一种传感器，按其工作原理，可分为电阻应变式传感器、电位计式传感器、热电阻式传感器和半导体热能电阻传感器等几种。

a. 电阻应变式传感器。

该传感器的工作原理是基于电阻应变效应，即根据电阻应变效应先将被测量转换成应变，再将应变转化成电阻。其结构通常由应变片、弹性元件和其他附件组成。

在被测拉（压）应力作用下，弹性元件产生变形，贴在弹性元件上的应变片产生一定的应变，由应变仪读出读数，再根据事先标定的应变及应力对应关系，即可得到被测力的数值。拉压力传感器的结构示意图见图2-30。测试应变时，所用的弹性元件刚度小，结构有梁式、弓式和弹簧组合式，弹性元件随被测构件一同变形，通过测定弹性元件上应变片的读数，即可得知位移量。

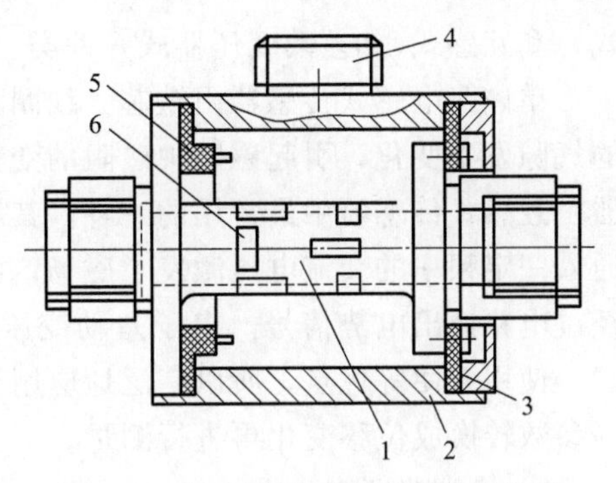

图2-30 拉压力传感器的结构示意图
1—弹性元件；2—外壳；3—膜片；4—电缆插座；5—线板；6—应变片

弹性元件是电阻应变式传感器必不可少的组成环节，其性能好坏是保证传感器质量的关键。弹性元件的结构形式是根据所测物理量的类型、大小、性质和安装传感器的空间等因素确定的。

电阻应变式传感器还可用来测定压强，其测量范围从0.1MPa到数百兆帕。

b. 电位计式传感器。

电位式传感器是测试技术中常用的一种机电参数转换元件，其功能是把输入的机械位移转换成与位移有确定关系的电阻，并引起输出电压或电流的变化，配上其他各种弹性元件和传动机构，还可用来测量液压、温度、速度和加速度等参数。电位计是由电阻率很高的绝缘细导线在绝缘骨架上密绕而成，有弹性的金属片或者金属丝制成的电刷在一定的压力下与导线绕组保持接触并能移动，致使线路中的电阻发生变化。绕线电位计中的绕线匝数，决定了传感器的分辨率，单位长度上的匝数越大，分辨率越高。

电位计式传感器优点是结构简单、使用方便、稳定性和线性较好。而且其主要器件——变阻器，可根据需要做成各种形状，而得到的位移量与输出电量呈线性或非线性的关系。其缺点是分辨率受到电阻丝直径和线圈螺距的限制，只能适用于较大位移的测量。

c. 热电阻式传感器和半导体热能电阻传感器。

热电阻式传感器是利用某些金属导体的电阻率随温度变化而变化（或增大，或减小）的特性，制成各种热电阻式传感器，用来测量温度，达到将温度变化转换成电量变化的目的。因而，热电阻式传感器一般是温度计。电阻温度系数是温度每变化1℃时材料电阻的相对变化值，其数值越大，电阻温度计越灵敏。因此，制造热电阻温度计的材料应具有较高、较稳定的电阻温度系数和电阻率，在工作温度范围内，其物理性质和化学性质稳定。常用的热电阻材料有铂、铜、铁等。热电阻温度计的测量电路一般采用电桥，它把随温度变化的热电阻或热敏电阻值转变成电信号。

半导体热能电阻是由半导体材料做成的新型电阻，它与一般电阻不同，不仅可具有正的电阻温度系数，而且还可具有负的电阻温度系数，即当温度升高时，它的电阻值反而减小，且电阻温度系数的绝对值比金属的大4～9倍，因此，它的灵敏度的电阻率高、体积小，可测点温度和固体表面温度，因而结构简单、性能稳定、寿命长。其缺点是复现性和互换性差，电阻值和被测温度呈非线性关系。

③ 电感式传感器。

电感式传感器是根据电磁感应原理制成的，将被测量的变化转换成电感系数的变化，引起后续电桥桥路的桥臂中阻抗的变化；当电桥失去平衡时，输出与被测位移量成比例的电压，通过对电信号的测量，可知被测量的变化。电感式传感器常分成自感式(如单磁路电感式）和互感式（如差动变压器式）两类。

单磁路电感式传感器由铁芯、线圈和衔铁组成。当衔铁运动时，衔铁与线圈的铁芯之间的气隙发生变化，引起磁路中磁阻的变化，因此，改变了线圈中的电感。差动变压器式传感器是互感式传感器中最常用的一种，其结构中有一个初级线圈和两组次级线圈。当初级线圈通入一定频率的交流电压激发了磁场，由于互感作用，在两组次级线圈中会产生互感电势，经过电路输出电势信号。由于差动变压器式传感器具有线性范围大、测量精度高、稳定性好、使用方便等优点，所以广泛地应用于直线位移测量中，也可通过弹性元件把压力、重量等参数转换成位移变化再进行测量。

④ 其他类型传感器。

a. 电容式传感器。

电容式传感器是将所测的力学量转换成电压或最常用的是平板型电容器和圆筒型电容器。当电容器的极板距离和对应面积变化时，电容量则发生变化，常见的有变极距型电容传感器和变面积型电容传感器。

变极距型电容传感器的优点是可以用于非接触式动态测量，对被测系统影响小，灵敏度高，适用于小位移（数百微米以下）的精确测量。但是这种传感器有非线性特性，传感器的杂散电容对灵敏度和测量精度影响较大，与传感器配合的电子线路也比较复杂，使其应用范围受到一定限制。变面积电容式传感器的优点是输入和输出呈线性关系，但灵敏度较变极距的低，其适用于较大的位移测量。

电容式传感器的输出是电容量，尚需有后续测量电路进一步转换为电压、电流或频率信号，常用电路有：调频电路（振荡回路频率的变化或振荡信号的相位变化）、电桥型电路和运算放大电路。其中，以频率电路用得较多，其优点是抗干扰能力强、灵敏度高，但电缆的分布电容对输出影响较大，使用过程中调整比较麻烦。

b. 压电式传感器。

有些电介质晶体材料在沿一定方向受到压力或者拉力作用时发生极化，并导致介质两端表面出现符号相反的束缚电荷，其电荷密度与外力成比例，若外力消失，它们又回到不带电状态，这种由外力作用激起晶体表面荷电的现象称为压电效应，称这类材料为压电材料。压电式传感器就是根据这一原理制成。当有一外力作用在压电材料上时，传感器就有电荷输出。因此，从可测的基本参数来讲其属于力传感器。但是，也可通过敏感元件或其他方法测试其他参数，如加速度、位移等。

压电晶体式传感器是自发电式传感器，故不需对其进行供电，但产生的电信号是十分微弱的，需经过放大器处理后，才能显示或记录。而且，压电晶体片受力后产生的电荷量极其微弱，不能用一般的低输入阻抗仪表来进行测量读数，否则压电片上的电荷就会很快通过测量电路泄漏掉，只有当测量电路的输入阻抗很高时，才能把电荷泄漏减少到测量精度所要求的限度以内，为此，晶体片和放大器之间需加接一个可变换阻抗的前置变换器。目前有两种变换器，一是把电荷转变为电压，二是可直接测量电荷。

c. 压磁式传感器。

压磁式传感器是测力传感器的一种，利用铁磁材料的磁弹性物理效应。当铁磁材料受机械力作用后，在它的内部产生机械效应力，从而引起铁磁材料的磁导率发生变化。如果在铁磁材料上有线圈，由于磁导率的变化，将引起铁磁材料中的磁通量的变化。磁通量的变化则会导致线圈上自感电动势或感应电动势的变化，从而把力转换成电信号。

铁磁材料的压磁效应规律是：铁磁材料受到压力时，在作用方向上的磁导率提高，而在与作用力相垂直的方向，磁导率略有降低。铁磁材料受到压力作用时，其效果相反，当外力作用消失后，它的导磁性能复原。

压磁式传感器可整体密封，因此具有良好的防潮、防油和防尘等性能，适用于在恶劣环境条件下工作。此外，还具有温度影响小、抗干扰能力强、结构简单、过载能力强等优点，但其输出线性和稳定性较差。在岩体孔径变形预应力法中，使用的钻孔应力计就是压磁式传感器。

(2) 监测的项目和方法

地下水封洞库作为一项地下工程，除了与以往的隧洞工程一样，关注围岩及支护结构的应力、应变外，更关注洞库水封条件的变化。通常用到的方法和项目有以下几种。

① 洞室收敛。

a. 量测方式。

洞室内壁或结构物内部净空尺寸向中心收缩的变化，通常称为收敛位移。收敛位移测量工作比较简单，以收敛位移值为判断围岩稳定性的方法比较直观和明确，所以在洞室现场测试中常用。

收敛计是进行收敛量测的工具，其量测数据分为粗读部分和细读部分。粗读部分是钢尺读数，细读部分是测微计或百分表读数。由于细读元件量程范围有限，钢卷尺上每隔数厘米打有一小孔，以便根据收敛量的大小调整粗读数。

测量时为避免拉力不同造成的测量误差，要求每次在相同拉力下进行读数。固定拉力由重锤、测力环或标有刻度指示的弹簧提供。读数时先读取钢卷尺上的数值，再读取测微部分的读数，两者的组合即是量测值。每次量测值计算前，需进行修正，主要是消除温度对钢卷尺造成的误差影响。由于钢在温度变化下的稳定性高，所以也可采用钢丝制作收敛计，可提高收敛计的温度稳定性，从而提高量测精度。收敛尺一般测量范围在25m以内，精度可达0.01mm。收敛计类型及测量示意图见图2-31。

由于收敛计在使用中受到测点位置（高度）、量测长度等因素的限制，大跨度的洞室常使用光电测距仪进行收敛位移的测定。即在洞室表面上安装一组反射镜片，用光电测距仪或高精度全站仪，测量镜片间的距离变化，以此判定洞室的收敛情况。该方法测量效率高，可测量大跨度的洞室变形，精度可达0.1mm，但对量测时的通视条件要求较高，即空气中粉尘含量需较少，不能有施工振动影响。

除了上述测试方法外，对于跨度小、位移量较大的洞室，可用测杆量测收敛量。测杆可由数节连接组成，杆端一般设有百分表或游标尺，以提高量测精度。但对于拱顶的下沉量，需配合精密水准仪量测。

b. 收敛量测元件安装。

因洞室收敛量的绝对值不大，为精确测定，选择高精度的收敛计或测距仪是毋庸置疑的，但设置于围岩表面的收敛钩和反光镜片的安装稳定情况，也是影响量测精度的重要因素。

收敛钩和反光镜基座应通过预埋件固定在岩壁上。预埋件多为短锚杆或膨胀螺栓，预埋件应穿透喷浆层，与岩体稳固连接，这样才能保证收敛钩和反光镜的位置变化真实反映了围岩的收敛情况，同时避免因其松动而使后期量测出现异常数据。

安装位置应有一定的预见性，需考虑后期施工影响。高处的应避免通风和照明设施对测

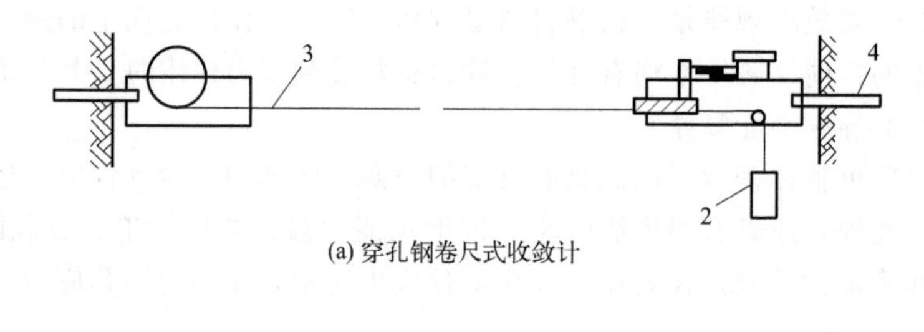

(a) 穿孔钢卷尺式收敛计

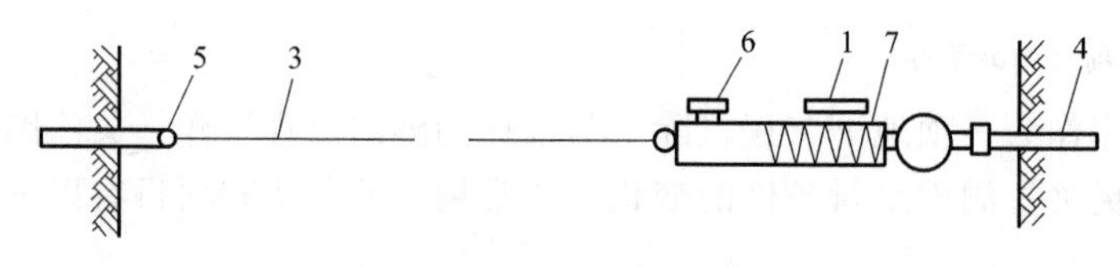

(b) 铟钢丝弹簧式收敛计

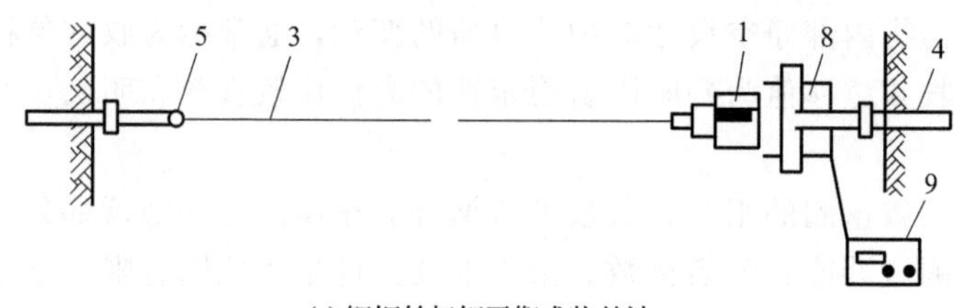

(c) 铟钢丝扭矩平衡式收敛计

图 2-31 收敛计类型及测量示意图

1—测度表；2—重锤；3—钢卷尺；4—固定端；5—挂钩；6—张拉表；
7—弹簧；8—微型电机；9—控制器

量时产生遮挡。位置较低的预埋件，应考虑后期施工在洞室边墙上布设各类管线的位置，避免监测工作和施工相互影响。

② 围岩内部位移。

为了量测洞室围岩内部不同深度的位移，多采用单点位移计、多点位移计等。

a. 单点位移计。

单点位移计实际上是端部固定于埋设孔底部的一根锚杆加上孔口的测读装置。锚杆一般由直径 22mm 的钢筋制成，底部的锚固端用楔子与埋设孔的孔壁楔紧，并注有砂浆将锚杆的一部分与孔壁连接起来；孔口一端为自由端，装有测头，可自由伸缩，测头平整光滑。为便于量测读数，埋设孔孔口固定有定位器，测量时将测环插入定位器，测环与定位器上都有刻痕，插入测量时将两者的刻痕对准，测环上安装有百分表或测微计以测取读数。为保证测量精度，测头、定位器和测环均用不锈钢材质制作。

由单点位移计测得的位移量是洞壁与锚杆固定点之间的相对位移，若埋设孔足够深，则孔底可视为无位移的稳定点，故可将测量值认为是绝对位移。稳定点的深度与围岩工程地质条件、断面尺寸、开挖方式和支护时间等因素有关。在同一测点处，若设置不同深度的位移计，可测得不同深度的岩层相对洞壁的位移值，据此可了解距洞壁不同深度岩体的位移变化。单点位移计结构简单，测试精度高，埋设孔直径小，安装容易，同时受外界影响小，容易保护，故可紧跟掘进面安装，目前应用较多。

b. 多点位移计。

多点位移计是在一个埋设孔中安装有多个测头的位移计，测头与孔口距离不同，可一次测读不同深度岩体的位移量。其按位移测量元件的不同，分为机械式和电测式两类。机械式一般采用百分表、千分表和深度测微计。电测式采用的传感器常用的有电阻式、电感式、差动式和钢弦式等多种。按内部测量结构的不同，分为并联式多点位移计、串联式多点位移计、滑动式多点位移计。

并联式多点位移计是一个埋设孔内布设多个测点，一般为2～4个，所谓测点即是不同长度的金属杆，外侧套有套管，一端在孔口的定位器内，另一端（有扩大头）安装在围岩不同深度处。安装到位后向孔内注浆，使扩大头一端与所在位置的岩体紧密结合。由于套管的存在，围岩内部发生位移时，可使金属杆另一端在定位器内发生移动，用连接的传感器或测微计可测出相对位移。

串联式多点位移计是由多个位移传感器、连接锚头、金属杆和固定锚头线性连接而成，位移传感器多采用电感式。位移传感器的线圈安装在锚头内壳中，锚头用三片互成120°角的弹簧片固定在孔壁上，与金属杆对应成一组位移测量单元，金属杆上安装有铁芯，作为位移传感器的一部分。每个测量单元首尾相接，固定锚头位于孔口或孔底，从而组成串联式的多点位移计。当岩体发生位移时，各测点处铁芯在线圈中的位移量也是不一样的，因而引起不同的电感变化，用专用的仪表测读，就可得出各点的位移量。

③ 应力监测。

洞室中的应力监测包括岩体内部应力、支护结构内部应力和围岩与支护结构间接触压力的量测。应力的量测通常采用应力计或压力盒，其原理结构已在上文介绍。现主要以压力盒及锚杆应力计为例，讲述岩体内部应力和支护结构内部应力量测时仪器埋设和测读方法，接触应力的监测方法与岩体内部应力的相似之处。

a. 岩体内部应力量测。

内部应力的监测通常为钻孔埋设。在测点处钻孔后，用高压风水将孔内岩粉冲洗干净，然后放入压力盒，并用深度标尺校正其位置。最后用速凝水泥砂浆充填密实，使应力计与岩体或支护结构紧密结合，待稳定后即可进行观测读数。

压力盒安放时应注意受力面需与预测的最大受力方向垂直，以确保量测精度。水泥砂浆的配比需考虑围岩的强度情况，以保证测点处的受力尽量接近真实情况。引出的电缆需做专门保护，防止破坏和受潮。

在混凝土结构和混凝土与围岩的接触面上埋设应力计，只需在浇筑混凝土前将其位置固定，待混凝土浇筑后即可。埋设可在接触面上铺一薄层细砂等材料，使之受力均匀，提高量测准确性。

b. 锚杆应力量测。

支护锚杆在地下洞室支护系统中占有重要地位，用锚杆应力计可监测施工锚杆的受力状态及大小。其原理是锚杆受力后发生变形，采用应变片或应变计量测锚杆的应变，得出与应变成比例的电阻或频率的变化，然后通过标定曲线或公式将电测信号换算成锚杆应力。量测锚杆应力用的应变计主要有电阻式、差动电阻式和钢弦式几种应变计。

电阻式锚杆应变计是由内壁按一定间距粘贴电阻片的钢管或铝合金管组成，电阻片粘贴后，需做严格的防潮处理。也有直接采用工程锚杆，对锚杆局部进行特殊加工粘贴电阻片，并进行防潮和密封处理。这种方法价格低、精度高，但对防潮要求高、抗干扰能力低。

差动电阻式和钢弦式锚杆应变计，是将应变计装入钢管，两端密封好，接头与量测的锚杆直径匹配，然后与锚杆连接而成，一根锚杆上可连接多个钢筋计。其中的钢弦式应变计由于环境适用性强，测读仪器轻巧方便，故可适用于不同地质条件和环境条件下的应力监测。

④ 其他监测项目。

在 LPG 洞库开挖的前期，明槽和交通巷道入口阶段，应对施工形成的边坡和巷道顶端进行变形监测。边坡稳定可采用测斜手段进行监测，测斜装置由测斜管、测斜仪、测度仪三部分组成。测斜仪内部有传感器，可感应出仪器轴线与铅垂线之间的夹角变化，测度仪则能将输出的信号转化和显示出来。测斜管预先埋入边坡岩（土）体内，管内有两组相互垂直的凹形导槽，埋设时需将一组导槽的方向与预计变形方向调整一致；测斜仪为细长金属管桩探头，上下两端各有一对轮子，测量时，测斜仪滑轮在导槽内上下滑动，保证测量方向一致，逐段滑动、读数，以侧向位移量的绝对值和位移速率来判定稳定情况。

当 LPG 洞库区域有覆盖层时，巷道入口区域应进行沉降观测。一般在巷道上的地表上，布设沉降观测点进行水准高程测量，观测点沿巷道方向展布。观测沉降的水准基点要设立在不受洞库施工影响的地方，定期进行高程校准。

洞室内岩体温度因涉及对传感器测读数值的修正，结合国内外相关经验，需进行洞室温度观测，通常采用埋设热电阻传感器的方式进行，埋设位置根据监测断面岩性、深度等确定，并基于区域经验和施工经验，所以在洞室围岩中也会埋设一些热电阻传感器，进行温度观测。埋设点的确定会考虑监测断面的位置、岩性、深度等因素。

(3) 监控量测方案设计

监控量测方案规定了监测工作的预期目标、拟采用的技术路线和方法、工作内容和实施计划，以及需投入的资金等。其制定必须建立在对场地的工程地质条件和 LPG 洞库主体结构详尽了解的基础上，同时还应了解参与建设的各单位的职责划分及作业流程。方案包括的主要内容有：监测项目确定及元件仪表的选用，监测部位和测点布置的确定，实施计划和流程的制定。

① 监控项目和仪器的选择。

a. 监测项目的确定。

作为保障施工安全的监控量测，其目的在于了解围岩的动态变化、稳定情况和支护系统可靠度。直接为支护系统的设计和施工决策服务，这是选择监测项目的基本出发点。监测方法确定得是否合理，不仅仅决定了这种现场测量能否顺利进行，而且关系到量测结果能否反馈于工程的设计和施工，能否为推动设计理论和方法的进步提供依据。因此，选择合理的监测项目是开展监控量测的基础。

监测项目的原则是量测简单、结果可靠、成本低、便于安装使用，量测元件要能尽量靠近工作面安装。此外，所选择的被测物理量要概念明确，量值显著，数据易于分析，易于实现反馈。其中的位移测试是最直接易行的，因而要作为监测的重要项目。但洞库一般建于坚硬的岩体中，位移值往往较小，故要配合应力和压力的测量。

监测项目应根据具体工程的特点来确定，主要取决于工程的规模、重要性程度、地质条件及建设单位的财力。按国内外技术标准的建议和已有工程经验，水封洞库的监测项目可参考表 2-16。

表 2-16　洞库建设中采用的监测项目

序号	监测项目	方法手段	断面间距/m (测线位置)	断面测点数 (测点布置)	必要性
1	洞内观察	定期巡检	各开挖面	全巷道	必须
2	洞室收敛	收敛计或反光片	30～80	3～7点	必须
3	拱顶下沉	水准仪或测杆	30～80	1点	必须
4	地下水监测	监测孔水位观测	洞库影响区域	间距50m～200m	必须
5	锚杆应力	应力计	200～500	3～5点	必须
6	围岩松动圈	超声波仪、位移计	200～500	3处	应该
7	地表沉降	水准仪	巷道轴线上方	间距15～40点	应该
8	接触应力	压力传感器	200～500	3～5点	应该
9	围岩试件试验	(点)荷载试验	200～500	1处	必要时
10	地层变形温度	测斜仪、沉降仪	200～500	2点	必要时
11	温度	传感器	200～500	1点	必要时

表中所说的洞内观察，是技术人员用肉眼观察洞室围岩的岩块松动和渗水情况、岩体节理发育和完整性、岩性变化情况，以及围岩和支护的变形情况。该工作能给监测直接的定性指导，是最直接有效的手段。表中监测点的数量按洞室本身正常延展考虑，未考虑连接处、交叉段等特殊部位，实际布设时，可专门设计。

b. 监测仪器的选择。

监测仪器和元件的选择主要取决于洞室围岩的工程地质条件和力学性质，以及作业时的环境条件。洞库的围岩均为硬质岩，对量测元件的精度要求较高。在干燥少水的条件下，电测元件往往能工作得很好，在地下水发育的地层中进行电测效果就不好。使用各种类型的引伸计，对于深埋的量测部位，必须在隧洞内钻孔安装；对相对浅埋的地下工程，则可以从地表或相关作业面钻孔安装，以量测地下工程开挖过程中围岩变形的全过程。

仪器元件选择前，需首先估算被测物理量的变化范围，并根据测试重要程度确定测试仪器的精度和分辨率。洞室收敛量测一般采用收敛计，在大断面洞室中，因挂钩操作的原因，可用反光镜片加测距仪的方式；洞室或洞径较小时，收敛位移小，则测试精度要求较高，需选择钢丝类型的收敛计；当洞室断面小而围岩变形较大时，则可采用杆式收敛计。

位移计的选择，在人工测读方便的部位，可选用机械式位移计。在顶拱、高边墙的中、上部，则易选用电测式位移计，可引出导线读数。对于特别深的孔，如精度要求较高，应选择使用串联式的多点位移计。用于长期监测的测点，尽管在施工时变化较大，精度要求高，但在长期监测时变化较小，因而，要选择精度较高的位移计。

选择压力和应力测量元件时，应优先选择有液态传力介质的传感器，坚硬的岩体中，应力梯度较高，则选用压力盒。在经济容许的前提下，应尽量选用高精度钢弦式压力盒和锚杆应力计，只有在干燥的洞室中，才选用电阻式或其他形式的压力盒和锚杆应力计。

水准仪、全站仪等设备，选用的精度应满足要求，如水准仪选用S1级，全站仪优先选用1″的，使用期间需定期校验。因洞室内环境潮湿、粉尘大，每次使用后应通风放置一会儿，并及时除尘，保证仪器使用状态。

② 监测部位的确定和数据采集的频次。

a. 监测断面的确定。

具体监测目的不同，断面的确定原则是有所差别的。从围岩稳定监测、保障施工安全出发，应重点监测岩体质量差及有岩脉、节理密集带发育、造成局部不稳定的区域。从评价支护效果和参数选用合理性、反馈设计出发，则应在代表的地段设置观测断面，甚至成组设置，以便对比。在特殊的工程部位（交叉口、巷道连接处），也应设置观测断面。断面上测点安装时，尽量靠近开挖掌子面，以便尽可能完整地获得围岩开挖初期的力学变化和变形情况，这段时间内获得的数据，对判定围岩形态是特别重要的。

洞室收敛、拱顶下沉、多点位移计和地表沉降监测点应尽量布设在同一断面上。锚杆应力计和接触应力等测点最好布设在一个断面上，以便使测量结果互相对照，互相检验。监测断面的间距视工程巷道长度、地质条件变化、工程部位位置等因素确定。当地质条件良好，或开挖过程中地质条件基本不变时，间距可加大，地质条件变化显著时，间距应缩小。在洞口及埋深较小地段，也应适当缩小量测间距。

因 LPG 洞库的建设场址均经过选址和比较，一般地质条件较好，岩体质量也不差，所以在洞室收敛、拱顶下沉量测的断面间距，较常见的隧洞工程的大些。地表沉降监测一般在巷道轴线于地表的对应线上布点，每个断面布设一个或三个观测点（三点连线垂直轴线），断面间距 15～40m，从洞口顶端起，通常至上覆层超过洞室轮廓尺寸 2.5 倍时结束。

b. 监测点的布设。

洞室收敛的布点，主要考虑洞室的跨度和施工情况，测线通常按三角形、交叉形和十字形等布设，如图 2-32 所示。其中十字形布置［图 2-32(a)］用于洞室底部已基本施工完成的部位。如果洞室顶部有通风管道等施工设备，可采用交叉形布设［图 2-32(c)］。三角形布置易于校核量测的数据，一般有条件时均采用这种形式，洞室较大时，可设置多个三角形的量测方式［图 2-32(b)、(d)］。

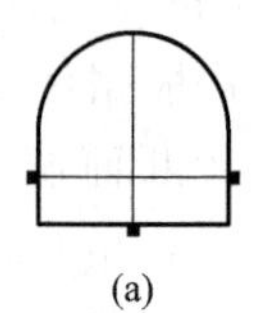
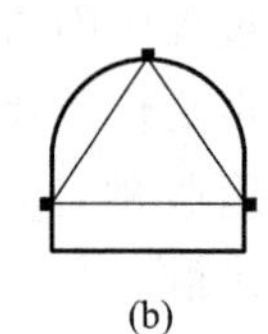
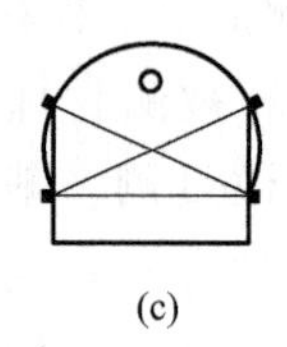
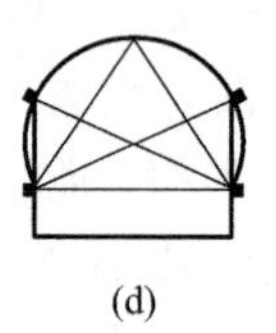

(a) (b) (c) (d)

图 2-32 洞室收敛测点布设示意图

若收敛监测只是为岩体稳定判定服务，且洞室尺寸不大时，可采用较为简洁的布设形式。若其目的还要考虑岩体地应力场和围岩力学参数做反演分析，则要采用多个三角形的量测方案。当洞室边墙很高时，则需沿墙壁一定间距设置多个水平测量线。

岩体内部位移监测采用的位移计，一般布设在洞室的顶部、边墙和拱角部位，如图 2-32 所示。当围岩比较均一时，可利用对称性仅在洞室一侧布点观测。若要较精确地掌握洞室开挖前后围岩位移变化的全过程，可考虑在地表或临近洞室钻孔预埋。钻孔的深度一般应超出变形影响范围，测孔中测点的布置应根据位移变化梯度确定，不能等距布设，梯度大的部位应加密。在孔口和孔底，一般都应布设测点，在软弱结构面、接触面和滑动面等两侧应各布设一个测点。

压力计和锚杆应力计应在典型区段选择应力变化大或地质条件最不利的部位，并根据位移变化梯度和围岩应力状态，在不同的围岩深度内布测点，观测锚杆的长度应与工程锚杆的长度相同，在一根锚杆上可安装多个应力计。用于埋设压力计的钻孔和观测锚杆的钻孔的布设形式与多点位移计的相似，可参考图 2-33，通常在钻孔中布设 3 个或更多的测点。

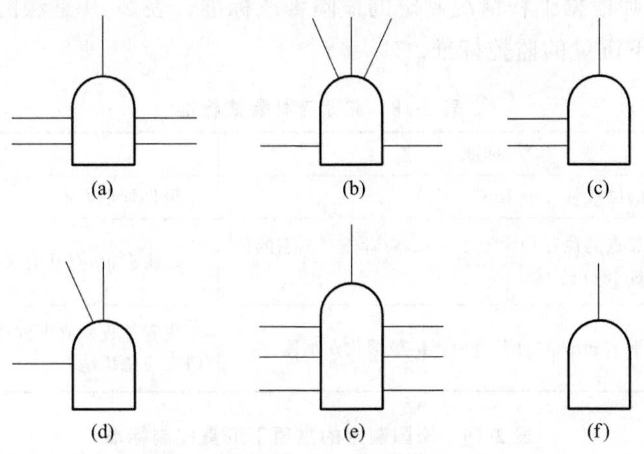

图 2-33　岩体内部位移计布设示意图

c. 监测数据采集频度的确定。

在整个监测期间，要建立监测日志，记录每天的监测活动情况。监测日志除了记录测试元件的埋设情况、监测项目的观测情况外，还应记录洞室施工进展程度、施工工艺、气候环境、对洞室巷道的巡查情况、洞室内渗水情况，以及支护结构有无异常等。

各量测项目通常的观测频度为：

(a) 在洞室开挖或支护后的 15d 内，每天应观测 1～2 次；

(b) 15～30d 内，或掌子面开挖到距观测断面大于 2 倍洞径时，每 2d 观测一次；

(c) 30～90d 内，每周观测 1～2 次；90d 后，每月观测 1～3 次；

(d) 若设计有特殊要求，则可按设计要求进行，遇到突发事件，则应加强观测。

在具体实施中，各量测项目的监测数据采集频度，原则上应根据观测值变化的大小来确定。如洞室收敛和拱顶沉降的监测频度，可依据位移速率而定，见表 2-17。在同一断面中，各测点的位移速率不同，一般以最大位移速率值来确定观测频度，整个断面的各测点应采用相同的观测频度。

表 2-17　位移速率与观测频度　　单位：mm/d

位移速度	10	1～<10	0.5～<1	0.2～<0.5	<0.2
观测频度	至少 1d 两次	1d 一次	2d 一次	一周一次	半月以上 1 次

③ 警戒值及洞库安全性判定准则。

在洞库建设中，围岩表面位移的变化量是最直观反映洞室稳定的指标，因此在实际工程中，通常以位移量测信息作为施工监控的依据。

a. 位移量警戒值。

洞室开挖会对围岩原有的应力分布产生影响，围岩中出现松动圈，岩体总体上向洞室中心发生变形位移，这反映了围岩自身应力的调整。在正常情况下，围岩变形的位移量在一定界限内，洞室不产生有害松动，是处于安全状态的，当超过该界限值时，则意味着围岩不稳定、已有破坏发生。

上述的界限值即是容许位移量，其与岩体条件、洞室埋深、断面尺寸等因素相关。实际监测中，会设定一小于容许位移量的数值作为警戒值，当已测位移值接近该值、预计最终位移将超过该值时，将采取加强支护系统等措施，控制位移的进一步发生，以确保安全。表 2-18 是国外工程师根据工程情况制定的危险警戒标准，表 2-19 是法国对断面面积为 50～100m^2 的洞室拱顶下沉量的监控标准。

表 2-18　弗朗克林警戒标准

等级	标准	措施
三级警戒	任一点的位移量大于 10mm	报告管理人员
二级警戒	两个相邻点的位移均大于 15mm，或者任一测点的位移速率超过 15mm/月	口头汇报，召开会议，写出书面报告和建议
一级警戒	位移大于 15mm，并且各处测点的位移均在加速	主管工程师立即到现场调查，召开现场会议，研究应急措施

表 2-19　法国制定的拱顶下沉量控制标准

埋深/m	拱顶容许最大下沉量/cm	
	硬质围岩	软质围岩
10～<50	1～2	2～5
50～500	2～6	10～20
>500	6～12	20～40

苏联学者通过对大量观测数据的整理，得出了用于计算洞室周边容许最大变形值 δ 的近似公式：

拱顶：

$$\delta_1 = 12 \times \frac{b_0}{f^{1.5}} \tag{2-7}$$

边墙：

$$\delta_2 = 4.5 \times \frac{H^{1.5}}{f^2} \tag{2-8}$$

式中　f——普氏系数；

b_0——洞室跨度，m；

H——边墙自拱角至地板的高度，m；

δ_1、δ_2——最大变形值，一般从拱角起 $(1/3 \sim 1/2)H$ 段内测定。

事实上，警戒值和容许位移量的确定并不是一件容易的事。每一工程条件各异，显现出十分复杂的情况，因此，需根据工程具体情况选用前人的经验，再根据工程施工进展情况探索改进。特别是对完整的硬质岩，失稳时围岩变形往往较小，要特别注意。

b. 容许位移速率。

容许位移速率是指在保证围岩不产生有害松动的条件下，洞室壁面间水平位移速度的最大容许值。它同样与岩体条件、洞室埋深及断面尺寸等因素有关，容许位移速率目前尚无统一规定。按国内容许位移速率并根据一些工程经验，确定软质岩为3mm/d，硬质岩为1mm/d。

在实际中规定，开挖面通过测试断面前后的一两天内，容许有位移加速的情况，其他时间内都应减速，到达一定程度后，才能进行永久支护（衬砌）。

c. 根据位移-时间曲线判断围岩稳定性。

岩体在长时间作用下，具有流变特征，岩体破坏前的变形曲线可以分成三个区段，如图2-34(a)所示：

(a) 基本稳定区Ⅰ，曲线凸形，变形加速度小于0，意味着变形速率不断下降；

(b) 过渡区Ⅱ，曲线基本为直线，变形加速度为0，变形速度长时间保持不变；

(c) 失稳区Ⅲ，曲线凹形，变形加速度大于0，变形速率渐增，将破坏。

实际量测的位移-时间曲线是呈现出图2-34(b)的形态，受开挖影响，逐次达到稳定状态。对于洞室开挖后在洞内测得的位移曲线，如果始终保持变形加速度小于0，则围岩是稳定的；如果位移曲线随即出现变形加速度等于0的情况，亦即变形速度不再继续下降，则说明围岩进入"定常蠕变"状态，需发出警告，及时采取措施，加强支护；一旦位移出现变形加速度大于0的情况，则表示已进入危险状态，须立即停工，进行加固。

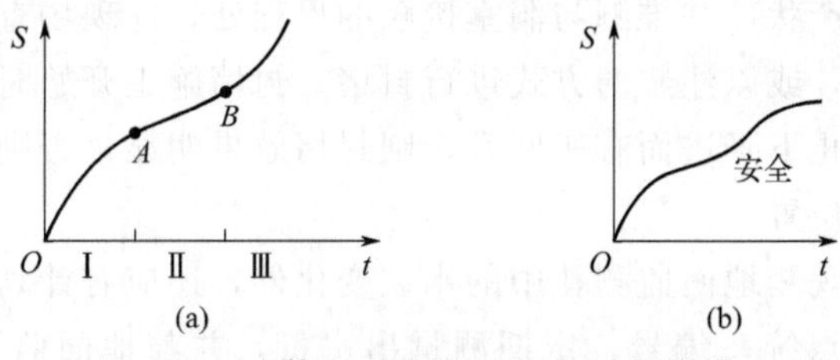

图2-34　岩体变形曲线（位移-时间曲线）

在洞库施工险情预报中，应同时考虑收敛或变形速度、相对收敛量或变形量及位移-时间曲线的变化趋势，结合观察到的洞壁围岩及喷射混凝土的表面状况等，综合分析后，对围岩稳定做出判定。

2.4.2　地下水监测

LPG洞库多建在岩浆岩结晶岩体中，地下水主要以裂隙水方式赋存，一旦疏干后再很难恢复至原有的饱水状态。因此水封洞库的建设中，水文条件不但在施工期间影响着作业的难易程度，更决定着洞库运行期间存储油品的安全性。通常要求地下水位不能低于水幕系统以上一定的高程位，否则难以保证水封效果。对地下水状态的监测，是保障LPG洞库建设成功的重要内容。

地下水监测的主要内容是对区域地下水位变化情况进行测试，以便指导施工，尤其是对注浆工作的开展提供意见以及评价其效果。因构造运动的影响和岩浆活动多期性的特点，洞库建设范围内的岩体中肯定分布有一定量的节理、破碎带及岩脉，当洞室开挖经过此类区域时，赋存的地下水将涌出。出于对工期和费用的考虑，一般在施工中通过初喷和注浆等手段，封堵至施工作业能开展的程度便继续开挖，并不处理至密封状态。但若对一些开挖后的出水点任其发展，地下水沿裂隙持续泄漏，以致使降水漏斗跌至安全线以下，甚至与洞室接通，这对洞库的影响将是灾难性的。

地下水位变化通常以观测水文监测孔中水位的升降来了解，监测孔数量和位置的确定，要建立在对场地详勘资料分析的基础上。洞库区域地下水的赋存形式，决定了监测孔不能均布，而应有针对性。一般来讲，节理密集带、破碎带、岩体条件不好的岩脉，因渗透性较大而成为导水通道，因此水文监测孔应主要沿该类地质构造的走向布设，深度应与构造连接。同时，要考虑洞库所在场地的水文地质单元的划分，在每个单元均应有水文监测孔。监测孔间距宜 50～200m，其深度不能与洞室相通，孔底应与洞室相隔 10m 以上。所有勘察孔在封堵前，都可利用作为水文监测孔。

水文监测孔为直径 90～120mm 的钻孔。场地上部有覆盖层时，钻孔在覆盖层一段需加套管，进入岩层后，可直接钻进。在覆盖层段，钻孔内下入钢花管，保证覆盖层段钻孔内透水，以保证透水。监测孔孔口应采取保护措施，一般采用加锁的井盖来进行防护。水位量测时，用水位计量测水位距孔口的距离，孔口高程已知，故可知水面的高程，孔口高程需定期校准。

地下水位会随季节变化而变化，雨季高，旱季低。若有突变，如每天发生超过 1m 的变化，肯定有异常情况。在 LPG 洞库建设时期，若某一监测孔水位出现突变，通常为陡降，则肯定有洞室连接了裂隙带，致使地下水大量流失。这就要查明监测孔所在位置处的地质条件，确定相关裂隙带的产状，并推测与洞室接触的里程处，并现场查验。洞室内的泄漏点确定后，应采取再次喷浆，或以注浆的方式进行封堵。封堵施工开始时要观测相关监测孔的水位变化情况，若水位停止下降进而有所回升，则封堵效果明显，否则需改进封堵方案，或重新查找洞室内出水点的位置。

地下水监测除定期观测地面监测孔中的水位变化外，还应有计划地巡查洞室内的各出水点，对较大出水量的地点统一编号，定期测量出水量，并与地面监测孔的水位变化建立联系。当受爆破等施工影响，一些出水点的出水量变化较大时，需加密对地上监测孔的观测次数，在确定影响范围和影响程度后，再决定是否进行注浆等封堵作业。

对于 LPG 洞库，其建设前进行了选址，且洞室走向线的确定也充分考虑了最大地应力方向、地质构造发育优势方向等因素，所以在建设期，围岩多处于稳定状态。建设中首先要考虑的应是地下水的水位变化情况。

LPG 洞库多选择在较为致密的结晶岩体中，地下水主要以脉状、裂隙状的方式保存，与强风化地层中的不同，一旦流失使裂隙疏干，将很难再恢复为饱水状态，而疏干状态的裂隙，则会成为洞库存储介质逸散的通道。所以在洞库的建设中，应始终保持地下水的稳定，按已有工程经验，通常认为水幕系统以上 20m 的高程处，是场地地下水位的容许最低值，否则难以保证水封效果，因此一般将该值作为地下水监测的预警值。但对于洞库上方覆盖层薄，甚至局部有岩体裸露的情况，应加密布设水文监测孔，同时提高预警值。

2.4.3 施工期地质监测的实施

（1）现场信息表达与响应

建设现场正常采用日报表、周报表、月报表形式上报监测成果。其中用得较多的是周报表，常结合工程例会上报，日报表是在有预警值出现、加强观测时采用。报表中的主要内容是监测数据，还需写明测点编号、测点位置、施工状况、观测时间、变化量及变化速率等信息，尽可能配备形象化的图形和曲线，使结果信息一目了然。

监控量测是信息化施工的基础，但其作用的发挥要靠监控信息及时的获得和有效的流转。现场应以建设单位牵头建立信息的流转和响应流程，将监控量测单位、监理单位、施工单位和设计单位整合为有机的整体。

一般应由施工方预先制定对应紧急情况的应急措施方案，经监理和设计方认可后，由建设单位组织交底会议，告知包括监控量测单位的各相关单位。在不同的施工阶段，应有几次类似的交底。通常情况下，监测数据采集后应立即处理分析，当天将结果按规定反馈给相关方，一般为监理或建设单位，当工程正常进展，也可随工程例会通告各方。但在监测数据超过预警值、可能发生危险的情况下，尤其是位移观测值变化较快时，监控量测单位在得到结果后应立即反馈信息给监理或其他相关方，以便第一时间让施工单位采取紧急处理措施。

每个接口环节和联系人在事前应有明确规定，联系方式需保持畅通，并约定有特殊情况下的指令传达程序。对于应急措施涉及的各项资源，尤其是机械设备和材料元件，应定期检查其性能和状态，确保预案实施时不会出现异常。

（2）监测数据分析

由于在监控量测进行时，受各种可预见或不可预见因素的影响，使现场观测所得的原始数据具有一定的离散性，必须进行误差分析、回归分析和归纳整理等去粗存精的分析处理后，才能很好解释监测结果的涵义，充分地利用监测分析的成果。例如，要了解某一时刻某点位移的变化速率，简单地将相邻时刻测得的数据相减后除以时间间隔作为变化速率，这显然是不确切的。正确的做法应是对监测得到的位移-时间数组做滤波处理，经光滑拟合后得位移-时间曲线，然后求该曲线函数在某时刻的导数值，即为该时刻的位移速率。总的来说，监测数据数学处理的目的是验证、反馈和预报，即：

① 将各种监测数据相互印证，以确认监测结果的可靠性；

② 探求围岩变形或应力状态的空间分布规律，并及时反馈，针对反馈的情况及时调整支护设计，以便提供反馈，合理地设计支护系统；

③ 监视围岩变形或应力状态随时间的变化情况，随最终值或变化速率进行预报预测。

从理论上说，设计合理的、可靠的支护系统，应该是一切表征围岩与支护系统力学形态特征的物理量随时间而渐趋稳定。反之，如果测得表征围岩或支护系统力学形态特征的某几种或一种物理量，其变化不是随时间渐趋稳定，支护必须加强或修改设计参数。

对稳定最直观表现的岩体位移，其与时间的关系既有开挖因素的影响，又有流变因素的影响，而与进度的关系虽然反映的是空间关系，但因开挖进度与时间密切相关，所以同样包含了时间因素。由于不可能在开挖后立即紧贴开挖面埋设元件进行监测，因此，从开挖到元件埋设好后读取初始值读数已经历了一段时间，在这段时间里，已有围岩变形释放；此外，在洞室开挖面尚未到达监测断面时，其实也有一定量的变形发生，这两部分变形都加到监测值上以后，才是围岩真实的变形。这两部分的变形值，可用位移-时间曲线拟合后的外延办法和经验法分别估算。

在进行稳定判定时，一定要将多个监测结果综合分析，同时考虑施工和环境因素的影响，切忌片面理解监测数据，否则会出现错报和漏报。

第3章 LPG洞库水文地质与工程地质专题研究

3.1 水文地质专题研究

水文地质工作在LPG洞库设计和施工中非常重要，甚至是决定性的技术环节，因此需要在洞库方案论证和基础设计、施工图设计中组织开展专项技术研究和设计论证工作。在工程实施阶段，确保一定工程空间范围内岩体中地下水的饱和状态是整个工程建设的关键。各施工区段，包括水幕巷道、水幕孔、主洞室、竖井及交通巷道等都需要现场专业水文地质技术力量支持，实时处理各类水文地质问题，实施以水幕效率试验及水幕系统调整（必须在主洞室二层开挖结束前完成）为中心的大量水文地质试验和数据分析工作，保证项目工程质量和工期进度。并且在工程投入运行后的1～3年进行持续的水文地质监测，确保洞库水封条件的安全稳定。

LPG洞库工程建设中水文地质评价的主要内容分为四个部分：岩体渗透性评价；洞库水封条件评价；水幕系统及水幕效率；水文地质监测与工程后评估。

3.1.1 LPG洞库工程中主要水文地质问题

（1）*岩体渗透性问题*

LPG洞库工程通常建设在低渗透岩体中。岩体由岩块和裂隙组成，裂隙为主要的导水通道。由于无法准确地获得岩体裂隙的特征和发育情况，如何准确地认识岩体的渗透性，表征裂隙岩体渗透性的各向异性、非均质性是洞库工程中主要的水文地质问题。

（2）*LPG洞库水封效果问题*

水封条件是地下水封洞库不同于一般地下洞室的显著区别。水封条件的影响因素主要考虑水文地质单元位置、稳定地下水水位分布、地下水补给、设计最低地下水位、洞室埋深（水文地质角度）、洞室涌水量等。如何准确地进行地下水位设计和洞室涌水量预测，从而保证洞库水封效果，是LPG洞库工程中主要的水文地质问题。

(3) 水幕系统及水幕效率问题

水幕系统是由洞室上方的水幕巷道和巷道内的水幕孔（包括水平水幕孔和垂直水幕孔）共同组成的，是一种用于规避地下洞室中储存产品经由岩体裂隙途径泄漏、改善洞室周围渗流场形态的人工补水系统。如何保证水幕系统的覆盖效率、消除异常压力点、保证由其发挥作用的渗流场能够有效形成，是洞库工程中主要的水文地质问题。

(4) 水文地质监测与工程后评估

要解决LPG洞库在施工期、运营阶段的水文地质问题，需建立健全的洞库水文地质监测系统，对库区范围内地下水位及洞室内油压进行监测。针对不利于洞库水封效果情况，采取必要的应急措施，以防止洞室坍塌、LPG泄漏等事故的发生。同时，因为水文地质条件复杂的随机性、系列水幕试验的新认识、工程方案的动态设计调整和防渗注浆施工质量等的影响，基于勘察数据建立水文地质相关分析预测结果和设计方案在实际工程中会有较大的变化，需要通过洞库运行期间的监测与数据分析建立洞库长期稳定的安全运行策略。

因此，如何合理地设计水文地质监测网，并基于监测数据进行LPG洞库运行评估，也是洞库工程中一个重要的水文地质问题。

3.1.2 关键性的技术方法

针对LPG洞库工程建设过程中存在的水文地质问题，在基础水文地质调查资料基础上，利用相关水文地质试验数据分析结果及三维地下水数学模型，从渗透性、水封条件、水幕效率及水文地质监测四个方面进行水文地质评价。

3.1.2.1 岩体渗透性评价技术方法

岩体渗透性评价技术方法主要为现场水文地质试验与模拟反演。通过对现场水文地质试验结果进行分析和整理，了解库区渗透介质的渗透性规律，以期为渗流场数值模型服务，从而更好地认清洞库区及外围的地下水流动系统特征，对于LPG洞库工程的各设计、施工阶段的工作均具有重要的指导意义。

为分析洞库区地层岩性及地质构造特征，深入了解各含水层的数目、厚度、埋深、结构及洞室所在位置不同深度岩体渗透性大小及其分布规律，明确可能存在的节理密集带及导水通道的位置及发育状态，需根据洞库设计方案，在各钻孔不同深度的试段分别进行各种类型的现场孔内水文地质试验，并依据相关国家、行业规范标准，对数据进行分析计算。

常规的水文地质试验项目包括：提水试验，抽水试验，单栓塞压水试验，注水试验，水位恢复试验，双栓塞压水试验（在数据处理计算渗透系数过程中，将标准长持续试验的常压注水试验与抽水干扰试验分别作为压水试验，抽水试验处理）。其中，抽水试验、水位恢复试验主要用于获得上部覆盖层的渗透性，双栓塞压水试验用于评价基岩裂隙含水介质的渗透性，注水试验则可对孔内套管底部以下的孔段进行渗透性评价。

3.1.2.2 LPG洞库水封条件评价技术方法

洞库水封条件评价技术方法主要通过对库址区水封条件主要影响因素分析与地下水数值

模拟计算相结合，来综合评价洞库水封条件。水封条件的影响因素主要考虑水文地质单元位置、稳定地下水水位分布、地下水补给条件、设计最低地下水位、洞室埋深（水文地质角度）、洞室涌水量。

（1）水封条件影响因素分析

① 水文地质单元位置。水文地质单元位置考虑洞库所处位置是补给区、径流区还是排泄区。对水文地质单元位置的划分主要通过收集气象和水文资料，以及现场实际水文地质调查所得天然地下水流场来确定。

② 稳定地下水水位分布。地下水位埋深的深浅决定着地下水封洞库的埋深、洞库施工期及运营期的涌水量等，具有稳定的地下水水位是地下水封洞库选址时首要考虑的条件，也是保证其水封效果及安全运行的首要条件。将洞室设计建在地下水位以下一定深度，使得洞室上方水头的水压力大于洞库内储存介质饱和蒸气压力以达到密封要求。所以，地下水位的稳定决定着水封条件的好坏。

③ 地下水补给条件。稳定的地下水位是保证水封条件的首要条件，而地下水的补给情况又是保证稳定的地下水位的重要条件。当地下水补给充足时，则水位比较稳定，地下水埋深也较浅，可以很好地满足地下水封洞库的水封条件。

④ 设计最低地下水位。确定库址区设计地下水位是地下水封洞库设计及建设的前提。通过研究大量文献，通常取区域性地下水排泄基准面作为设计地下水水位，而且所取区域地下水排泄基准面必须具有长期稳定的条件，不受天然或人为因素的影响而发生变化。但在对已建或已选址的洞库条件进行统计时发现，洞库选址都是采用长年地下水埋深或实测地下水埋深作为设计依据。而且地下水埋深虽不如区域性地下水排泄基准面稳定，但能更详细、具体地反映库址区的地下水位情况。

⑤ 洞室埋深（水文地质角度）。洞室的埋深主要由洞库区设计地下水位、岩体质量和储存介质饱和蒸气压等因素决定。在上述影响因素均基本满足设计要求后，应给出洞室最小埋深，使洞室尽量浅埋，从而最大限度地降低施工成本和运营成本等。

⑥ 洞室涌水量。为防止大量涌水及其造成施工和运营成本的增加，应在初步查明岩体结构和水文条件的同时，估算水封洞库的最大涌水量。涌水量的预测是一个错综复杂的问题，受地层岩性、地质构造等多因素的控制，计算参数较多，且难以确定，因而很难进行精确的计算。常用的计算方法有：根据地下水动力学方法计算（如大岛洋志公式、佐藤邦明公式等），水文地质比拟法及水均衡法等。这些方法都是经验公式，有各自的适用范围和边界条件。除了采用地下水动力学方法计算，采用地下水数值模拟计算的方法在地下水封洞库项目中被更广泛地应用。地下水数值模拟方法可在各种复杂的范围和边界条件情况下对涌水量进行计算；且根据施工阶段的改变，能计算不同时期的涌水量；随着获取水文地质参数的增多，相应的水文地质模型能够不断进化，最终提供更精确的涌水量计算。

（2）地下水封洞库渗流数值模型

为了研究地下水封洞库的渗流场、预测在库区施工及运营条件下库区及周边地下水水位下降情况及其对地质环境可能的影响、计算洞室涌水量，需要在分析研究区水文地质条件的基础上，建立水文地质概念模型，进而建立三维地下水数学模型。

地下水封洞库渗流模拟应首先确定模型的边界范围，初步勘察阶段中的水文地质工作应从地下水流系统性的基本原理出发，流场的变化预测及其相关的水量计算、条件评价等宜以完整的地下水流系统为对象，水力边界宜取为基本不变的自然边界。可利用流域分析工具（如 ArcGIS、MAPGIS 等）来确定工作区所处水文地质单元，再将其与所研究区域的具体地质条件相结合，从而确定出模型的边界范围。

在模型边界范围确定后，应具体分析研究区的水文地质条件，对区内的水文地质条件进行概化，建立水文地质概念模型。通过对研究区内水文地质概念模型的分析，依据渗流连续性方程和达西定律，建立与区内地下水系统水文地质概念模型相对应的地下水渗流数学模型方程。

一般情况下，研究区内地下水水文地质条件较复杂，地下水呈空间三维运动状态，渗流场的时空分布难以用解析方法计算。故采用相关的地下水数值模拟软件对所建立的地下水渗流数学模型方程进行求解。

3.1.2.3　水幕效率评价技术方法

水幕效率是指水幕层水头在渗流过程中的传导效率，水幕效率评价技术方法主要为水幕效率试验。水幕效率试验旨在评估水幕系统维持稳定水头的能力，引导主洞室防渗注浆，并为水幕系统结构改善提供指导。试验主要分为两个主要部分：

（1）单水幕孔注水回落试验

单水幕孔注水回落试验见图 3-1。主要求取水幕孔周围岩体渗透系数。一方面为排除水幕系统中的大的贯通型导水裂隙提供依据；另一方面从理论上来说，裂隙地下水并不是水封地下洞库的必要条件，如果天然岩体中没有贯通性裂隙的存在，开挖后的洞室就是一个密闭容器，其本身就能很好地实现密闭性，但是天然条件下，往往存在贯通性裂隙发育，此时的地下水成为气密性的关键因素，因此求取岩体的渗透系数具有重要意义。

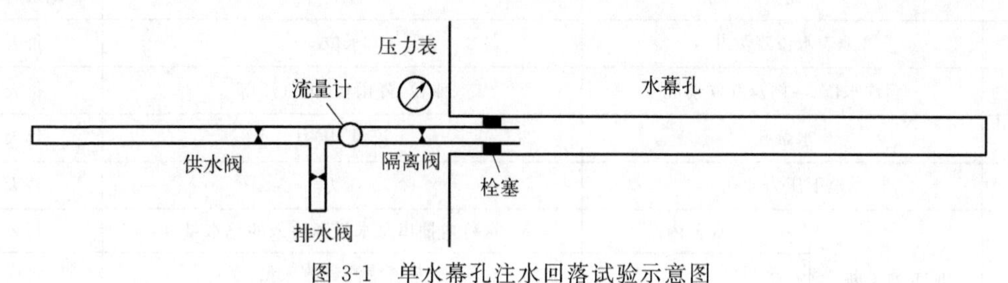

图 3-1　单水幕孔注水回落试验示意图

（2）多孔联合试验

多孔联合试验见图 3-2。由于水幕孔周围裂隙发育对洞室气密性影响不同，地下水在水封地下洞库中具有双重作用。如果岩体中存在贯通性裂隙发育，地下水填充裂隙可实现密闭效果。如果地下水过于丰富，则说明岩体过于破碎，容易发生对流，增加了液体存储的风险

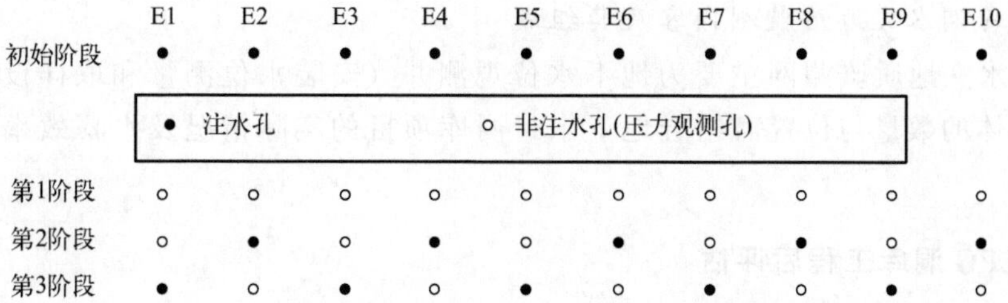

	E1	E2	E3	E4	E5	E6	E7	E8	E9	E10
初始阶段	●	●	●	●	●	●	●	●	●	●
第1阶段	○	○	○	○	○	○	○	○	○	○
第2阶段	○	●	○	●	○	●	○	●	○	●
第3阶段	●	○	●	○	●	○	●	○	●	○

● 注水孔　　○ 非注水孔(压力观测孔)

图 3-2　多孔联合试验各阶段状态示意图

和工程上的成本。故评估水幕孔周围裂隙的水力条件对有效控制洞库周围地下水渗流有重要意义。多孔联合试验经过三个不同阶段的观测，根据水幕孔的压力、流量监测数据，推测评估水幕孔周围的不同功能裂隙发育情况。通过这两个试验评价水幕系统维持稳定地下水位的能力，确定水幕系统低效率区域，并通过人工补孔的形式对水幕系统进行优化。

3.1.2.4 水文地质监测网设计技术方法

在 LPG 洞库施工、运营各阶段，要想了解洞库和外围水动力联系、检验水幕系统的有效性、评价洞库的水封条件，需对洞库（地表、巷道和洞室）及其周围地区在施工期、运营期布设完整的水文地质监测网络，以达到全方位的动态监测效果。

（1）水文地质监测点布置原则

① 以监测水幕系统水封性和储库密闭性为最终目的。

② 充分考虑获取地下水位、水质、渗流量以及孔隙压力等方面的数据。

③ 充分考虑地下水流场、构造破碎带、节理密集带等水文地质条件对水幕系统及洞室的影响。

④ 充分考虑原始条件下、施工期、运营期水化学特征的变化。

（2）施工期水文地质监测内容及其组成

施工期水文地质监测的内容主要包括地下水位观测、潮汐水位观测、降雨及气候情况、水幕孔注水流量和压力、孔隙压力变化、地下施工断面的渗流量、压力传感器监测以及水质分析等。具体监测内容及监测密度见表 3-1。

表 3-1 施工期水文地质监测项目

<table>
<tr><th>序号</th><th colspan="2">地点</th><th>项目</th><th>记录时间</th></tr>
<tr><td>1</td><td colspan="2">地表水位观测井</td><td>水位</td><td>每天</td></tr>
<tr><td>2</td><td colspan="2">潮汐水位、降雨及气候情况</td><td>水位、降雨量、大气压等</td><td>每天</td></tr>
<tr><td>3</td><td colspan="2">水幕孔</td><td>流量、压力</td><td>每天</td></tr>
<tr><td>4</td><td colspan="2">地下压力计孔</td><td>压力</td><td>每天</td></tr>
<tr><td rowspan="4">5</td><td rowspan="4">地下施工断面的渗流量</td><td>水幕内</td><td>水幕内抽出总水量和注入的总水量</td><td>每天</td></tr>
<tr><td rowspan="3">地下施工断面（水幕除外）</td><td>巷道壁测量流入量</td><td>每周</td></tr>
<tr><td>每个地段和竖井的流入量（总量）</td><td>每天</td></tr>
<tr><td>工作用水量与总抽水量之差</td><td>每天</td></tr>
<tr><td>6</td><td colspan="2">压力传感器监测</td><td>压力</td><td>每天</td></tr>
<tr><td>7</td><td colspan="2">水质分析</td><td>物理、化学或者细菌指标</td><td>—</td></tr>
</table>

（3）运营期水文地质监测内容及其组成

运营期水文地质监测网主要为地下水位观测井（安装水位测量和取样设备）及压力传感器。具体的数量与位置需结合地下水封洞库项目的实际情况及水幕效率试验情况进行确定。

3.1.2.5 LPG 洞库工程后评估

通过 LPG 洞库运行期间长期的水文地质相关数据的分析，并通过数值模拟模型修正设计阶段的地下水模型，建立长期、安全、稳定的洞库运行策略。

3.1.3 应用与实践

3.1.3.1 万华一期洞库工程

万华一期洞库设计库容 $100\times10^4m^3$，按储存介质分为三个洞库，其中丙烷洞库 $50\times10^4m^3$，丁烷洞库 $25\times10^4m^3$，LPG 洞库 $25\times10^4m^3$。

(1) 岩体渗透性评价

根据水文地质试验的数据对万华一期洞库岩体渗透性空间特征进行分析。综合分析得出库区内覆盖层渗透系数为 $10^{-1}m/d\sim10^{-2}m/d$，中风化渗透系数为 $10^{-3}m/d\sim10^{-4}m/d$，微风化渗透系数为 $10^{-4}m/d\sim10^{-5}m/d$，破碎带与裂隙节理密集带渗透系数为 $10^{-3}m/d\sim10^{-4}m/d$，岩脉接触带/蚀变带的渗透系数为 $10^{-3}m/d\sim10^{-2}m/d$。

(2) 水封条件评价

在进行水封条件评价之前，需先进行库区渗流场模拟。通过初步水文地质调查的结果和岩体渗透性分析结果，利用软件刻画得出库区范围天然渗流场。将模拟得出的天然流场的结果作为初始流场，随后续勘察工作逐步完善水文地质模拟工作，最终利用三维水文地质模型对万华一期洞库施工期及运营期涌水量进行估算。

图 3-3 为模拟得到的库区地下水渗流场。模型得到的地下水渗流场较好地刻画了库区的渗流场特征，地下水水位与地形标高基本一致，地下水自东部山区向西部和北部径流，山区地下水水力梯度较大，径流速度较快，西部冲洪积平原较小，地下水向西部径流后以九曲河

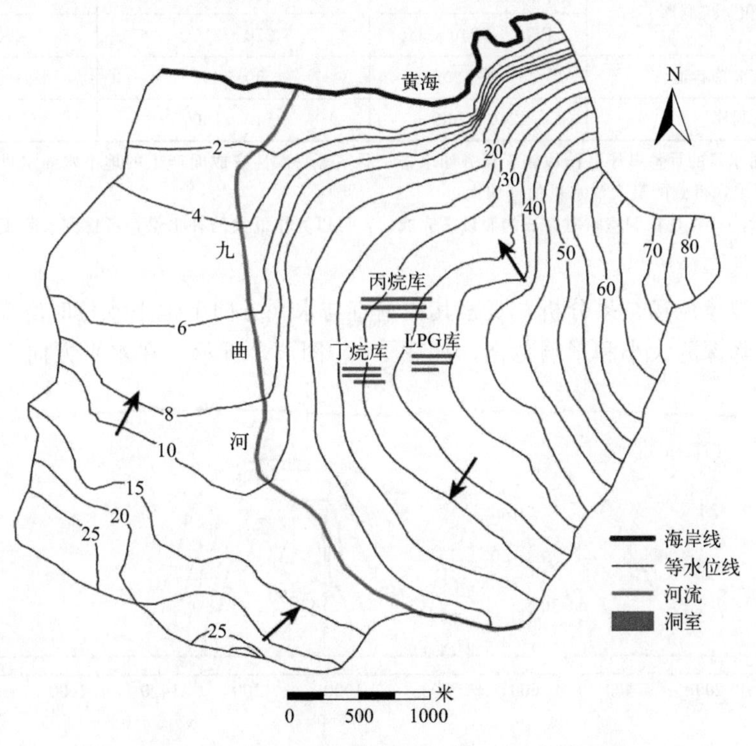

图 3-3　万华一期洞库模拟地下水初始流场结果图

冲积物作为主要径流通道，向北部黄海排泄，黄海为本地区最低排泄基准面。

① 地下水设计水位。

根据库区钻孔水位观测资料及库址区外围水文地质调查资料，结合模型模拟结果，库区水位标高为20.29～35.18m，库区外围水井及地表水体水位标高为0.0～83.86m，地下水位变化幅度一般小于3～5m，地下水位标高变化与地形基本一致，最小值为黄海海平面水位，临近的烟台西港区水域的理论最低潮位标高−1.25m。通过对海边地下水水位的长期观测，退潮时地下水水位仍大于0.0m。综合考虑，选取本区域最低排泄基准面标高0.0m作为洞库设计地下水位标高。

② 施工期洞库涌水量及水位降深大小和影响范围预测。

经模型计算，施工期万华一期洞库涌水量与水幕补水量预测结果见表3-2所示，最大涌水量介于94.4～316.9m^3/d，稳定涌水量在72.3～287.6m^3/d之间。在丁烷洞库施工期间，水幕每天补给218.1～232.7m^3/d的水量；LPG库施工期间，水幕每天补给200.3～214.3m^3/d的水量；丙烷洞库施工期，每天补水量45.5～99.0m^3/d。相对于可研阶段的三个方案，施工阶段洞库及巷道的涌水量均有小幅度增加，而水幕补水量增加明显。表3-2为每个施工阶段详细的涌水量与水幕补水量预测表。

表3-2 施工期各阶段涌水量与水幕补水量预测表

施工阶段		最大涌水量/m^3/d	稳定涌水量/m^3/d	水幕补水量/m^3/d
LPG洞库和丁烷洞库水幕巷道	丁烷	180～240	120～160	—
	LPG	190～250	140～180	—
LPG洞库和丁烷洞库	丁烷	290～250	260～300	218.1～232.7
	LPG	240～240	270～310	200.3～214.3
丙烷洞库水幕巷道		80～120	50～90	—
丙烷洞库		230～290	140～180	45.5～99.0

注：1. 最大涌水量的计算基于各阶段施工任务如水幕、洞室等一次性完成而产生的地下水涌水量的假定，考虑实际施工过程的进度进展，得到的最大涌水量值会偏大；

2. 水幕补水量的计算是在洞室瞬时完成的假设下完成的，可以算作最大的补水量，考虑到实际工程施工情况，水幕补水量值会偏大。

通过对模拟渗流场结果分析，观察其在垂直与水平方向上地下水位时空变化情况，来预测施工期水位降深的大小和影响范围，如图3-4、图3-5所示。在水平方向上，施工期水位

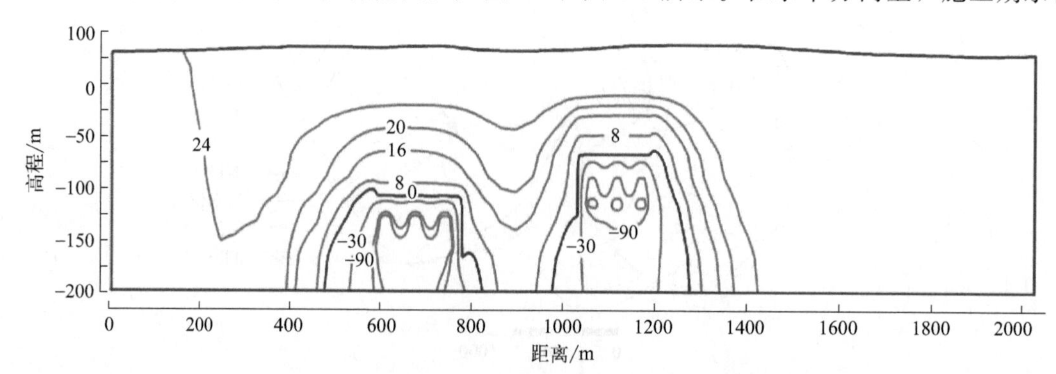

图3-4 万华一期洞库施工期渗流场横断面水位分布剖面图

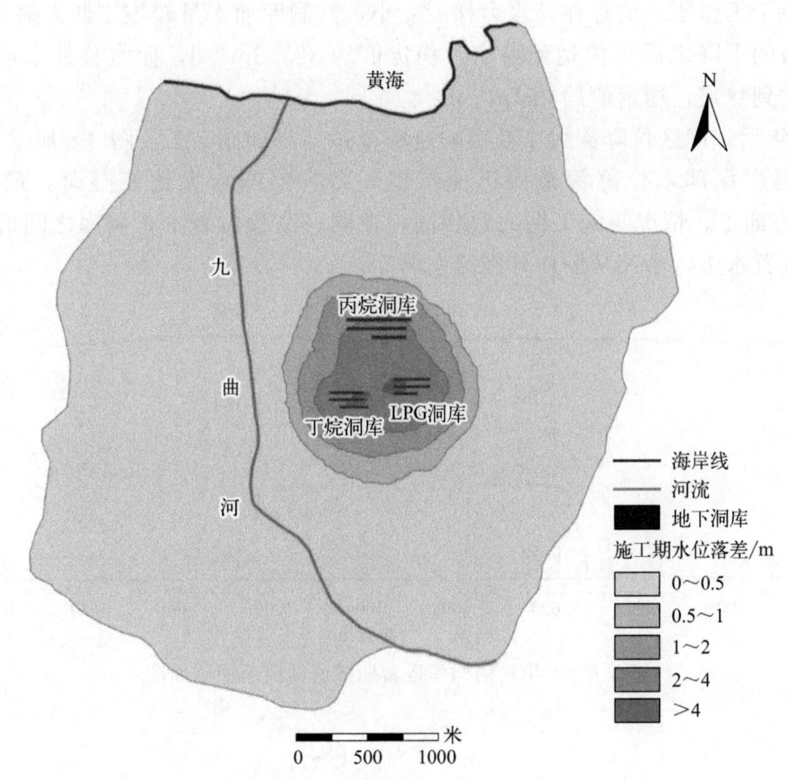

图 3-5　万华一期洞库施工期水位降深分布图

降深影响范围较小，仅分布在洞室附近，丁烷洞库和 LPG 洞库水位降落较为明显，最大水位降深为 4.2m，洞室外围地区基本无水位变化，洞库施工对模拟区地下水影响较小。在竖直方向上，洞库水头为位置水头，在同一高程位置上，洞库之间的位置水头明显大于洞库位置水头，水流从洞库外围流向洞库。

③ 运营期洞库涌水量及水位降深大小和影响范围预测。

运营期由于洞室内部液、气共存，需要维持一定的工作压力，模型中取 LPG 洞库工作压力为 0.4MPa，即取洞室顶底板边界水头为－40m 和－66m，丙烷洞库工作压力为 0.65MPa，洞室顶底板边界水头分别为－41m 和－67m。在有水幕运营的情况下，工程营运年限为 50 年，预测时段为 1 年、5 年、10 年、15 年、20 年、30 年、40 年和 50 年 8 个阶段。

运营期涌水量预测如图 3-6 所示。

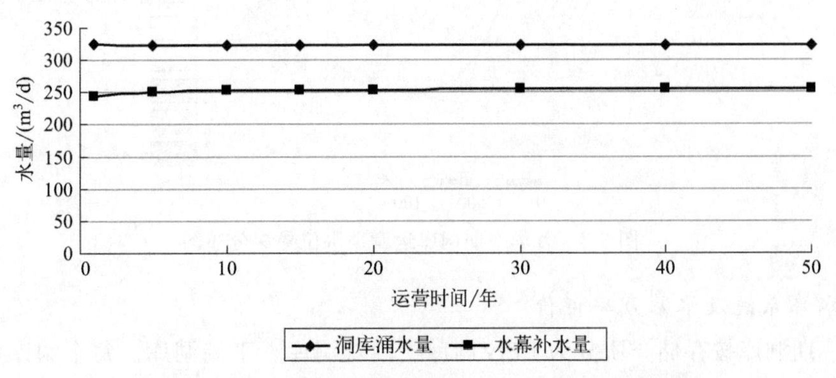

图 3-6　万华一期洞库运营期涌水量与水幕补水量预测图

运营期由于工作压力的存在，水力梯度变小，其洞库涌水量较施工期大幅下降，洞库涌水量经过短暂的下降之后很快达到稳定，稳定值约 $323.5m^3/d$，而水幕补水量则经过短暂的上升之后达到稳定，稳定值约 $254m^3/d$。

运营 50 年后，库区位降深大小及影响范围模拟结果如图 3-7 及图 3-8 所示。在运营期，水平方向上洞库深部水位降深范围迅速扩展，影响范围增大比较显著，最大水位降深 7.6m。竖直方向上，情况与施工期大致相同，在同一高程位置上，洞库之间的位置水头明显大于洞库位置水头，水流从洞库外围流向洞库。

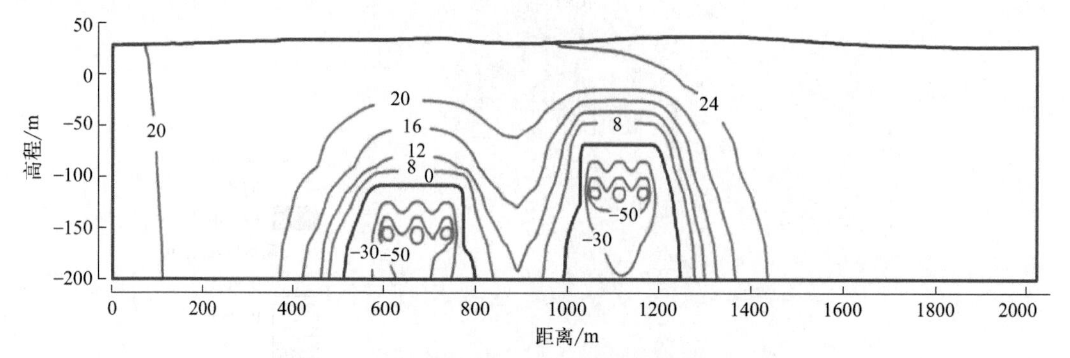

图 3-7 万华一期洞库运营期渗流场横断面剖面图

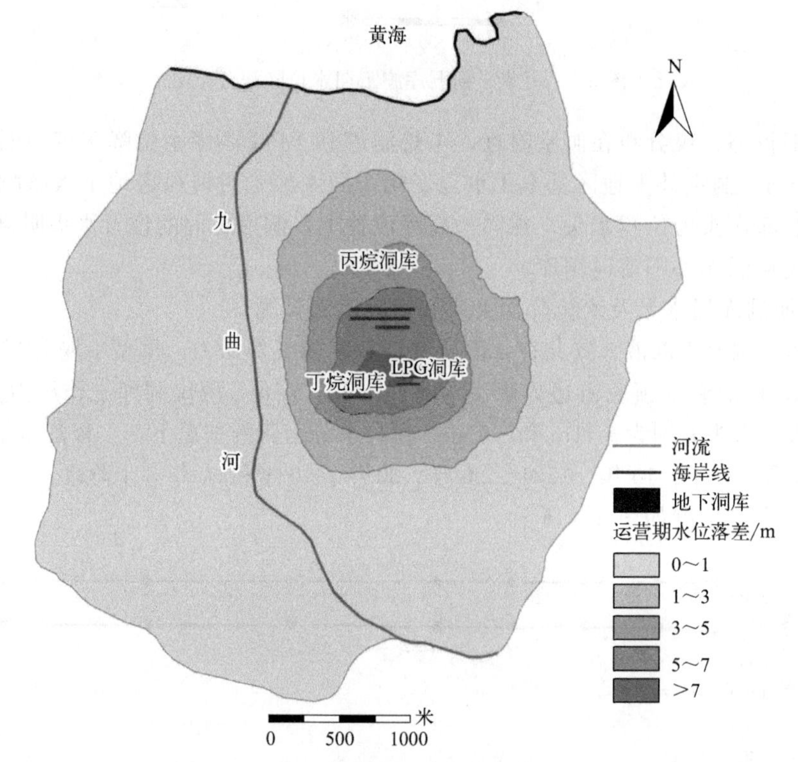

图 3-8 万华一期洞库运营期水位降深分布图

(3) 水幕系统及水幕效率评价

万华一期洞库按存储介质分为 LPG 洞库、丙烷洞库、丁烷洞库。每个洞库都有三个东西走向的存储洞室，每个洞室都有 4 条水幕巷道，一条为东西走向，三条为相互平行南北走向的水幕巷道：LPG 洞库（LWC1、LWC2、LWC3、LWC4，其中 LWC2 为东西走向），丙烷洞库（未命名水幕巷道），丁烷洞库（BWC1、BWC2、BWC3、BWC4，其中 BWC1 为东西走向）。在洞库水幕巷道中布置以 10m 为间距的水幕孔。水平水幕孔分布于洞室范围内水幕巷道两侧和洞室范围外水幕巷道内侧，长度随位置不同而不同，延伸到洞室南北边界的水幕孔长度超过洞室界限 10m。垂直水幕孔分布于 LWC1、LWC2、BWC1、BWC4，以及丙烷洞库东西走向巷道中。

主洞室第一层、水幕巷道和水幕孔的施工工作陆续展开后，水幕试验也即将开始。单个水幕孔一旦完成就要立即开始水幕孔试验，待到第一层洞室开挖工作结束，水幕巷道和水幕孔完成，测量渗透性试验结束，水幕效率测试正式开始。测试阶段可能持续 2～4 周的时间，根据测试结果决定是否进行补充测试。

① 前期测试。前期测试包含了单个水幕孔测试和水幕孔附加测试两个阶段。测试方法均采用注入-回落试验。试验分三个阶段，分别为静水期、注水期、回落期，通过对压力、流量观测，得到水幕孔岩体裂隙的渗透系数。

其中，图 3-9 中“十字”点为实测恢复阶段的压力数据点，“圆圈”点为实测恢复阶段的压差导数数据点，“十字”点对应的曲线为复合解释图版中压差解释图版的标准曲线，“圆圈”点对应的曲线为复合解释图版中压差导数解释图版的标准曲线；图框内水平虚线为“0.5 线”拟合位置。可以看到曲线拟合非常好，得到的渗透系数 K 拟合值为 7.68×10^{-4} m/d。

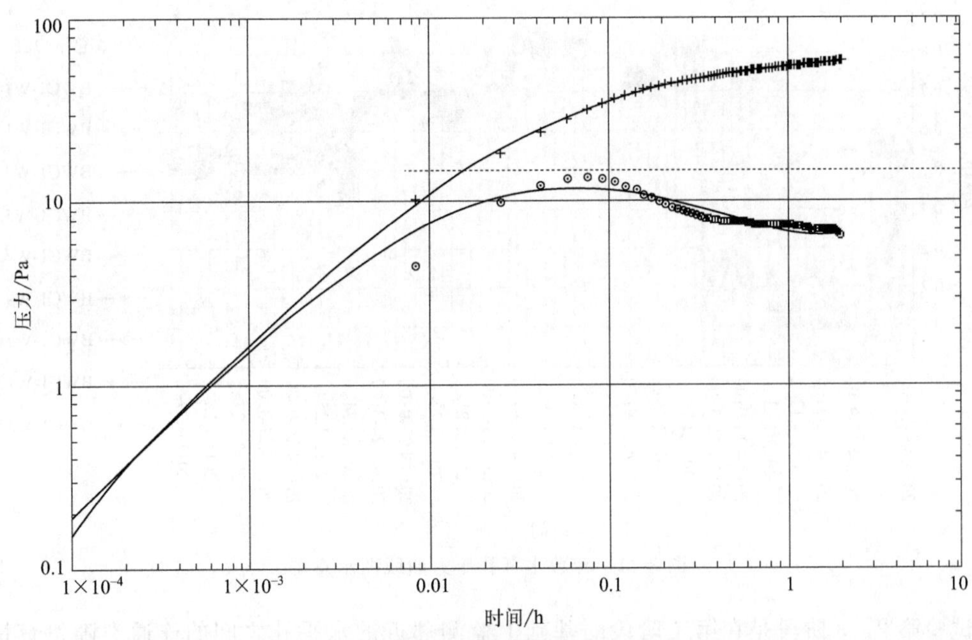

图 3-9 单孔水幕试验渗透系数拟合示意图

② 中期测试。中期测试是水幕试验最重要的阶段。水幕效率测试是通过控制阀门关闭，测量孔压和流量，评估水幕孔的稳压性和渗透性。

图 3-10 图形明显偏离标准形态，比如对于奇数孔，第 3 阶段压力下降，低于第 1 阶段后期值，或者对于偶数孔第 2 阶段的压力相较第 1 阶段并不明显上升，甚至出现下降的趋势，考虑为低效率孔。

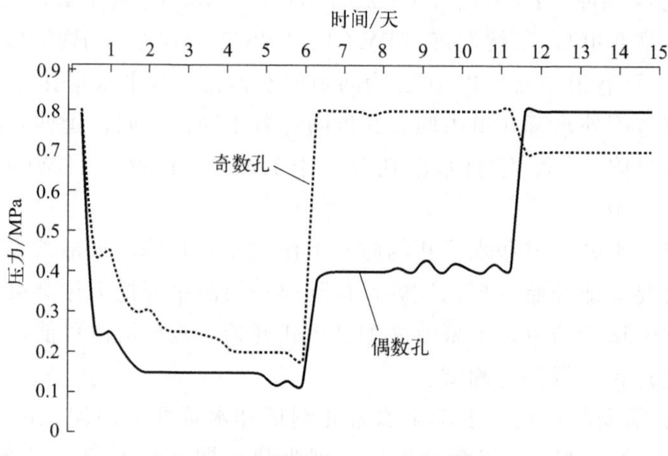

图 3-10　水幕孔压力标准曲线图

图 3-11、图 3-12 分别为奇数孔和偶数孔的压力分布图，从图形形态上来看，忽略总供水压力变化对水幕孔压力的影响，BWC1-W19、BWC1-W17、BWC1-W2、BWC1-W4、BWC1-W6、BWC1-W8、BWC1-W12 基本满足标准曲线形态，呈现阶梯状的上升趋势。所有奇数孔压力曲线呈现不对称的 Ω 形态，BWC1-W13 第 3 阶段的稳定压力低于第 1 阶段的稳定压力，偏离标准形态。

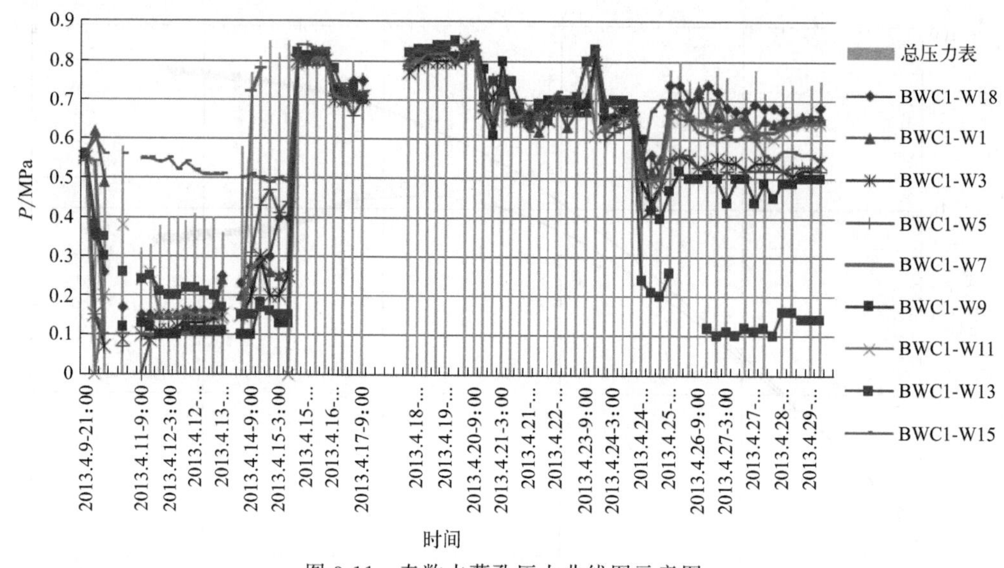

图 3-11　奇数水幕孔压力曲线图示意图

试验第 2、3 阶段是在第 1 阶段的基础上监测邻近的水平孔之间的连通裂隙发育情况，如图 3-11 所示。大部分偶数水幕孔在奇数孔供水后，压力均有不同程度地提升。BWC1-W4、BWC1-W6 等水幕孔，孔内压力接近供水总压力，说明观测孔和供水孔之间良好的水力联系。而 BWC1-W2、BWC1-W14、BWC1-W16 在第 1、2 阶段一直处于持续下降的状态，说明第 2 阶段邻孔供水并未对其产生影响，值得注意。

③ 后期测试。后期是补充试验，根据中期测试结果而定。补充实验是在低压区域增加新水幕孔后的局部效率实验，了解新增水幕孔对水幕效率的影响。

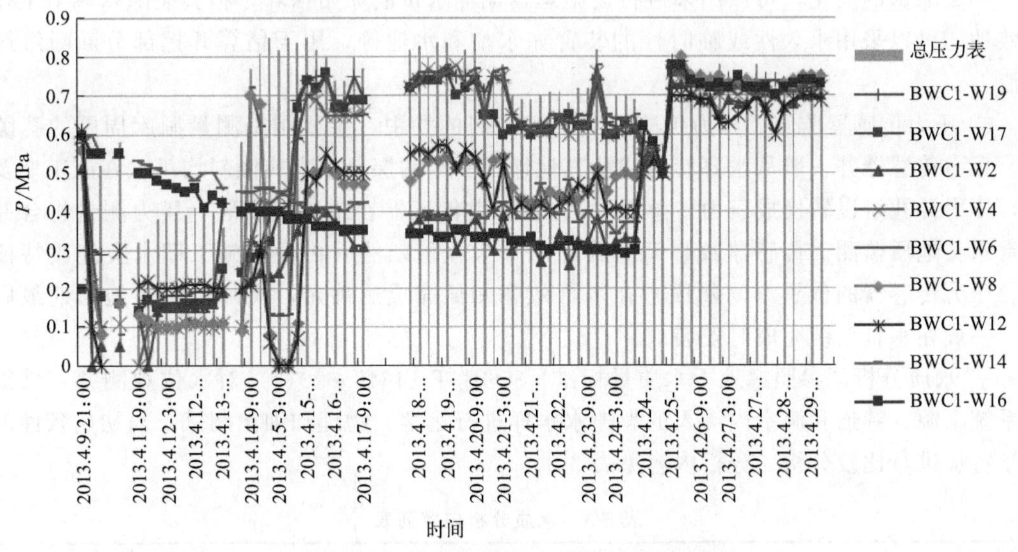

图 3-12 偶数水幕孔压力曲线图示意图

(4) 水文地质监测网

由于勘察阶段以及资料的局限性，要了解LPG洞库和外围水动力联系、检验水幕系统的有效性以及洞库的水封条件长期有效，需对LPG洞库（地表、巷道和洞室）及其周围地区在施工期、运营期进行水文地质监测。

施工期水文地质监测的内容主要包括地下水位观测井水位测量、潮汐水位观测、降雨及气候情况、水幕孔注水流量和压力、孔隙压力变化、地下施工断面的渗流量、压力传感器监测以及水质分析等。

① 地下水位观测井水位测量。地下水位在现有的和新钻的地面观测井中测得，用作水幕系统、洞库渗流场及外部影响物（如降雨、流进巷道的水、现有洞库的干扰等）等的调查研究。地下水位观测井的位置和数量会根据具体情况进行调整。

地下水位观测井主要分为五类：监测浅层地下水位，监测深层地下水位，监测水幕位置地下水位，监测构造破碎带、节理密集带等的地下水位，监测混合地下水位。

② 潮汐水位、降雨及气候情况。潮汐水位观测点选在靠近海边的养殖场，设立潮汐观测井。降雨数据及气候资料作为影响地下水位波动的天然水文地质参数从相关部门获得。

③ 水幕孔注水流量和压力。在水平和垂直水幕的水幕孔中安装压力表和水表，进行水幕效率测试和互补效率测试，监测压力和流量，协助测试水幕系统效率。

④ 孔隙压力变化。孔隙压力变化通过地下压力计系统（压力计孔配有压力表）测得。这些数据有助于评价岩体的各向异性以及孔隙压力的一般性质。地下压力计孔在施工过程中将从施工巷道、水幕巷道或者主巷道内钻探，可以水平、垂直或者倾斜，并需要做水文地质实验测试（测试次数取决于地质情况，在现场调整）。地下压力计孔的位置和数量会根据水幕效率测试结果进行调整。

⑤ 地下施工断面的渗流监测。测量和记录地下洞库开挖（包括交通巷道、水幕巷道、洞室和竖井）过程中的抽出水量、施工所用水量（钻孔、软管注水等），做出渗流发生记录清单（地点、流量、密封或堵塞间隔时间），具体情况参见表3-1。开挖进程（与注浆等相

关）中裂隙水的变化，可以用来进行设施运营期涌水量的原始估算，检验裂隙水调节工作的有效性。可以采用永久性或临时性的装置如水槽和水池等，用于估算开挖部分断断续续的水流。

⑥ 压力传感器监测。压力传感器安装在专门的井中，主要用来测量洞库周围的孔隙压力。压力传感器井一般从水幕巷道或从其他地下平硐钻探，垂直或倾斜均可（在施工期及末期，压力计孔可以转换成压力传感器井）。若压力传感器在施工期安装，压力测量将合并到日常水文地质监测。传感器数量暂时给出一个大概值，然后再根据施工期水文地质特征调整。压力传感器的位置（间隔段）在水幕效率测试完成后确定，实际位置在施工期最后确定，一般在水幕系统完成时安装。

⑦ 水质分析。参照《地下水质量标准》（GB/T 14848—2017）对水位观测井、供给水幕系统水源、巷道和洞室内渗入的裂隙水水样进行化学、物理和细菌测试，与初始条件的水化学特征进行比较分析。分析内容见表 3-3。

表 3-3　水质分析内容列表

序号	项目	性质	记录时间
1	巷道壁和洞室壁渗入水的电阻率和传导系数测量		每周
2	洞室内主要水流的水质分析	化学、物理	半年
3	水幕孔供水的水质分析	化学、物理	半年
4	地表水位观测井的水质分析	化学(包括气体)、物理、细菌分析	半年

洞室内主要水流的水质：现场记录其取样时间、地点、渗入量、出露部位以及颜色、味道、温度等物理性质。水幕孔供水的水质：水样应定期在洞库深度处的给水管线处取得，用于评价其物理、化学性质和细菌特征。地表水位观测井的水质：通过井下取样器取样，记录取样时间和取样深度。

化学分析包括阴离子-阳离子平衡分析、COD 分析、pH 值。物理分析包括传导率、悬浮固体。细菌分析包括总好氧菌、总厌氧菌、硫酸盐还原菌和黏细菌。溶解气体分析包括溶解气体量、碳氢化合物、CO_2 含量、O_2 含量和 H_2S 含量。

运营期主要对地下水位、潮汐变化、降雨量以及气候情况、储库周围孔隙压力、裂隙水渗流量、水幕系统注水量、地下水水质监测。

① 地下水位监测。利用施工期的地下水位观测井监测地下水位，以此获得运营期的地下水动态变化。

② 降雨量、潮汐变化以及气候情况。潮汐水位观测点位置不变；降雨数据及气候资料作为影响地下水位波动的天然水文地质参数从相关部门获得。

③ 储库周围孔隙压力变化。利用施工期安装在水幕巷道内的压力传感器监测洞库周围（包括水幕系统）孔隙压力变化。

④ 裂隙水渗流量。渗流到洞室底部的裂隙水在用水泵抽出地表时需要观测和记录抽水量。

⑤ 水幕系统注水量。为了保持水幕系统的水势稳定，需要向水幕中注水，记录注水量，同时观测和记录用于监测水幕水头的地表观测井中的水位。

⑥ 水质分析。参照《地下水质量标准》，对运营期间定期取地表观测井水样来监测地下

水质，与施工前地下水化学特征以及施工期测得的地下水组成对比分析，跟踪盐分和含氧量等指标以评价其对竖井和地面设备的腐蚀风险，还要定期对注入水幕系统中的水进行水质检测。

3.1.3.2 万华二期洞库工程

万华二期洞库工程位于烟台市开发区大季家镇仲家村北侧的烟台经济技术开发区西港区临港工业园内，工程建设场地距万华一期洞库约1km，包括丙烷洞库二、丙烷洞库三2座库容$60\times10^4m^3$的地下水封洞库。

(1) 岩体渗透性评价

根据水文地质试验的数据对万华一期洞库、万华二期洞库岩体渗透性空间特征进行分析。根据压水试验数据，共891段压水试验段，将压水试验所得渗透系数取对数，并对其频率分布情况进行统计，所得频率分布直方图如图3-13所示，岩体渗透系数对数的数学期望为-3.458（对应渗透系数为$3.48\times10^{-3}m/d$），方差为0.73，岩体渗透系数对数近似服从正态分布。

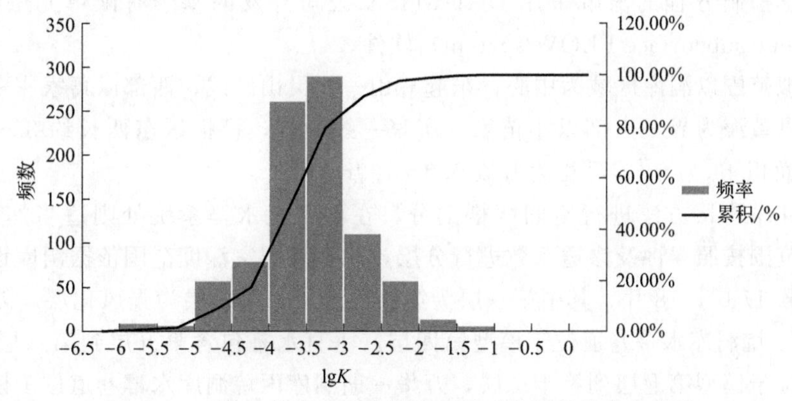

图3-13 万华二期洞库岩体渗透系数对数频率分布直方图

库区钻孔平均渗透系数普遍处于较低的数量级，为$10^{-4}m/d\sim10^{-3}m/d$，大部分钻孔的平均渗透系数为$10^{-4}m/d$，一定程度上反映区内岩体整体较为完整，渗透性较差。受场地中部的F9断层的影响，完整岩体的渗透系数在$10^{-5}m/d\sim10^{-4}m/d$之间，而受断层破碎带影响的岩体渗透系数在$10^{-3}m/d\sim10^{-2}m/d$之间，水幕层位上渗透系数都在$1.0\times10^{-5}m/d\sim1.0\times10^{-3}m/d$之间，没有出现渗透系数过高的情况，中风化渗透系数为$10^{-4}m/d\sim10^{-3}m/d$，微风化渗透系数为$10^{-5}m/d\sim10^{-4}m/d$，破碎带与裂隙节理密集带渗透系数为$10^{-4}m/d\sim10^{-3}m/d$，岩脉接触带/蚀变带的渗透系数为$10^{-3}m/d\sim10^{-2}m/d$。

(2) 水文地质模拟模型

库区概化为如下水文地质概念模型：非均质各向异性三维潜水流，上边界为降水补给、蒸发和井流量边界，下边界（标高-180m，丙烷洞库底板设计标高为-146m）概化为隔水边界。模型边界是根据流域分析结果分割出的独立水文地质单元，因此东部、西部和南部边界都是流域分水岭，定为隔水边界，北部黄海为本地区最低排泄基准面，为第一类边界；洞室和水幕概化为第一类边界。

通过对区内水文地质概念模型的分析，依据渗流连续性方程和达西定律，建立与区内地下水系统水文地质概念模型相对应的三维非稳定流数学模型：

$$
\begin{aligned}
&\frac{\partial}{\partial x}\left(K_{xx}\frac{\partial H}{\partial x}\right)+\frac{\partial}{\partial y}\left(K_{yy}\frac{\partial H}{\partial y}\right)+\frac{\partial}{\partial z}\left(K_{zz}\frac{\partial H}{\partial z}\right)-\omega=\mu_s\frac{\partial H}{\partial t}\\
&H(x,y,z,t)=H_0(x,y,z)\qquad (x,y,z\in\Omega)\\
&H(x,y,z,t)=H_1\qquad (x,y,z\in S_1)\\
&\left(K_{xx}\frac{\partial H}{\partial \boldsymbol{n}_x}+K_{yy}\frac{\partial H}{\partial \boldsymbol{n}_y}+K_{zz}\frac{\partial H}{\partial \boldsymbol{n}_z}\right)\Bigg|S_2=q(x,y,z,t)\qquad (x,y,z\in S_2)
\end{aligned}
\tag{3-1}
$$

式中，Ω 为地下水渗流区域；H_0 为初始地下水位；H_1 为洞库或水幕水位；S_1 为第一类边界，表示黄海、河流、洞库和水幕的位置；μ_s 为储水率；K_{xx}，K_{yy}，K_{zz} 分别为 x、y、z 主方向的渗透系数；ω 为源汇项，包括蒸发、降雨入渗补给、井的抽水量和泉的排泄量等；$\boldsymbol{n}_x$、$\boldsymbol{n}_y$、$\boldsymbol{n}_z$ 为边界 S_2 的法线沿 x、y、z 轴方向的单位矢量；S_2 为第二类边界；$q(x,y,z,t)$ 表示在边界不同位置上不同时间的流量。

其中，模型区多年天然渗流场可近似概化为稳定流场，用稳定流模型来刻画，故 $\partial H/\partial t=0$，亦即上式中的右侧项为 0。

上述数学控制方程的求解采用 DHI-WASY 公司开发的基于有限单元法的 FEFLOW (Finite element subsurface FLOW system) 软件。

本次模拟范围以洞库区域为中心，东起峰山—北灵山一线，西部以葛家庄—大邹家一线为界，北部以黄海为界，南部以小苗家—房家一线为界，模拟区东西长约 8353m，南北长约 8145m，面积 43.7km^2，高程为海拔 0.0～169m。

模型按 Triangle 方法进行空间网格剖分，在洞室及水幕系统处则适当加密。垂向上，水幕层以上范围按照岩性及渗透系数进行分层，水幕及洞室深度范围依据洞库设计方案进行分层，共剖分 17 层，18 片。其中第一层为第四系地层，第二层为强风化层。万华一期洞库 LPG 洞库和丁烷洞库水幕巷道位于模型第四层，垂直水幕包含第五层到第八层，LPG 洞库和丁烷洞库位于模型第七层到第十二层，万华一期洞库丙烷洞库水幕巷道位于模型的第九层和第十层，垂直水幕包括第十层到第十三层，万华二期洞库丙烷洞库的水幕巷道位于第八层和第九层，一期及二期丙烷洞库位于模型第十三层至第十五层。

三维网格共计剖分结点 814410 个，有限单元个数为 1535729 个，如图 3-14 所示。

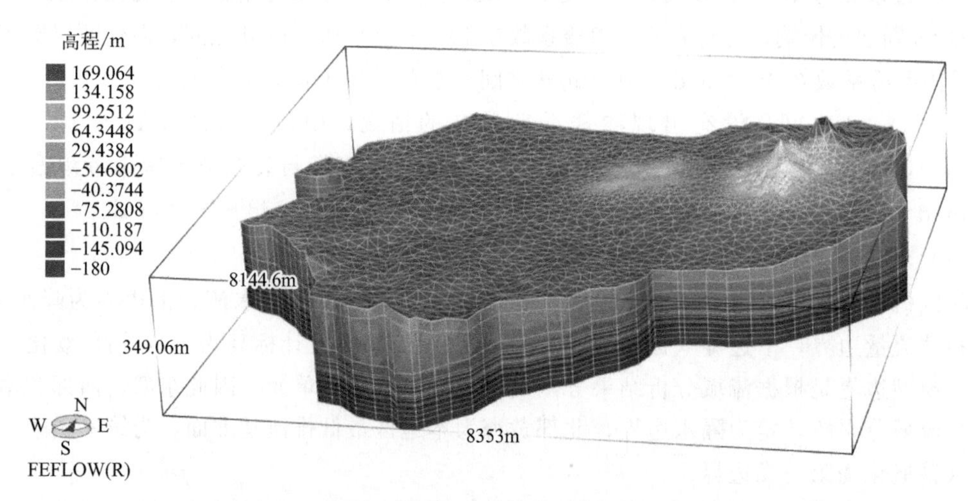

图 3-14　万华二期洞库三维模型空间离散化网格图

（3）洞库水封条件评价

在进行水封条件评价之前，需先进行库区渗流场模拟。通过初步水文地质调查的结果和岩体渗透性分析结果，利用软件刻画得出库区范围天然渗流场，将模拟得出的天然流场的结果作为初始流场，随后续勘察工作进行逐步完善水文地质模拟工作。最终利用三维水文地质模型对洞库施工期及运营期涌水量进行估算。

由于万华一期洞库的建设改变了研究区天然渗流场，本次模拟工作所刻画的是万华一期洞库建成后形成的相对稳定的流场，通过对模拟区天然渗流场的模拟、分析可以得出万华一期洞库建成后的天然渗流场特征，通过水文地质调查的结果来校验模型的合理性和准确性。同时，模拟出的天然流场可以作为施工期模型的初始流场。

在万华一期洞库模型的基础上，本次模拟区域西至葛家庄，南至房家、小苗家一带，东至北灵山，在增加的模拟区域内，经过野外勘察，确定补充区域的边界条件和水文地质参数。在原来的模拟区域，利用野外勘察和水文地质试验资料，对模型的水文地质参数做了微调。

本阶段的基础水文地质模型可大致刻画流域内的地下水流场情况，并对万华二期洞库施工期及运营期涌水量进行初步估算，在后续勘察工作进行过程中需要对模型进行调整，逐步完善水文地质模拟工作。

初始条件下区域渗流场如图 3-15 所示。根据水文地质调查结果结合一期洞库监测数据分析，模型得到的地下水渗流场较好地刻画了库区的渗流场特征，总体上地下水水位受地形控制，地下水由东向西、由南向北径流，东部山区地形起伏较大，地下水变化趋势与地形变

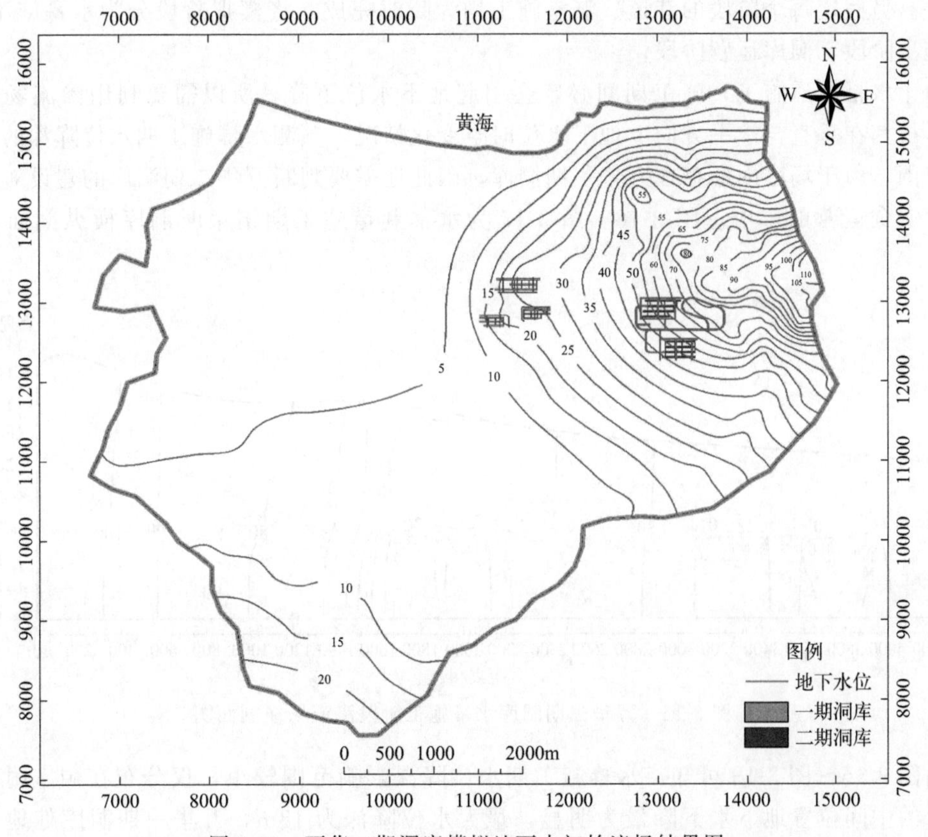

图 3-15　万华二期洞库模拟地下水初始流场结果图

化趋势一致，地下水水力梯度较大，径流速度较快。西部的冲洪积平原地区地形起伏不大，地下水流动较为平缓，地下水向西部径流后以九曲河冲积物作为主要径流通道，向北部黄海排泄，黄海为本地区最低排泄基准面。万华一期洞库的建设对浅层地下水没有太大影响，但是考虑到万华一期洞库地势较低为区域地下水的排泄区，万华二期洞库修建处地势较高为区域地下水的补给区，万华二期洞库建设过程中及建成后可能会影响一期洞库的天然补给量，可考虑在万华二期洞库建设过程中适当增大万华一期洞库水幕补水量。

① 洞库地下水设计水位。

根据万华二期洞库勘察资料结合万华一期洞库的建设经验及监测成果，参考模型模拟成果，二期洞库库区地下水位标高为41.26m～109.64m，库址区外围水井及地表水体水位标高为0.00m～73.74m，地下水位变化幅度一般小于3m～5m，地下水位标高变化与地形基本一致，最小值为黄海海平面水位，临近的烟台西港区水域的理论最低潮位标高−1.25m。通过对海边地下水水位的长期观测，退潮时地下水水位仍大于0.0m。虽然万华二期洞库所在位置地表高程较高，有较高的地下水位，但万华二期洞库所在位置为区域地下水的补给区，为地下水的势源，且区域内建设有万华一期洞库。综合考虑，选取本区域最低排泄基准面标高0.0m作为洞库设计地下水位标高。

② 水幕施工阶段洞库涌水量及水位降深大小和影响范围预测。

模型运行时间按施工期和运营期进行划分，施工期模拟时长根据施工计划确定。

假定工程施工期为24个月，在施工期地下水流场模拟中，模拟时段按照施工期进行划分。在模拟的过程中，各个阶段是衔接的，即以上一阶段的模拟运行结果作为下一阶段的初始条件。另假定每个阶段的巷道、洞室施工均为瞬时完成，将模拟阶段分为水幕施工阶段、洞室施工阶段、洞库运营阶段。

由于水幕巷道施工，施工期间必定会引起地下水位下降，所以需要利用渗流场模拟结果，分析其在垂直与水平方向上地下水位时空变化情况，预测水幕施工期水位降深的大小和影响范围。由于场区内还存在万华一期洞库，因此还需要判断万华二期洞库的建设对万华一期洞库安全运营的影响。图3-16、图3-17为水幕巷道施工期结束时洞库横纵剖面的模拟结果。

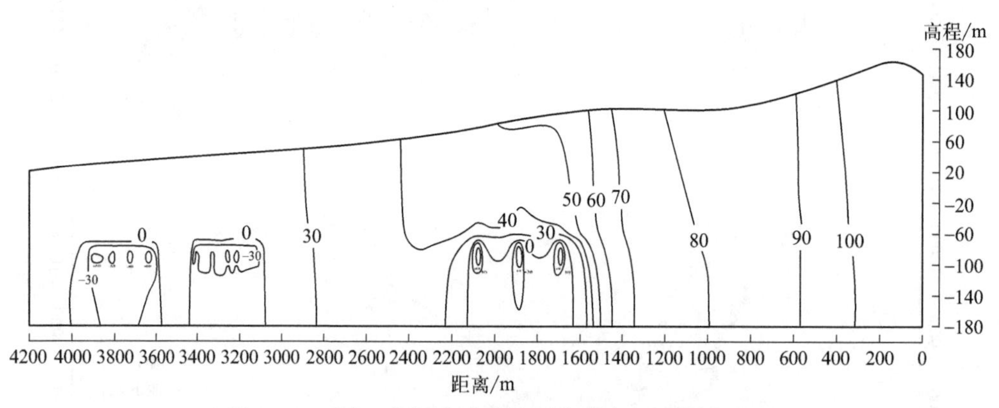

图3-16　万华二期洞库水幕施工阶段渗流场横剖面图

由图3-15～图3-19可知，水幕施工期水位降深影响范围较小，仅分布在洞室附近，两个洞库的中间位置地下水下降最为明显，最大水位降深为18m，万华一期洞库处地下水位

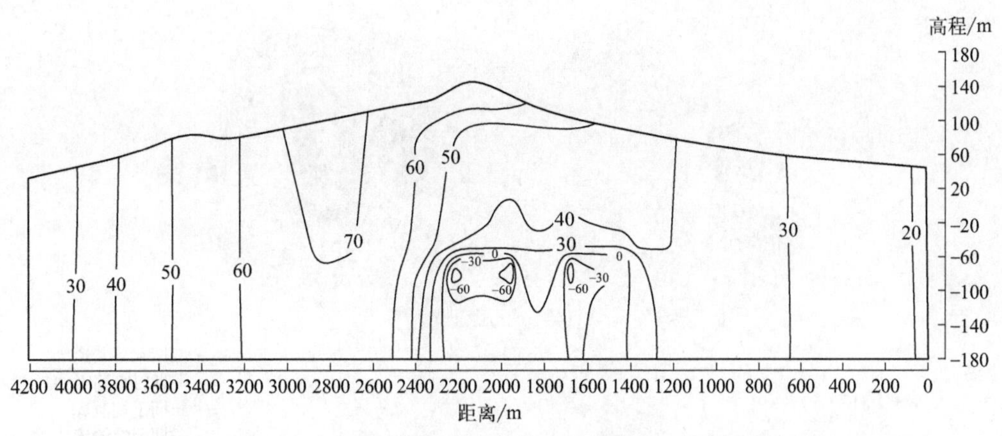

图 3-17　万华二期洞库水幕施工阶段渗流场纵剖面图

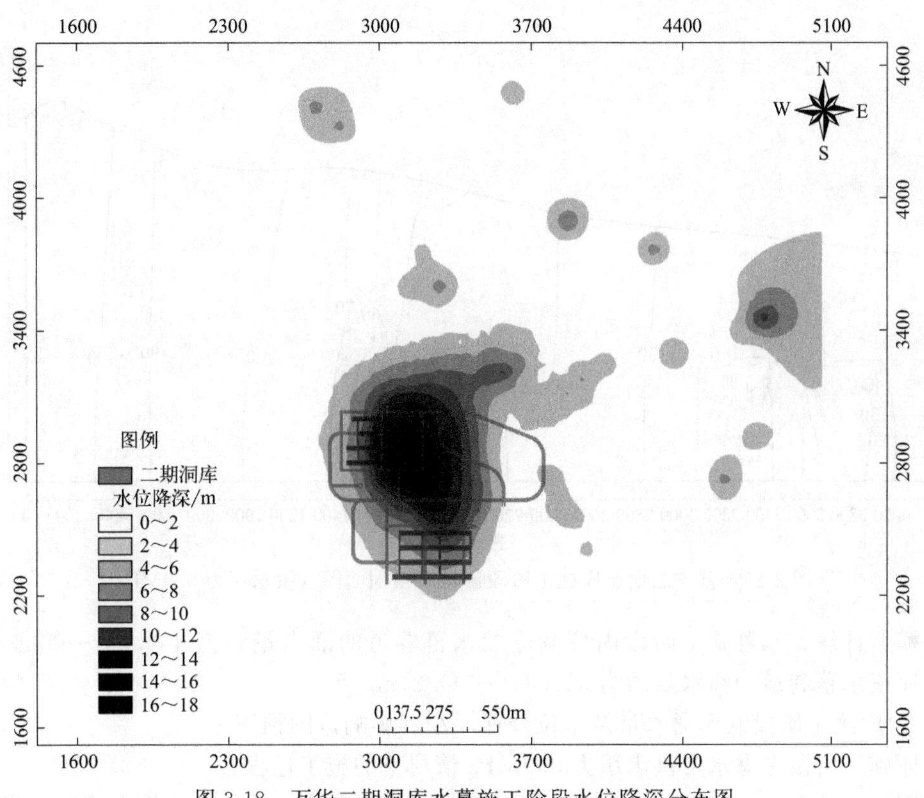

图 3-18　万华二期洞库水幕施工阶段水位降深分布图

没有受到万华二期洞库水幕建设的影响，外围地区水位基本没有变化。万华一期洞库与二期洞库之间，地下水位 40～50m 处会形成地下分水岭，分水岭西侧地下水向万华一期洞库方向径流，分水岭东侧地下水向万华二期洞库方向径流。万华二期洞库水幕建设阶段地下水流线图如图 3-19 所示，图中红色线为流向万华二期洞库水幕巷道的地下水流线，蓝色线、绿色线和黄色线分别为流向万华一期洞库 LPG 洞库、丁烷洞库、丙烷洞库的地下水流线，可以看出，地下水流存在明显的界线，没有出现地下水在万华一期洞库和万华二期洞库水幕巷道之间流动的情况，说明万华二期洞库水幕巷道的建设不会影响到一期洞库的安全运营。

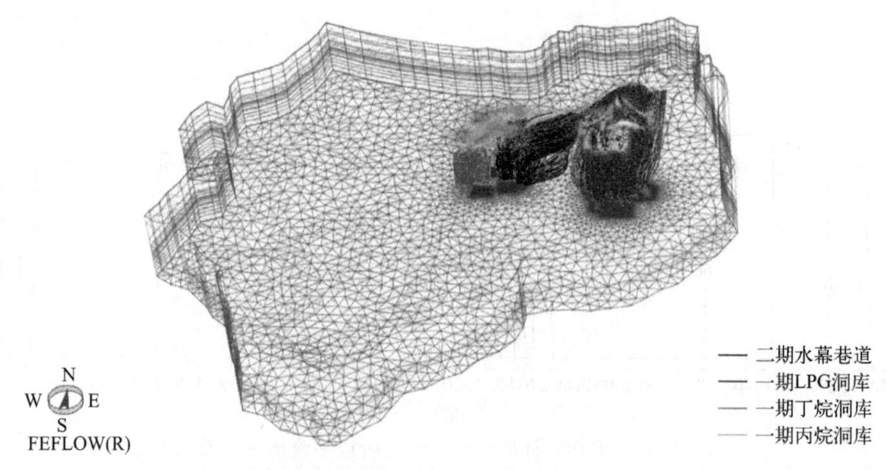

图 3-19 万华二期洞库水幕施工阶段各洞库处流线示意图（见文后彩插）

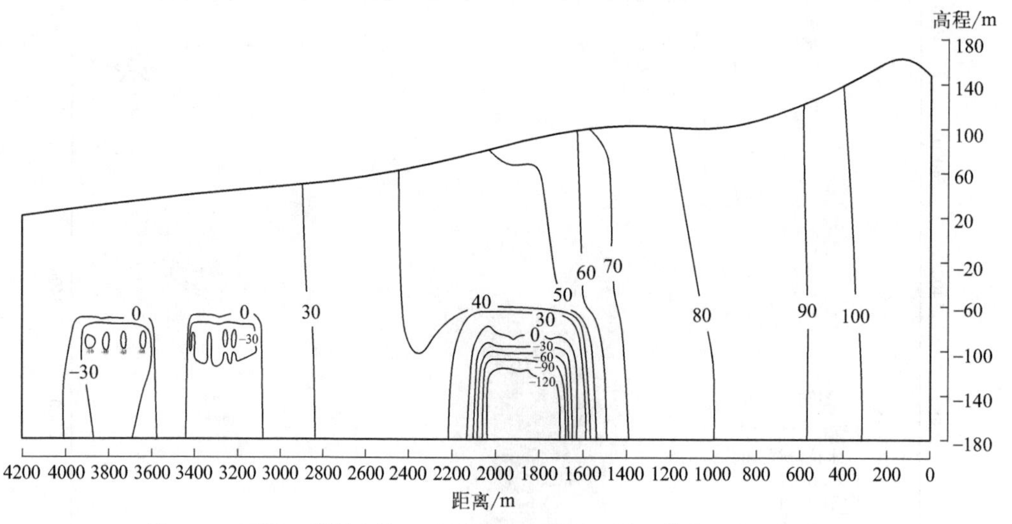

图 3-20 万华二期洞库施工阶段渗流场横剖面图（供水压力 0.9MPa）

经模型计算，水幕施工阶段丙烷洞库二水幕巷道的涌水量约为 452.06～632.88m^3/d，丙烷洞库三水幕巷道的涌水量约为 350.17～490.24m^3/d。

③ 洞库施工阶段洞库涌水量及水位降深大小和影响范围预测。

洞库施工阶段考虑水幕供水压力 0.9MPa 情况下的施工过程。

由图 3-20～图 3-23 可知，在 LPG 洞库施工期水幕系统开始补水。将水幕系统设置为定水头边界，在洞库施工期地下水降深范围逐步扩大，但受水幕系统补水的影响，地下水降深程度小于水幕巷道施工期间，在供水压力为 0.9MPa 的情况下，最大水位降深为 14m 左右。不同供水压力情况下，万华一期洞库处地下水位都没有受到万华二期洞库建设的影响，水位保持稳定。万华一期洞库与万华二期洞库之间的地下水位也较为稳定，地下分水岭依然存在，分水岭西侧地下水向万华一期洞库方向径流，分水岭东侧地下水向万华二期洞库方向径流。万华二期洞库洞室施工阶段地下水流线图如图 3-23 所示，图中红色线为流向万华二期洞库水幕巷道的地下水流线，蓝色线、绿色线和黄色线分别为流向万华一期洞库 LPG 洞库、丁烷洞库、丙烷洞库的地下水流线，可以看出，地下水流存在明显的界线，没有出现地下水在万

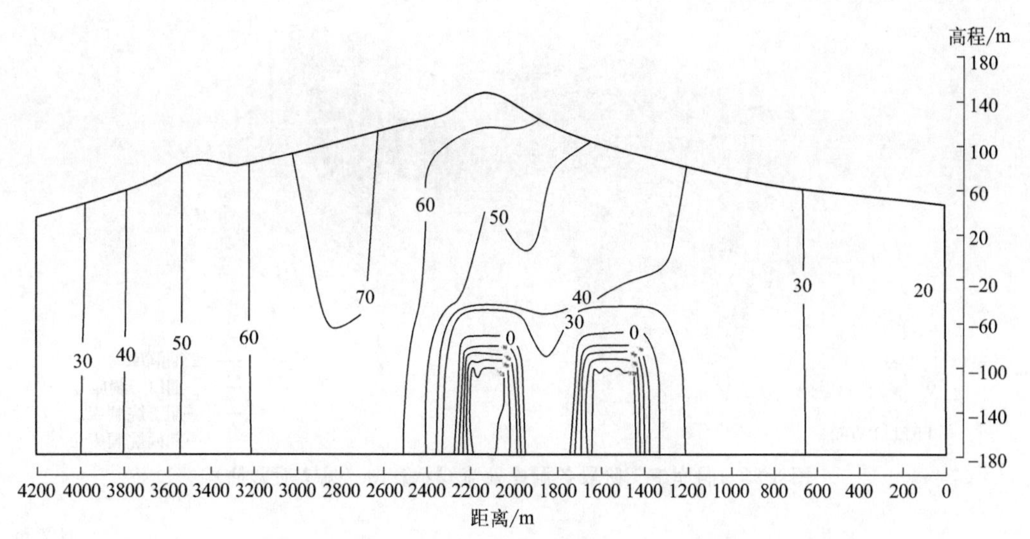

图3-21　万华二期洞库施工阶段渗流场纵剖面图（供水压力0.9MPa）

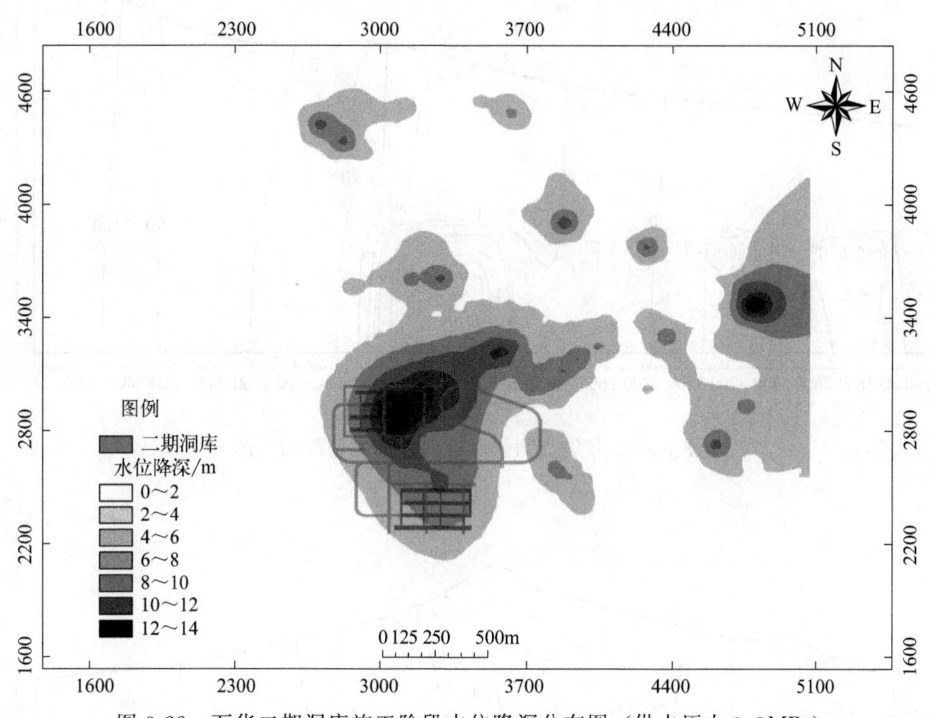

图3-22　万华二期洞库施工阶段水位降深分布图（供水压力0.9MPa）

华一期洞库和二期洞库之间流动的情况，说明万华二期洞库的建设不会影响到万华一期洞库的安全运营。

经模型计算，在水幕供水压力0.9MPa的情况下，洞室施工阶段丙烷洞库二的涌水量约为608.04～899.90m^3/d，水幕补水量约为310.47～372.56m^3/d，丙烷洞库三的涌水量约为605.99～890.80m^3/d，水幕补水量约为321.33～385.60m^3/d。

④ 洞库营运期涌水量及水位降深预测。

由图3-24～图3-27可知，在LPG洞库运营期，由于洞室开始储存原料，洞室内部压力

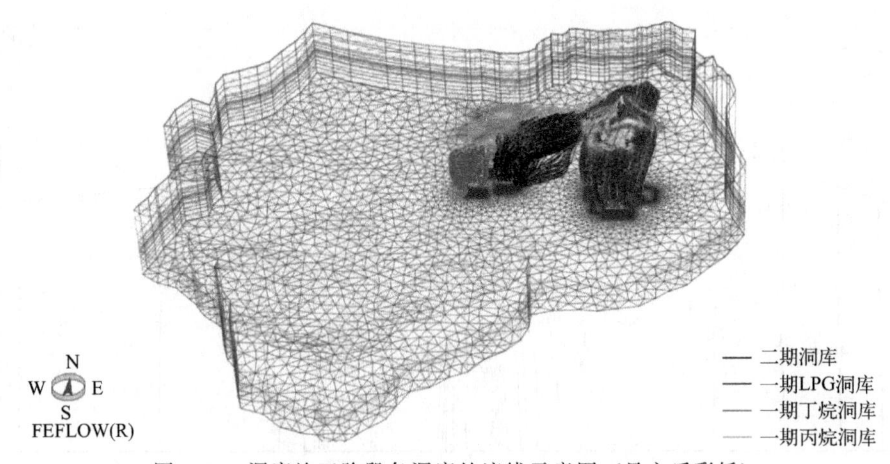

图 3-23 洞库施工阶段各洞库处流线示意图（见文后彩插）

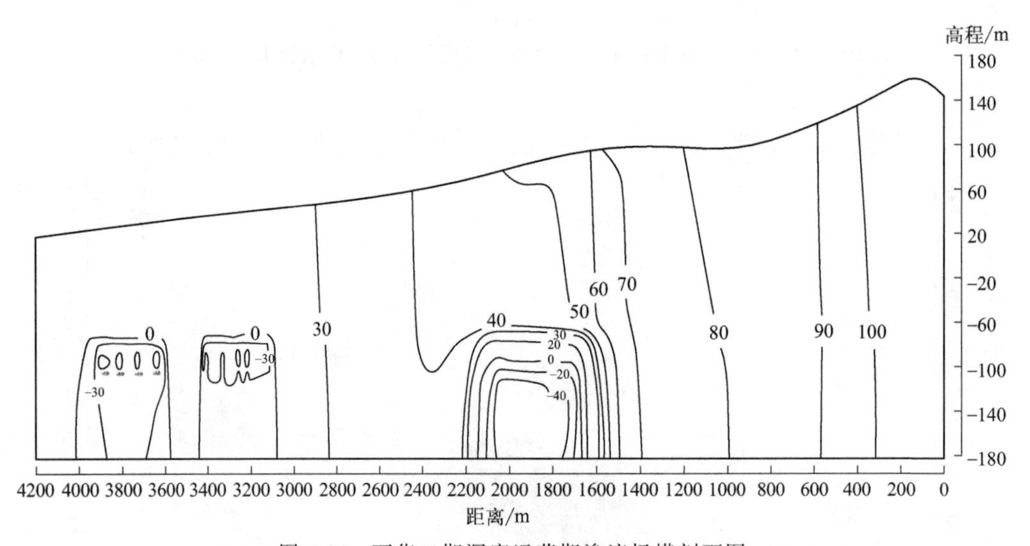

图 3-24 万华二期洞库运营期渗流场横剖面图

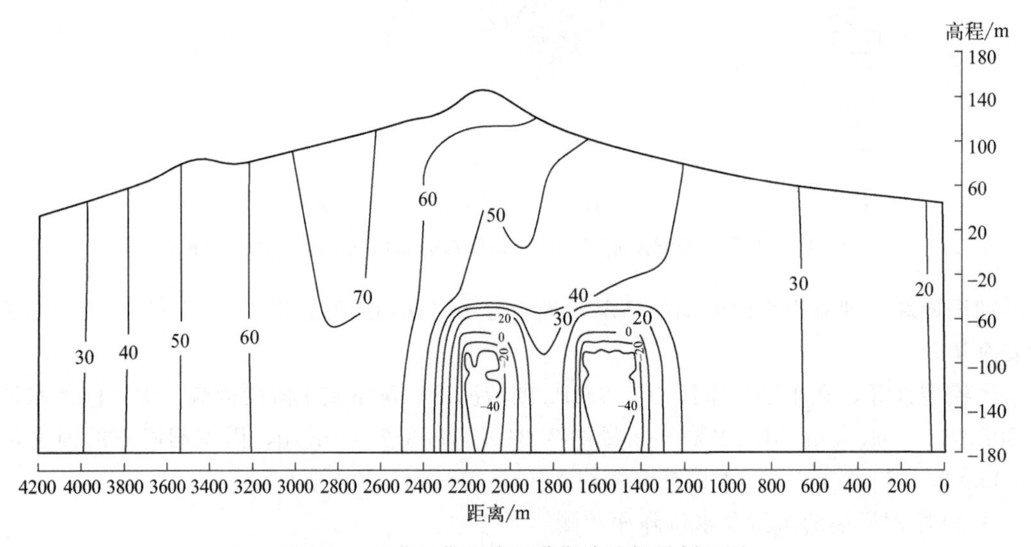

图 3-25 万华二期洞库运营期渗流场纵剖面图

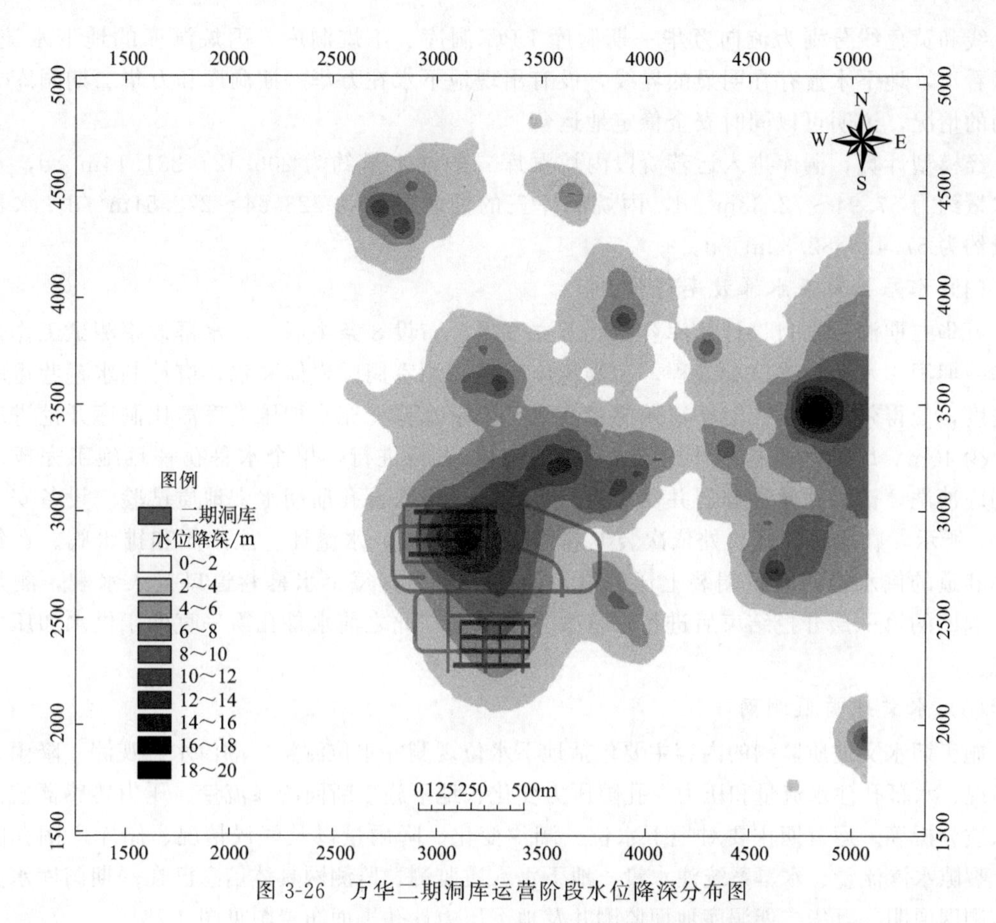

图 3-26　万华二期洞库运营阶段水位降深分布图

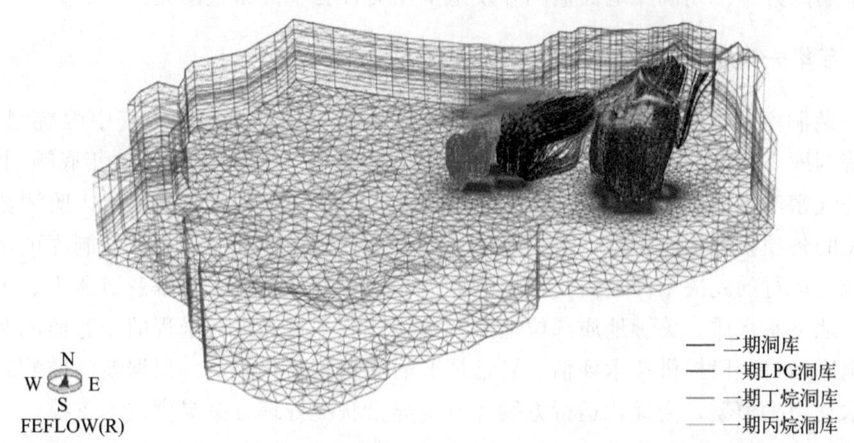

图 3-27　万华二期洞库运营阶段各洞库处流线示意图（见文后彩插）

产生变化，参照万华一期丙烷洞库的运行压力对洞室边界水头进行折减，在洞库运营期地下水降深范围进一步扩大，在本次模拟的时长范围内地下水降深范围没有扩大到万华一期洞库处，万华一期洞库处地下水位没有受到万华二期洞库的影响，水位保持稳定。万华一期洞库与二期洞库之间的地下水位也较为稳定，地下分水岭依然存在，分水岭西侧地下水向一期洞库方向径流。分水岭东侧地下水向万华二期洞库方向径流。万华二期洞库洞室施工阶段地下水流线图如图 3-27 所示，图中红色线为流向万华二期洞库水幕巷道的地下水流线，蓝色线、绿色线和黄色线分别为流向万华一期洞库LPG洞库、丁烷洞库、丙烷洞库的地下水流线，可以看出，地下水流存在明显的界线，没有出现地下水在万华一期洞库和万华二期洞库之间流动的情况，说明可以同时安全稳定地运营。

经模型计算，洞库进入运营阶段丙烷洞库二的涌水量约为206.42～231.14m^3/d，水幕补水量约为67.94～72.33m^3/d，丙烷洞库三的涌水量约为223.64～272.51m^3/d，水幕补水量约为57.42～82.32m^3/d。

(4) 水幕系统及水幕效率评价

万华二期洞库项目设计总库容120万立方米，布设8条主洞室。水幕效率测试工作参照万华一期洞库水幕效率试验规程，为避免施工期间洞室周围岩体失水，应控制水幕巷道的施工进度，使得带压水幕孔能够覆盖洞室巷道，要求水幕孔充水加压进度需比洞库开挖进度超前至少40m。因此水幕巷道开挖于水幕孔施工前先行进行，单个水幕孔一旦施工完成，就应彻底冲洗，清除泥浆和碎屑并安装机械栓塞，进行水幕孔前期水文地质试验。设备安装如图3-3所示，在水幕孔孔口处依次装上隔离阀、压力表、水量计、注水阀和排水阀。在每个水幕巷道的供水管的转折端装上压力表，测量分压力，每个水幕巷道口接入水表，测量流量。洞库的第一层开挖结束后进行水幕效率测试，在此之前水幕孔需一直处于供水加压监测状态。

(5) 水文地质监测网

施工期水文地质监测的内容主要包括地下水位观测井水位测量、潮汐水位观测、降雨及气候情况、水幕孔注水流量和压力、孔隙压力变化、地下施工断面的渗流量、压力传感器监测以及水质分析等。运营期主要对地下水位、潮汐变化、降雨量以及气候情况、储库周围孔隙压力、裂隙水渗流量、水幕系统注水量、地下水水质监测。监测网具体信息已在一期洞库水文地质监测网说明。万华二期洞库地面监测井及地下压力计孔平面布置图见图3-28。

3.1.3.3 万华一期洞库运行水文地质后评估

万华一期洞库设计库容100万立方米，按储存介质分为三个洞库，其中丙烷洞库50万立方米，丁烷洞库25万立方米，LPG库25万立方米。万华一期洞库于2014年底顺利封库完成，通过严格的气密试验测试后于2015年3月开始投料。经过3个月的试运行，监测数据表明水文地质相关的各项技术指标正常，水封效果良好，达到营运标准。地下水封洞库的水密封性是洞库安全稳定运行的先决条件，需要根据洞库产品饱和蒸气压力、水幕巷道压力、关键部位裂隙水压力、地下水水质、关键地质部位地下水水位等技术指标进行全程的动态监测和定期技术分析，为洞库运行阶段提供技术评估、异常情况的处置策略建议，并根据新的监测数据细化和校准地下水动力学模型，为优化运行方案和制定异常状况处理方案提供技术支撑。

(1) 水文地质监测方案

为评估LPG洞库运行期间的水文地质条件、确保洞库满足水封性，需要布置一系列水文监测网，并对各种异常现象提出技术处置方案。水文地质监测包括水位监测、水幕及洞室围岩水压监测以及水质监测。具体为监测储存产品的水封密闭所需的水文地质数据、水幕巷道压力、关键部位裂隙水压力、主洞室产品液位以及通风竖井与泵坑补、排水量等情况。如果监测到压力的不正常变化应引起决策部门重视，水幕水位监测结果用以评估该区域的围岩及地下水压力稳定性，能够直接反映洞库的安全可靠性。因此，洞库的水幕水位监测是洞库安全监测的重要一环。本项目采用的水幕监测系统能够长期稳定地对洞库水压水位进行监

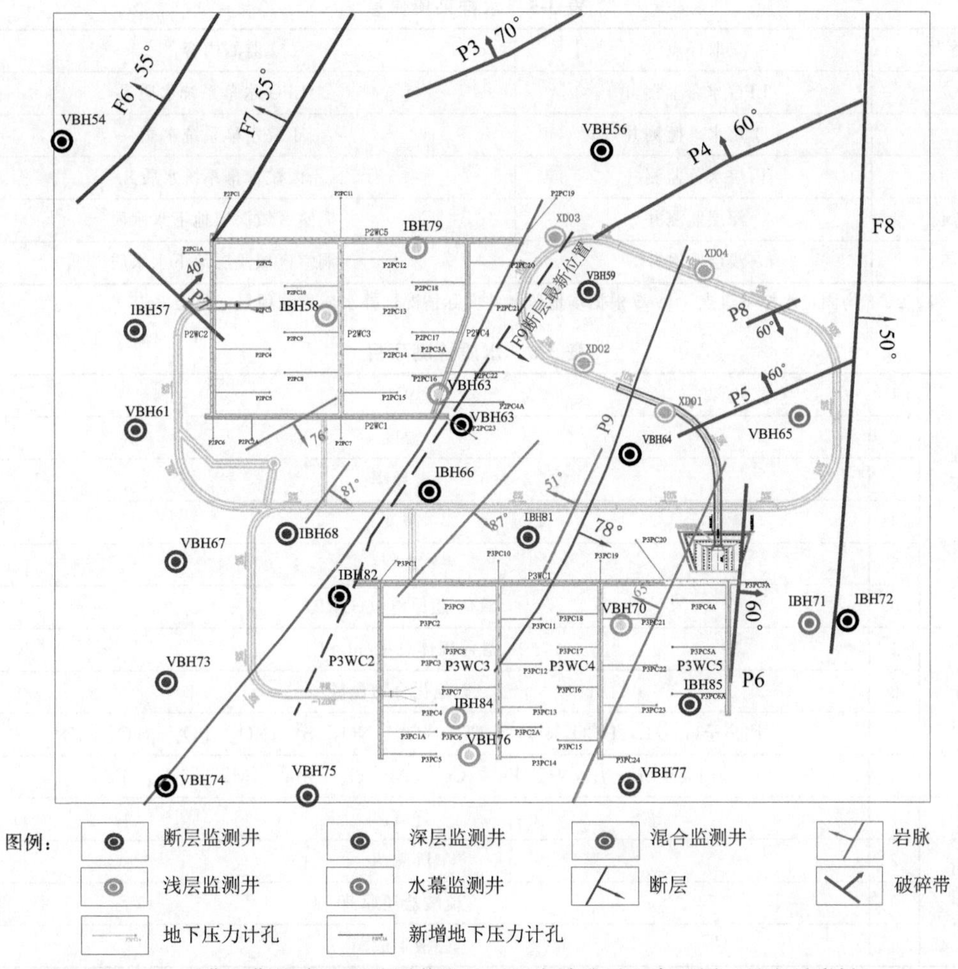

图 3-28　万华二期洞库地面监测井和地下压力计孔平面布置图（见文后彩插）

测。洞库稳定储运阶段，无产品出、入，产品出入库阶段洞室压力变化明显，各监测项目进行加密监测，加密监测于产品入库前 2 天开始，出入库完成后 3 天结束（当 3 天后监测数据仍未稳定，适当延长加密监测时间），具体监测项目和频率见表 3-4。

表 3-4　水样采集信息

序号	监测项目	稳定储运阶段监测频率	原料入库阶段监测频率
1	水幕系统裂隙水压力	4 次/天	12 次/天
2	地下水位	2 次/天	4 次/天
3	洞室水位液面高度及排水量	1 次/天	3 次/天
4	洞室压力	4 次/天	12 次/天
5	操作竖井水位	1 次/天	4 次/天
6	水幕系统补水量	每次补水时测量	每次补水时测量

注：4 中洞室压力检测频率根据储运技术要求调整。

万华一期洞库运营阶段，每 6 个月进行一次水质监测（出现目测水质异常，或可能与水质异常相关的监测数据异常时，及时取样分析），每次采集水样 5 组，水样采集信息见表 3-5，水质检测项目见表 3-6。

表 3-5　水样采集信息

序号	取样点	监测内容
1	LPG 水幕监测井	LPG 水幕系统水质
2	丁烷水幕监测井	丁烷水幕系统水质
3	丙烷水幕监测井	丙烷水幕系统水质
4	深层监测井	洞室区域深层地下水水质
5	浅层监测井	洞室区域浅层地下水水质

注：1、2、3 为固定水样采集点，4、5 根据场地监测井实际情况选择水质检测项目，见表 3-6。

表 3-6　水质检测项目

物理分析项目（6 项）	1	pH
	2	温度
	3	电导率
	4	密度
	5	盐度
	6	氧化-还原电位(ORP)
化学分析项目（4 项）	1	悬浮固体总量(mg/L)
	2	碳氢化合物含量
	3	阴离子(mg/L)：HCO_3^-、SO_4^{2-}、Cl^-、SiO_2^{2-}、NO_2^-、S^{2-}、NO_3^-、PO_4^{3-}、SiO_3^-、CO_3^{2-}
	4	阳离子(mg/L)：Na^+、Fe^{2+}、Ca^{2+}、Al^{3+}、K^+、Mn^{2+}、Mg^{2+}、NH_4^+、Fe^{3+}
细菌分析项目（4 项）	1	好氧菌
	2	厌氧菌
	3	硫酸盐还原菌
	4	黏液形成菌

（2）地下水水位动态分析

① LPG 洞库运行期间地面监测井水位动态分析。

地面监测井监测的水位数据对库区的地下水水位变化有直观反映。分别布置水幕地下水、库外深层地下水、浅层地下水、岩脉地下水、节理裂隙及混合地下水监测井。每个监测井内安装自动记录水位数据的探头，稳定储运阶段监测频率为 2 次/天，原料入库阶段为 4 次/天甚至为 1 次/h。经过监测数据整理、修正及分析，得出地面监测井水位动态规律，根据目前可用的监测数据来看，丙烷洞库的地面监测井水位基本保持稳定，项目运营前期与项目施工前的地下水位及动态特征一致。经过四年半运营期，洞库运营并未对浅层地下水水位造成较大影响。

由地面重点监测井钻孔水位可知，其水位标高范围为 3m～37m，年平均变幅可达 2～3m。多数地面监测井的水位在每年 7 月左右（丰水期）出现了升高的情况，在 9 月底达到最高，随后恢复稳定，并在枯水期下降，在 3 月底左右地下水位达最低值。随后地下水位迅速升高，至次年 9 月底达到最高。表明浅层地下水水位动态主要受降雨影响，随季节性变化明显，对降雨有较为敏感的响应。其中，少数监测井水位变动随季节变化较大，推测该孔地面标高较低且未做好孔口保护，降雨集中时期孔内有雨水灌入。具体水位变化以 LPG 洞库、丁烷洞库水幕地下水监测井及操作竖井的水位变化为例，如图 3-29 所示。

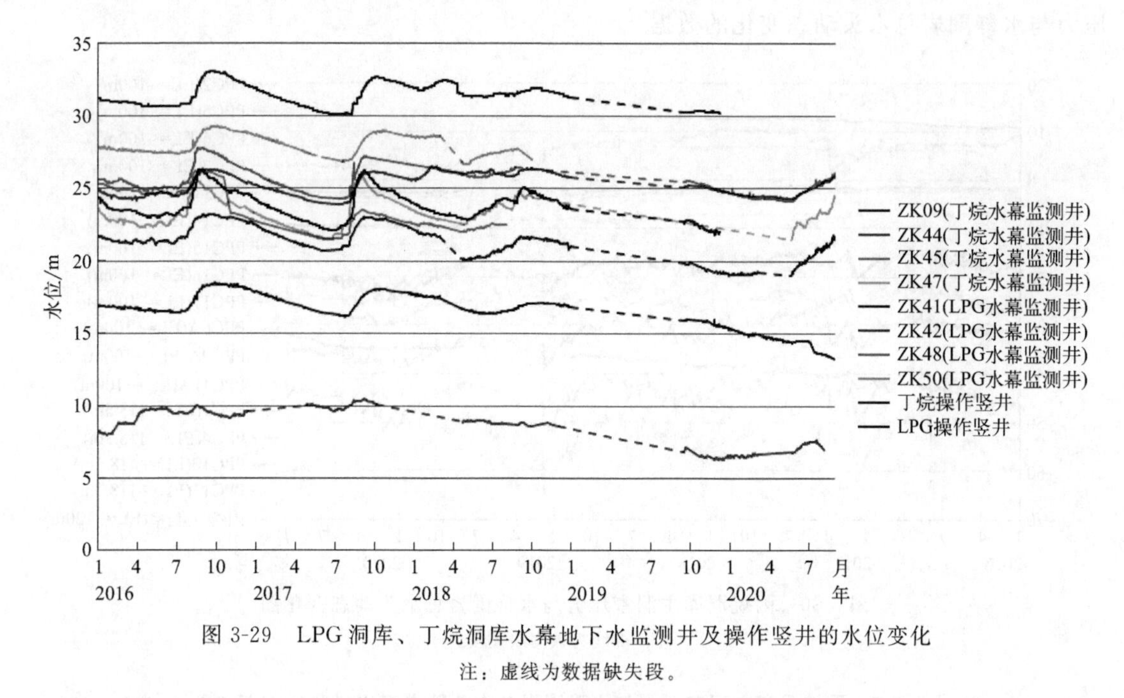

图 3-29 LPG 洞库、丁烷洞库水幕地下水监测井及操作竖井的水位变化

注：虚线为数据缺失段。

② LPG 洞库运行期间围岩地下水压力动态分析与水封性评价。

通过对丙烷洞库、LPG 洞库、丁烷洞库主洞室内的压力与水幕内压力传感器的压力数据整理，得到各洞库运行期间地下水压力动态分析，从而对洞库水封性进行后评价。主洞室参数有主洞室内产品的饱和蒸气压力值、产品的液位数据及泵坑水位数据。饱和蒸气压为各主洞室顶部的压力值。为保证洞库安全运行、产品被完好水封，周围岩体裂隙内的地下水压力要大于产品的饱和蒸气压。饱和蒸气压结合压力传感器的压力数据，压力数据转换为水位数据，并根据监测数据来描述洞库周围压力梯度模型，可以直观判断洞库的水封状况。产品的液位数据用于了解洞室内产品的储存量。通过监测结果，实时调整水幕系统压力从而确保洞库的安全运行。

水幕水压监测的目的重点在于：监测水幕周围以及洞库周围的水压分布，维护洞库周围的压力始终处于平稳状态。压力监测的重点区域是在水幕周围一定区域之内的注水孔间区，以及洞库周围一定区域之内的水压分布。稳定储运阶段监测频率 4 次/天，产品入库阶段为 12 次/天甚至为 1 次/h。

a. 丙烷洞库。

将压力数据转化为水头数据，如图 3-30 所示，压力传感器 PPC1、PPC2、PPC6、PPC9A、PPC13、PPC14、PPC11、PPC16、PPC17 均保持在较高水头的状态；压力传感器 PPC2、PPC5、PPC6、PPC7、PPC10、PPC16、PPC17、PPC11、PPC11A 的水头与洞室内水头变化趋势基本一致，这些压力传感器对丙烷主洞室压力较为敏感，且传感器对应地下水相互间有较为密切的水力联系。

丙烷主洞室压力与水幕压力传感器主要动态变化趋势与洞库丙烷液位动态变化趋势一致，表明丙烷主洞室压力与水幕压力传感器得出数据以及洞库丙烷液位数据良好、可信。另外，整体上丙烷主洞室与水幕压力数据随季节变动较大，夏季压力数据升高，秋冬季节压力下降，这应该与春冬季节厂区产品消耗量大有关。表 3-7 为 2016 年至今，丙烷洞库主洞室压力与水幕围岩总水头动态变化的数据。

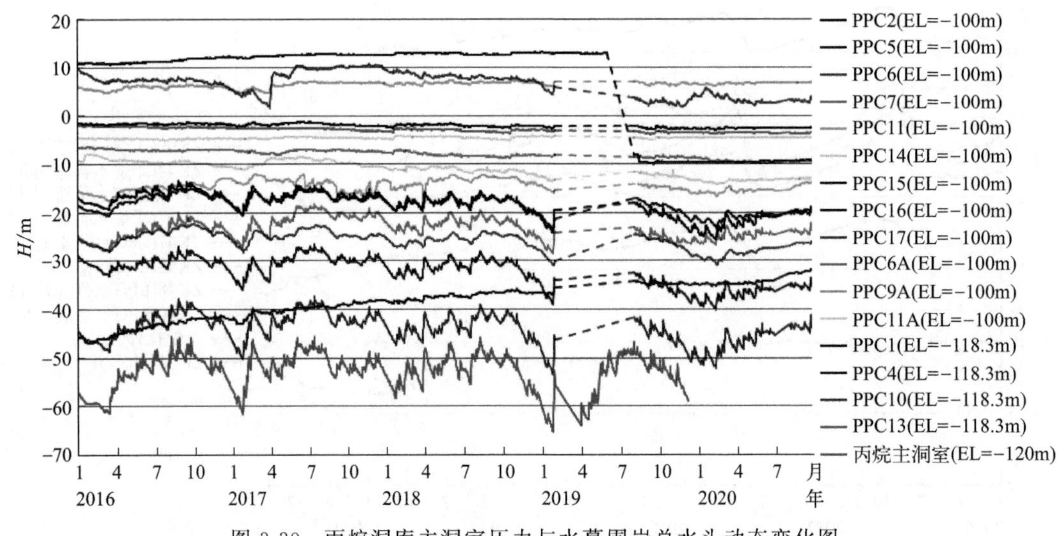

图 3-30 丙烷洞库主洞室压力与水幕围岩总水头动态变化图

注：虚线为数据缺失段。

表 3-7 丙烷洞库主洞室压力与水幕围岩总水头动态变化（2016 年至今） 单位：m

压力计		总水头		与主洞室顶板水头差		最小压力梯度	备注
编号	标高	最大值	最小值	最大值	最小值		
PPC2	−100.0	−13.3	−25.7	42.2	29.6	1.5	
PPC5	−100.0	−26.5	−40.0	29.1	15.0	0.7	
PPC6	−100.0	−22.3	−30.9	34.8	21.2	1.1	
PPC7	−100.0	−18.1	−28.5	36.9	24.4	1.2	
PPC11	−100.0	−12.0	−17.6	49.7	30.6	1.5	
PPC14	−100.0	−4.2	−5.2	61.1	40.7	2.0	
PPC15	−100.0	−1.4	−2.9	62.8	43.8	2.2	
PPC16	−100.0	−15.0	−23.3	42.1	29.2	1.5	
PPC17	−100.0	10.8	1.6	69.8	51.6	2.6	压力偏高
PPC6A	−100.0	−6.4	−9.8	57.0	37.6	1.9	
PPC9A	−100.0	7.4	4.8	71.5	51.8	2.6	压力偏高
PPC11A	−100.0	−7.7	−14.2	52.8	34.6	1.7	
PPC1	−118.3	13.3	−10.0	78.3	12.6	7.4	
PPC4	−118.3	−31.7	−47.0	28.8	3.0	1.8	压力偏低（逐年增高）
PPC10	−118.3	−37.2	−53.4	13.2	4.9	2.9	
PPC13	−118.3	−1.7	−3.8	62.2	42.6	25.1	
丙烷主洞室	−120.0	−45.5	−65.4				

注：最小压力梯度为与主洞室顶板水头差最小值除以与主洞室顶板标高差。水幕层位值大于 2.5 为压力偏高，值小于 1.5 为压力偏低，近洞室最小压力梯度越大，水封性越好。

b. 丁烷洞室。

将压力数据转化为水头数据，并绘制了 2016 年至今丁烷主洞室与其水幕巷道内压力传感器的水头变化曲线，如图 3-31 所示。丁烷洞库主洞室压力与水幕围岩总水头动态变化详见表 3-8。

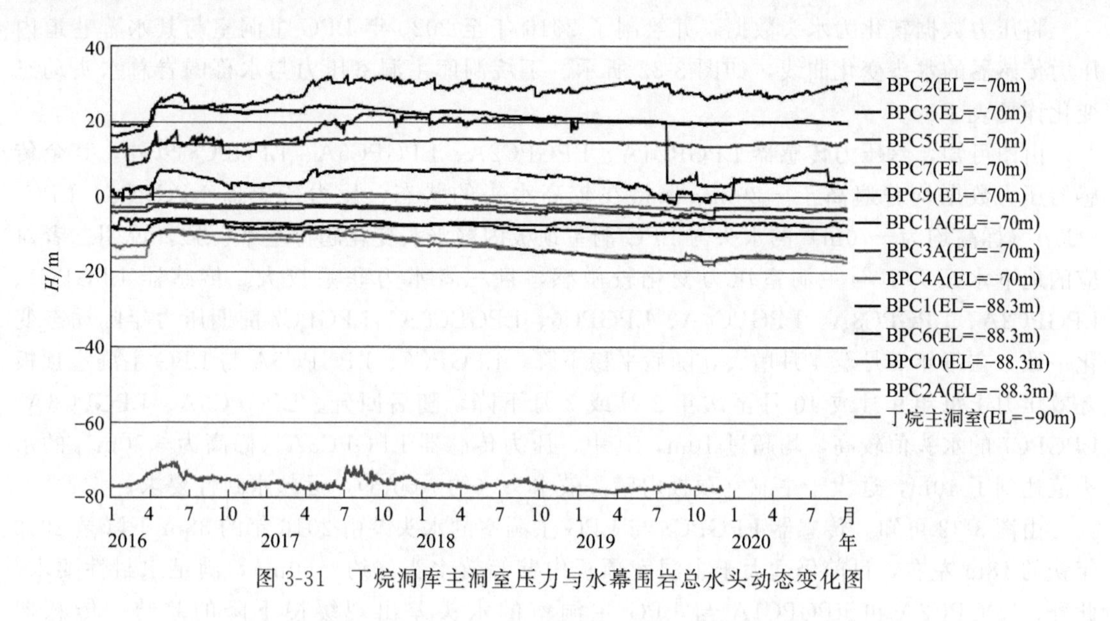

图 3-31 丁烷洞库主洞室压力与水幕围岩总水头动态变化图

表 3-8 丁烷洞库主洞室压力与水幕围岩总水头动态变化（2016 年至今） 单位：m

压力计		总水头		与主洞室顶板水头差		最小压力梯度	备注
编号	位置标高	最大值	最小值	最大值	最小值		
BPC2	−70.0	24.2	18.9	101.7	92.8	4.6	压力正常
BPC5	−70.0	15.7	12.1	93.1	84.8	4.2	
BPC7	−70.0	1.3	−3.5	78.4	71.9	3.6	
BPC9	−70.0	7.5	−1.8	84.8	72.2	3.6	
BPC1A	−70.0	32.4	16.0	109.3	92.7	4.6	
BPC3A	−70.0	−2.3	−5.6	75.1	68.0	3.4	
BPC4A	−70.0	−8.8	−18.0	68.2	59.5	3.0	
BPC1	−88.3	−6.3	−10.3	71.2	64.1	37.7	压力偏高，近洞室，水封效果好
BPC6	−88.3	−5.6	−8.6	71.5	63.4	37.3	
BPC10	−88.3	−1.6	−5.8	75.9	68.6	40.3	
BPC2A	−88.3	−8.8	−17.3	68.6	58.3	34.3	
丁烷主洞室	−90.0	−70.6	−78.4				

注：最小压力梯度为与主洞室顶板水头差最小值除以与主洞室顶板标高差，水幕层位值大于 2.5 为压力偏高，值小于 1.5 为压力偏低，近洞室最小压力梯度越大，水封性越好。

从图表可以看出，总体上，丁烷洞库水封情况良好，但过压比较严重。丁烷主洞室顶部的水头值维持在−75m 左右，处于较低压力的状态，水幕压力传感器均保持在较高水头的状态，水头值均大于−20m 且较为稳定，属于安全的压力范围，远超水封性要求。所有压力传感器的水头变动情况与主洞室的水头变动关系并不大，这可能与各压力传感器与主洞室水力联系不密切相关，或者与丁烷主洞室压力较为平稳，变化不剧烈，以至于图像无法凸显关联情况有关。BPC1、BPC2A、BPC4A 等水头变化趋势与丁烷主洞室顶板内壁水头动态基本一致，说明二者对应的地下水压力对主洞室压力变化较敏感，且彼此水力联系较大。

c. LPG 洞库。

将压力数据转化为水头数据，并绘制了 2016 年至 2020 年 LPG 主洞室与其水幕巷道内压力传感器的水头变化曲线，如图 3-32 所示。丁烷洞库主洞室压力与水幕围岩总水头动态变化详见表 3-8。

由图可知，除压力传感器 LPGPC1A、LPGPC2A、LPGPC5A、LPGPC8 以外，其余传感器压力数据均普遍高于－20m，保持在较高水头的状态；压力传感器 LPGPC8、LPGPC5A（标高均为－70m）的水头与 LPG 洞室顶板内壁水头变化趋势基本一致，说明二者对应的地下水压力对与主洞室压力变化较敏感，且三者水力联系较大。传感器 LPGPC1、LPGPC2A、LPGPC3A、LPGPC4A、LPGPC6、LPGPC6A、LPGPC7 前期压力年际动态变化一致，在每年 3 月至 4 月增大，随后平稳下降。LPGPC8、LPGPC5A 与 LPG 主洞室顶板等效压力于每年 9 月或 10 月至次年 2 月或 3 月下降，随后回升。LPGPC3A、LPGPC6A、LPGPC7 的水头值较高，均超过 10m，其中，压力传感器 LPGPC3A（标高为－70m）的水头值达到了 40m，远大于主洞室顶板内壁等效水头（约－60m），远超水封性要求。

由图 3-32 可知，传感器 LPGPC8 与 LPG 主洞室的水头差由 2016 年的 38m 下降至 2019 年初的 18m 左右，目前仍远大于主洞室顶板内壁等效水头（约－60m），满足水封性要求。此外，LPGPC2A 和 LPGPC1A 与 LPG 主洞室的水头差出现缓慢下降的趋势，传感器 LPGPC2A 和 LPGPC1A 监测层位为－88.3m，其水头值为－40m～－20m，以目前的监测数据来看，处于稳定安全的状态但需持续关注。

总体上，LPG 洞库水封情况良好，局部过压。与丁烷洞库相比，其同层位压力较小，出现局部偏压，如根据 LPGPC5A（约为－30m）与位置相近的 BPC1A（约为 20m）等压力数据可知，目前压力传感器工作状态良好。表 3-9 为 2016 年至今，LPG 洞库主洞室压力与水幕围岩总水头动态变化情况。

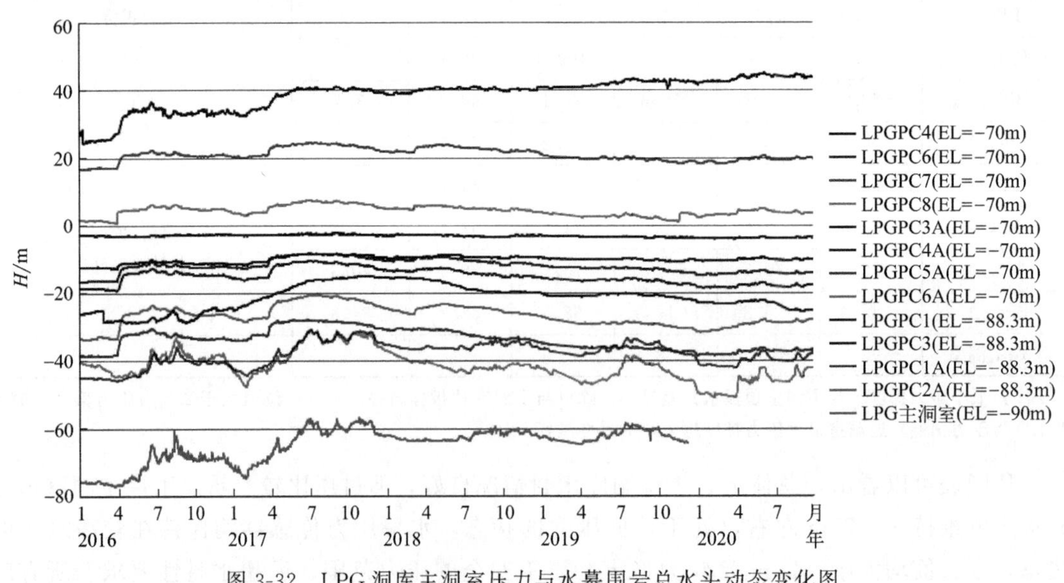

图 3-32 LPG 洞库主洞室压力与水幕围岩总水头动态变化图

注：虚线为数据缺失段。

表 3-9 LPG 洞库主洞室压力与水幕围岩总水头动态变化(2016 年至今) 单位:m

压力计		总水头		与主洞室顶板水头差		最小压力梯度	备注
编号	标高	最大值	最小值	最大值	最小值		
LPGPC4	−70.0	−14.7	−28.5	51.1	35.1	1.8	
LPGPC6	−70.0	−8.3	−16.6	64.1	45.8	2.3	
LPGPC7	−70.0	24.8	16.7	97.0	78.2	3.9	压力偏高
LPGPC3A	−70.0	45.2	24.4	109.9	93.7	4.7	压力偏高
LPGPC4A	−70.0	−10.2	−19.1	61.6	42.7	2.1	
LPGPC6A	−70.0	7.7	0.9	81.2	61.8	3.1	压力偏高
LPGPC1	−88.3	−8.1	−12.5	65.6	48.1	28.3	近洞室,水封效果好
LPGPC3	−88.3	−2.1	−4.0	73.9	53.9	31.7	
LPGPC1A	−88.3	−27.7	−38.4	44.2	22.7	13.4	
LPGPC2A	−88.3	−20.1	−33.5	49.7	29.9	17.6	
LPG 主洞室	−90.0	−56.7	−76.8				

注:最小压力梯度为与主洞室顶板水头差最小值除以与主洞室顶板标高差,水幕层位值大于 2.5 为压力偏高,值小于 1.5 为压力偏低,近洞室最小压力梯度越大,水封性越好。

d. 围岩压力监测计工作状态。

水幕系统及洞库围岩共计布设了 40 个压力监测计。压力计整体上工作状态正常,洞库水封性能良好。其中,丙烷洞库 16 个,丁烷洞库、LPG 洞库各 12 个,如图 3-33 所示,三

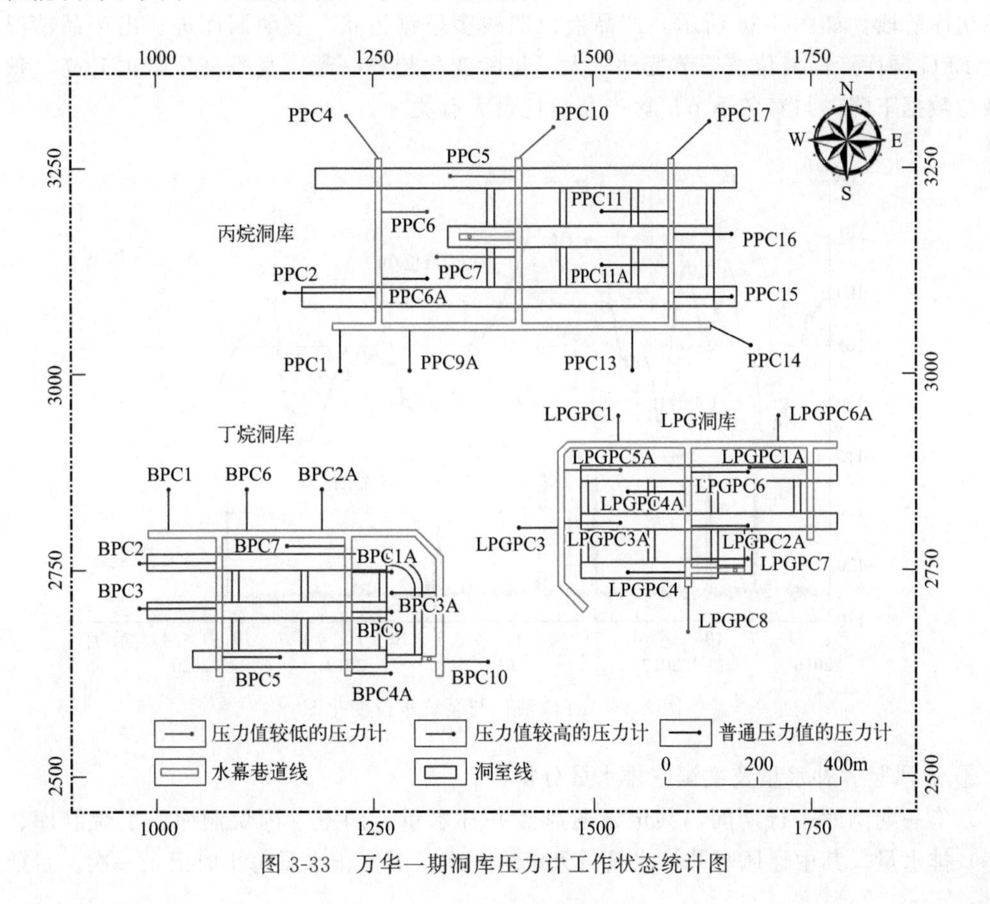

图 3-33 万华一期洞库压力计工作状态统计图

个洞库整体水幕系统未过压。

e. 洞库监测井及水幕巷道水位。

通风竖井、丙烷监测井、丁烷监测井和 LPG 监测井中安装有自动记录的水位监测系统。另外，水幕巷道内四周侧壁安装了 8 个压力传感器，用于监测水幕巷道内的水位变化，分别位于丁烷洞库水幕巷道与 LPG 洞库水幕巷道的左侧壁、右侧壁、左底板、右底板。根据压力数据，可以推算得到水幕系统的总水头值，用以判断水幕的工作状态是否正常。通过主洞室产品液位与泵坑水位数据处理与分析，可得出水幕巷道内总水头值维持在洞库设计水位 0m 左右，洞库水封性良好，也验证了水幕系统处于正常工作状态。

水幕巷道水位动态变化受水幕供水压力变化与洞库进出产品情况的影响。在某些时间内，洞库监测井及水幕巷道水位数据整体上升或下降，是因为受控制室供水水压调整影响，水幕供水压力影响围岩地下水压力动态变化。

③ 主洞室产品液位与泵坑水位分析。

通过主洞室产品液位与泵坑水位数据处理与分析，可得出洞库运行状态，包括产品进库、出库情况与泵坑抽排水情况。围岩地下水压力动态变化、洞库监测井及水幕巷道水位，受水幕供水压力变化与洞库进出产品情况影响。

以 LPG 洞库为例，LPG 洞库主洞室底板高程为－116m，顶板高程为－90m，泵坑底板高程－131m。洞库液位约为－115m～－93m，产品容量一般在 88%以内。运营期间 LPG 洞库泵坑水位均为－129m～－116m，普遍位于－128m～－126m，水位波动是由抽排泵坑水造成。液位动态变化表明产品的进出状态，液位上升表明处于产品入库时期，下降则处于产品出库阶段。如图 3-34 所示，产品液位曲线多呈锯齿状，表明洞库进、出产品情况。整体上 LPG 洞库产品液位按季节变动较大，年际变化趋势一致，夏季液位数据升高，秋冬季节液位数据下降，与春冬季节厂区产品消耗量大有关。

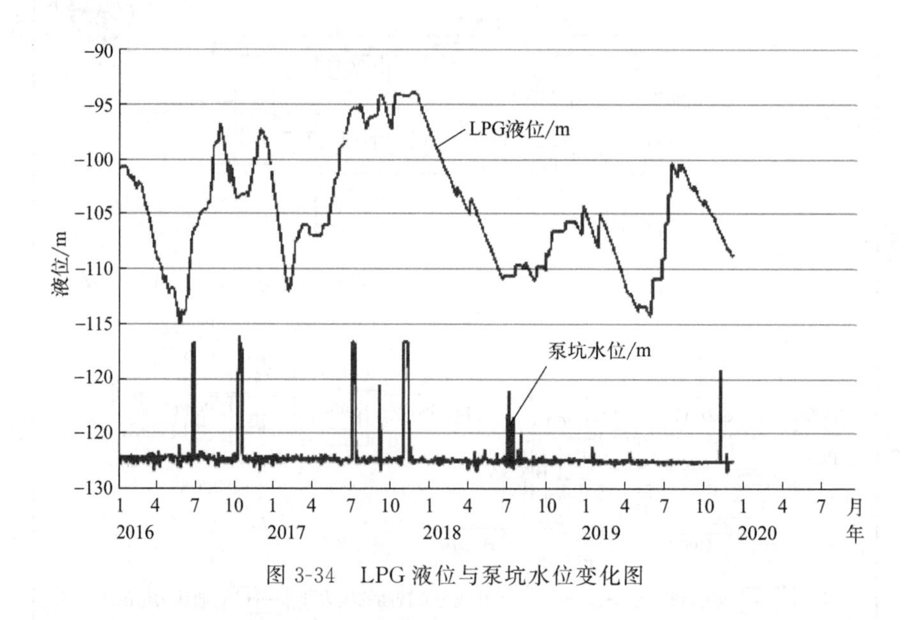

图 3-34　LPG 液位与泵坑水位变化图

④ 通风竖井补水量及主洞室排水量分析。

万华一期洞库运行期间，共记录通风竖井补水量、洞室（丙烷洞库、丁烷洞库、LPG 洞库）排水量，其中通风竖井补水量每天记录一次，洞室排水量每小时记录一次。目前通风竖井与各主洞室排水量监测计正常工作。统计每天通风竖井补水、丙烷洞库排水、丁烷洞库排水、LPG洞库排水和总排水数据，总排水量的变化与通风竖井补水量的变化有较强的关联性。通风竖井每日平均补水量为373.3m^3，洞库每日平均排水量为1459.4m^3，其中，丙烷洞库每日平均排水量为314.8m^3，丁烷洞库每日平均排水量为691.6m^3，LPG洞库每日平均排水量为455.8m^3。为保证总排水量与总补水量相近，须通过模型校正，并及时与前期设计方案对比分析现阶段与设计阶段补、排水量。

⑤ 地下水水流三维数值模拟。

通过地下水数值模拟预测，也得出丙烷洞库与LPG洞库范围出现整体偏压现象，三个洞库水封性良好，洞库在运营期内能安全、平稳、健康运营，且模拟得出未来运营期内水位动态平稳，不会产生大型降落漏斗。

⑥ 水质分析及评价。

万华一期洞库运行期间，2016年至2019年共进行了6次地下水取样并送检，检测内容包括两个部分：地下水物理化学特征、地下水微生物含量。

通过数据处理与分析，得出破碎带、浅层地下水与主洞室水联系不紧密，水中离子含量基本不变，主洞室及其周围监测孔离子变化基本相同。同时，离子含量无突变情况发生，证明洞室运行良好。

整体来看，与地表水和降雨联系较紧密的监测孔水样在运营初期阴离子主要为Cl^-，TDS值较低，这主要与项目近海有关。运营时由于地下水化学作用和投放消毒剂的原因，各监测孔水样中SO_4^{2-}含量升高，但总含量较低，基本维持在国家地下水Ⅱ类标准，对设备工作影响不大，后期Cl^-、Na^+离子含量逐渐增加，总含量较低，对设备无额外不良影响。各水样中的氯离子和硝酸根离子含量在次氯酸钠投放后一段时间有明显增加，根据增加含量和时间顺序，深层地下水与丙烷洞库水力联系较强，破碎带与各洞库水力联系较弱。

根据地下水封洞库的供水水质要求，水中硫酸盐还原菌和黏液形成菌含量应为0个/mL，好氧和厌氧细菌＜1000个/mL。根据2016年至2019年六次的水质分析结果来看，地下水中微生物的含量并没有达到要求，但每次投放消毒剂之后，地下水中微生物的含量都有所降低。目前消毒剂主要在丁烷监测井、丙烷监测井和LPG监测井中投放。黏液形成菌、硫酸盐还原菌过多，会影响洞库的水封性能和设备性能，在条件允许的情况下可以增加消毒剂投放点。

（3）洞库监测工程后评估小结

整体上监测与数据采集工作正常进行，通过对水文地质监测数据整理、分析及数值模型模拟验证，洞库水封性良好，得出洞库设计、施工与运营方案总体可行，能保证洞库安全、平稳运行。

丁烷洞库与LPG洞库存在偏压现象，为降低失压风险，后期应重点关注围岩地下水压力计压力，例如，通过减少储品含量以降低洞库内壁压力，或增加水幕工作压力等人工补水增加洞室围岩地下水压力等，避免局部水封性失效，保证地下水水质和微生物达到地下水封洞库的供水水质要求。要警惕水样中钙、镁、铁、锰离子含量、水中硫酸盐还原菌和黏液形成菌含量，在条件允许的情况下可以增加处理剂投放点，从而保证洞库水封性能和设备性能。

3.1.4 水文地质专题研究小结

地下水封洞库水文地质评价是洞库设计中的核心问题之一，决定了洞库的设计方案和洞库建成运行后的工作状况，同时也为洞室群的优化设计提供依据。地下水封洞库最大特征就是利用地下洞室周围形成的地下水压，保持洞室的液密性、气密性。利用地下水的渗透特征形成洞库的水封液密是水封式地下洞库建设和运营的关键，为此开展地下水封洞库水封性及渗流场的研究并进行水文地质评价具有深远的现实意义。

地下水封条件（包括水幕系统）的完整性和稳定性是地下水封洞库工程的决定性因素，无论是对施工期的防水控水，还是运行期防止洞室内部的储存介质发生泄漏，都是至关重要的。因此从水文地质专业角度来看，必须对场区所在的完整区域水文地质单元开展以地下水流动过程建模为目标的全面的水文地质调查和测量，并对库场区的水文地质单元进行数据分析和水文地质数值建模工作。这些工作是进行水文地质模型建模以及后续的库区施工期和运营期地下水位变化、水幕补水量、洞室及各巷道涌水量预测计算等各相关设计内容必不可少的基础资料和计算依据。

因此，在遵循相关国家及地方、行业技术规范和标准的基础上，综合利用现有岩土工程勘察研究成果，运用地下水流动系统理论和分析方法，研究场区内岩体渗透性，探明库区地下渗流场的自然规律，对洞库埋置范围进行地下水动力学研究，并在此基础上，利用天然渗流场的规律，为后期进行人工水幕系统的设计、建立、试验、监测和调整，为保证地下液化烃类洞库的水密封性提供基础资料具有重要意义。洞库运行期间通过对水文地质监测网的监测数据整理、分析，以及数值模型模拟校验，分析评价洞库水封性和运行策略，可为工程施工运行的安全、环保、经济提供可靠的技术依据和决策支持。

3.2 工程地质专题研究

LPG洞库工程地质专题研究主要是基于工程地质勘察资料，评价区域稳定性，研究场地的地应力场分布特征；在开挖施工之前与施工阶段，分别构建适宜的岩体结构数值模型，提出相应的岩体、结构面与支护结构力学参数确定方法，研究围岩稳定性与支护结构安全性，并基于此优化LPG洞库工程布置参数与开挖支护设计方案。

3.2.1 区域稳定性与地应力场

（1）区域稳定性评价

区域稳定性评价主要目的是评价库址区地壳表层的稳定性及其对工程建设的潜在影响，评价内容及要素主要包含地壳结构、构造运动与应力场、活断裂分布与规模、地震活动与火山活动、重大地质灾害等。当前，我国LPG洞库都处于花岗岩等岩浆岩地层，围岩完整性较好、质量等级较高，故对于此类LPG洞库库址，可主要基于以下三个因素进行区域稳定性评价：

① 区域性断裂带：具有活断层性质的区域性断裂带对于LPG洞库而言属于不可抗力，一旦断层活动可能对拟建库址区的地质体与工程建筑物造成毁灭性破坏。可根据区域性断裂

带的规模与属性进行影响情况评价。

② 地震烈度：地震是区域稳定性评价的重要因素，而地震烈度是其中最主要的评价指标，地震烈度指标直接影响 LPG 洞库围岩稳定性和支护成本，甚至决定工程成败。

③ 大地热流值：大地热流值与地壳近代活动及稳定性具有明显的相关性，通常低热流值表示地壳稳定性良好，高热流值表示地壳稳定性较差。

上述 3 项区域地质因素可按表 3-10～表 3-12 分别进行评分，再通过评价因子乘积法获得总分值，建议通过表 3-13 的划分标准评价候选库址的区域稳定性状况。

表 3-10　区域性断裂带评分表

断裂带影响情况	无区域性断裂带通过	非活动断裂带通过	活动断裂带通过
评分值	5.0	2.0	0

表 3-11　地震烈度评分表

地震烈度/度	<6	6	7	8	9	>9
评分值	5.0	4.5	3.5	1.5	0.5	0

表 3-12　大地热流值评分表

大地热流值 q/(mW/m^2)	$q \leqslant 75$	$75 < q < 150$	$q \geqslant 150$
评分值	4.0	$8-4q/75$	0

表 3-13　区域稳定性评分方案

总体评分值	80～100	60～80	40～60	0～40
稳定性等级	稳定(Ⅰ类)	基本稳定(Ⅱ类)	次稳定(Ⅲ类)	不稳定(Ⅳ类)
适宜性	适宜		中等适宜	不适宜

(2) 地应力场分析

LPG 洞库地应力测试与分析之前，需研究场地的区域地质条件与新构造运动，获取区域地应力场分布特征与规律，再针对代表性测点进行地应力测试。具体研究工作主要包括三个方面。

① 现场地应力测试。地应力测试方法有直接法和间接法两大类。直接法由测量仪器直接测量和记录各种应力量值（如补偿应力、恢复应力、平衡应力等），并由这些应力量值和原岩应力的关系计算获得原岩应力值，计算过程中无需岩石物理力学参数和应力-应变关系，代表性方法有水压致裂法、扁千斤顶法、空心包体应力计法等。间接测试法为借助某些传感元件测量和记录岩体中某些与应力有关的间接物理量的变化（如变形、密度、渗透性、吸水性、电磁、电阻、电容、弹性波速等），然后通过相应的公式计算出岩体中的应力值，计算过程中需给定岩石某些物理力学参数以及所测物理量与应力之间的关系式等，主要有应力解除法等。

当前，水压致裂法因其操作简单、测值稳定、可同时获得垂直钻孔平面内最大最小主应力及其方位等优点，在我国 LPG 洞库工程中广泛应用。其基本原理是利用水泵将高压水压入由橡胶栓塞封堵的一段钻孔，当水压达到一定值时，孔壁岩石产生拉破裂；通过改变水压，绘制孔内水压和时间的关系，测得破裂压力、关闭压力、重张压力及拉裂方位等数据；根据弹性力学中圆形孔洞周边应力公式，可通过破裂压力、关闭压力、重张压力等数据求得垂直钻孔平面的两个地应力值，孔壁的初始破裂方向沿垂直钻孔平面最大水平主应力方向发展，据此可判断最大水平主应力方向，并由此确定其他两个主应力方向。

② 地应力场回归分析。无论采用直接法还是间接法，进行地应力测试时，其结果仅代表单个测试点的地应力状态。为了获得整个场地的地应力场，需对若干个测试点数据进行整体分析。对于地表起伏程度不大的 LPG 洞库工程，可基于张量分析法，采用地应力-高程线性回归分析法获得地应力场。

其主要步骤如下：首先构建 x 轴正向指向东、y 轴正向指向北、z 轴正向指向上的三维右手坐标系，将测量得到的各主应力转换为该坐标系下的应力张量；求各应力张量的平均应力张量，即相当于对矩阵的各项求平均值；求平均应力张量的特征值和特征向量，通过特征向量可获得三个主应力方向；通过特征向量确定的水平最大主应力以及中间主应力走向的方向角建立主应力空间，将各地应力数据转换为主应力空间下的应力张量；通过特征向量确定的最大主应力方向作为 Y 轴正向、中间主应力方向作为 X 轴正向、高程的增加方向作为 Z 轴正向，重新建立空间直角坐标系（主应力空间），将各地应力数据转换为主应力空间下的应力张量；多处水封洞库地应力场相关研究表明，地应力的三分量与高程具有随深度呈线性增大的关系，采用线性回归法获得主应力与高程的回归关系式。

对于地应力与高程之间无明显线性关系的 LPG 洞库工程场地，可直接在数值模拟中根据各个测点的地应力值反演出地应力场。

③ 数值模拟中的地应力场反演。LPG 洞库围岩稳定性与支护结构安全性评价主要采用数值模拟方法并结合现场测试、监测数据协同开展，确定地应力场是其中的关键内容。对于已获得地应力与高程线性关系式的 LPG 洞库场地，可直接在数值模型中施加确定性的应力边界条件获得场地的地应力场。对于地形起伏大或地应力与高程之间无显著线性关系的复杂地应力场，可通过正交试验设计原理等设计出若干组模型边界的应力或位移加载方案，以各个地应力测点计算值与实测值的误差平方和最小为目标函数，通过人工神经网络等智能算法反演出 LPG 洞库场地的地应力场。需要指出的是，LPG 洞库工程地质问题分析具有显著的动态性，由于测试点代表性、测试误差和测试数据有限性等问题，初勘或详勘期间开展的地应力测试通常不能准确描述整个场地的地应力场特征，在洞库施工期间，需根据施工期勘察获得的围岩变形破坏等特征信息对地应力场进行校核或重新开展特定围岩区段的地应力场反演研究。

3.2.2 工程地质模型与力学参数

LPG 洞库工程与地面工程及一般岩体地下工程不同，LPG 洞库一般处于花岗岩等岩浆岩地层，岩体完整性较好，埋深一般不超过 300m，不属于高地应力区。工程实践及理论分析表明，洞库围岩变形破坏主要受岩体结构面控制。从洞库围岩稳定性与支护结构安全性评价角度，可采用等效连续介质模型与离散介质模型用于岩体工程地质模型构建。其中，岩体等效连续介质模型以力学参数弱化的形式考虑结构面的力学效应，适用于含大量结构面的围岩类型或应力控制型围岩失稳模式，对于洞库较大范围的数值模拟具有高效性，其建模方法较为简单，本处不再赘述。而对于岩体离散介质模型，根据不同工程建设阶段的勘察精度与工程地质问题分析深度，可分为开挖施工之前的岩体离散介质模型与开挖施工揭露的岩体离散介质模型，其模型构建方法如下所述。

（1）开挖施工之前的岩体离散介质模型

此处所称的开挖施工之前指的是 LPG 洞库预可行性研究阶段、可行性研究阶段和基础设计阶段，此时由于地下工程尚未开挖，真实的岩体结构面分布状况未知，只能基于工程勘察获得的地表岩体结构面、钻孔岩体结构面等采样数据，通过统计推断的方法构建与真实岩体统计等效的岩体离散介质模型。模型中所考虑的岩体结构面分为确定性结构面和随机结构面两种，确定性结构面是规模较大、数量较少、分布特征明确的岩体结构面，可在离散介质模型中直接构建；随机性结构面主要是规模中等（Ⅳ级结构面）、数量较多、具有一定随机分布特征的结构面，此类结构面需基于概率论和数理统计学进行结构面采样、统计和建模。以下主要对岩体随机结构面采样、统计与建模过程进行阐述。

① 岩体随机结构面采样。在 LPG 洞库开挖施工之前，为了合理进行洞库工程布置与开挖支护方案初步设计，需要尽可能全面查清整个场地的岩体随机结构面发育分布特征与规律。但受制于天然露头、人工开挖面的有限性和物理探测技术的局限性，在可预见的将来，对整个 LPG 洞库工程场区三维随机结构面进行系统全面的测量仍是不可能的。因此，只能将整个场区的岩体随机结构面当作总体，将可获得的随机结构面数据当作样本，按照统计抽样的原理对样本进行推断以获得总体分布特征。其中，需要采取具有概率论与统计学意义的抽样方法，并对其产生的误差进行纠偏和校正，方可获得具有科学理论基础的合理结果。

当前，岩体随机结构面的采样方法主要分为测窗法和测线法。其中，测窗法包括圆形窗口法和方形窗口法等，该方法要求露头面的面积足够大，由此存在处于较高位置的结构面测量困难、危险及数据处理过程比较复杂等问题，故在 LPG 洞库工程中应用较少。目前在 LPG 洞库工程中多采用测线法，该方法由 Robertson 于 1970 年提出，其基本做法是在岩体天然露头或人工开挖面内布置一条量程较大的皮尺（作为测线），首先测量皮尺的倾伏向和倾伏角，然后对与皮尺相交的结构面，逐条记录其桩号里程（与皮尺起始点的距离）、产状、迹长、隙宽等信息。根据迹长的数据特征，测线法可分为全迹长测线法［图 3-35(a)］和半

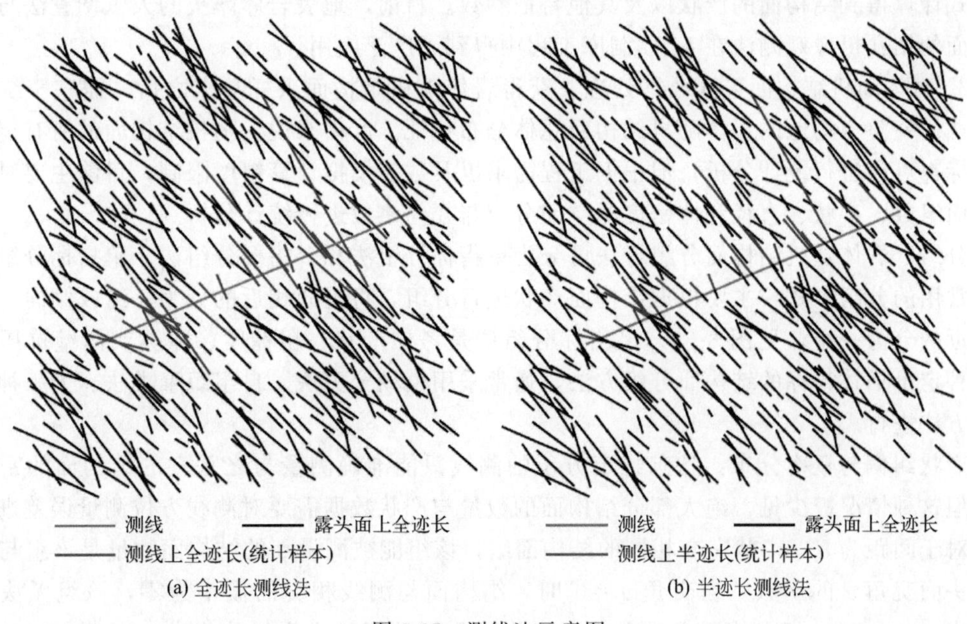

图 3-35　测线法示意图

迹长测线法［图 3-35(b)］。顾名思义，全迹长测线法就是记录所有与测线相交的结构面全迹长，半迹长测线法就是记录所有与测线相交的结构面半迹长。由于一般 LPG 洞库工程场地都无法满足全迹长测线法的基本要求，故多采用半迹长测线法，其中半迹长既可为测线上方的结构面迹线长度，也可为下方长度，若是竖直测线，则测线左右迹线长度均可。需要指出的是，即使对于半迹长测线法，由于岩体结构面的多尺度性，对于一些迹长极为短小、但数量又相当庞大的微小结构面（Ⅴ级结构面或短小的Ⅳ级结构面），由于在测量过程中难以分辨或即使能分辨但在计算机中也难以全部生成，因此需设置截短值 C_1，小于此值的半迹线不予测量；另由于野外场地的限制，存在相当数量的迹线端点无法达到，如位置太高、太险等情况，因此需设置截长值 C_2，大于此值的半迹线一般只统计数量。因此，实测的半迹线长度落在区间［C_1，C_2］。需要注意的是，截短值和截长值是针对半迹线的长度而言，并不是平行于测线画两条距测线为 C_1 和 C_2 的删截线再测量的意思。

需要强调的是，岩体随机结构面采样方法与调查方法（测量方法）是不同的概念。随机结构面采样方法是服从统计抽样原理的从总体中抽取代表性样本的方法；结构面调查方法或测量方法是针对结构面各参数的获取方法。采样方法确定之后，可以采取任何结构面调查或测量方法以获取各指标参数。国际岩石力学协会针对岩体结构面提出了 10 项定量描述指标（产状、连续性、粗糙度、张开度、水流状况、充填状况、面壁抗压强度、组数、间距和块体大小）及其调查方法，调查方法主要分为直接调查法和间接调查法。直接调查法为人工直接对天然露头剖面、开挖断面或钻孔岩芯等进行测量和描述的方法，工程实践中可通过地质罗盘、皮尺等工具进行直接接触式测量。间接调查法为利用物理探测或观测技术间接进行非接触式结构面调查的方法，目前工程实践中主要有钻孔摄像技术、三维激光扫描技术和数字照相技术等。钻孔摄像技术是一种可识别钻孔壁面地质信息的地球物理测井技术，其工作原理是通过处于探头前部的高清单片摄像器件，对探头前方钻孔及孔壁四周进行扫描摄像，然后通过硬件变换，将 360°钻孔孔壁图像转换为全景图像，再通过所建立的坐标系统和计算机软件将其还原成真实的钻孔孔壁图像，按照 N—E—S—W—N 的顺序展开，最后根据相关公式计算得到结构面的产状以及其他特征参数。目前，地表岩体露头的人工调查法与钻孔结构面的钻孔摄像观测法在 LPG 洞库工程中得到了广泛应用。

② 岩体随机结构面采样数据处理。获得岩体随机结构面采样数据之后，需基于统计推断方法研究整个场地的岩体随机结构面总体分布特征。严格来说，随机结构面的所有定量描述指标都可以进行统计分析，但根据工程需求以及数值模拟计算精度限制，目前主要对随机结构面组数、产状、直径和体密度等空间分布与几何参数进行统计分析。

分组：岩体随机结构面分组方法可分为单指标分组法和多指标分组法。单指标分组法是目前常用的分组方式，主要根据结构面产状进行分组，将走向相近的分为一组或倾向、倾角都相近的分为一组，见图 3-36。多指标分组法是考虑产状、粗糙度、隙宽或面壁抗压强度等多种定量描述指标的结构面分组方法，通常采用模糊聚类法、自组织聚类法、人工神经网络等方法进行。

产状纠偏与概率分布：具有特定方位的测线只能准确测量与之垂直的结构面的密度特征，但这种情况极少见，绝大部分结构面的数量与产状数据需要对测线方位测量误差进行纠偏。对于间距为 d、产状完全相同的结构面组，该组能被测量到的结构面数量是该组与钻孔或露头面交角 α 的函数。当交角 $\alpha=0°$时，结构面与测线相交的概率为零，该组无法被测到；当 $\alpha=90°$时，相交的概率最大，该组能被测到且可能成为优势组数。因而，在钻孔或

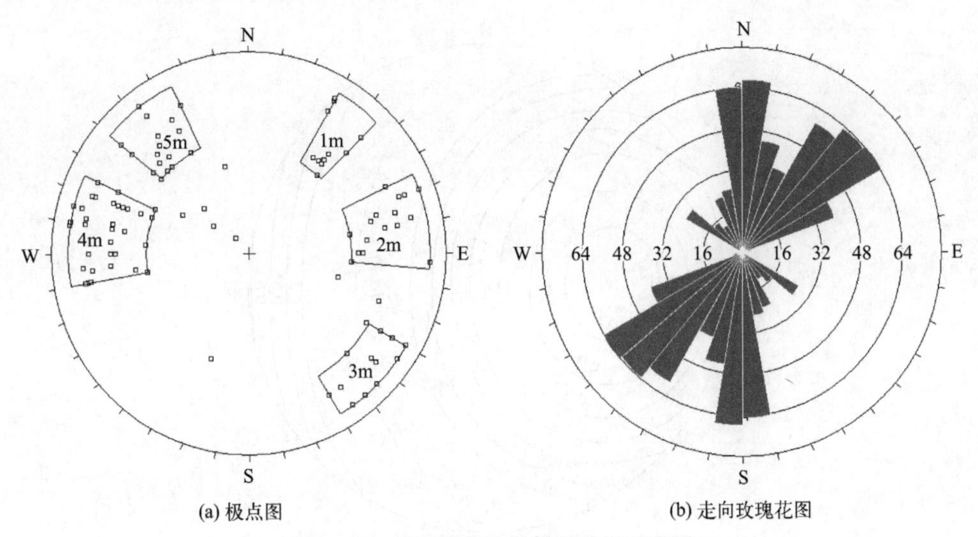

(a) 极点图　　(b) 走向玫瑰花图

图 3-36　基于产状的结构面分组示意图

露头中能获取的产状样本个数可由下式计算：

$$N_{\alpha}=\frac{l\sin\alpha}{d} \tag{3-2}$$

式中，N_{α} 为取样个数；其余符号意义见图 3-37。

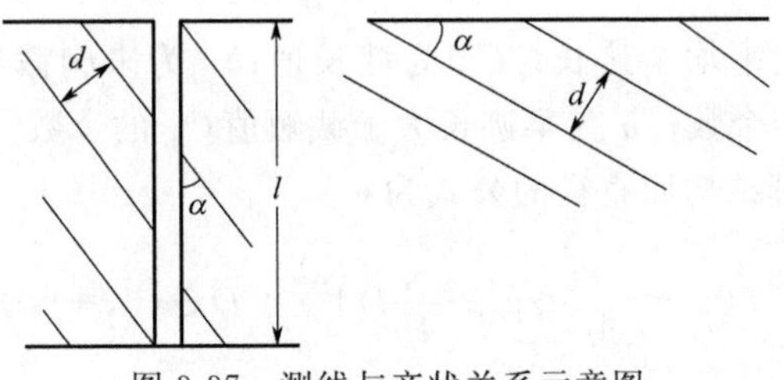

图 3-37　测线与产状关系示意图

对结构面数量进行纠偏的公式如下，即将所有组的数量都转换为与测线垂直状态下测得的数量 N_{90}：

$$N_{90}=\frac{N_{\alpha}}{\sin\alpha} \tag{3-3}$$

式中，N_{α} 为取样个数；α 为结构面与测线的夹角（图 3-37）。

具体纠偏方法主要为：根据结构面产状与测线方位之间的关系确定等偏线（图 3-38），再据此确定盲区，对于盲区的结构面不纠偏（建议盲区为结构面产状与测线夹角小于 30°的范围）；基于极射赤平投影法，将某组结构面用极点图显示，基于投影网格大小确定每次纠偏的范围，计算落入投影网格结构面的数量；取该投影网格中心点的产状，计算其与测线产状之间的 $\sin\alpha$，再基于式(3-3) 对各网格的结构面产状进行纠偏。

直径估算：当前研究中一般假定结构面的形状为薄圆盘，故直径是表征结构面规模的关键几何参数。但是，结构面直径是无法直接测量到的参量，对于半迹长测线法，现场能测量到的与结构面规模相关的参数是半迹长，并有截长值的限制。针对组内结构面产状完全平行的某组结构面，假设结构面迹长和直径均服从负指数分布，则利用实测半迹长估算露头面平

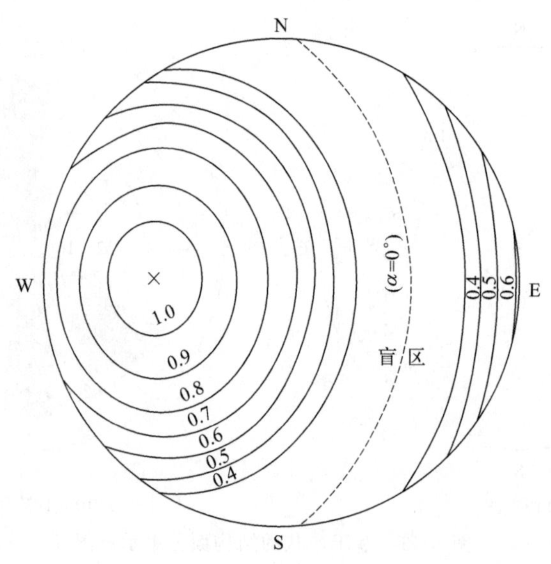

图 3-38　结构面产状与测线方位产生的等偏线与盲区（×代表测线方位）

均全迹长的公式为：

$$\mu \approx -\frac{C_2}{\ln\left(\frac{n-r}{n}\right)} \tag{3-4}$$

式中，μ 为露头面上平均全迹长；C_2 为截长值；r 为未删截半迹长（半迹长小于截长值 C_2、大于截短值 C_1）个数；n 为半迹长大于截短值 C_1 的个数。

由露头面全迹长估算结构面直径的公式为：

$$f(D) \approx \frac{\pi}{4\mu}\exp\left(-\frac{\pi}{4\mu}D\right) \qquad D \in (0, +\infty) \tag{3-5}$$

式中，D 为直径；μ 为露头面平均全迹长。

体密度估算：假定结构面形状为薄圆盘、结构面直径服从负指数分布，按照图 3-39 所示，通过理论推导，可获得体密度估算式如下：

$$\lambda_V = \frac{2\lambda_1}{\pi\mu_D^2} \tag{3-6}$$

式中，λ_V 为结构面的体密度；λ_1 为与测线相交的结构面线密度；μ_D 为结构面平均直径。

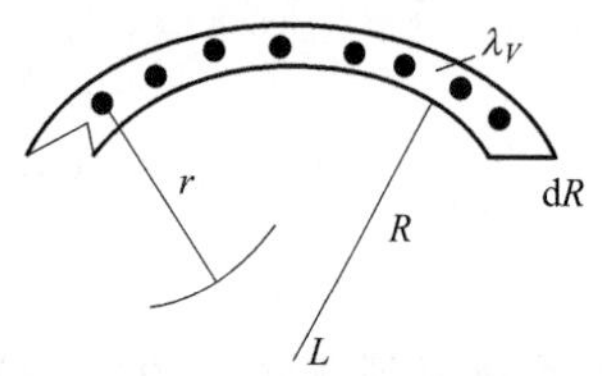

图 3-39　体密度与线密度关系示意图

③ 岩体随机结构面三维网络模拟。当前，主要基于 Monte Carlo 随机模拟方法生成随机结构面特征参数。Monte Carlo 方法起源于二战期间，是根据随机变量的概率分布形式，利用随机数生成方法，生成一串与变量概率分布形式相似的随机数序列，其理论基础是概率论，本质上是统计推断的逆过程。对于随机结构面三维网络模拟，采用 Monte Carlo 模拟法主要有两个关键步骤：一是生成标准均匀分布随机数，即生成值域在［0，1］上的均匀分布的随机数序列；二是对标准均匀分布随机数进行抽样，得出需要的概率密度函数。

为了便于计算机存储与运算，在随机结构面三维网络模拟中需做出以下假设：一是结构面形状为平直薄圆盘状，不考虑粗糙度；二是生成区内每组结构面各特性的分布遵循同一概率模型；三是结构面中心点服从均匀分布。

具体的三维网络模拟流程见图 3-40。

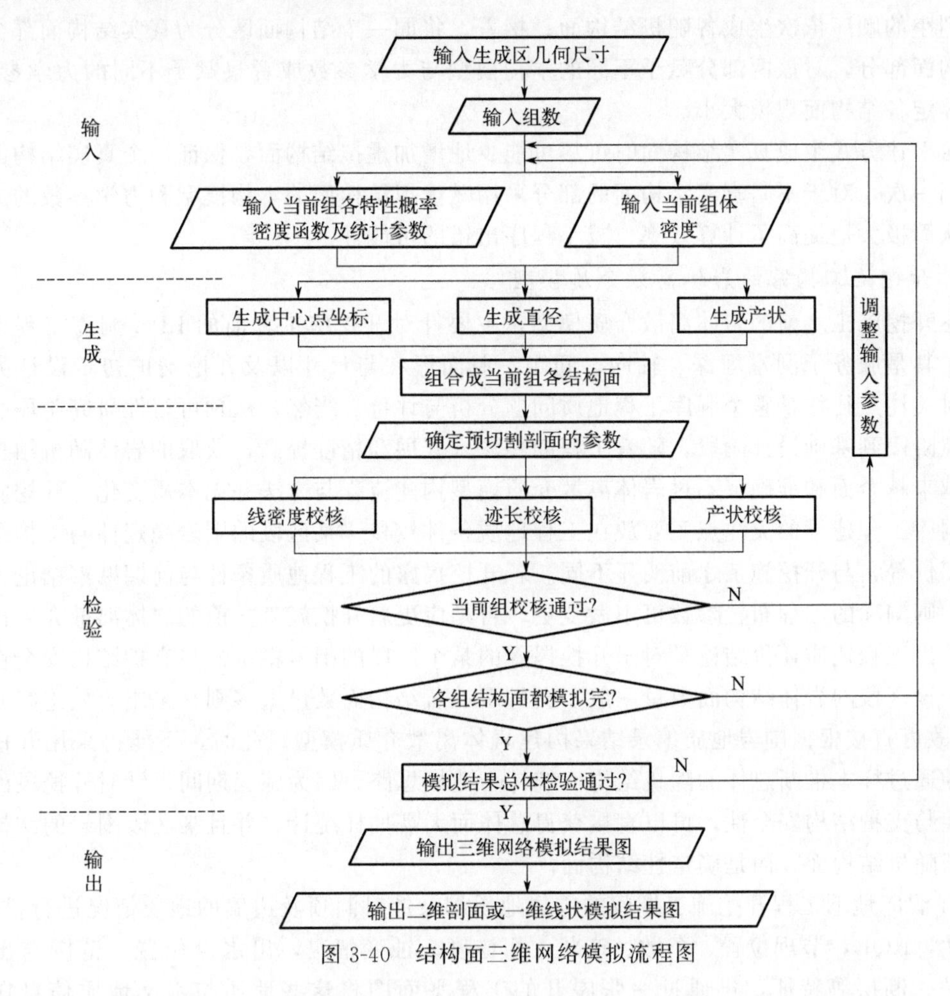

图 3-40　结构面三维网络模拟流程图

需要强调的是，在岩体随机结构面三维网络模拟时，需要把握两种检验方式：一是在对采集的结构面数据进行分析之前需要对研究区工程地质条件进行分析，这有助于对结构面分布特征的总体把握，防止出现大的偏差，特别是地质构造的分析，其中节理的分期与配套、岩体结构统计均质区需要重点关注；二是切三维网络模拟的剖面以检验各组结构面的生成数据与实测数据的吻合程度是相当重要的，但在生成数据与实测数据进行对比时，并不能对比各个结构面的具体位置，而只能对比一些统计参数，因为结构面三维网络模拟只是统计意义上的仿真，并非真实场景的再现。

④ 岩体随机结构面的三维离散元表征。上述岩体随机结构面采样、统计及三维网络模拟只是结构面几何层面的描述，未涉及数值计算模型。但是，解决 LPG 洞库工程问题离不开力学计算，必须将主要随机结构面构建进入离散元模型，以开展洞库工程问题的力学分析与综合评价。目前存在的困难是，海量的岩体随机结构面或难以进行三维离散元表征，或即使建模成功仍存在计算效率极低、大量的奇异单元造成计算结果失真等问题。以下提出一种岩体随机结构面的三维离散元表征方法，主要步骤为：首先，基于离散元模型边界，确定各

随机结构面的等效半径，并据此进行结构面规模排序，设置结构面半径阈值，小于此阈值的结构面不在离散元软件中建模；其次，对需要建模的随机结构面，首先生成等效半径最大的结构面，再根据最大外接球和最小内切球对无关块体进行隐藏或显示，并依照结构面等效半径从大到小的顺序依次生成各随机结构面；接着，将同一个结构面区分为真实结构面部分和虚拟结构面部分，对该两部分赋予不同的本构模型与力学参数或者只赋予不同的力学参数，以精确界定各结构面规模大小。

按照上述方式生成真实结构面时可尽可能少地增加虚拟结构面，保证一个真实结构面只需要切割一次，对于不是真实结构面的部分采用赋虚拟结构面的本构模型和力学参数的方式处理，从而极大地提高了计算效率，减小程序出错的可能性。

(2) 开挖施工揭露的岩体离散介质模型

上述开挖施工之前的岩体离散介质模型，主要针对开挖施工之前的 LPG 洞库工程设计需求，尤其是服务于洞室埋深、轴向、间距、截面形状与尺寸以及开挖支护初步设计方案等，此时关注点往往是整个洞库工程地质问题分析与评价。当然，从预可行性研究阶段、可行性研究阶段到基础设计阶段，随着工程勘察深入开展和精度提高，获取的岩体随机结构面数据会越来越全面和准确，不过岩体离散介质模型构建流程与方法并无本质变化。开挖施工之后，洞库工程建设的关注点主要放在工程地质条件校核、某区段的围岩稳定性与支护结构安全性评价等，与开挖施工之前明显不同。若开挖揭露的工程地质条件与前期勘察结论无明显变化，则洞库的工程布置参数可不做变更，否则应更新开挖施工之前的岩体离散介质模型并重新给出工程地质评价结论。对于开挖揭露的某个区段的围岩稳定性与支护结构安全性评价，由于该区段的岩体结构面数量一般不会过多（若结构面数量太多则宜采用等效连续介质模型），故可直接根据围岩地质编录结果构建岩体离散介质模型。此时，不能再采用开挖施工之前的通过样本推断总体的随机结构面统计与建模思路，因为施工期间仅针对开挖段的围岩稳定性与支护结构安全性，可以直接获得总体而无需抽样统计，并且某区段围岩的结构面不再属于随机结构面，而是确定性结构面。

LPG 洞库地下工程开挖施工期间的围岩地质编录针对洞顶及边墙的地质情况进行描述，包括岩性，RQD，节理位置、条数、产状、粗糙度、蚀变情况，出水点位置、范围与出水量，岩脉、断层等特征，再通过一张展开的工程平面图将这些地质与水文地质信息在图上表示，并基于 Q 分类法给出围岩质量 Q 值以及建议的支护方案。对一些重要的和具代表性的地质现象（如断层、破碎带、较大出水点、易失稳区等）还应做影像记录并进行样本采集。常见的围岩地质编录结果见图 3-41，据此可直接构建开挖施工揭露的岩体离散介质模型。

(3) 岩体与结构面力学参数

总结已有研究可知，岩体与结构面力学参数确定方法主要有试验法、估算法和反分析法三类。不同工程建设阶段所采用的力学参数确定方法各有侧重，在开挖施工之前的预可行性研究阶段、可行性研究阶段和基础设计阶段，主要采用试验法和估算法确定 LPG 洞库工程岩体与结构面力学参数；在开挖施工过程中，依托宏观观测与工程地质监测结果，主要采用反分析法确定力学参数。

① 试验法。试验法可分为室内试验与原位试验两种，都是最为直接确定岩体与结构面力学参数的方法，但试验法的作用对于岩体与结构面两者而言有所不同。对于岩体而言，室内试验主要针对岩块、单裂隙岩体等简易试样开展单轴压缩、三轴压缩、抗拉或直剪试验

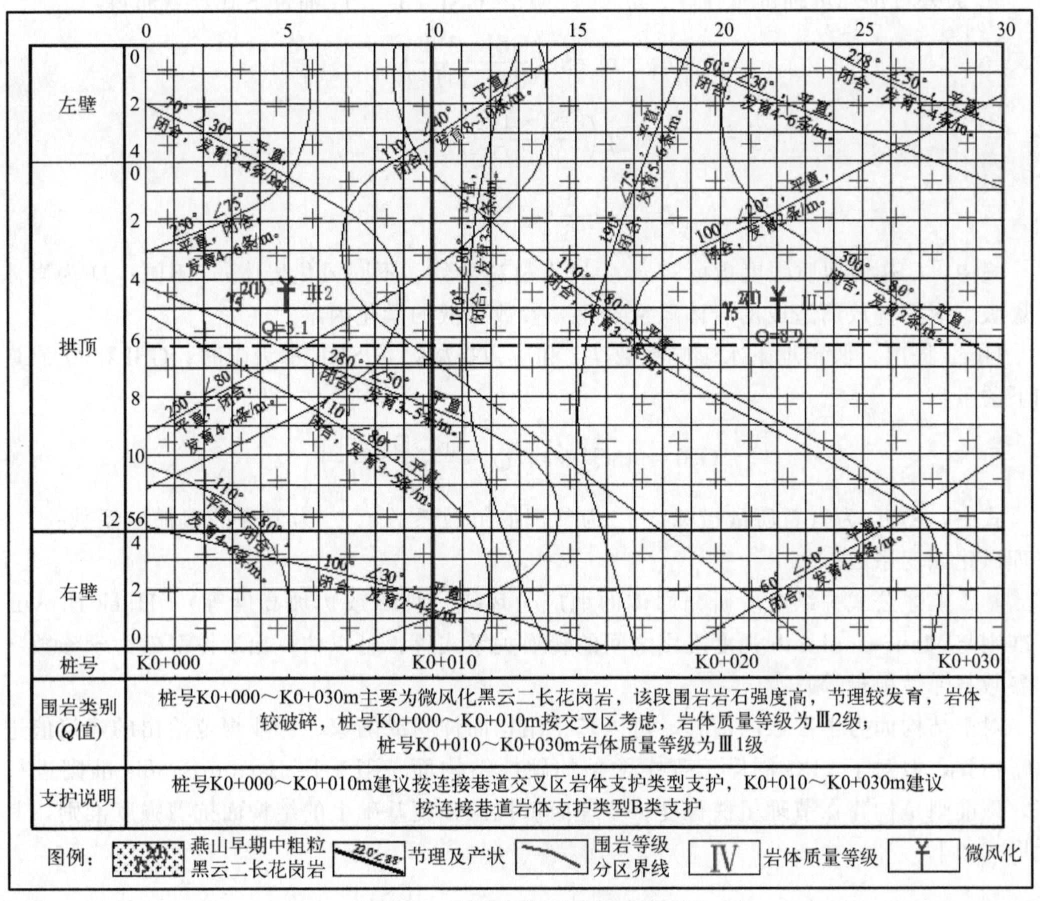

图 3-41　某连接巷道地质素描图

等，由于这些试样与真实工程岩体试样差异较大，故通过其获得的强度与变形参数等都不能直接应用于确定工程岩体力学参数，只能在室内试验条件与工程岩体受力状态相当的条件下，通过室内试验结果确定工程岩体的变形破坏特征、机制及本构模型。原位试验事实上也难以确定岩体力学参数，其主要瓶颈是原位试验在制样过程中会无法避免地对原位试样造成相当大的扰动以及原位试样的代表性与尺寸效应（岩体表征单元体 REV）问题，限于这些瓶颈问题以及岩体原位试验过程烦琐、费用昂贵，故在 LPG 洞库工程中应用极少。对于岩体结构面力学试验，若试样具有代表性、表面积大于该结构面的表征单元面积并且加载条件与现场条件相符（法向加载一般为常法向刚度条件），则室内试验与原位试验均能较好地确定其力学参数（刚度与抗剪强度参数等）。

② 估算法。总体而言，岩体等效力学参数估算法根据估算指标的不同而表现出不同的精度，较粗糙的估算法有岩体工程地质类比法、国家或行业规范建议值法等，较精细的估算法有经验强度准则法、Q 分类法等国际常用的围岩质量分级法等。对于 LPG 洞库工程岩体，一般结合 Q 分类和 Hoek-Brown 强度准则估算等效岩体力学参数，Hoek-Brown 强度准则公式如下：

$$\sigma_1=\sigma_3+\sigma_{ci}\left(m_b\frac{\sigma_3}{\sigma_{ci}}+s\right)^a \tag{3-7}$$

式中，σ_1 和 σ_3 分别为岩体破坏时的最大、最小主应力；σ_{ci}、m_b、s 和 a 为准则中的参

数；σ_{ci} 为岩石饱和单轴抗压强度。m_b、s、a 由 GSI、m_i、D 通过下式计算而得：

$$\begin{cases} m_b = m_i \exp\left(\dfrac{\mathrm{GSI}-100}{28-14D}\right) \\ s = \exp\left(\dfrac{\mathrm{GSI}-100}{9-3D}\right) \\ a = \dfrac{1}{2} + \dfrac{1}{6}\left(e^{-\mathrm{GSI}/15} - e^{-20/3}\right) \end{cases} \tag{3-8}$$

式中，GSI 为地质强度指标；m_i 为岩石材料常数，不同风化岩体 m_i 不同；D 为岩体因受爆破、应力释放而造成的岩体质量劣化、参数降低的量化因素。

Hoek 提出，假定地下水影响系数 J_w 和应力折减系数 SRF 都为 1 时，GSI 和 Q 值具有如下关系：

$$\mathrm{GSI} = 9\ln Q' + 44\left(Q' = \frac{\mathrm{RQD}}{J_n} \times \frac{J_r}{J_a}\right) \tag{3-9}$$

式中，RQD 为岩石质量指标；J_n 为节理的组数系数；J_r 为节理的粗糙度系数；J_a 为节理风化蚀变系数。

基于上述公式并结合所研究岩体的地应力环境（埋深或边坡高度等）、Hoek-Brown 强度准则与 Mohr-Coulomb 强度准则之间的转换关系式等，可以估算出岩体等效力学参数（强度参数与弹性模量等）。

对于结构面力学参数的估算，可以基于结构面性状或国家、行业规范给出的建议值进行粗略估算，但对于 LPG 洞库工程中常见的硬性结构面一般采用 Barton-Bandis 准则进行估算。该准则是构建在节理粗糙程度、节理面壁抗压强度基础上的结构面抗剪强度准则，其表达形式如下：

$$\tau = \sigma_n \tan\left[\varphi_b + \mathrm{JRC}\lg\left(\frac{\mathrm{JCS}}{\sigma_n}\right)\right] \tag{3-10}$$

式中，τ 为结构面抗剪强度；σ_n 为法向应力；JRC 为结构面粗糙度系数；JCS 为结构面壁面抗压强度；φ_b 为岩体结构面的基本摩擦角。

虽然 Barton-Bandis 准则能够描述岩体结构面的非线性破坏行为，但目前绝大多数数值分析软件均以 Mohr-Coulomb 准则或 Coulomb 滑动准则作为岩体结构面的本构模型，故采用切线等效法或等效线性拟合法等，可将 Barton-Bandis 准则转化为 Mohr-Coulomb 破坏准则的强度参数内聚力 c、内摩擦角 φ。由此思路，可通过能简易获取的结构面 JRC、JCS 参数估算出强度参数 c、φ。

③ 反分析法。利用现场量测到的、反映系统力学行为的某些物理信息量（如位移、应变、应力等）为基础，通过反演模型（围岩系统的物理力学性质模型及其数学描述）推算得到岩体与结构面力学参数的方法。随着地下工程数值计算方法和计算机技术的发展，目前得到广泛应用的是基于数值计算和优化方法的反分析方法。其实质是把量测得到的信息作为一种反馈信息处理，建立误差目标函数评价模型，通过不断修正初始参数和反复迭代运算，对目标函数进行优化，使得各种参数达到最优值，最后通过数值计算手段进行校核。这种通过监测数据反演获得的岩体与结构面力学参数综合考虑了开挖过程中影响围岩变形破坏的多种因素，与真实的开挖支护过程接近，可合理反映围岩施工过程力学行为，应是施工期确定围岩及其结构面力学参数的主要方法。

综上所述，尽管不同工程建设阶段所采用的力学参数确定方法各有侧重，但总体而言应该将上述三类方法结合起来，扬长避短、互相校核。目前 LPG 洞库工程主要采取的思路是：在地下工程开挖施工之前，通过室内试验确定岩块的单轴抗压强度、抗剪强度等基本指标，揭示岩块变形破坏特征、机制并构建强度准则与本构模型，确定典型结构面的变形参数与强度参数，再通过 Hoek-Brown 强度准则、Barton-Bandis 准则以及相关规范建议值综合估算岩体与结构面力学参数；在开挖施工过程中，依托宏观观测与变形、应力、声波等监测结果，依托数值分析平台，综合正交试验与人工神经网络等智能算法来反演确定力学参数。需要说明的是，无论岩体离散介质模型构建得如何精准，都难以考虑所有的岩体结构面（特别是规模较小的结构面），故对于离散介质模型也不能直接采用岩块力学参数，而应该视忽略的结构面规模与数量等进行岩体等效力学参数研究。

(4) 支护结构力学参数

当前，LPG 洞库工程主要采用锚喷支护方式控制围岩稳定性。其中，锚杆一般为全长结型砂浆锚杆，材质为钢筋或中空锚杆；喷射混凝土一般为湿喷工艺，材质主要为钢纤维混凝土或钢筋网混凝土，少数洞段采用钢拱架混凝土或素混凝土。对于锚杆，在离散元法或有限差分法中一般采用有限元方式求解锚杆本身的受力和变形，采用弹簧-滑块的力学组合单元来模拟锚杆与围岩的耦合作用（图 3-42），锚杆单元的轴向力学行为主要通过一维的力-位移本构关系式进行描述。

在离散元模拟中，需要给定的锚杆结构参数一般为 6 个，其中关于锚杆体的横截面面积、弹性模量、抗拉强度、抗压强度 4 个参数都可直接通过计算或查阅规范获得，而关于锚杆-砂浆或砂浆-围岩的粘结刚度、粘结强度 2 个参数需要根据锚杆现场基本试验结果确定，在缺乏大量现场试验的情况下，也可通过经验公式进行估算。

对于喷射混凝土层，在离散元或有限差分法中同样是采用有限元方式求解喷层本身的受力、弯矩和变形。一般首先将喷层单元离散为三角形板，然后将板的质量分配到各个节点上，再通过平面变形-弯曲变形为基础建立局部刚度矩阵，在计算循环中，通过运动方程计算而得的结构内部不平衡力与不平衡力矩都是直接作用于这些节点，进而通过力-位移（力矩-角度）关系计算出线位移和角位移，见图 3-43。衬砌与围岩之间的相互作用采用类似于结构面的力学模型进行弹塑性模拟。

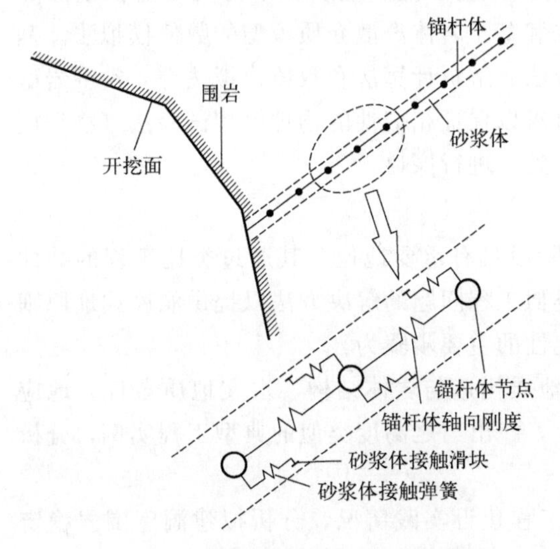

图 3-42　锚杆单元数值计算概念图

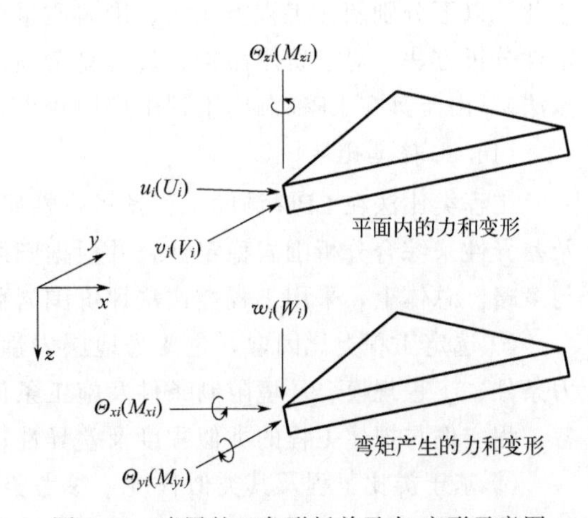

图 3-43　喷层的三角形板单元力-变形示意图

在离散元模拟中，需要给定的喷层（衬砌单元）参数一般为8个，其中关于喷层与围岩接触的法向刚度、切向刚度、内聚力、内摩擦角、抗拉强度共5个参数的取值方法与结构面力学参数取值方法类似，可通过估算法、试验法或反分析法确定；而关于喷层本身的厚度、泊松比、弹性模量3个参数，除厚度外，其余2个参数与混凝土类型有关，需要结合规范以及其他方式进行综合确定。需要说明的是，在有限差分法或离散元法中，支护结构单元一般都考虑为线弹性体，故需要将计算结果与实际材料性能进行比较再判别是否破坏。以钢拱架混凝土为例，可以根据面积等效原理将钢拱架的力学效应折算到混凝土中，如弹性模量（泊松比、抗拉强度等折算方式与之类似）的折算公式如下：

$$E=\frac{S_gE_g+S_0E_0}{S} \tag{3-11}$$

式中，E 为折算后的混凝土弹性模量；S 为每1m长度喷层的截面积；S_0 为除钢拱架外的混凝土截面积；E_0 为除钢拱架外的混凝土弹性模量；S_g 为钢拱架截面积；E_g 为钢拱架弹性模量。

若在数值模拟中将喷层考虑为实体单元（尤其适用于喷射混凝土较厚的二衬），则需要按照弹塑性力学的方式输入喷层的力学参数，其内聚力 c、内摩擦角 φ 的计算式如下：

$$\begin{cases} c=\dfrac{\sqrt{\sigma_c\sigma_t}}{2} \\ \varphi=\arctan\left(\dfrac{\sigma_c-\sigma_t}{2\sqrt{\sigma_c\sigma_t}}\right) \end{cases} \tag{3-12}$$

式中，σ_c 为喷层抗压强度；σ_t 为喷层抗拉强度。

3.2.3 围岩稳定性分析方法

LPG洞库工程建设的不同阶段，所获得的工程地质模型与参数的精度不同，故采取的围岩稳定性评价方法也有所不同。一般来说，在预可行性研究阶段，主要采用工程类比法和单指标围岩质量分级法评价围岩稳定性；在可行性研究阶段与基础设计阶段，主要采用围岩质量分级法、块体理论和数值模拟法；在施工阶段，基于围岩地质编录与现场监控量测数据，主要采用围岩质量分级法、极限平衡分析法和基于岩体离散介质模型的数值模拟法。基于此，以下分别阐述工程类比法、围岩质量分级法、解析计算法和数值模拟法等4类围岩稳定性分析方法。对于费用昂贵、过程复杂烦琐且难以保证相似性的物理模型试验法（物理模拟法），由于其在LPG洞库工程中应用较少，本处不进行探讨。

（1）工程类比法

工程类比法在LPG洞库工程预可行性研究阶段具有重要地位，其通过类比工程的共性及差异性来综合分析围岩稳定性，并根据归纳类似工程问题的解决方法以提供洞库选址原则与策略。总体上，采用工程类比法评价围岩稳定性的主要步骤为：

① 选定工程类比因素，主要为地层岩性、地质构造与岩体结构、水文地质条件、地应力条件、工程规模、环境限制条件及施工条件等，找出与之高度类似的典型工程实例，分析各工程实例与拟建工程的类似程度及差异性；

② 基于类比工程及其类似程度，参考类比工程建设实践情况，分析拟建洞库围岩稳定性并优选库址。

工程类比法属于经验方法，无法发现或应对新出现的问题，具有明显的局限性。在类比过程中应动态验证类比结论的准确性，根据类比差异、经验以及评价精度对围岩稳定性评价方案进行及时修改。

(2) 围岩质量分级法

基于单指标的围岩质量分级法主要有普氏分级法、RQD 分级法等。普氏分级法以岩石单轴抗压强度作为分级指标，抗压强度越大则岩体越稳定。RQD 是指用直径 75mm 的金刚石钻头和双层岩芯管在岩石中钻进，连续取芯，回次钻进所取岩芯中，长度大于 10cm 的岩芯段长度之和与该回次进尺的比值，以百分数（%）表示。由于 RQD 可反映岩体完整性等特征，故在工程中被广泛应用，基于 RQD 的岩体质量等级划分方案见表 3-14。

表 3-14 基于 RQD 的岩体质量等级划分方案

RQD/%	[90,100]	[75,90)	[50,75)	[25,50)	[0,25)
岩体质量等级	好的	较好的	较差的	差的	极差的

目前 LPG 洞库工程常用的多指标围岩质量分级法为 BQ 法、*Q* 法及 RMR 法等，这些方法各有所长但也都略有弊端。例如，BQ 法未考虑影响结构面抗剪强度的结构面粗糙度、蚀变特征及胶结充填状态等，Q 法未考虑不利结构面对于围岩稳定性的影响，RMR 法未考虑工程区的地应力作用；同时这些方法都未考虑 LPG 洞库的工程特性（严格的地下水控制、石油气及其动态抽排对围岩稳定性的影响等）。因此，LPG 洞库工程一般采用多种围岩质量分级法进行围岩稳定性的综合判别。工程实践表明，通过多种围岩质量分级法的相互对比和校核，可获得合理的围岩稳定性评价结论。

(3) 解析计算法

解析计算法适用于几何模型与受力条件较为简单的围岩稳定性评价工况，并且岩体与结构面的本构模型一般需采用理想弹塑性模型，否则解析求解过程非常复杂。根据评价对象的差异，解析计算法可分为针对围岩整体稳定性和局部稳定性两种情况。其中，对于整体稳定性评价，可基于圆形洞室理想弹塑性解进行，对于其他复杂洞室形状或非静水压力状态，需要借助复变函数和保角变换等数学工具进行应力、位移和塑性区的求解以及稳定性评价，其中的一些经典求解公式在其他参考书中都有详细介绍。对于局部稳定性评价，当前在 LPG 洞库工程中主要应用块体理论和极限平衡分析法两种方法：前者包含了关键块体的搜索过程，主要针对开挖施工之前的围岩关键块体稳定性评价；而后者主要针对开挖施工揭露的围岩局部块体的稳定性评价。

块体理论是由石根华博士在 20 世纪 70 年代提出，经过众多国内外学者的发展，已变成一种分析工程岩体稳定性的有效方法。块体理论给定以下假设：结构面为平面且贯穿整个岩体；岩块为刚体；岩体失稳是沿结构面发生的剪切破坏。块体理论的核心就是找出临空面上的关键块体。所谓关键块体，即在外荷载和块体自重作用下，由于滑移面上的抗剪强度不足以抵御滑动力而将失稳的块体。在块体理论中先运用有限性定理判别块体是否有限，运用可动性定理判别块体是否可动；然后对可动块体进行力学分析，进一步判断哪些块体是真正的关键块体。该方法最初基于全空间赤平投影作图法，但力学分析较为不便；目前主要采用矢量分析方法，将空间平面和力系以矢量表示，通过矢量运算求解出关键块体，故而利于计算机编程，已在 Unwedge 等相关软件得到广泛应用。

应用可动性定理判别块体是否可动之后，需要判别可动块体的运动形式。对于常见的由三组结构面控制的四面体有七个可能的滑动方向，可分为直接垮落、沿单一结构面滑动和沿两组结构面滑动共三类工况。假定3条结构面的编号为i、j、k，其方位矢量分别为$\boldsymbol{n}_i$、$\boldsymbol{n}_j$、$\boldsymbol{n}_k$，$\boldsymbol{W}$为重力矢量，$\boldsymbol{T}$为块体下滑力矢量，$\boldsymbol{n}_i$为编号为i结构面的方位矢量，构建xyz右手指标坐标系（ENZ，见图3-44），则$\boldsymbol{n}_i$的表达式如下：

$$\boldsymbol{n}_i=(\sin\alpha_i\sin\beta_i,\cos\alpha_i\sin\beta_i,\cos\beta_i) \tag{3-13}$$

式中，α_i为编号为i结构面的倾向；β_i为编号为i结构面的倾角。

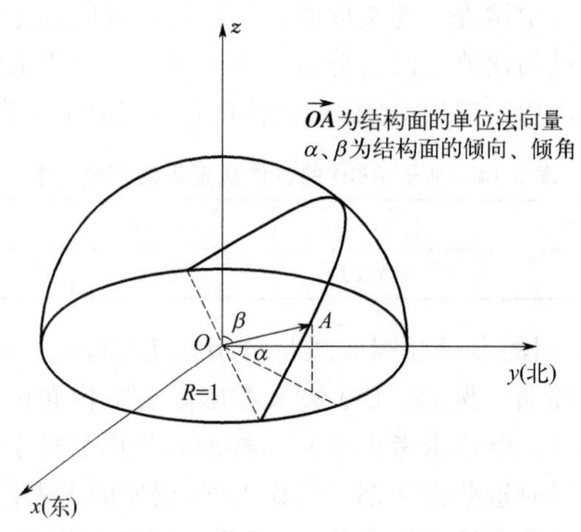

图3-44　ENZ坐标系下结构面产状的单位法向量表征示意图

不稳定块体失稳模式判别公式如下：

① 直接垮落：

$$\begin{cases}\boldsymbol{T}\cdot\boldsymbol{v}_i>0\\\boldsymbol{T}\cdot\boldsymbol{v}_j>0\\\boldsymbol{T}\cdot\boldsymbol{v}_k>0\\\boldsymbol{T}\cdot\boldsymbol{W}<0\end{cases}\quad \text{其中},\boldsymbol{S}_0=\boldsymbol{T}/|\boldsymbol{T}| \tag{3-14}$$

② 沿单一结构面i滑动：

$$\begin{cases}\boldsymbol{T}\cdot\boldsymbol{v}_i\leqslant 0\\\boldsymbol{S}_i\cdot\boldsymbol{v}_j>0\\\boldsymbol{S}_i\cdot\boldsymbol{v}_k>0\end{cases}\quad \text{其中},\boldsymbol{S}_i=\frac{(\boldsymbol{n}_i\times\boldsymbol{T})\times\boldsymbol{n}_i}{|\boldsymbol{n}_i\times\boldsymbol{T}|} \tag{3-15}$$

③ 沿两条结构面i、j滑动：

$$\begin{cases}\boldsymbol{S}_{ij}\cdot\boldsymbol{v}_k>0\\\boldsymbol{S}_i\cdot\boldsymbol{v}_j\leqslant 0\\\boldsymbol{S}_j\cdot\boldsymbol{v}_i\leqslant 0\end{cases}\quad \text{其中},\boldsymbol{S}_{ij}=\frac{\boldsymbol{n}_i\times\boldsymbol{n}_j}{|\boldsymbol{n}_i\times\boldsymbol{n}_j|}\operatorname{sign}[(\boldsymbol{n}_i\times\boldsymbol{n}_j)\cdot\boldsymbol{T}] \tag{3-16}$$

式中，$\boldsymbol{v}_i$、$\boldsymbol{v}_j$、$\boldsymbol{v}_k$分别表示结构面i、j、k指向块体内部的单位法向量，记$\boldsymbol{n}_x=(1,0,0)$，则$\boldsymbol{v}_i$（$\boldsymbol{v}_j$和$\boldsymbol{v}_k$类同）可用下式表示：

$$\boldsymbol{v}_i=-\operatorname{sign}(\boldsymbol{n}_x\cdot\boldsymbol{n}_i)\cdot\boldsymbol{n}_i \tag{3-17}$$

极限平衡法是根据静力平衡原理分析围岩局部块体的受力状态，以滑动面上抗滑力与下滑力之比来评价块体稳定性。其基本假定与块体理论的稳定性分析部分相似；岩块本身一般仅考虑其重力作用，忽略其他构造应力分量；计算块体稳定系数之前，需要构建空间直角坐标系（如图3-44，x轴正向为东，y轴正向为北，z轴正向为上）。如同边坡或滑坡稳定系数确定方法，基于极限平衡法的围岩块体稳定系数 F 可用下式求解：

$$F=\frac{R}{T} \tag{3-18}$$

式中，R 为阻滑力，主要包括结构面抗剪力、抗拉力、支护力等；T 为下滑力，主要包括块体重力、地震力、水压力等。

结构面抗剪力 J 由抗剪强度提供，其作用方向与滑动方向相反，计算公式如下：

$$J=\tau a\cos\theta \tag{3-19}$$

式中，τ 为结构面抗剪强度；a 为结构面面积；θ 为滑动方向与结构面间的夹角。

根据块体的支护情况及失稳形式的不同，稳定系数的计算方法也略有不同，分为直接垮落、无支护下滑动和有支护下滑动三种情况：

① 直接垮落下块体稳定系数 F_f：

$$F_f=\frac{\sum_{i=1}^{3}J_i^{\mathrm{t}}}{\boldsymbol{T}\cdot\boldsymbol{S}_0} \tag{3-20}$$

式中，J_i^{t} 为结构面 i 抗拉强度提供的阻滑力（假定块体为四面体，只有3条结构面）；$\boldsymbol{S}_0$ 为直接垮落方向的矢量表示；$\boldsymbol{T}$ 为下滑力矢量，一般认为结构面是不能抗拉的，故常取0。

② 无支护下滑动块体稳定系数 F_{u}：

$$F_{\mathrm{u}}=\frac{\sum_{i=1}^{3}(J_i^{\mathrm{t}}+J_i^{\mathrm{s}})}{\boldsymbol{T}\cdot\boldsymbol{S}} \tag{3-21}$$

式中，J_i^{t} 为结构面 i 抗拉强度提供的阻滑力（假定块体为四面体，只有3条结构面）；J_i^{s} 为结构面 i 抗剪强度提供的阻滑力；$\boldsymbol{S}$ 为块体滑动方向的矢量表示；$\boldsymbol{T}$ 为下滑力矢量，一般认为结构面是不能抗拉的，故常取0。

③ 有支护下滑动块体稳定系数 F_{s}：

$$F_{\mathrm{s}}=\frac{-\boldsymbol{P}\cdot\boldsymbol{S}+\sum_{i=1}^{3}(J_i^{\mathrm{t}}+J_i^{\mathrm{s}})}{\boldsymbol{T}\cdot\boldsymbol{S}} \tag{3-22}$$

式中，$\boldsymbol{P}$ 为支护力矢量；J_i^{t} 为结构面 i 抗拉强度提供的阻滑力（假定块体为四面体，只有3条结构面）；J_i^{s} 为结构面 i 抗剪强度提供的阻滑力；$\boldsymbol{S}$ 为块体滑动方向的矢量表示；$\boldsymbol{T}$ 为下滑力矢量，一般认为结构面是不能抗拉的，故常取0。

(4) 数值模拟法

数值模拟法日益成为LPG洞库围岩稳定性分析的主要方法，在不同的工程建设阶段，数值模拟相关设置略有不同。在可行性研究阶段，主要采用等效连续介质模型分析法；在基础设计阶段，主要基于开挖施工之前的岩体离散介质模型进行稳定性分析；在施工阶段，主要基于开挖施工揭露的岩体离散介质模型进行分析。构建数值模型之后，按照数值模拟的基本流程与程序编制方法，分别进行岩体与结构面的本构模型与物理力学参数设置，给定边界条件和初始条件，并由此获得初始地应力场，再进行后续的开挖、支护等施工过程动态模拟。与之相关的前处理与程序设置等内容已在3.2.1节和3.2.2节进行了阐述。需要说明的是，LPG洞库围岩稳定性与地下水关系密切，考虑地下水压力对围岩稳定性的影响在大多数情况下是重要且必要的。确定地下水压力时，另需设置地下水的物理参数（密度、体积模量与黏度）与初始地下水位场、水力边界条件，采用主从进程分析法进行渗流-应力耦合分析，从而获得渗流-应力耦合条件下围岩稳定性状况。围岩渗流场和应力场耦合作用主要表现在两个方面：一是当洞室开挖后，裂隙水渗流所产生的水压力将改变岩体应力状态；二是裂隙岩体应力状态的改变又将引起岩体结构的变化，进而改变裂隙岩体的渗透性能，使地下水渗流场随之变化。以下对离散元模拟中的渗流计算原理、力学计算原理及两者的耦合原理进行简要分析。

① 结构面渗流计算原理。假定结构面壁面光滑，则地下水流动规律符合立方定律：

$$q=ve_{\mathrm{h}}=-\frac{1}{12\mu}e_{\mathrm{h}}^{3}\frac{\Delta p}{l} \tag{3-23}$$

式中，q 为结构面单宽流量；v 为地下水流速；e_{h} 为水力隙宽；μ 为地下水动力黏滞系数；Δp 为压力差；l 为地下水流动距离。结构面水力隙宽 e_{h} 的取值主要由所采用的结构面本构模型决定，其大小与结构面力学隙宽 e_{m}、粗糙度和充填程度等有关。对于库仑滑动本构模型，离散元软件默认水力隙宽 e_{h} 与力学隙宽 e_{m} 相等。

② 岩体力学计算原理。目前主要采用显式差分步进的方式求解平衡方程，其总体计算流程可归纳为接触力的更新、块体节点力的更新、节点运动更新、接触运动的更新，并自步骤1开始新一轮的迭代循环。

③ 渗流-应力耦合计算原理。假定完整岩块既不含水也不透水，地下水仅在结构面中流动。在计算中，块体和接触的位移都主要受应力的影响，具体为应力通过结构面法向刚度、剪切刚度和剪胀角两部分改变法向位移，从而改变裂隙隙宽的大小，最终导致渗透性发生变化，其表达式如下：

$$e=e_{0}+e_{\mathrm{n}} \tag{3-24}$$

式中，e 为变形后裂隙水力隙宽；e_0 为初始裂隙水力隙宽；e_{n} 为块体边界处各点间的相对位移。e_{n} 主要有两个产生原因：一是法向应力与法向刚度的比值引起；二是剪切应力与剪切刚度先产生剪切位移，再通过剪胀角计算出法向位移。

由于作用在裂隙壁面上的地下水压力发生变化，使岩体受力状态发生变化，最终导致裂隙岩体发生变形。图3-45为裂隙渗流场对应力场影响示意图，其中 Q 为其他相邻区域流入此区域内的总流速，p 为节理壁面所受的流体压力。

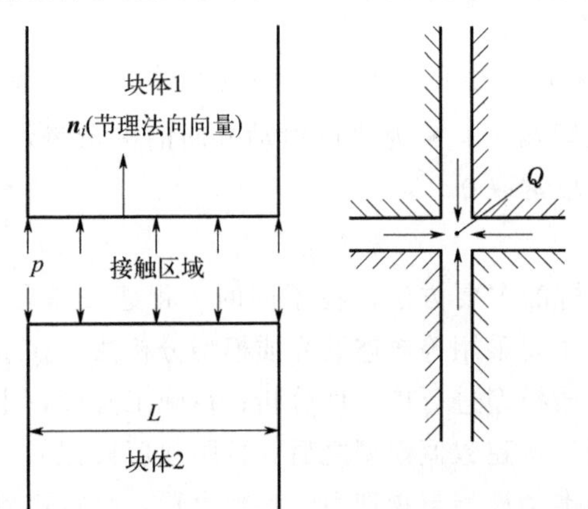

图3-45　块体受力分析图

节理壁面受到地下水压力的合力 $\boldsymbol{F}_i$ 可采用下式计算：

$$\boldsymbol{F}_i=p\boldsymbol{n}_iLD \tag{3-25}$$

其中，

$$p=p_0+K_{\mathrm{w}}\left(Q\frac{\Delta t}{V}-\frac{\Delta V}{V_{\mathrm{m}}}\right) \tag{3-26}$$

式中，p 为节理壁面所受的流体压力；L、D 分别为裂隙的长度和宽度；$\boldsymbol{n}_i$ 为裂隙的法向向量；p_0 为裂隙内地下水的初始压力，在计算迭代中，表示上一步压力值；K_w 为地下水体积模量；$\Delta V = V - V_0$，ΔV 为接触区域体积增量，V 为变形后的体积，V_0 为变形前的体积；$V_m = (V + V_0)/2$，V_m 为变形前后体积平均值；Δt 为时间步长。

采用数值模拟方法评价 LPG 洞库围岩稳定性的难点在于稳定性状况的定量评价，也就是应采用何种方法以获得稳定系数。数值计算过程中，应力、应变、位移及塑性区等信息都可以在内存中随时调用，但这些信息难以用于直接定量评价稳定性状况。当前，在边坡与滑坡领域中常用的强度折减法也被用于分析地下工程围岩稳定性，其基本的强度折减公式如下：

$$\begin{cases} c' = \dfrac{c}{\omega} \\ \tan\varphi' = \dfrac{\tan\varphi}{\omega} \\ \sigma_t' = \dfrac{\sigma_t}{\omega} \end{cases} \tag{3-27}$$

式中，c、φ、σ_t 分别为折减前的岩体或结构面内聚力、内摩擦角、抗拉强度；c'、φ'、σ_t'分别为折减后的岩体或结构面内聚力、内摩擦角、抗拉强度；ω 为折减系数。

采用强度折减法求解围岩稳定系数时，需要确定岩土体的临界失稳状态，此状态对应的临界折减系数即为稳定系数。目前判断临界失稳状态的判据主要有 3 种：数值计算不收敛；数值模型关键特征点位移突变；等效塑性应变或塑性区贯通。目前研究表明，强度折减法在确定边坡与滑坡的稳定系数与滑动面方面的应用效果较好，但地下工程围岩与边坡、滑坡不同，围岩最先出现塑性区的部位是表层，破坏区域从表层向内部逐渐发展，而边坡与滑坡总是在某个深度形成贯通性的塑性区，表层岩土体不一定会发生塑性变形或破坏。由此导致强度折减法在围岩稳定系数确定上效果一般，存在无论怎么折减强度参数都难以确定围岩稳定系数的状况。值得说明的是，对于岩体离散介质模型，岩块与结构面的强度参数需要同时折减，并且若岩块有较大的运动速度，也可直接判定该块体失稳运移。

另一种定量评价围岩稳定性状况的方法是破坏度方法，其包括屈服接近度（YAI）和破坏接近度（FAI）。屈服接近度是根据围岩应力状态与屈服面接近程度来评价围岩稳定性的指标，即主应力空间内一点 P 沿最不利路径到屈服面的距离 d 与同一 π 平面上最稳定参考点 Q 沿相同应力洛德角至屈服面的距离 D 之比，即图 3-46 中 PP'与 QQ'的比值。

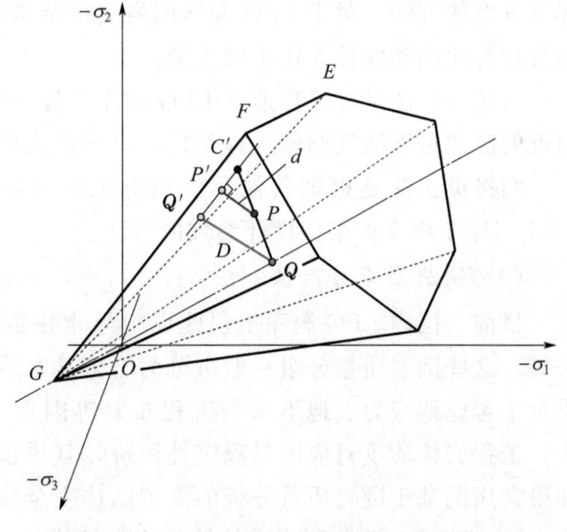

图 3-46　主应力空间中屈服接近度示意图

围岩应力状态达到屈服状态之后，在开挖面逐渐远离及爆破扰动下，围岩力学性能逐渐劣化并产生塑性变形，直至完全破坏，岩体达到残余强度。研究表明，可将极限等效塑性应变作为围岩破坏的判别指标，因此，可定义某状态的等效塑性应变与极限等效塑性应变之比为破坏接近度（FAI），以评价围岩破坏状态，其表达式如下：

$$FAI=\frac{\overline{\gamma}_p}{\overline{\gamma}_p^r} \tag{3-28}$$

其中，

$$\overline{\gamma}_p=\sqrt{\frac{2}{9}[(\varepsilon_1^p-\varepsilon_2^p)^2+(\varepsilon_1^p-\varepsilon_3^p)^2+(\varepsilon_2^p-\varepsilon_3^p)^2]} \tag{3-29}$$

式中，$\overline{\gamma}_p$ 为等效塑性剪应变；$\overline{\gamma}_p^r$ 为极限等效塑性剪应变；ε_1^p、ε_2^p、ε_3^p 为三个主塑性应变。

综合上述屈服接近度（YAI）和破坏接近度（FAI），为了统一表征岩体的受力状态，取屈服接近度的互补参量 $\omega=1-YAI$，据此定义破坏度（FD）：

$$FD=\begin{cases}\omega & 0\leqslant\omega<1\\1+FAI & \omega=1\end{cases} \tag{3-30}$$

由上可知，$FD<1$ 表示围岩应力状态位于屈服面内，尚无塑性应变；$1\leqslant FD<2$ 表示围岩在屈服面上或越过屈服极限，塑性变形逐渐增大，尚未达到临界破坏状态；$FD\geqslant2$ 表示围岩刚达到完全破坏状态或在残余状态上滑移。

总体而言，目前尚缺乏被公认准确的离散元模型下围岩稳定性定量评价方法，一般需结合多种方法、多种指标进行综合分析和判识。

3.2.4 围岩支护结构安全性评价方法

LPG 洞库围岩支护结构安全性评价方法是与围岩稳定性评价方法一脉相承的。一般来说，不同的围岩稳定性评价方法具有与之对应的支护结构安全性评价方法。根据上述 4 类围岩稳定性评价方法，以下分别介绍与之对应的 4 类支护结构安全性评价方法，其中围岩稳定性评价的工程类比法、围岩质量分级法也可直接应用于支护结构安全性评价，解析计算法对应支护结构安全性评价的荷载-结构法，数值模拟法对应地层-结构法。

（1）工程类比法

工程类比法是工程建设中常用方法之一，是通过对照比较的方式为亟待解决的问题提供解决方案的方法。对于 LPG 洞库围岩支护结构安全性评价，根据评价类比对象的不同可分为直接类比法和间接类比法两大类。

直接类比法是将拟建地下 LPG 洞库工程与地质条件、工程布置参数及施工方法等因素相近的已建地下油气洞库工程类比，以评价支护参数的方法。

间接类比法是根据其他类似地下工程（如水电站地下厂房、深埋隧道等）评价拟建 LPG 洞库工程支护结构设计参数的方法。

（2）围岩质量分级法

目前，国内 LPG 洞库工程建设中最常用的围岩质量分级方法是 BQ 法、*Q* 法和 RMR 法等。这些围岩质量分级一般可分为岩体基本质量级别与工程岩体质量级别两块。岩体基本质量不考虑地应力、地下水与工程布置等因素，其质量分值可与岩体等效力学参数相互转换；工程岩体质量对应围岩稳定性评价，其质量分值可对应围岩支护结构方案。以下介绍两种最常用的基于围岩质量分级的支护结构安全性评价方法：

① 基于 BQ 法的围岩支护结构安全性评价。我国《工程岩体分级标准》（GB/T 50218—

2014）提出的BQ法是国家标准，与之相关的石油洞库设计规范等都采纳了BQ法，故这些规范提出的围岩支护结构设计建议方案都是基于BQ法确定的围岩质量等级进行，直接查阅这些规范可评价LPG洞库围岩支护结构设计方案。不过，这种评价策略是较粗糙的，需根据特定地质条件和工程特点进行校核及验算。

② 基于Q系统的围岩支护结构安全性评价。Nick Barton在提出围岩质量Q法的同时，也提出了基于Q法的围岩支护结构设计方法Q系统。Q系统最初是基于200多个工程实例统计得来，后又依据1050个实例对SRF取值（考虑断层、强度应力比、挤出和膨胀的影响）和支护类型（采用钢纤维混凝土）等进行过修正的设计方法，其主要由一张较为通用的图表（图3-47）构成，可据此对围岩支护结构方案进行初步的安全性评价。

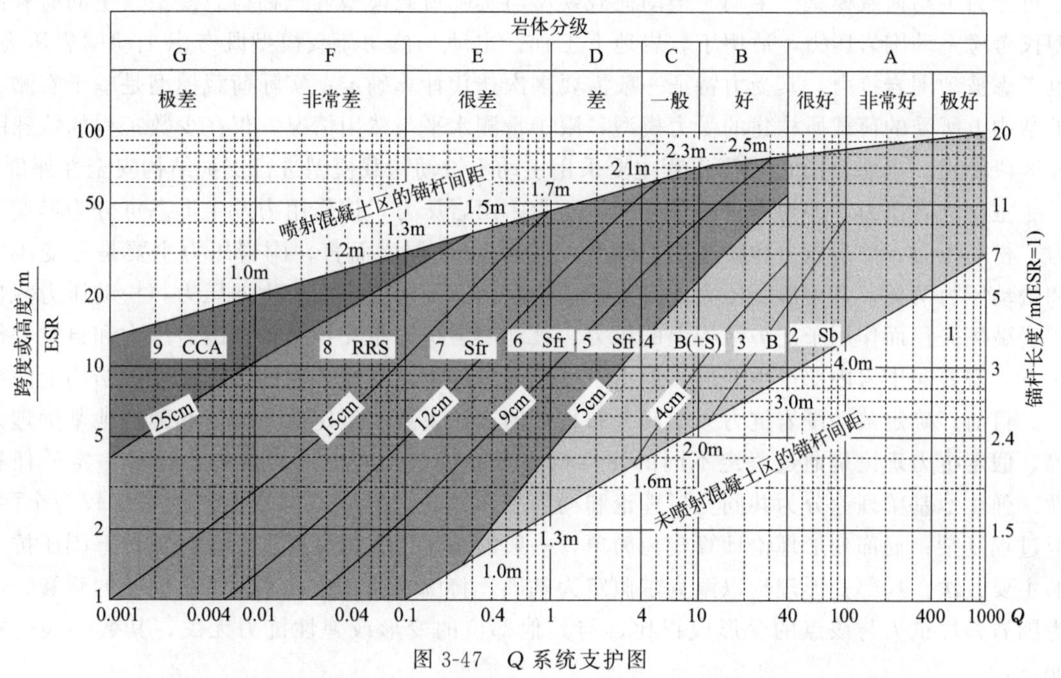

图3-47　Q系统支护图

1—无支护；2—局部锚杆；3—系统锚杆；4—系统锚杆＋喷素混凝土4～5cm厚；5—系统锚杆＋喷射钢纤维混凝土5～9cm厚；6—系统锚杆＋喷射钢纤维混凝土9～12cm厚；7—系统锚杆＋喷射钢纤维混凝土12～15cm厚；8—系统锚杆＋钢格栅＋喷射钢纤维混凝土15～25cm厚；9—系统锚杆＋钢格栅＋喷射钢纤维混凝土＋现浇混凝土二衬，＞25cm厚

Nick Barton还提出了基于Q法的支护压力P等关键参数的估算方法，由此可以结合估算结果和力学计算法对围岩支护结构方案进行更全面的评价。支护压力P的估算公式如下：

$$P=\left(\frac{J_{\mathrm{n}}^{1/2}}{15.0J_{\mathrm{r}}}\right)Q^{-1/3} \tag{3-31}$$

式中，J_{r}为节理粗糙度；J_{n}为节理组数，其取值可通过Q法给出的参数取值表确定。

（3）荷载-结构法

荷载-结构法将围岩与支护结构分开考虑，围岩对于支护结构的作用只是荷载效应，包括主动围岩压力和被动围岩抗力，再应用结构力学方法计算支护结构产生的内力与变形，并由此评价支护结构的安全性状况。荷载-结构法是目前国内规范中进行工程结构设计与安全性评价的主要方法，该方法的基本流程与思路在边坡、隧道及大坝等岩土与结构工程中被广泛应用。

荷载-结构法的关键问题是确定支护结构上的荷载及其组合效应，为此需要对荷载进行分类研究，一般可分为3类：①永久荷载，是长期作用在支护结构上的荷载，如主动围岩压力、被动围岩抗力、支护结构自重和地下水压力等；②可变荷载，是施工和运营期间存在的可变化荷载，如车辆荷载、人群荷载和设备运输引起的施工荷载等；③偶然荷载，主要指爆炸力、冲击力、地震荷载等。其中，主动围岩压力与被动围岩抗力是最重要，也是具有LPG洞库工程特色的荷载形式，需要对其着重研究，其他荷载的确定方法与一般工程无明显区别，可直接查阅相关规范。并且，根据计算模型中所考虑的围岩荷载类型，荷载-结构法可分为主动荷载模型、主动＋被动荷载模型与实际荷载模型等三种荷载模型。主动荷载模型仅考虑主动围岩压力，适用于软岩地下工程；主动＋被动荷载模型既考虑主动围岩压力，也考虑被动围岩抗力，其受力特征一般需要多次迭代计算确定；实际荷载模型是基于实测支护结构上所受的荷载所构建的受力模型，限于量测水平与费用情况，仅在少数工程的特殊围岩区段使用。当前，LPG洞库工程主要采用主动＋被动荷载模型进行支护结构安全性评价。

主动围岩压力，即为通常所说的围岩压力、山岩压力，按作用力发生形态可分为形变压力、松动压力、冲击压力和膨胀压力四类。对于LPG洞库而言，围岩压力主要是形变压力和松动压力两类，其中形变压力源自支护结构阻挡了围岩变形而产生的压力，松动压力源自围岩破坏失稳而作用于支护结构上的压力。被动围岩抗力是支护结构在围岩压力和自重等作用下，需要向围岩内部产生变形，但由于受到围岩约束，从而产生的作用于支护结构上的抗力。目前，确定被动围岩抗力大小和分布特征的方法主要有假定抗力理论和弹性地基梁理论等。假定抗力理论是通过假定不同的弹性抗力分布模型来考虑围岩抗力，具有一定的任意性。弹性地基梁理论分为共同变形理论和局部变形理论，其中共同变形理论考虑较为全面，但过程复杂；局部变形理论计算较为简单，一般能满足工程精度要求，是目前计算围压抗力的主要方法。局部变形理论以温克尔假定为基础，将围岩简化成一系列彼此独立的弹簧，认为围岩弹性抗力与该点的变形成正比，与其他部位的变形或弹性抗力无关，其数学表达式如下：

$$R=ku \tag{3-32}$$

式中，R 为围岩弹性抗力；u 为弹性支撑方向的位移；k 为围岩弹性抗力系数。

利用荷载-结构法评价LPG洞库围岩支护结构安全性主要有以下几个步骤：①基于工程地质条件和地下工程布置情况，确定各种荷载大小及分布特征，主要是确定主动围岩压力和被动围岩抗力；②建立计算模型，模型由支护结构和荷载组成，计算时喷射混凝土采用多个梁单元离散，围岩对支护结构的约束用弹簧单元来模拟，作用于梁单元节点上，见图3-48；③采用结构力学的方法进行内力计算，确定轴力图、剪力图和弯矩图，分析荷载作用下轴力、剪力及弯矩的分布规律，判断结构的潜在破坏模式，评价支护结构的安全性。对于锚杆安全性评价的基本思路与上述类似，但锚杆为一维杆件，需要根据计算确定的轴力和粘结破坏情况校核锚杆长度、直径和钢筋牌号等参数。

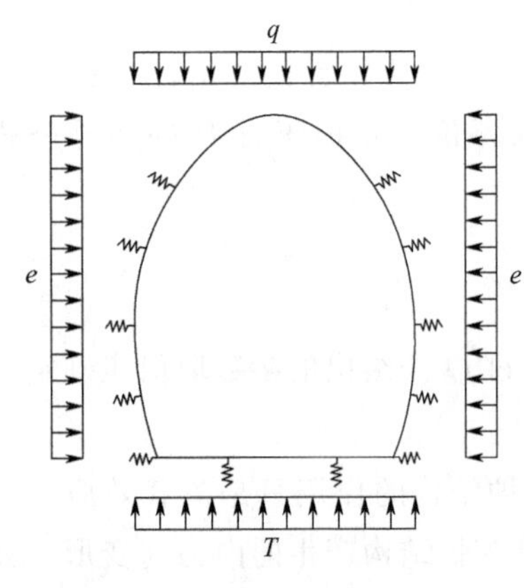

图3-48　荷载-结构法计算简图

总体而言，荷载-结构法用弹性抗力的方式考虑了围岩对支护结构的约束作用，却未考虑围岩与支护结构之间的相互作用与共同变形。事实上，被广泛应用的局部变形理论认为某一种弹簧受到压缩时所产生的抗力只与该弹簧的刚度和变形有关，与其他弹簧的刚度和变形无关，这与实际情况具有较大差异；围岩弹性抗力系数反映的是围岩刚度，其取值既与围岩弹性模量有关，也包含围岩变形影响深度的作用，对于各向异性围岩则与方向有关，因此准确给定围岩弹性抗力系数是困难的。不过，荷载-结构法概念清晰、计算模型简单、荷载计算方法明确，多数情况下无需考虑复杂的应力场，一般能满足工程要求与精度，故其在 LPG 洞库围岩支护结构安全性评价中得到了较好的应用。

(4) 地层-结构法

荷载-结构法将围岩看成作用于支护结构上的荷载，这与新奥法基本原理相悖，理论研究与工程实践表明，围岩本身就是承载体，应将围岩与支护结构看作一个整体并共同发挥承载作用。基于此，地层-结构法被提出并得到了广泛应用。地层-结构法将支护结构与围岩视为整体共同受力的统一体系，在满足变形协调条件下分别计算支护结构与围岩的内力，据以评价围岩稳定性与支护结构安全性。由于解析计算法难以考虑支护结构与围岩的相互作用及变形协调，目前主要基于数值模拟方法来实现地层-结构法。

当前，LPG 洞库主要采用锚喷支护方式控制围岩稳定性，其控制机理主要有两个：一是加固围岩，提高围岩的抗剪强度与抗拉强度；二是支撑围岩，改善围岩的受力状态。根据地层-结构法的基本思想，研究人员提出了可直观反映围岩与锚喷结构共同作用的收敛约束法，该方法认为开挖后地应力重分布过程中围岩应力将逐步释放，同时围岩向内位移，围岩强度逐渐变低，当强度过低时甚至将出现围岩整体失稳破坏，最终导致径向应力增大。收敛约束法以稳定围岩运动为目标，能合理考虑掌子面的空间效应与围岩流变特性，该方法的三大组成部分分别是围岩特性曲线、支护特性曲线和纵断面变形曲线，其中围岩特性曲线表示围岩收敛对支护的需求特性，支护特性曲线表示支护压力对围岩的约束特性，纵断面曲线表示开挖面的空间约束行为。只考虑掌子面的空间效应时，该方法的主要步骤为：

① 绘制围岩特征曲线（Ground Response Curve，GRC）；

② 绘制隧道洞壁的纵断面变形曲线（Longitudinal Deformation Profile，LDP）；

③ 考察支护设置与开挖面之间的距离，并在纵断面变形曲线上找到对应的围岩前期位移点；

④ 自围岩的前期位移点开始绘制支护特性曲线（Support Characteristic Curve，SCC）；

⑤ 找出围岩特性曲线与支护特性曲线的交点。

以上步骤的图形说明见图 3-49：以 A—A 剖面［图 3-49(a)］作为支护研究对象，t_0、t_1、t_2、t_3、t_4 时刻分别对应尚未开挖、开挖过后、刚支护、离掌子面较远但仍受其影响、基本不受掌子面影响；图 3-49(b) 给出了 A—A 剖面洞壁的纵断面变形曲线，并以此求得支护前的释放位移，对应到围岩特征曲线，并画出支护特性曲线，最终平衡于 D 点。

针对 LPG 洞库中少见的断层或破碎带，若需要同时考虑掌子面空间效应和围岩流变特性，则需要通过修改纵断面变形曲线与围岩特征曲线的方式进行考虑。若在开挖支护完成以后还需考虑围岩或支护结构的流变特性，以获得围岩长期稳定性，则其计算方式如图 3-50，此时就不再考虑掌子面的空间效应。

总体而言，收敛约束法存在非圆形洞室的收敛控制点难选取、极限允许位移难确定等问题，其解析解只适用于静水压力下连续、均质且各向同性的圆形洞室。将该方法的基本思想

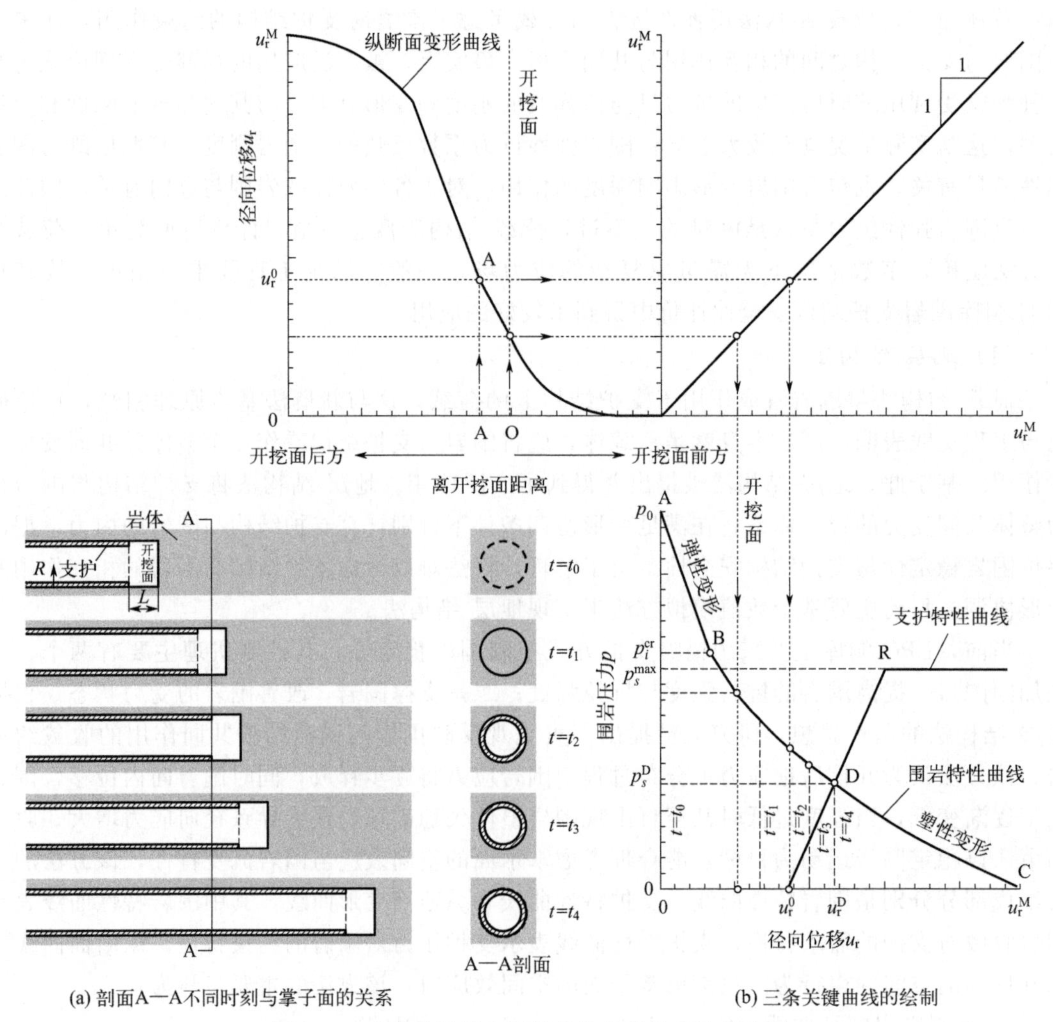

(a) 剖面A—A不同时刻与掌子面的关系

(b) 三条关键曲线的绘制

图 3-49 考虑掌子面空间效应的收敛约束法概念图

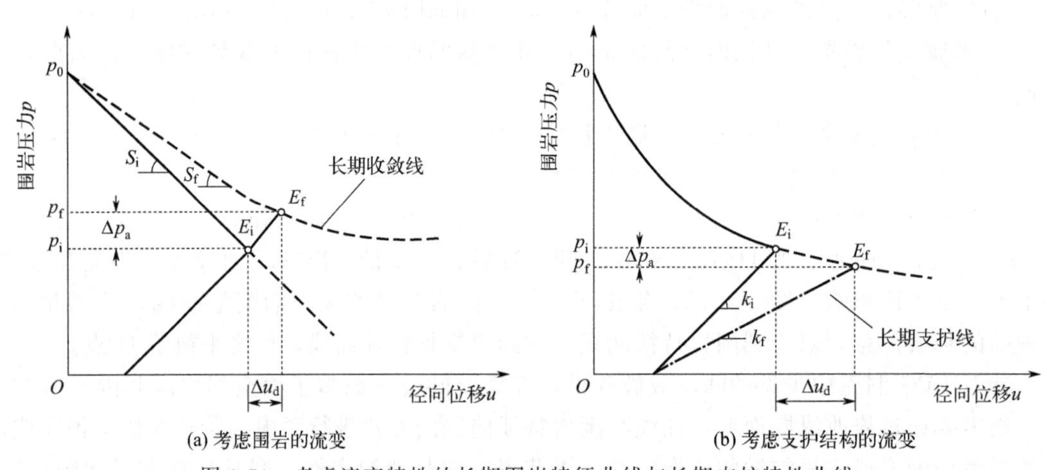

(a) 考虑围岩的流变

(b) 考虑支护结构的流变

图 3-50 考虑流变特性的长期围岩特征曲线与长期支护特性曲线

应用于数值模拟中，将围岩当作弹塑性或黏弹塑性实体单元、支护结构当作结构单元进行数值计算，综合比较、分析各种支护方案施加后围岩的力学响应，依据表征围岩稳定性的指标与支护方案的关系，由此评价支护结构的安全性。此种思路和方法是目前 LPG 洞库支护结构安全性评价的主要方法。

3.2.5 工程实例应用

LPG 洞库所在区域属剥蚀堆积地貌至山间河谷冲洪积平原地貌的过渡段，区域东北部为丘陵边缘地带，南、北、西部为山间河谷冲洪积平原地带。大地构造上位于华北断块内的东部。华北断块边界受深大断裂控制，内部在构造和地貌上呈现北北东向的隆起区与沉降区相间的总体格局，且新构造期以来，继续保持着隆起区的上升和沉降区的下沉。华北断块又可分为胶辽断块、鲁西断块、苏北-胶南断块和冀东-渤海断块等几个次级断块，洞库场地位于胶辽断块之中。总体而言，场地无区域性断裂带通过，地震烈度和大地热流值较低，区域稳定性状态为适宜建库。

基于场地地应力测试数据与地应力张量分析方法，确定出该洞库区域最大主应力方向为 N78°E。根据数值计算软件中的应力符号约定进行统计，即压应力为负、拉应力为正。纵坐标以标高进行统计，由于场地地表起伏不明显，地表局部应力变化对地下洞室埋深处影响不大，故考虑地表高程为 70m。基于地应力相关研究，地壳内的水平应力随深度增加呈线性关系增大，因此采用直线拟合该趋势，见图 3-51，拟合直线的斜率即为相应地应力的梯度。

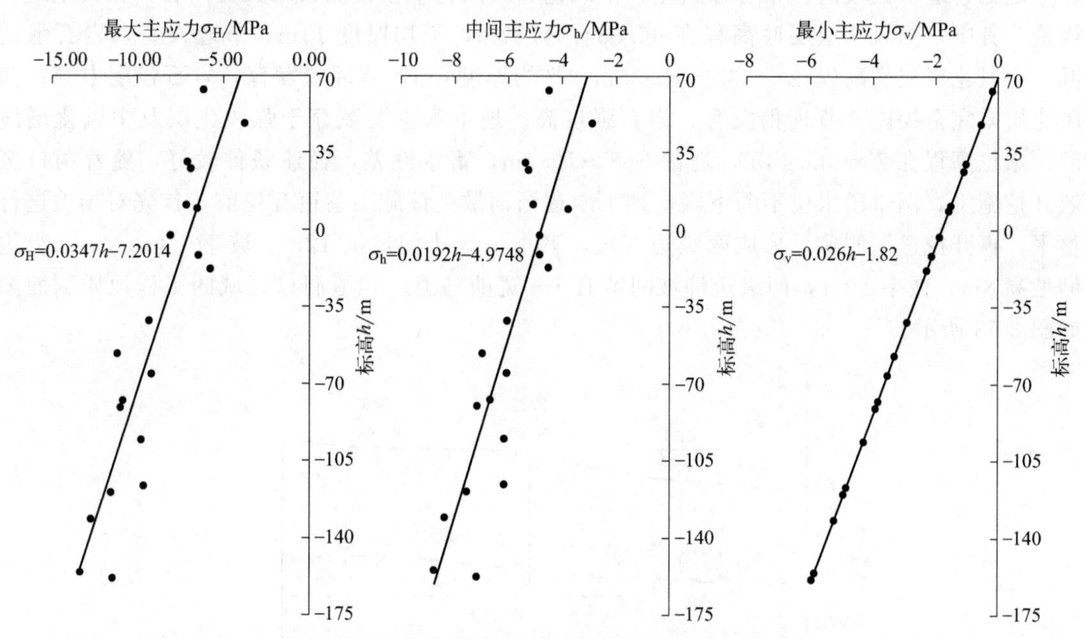

图 3-51　最大、中间及最小主应力随高程变化图

经过线性回归分析，所拟合的各主应力与标高的关系曲线如下所示：

$$
\begin{cases}
\sigma_H = 0.0347h - 7.2014 \\
\sigma_h = 0.0192h - 4.9748 \\
\sigma_v = 0.026h - 1.82
\end{cases}
\tag{3-33}
$$

式中，σ_H 为最大主应力，MPa；σ_h 为中间主应力，MPa；σ_v 为最小主应力，MPa；h 为标高，m。

根据地表结构面采样及钻孔摄像技术，共同确定出洞库建设场地发育多组节理，根据前述随机结构面统计分析与建模方法，选取 10m×10m×10m 的立方体区域作为结构面三维网络模拟的生成区，生成的随机结构面网络见图 3-52。

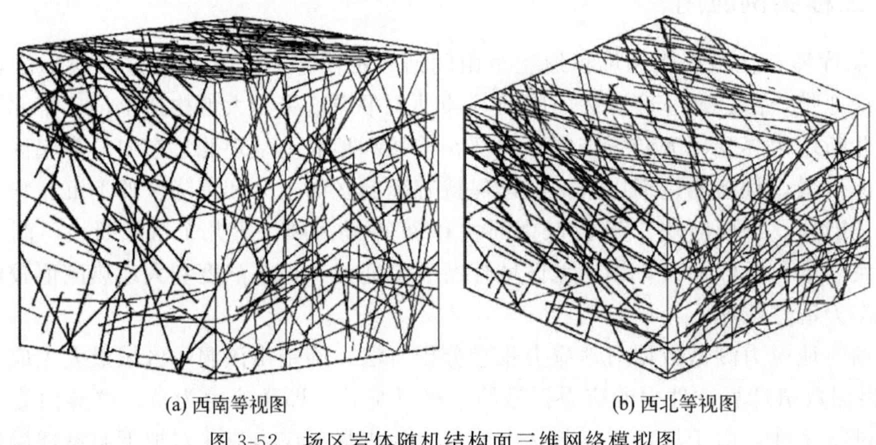

(a) 西南等视图　　(b) 西北等视图

图 3-52　场区岩体随机结构面三维网络模拟图

(1) 明槽边仰坡-施工巷道口安全性评价

施工巷道口区域内分布着强风化、中风化和微风化中粗粒黑云二长花岗岩，无大型地质构造。其中，强风化层层底高程在 66.83～78.87m，平均厚度 14m，节理发育，岩石强度低；中风化层层底高程在 66.34～73.35m，平均厚度 4m，节理较发育，岩石强度中等；微风化层未完全揭露，节理稍发育，岩石强度高。地下水主要赋存于强风化层及中风化层浅部，水位高程在 73～83.43m，埋深在 8～16.4m，富水性差，径流条件较好，随着洞口区域开挖施工，洞口段水位不断下降，地下水逐渐消散。该施工巷道开挖前，首先对场地进行整平，再开挖进洞明槽，形成两级边仰坡，其中一级边仰坡高 12m、坡率 1∶0.5，二级边仰坡高 8m、坡率 1∶1，两级边仰坡间留有 2m 宽的马道。巷道洞口区域的工程地质剖面图如图 3-53 所示。

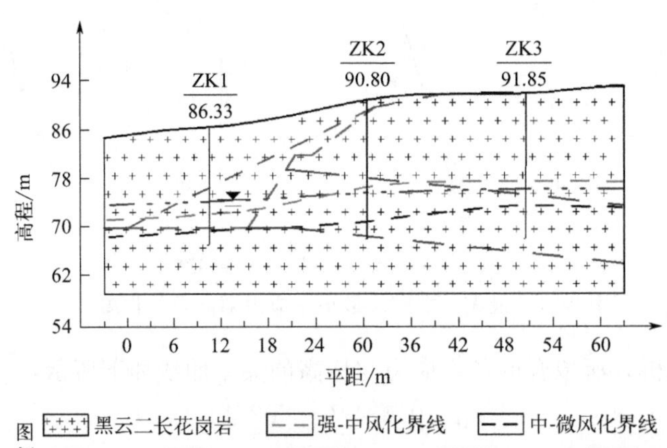

图 3-53　施工巷道洞口区域的工程地质剖面（见文后彩插）

该洞库工程的施工巷道为直墙圆拱形，巷道口附近的巷道高度 9.65m、跨度 10.4m（高跨比为 0.93），底板坡率为 8%。依托 3DEC 离散元分析平台，基于上述施工巷道及边仰坡的工程地质条件构建其数值模型（图3-54），设置网格尺寸为3m，共有228844个四面体网格单元。其中，研究区风化花岗岩所含的数量庞大的节理以岩体力学参数等效的方式进行考虑，在数值模型中不再构建此类结构面。

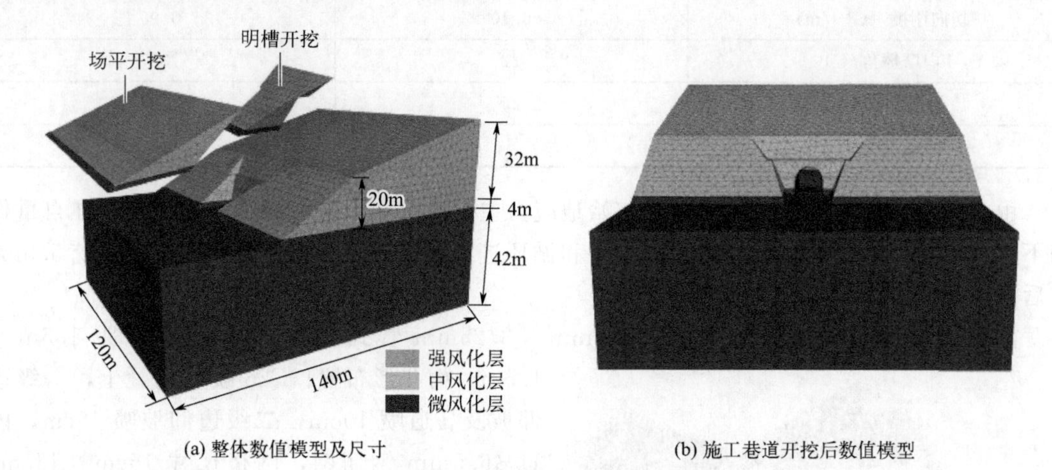

(a) 整体数值模型及尺寸

(b) 施工巷道开挖后数值模型

图3-54 研究对象数值模型图

研究区风化花岗岩层节理数量庞大、密度高，难以构建反映真实岩体结构的数值模型。为此，将节理的力学效应以岩体力学参数等效的方式进行考虑。首先通过Hoek-Brown强度准则和Q分类估算等效岩体力学参数，再通过现场监测数据对此进行检验和修正，最终确定计算参数。其中，不同风化程度花岗岩Hoek-Brown准则参数的取值见表3-15。

表3-15 不同风化程度花岗岩Hoek-Brown准则参数表

岩体类型	Q值范围	Q值	σ_{ci}/MPa	m_i	D	GSI
强风化	$0.01 \leq Q < 0.1$	0.01	25	4	0	5
中风化	$0.1 \leq Q < 1$	0.1	35	15	0	30
微风化	$1 \leq Q < 4$	1	60	20	0	45

通过GSI和Q之间的围岩质量转换式和参数估算式，可初步获得不同风化程度花岗岩力学参数。同时也通过国标BQ法并行地开展岩体质量分级，获得不同风化程度岩层BQ值，并由此对基于Q分类和Hoek-Brown强度准则估算的等效岩体力学参数进行适当调整，最终确定的参数见表3-16。

表3-16 不同风化程度花岗岩物理力学参数表

岩体类型	密度/(kg/m^3)	弹性模量/GPa	泊松比	内聚力/kPa	内摩擦角/(°)	抗拉强度/kPa
强风化	2200	0.38	0.35	30	26	5.60
中风化	2450	1.87	0.30	200	35	11.90
微风化	2500	5.80	0.27	700	42	47.40

本次离散元模拟重点考虑不同风化花岗岩分层界面的力学效应，采用库伦滑动本构模型进行刻画，由于分层界面并非完全连续贯通，且具有一定的压实胶结特征，故具有一定的抗拉强度，在法向刚度和切向刚度取值上考虑一定的泊松效应，最终分层界面力学参数取值见表3-17。

表 3-17　不同风化程度花岗岩分层界面力学参数表

力学指标	强-中风化界面	中-微风化界面
法向刚度/(GPa/m)	0.60	1.80
切向刚度/(GPa/m)	0.40	0.90
内摩擦角/(°)	22	32
内聚力/kPa	25	100
抗拉强度/kPa	5	10

由于施工巷道洞口段临近地表，初始地应力主要由重力引起，故本次数值模拟在自重作用下进行。按照实际的施工巷道开挖顺序和循环进尺进行开挖模拟，其中第 1 段开挖 5.5m，其后每段 4m，本次共开挖 12 段。

洞口边仰坡锚喷支护方案：ϕ42.3mm×3.25mm 管式锚杆，长 6m、间距 1.5m×1.5m，梅花形布置；C25 喷射混凝土，一级边仰坡及马道喷 10cm，二级边仰坡喷 15cm，内置 ϕ6.5mm 钢筋网，网格尺寸 15cm×15cm，见图 3-55。

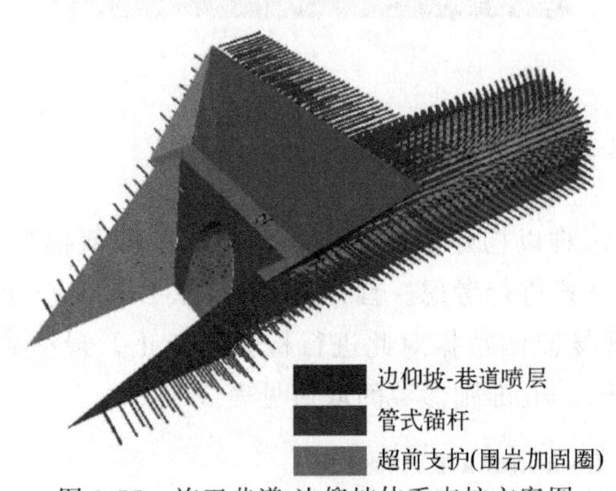

图 3-55　施工巷道-边仰坡体系支护方案图
（见文后彩插）

洞口段施工巷道在开挖前均施作如下预支护：ϕ42.3mm×3.25mm 管式锚杆，长 6m，纵环间距 4.0m×0.5m，即每开挖 4m 施作一次超前预支护，确保巷道后续开挖支护作业在预支护下进行。洞口段施工巷道锚喷支护方案：ϕ42.3mm×3.25mm 管式锚杆，长 3m、纵环间距 0.5m×1.0m，梅花形布置；C25 喷射混凝土，边墙和拱顶喷 25cm，内置 I20a 型钢拱架，间距 0.5m，并挂 ϕ6.5mm 钢筋网，网格尺寸 15cm×15cm，底板为 30cm 厚 C25 浇筑混凝土，见图 3-55。

由上可知，洞口段施工巷道和边仰坡均采用 ϕ42.3mm×3.25mm 管式锚杆，据规范可确定其模拟参数（表 3-18），其中粘结刚度参考类似工程锚杆现场试验结果确定。

表 3-18　管式锚杆的数值模拟参数表

材料	参数	取值
锚杆体	截面积/m^2	3.987×10^{-4}
	弹性模量/GPa	210
	抗压力/kN	135
	抗拉力/kN	135
砂浆体	粘结强度/(N/m)	1.52×10^5
	粘结刚度/(N/m/m)	5.95×10^8

洞口段施工巷道和边仰坡均采用 C25 喷射混凝土，其中巷道施加的间距 0.5m、I20a 型钢拱架通过变形等效原理，按面积占比将其力学效应等效地考虑到喷射混凝土中，据此并参考规范可确定喷射混凝土的变形参数，如表 3-19；喷射混凝土与不同风化花岗岩接触面的

力学参数，见表3-20。

表3-19 C25喷射混凝土变形参数表

材料	弹性模量/GPa	泊松比
C25	28	0.21
含间距0.5m的I20a型钢拱架的C25	58	0.20

表3-20 喷射混凝土与风化花岗岩接触面力学参数表

岩体类型	法向刚度/(GPa/m)	切向刚度/(GPa/m)	黏聚力/MPa	内摩擦角/(°)	抗拉强度/MPa
强风化	11	6	2.50	43	1.43
中风化	15	8	2.70	45	1.68
微风化	18	11	2.90	47	1.80

对于施工巷道的预支护，根据管式锚杆上倾角度及实际监测的浆液扩散数据，本次将其超前支护效果采用如下方式考虑：设置1.5m厚的围岩加固圈，将圈内围岩力学参数提高一个质量等级（如原为强风化则提高为中风化）。

根据上述程序设置，按照洞口段施工巷道及边仰坡真实开挖支护方案进行数值模拟。计算结果表明：模型最大位移小于3mm［图3-56(a)］，其中边仰坡变形主要集中在一级边仰坡表层的强-中风化交界处，最大位移为2.78mm，巷道口顶部地表沉降呈漏斗状，最大沉降量1.75mm；锚杆轴力均较小［图3-56(b)］，所承受的最大受拉轴力为13.6kN，个别区域出现了受压达5kN的轴力。由此表明，上述开挖与支护方案是合理的，边仰坡与施工巷道口是安全的。

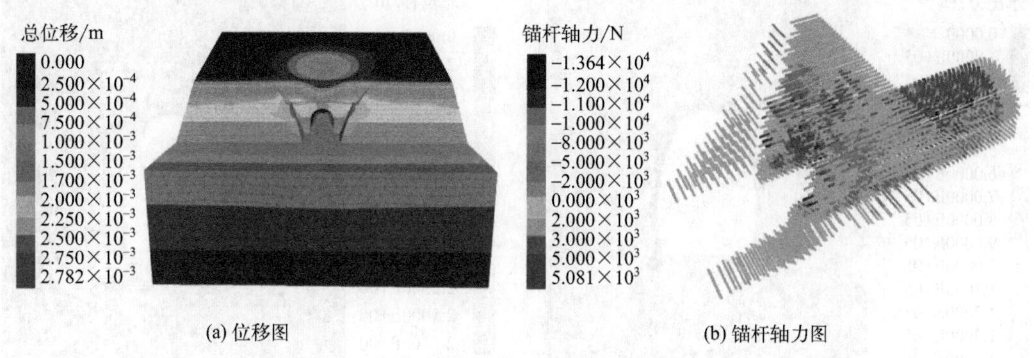

图3-56 开挖下施工巷道-边仰坡体系位移与锚杆轴力图（见文后彩插）

(2) 洞室围岩稳定性分析

采用离散元进行裂隙渗流-应力耦合条件下的洞室围岩稳定性数值模拟研究。由于3DEC默认的Y轴正向为北方向，而主洞室主轴向为东西方向，为方便建模，将3DEC中的Y轴正向转为地理的东方向，因此各结构面的倾向都要减去90°，倾角保持不变。由于洞室上部20m有水幕系统，为定水头边界。假设两洞室之间流体无对流，则可认为两洞室的中线为局部地下水系统分水岭，因此可将其看作垂向零流量边界。通过这样简化之后，保证数值模型较小，因为数值模型太大，结构面太多，非常难以计算。这种简化考虑对连续介质力学计算来说，有较明显的边界效应，因为连续介质力学计算一般要取到研究对象尺寸的3～5倍以外作为边界，但对于离散介质力学计算来说，在结构面较多的情况下，1倍研究对象

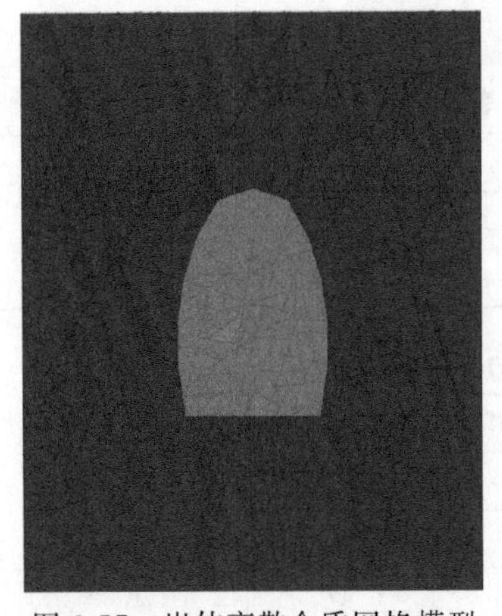

图 3-57　岩体离散介质网格模型

尺寸作为边界经试验证实也是基本合理的。因为离散介质模型中，结构面当作块体的边界，能极大地减小应力的影响范围。构建的网格模型如图 3-57 所示。

洞室开挖后，洞周围岩水压力降为 0，由于未考虑岩块水压力，因而在岩体裂隙中形成了特定的水力梯度，以此驱动裂隙水的流动，经过一段时间后，洞周一定范围内围岩水压力逐渐消散［图 3-58(a)］，直至达到特定的边界条件为止，从而形成稳定的渗流场。经开挖计算发现，在主洞室局部范围出现了失稳块体［图 3-58(b)］，块体位移已相当明显。综合分析可知，产生该失稳块体的主要原因在于结构面与临空面之间的有利组合，即结构面在特定的交切关系下刚好产生了临空四面体。由于本次没有模拟分层开挖与锚喷支护，已有的块体失稳并不能直接与洞库工程开挖实际情况相对比。但块体失稳的现象表明，施工期围岩块体掉落、滑落等局部失稳问题要尤为重视。由于这种破坏模式受结构面空间组合关系及其力学性质控制，在洞室周边的特定部位产生，在洞室开挖前不易准确判别，并在二次应力重分布过程中受到抑制或加剧，因此在洞库建设中需要采取全方位多手段尽可能准确地提前甄别结构面的空间分布特征。同时，地下水对此种局部破坏模式具有加剧作用，洞库建设过程中要求尽量避免扰动原始地下水流场，故若有潜在失稳块体，会因渗流-应力耦合作用导致失稳时间提前，甚至失稳规模扩大。因此，在处理失稳块体的同时及时采取合理的注浆堵水措施是十分必要的。

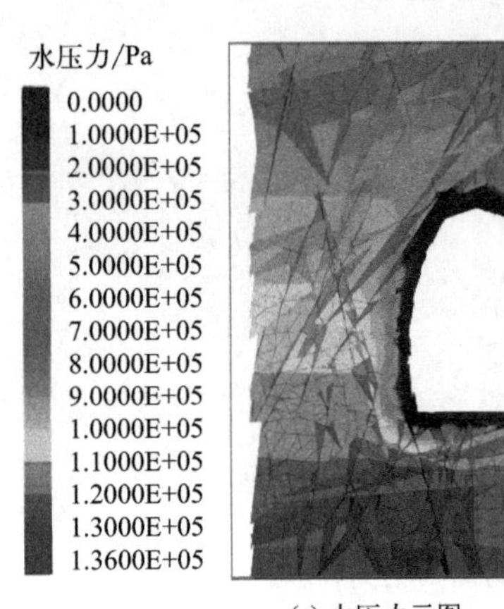

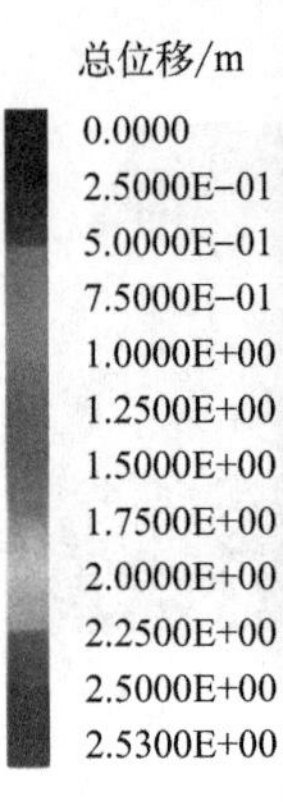

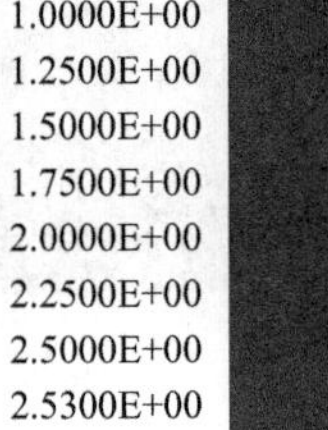

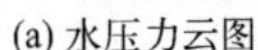

(a) 水压力云图

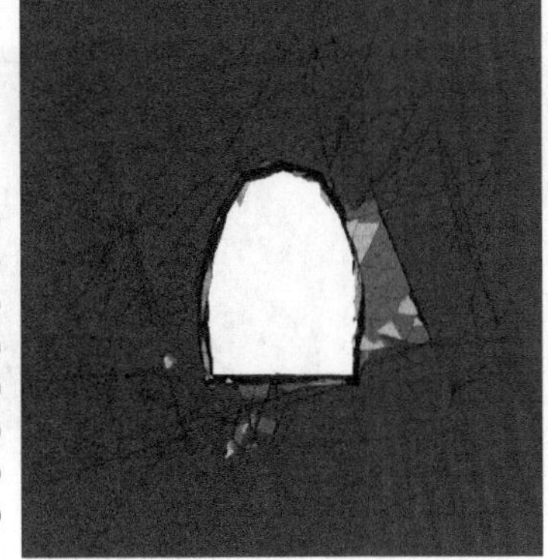

(b) 位移云图

图 3-58　渗流-应力耦合作用下洞室围岩开挖响应图（见文后彩插）

(3) 洞室与连接巷道交叉处稳定性分析

LPG 洞库地下工程交叉处应力集中明显，提供抗剪强度的岩体部位变少，与同等岩体质量的非交叉处地下工程相比，其围岩稳定系数会明显降低。选取洞室与连接巷道交叉处作为分析对象，根据设计的几何形状进行数值模型构建，见图 3-59。通过 Q 法获得围岩质量为 $1<Q<4$，通过 Hoek-Brown 强度准则及国标综合确定岩体物理力学参数。

以下基于地层结构法思路，采用离散元模拟评价洞室与连接巷道交叉处支护结构设计方案的合理性与安全性。根据支护方案，在交叉处一定范围内采用加强支护（在同等岩体质量条件下的围岩支护方案基础上强化），具体为采用 200mm 厚的 CF35 喷射钢纤维混凝土，直径 25mm、牌号 HRB400 的系统锚杆，洞室部位锚杆长 6m、连接巷道部位锚杆长 4.5m，交叉区影响范围内锚杆间距 1.0m×1.0m，其他部位锚杆间距 2.0m×1.5m。根据收敛约束法等典型地层结构法的分析思路可知，变形控制效果是支护结构方案安全性与否的主要评判标准，由于在计算过程中将锚杆、喷层都考虑为结构单元（不考虑塑性状态），故在控制围岩变形的基础上确保支护结构受力都在允许应力范围内，则可判定支护方案是安全有效的。其中，支护结构对围岩变形的控制情况见图 3-60，锚杆与围岩的粘结状态及轴力见图 3-61，喷层与围岩的粘结状态及纤维应力见图 3-62。

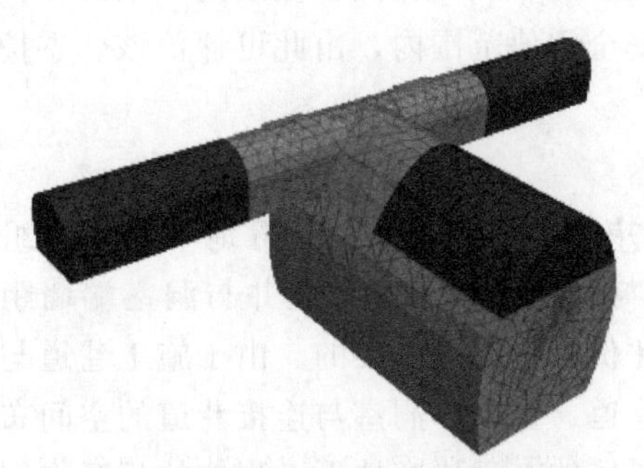

图 3-59　洞室与连接巷道交叉处数值模型图（见文后彩插）

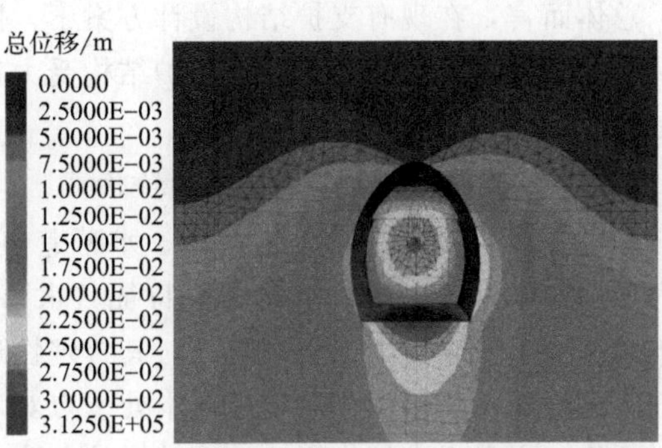

图 3-60　围岩位移图（单位：m）（见文后彩插）

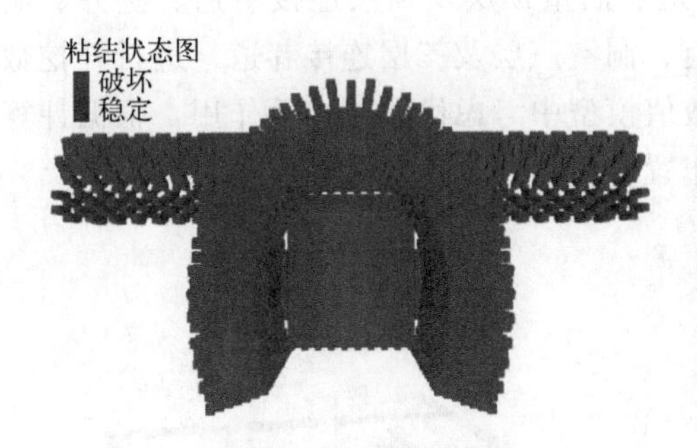

(a) 锚杆与围岩粘结状态图

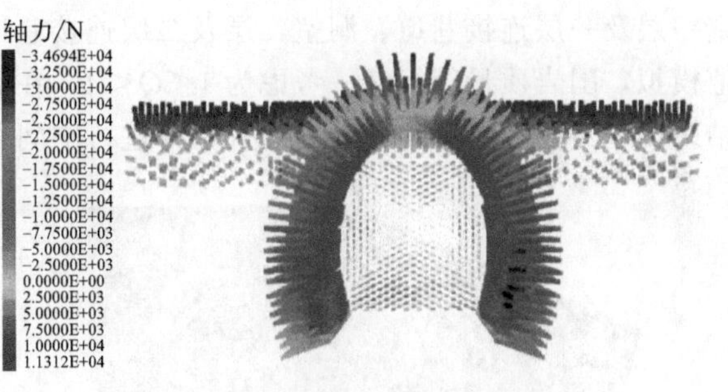

(b) 锚杆轴力图(单位：N)

图 3-61　锚杆与围岩粘结状态及轴力图（见文后彩插）

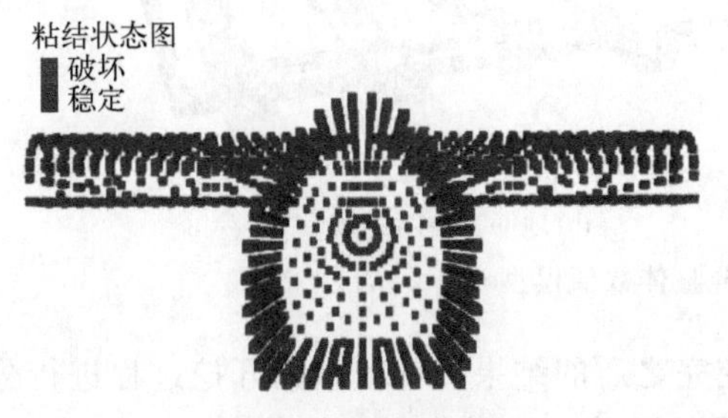

(a) 喷层与围岩粘结状态图

(b) 喷层纤维应力图(单位：Pa)

图 3-62　喷层与围岩粘结状态及纤维应力图（见文后彩插）

由图 3-60 可知，支护结构作用下围岩位移主要分布于洞室边墙与底板，拱顶位移较小；边墙处位移主要处在 10～20mm 范围，洞室端墙和底板处位移主要在 25～31mm，受洞室开挖影响的连接巷道处位移约25mm。根据相关规范可知，围岩变形在安全许可范围之内，表明支护结构能有效控制围岩变形发展。图3-61表明，锚杆与围岩粘结状态完好，无接触破坏现象，锚杆受力状态主要为受拉状态，仅在洞顶局部存在受压状态；洞顶锚杆所受的压力主要在5～10kN之间，最大压力不超过11.5kN；连接巷道边墙部位锚杆受力，拉力主要在5～15kN之间，洞室边墙锚杆拉力主要在2.5～20kN之间，最大拉力不超过35kN。图3-62表明，钢纤维混凝土喷层与围岩粘结完好，未出现脱离围岩现象；洞室拱顶及边墙的喷层处于受压状态，纤维应力在6～10MPa之间，极少数部位的纤维应力达到16MPa，混凝土底板处于受拉状态，最大拉应力为0.6MPa；连接巷道的喷层主要处于受压状态，纤维应力在12MPa以内。

总体而言，在现有支护结构设计方案下，围岩变形能够收敛在安全范围内，锚杆和钢纤维混凝土喷层与围岩粘结完好，支护结构受力都在安全阈值范围内，由此可评价该套支护方案是安全有效的。

(4) 地下工程空间布置合理性评价

LPG洞库本质上是由施工巷道、水幕巷道、竖井、洞室与连接巷道等地下结构体组成的大型洞室群，洞室群的空间布置特征（水幕巷道与洞室顶部距离、竖井与洞室端墙距离等）影响施工安全与工程费用，故对其合理性进行评价是重要且必要的。由于施工巷道与其他地下工程的相互作用相对较小，本处重点对水幕巷道、竖井、洞室与连接巷道的空间布置进行评价（不考虑支护作用，计算结果偏危险，主要目的在于研究地下工程体的相互作用），根据初步的洞库地下工程空间布置，依托离散元数值平台构建LPG洞库地下洞室群整体模型（图3-63），根据实际开挖顺序（依次是水幕巷道、洞室顶层及顶层连接巷道、竖井、洞室一层及一层连接巷道、洞室二层及二层连接巷道、洞室三层及三层连接巷道）进行开挖数值模拟，围岩质量等级统一考虑为$1<Q<4$，在数值模型中考虑优势结构面作用，根据计算结果以应力、位移和塑性区为评价指标进行空间布置合理性评价。

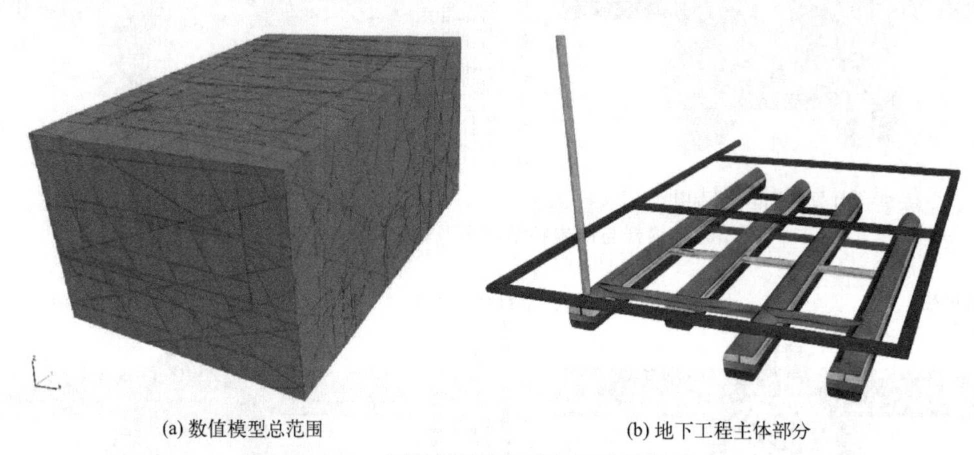

(a) 数值模型总范围　　(b) 地下工程主体部分

图3-63　洞库地下洞室群整体数值模型

本处只分析洞室三层及三层连接巷道全部开挖完之后的结果，不对中间开挖过程进行分步骤的详尽研究。另由于三维围岩受力变形特征难以展示，以下分别以竖井为中心切取纵、横剖面（X—X剖面和Y—Y剖面）、以水幕巷道为中心切取横剖面（X—X剖面）进行应力、位移和塑性区分布特征研究，评价地下工程空间布置合理性。

由图3-64可知，最大主应力在洞室与竖井的连接处及洞室底板部位减小，最小压应力降至0～3MPa，洞肩及洞室底板局部区域出现0.07MPa拉应力，最小主应力在竖井与洞室

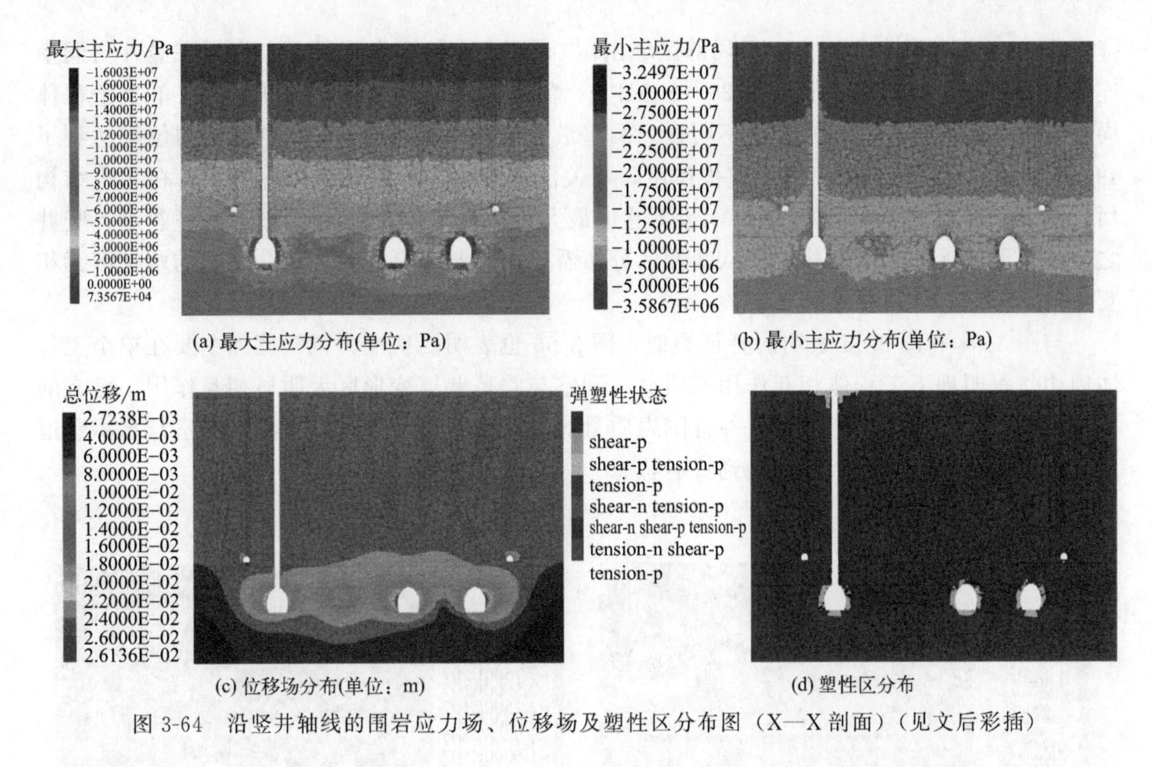

(a) 最大主应力分布(单位：Pa)　(b) 最小主应力分布(单位：Pa)

(c) 位移场分布(单位：m)　(d) 塑性区分布

图 3-64　沿竖井轴线的围岩应力场、位移场及塑性区分布图（X—X 剖面）（见文后彩插）

连接处增大，压应力最大值约为 25～32.5MPa。总体上看，二次应力调整范围主要在单个地下工程体周边，由此表明地下工程体相互作用不明显。洞室最大位移约为 26mm，分布于边墙部位，水幕巷道最大位移为 8～10mm，洞室与洞室之间的变形区略有重叠，但洞室与水幕巷道、竖井之间的变形区无明显相互作用。从塑性区分布看，洞室与水幕巷道、竖井之间的塑性区无相互作用，未达到贯通状态。

由图 3-65 可知，最大主应力在洞室与竖井的连接处及洞室底板部位减小，最小压应力

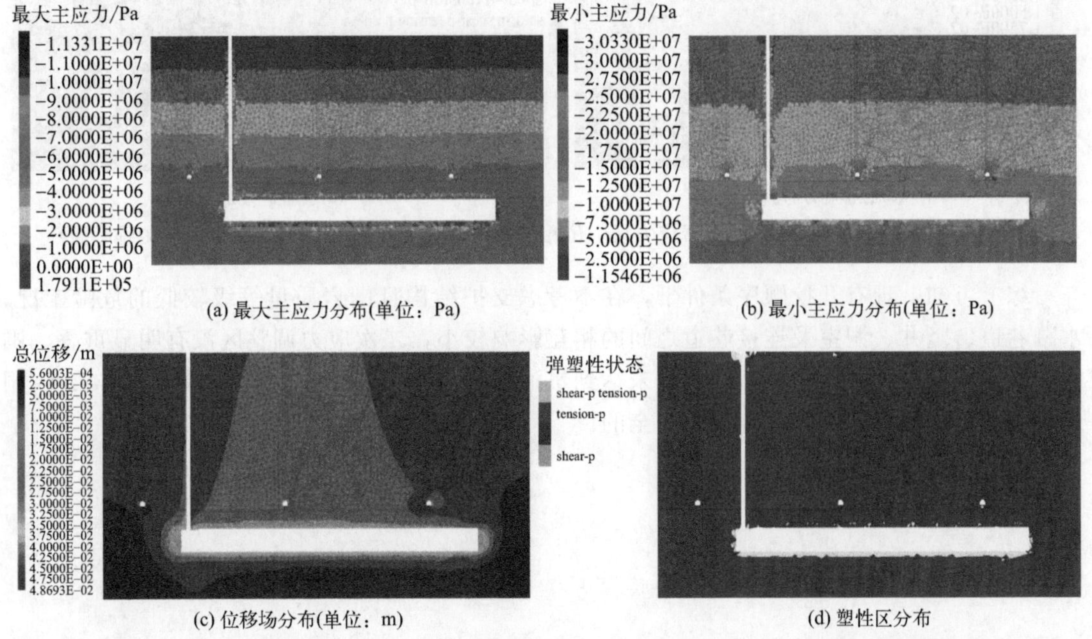

(a) 最大主应力分布(单位：Pa)　(b) 最小主应力分布(单位：Pa)

(c) 位移场分布(单位：m)　(d) 塑性区分布

图 3-65　沿竖井轴线的围岩应力场、位移场及塑性区分布图（Y—Y 剖面）（见文后彩插）

降至0～2MPa，洞肩及洞室底板局部区域出现0.18MPa拉应力，最小主应力在竖井与洞室连接处增大，压应力最大值约为25～30MPa。总体上二次应力调整范围主要在单个工程体周边，表明地下工程体相互作用不明显。洞室最大位移约为30mm，个别部位的位移达到了49mm（其原因在于本处不考虑支护作用，仅关注地下工程体的相互作用特征；在多组结构面切割下，易形成局部危险区域），水幕巷道最大位移为8～10mm，洞室与水幕巷道、竖井之间的变形区无明显相互作用。从塑性区分布看，洞室与水幕巷道、竖井之间的塑性区无相互作用，未达到贯通状态。

与图3-64和图3-65表明的特征类似，图3-66也表明二次应力调整范围主要在单个工程体周边，表明地下工程体相互作用不明显；洞室与水幕巷道变形区无明显相互作用，已有的变形主要由于未考虑支护作用，并且围岩质量等级较低。从塑性区分布看，洞室与水幕巷道之间的塑性区无相互作用，未达到贯通状态。

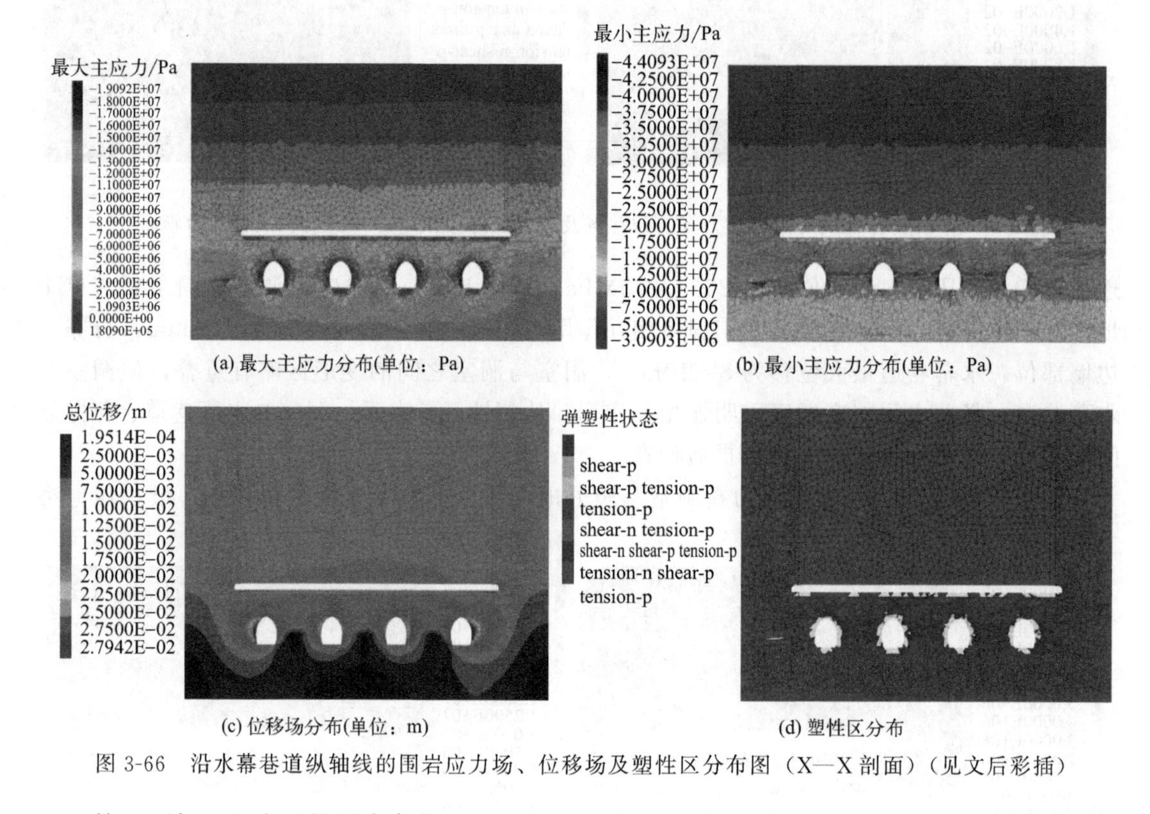

图3-66　沿水幕巷道纵轴线的围岩应力场、位移场及塑性区分布图（X—X剖面）（见文后彩插）

综上可知，现有开挖顺序条件下，在不考虑支护结构且围岩质量等级较低的危险工况，水幕巷道、竖井、洞室及连接巷道之间的相互影响较小，二次应力调整区没有明显重叠，围岩变形区无明显相互作用，塑性区均未达到贯通或接近贯通状态，由此可得出现有LPG洞库地下工程空间布置方案是合理、安全的。

第4章

LPG洞库工程设计

4.1 设计阶段划分及主要内容

LPG洞库工程设计工作是对工程的技术、经济、资源和环境等条件进行分析，提供有技术依据的设计说明、文表和图纸等技术文件，主要包括储运工艺、地下工程、自动控制、总图、建筑、结构、电气、信息、给排水及消防、机械设备、技术经济等。

LPG洞库工程设计通常划分为预可行性研究、可行性研究、基础设计（初步设计）和详细设计（施工图设计）四个阶段。其中，预可行性研究和可行性研究为项目的设计前期工作。

4.1.1 预可行性研究

预可行性研究是项目立项的依据，LPG洞库工程在列入计划和编制可行性报告之前需开展预可行性研究，通过地质勘察的手段选出适合洞库工程建设的岩体区域，为工程建设的决策及下阶段工作提供依据。

预可行性研究报告编制的内容与可行性研究基本相同，只是内容深度适当简化，预可行性研究内容主要包括：

① 对拟选库址区域进行工程地质、水文地质条件、外部依托条件进行分析，确定建库的适宜性，提出备选库址；

② 根据工程地质条件确定建库规模、公用设施的配套方案；

③ 根据依托条件确定外部工程建设规模及方案；

④ 提出技术成熟、经济合理的建设方案，确定地下洞库容积、地面配套设施和外部依托设施技术方案；

⑤ 对工程建设投资和各项技术经济指标进行测算；

⑥ 环保、安全、卫生评价分析；

⑦ 项目风险分析。

4.1.2 可行性研究

可行性研究报告论证投资项目的可行性，包括市场前景可行性、技术方案可行性、财务可行性、融资方案可行性等。对项目拟选库址的工程地质、水文地质和外部依托条件进行详尽分析，研究比对项目的选址、技术方案，提出技术成熟、水平先进、安全可靠、经济合理的建设方案，给出项目建设的投资估算和成本估算，评价工程建设的可行性，为上级及政府的主管部门提供决策依据，为项目下一步工作开展提供条件。

可行性研究报告的研究内容主要包括：

① 通过对备选库址的工程地质、水文地质条件及外部依托条件的分析，提出推荐的库址；

② 对项目的组成及与外部工程的衔接点进行研究分析；

③ 对推荐库址进行工程地质测绘、工程物探、工程钻探、抽水试验、数字式全景钻孔摄像、波速测试、地应力测试、岩石物理化学试验等多项工程勘察研究分析；

④ 根据推荐库址提出技术成熟、经济合理、安全可靠的建设方案；

⑤ 拟选库址外部依托条件调查分析研究；

⑥ 根据 LPG 输送要求，研究库外输送管道建设方案；

⑦ 项目建设的投资估算及成本估算；

⑧ 提出由于各种原因未能解决并影响到下一阶段设计的问题，并提出合理的解决办法。

编制可行性研究报告执行的依据主要有项目岩土工程勘察报告（初勘）、环境影响评价报告、社会稳定风险分析报告、地质灾害危险性评估报告、地震安全性评价报告等资料。

4.1.3 基础设计

基础设计是在可行性研究的基础上开展更具体、更深入的设计工作，确定工程项目技术方案、总投资和主要技术经济指标。

设计文件的编制深度应满足有关部门审查、开展详细设计、工程物资采购和施工准备的要求，地下工程部分应满足施工招标的要求，各项设计专篇的编制应符合项目报批、报建的要求。

基础设计文件依据设计委托合同、可行性研究报告及政府主管部门的批复文件、岩土工程勘察报告、水文地质评价和设计基础资料等开展编制，成果文件主要包括：

① 总说明书。对地下水封洞库工程全面、概括地说明，说明工程概况、建设规模及经营品种、洞库位置及周边情况、储运及地下工程等专业技术方案、公用系统及辅助设施方案。说明主要技术经济指标、进度计划和存在问题、建议。

② 专业设计技术方案。对储运、地下工程、总图运输、仪表及自动控制、电气、电信、建筑结构、采暖通风与空气调节、热工、给排水及消防、分析化验、防腐及阴极保护、人员车辆及维抢修等进行综合研究论证。编制符合相关技术规定和功能要求的设计文件。

③ 设计专篇。结合项目报批、报建的要求，通常需要编制六个设计专篇，分别为消防设计专篇、环境保护专篇、安全设施设计专篇、职业病防护设施设计专篇、抗震设防专篇和节能专篇。根据项目的特殊要求编制相关专项报告，并结合相关要求实施。

4.1.4 详细设计

详细设计成果是工程施工、编制施工图预算和施工组织设计的依据，也是进行技术管理的重要技术文件。详细设计阶段对各项目工作细化，深度要达到安装和验收的要求。

设计文件应依据设计委托、合同、批复确认的基础设计文件和地质详细勘察资料开展编制，达到满足材料采购、设备制造、工程施工及投产运行的要求。LPG洞库工程在详细设计阶段的典型特点是地下工程部分根据施工勘察、施工掘进等条件开展动态设计。

施工勘察需完成的主要工作包括：

① 编制综合地质图、工程地质展示图。巷道、竖井、洞罐的地质展示图，标注出围岩的岩性（层）界线、风化程度、断层和软弱夹层的性质规模及分布状况。画出洞罐围岩含水性展示图。标出含裂隙带性质与宽度、出水点位置及出流状态等。画出围岩结合面组合形态分布图。标出掉块、塌方、片帮等发生的结构面组合状况与规模，并说明其发生原因，必要时应附地质展示图或照片。

② 超前地质预报。随开挖工作，不断分析研究地质规律，为洞巷工作面前方一定范围内提供超前地质预报。对工程地质条件的可能变化或工程重要部位，应为各次爆破开挖提供地质预报。其内容包括绘有岩性（层）、构造、结构面组合形态等的图件，并以简单文字说明可能发生的开挖障碍和施工注意事项等。

③ 危险成因的分析及处理。地质人员应分析危岩产生的原因并判断其稳定状态，并提出排除和加固的建议。

④ 配合围岩分类或为测定爆破松动圈、检查喷锚质量和注浆效果等进行岩体声波测试。包括配合围岩分类的岩体声波测试；爆破松动圈、检查喷锚质量和注浆效果等声波测试。

⑤ 工程处理建议。根据施工成果协同设计施工人员逐段研究具体的工程处理措施。

⑥ 其他必要工作。参加检验地下工程部署的合理性；实测洞罐涌水量；研究地下水动态，在施工中不断整理分析地下水动态资料，并根据对地下水动态规律的新认识，提出监测网的补充或调整建议。

详细设计及动态设计文件编制工作主要包括：

① 储运。设计文件由文表和图纸组成，主要文件为设计说明书（必要时）、管道说明表、工艺设备表、工艺设备数据表、重要管道应力计算书、管道表（含管道等级）、综合材料表、阀门规格表、管道支吊架汇总表，主要图纸为工艺管道及仪表流程图、公用工程管道及仪表流程图，设备管道平面布置图、详图（含竖井内套管、机泵管道平立面安装图）、管道支吊架图（含竖井内钢结构图）、界区管道接点图。

② 总图运输。设计文件由文表和图纸组成，主要文件为运输装卸设备表、综合材料表、总平面布置图、土方工程图、道路及排雨水结构图、库区竖向布置图、管道综合布置图、绿化设计图、挡土墙图、护坡图等。

③ 自动控制。设计文件由文表和图纸组成，主要文件为说明书、仪表索引表、仪表规格书、调节阀规格书、仪表盘（柜）规格书、报警和联锁一览表、仪表电缆连接表、综合材料表、I/O索引表、控制室平面布置图、气体检测器平面布置图、仪表配管配线平面布置图、仪表盘（柜）布置图、仪表盘（柜）接线圈、安全仪表系统逻辑框图、顺序控制系统逻辑框图、仪表回路图、仪表供电系统图、仪表接地系统图、工艺及仪表控制流程图。

④ 结构。设计文件由文表和图纸组成，主要文件为说明书、综合材料表，以及地下洞巷的总平面布置图；地下洞巷部分开挖平面图；洞罐平面和立面图；洞罐、施工巷道、连接巷道、水幕巷道截面详图；水幕巷道及水幕孔平、立面布置图；洞罐、施工巷道、连接通道、竖井岩石支护图；洞罐、施工巷道、竖井、水幕巷道密封塞结构图及岩石支护图；地面

上建、构筑物基础平面图、基础详图、建筑物平面图、立面图、结构详图等图纸。

动态设计期间，根据施工勘察成果、开挖岩体揭露面产状、围岩收敛监测数据及地下水文等信息，对掌子面、已经开挖的岩壁等出具支护、注浆图，直至地下设施开挖结束。

⑤ 给排水。设计文件由文表和图纸组成，主要文件为说明书、综合材料表、工艺设备表、给排水及污水处理工艺管道及仪表流程图、给排水管道平面图、给排水管道（或设备）安装详图、污水处理设施安装图。

⑥ 消防。设计文件由文表和图纸组成，主要文件为说明书、综合材料表、工艺设备表、消防水管道及仪表流程图、泡沫灭火系统管道及仪表流程图、水喷淋水幕气体干粉等管道及仪表流程图、消防设施布置图、消防管道平面布置图、消防管道和设备安装详图。

⑦ 电气。电气工程设计内容主要为变配电所、单元两部分，变配电所部分的内容组成主要有说明书、综合材料表、电气设备汇总表、电气设备规格书、继电保护整定表、供电主接线图、高（中）压系统图、高（中）压控制电路图、直流供电系统图、低压系统图、低压电路图、低压抽屉柜排列布置图、微机自动化系统接线图、变配电所平剖面布置图、配电平面图、照明平面图、动力（照明）系统图、防雷接地平面图、电缆表。单元部分的内容组成主要有说明书、综合材料表、电气设备汇总表、电缆表、爆炸危险区域划分图、配电平面图、照明平面图、动力（照明）系统图、防雷、防静电接地平面图。

⑧ 电信。设计文件由文表和图纸组成，主要文件为说明书、电信设备材料表，以及各类有、无线电话、火灾自动报警、电视监视、扩音对讲等电信系统图及配线图，室外电信平面图和电缆敷设表。

⑨ 设备。设计文件由文表和图纸组成，主要文件为强度计算书、技术条件说明、设备图（包括大型储罐、容器、换热器、加热炉、塔类、大直径套管）等。设备应按规定的标准、规范进行强度和稳定计算，出具强度计算书，按应力分析法设计时还应提出应力分析报告。技术条件，说明单体设备制造、检验及验收所遵循的标准、规范及有关规定，设备所用材料标准、焊接方法、无损检查要求、热处理要求，设备包装及运输要求等。设备施工图，表示的内容应有设计条件表、管口表、零部件明细表、设计详图、备注等信息。

4.2 工艺流程设计

4.2.1 概述

LPG 洞库工程主要由运输系统、储存系统和管网系统组成。运输系统包含工程储存产品运入和运出的装卸设施，与 LPG 槽船、汽车、火车和管道等运输方式对应设置码头泊位、汽车或火车装卸站、管道首末站等设施。LPG 的储存系统主要包含洞罐、换热设施、增压设施、操作竖井设施、裂隙水处理设施及辅助配套的电气、仪表、消防等设施。LPG 洞库各个单元之间的管道、电缆等组成库区管网系统。

LPG 洞库工程输送和储存的产品规模大，采用 VLGC 船舶运入、利用管道或汽车槽车等方式运出，典型工艺流程见图 4-1。

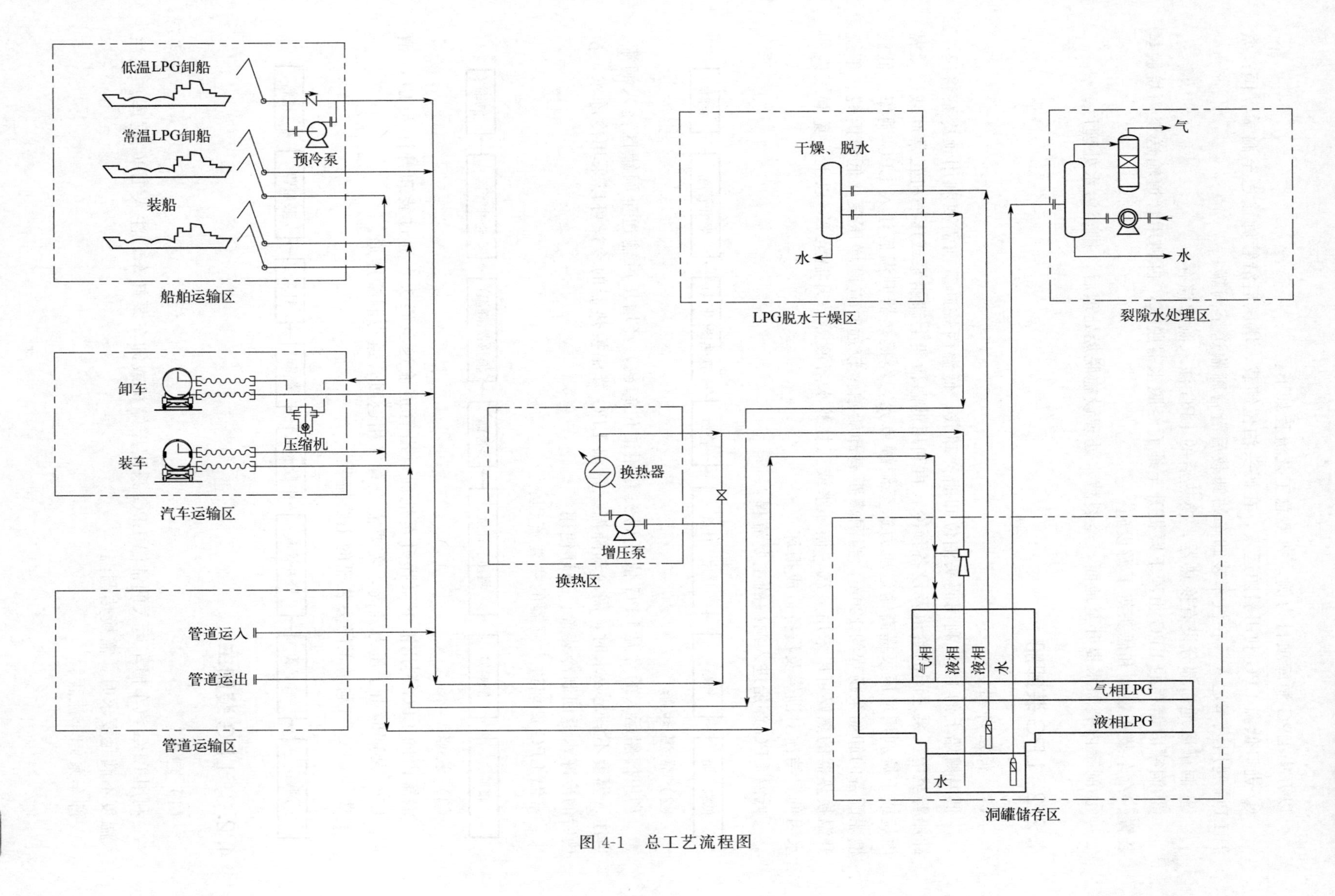
低温LPG卸船
常温LPG卸船
装船
预冷泵
船舶运输区
卸车
装车
压缩机
汽车运输区
管道运入
管道运出
管道运输区
换热器
增压泵
换热区
干燥、脱水
水
LPG脱水干燥区
气
水
裂隙水处理区
气相
液相
液相
水
气相LPG
液相LPG
水
洞罐储存区

图 4-1　总工艺流程图

以万华 LPG 洞库项目为例，典型总工艺流程如下：

① 进口低温 LPG 利用船舶运入，在码头泊位卸载，增压后沿管廊输送至洞罐。国产常温 LPG 利用汽车运入，在汽车装卸车站卸载后沿管廊输送至洞罐；

② 洞罐区地面部分设有换热器，换热后的 LPG 注入洞罐储存；

③ 洞罐内储存的 LPG 由液下泵提升至地面经脱水器脱水，再利用管道输送至丙烷脱氢装置、汽车装车设施和码头等下游设施；

④ 洞罐内裂隙水提升至地面，经裂隙水处理设施脱烃处理后，排至污水处理厂。

4.2.2 LPG 装卸船

（1）低温卸船

低温槽船上的 LPG 利用码头泊位卸船臂卸载，低温丙烷卸载前需要利用预冷泵将码头卸船臂至增压泵之间的管道及设备预冷，再利用低温槽船上卸船泵或压缩机正常卸载。低温丙烷或丁烷利用增压泵提高输送压力送至洞罐单元，经换热器升温后注入 LPG 洞库。低温槽船配备的卸船泵扬程约 120m，当洞罐距离卸船泊位较远时应设增压泵。低温丙烷、丁烷升温换热器的热媒可以采用蒸汽、循环水或三甘醇水溶液等，升温至 2℃以上避免洞罐内的水因低温结冰对围岩及设备造成损坏。

低温 LPG 卸船进入洞罐的主要流程：

（2）常温卸船

利用槽船运入的常温 LPG 依托码头专用泊位卸载，经增压后输送至洞罐区注入洞罐。当注入温度不满足要求时，需冷却降温。常温 LPG 降温换热器的冷媒可以采用冷冻水，换热后的冷冻水返回制冷装置，循环使用。

常温 LPG 卸船进入洞罐的主要流程：

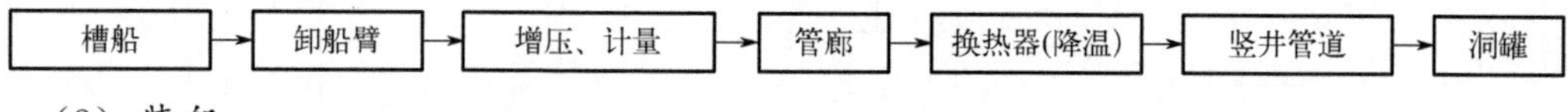

（3）装船

洞罐内的 LPG 利用液下泵提升至地面，沿管道输送至码头，通过装卸臂注入 LPG 槽船。LPG 装船时由于压力升高，需要需设置气相返回管道与洞罐连通。

常温 LPG 自洞罐至码头装船的主要流程：

4.2.3 LPG 装卸车

（1）卸车

利用 LPG 汽车槽车运入的常温 LPG 采用压缩机或卸车泵卸车，注入 LPG 洞库。当注入温度不满足要求时，需换热调温。

卸车泵卸车流程：

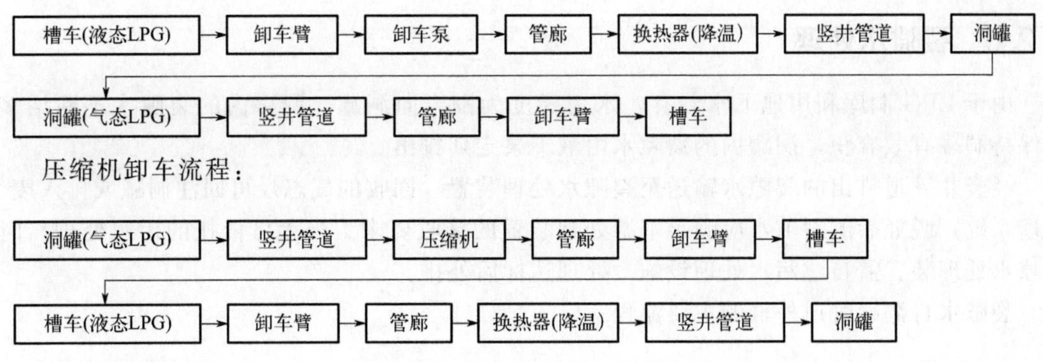

压缩机卸车流程：

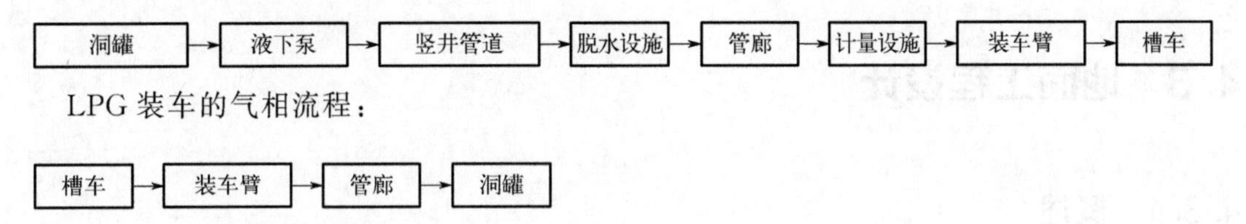

（2）装车

洞罐内的 LPG 利用液下泵提升至地面，沿管道输送至汽车装车站，通过装车鹤管注入 LPG 槽车。LPG 装车时需设置气相回流管道与洞罐平衡压力，提高装车速度。

LPG 自洞罐装车的液相流程：

LPG 装车的气相流程：

槽车 → 装车臂 → 管廊 → 洞罐

4.2.4　LPG 管道输送

当 LPG 为工艺装置原料时，采用管道直接输送，洞罐内的 LPG 经液下泵增压后，沿竖井管道输送至地面，经脱水、干燥后，输送至下游装置。

LPG 自洞罐管道外输的主要流程：

洞罐 → 液下泵 → 竖井管道 → 脱水设施 → 管廊 → 下游装置或接收设施

4.2.5　LPG 脱水

LPG 对外贸易或作为加工原料时，对含水率有限定要求。以丙烷为例，洞罐中外输的丙烷含有溶融水，在装车、装船或输送至下游装置前需干燥、脱水，脱水设施可以采用干燥塔或聚结器等设施。

干燥塔通常采用氯化钙等为填料，塔内设填料层，含水丙烷从干燥塔上部进入，向下穿过填料层后出塔。聚结器以压力容器为壳体，内设脱水滤芯，含水丙烷自容器一端进入，经滤芯过滤后将水分离并汇集。工程中通常设 2 套脱水设施，互为备用，分离出的水回注洞罐。

LPG 脱水的主要流程：

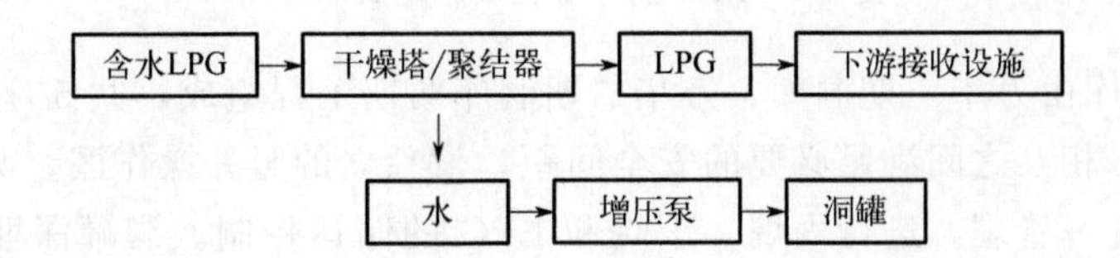

4.2.6 裂隙水处理

由于 LPG 洞库利用地下水封存，水力梯度为围岩向洞罐，洞罐内的裂隙水不断增多，为保持洞罐有效容积，洞罐内的裂隙水由液下泵定期排出。

经竖井管道排出的裂隙水输送至裂隙水处理装置，回收的气态烃可回注洞罐或排入废气处理系统。脱烃后的裂隙水应满足下游处理装置的接收要求。当无可依托的污水处理厂时，裂隙水处理装置需自建污水处理设施，处理达标后外排。

裂隙水自洞罐管道外输的主要流程：

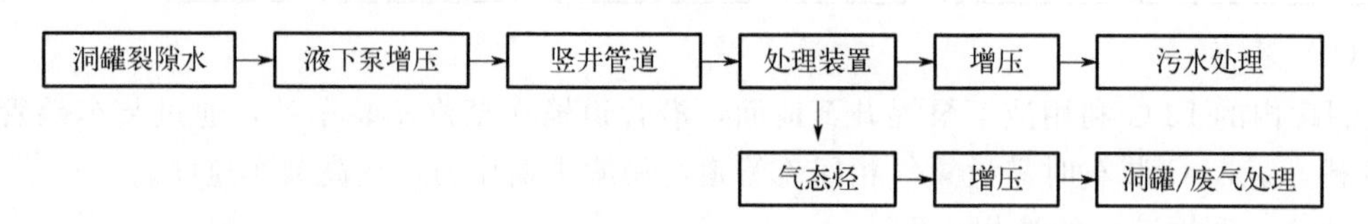

4.3 地面工程设计

4.3.1 概述

LPG 洞库项目作为独立库时其工程设施应分区布置，一般划分为地上生产区、地下生产区、辅助生产区和行政管理区。地上生产区主要包含 LPG 装卸设施、换热设施、增压设施、竖井操作区、火炬等；地下生产区主要包含洞罐、操作竖井、水幕等；辅助生产区主要包含变配电所、消防设施、中心控制室等；行政管理区主要包含办公室、守卫室等。典型工程设施组成见图 4-2。

图 4-2 LPG 洞库工程设施组成示意图

万华 LPG 洞库由万华一期洞库、万华二期洞库两期工程组成，共 5 座洞库（罐）。5 座洞库深埋在地下，相互之间满足必要的安全间距，设独立的竖井操作区。两期工程共用同一座中心控制室，统一管理，进行丙烷、丁烷和 LPG 的储运控制。洞罐深埋于地下，地面为化工装置群，工程设施相对位置示意见图 4-3。

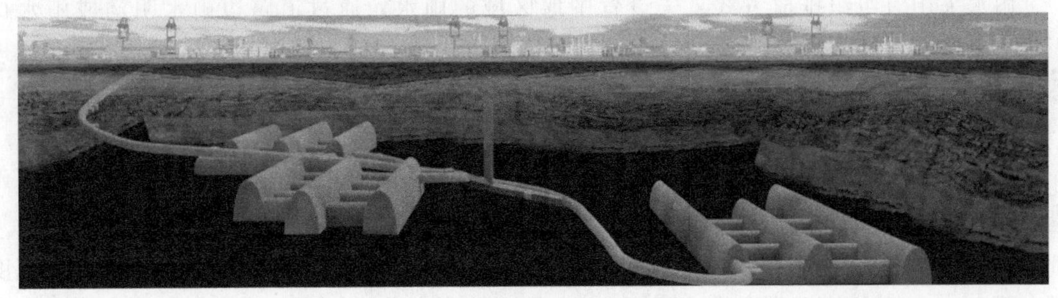

图 4-3　洞罐与地面设施示意图

LPG 洞库作为万华工业园与子项目的化工装置融合建设，洞罐竖井分布在化工装置群内，井口布置换热、裂隙水处理等设施，参见图 4-4。LPG 洞库的中心控制室、办公室等依托园区，地面工程仅为 LPG 洞库生产必需的配套设施，主要分区有码头区、换热区、竖井操作区、裂隙水处理区，以及配套的自动控制系统等。

图 4-4　洞罐地面竖井操作区工程设施示意图

4.3.2　平面布置

（1）总平面布置

LPG 洞库的竖井分别位于各自洞罐地面投影范围内，规划竖井位置时应确保与周边装置的安全间距。由于受覆土厚度等地质条件的影响，竖井开挖深度越深，所需的工期越长、成本越高、难度越大，原则上应将竖井布置在洞罐覆土厚度相对较薄的区域。

LPG 洞库地上设施的布置需考虑上下游生产关系，宜靠近下游工艺装置布置，按照工艺装置火灾危险性考虑与周边其他设施的安全防火间距。

LPG 洞库地上设施配套的机柜室、变配电所等辅助设施，根据项目用地情况因地制宜布置，应靠近服务对象布置。现场机柜室、变配电所可与 LPG 洞库地上设施集中布置在同一区域。

行政管理区的办公楼、食堂、化验室等，按其性质和使用功能集中独立成区，布置在库区竖向的高点，且宜布置在库区全年最小频率风向的下风侧。应设置相应的绿化、美化设施，处理好建筑、道路、绿地和建筑物之间的关系。

（2）竖向布置及排雨水

结合 LPG 洞库场条件和周边道路情况，地上设施区的竖向坡度一般控制在 0.2%～

0.5%之间，最低点标高高于周边道路，利于雨水的迅速排散。

雨水采用有组织排放方式。未设置围堰区域的雨水，通过道路边雨水明沟或雨水口汇集后排入雨水系统。设置有围堰区域的受污染雨水，通过暗管收集后排入污水处理系统。

(3) 道路及场地铺砌

库区内道路以满足消防、运输、检修及操作管理要求为主。厂内道路呈环形、网状布置。路面形式根据不同的区域情况分别采用城市型、公路型或混合型。

为满足消防及检修的需要，洞库地上设施所在区域应设置环形消防道路，消防道路宽度不小于6.0m，路面净空高度不小于5.0m。各区以消防道路相连，消防道路应直接通往库区外，便于消防车辆通行。

洞库地上设施界区内根据设备检修需求，设置车行检修场地，并与四周道路连接，以满足检修车辆进出需求。同时根据界区内跨桥、踏步的分布情况，设置人行道与四周道路连接，以满足巡检人员进出需求。

(4) 库区防护

为保证安全生产，沿LPG洞库地上设施用地边界设置围墙。生产管理区、汽车装卸区等特殊区域设铁栅栏围墙独立成区。围墙退让用地红线的距离根据当地政府规划设计条件确定。

为方便对外联系、合理组织交通、满足消防及运输的要求，根据不同的功能和用途，在库区主要通道与库区四周道路的衔接处设置大门。库区主要出入口不应少于2个，并宜位于不同方位。人流、货流出入口应分开设置。在人流或车流较多的大门出入口设置守卫室。

(5) 绿化

根据当地的气候及土壤条件，对LPG洞库充分绿化，按生产区、辅助区、管理区等对环境的不同要求进行分别布置。

LPG洞库的地上生产区以种植地被植物为主，稀植矮小乔木、灌木。

公用设施及辅助设施区，以种植抗污能力强的树木、花卉及芳香植物为主，如配套的机柜室、变配电所等辅助设施。

其他单元均以种植花卉、草皮及绿篱为主。

4.3.3 码头区

丙烷、丁烷及其混合物的气体可以在常温下加压或在常压下降温而液化。根据液化后的储存方法，LPG船分为压力式、半冷冻半压力式和冷冻式三种。

① 压力式船，又称为常温压力式船。LPG在常温条件下加压，超过其饱和蒸气压，LPG由气态变为液态。船舱不需要设置隔热与低温冷却设备，设计温度通常为45℃，设计压力为1.75MPa～2.0MPa。全压式LPG船的船舱容量一般在5000m^{3}以下。

② 半冷冻半压力式船，又称低温加压式船。这类船早期冷却操作温度为−5℃、操作压力0.8MPa左右，运载LPG方式接近于全压式LPG船。近年来，这类船发展为两类，较多的冷却温度为−48℃，少数运载乙烯的为−104℃，操作压力0.5～0.8MPa。目前，该类船型最大船舱容量不超过25000m^3。

③ 冷冻式船，又称低温常压船。LPG 处于常压下的饱和状态。液舱设计压力一般为 0.025MPa，单个液舱容积很少受限制，适宜建造大型船舶，容量大都为 50000～100000m^3。

由于市场需求与码头设施的限制，近年来 LPG 船并没有出现更大的船型，但随着 LPG 海运量的增加，出于航运经济性的考虑，中长距离干线运输船正朝大型化方向发展，超大型全冷式 LPG 船（简称 VLGC）的增加速度快于大中型和小型液化气船。目前，公认的 VLGC 标准船型，上一代为 78500m^3，新一代为 82000～84000m^3，最新交付的仓容都超过 80000m^3，国内造船企业最大可以做到 85000m^3 的超大型 LPG 运输船。

LPG 槽船的装卸通过码头泊位的装卸臂完成。装卸臂布置在船舶接管口附近，装卸臂规格、数量和驱动方式按要求选用。装卸臂内流速一般不超过 10m/s，船舶的辅助作业、技术作业以及船舶靠离泊时间参见表 4-1、表 4-2。

表 4-1　装卸臂选用表

泊位吨级(DWT)/t	装卸臂口径 DN/mm	装卸臂台数/台	装卸臂驱动方式	净装船时间/h	净卸船时间/h
500	—	—	—	3～5	4～6
1000	100～150	1	手动	5～7	6～8
2000	100～150	1	手动	7～9	8～10
3000	100～150	1	手动	8～10	9～11
5000	150～200	1	手动或液动	9～11	11～13
10000	200～250	1～2	液动	10～12	12～15
20000	200～250	1～2	液动	12～14	12～15
30000	250	1～2	液动	12～15	15～18
50000	300	2	液动	12～16	17～18
80000	300	2～3	液动	14～17	22～25
100000	300～400	3～4	液动	15～18	24～27
120000	300～400	3～4	液动	15～18	24～27
150000	350～400	3～4	液动	16～20	26～30
200000	—	—	—	20	30～35
250000	400	4	液动	20	35～40
300000	400	4	液动	20	35～40

表 4-2　单项作业时间表

项目	靠泊时间	开工准备	联检	商检	结束	离泊时间
500DWT～5000DWT 时间/h	0.25～1.00	0.50	1.00～2.00	1.00～2.00	0.25～1.00	0.25～0.50
1 万 DWT～30 万 DWT 时间/h	0.50～2.00	0.50～1.00	1.00～2.50	1.00～2.50	0.25～1.00	0.50～1.00

码头区的装卸设计主要包含工艺、安装、自控、电气、消防等专业内容，万华 LPG 洞库项目使用的 50000DWT 泊位见图 4-5。

图 4-5 码头区

(1) 工艺及安装

进口 LPG 来源主要是中东地区，其次是非洲和欧亚地区，低温 LPG 采用 VLGC 船运输。VLGC 船停靠的码头泊位通常不低于 50000DWT，泊位上设 LPG 卸船臂，规格不小于 DN300，每小时卸船流量通常不小于 2000m^3。

管道设计流速控制在静电安全流速范围内，LPG 在管道内的流速不应大于 3m/s。

根据码头泊位与 LPG 洞罐的距离和 VLGC 船外输压力，码头部位对应设置预冷泵和增压泵，泵体安装位置距码头前沿不宜小于 15m。

装卸臂与船舶汇管连接配置快速连接器和紧急情况下能够切断管路并与船舶接口脱离的装置，装卸臂装设绝缘法兰。

卸船工艺管道自 LPG 装卸臂底部工艺法兰口接出，连接预冷泵、增压泵后，沿管廊出码头界区。工艺管道在码头工作平台、引桥及引堤段明装敷设，管道安装设计考虑支撑基础变形或沉降的影响。管道宜采用自然补偿或人工补偿方式消除形变和应力，不得采用套管式或球形补偿器。

管道在陆域与海域分界附近设置紧急切断阀，安装位置满足紧急情况下人工操作要求，并且距离码头前沿不应小于 20m。管系、设备排空时，需接至密闭收集系统。

(2) 自控

工艺管道设置自动切断阀及控制系统，能够实现远程或事故状态下的开关操作。

场地设固定式可燃气体检测器，高出地面至少 0.3m，水平间距根据与全年最小频率风向的上下侧确定，报警信号发送至现场警报器和码头控制室的指示报警设备。

(3) 电气

场地设照明和设备配电，便于操作和设备的正常运转。

码头泊位的装卸臂、登船梯、消防炮、钢引桥等金属构件应进行电气连接，做防雷、防静电接地。工艺管道的始末端、分支等处，设置防静电接地装置和防雷击电磁脉冲接地装置，接地电阻不大于 30Ω。

在码头入口和爆炸危险场所的入口处，设置消除人体静电装置。

（4）消防

码头泊位区域设置消防设施，应采用固定式水冷却、干粉灭火方式和高倍数泡沫灭火系统。码头配置的消防设施，应能满足扑救码头火灾和靠泊设计船型初起火灾的需求，主要配置的消防设备有泡沫炮、泡沫枪，水炮、水枪，干粉炮、干粉枪，消防车和消防船。

（5）其他

国内近海 LPG 运输通常采用容积相对较小的全压式船，装船时间根据船型确定。全压式船装载 LPG 设气相返回线，引至洞库气相空间。码头泊位及管廊区域设置要求与 LPG 卸船基本相同。

4.3.4 换热区

LPG 洞库利用地下水封存，液态水填充在洞罐围岩的裂隙中。地下水遇冷结冰时伴随体积膨胀，会对洞罐围岩产生不利影响，低温 LPG 在注入洞罐前，需换热升温至零摄氏度以上。LPG 洞罐设计中要计算允许的最高储存压力，当洞罐内压力超过最高允许储存压力时，LPG 会沿洞罐围岩裂隙泄漏。为此，超过设计温度的 LPG 在注入洞罐前，需要将温度降至洞罐允许注入的最高温度以下。为避免环境温度对换热后的 LPG 造成较大的温度变化，换热区通常布置在洞罐操作竖井附近，换热后的 LPG 可快速注入洞罐。万华二期项目换热区设施见图 4-6。

图 4-6 换热区

在换热区实施热量交换，利用热源与低温 LPG 换热，将 LPG 升温至设计温度；利用冷源与常温 LPG 换热，将 LPG 降至设计温度。LPG 升温系统主要由换热器、换热热源、热源增压或循环系统组成；LPG 降温系统主要由换热器、换冷冷源、冷源增压或循环系统组成。换热器为技术成熟可靠的间壁式换热器。热源或冷源供给需稳定，温度符合换热需求。温度交换之后的热源或冷源，宜循环使用；不具备循环使用的，应配有密闭回收系统。换热用的冷源或热源应具备足够的压力，满足管系的压力需求，压力不足时应设置增压设施。

低温 LPG 升温设计，通常考虑换热热源、换热器和安全措施。

（1）换热热源

低温 LPG 升温的热源可采用蒸汽、装置外输的循环水，利用间壁式换热器换热，系统配置简单，能源利用效率高。换热系统由换热器、管道、自控阀门和循环泵等设施组成。蒸汽系统压力稳定，热换后形成凝结水，换热系统在蒸汽端不需要设增压措施；冷凝水端，需根据冷凝水接收系统背压确定是否设置增压泵。循环水系统，根据进入换热器前的压力确定是否设置增压泵。

低温 LPG 升温热源也可以采用天然气或丙烷燃烧产生的燃烧热。为避免 LPG 在换热过程中因高温而发生热结焦，增设热载体“温和”换热。热载体通常选用三甘醇或乙二醇水溶液，被加热的高温热载体在换热器中与低温 LPG 热交换，避免了与火焰直接换热。失热后的低温中间热载体由循环泵加压后返回燃烧炉再次升温，中间热载体在闭合管路内循环，实现连续换热。这种换热方式，需要配置加热炉及相关控制系统。

① 系统要求。加热系统主要由附有安全保护及监测系统的热载体加热炉、泵循环系统、自动控制系统、燃料供应系统、氮气保护系统以及膨胀罐和储存罐等组成。要求整套系统操作简便，运行安全、稳定、高效。

② 加热炉。加热炉设计应考虑沿海地区户外操作。加热炉应进行预组装，现场只需进行必要的装配和配管安装。加热炉应完全封闭，并防止超压；还应设置人孔，以方便进炉检查与维修。一般情况下，设计应考虑方便燃烧器和盘管的维护及拆除。加热炉本体应有完整的衬里和隔热措施，以保证热载体出炉温度及操作人员安全。加热炉操作时，必须保持管内热载体流动稳定，且热负荷能在名义热负荷的10%～100%之间变动。燃烧器应包括丙烷燃烧所需要的所有部件，耐用并满足热负荷要求。燃烧器安装应考虑便于火焰监测部件的维护。鼓风机为离心式风机，风机与电机采用耦合器直接相连。加热炉盘管是加热热载体的换热面。盘管设计必须用耐高温的无缝钢管，在进、出口处与集合管相连。盘管的对接焊缝必须做100%射线无损检测。

③ 烟囱。加热炉烟囱的设计应符合有关规范、标准和当地条件。烟囱应进行抗风载、抗振动荷载的稳定性计算。

④ 热载体循环。热载体通过泵进行闭路循环，所选泵的特性应满足管道回路和热载体性质的要求。热载体回路中应设膨胀罐和储存罐，用于热载体膨胀及储存。其材质和具体尺寸应能满足使用的热载体性质及循环量的要求。

（2）换热器

换热器采用间壁式，具体可选用管壳式、板式等。管壳式换热器，LPG 宜走管程，热载体宜走壳程。换热器的换热能力需要与低温 LPG 的卸船流量相匹配，不设置备用换热器，总数量宜为偶数。低温 LPG 和热源进出换热器的管道应设置切断阀。热源管道设调节阀，根据低温 LPG 流量调整热源的流量。管道上设温度计和压力计，对换热工况进行监测。

（3）安全措施

换热区应设消防系统，配置必要的灭火设施。根据周边设施情况设置地上水幕墙系统，在火灾工况下进行喷淋隔热。低温 LPG 单次卸船时间较长，存在夜间操作工况。换热区域需设置必要的照明，照明亮度应满足现场操作巡检、仪表指针读取等需求。换热器及与其连接管道的封闭段应设置安全阀，满足火灾等工况的泄放需求，安全阀后的管道选材考虑排放时低温的影响。蒸汽等高温热源，管道、容器等设备应设隔热层，减少热源损失，同时避免现场操作人员烫伤。

常温 LPG 的降温设计，主要考虑冷源、换热器和安全措施，其内容与 LPG 升温设计有相似之处。换冷冷源可采用冷冻水，用于 LPG 的降温操作。采用零摄氏度以下冷源时应考虑 LPG 含水情况，避免管道堵塞。LPG 降温用换热器选型参见低温 LPG 升温用换热器。需着重考虑低温系统特点，设置必要的隔热层和人员防护，有效利用冷能和对现场人员的安全防护。其余安全措施情况，与低温 LPG 升温工况相似。

4.3.5　竖井操作区

竖井操作区主要由操作竖井、检修区、机柜间、阴极保护间、配电间组成。万华二期项目操作竖井区设施见图 4-7。

图 4-7　竖井操作区

(1) 操作竖井

一座 LPG 洞罐通常设 1 座操作竖井，必要时可设 2 座。竖井口有开敞式和封闭式两种，开敞式井口不做任何遮挡，仅在井口周边设置 1 道围堰，防止地面污水进入竖井；封闭式井口需在井口设置 1 座防护房，防护房为封闭式，顶部设有可移动盖板，盖板设置应不影响竖井管道维护。

竖井管道及设备安装就位后，操作竖井内注水，利用液位计检测水位高度，通过新鲜水补水管道维持竖井内液位高度在设计范围。

开敞式操作竖井口周边设垂直喷淋水幕，火灾或紧急工况下形成环状水幕墙。竖井防护房内设置氮气灭火系统、通风系统和照明。操作竖井口周边配置灭火器材。

操作竖井场地设置扩音对讲电话系统、火灾报警设施和电视监控。火灾报警时，将有关报警信号、视频信号等传输至上级装置。

(2) 检修区

操作竖井检修区面积通常不小于30m×20m，地面硬化并规划管道堆放、车辆停放等功能区，宜邻近厂内道路，便于检修车辆停放和竖井管道设备的存放。

现场操作人员与值班室或者中心控制室可采用无线对讲系统通信，便于室外流动作业人员的信息传递。

(3) 建构筑物

阴极保护间宜靠近操作竖井布置。房间内放置竖井阴极保护配套设施以及地下监控设施信号转接站等。

LPG洞库可设专用机柜间和配电间，也可依托附近设施。

配电间根据操作竖井与总变电站的距离确定，生产用电负荷等级为二级。裂隙水泵、仪表用电、安防设施用电按一级负荷考虑。

4.3.6 洞罐

(1) 地下工艺设施

① 洞罐。

LPG洞罐设计温度按照所在工程场地的地温确定，不应低于地温。洞罐的设计压力应满足洞罐操作过程中的最大压力。洞罐由多条洞室连接组成，洞室之间必须具备至少一条顶部连接巷道和一条底部连接巷道，巷道位置应满足工艺流体流动需求。洞罐容积需满足周转需求，气相空间的容积不小于液相容积的3%。

② 操作竖井。

操作竖井是地面与洞罐的连接通道，安装工艺管道及设备，竖井直径一般为4～6m。竖井底部设混凝土密封塞，将洞罐与竖井隔离，并锚固竖井套管，密封塞上方填充一定厚度的膨润土。

③ 蓄水池。

蓄水池位于操作竖井在洞室底板的投影处，在竖井设备检维修时充水，防止LPG沿套管泄漏。

④ 泵坑。

泵坑位于蓄水池底部，中轴线与操作竖井一致。

悬吊在套管中的LPG液下泵和裂隙水泵的安装深度位于泵坑范围，泵坑内安装LPG套筒和裂隙水套筒，实现洞罐LPG和裂隙水分别输送。

正常操作时，泵坑裂隙水液位高度位于LPG套筒管口高度以下、裂隙水套筒管口高度以上，竖井设备维修、维护时，水位高度升到LPG套筒管口以上，液位高度控制在蓄水池范围内。

当出现事故或异常工况，需要向泵坑紧急注水，保证洞罐内LPG不沿管道泄漏。

⑤ 水幕。

为维持洞罐围岩内的水密封压力、防止储存产品沿岩石孔隙泄露，在洞罐周边设水幕。水幕系统的主巷道位于洞罐顶部，在主巷道内设水平和竖直水幕孔，最终满足洞罐在不同操作压力工况下的密封需求。

地面设有自动补水设施，补水点与水幕系统连通，地下水位过低时及时补水。

(2) 竖井管道

操作竖井内安装套管，用于地面管系与洞罐的连通。套管锚固在混凝土密封塞中，为永久设备，套管内安装的设施可更换。操作竖井中主要功能管道用于满足 LPG 的注入和外输，以及储存期间的安全监测。

套管是安装在液下泵、液位界面控制仪表及温度传感器等设备外的保护管，作用是在液下泵或自控仪表维护时将套管内充水使洞库液面与外界隔开，避免油气扩散，确保安全。

套管直径根据被保护的设备外径确定，设备检修时应确保能在套管内顺利提升至地面。

在设备安装前，套管应在竖井内安装固定，顶部设置法兰及固定设备的法兰盖。在竖井内约每 7m 设 1 套钢结构导向固定支架。

① 进罐管线。每座洞罐设 1 根进罐管道，主要功能为接收来自船运的 LPG，接收来自车运和地面球罐的 LPG，液下泵外输 LPG 时的小流量回流通道，洞罐放空线维修时接收地面封闭管段的热胀泄放通道，气相循环凝液返回洞罐的通道。

② LPG 液下泵管线。根据洞罐 LPG 液下泵数量设置泵出口管道，至少 2 条，主要功能为将洞罐内 LPG 提升至地面，输送至下游装置、码头、汽车装车设施及气化器等。

③ 裂隙水管线。每座洞罐设 2 条裂隙水泵管道，正常操作时 1 用 1 备，主要功能为提升洞罐内的裂隙水，防止洞罐液位超高或超压，也是自地面向洞罐紧急注水的通道。

④ 雷达液位测量线。洞罐设 1 条雷达液位测量管道，主要功能为连续监测 LPG 液位、LPG 与裂隙水的界位，以及洞罐液位高度报警。

⑤ 伺服液位测量线。洞罐可设 2 条伺服液位测量管道，1 条用于连续测量 LPG 液位，1 条用于连续测量 LPG 与裂隙水界位，2 套伺服液位计及管道可相互备用，用于液位高度报警。

⑥ 压力测量管线。洞罐设 1 条压力测量管道，主要功能为将洞罐 LPG 气体引至地面测量操作压力，以及套管的压力平衡通道。

⑦ 液位报警管线。洞罐设 1 条液位报警管道，安装液位开关和温度传感系统，主要功能为根据设定裂隙水液位的高、低，联锁裂隙水控制阀的开关，提供裂隙水高高、高、低、低低液位报警，联锁启停裂隙水泵。在 LPG 低液位和低低液位时报警，联锁停产品泵，在 LPG 高液位报警，在 LPG 高高液位报警并联锁停洞罐接收操作。提供测量数值，校正连续液位测量系统测量值，提供洞罐中不同高度的温度。

⑧ 气相放空管线。洞罐设 1 条气相放空管道，主要功能为洞罐接收 LPG 时的气相循环液化，洞罐 LPG 气相平衡管道，操作竖井内各套管的气相平衡管。

⑨ 温度测量管线。洞罐设 1 条温度测量管道，主要功能为洞罐内温度计电缆连接到地面的通道，洞罐阴极保护检测电缆安装通道。

⑩ 竖井内管。进料管道、LPG 液下泵出口管道、裂隙水泵出口管道，采用法兰连接，管段长度宜为 12m，尽量减少现场焊接数量。管道顶部管段至少应有一定余量，以便于最后安装长度的调整。管道顶部管段应焊接在套管顶部法兰上，并在端部安装法兰。

(3) 钢结构及防腐

竖井钢结构的主要作用是支撑和固定竖井内套管，设计时应考虑便于在竖井里组装，安装尺寸应在竖井尺寸测绘后确定，然后预制。如果钢结构在测绘前预制，结构件必须留有调整余量。

竖井内的管道及钢结构应采取防腐蚀措施。操作竖井内设一套阴极保护系统，用于井内设备、管道和钢结构的防腐，阴极保护系统由三部分组成：保护操作竖井内套管和钢结构等的外加电流阴极保护系统；保护泵坑内套筒、管道和钢结构等的牺牲阳极阴极保护系统，采用阳极块；保护竖井裂隙水套管内的管道、泵等的牺牲阳极阴极保护系统，采用阳极带。

阴极保护系统同时工作、联合保护，操作竖井内不可更换金属管道及支架的设计寿命通常不小于 50 年。

4.3.7 裂隙水处理区

（1）裂隙水处理流程

LPG 洞库外排的裂隙水，目前主要处理工艺如下：

① 汽提处理工艺。裂隙水泵定期将洞罐中的裂隙水排出洞外，保持洞罐中的水位在控制范围内。裂隙水由液下泵送至地面汽提塔，自塔顶部进塔，在塔底用鼓风机送入空气，逆向接触后除去裂隙水中的碳氢化合物，塔底出口水中 LPG 含量减小到设计值后，排至下游污水处理系统。

汽提塔顶排出的含烃空气输送到氧化单元，通过氧化处理后排放，气体中的烃类物质可减小到地方环境允许排放标准以下，经放空管排入大气。

② 真空解析处理工艺。裂隙水由液下泵送至地面的缓冲罐进行气液分离，液相由缓冲罐底部裂隙水进料泵送至真空解析塔。经过抽真空处理，缓冲罐和真空解析塔各有一部分混合气抽出，混合气体经过增压后回注洞罐。裂隙水由真空解析塔底排出，送至下游污水处理系统。万华二期项目真空解析设施见图 4-8。

图 4-8 真空解析设施

（2）外排裂隙水

自裂隙水处理装置外排的除烃裂隙水，达到下游处理系统接收条件时，可以排入污水处理厂处理。如果无污水处理厂依托，应自建污水处理设施进行深度处理。

污水处理设施的处理工艺及设备配置，根据外排要求配置，例如，处理后裂隙水外排至城市污水管网，或达到回注地下标准要求。

（3）装置布置

裂隙水处理设施宜靠近洞罐操作竖井，与操作竖井区地面设施临近布置。

4.3.8 自动控制

LPG 洞库自动控制一般由三个系统构成：分散型控制系统（DCS），实现对库区重要参数的监控和操作；紧急停车系统（SIS），实现对工程的安全联锁保护；火气系统（FGS），实现对库区内火灾、可燃气体浓度的监控，并能完成相应报警、消防等动作。

DCS 和 SIS 两套系统之间采用冗余方式实时通信，实现数据的共享，并通过硬连接的方式实现重要联锁、报警信号的传递。

(1) 系统总体要求

自动控制三套系统之间采用冗余方式实时通信，实现数据的共享，并通过硬连接的方式实现重要联锁、报警信号的传递。三套系统相辅相成，共同实现工程的监控、操作、联锁保护、火灾和过程泄漏的消防控制等功能。

LPG 洞库位于沿海等较多雷暴日的地区时，控制室的控制系统设备及相关电源系统均做防浪涌保护设计，防止感应雷电等产生的浪涌电压对控制系统的损害，保证控制设备的安全运行。

(2) DCS 控制系统

DCS 控制系统采用远程控制站加中心控制室操作站的模式。LPG 洞库、码头、装车场等设施的显示、人工操作均通过中心控制室 DCS 操作站完成，控制功能由位于现场机柜室内的 DCS 控制站完成。现场机柜室无人值守，仅用于安装 DCS、ESD、FGS 控制站机柜等。

汽车装车控制系统 TCS 在结构上作为 DCS 系统的一部分，实现定量装车控制与销售。销售管理计算机配备成熟的销售管理软件，用于销售及管理。典型 DCS 控制系统见图 4-9。

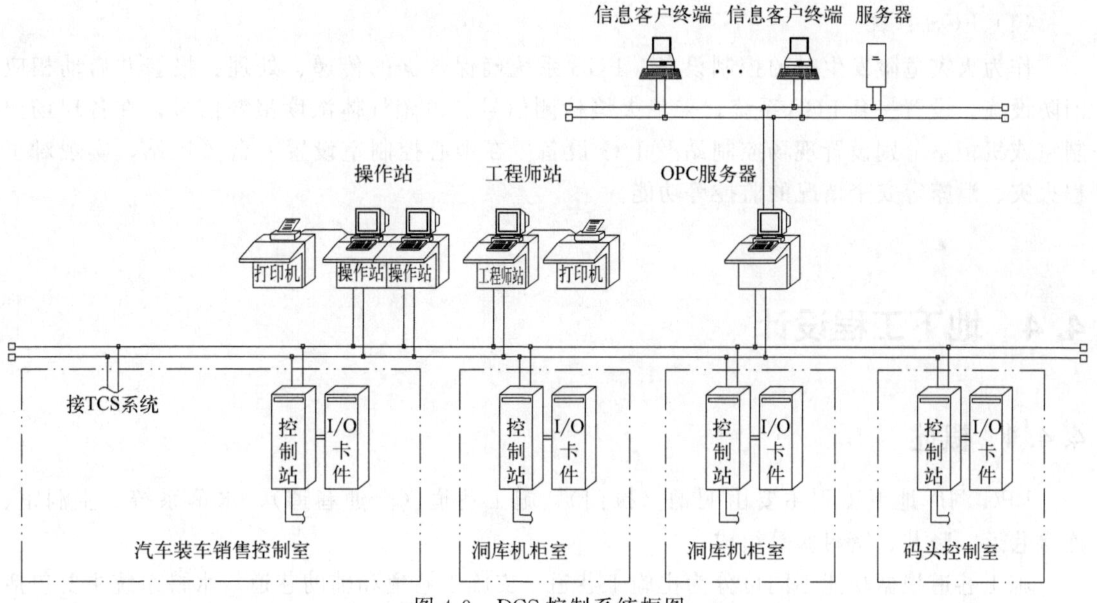

图 4-9 DCS 控制系统框图

(3) SIS 系统

LPG 洞库工程应设置紧急停车保护系统（SIS）。系统安全等级为 IEC61508 SIL2 级，SIS 系统、SIS 系统现场测量元件及执行元件等设计均应满足该安全等级的要求。在现场机柜室及中心控制室分别布置 SIS 控制站及 I/O 设备等，分别负责相应区域的安全逻辑控制。其中码头控制室的 SIS 设备还负责码头区的所有过程数据的采集、控制功能，并将相应数据传输至 DCS 系统。

在中心控制室设置辅助操作台，布置各操作区的紧急停车按钮、联锁复位按钮、旁路按钮、重要报警灯、状态指示灯等设备，实现紧急情况时人工干预。中心控制室设 1 台工程师站、3台操作站及2台打印机。典型SIS控制系统见图4-10。

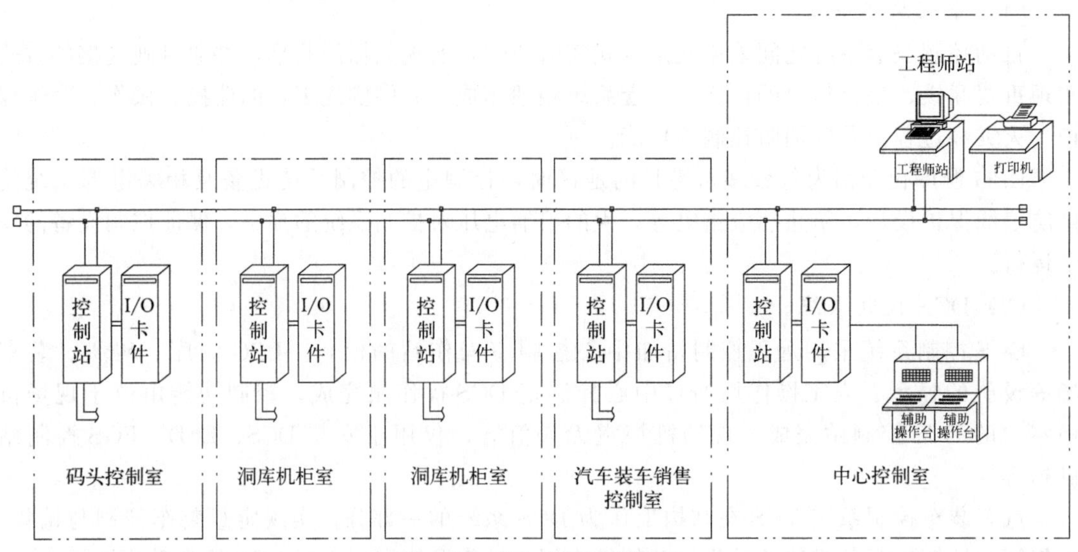

图4-10 SIS控制系统框图

（4）FGS系统

作为火灾危险发生时的控制设备，FGS系统确保数据的传递、处理、报警并启动相应消防设施。设置一套FGS系统，采集火焰检测信号、可燃气体浓度报警信号，在各现场控制室或机柜室分别设置现场控制站及I/O设备。在中心控制室设置一台监控站，实现对工程火灾、泄露等安全情况的监控等功能。

4.4 地下工程设计

4.4.1 概述

LPG洞库地下工程主要由明槽（拉门）、施工巷道（交通巷道）、水幕系统、主洞室、连接巷道、竖井、密封塞等组成。

施工巷道根据功能不同可分为主施工巷道、支施工巷道和辅助巷道。水幕系统主要包括水幕巷道、水平水幕孔、垂直水幕孔及斜水幕孔。竖井根据用途分为通风竖井、操作竖井、施工竖井等。根据设置位置不同，密封塞分为竖井密封塞、主洞室密封塞等。

LPG洞库地下结构设计主要分为基础设计阶段和详细设计阶段。基础设计阶段的主要内容：根据水文、地质勘察资料确定洞库的详细平面布置，包括主洞室的间距及走向，水幕巷道的布置及走向，施工巷道的布置及入口位置，竖井位置及地面配套设施的平面布置；各巷道洞室的截面尺寸；支护的基本方案及形式。详细设计阶段的主要内容：在施工开挖过程中，根据施工勘察及监测数据，对基础设计内容进行动态优化及调整。详细设计贯穿整个洞库施工过程，做到施工全过程的动态设计。本章节主要以万华二期项目为例，来论述LPG洞库地下工程的设计工作。

4.4.2 洞罐平面布置及结构

洞室主轴线的方向应根据场址库区主要岩层及地质构造特征进行布置，满足大跨度、高边墙、不衬砌及地下水稳定的要求。原则为：当库区岩体处于低地应力区时，洞室的设计主轴线方向应与岩体主要结构面走向呈大角度相交；当库区岩体处于高地应力区时，洞室的设计主轴线应与近水平最大主应力方向平行或小角度相交。

洞室断面形状应根据岩体质量等级、地应力、储存产品的种类、存储压力等来确定，并考虑施工方法和效率。洞室断面的宽度宜为 15～25m，高度不宜大于 30m，充分利用岩体自稳能力。

洞室的净间距不应小于洞室净跨的 1.4 倍。经过实际工程计算，当净间距小于 2 倍洞室净跨时，会在洞室边墙底部产生较大的应力叠加区，给洞室的围岩稳定和支护带来不利的影响。而 3 倍以上洞跨的净间距基本可以消除相邻洞室间的相互作用效应，但降低了平面布置的库区空间利用率。综合考虑，洞室的净间距一般选为 2 倍洞室净跨。

洞室应埋置在地质构造简单、岩体相对完整，上覆盖岩层厚度适中的区域内，且地下水位稳定，水文地质条件能满足 LPG 洞库水封的要求，同时应考虑产品温度的储存压力要求。洞室顶板距设计稳定地下水位的垂直距离不宜小于 60m，且满足下式：

$$H \geqslant H_w + h_i + a \tag{4-1}$$

式中 H——设计稳定地下水位至洞室顶板的垂直距离，m；

H_w——储存产品的饱和蒸气压力对应的水柱高度，m；

h_i——洞室形状系数，取 15m；

a——安全储备裕量，不小于 15m。

万华二期洞库所在区域周边发育北东向 F6、F7、F9 断层、北北东向 F8 断层。F6、F7、F8 断层均倾向库区外侧，其中 F6、F7 断层控制库区西北侧边界，F8 断层控制库区东侧边界。F9 断层位于库区中部，自西南向东北斜穿拟选洞库区，走向 NE25°，倾向 SE115°，倾角 80°～90°。因此洞室平面布置应避开 F9 断层的影响。同时，库区周边还发育多条破碎带，根据地质调查、物探及钻探成果资料，破碎带影响深度及范围较小，不作为洞库平面布置主要考虑因素。

洞罐设计温度 20℃、设计压力 897.6kPa，设计稳定地下水位标高±0.0m，洞室顶板标高为－120m。

根据地应力测试成果，在相应的设计洞底标高范围内，万华二期洞库岩体最大水平主应力最大值为 13.22MPa，最小水平主应力最大值为 8.73MPa，库区优势主应力方向为 NE78°，参阅《工程岩体分级标准》(GB/T 50218—2014) 规定，库区不属于极高及高地应力区。结合库区内主要发育的五组不同方向结构面，洞室主轴线走向控制在 NE50°～90°范围内，进行模拟计算对比，计算选取结构面见表 4-3。

表 4-3 不同洞室轴向下的结构面相对倾向

优势结构面	原始产状		相对倾向/(°)				
	倾向/(°)	倾角/(°)	NE50°	NE60°	....	NE85°	NE90°
优势组 1	100	65	50	40	....	15	10
优势组 2	87	35	37	27	....	0	357

续表

优势结构面	原始产状		相对倾向/(°)				
	倾向/(°)	倾角/(°)	NE50°	NE60°	....	NE85°	NE90°
优势组 3	185	65	135	125	....	100	95
优势组 4	302	36	252	242	....	217	212
优势组 5	283	71	233	223	....	198	193

在水平最大主应力 NE78°的基础上，根据洞室轴向应该与最大主应力方向小角度相交、与主要结构面走向大角度相交的原则，以 9 种轴向工况进行设计计算：NE50°、NE55°、NE60°、NE65°、NE70°、NE75°、NE80°、NE85°、NE90°。洞室及其结构面的设计切割模型见图 4-11。

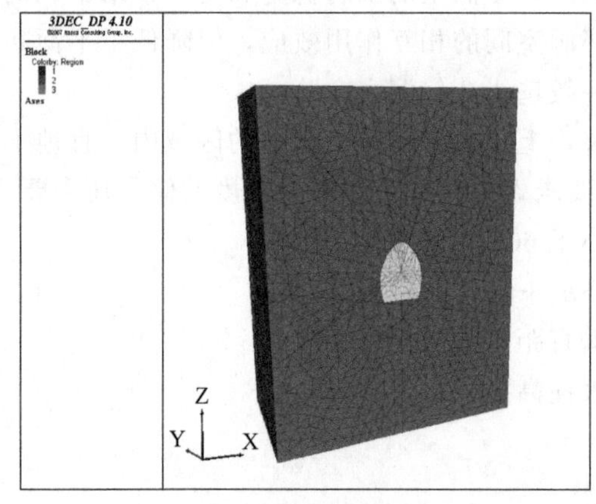

(a) 洞库模型区块划分

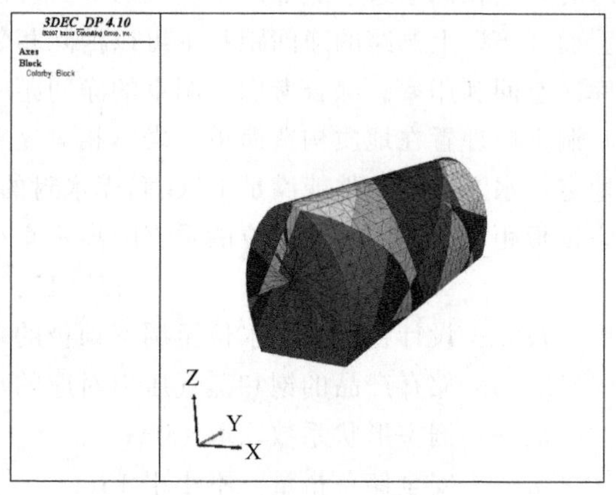

(b) 结构面块体组合

图 4-11　洞室及结构面切割模型（见文后彩插）

以围岩总塑性区体积、掌子面塑性区体积以及围岩最大位移为评价指标，对不同工况下的主洞室围岩稳定性进行评价，具体计算结果见表 4-4。

表 4-4　不同轴向下主洞室变形情况表

工况	总塑性区体积/m^3	掌子面塑性区体积/m^3	位移/mm
NE50°	3143	178.6	14.7
NE55°	3061	158.9	14.1
NE60°	2250	122.4	13
NE65°	1857	79.9	12
NE70°	1418	73.4	11.7
NE75°	1362	67.1	11.3
NE80°	1263	35.1	10.8
NE85°	1334	58.4	11.3
NE90°	1379	66.7	13.7

当主洞室轴向位于 NE70°～90°时，上述三个评价指标数值都较小，表明洞室围岩稳定性较好。因此选取洞室主轴线方向为东西向。

丙烷洞库断面设计对三种常见的主洞室截面进行对比优选，包括马蹄形、直墙圆拱形、折线墙圆拱形，截面形状及尺寸见图 4-12，考虑丙烷洞库库容量一定，控制三种截面面积相同，均为 $474m^2$。

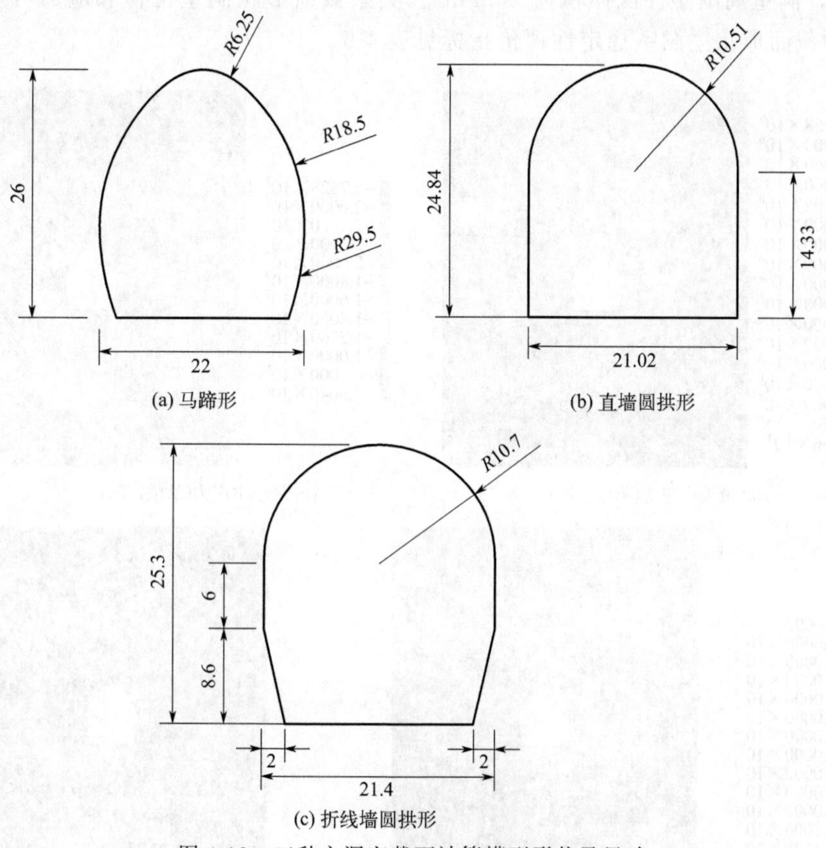

图 4-12　三种主洞室截面计算模型形状及尺寸

基于 3DEC 数值分析平台（不考虑结构面时为有限差分法），构建的三种截面形状的主洞室等效连续介质数值模型，见图 4-13，模型轴向长度为 10m，岩体等效力学参数按前述内容施加。

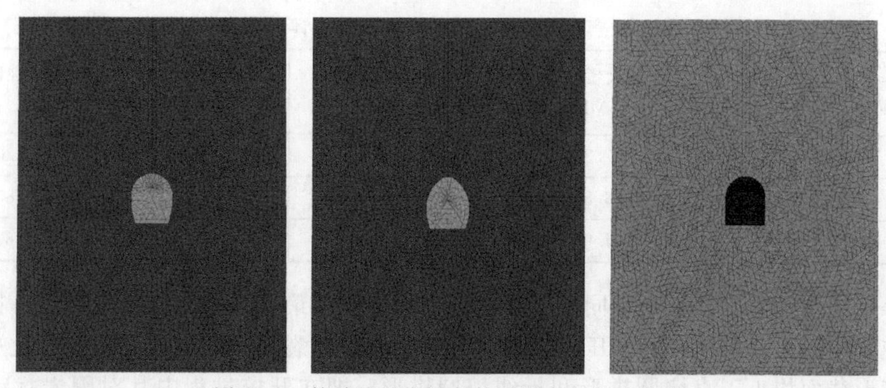

图 4-13　等效连续介质条件下洞室区数值模型

马蹄形洞室开挖后的应力场、位移场及洞室周围塑性区的分布情况如图 4-14。在洞室拱顶以及边墙与底板拐角区域出现了应力集中现象，拱肩、洞边墙以及底板区域出现应力松弛。最大主应力分量中，最大压应力值约 7.216MPa，最大拉应力值约 34.566kPa；最小主应力分量中，最大压应力为 27.328MPa，最大位移值则位于洞室两侧边墙处，最大值约 11.528mm，洞室周围塑性区体积为 20.2m^3。其余截面形状洞室位移和应力分布特征与之类似，三种截面形状主洞室稳定性评价指标见表 4-5。

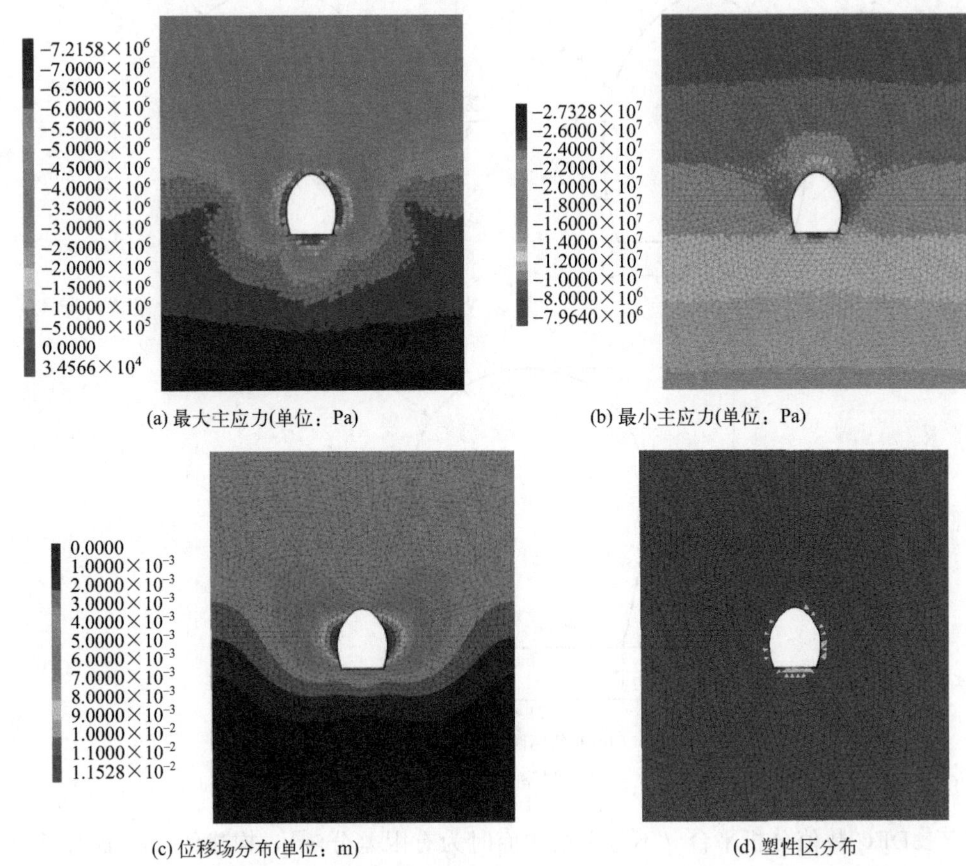

图 4-14 洞室开挖后的应力场、位移场及洞室周围塑性区分布图（见文后彩插）

表 4-5 不同截面形状主洞室稳定性评价指标

洞室截面 \ 评价指标	最大压应力 /MPa	最大拉应力 /kPa	最大位移 /mm	塑性区体积 /m^3
马蹄形	27.328	34.566	11.528	20.2
直墙圆拱形	26.845	74.401	11.981	80.7
折线墙圆拱形	24.989	74.400	11.635	82.9

在等效连续介质中，三个不同截面形状的主洞室，其最大压应力值较为接近，且其大小不至于使岩体破坏，反而有利于压密岩体内部的一些节理裂隙。考虑最大拉应力及塑性区体积，马蹄形截面均小于直墙圆拱形和折线墙圆拱形，即在开挖过程中其对围岩扰动相对更小，洞室围岩稳定性更好，分析可得马蹄形截面的主洞室为最优方案。构建的三种截面形状的主洞室非连续介质模型，如图 4-15。

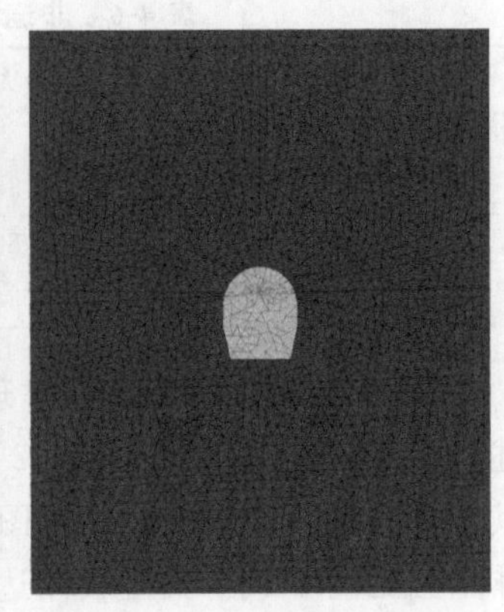

图 4-15　非连续介质条件下洞室区数值模型

马蹄形洞室开挖后的应力场、位移场及洞室周围塑性区的分布情况如图 4-16。在洞室拱顶以及边墙与底板拐角区域出现了应力集中现象，拱肩、洞边墙以及底板区域出现应力松弛。最大主应力分量中，最大压应力值约 9.212MPa，最大拉应力值约 67.367kPa；最小主应力分量中，最大压应力为 35.244MPa，最大位移值则位于洞室两侧边墙处，最大值约 11.984mm，洞室周围塑性区体积为 5.3m^3。三种截面形状主洞室稳定性评价指标见表 4-6，从计算结果数值可得出与等效连续介质条件下相同的结论，最优选方案为马蹄形。

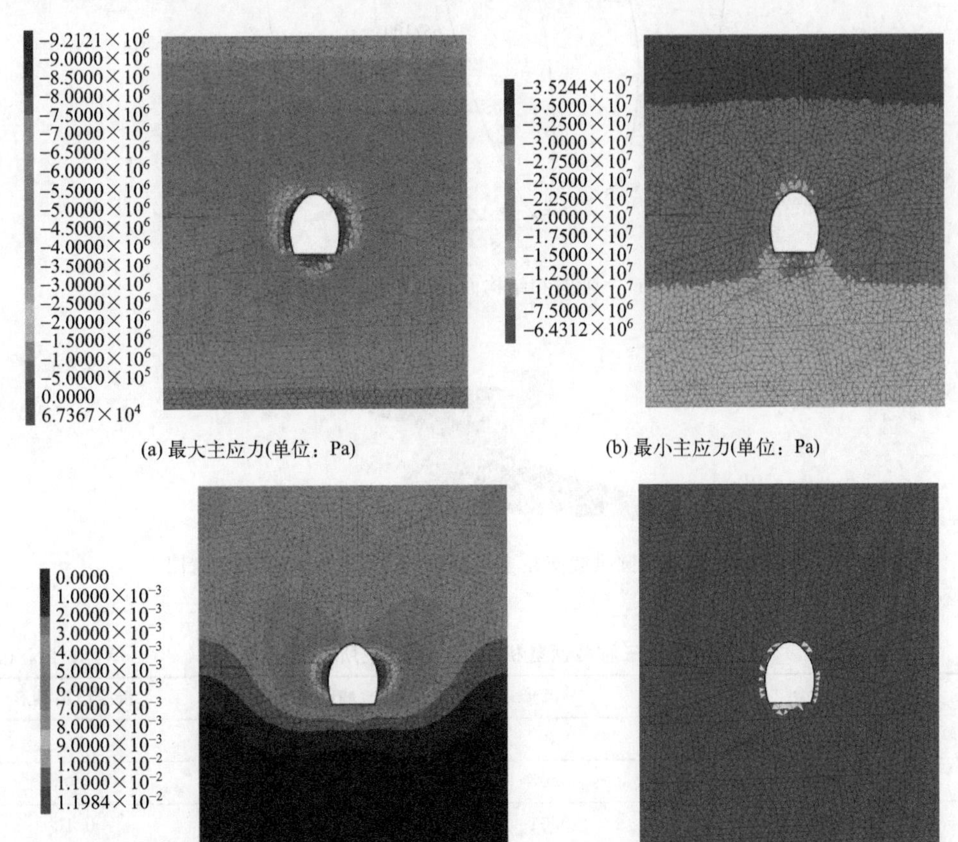

(a) 最大主应力(单位：Pa)　(b) 最小主应力(单位：Pa)

(c) 位移场分布(单位：m)　(d) 塑性区分布

图 4-16　非连续介质下洞室开挖后的应力场、位移场及洞室周围塑性区分布图（见文后彩插）

表 4-6　非连续介质下不同截面形状主洞室稳定性评价指标

截面形状＼评价指标	最大压应力/MPa	最大拉应力/kPa	最大位移/mm	塑性区体积/m^3
马蹄形	35.244	67.367	11.984	5.3
直墙圆拱形	58.453	74.400	12.648	32.7
折线墙圆拱形	34.817	74.400	12.145	16.0

通过 Unwedge 程序的块体理论对不同截面形状洞室进行稳定性分析，主洞室轴向选取上述分析所得的最优轴向 NE82°，各组优势结构面强度参数设置也与前文一致。马蹄形洞室及其结构面产状的赤平投影见图 4-17，折线墙圆拱形截面在结构面 J1/J3/J4 组合下形成的块体示意见图 4-18，关键块体达到稳定性要求所需支护力大小为 0.10kN/m^2。

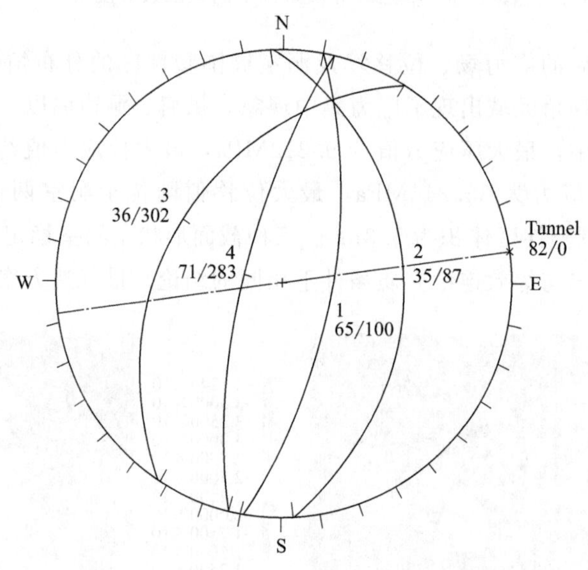

图 4-17　轴向和结构面产状的赤平投影图

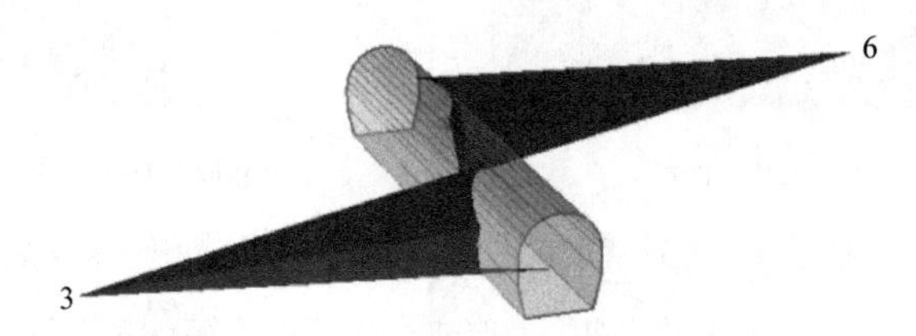

图 4-18　折线墙圆拱截面在 J1/J3/J4 组合下形成的块体示意图

表 4-7　三种截面随机块体达到稳定所需支护力　　单位：kN/m^2

结构面组合	马蹄形	直墙圆拱形	折线墙圆拱形
J1/J2/J3	0	0	0
J1/J2/J4	0.07	0.05	0.06
J1/J3/J4	0.04	0.09	0.10
J2/J3/J4	0.04	0.03	0.03
总支护力	0.15	0.17	0.19

计算结果表明（表 4-7），J1/J2/J3 结构面组合下没有形成不稳定块体，在其他结构面组合下，马蹄形相对于直墙圆拱形、折线墙圆拱形而言，达到稳定所需总支护力较小，结合上述等效连续介质及非连续介质条件下数值计算结果，分析得出马蹄形为三者中最优主洞室截面形状。

因此主洞室的截面形状采用三心曲墙圆拱截面（马蹄形），截面为 22m（宽）×26m（高），详见图 4-19。采用分层开挖方案，根据洞库数值计算分析及洞库施工经验，采用 4 层台阶开挖，每层的开挖高度分别为：8m、6m、6m、6m。

主洞室采用三心曲墙圆拱截面，除受力分析较合理以外，还主要考虑施工及造价两方面因素。

图 4-19　主洞室截面图

（1）*施工进度与难易程度*

通过对同类 LPG 洞库施工中的专项对比，曲墙与直墙两种断面形式若均采用水平孔钻孔爆破，其施工的进度和难易程度均没有明显的差别。

直墙断面洞库采用垂直孔的预裂爆破法施工，虽然施工速度略快于曲墙水平爆破施工，但是该爆破方法振动影响大，对洞库围岩稳定不利。同时影响超前预注浆封堵的效果，对洞库密封性能存在安全隐患。另外，为防止底层出现较大超挖，最底层垂直爆破需预留约 2m 厚底板保护层，待垂直爆破完成后，再进行水平光面爆破剥皮，进而形成最终主洞底板，即垂直爆破较水平爆破增加了一道工序，总的施工工期未必能缩短，且垂直钻孔粉尘严重，也不利于职业健康。

（2）*造价成本方面*

曲墙洞库较直墙洞库断面围岩稳定性更好，因此曲墙断面支护工程量会相应减小，降低建库的工程造价。

直墙断面主要是为垂直爆破提供便利，但通过已建洞库的施工经验证明：垂直爆破一次装药量大，爆破震动大，不利于围岩的稳定，支护量需增加，工程造价反而有所增加。

根据勘察资料及数值计算分析，综合确定 LPG 洞库适宜建设的岩体范围。万华二期洞库的平面布置分为两部分：北侧丙烷洞库二设计容积为 $60\times10^4\mathrm{m}^3$，由 4 个洞室组成；南侧丙烷洞库三设计容积为 $60\times10^4\mathrm{m}^3$，由 4 个洞室组成。主洞室横截面形式采用宽 22m、高 26m 的马蹄形。各条主洞室之间采用连接巷道相连，保障丙烷的气液连通。

工程场地岩体组成总体与万华一期洞库基本相同，但平均岩体质量偏弱。同时，项目场地内存在大量断层及破碎带，主要为贯穿库区南北的 F9 断层和 P9 破碎带，对洞库平面布置形成一定的挑战。工程单洞罐容积较大，洞罐截面选用、岩体支护等方面需进行针对性的优化。

4.4.3　明槽

明槽是 LPG 洞库的地面明挖部分，与进入地下岩体的施工巷道洞口段相连接。明槽的位置应选在近地表岩体相对较好的区域，保证施工巷道洞口段的结构安全。由于明槽的使用贯穿整个洞库施工周期，还应考虑施工人员、机具、石渣外运等的安全及通畅，并适当提高支护等级，避免洪水等季节性极端天气的不利影响。万华二期项目地下设施平面示意见图 4-20，万华一期洞库项目明槽见图 4-21。

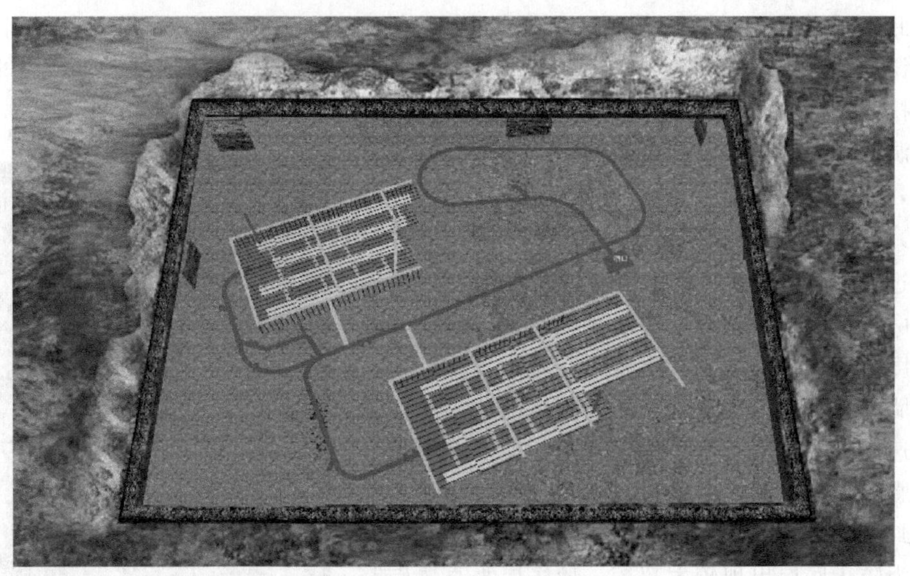

图 4-20 洞库平面示意图

图 4-21 洞库明槽示意图

万华二期洞库项目所在区域属丘陵地貌，洞库区场地高程在 40.0～148.13m 之间，最高点位于园区中部山顶部。洞库入口选为山南侧挖方区，上部山体强风化覆盖层较厚，满足洞库入口选取条件，故不需要设置明槽，直接设置拉门，见图 4-22。

图 4-22　洞库拉门示意图

4.4.4　施工巷道

施工巷道是 LPG 洞库开挖石渣外运的主要通道，同时也承担着运送支护材料的功能。因此施工巷道的断面应满足施工机具双向通行、施工人员单侧通行，并考虑通风、给排水、电力和其他设施占用空间的要求。根据洞库库容的大小，如有多个洞室，分为主施工巷道、支施工巷道和辅助巷道。断面形状宜采用直墙拱形，高度和宽度不宜小于 8m，底板宜铺设钢筋混凝土路面。

施工巷道的转弯半径和纵向坡度应满足施工机具的工作要求，转弯半径不小于 50m，最大纵向坡度不大于 13%。考虑到运输车辆大多为重型载重汽车，施工巷道内的照明及路况复杂，出渣高峰期对向行驶车辆大大增加，为保证车辆在施工巷道内的行驶安全，施工巷道的直线段纵坡坡度不宜大于 10%，转弯曲线段不宜大于 8%。同时，为避免重型载重汽车在连续长距离上坡时出现动力不足熄火倒车的危险，在施工巷道内每隔 150m～200m 应增设平坡段或坡度小于 3%的缓坡段。

万华二期洞库项目建设采用斜巷开挖施工。施工巷道由洞库拉门、主施工巷道、通往水幕系统的支施工巷道、通往丙烷洞库二的支施工巷道、通往丙烷洞库三的支施工巷道组成。

所有施工巷道底板均采用 C25 混凝土铺砌，厚度 300mm。丙烷洞库二和丙烷洞库三的支施工巷道与主洞室相交处设置钢筋混凝土密封塞，防止洞库内的油气外泄。

施工巷道设计为双车道及单侧人行道，考虑通风管道及安全高度的要求，截面尺寸为 10m（宽）×9m（高），截面形式为直墙圆拱式，见图 4-23。施工巷道设计坡度一般不超过 10%，每隔 200m 设置缓坡段，坡度不超过 2%。在施工巷道中每隔 150m～200m 设置综合洞室，方便交通巷道开挖过程中临时配电布置、施工物资暂存，以及运渣车掉头，提高了施工效率。同时，空置的综合洞室设置防撞沙堆，保障运渣车在长下坡过程中遇紧急情况的人员安全。综合洞室的截面根据功能确定，通常截面高度为 6m～8m，宽度为 7m～8m。

图 4-23 施工巷道断面图

4.4.5 水幕系统

LPG 洞库采用水压密封的原理，利用地下水封压力大于储存产品的饱和蒸气压，阻止 LPG 沿围岩裂隙外溢，并保持地下水渗流场的平衡，保证洞库的液密和气密性能。相关示意见图 4-24～图 4-26。

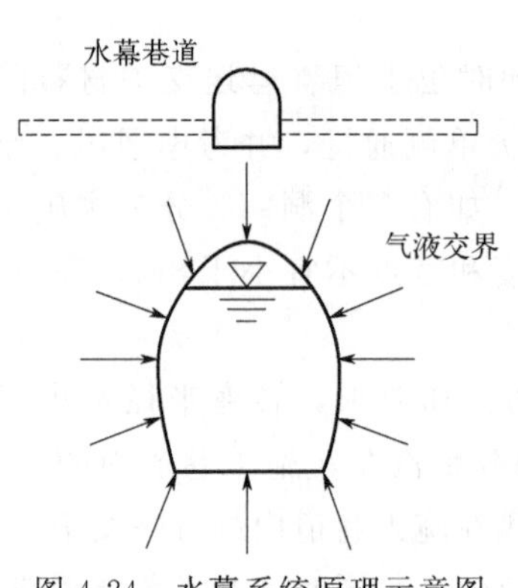

图 4-24 水幕系统原理示意图

图 4-25 水幕巷道及水幕孔示意图

图 4-26 垂直水幕孔施工

水幕巷道是水幕孔施工的巷道，在运营时充满水，其本身也是水幕系统最大的岩体裂隙连接通道。水幕巷道的截面形式宜采用直墙圆拱，跨度与高度应满足施工要求，且不小于 4m。水幕巷道底板至主洞室顶面的垂直距离不宜小于 20m，水幕巷道尽端超过主洞室端墙的不宜小于 20m。为保证运营期水幕巷道充分发挥岩体裂隙联系通道的作用，巷道底板不铺砌，开挖时在满足施工安全的条件下尽量避免不必要的喷混支护及注浆施工。

水幕孔分为水平水幕孔和垂直水幕孔，在水幕巷道端头如有必要可增设斜水幕孔。水幕孔孔径宜为 76mm～100mm，初步规划间距宜取 10m～20m，最终间距根据水幕系统效率试验结果确定。水平水幕孔超出主洞室外壁的覆盖范围不小于 10m，垂直水幕孔孔深应超出主洞室底板不小于 10m。水平水幕孔和垂直水幕孔示意见图 4-27、图 4-28。

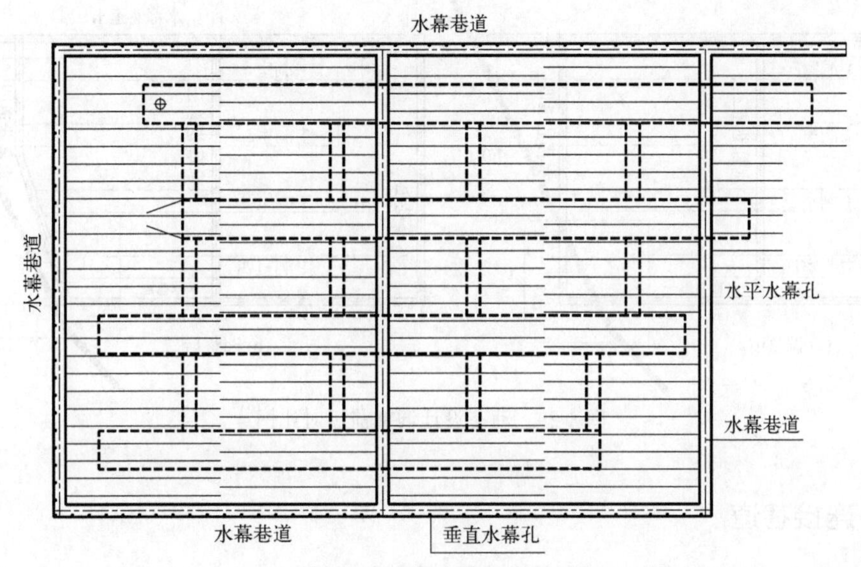

图 4-27　水平水幕孔布置图

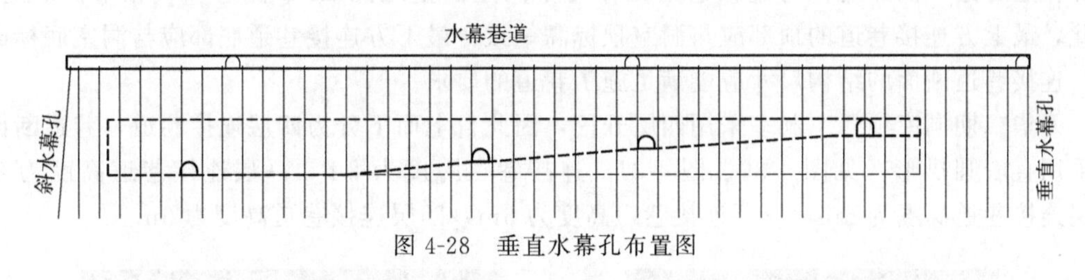

图 4-28　垂直水幕孔布置图

万华二期洞库项目水幕巷道截面采用直墙圆拱，断面尺寸为 7m（宽）×6m（高）。水平水幕孔孔径为直径 100mm，为保证水幕孔联通效率及施工水平度，最大长度不超过 100m，伸出主洞库平面布置边界 20m。垂直水幕孔直径为 100mm，深度低于主洞库底板高程 20m。水幕孔初始设置间距为 10m，为了判断水幕孔与主洞室之间岩体的水幕效率，进而对低效率区域进行人为的改善，需进行水幕效率试验。对水幕效率试验（包含区域效率试验和补充效率试验，水平水幕和垂直水幕分别进行）的数据进行分析，确定增加设置水幕孔的位置和数量。最终通过全面水力效率试验，对水幕系统与主洞室间的岩体渗透性进行评估，进一步确保地下水封洞库的密封性和安全性。

万华二期洞库场地自然地势东高西低，地下水整体流向为自东侧的山体高地至西侧的河流低洼地。项目库址位于东侧的山体高地，处于地下水的排泄区。地下水流向及流量的变化，对万华二期洞库项目水幕系统的效率及压力产生一定影响。水幕系统设计方案充分考虑了地下水系统的影响，对孔位布置等进行了针对性优化。

丙烷洞库二部分水幕巷道横穿 F9 断层。在施工巷道三次通过 F9 断层的过程中，逐渐摸清了断层准确走向及有效影响范围；及时调整了丙烷洞库二部分水幕巷道的长度及走向，在满足库容总体设计要求的前提下相应调整丙烷洞库二主洞室的布置；消减了水幕巷道因贯穿 F9 断层所需的堵水注浆，加强支护等工程措施，节省了工程成本，大大提高了水幕巷道施工进度，是动态设计、动态施工最直接的体现，见图 4-29。

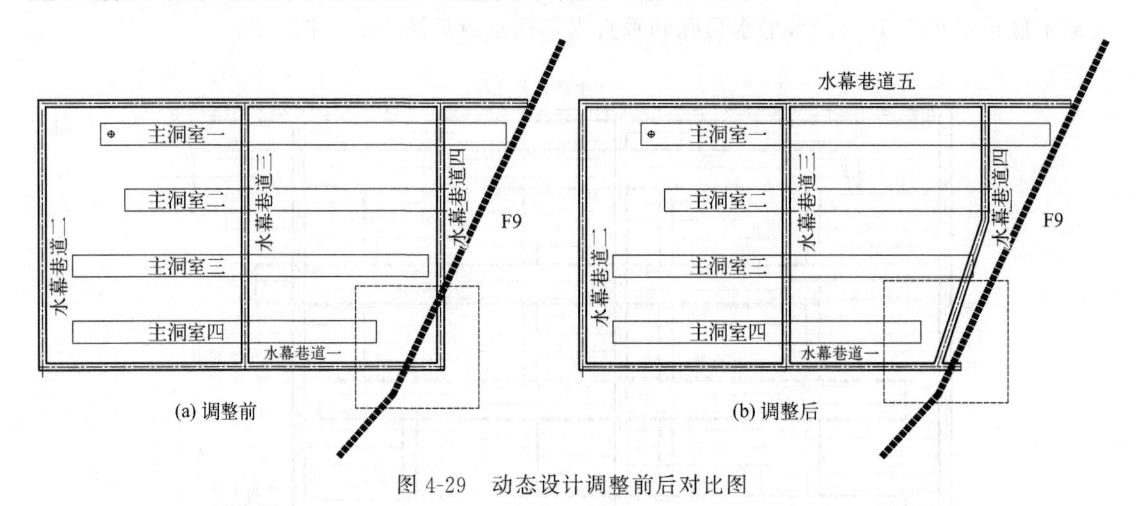

图 4-29　动态设计调整前后对比图

4.4.6　连接巷道

连接巷道是各条主洞室之间的连接通道。主洞室在分层开挖施工时因此可以形成闭合的循环作业通道，洞库运营时连接巷道则作为不同主洞室之间 LPG 流通和气相平衡的通道。因此，最上方连接巷道的顶部应与洞室顶标高一致，最下方连接巷道底部应与洞室底标高一致。连接巷道断面的结构尺寸应能满足施工巷道的要求。

万华二期洞库项目主洞室采用四层开挖，因此自上而下分为四层连接巷道，巷道断面形状采用直墙圆拱形，见图 4-30、图 4-31。连接巷道跨度为 8m，一层连接巷道高度为 8m，二层连接巷道高度为 6m，三层连接巷道高度为 6m，四层连接巷道高度为 6m。

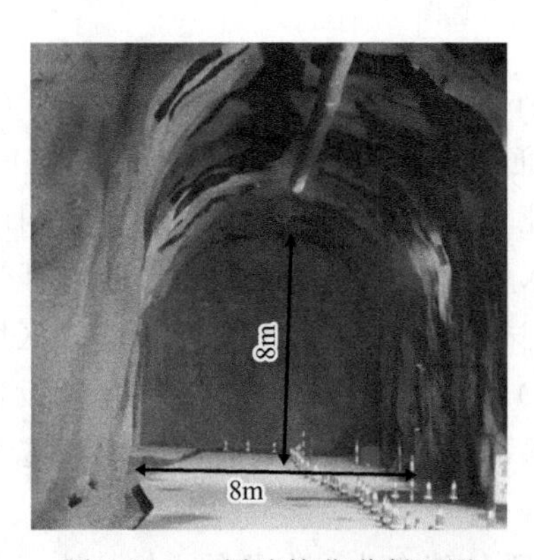

图 4-30　一层连接巷道断面图

图 4-31　二至四层连接巷道断面图

4.4.7　竖井

竖井是由地面至洞室或施工巷道内的垂直通道，根据功能分为操作竖井和通风竖井。

① 操作竖井用于安装产品管道，排水管道、仪表、电缆等设施，是洞库与地面设施之间传输产品的唯一通道。竖井断面宜为圆形，直径应能满足竖井施工及设备、管道安装的需要。操作竖井与主洞室连接处应设置密封塞，底部应设置集水池和泵坑，竖井低于主洞室的深度应满足产品泵的要求。示意图见图 4-32。

② 通风竖井用于施工巷道及洞室等的辅助通风。由于 LPG 洞库工程多为大断面、高污染、多工作面、复杂结构，埋置较深，施工巷道较长，从地面通过施工巷道送风效率低下，为满足现场施工环境，提高施工效率，可采用通风竖井辅助通风的方案。竖井断面宜为圆形，直径应满足所需风量的要求。

万华二期洞库项目两座操作竖井直径均为 6m。竖井内与主洞室连接处设置钢筋混凝土密封塞为主要承载构件，同时起到密封竖井、防止储库内产品外泄的作用。靠近地面处设有钢筋混凝土锁口加固构件及操作钢平台。万华二期洞库设置一个通风竖井。通风竖井在洞库建设期结束后进行地面保护，作为运营期水幕系统补水的主要通道。

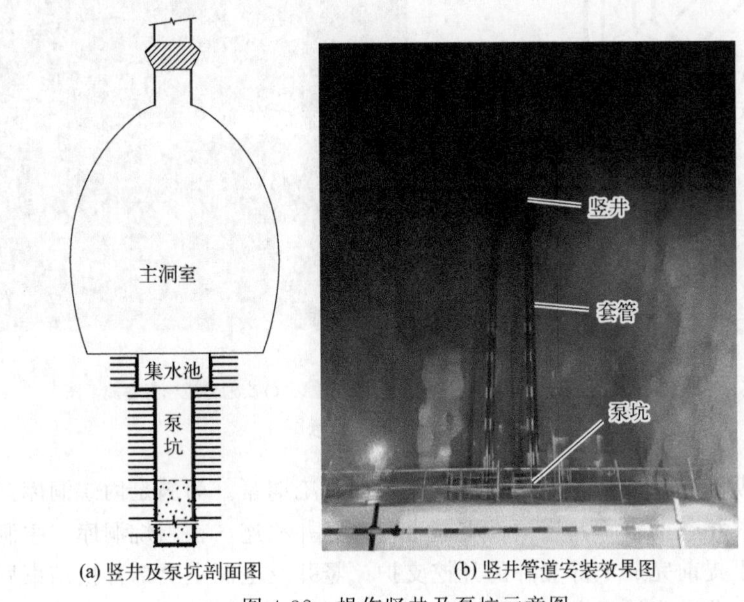

(a) 竖井及泵坑剖面图　　(b) 竖井管道安装效果图

图 4-32　操作竖井及泵坑示意图

4.4.8　密封塞

在操作竖井与主洞室连接的下端以及施工巷道与主洞室之间设置的钢筋混凝土密封塞，用于主洞室与外界的密封隔绝，同时承担竖井内管道、电缆、设备、回填土及渗入水的部分荷载。密封塞混凝土等级宜为 C20～C35，上下表面宜双层双向配置钢筋。密封塞键槽嵌入稳定岩体，并应对嵌入岩体进行加固处理。

万华二期洞库项目在丙烷洞库二和丙烷洞库三操作竖井与主洞室连接处及施工巷道与主洞室连接处各设置一个竖井密封塞和施工巷道密封塞。竖井密封塞为圆形，周围嵌入岩体。

施工巷道密封塞厚度根据项目参数确定，周边嵌入岩体，见图 4-33。

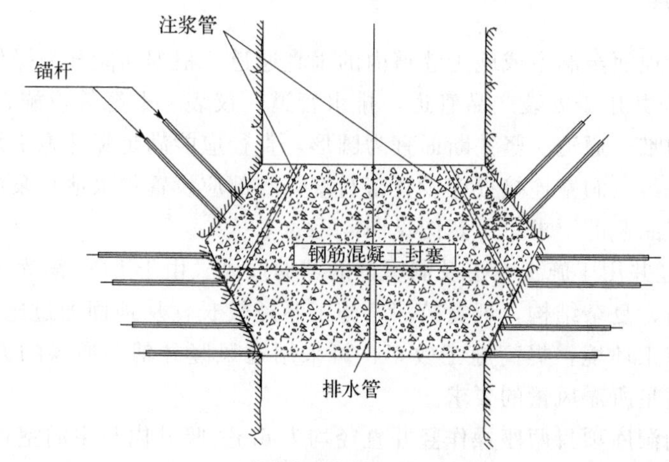

(a) 操作竖井密封塞设计示意图

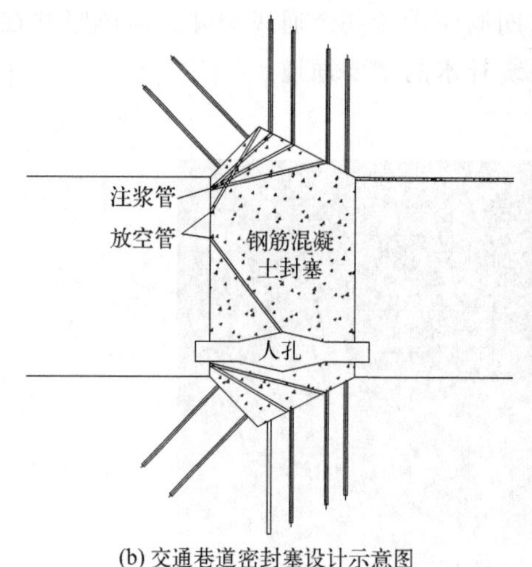

(b) 交通巷道密封塞设计示意图

(c) 交通巷道密封塞施工图

图 4-33　密封塞示意图

相比万华一期洞库，万华二期洞库项目库容大、工期紧。为满足丙烷洞库三竖井开挖进度的要求，在竖井相邻的水幕巷道增设支巷道，与竖井相连，在丙烷洞库三主洞室内竖井区域未开挖的情况下提前完成上部竖井的开挖支护。竖井及主洞室全部开挖结束后，在连接水幕巷道和竖井的支巷道中增设密封塞，密封塞强度要求及做法与其他位置密封塞相同，满足水幕系统和洞库的密闭要求。

4.5 监测系统

4.5.1 概述

LPG 洞库深埋地下，建设封闭后将完全与外界隔绝，这既保证了洞库运行期的高安全性和低廉的维护费用，同时也导致了后期人员无法进入洞罐内进行维修。因此，在 LPG 洞库的整个设计使用周期内，应有完善的安全监控手段，以监测任何不可预知的地质、水文等事件的发生，为 LPG 洞库的长期、安全运行提供有利的保障措施。

LPG 洞库运行期状态监测系统主要包括洞库岩体的裂隙水压力及水幕巷道内水位监测、洞库岩体微震动影响效应监测以及洞库温度监测。上述监测内容通过特殊定制的专用分析软件，对监测数据进行不间断采集和分析，对需要采取措施的事件发出预警信号，为正确的人工干预措施提供有力证据。

4.5.2 微震监测

在 LPG 洞库运营中，由于储存 LPG 的不断进出，会造成地壳浅薄处岩层应力的提高和释放，造成地壳的微小破裂，这些破裂可能会贯通发育，形成 LPG 泄露的通道。洞库封闭后，只有通过非接触监测来了解洞库的实际情况。微震和水文监测系统能够及时记录洞库岩石破裂状态、水压和水位信息。如果监测到压力改变，相邻区域的微震信号可以关联分析用以评估该区域的岩石稳定性和洞库的安全可靠性。

微震监测系统的具体内容为：

① 采集与洞室围岩稳定性相关的微震动数据；

② 评估和观察洞室的安全性和完整性；

③ 制定和完善应急措施。

微震动监测系统设备组成分为传感器网络、采集系统和记录及分析设备。

微震传感器对周围围岩的震动破裂情况进行监测，一旦采集到微震信号，通过线缆（监测井）传送到地面设施内的采集基站，采集基站中集成了数据采集器、光电转换、时间同步单元等，数据采集器在记录存储数据的同时，通过光纤或宽带将采集信息发送到控制室微震监测主机。微震传感器主要记录洞库的微震信号类型分为 5 类：

① 抽水孔和抽油孔的噪声信号；

② 地面工程干扰噪声；

③ 由地面活动引起的洞库内部微震信号；

④ 由丙烷洞库进出产品引起的洞库内部微震信号；

⑤ 自然地震信号。

微震传感器见图 4-34，其安装在垂直钻孔中，深度应能够保证洞库范围完全在传感器的监测范围内，保证多个传感器同时监测洞库范围内微震事件，覆盖整个洞库。传感器的安装应确保与最佳岩层接触，通过灌注水泥浆实现永久固定。所有的微震传感器均采用垂直安装。需要保留三轴传感器的安装方位（北向）的施工记录。微震传感器灵敏度不小于 50(V/m)/s，传感器封装采用不锈钢材质，具有不小于 3000psi（1psi=6.895kPa）抗压特性。

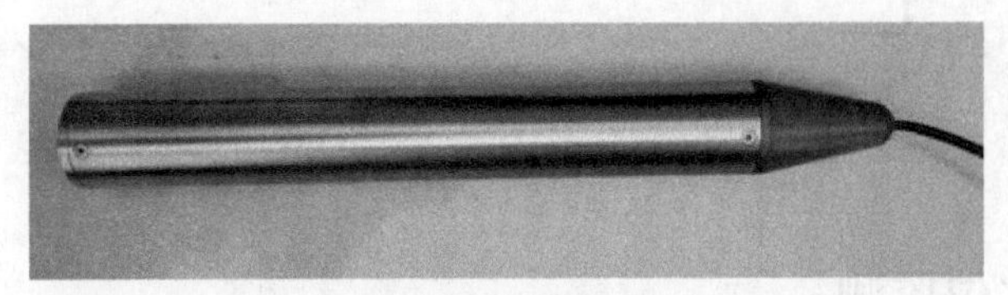

图 4-34 微震传感器（三分量）

微震传感器的安装流程：

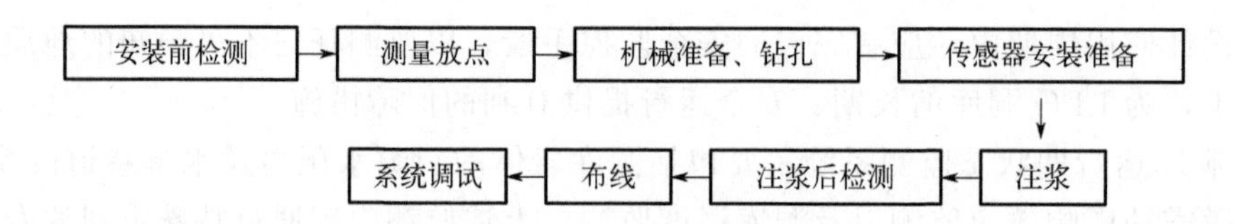

微震数据采集单元具有微功耗工作特性，采用工业级制造标准，以满足适应长期恶劣的工作环境的要求。时间同步单元能够为整个监测系统提供误差<1ms 的精准时间，以保证微震传感器和软件对采集到的地震波波信号准确分析，提高微震定位精度，见图 4-35。

(a) 数据采集单元

(b) 现场数据采集基站

图 4-35　数据采集系统设施图

微震监测系统软件主要有数据采集和显示、数据处理程序等。软件系统可在现有 Windows 操作系统下运行，允许用户在空间和时间上实现 3D 可视化，直观了解微地震事件的位置、震级大小、裂隙发展方向等信息，见图 4-36。系统应基于模块化设计，易于扩展，可从自记式监测单元扩展成连接数个采集站的复杂网络，见图 4-37。在发生微震事件后，当信号或某些参数超过阈值时，应具有报警、控制和（或）停机等功能。

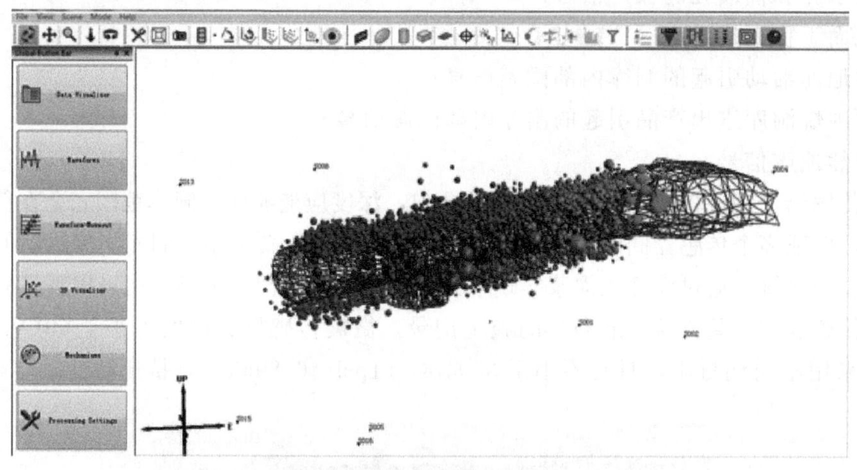

图 4-36　微震事件 3D 展示

4.5.3　压力及水位监测

LPG 洞库在运营理想状态下，周围的水压应略大于洞库内的压力，通过对水幕巷道压力及水位的监测和调整，确保洞库的安全运行。主要包括：

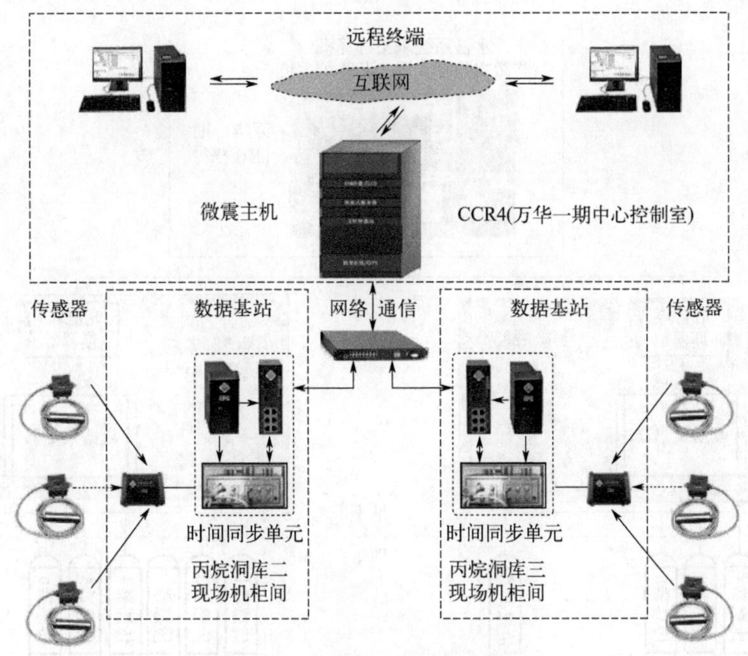

图 4-37　洞库微震监测系统架构

① 监测水幕洞库周围以及洞库周围的水压分布，维护洞库周围的压力始终处于平稳状态；

② 压力监测对来自相邻区域的水压变化和微震的综合评估可以分析在洞库中潜在的顶部坍塌或者是岩体碎化现象，这对于洞库的运营管理是至关重要的；

③ 压力监测的重点区域是在水幕巷道的水幕孔，以及洞库周围一定区域之内的水压分布。

监测系统能够监测洞库周围孔隙水压力，并根据监测数据描述洞库周围压力梯度模型，进行局部和全局的分析。及时记录水幕巷道水压和水位信息，用以评估区域围岩及地下水压力稳定性，直观反应 LPG 洞库水幕及地下水系统的安全可靠。

水幕水压及水位监测完全覆盖洞库垂直投影面积，实现了对万华二期洞库三维立体的实时水压监测，并做到了与万华一期洞库数据的兼容与整合，能够实现以下功能：

① 解析 LPG 洞库项目监测系统所有传感器信号和软件存储的所有数据；

② 将 LPG 洞库项目监测系统所有数据转换成通用数据格式；

③ 完全兼容、替代 LPG 洞库项目监测系统的软硬件；

④ 实现万华一期洞库、万华二期洞库监测系统数据合并和软硬件整合，使得水文地质的监测系统合二为一，有利于地下洞库群的长期安全运营。

监测系统框架图见图 4-38。

4.5.4　温度监测

温度监测的目的是在洞罐气密性测试阶段，通过监测洞罐内任一温度传感器记录的温度变化，来验证洞罐的温度场稳定性。

温度监测系统主要包括温度传感器、信号电缆、温度信号采集器、地面温度采集接线箱、温度信号采集服务器和配套显示、分析软件。温度采集系统主要设备见图 4-39。

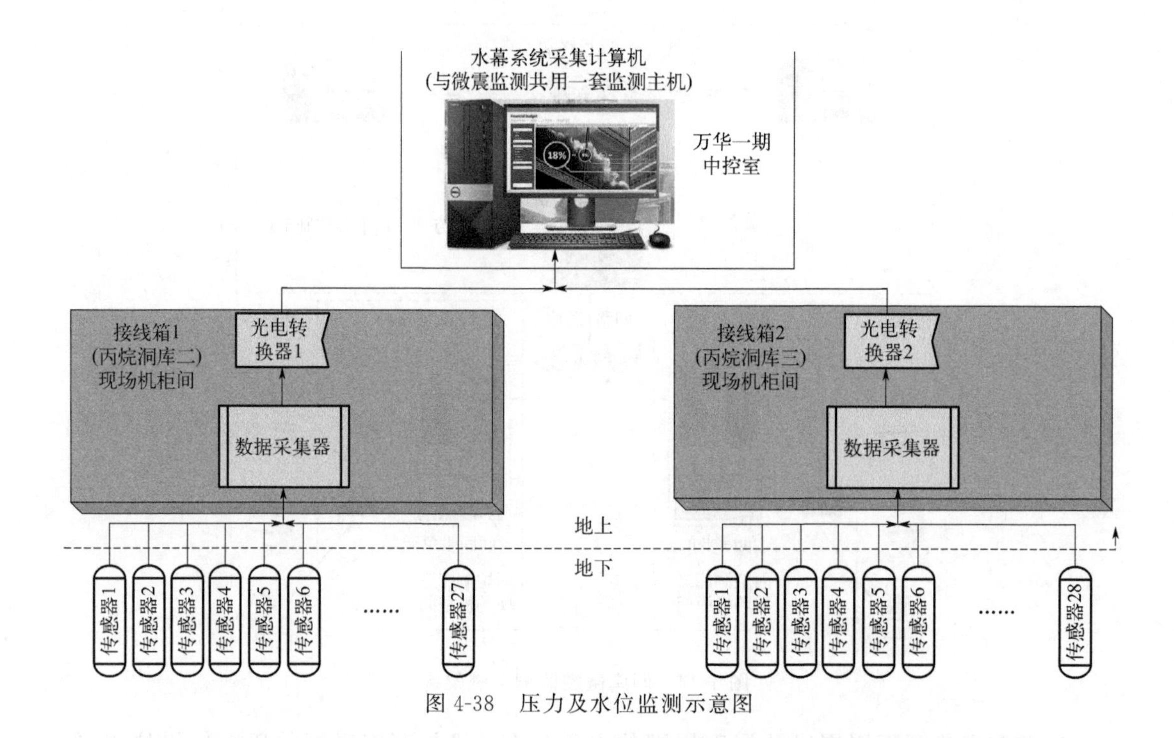

图 4-38　压力及水位监测示意图

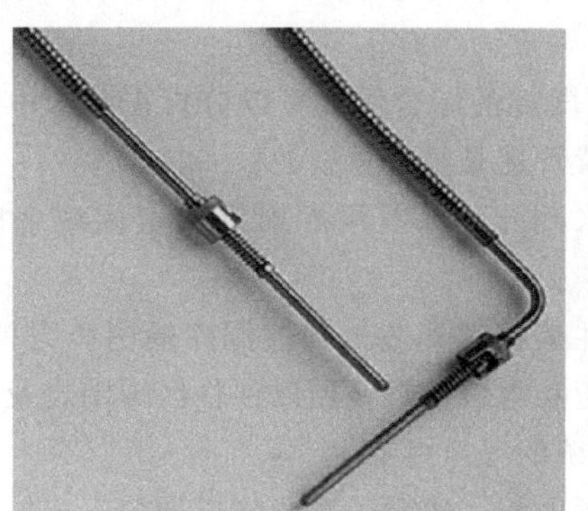

(a) 三线铂金电阻温度计

(b) 多通道温度采集仪

图 4-39　温度采集系统主要设备

温度监测系统应满足下列要求：

① 采用三线铂金电阻温度计（RTD），0℃时电阻为100Ω，公差为0℃±0.1℃；

② 温度测量工具的精度为±0.1℃；

③ 温度传感器在最后清理洞库后封闭交通巷道之前安装；

④ 每根电缆都必须由操作竖井中的专用套管引出，每根电缆中间没有接头或接线盒；

⑤ 每个RTD的3根线必须具有相同的阻抗且小于10Ω，每个RTD的电缆必须是屏蔽电缆，且3根线必须螺旋缠绕。

第5章

地下工程施工

5.1 概述

LPG洞库所处的围岩总体较好，仅在施工巷道洞口段和局部不良地质段围岩较差，洞库的开挖也比不良地质隧道、隧洞简单，由于工程性质的不同，洞库开挖也有其自身的特点。由于洞库结构设计复杂，断面尺寸多变，线路转弯、坡度较大，无法用盾构法开挖，国内外开挖均采用钻爆法施工。国外隧道钻爆开挖的机械化程度较高，国内只有极少的隧道项目采用凿岩台车开挖，大部分还采用传统的手风钻开挖，随着国内经济的发展，洞库开挖将以凿岩台车施工为主。以凿岩台车为主的机械化配套钻爆开挖支护示意见图5-1。

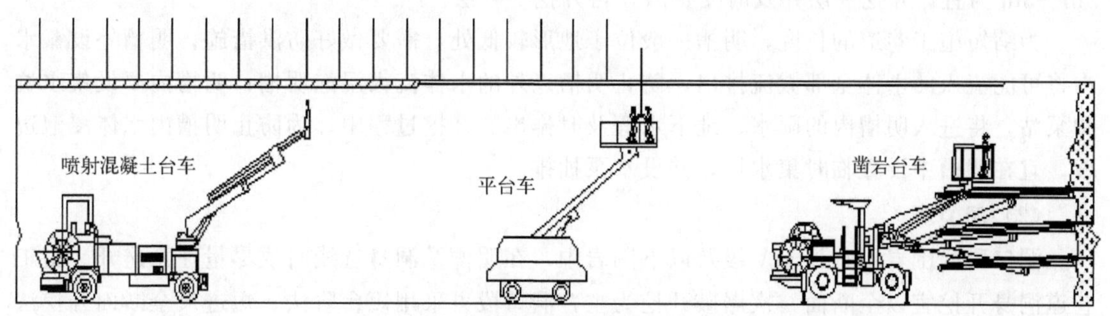

图5-1 机械化钻爆开挖支护示意图

选择开挖方法时，应对洞室开挖断面大小及形状、围岩的工程地质条件、埋置深度、施工条件、工期要求、施工设备、施工安全等相关因素进行综合分析，确定适宜的开挖方法。施工巷道、水幕巷道等宜采用施工全断面一次爆破开挖，主洞库因断面较大宜分层开挖。开挖过程中，除应做好围岩稳定方面的工作，还应重视地下水的渗漏量控制。开挖施工主要工序流程见图5-2。

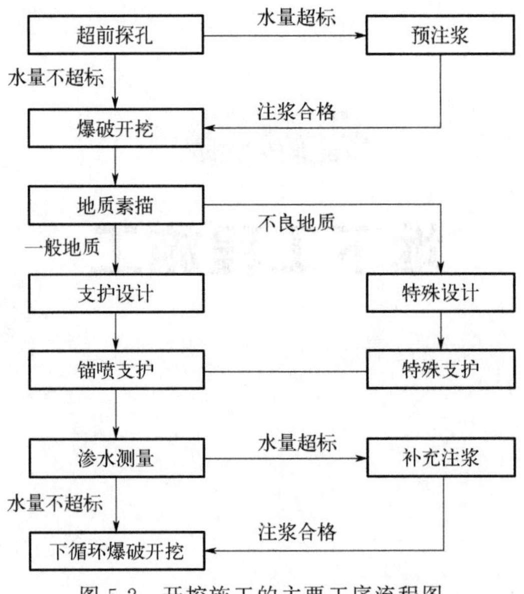

图 5-2 开挖施工的主要工序流程图

5.2 施工巷道施工技术

(1) 施工巷道明槽

施工巷道明槽部分多处于覆盖层、强风化地层，也有处于中至微风化地层的。处于覆盖层地层的明槽在开挖时，采用挖掘机自上而下分层开挖。强风化层开挖时，宜以液压破碎锤为主，自上而下分层开挖。微风化层开挖时，采用光面爆破自上而下分层开挖。分层高度以2m～3m为宜，开挖一层并及时支护后，再开挖下一层。

为缩短施工巷道的长度，明槽一般位于地形较低处，需要做好防洪措施，明槽外设截水沟将可能流入的水体全部截流排出，防止明槽以外的水体流入浸泡明槽；明槽内要设集水坑和泵站，将进入明槽内的雨水、地下水等及时排出。开挖过程中，为防止明槽内水体浸泡边坡，宜在明槽中设置临时集水坑，并设水泵抽排。

(2) 洞口段

洞口段的围岩不宜处于Ⅴ级及以下围岩中，在明槽及洞身选线时要尽量注意避开。施工巷道洞身开挖宜以全断面一次爆破开挖为主，洞口段可采用短台阶法、短进尺全断面开挖法等。当采用大型机械化施工时，洞口不理想围岩段宜选用短进尺全断面开挖法；当采用人工风钻开挖时，洞口不理想围岩段宜选用短台阶法。

短台阶法开挖时，上台阶的高度不宜超过4m，台阶长度不宜小于4m，以便于台阶上的人员作业。上、下台阶同时进行钻爆作业，一起进行爆破。爆破后，停在下台阶的挖掘机将上台阶的渣扒至下台阶，再利用装载机与自卸汽车配合出渣至洞外。凿岩台车短进尺全断面开挖时，根据围岩情况一次爆破的进尺控制在0.5m～1.5m左右。

在洞口围岩不理想地段，无论采用哪种开挖方法，必须做到及时支护，要开挖一循环后立即支护该循环，再进行下一循环的开挖。在洞身围岩较理想地段，为加快施工进度，可适当拉开支护的距离，支护拉开的距离不宜超过30m，当巷道的高度超过5m时，开挖后宜及时对拱部进行初喷混凝土防护，初喷厚度宜为3～5cm。

（3）巷道洞身段

施工巷道在开挖前，应结合设计阶段和施工阶段勘察情况，在有可能出现地下水大量流失的断层、破碎带等不良地质段进行长超前钻孔探水，根据超前钻孔出水量确定注浆堵水方案；在地质情况较理想地段，可进行短超前钻孔或以爆破炮眼为探水孔，当爆破炮眼内出现地下水时，要停止向前爆破，应钻长超前钻孔摸清开挖面前方的水文地质情况，并根据地质情况进行预注浆堵水。开挖后，如出现流量较大的地下水，要按照设计进行注浆堵水，防止地下水大量流失，影响LPG洞库的气密性。

（4）钻爆、装运作业

为降低巷道内的空气污染，提高施工安全性，节约能源，施工巷道宜采用凿岩台车钻眼，尽量不采用人工风钻钻眼。炸药宜为防水乳化炸药，雷管宜为非电毫秒雷管，平台车或作业台架辅助人工装药，周边眼采用间隔装药，采用电雷管或导爆管等方式起爆。出渣采用侧卸式装载机装渣，重型自卸汽车运渣。在出渣作业面，自卸汽车和装载机并列于作业面装渣。装载机装渣结束后，挖掘机进入作业面清理剩余的底渣。出渣前和出渣后，均需采用挖掘机排除危石。在人员进入已爆破面作业时，必须由人工再进行一次彻底、仔细的找顶工作，确保清除所有的危石。

施工巷道在开挖到综合洞室处时，要及时开挖出综合洞室，确保后续施工能有充足的电力、储存需要的物资以及顺利地进行排水等作业。

（5）巷道施工排水

由于施工巷道为下坡开挖，开挖过程中要注意抽排作业面的汇水。施工巷道内采用分级排水，分级排水过程为：作业面小型临时泵站→中转移动泵站→固定泵站→地面水处理池→排放。在作业面附近设临时集水坑，利用潜水泵将水抽至附近的移动抽水泵站。移动泵站是将集水池和抽水机安装在一个型钢底座上，使得泵站能随着作业面的向前掘进而移动。移动泵站将水抽排至固定泵站，固定泵站一般设在巷道的综合洞室内，其集水池容量较大，抽水机的功率也较大，是LPG洞库排水的最主要设施，施工巷道内每1000m左右需设一个固定泵站，在每个洞罐入口附近的施工巷道上也要设一个固定泵站。

（6）通风

出渣过程中有爆破产生的炮烟、出渣车辆的尾气、装渣发出的粉尘等有害气体，在出渣时要加强通风工作，在其他作业时可正常进行通风，确保作业面的空气质量符合人员作业的需要。

5.3　水幕系统施工技术

5.3.1　水幕巷道施工技术

水幕系统的主要目的是改善洞库周围岩石缝隙的水文流动形式并维持较高水压而在岩体

里提供的一个人工补水系统。在岩洞施工期，其主要功能是避免洞罐和水幕之间的围岩失水造成岩石中形成气囊，影响洞室的气密条件。在洞库运行期，其主要功能是保证地下储存产品所必需的围岩水文流动条件，是保证地下自然潜水面稳定性的后备系统。水幕系统包含水幕巷道、水幕孔、监测孔、水质检测孔及仪表电缆孔等内容。水幕孔分为水平水幕孔和垂直水幕孔。水平水幕孔由在洞库巷道上方的小断面巷道（称之为水幕巷道）里相隔一定间距钻出的一系列水平孔组成，为保证洞罐运行在水幕的保护下，水平孔的布置应至少覆盖并超出整个独立洞室范围10m，如果区域中存在多个储存不同产品的洞罐并且存在相互干扰的可能，洞罐间应设垂直水幕孔隔离，垂直水幕孔的间距及范围设定与水平水幕孔基本相同。水平水幕孔与洞罐顶部距离的确定由区域主围岩的渗透率而定，目的是确保洞库周边有一均衡稳定的渗流场。水幕孔与洞罐的距离根据当地的岩石的渗透性而定。水幕离洞罐太远，由水幕主导的水渗流场在洞罐的边界作用减弱，洞罐周边的渗流场容易受到外界水文条件影响；反之，则将增加洞罐的渗漏水量，从而增加操作成本，一般水幕与洞罐之间的距离为20m～25m。

在洞库运营期对水幕运行情况及洞库周边水文条件进行跟踪监控，在水幕巷道及洞罐之间的围岩里埋置一系列的压力传感器，传感器电缆经水幕巷道的仪表孔连接到地面的监控系统。同时为了监控主洞室运行期间的稳定性，通过水幕巷道向主洞室周边埋置一系列的地震检测器，检测器电缆也经过水幕仪表孔连接到地面监控系统。水幕巷道内充满的水，水质要定期检测，需要从水质检测孔提取水样，如果水质中的细菌等超标，还要从水质检测孔投放消毒药剂。

水幕巷道是水幕孔等的施工通道，在洞库运营期巷道内充满水后作为水密封的一部分。水幕巷道设计的开挖尺寸应考虑开挖、装运、钻孔等设备作业要求，通风、供水等辅助设施的布设，以及施工进度、成本等的因素。为避免改变水幕巷道周边围岩的渗透性，开挖过程中注浆作业应减少到最小，只有当水阻碍了正常的施工进程或者引起严重的水位下降才进行注浆。水幕巷道的开挖应先于洞室开挖，确保主洞室顶层开挖时其对应上方的水幕已完成且供水的水幕孔至少超前20m。

(1) 开挖一般要求

水幕巷道一般位于洞罐的正上方，围岩情况与主洞室基本一致，故水幕巷道围岩均较理想，加之开挖断面面积较小，宜采用全断面一次爆破开挖，开挖的进尺受到断面尺寸的限制，每循环爆破进尺一般为1.5～2.5m。每循环爆破开挖后，要及时撬除危石。在一般情况下，为加快开挖进度，支护可与开挖面拉开一定的距离，距离宜保持在30m左右。在围岩不太理想时，开挖后应立即喷射混凝土防护或及时施做支护。水幕巷道由于断面较小，且巷道数量较多，通风难度较大，宜采用机械化施工。

(2) 地下水流失的处理

水幕巷道在开挖前，也应结合设计阶段和施工阶段勘察情况，在有可能出现地下水大量流失的断层、破碎带等不良地质段要进行长超前钻孔探水，根据超前钻孔出水量确定注浆堵水方案；在地质情况较理想地段，可进行短超前钻孔或以爆破炮眼为探水孔，当爆破炮眼内出现地下水时，要停止向前爆破，应钻长超前钻孔摸清开挖面前方的水文地质情况，必要时进行预注浆堵水。开挖后，如出现影响地下水位稳定的较大地下水，应按照设计进行注浆堵水，防止地下水大量流失影响洞库的气密性；如流失的地下水未引起地下水位下降，可不进行处理；对于集中的股状水，可采用橡胶塞等封堵，在水幕完工充水前需拔除塞子。

(3) 钻爆、装运作业

为降低巷道内的空气污染，提高施工安全性，节约能源，水幕巷道也宜采用凿岩台车钻眼，尽量不采用人工风钻钻眼。只有当巷道的设计断面较小，无法采用机械化施工时，才采用人工风钻开挖。炸药宜为防水乳化炸药，雷管宜为非电毫秒雷管，平台车或作业台架辅助人工装药，周边眼采用间隔装药，采用电雷管或导爆管等方式起爆。如采用凿岩台车开挖，出渣采用侧卸式装载机装渣，重型自卸汽车运渣，在出渣作业面，自卸汽车和装载机并列于作业面装渣。如因断面较小采用人工风钻开挖，可采用装载机在爆破作业面装渣后，运至停靠自卸汽车的断面加大段后装车，重型自卸汽车运输出洞外，断面加大段宜每 100m～150m 左右设一个，避免装载机铲运渣的距离过长。当开挖断面更小时，可采用扒渣机装渣，小型自卸汽车运渣。

装渣结束后，挖掘机进入作业面清理剩余的底渣，如断面较小可采用小型挖掘机清理底渣。出渣前和出渣后，均需采用挖掘机排除危石。在人员进入已爆破面作业时，必须由人工再进行一次彻底、仔细的找顶工作，确保清除所有的危石。

(4) 辅助洞室

水幕巷道中由于开挖断面较小，也需要开挖一些综合洞室，包括用于安装变压器的洞室、车辆掉头的洞室等。在巷道开挖至综合洞室处时，要及时开挖，便于施工的顺利推进。由于水幕巷道均为平坡，且排水量一般较小，可设临时集水坑用潜水泵将水排至施工巷道即可。水幕巷道中的通风受断面较小影响而难度较大，每个作业面必须将通风管接至作业面附近，爆破后宜等炮烟被稀释到安全浓度后方可进行出渣作业。

(5) 科学安排支巷道开挖顺序

水幕巷道设计一般较复杂，支水幕巷道较多，受通风、开挖断面尺寸、施工资源等的制约，水幕巷道开挖前要进行详细的开挖顺序安排，在保证水幕超前覆盖洞罐的前提下计算出支巷道的先后开挖顺序，施工时尽可能地依次进行开挖，同时展开的作业面不宜过多。

5.3.2 水幕孔施工技术

水幕孔包含一般水幕孔、附加水幕孔、地质编录孔，水幕孔有水平方向、倾斜方向、垂直方向。国内现有 LPG 洞库设计中，只在垂直水幕中设计有部分倾斜孔，水平水幕孔中尚未设计倾斜孔，本书中将倾斜孔含在垂直水幕孔中，未做单独描述。水幕孔钻孔施工流程见图 5-3。

为了在 LPG 洞库上方形成稳定的地下水渗流场，相邻水幕孔之间应该有效裂隙连通，而且水幕一旦投入使用，整个 LPG 洞库运行期间将难以改变。基于围岩节理特征及经验数据和经济因素，水幕孔的初始设置间距可取 10m，孔径可取 100mm，在现场施工并进行水幕效率试验后，根据局部水文地质条件再予增加调整。

水幕孔的初始布置是基于通常的围岩节理形式及经验数据，在初始布置的水幕孔完成并进行水幕系统试验后，通常需要增加一系列的附加孔。附加孔主要是为了了解更多的局部水文信息，从水幕巷道里打的水文试验孔；为改变局部岩石节理形式或抵消局部不利的水文流动形式的影响；有时从水幕中难以改变某些特定区域的节理形式，则附加孔有可能从地面实施；施工期间需对水文异常区域进行孔隙压力的观测监控，确保在洞库运行期间水幕的运行效果。附加水幕孔的直径和钻孔设备与常规水幕孔的一致。

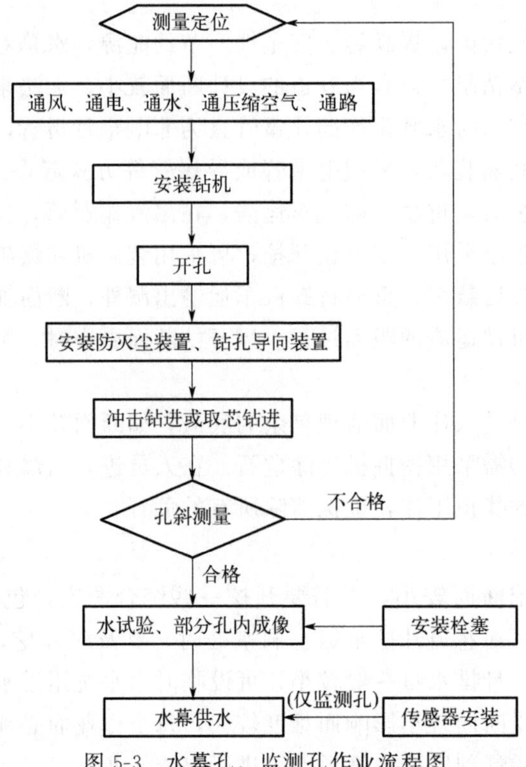

图 5-3　水幕孔、监测孔作业流程图

水幕孔中约有10%的孔需要地质编录，地质编录可采用钻机取芯或钻孔内成像，两种方式各有优势。为了地质编录的完整，一般采用两种方法相结合。垂直水幕孔一般采用钻机取芯法，水平水幕孔中裂隙水可能较大的部位采用钻机取芯法，水平水幕孔中裂隙水较小的部位一般采用钻孔内成像法。

(1) 一般要求

水幕孔可用锚固钻机等打孔，钻机要能水平、垂直方向间任意角度钻孔，配备冲击钻具可提高钻进速度。取芯钻孔可用全液压坑道钻机，钻机可在水平、垂直方向间任意角度钻孔，配备绳索取芯钻具。钻孔深度一般不大于100m，钻孔直径一般为100mm。钻机钻孔施工示意图见图5-4、图5-5。

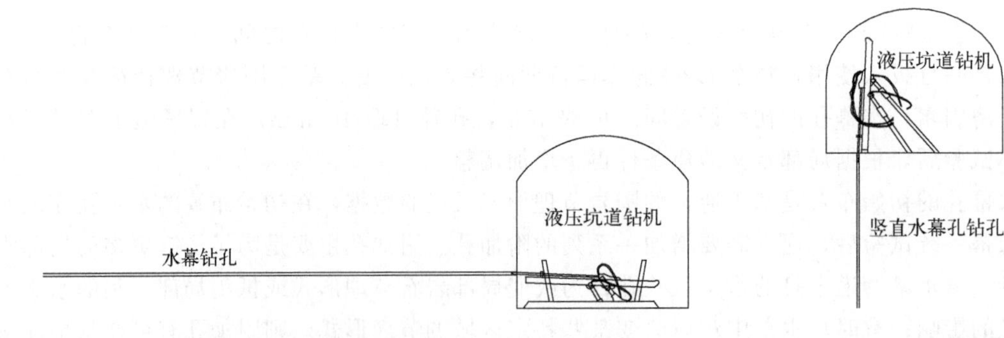

图 5-4　水平水幕孔钻孔施工示意图

图 5-5　竖直水幕孔钻孔施工示意图

由于水幕孔超前于主洞室的开挖，因此对应于主洞室上方的水幕孔一般要求取芯或孔内成像，为主洞室开挖和支护提供有用的地质信息。

水平钻孔钻到一定深度后钻头容易往下倾斜，因此开孔时通常往上设定一个小的仰角，角度的大小根据钻孔深度和设备类型而定，确保孔的水平度。任何（垂直、水平或倾斜的）孔穿进主洞室洞壁或顶部周围10m的缓冲区内必须回填注浆后重新打孔。

单孔钻孔完成后应彻底冲洗，除去泥浆和碎屑，为单孔的水试验做准备。并且只要钻孔完成并清洗后，就应及时安装孔口封塞，以免地下水流失。从水幕巷道底板钻的垂直孔必须安装固结的套管，露出底板至少50cm，以防止漏入淤泥、泥浆对钻孔造成堵塞。钻孔完成后，应及时接入供水管道，持续对孔供水。

（2）测量定位

采用全站仪按设计孔口坐标确定钻孔开孔点，并在附近水幕巷道两侧边墙上标记钻孔轴线方向。

（3）钻机安装及确定钻孔方位

为了确保终孔位置不超出允许误差范围，开孔倾角应较设计倾角上仰1°～2°，开孔方位角左偏1°～2°。开孔倾角采用罗盘确定，方位角采用全站仪两点定位法确定。

（4）开孔及钻进

一般采用较设计孔径大一级的钻具开孔，以便安装防灭尘装置和钻孔导向装置（即孔口管），冲击钻具能从装置中顺利出入。在开孔钻进30cm左右安装孔口装置后，采用ϕ100mm冲击钻头继续钻进至终孔。

（5）冲击钻进操作要点

冲击钻具组成依次为：冲击钻头、中风压气动潜孔锤、粗径钻杆。冲击钻进钻具连接见图5-6。

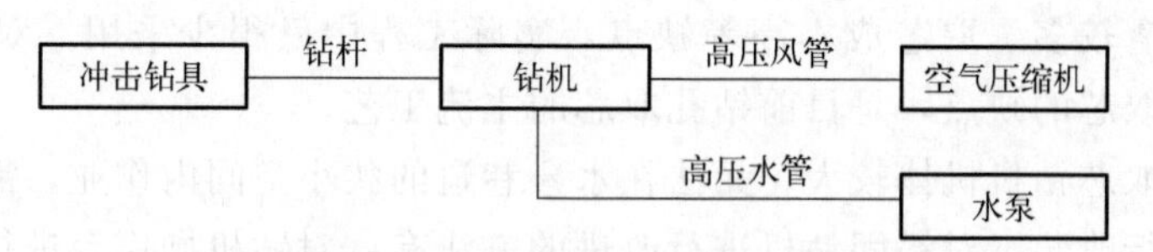

图5-6 冲击钻进钻具连接示意图

在工作过程中，密切注意钻机转速表和压力表的变化，如转速急剧下降，压力增加，则说明孔内产生泥箍或孔壁坍塌等事故发生，要及时停钻，并分析原因，然后采取相对应的措施排除故障后，继续钻进。在钻进过程中，要始终保持孔内无渣状态。应根据进尺速度和进尺量，间断性地将冲击器提离孔底一定距离，使全部空气通过中心孔排出，进行强吹清孔。

提高冲击钻头的使用寿命和保持高效率的钻进，取决于轴压和转速的适当配合。施加于冲击器的轴压，最低是以冲击器工作时不产生反跳为宜。转速可根据单位时间进尺量的大小进行调整。冲击器和钻杆严禁在钻孔中反方向转动，以防造成脱扣落孔事故。

在一个回次进尺完后，应将冲击器提离孔底排渣，然后加钻杆继续钻进。当终孔时，不能立即停止回转和向冲击器供气，应将冲击器提离孔底强吹，待孔中不再有岩渣及岩粉排出时再停气，然后再停止回转。

(6) 水平钻孔的防斜方法

在钻进过程中，因钻具和钻杆的自重，钻孔会自然往下倾斜，所以开孔倾角要上仰1°～2°。钻具在回转过程中，因离心力的作用，使钻孔往旋转方向（即往右）倾斜，所以开孔方位角应往左偏1°～2°。

连接冲击器的钻杆必须是粗径钻杆，如直径73mm的钻杆，减少环状间隙，可有效防止孔斜。冲击回转钻进应采用低钻进压力（钻压）、低转速。单位时间钻进进尺变慢时，不应采用加大钻压去解决，而应分析原因采取对应的办法解决，否则易造成孔斜。单位时间钻进进尺变快时，应控制进尺速度，不能过快，否则易造成孔斜。

(7) 钻孔孔口装置（水幕供水）安装

当按设计完成钻孔施工后，在孔口依次安装孔口栓塞、水表、压力表、止逆阀、阀门，见图5-7。

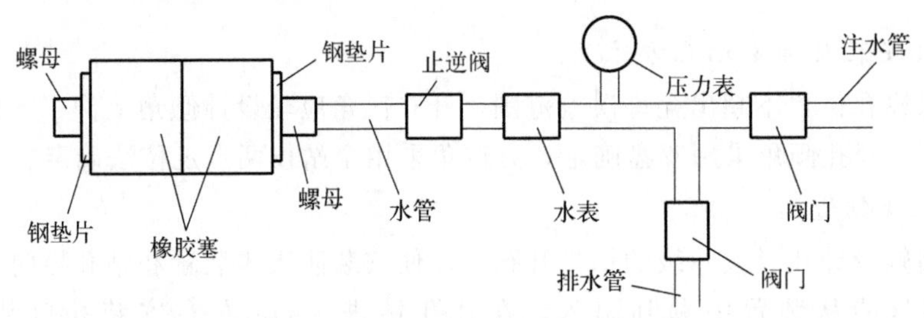

图5-7　水幕供水孔口装置连接示意图

(8) 地质编录钻孔

对钻孔的地质情况进行描述，可采用钻机取芯或孔内成像。钻机取芯可分为普通回转钻进单管提钻杆取芯和双管提内管取芯。单管取芯由于岩芯采取不完整、钻进效率低下、钻孔工期长、孔底沉渣较多、取芯成本高等缺点，实际工程中已很少采用。双管提内管绳索取芯，克服了单管取芯的缺点，是目前钻孔取芯的主流工艺。

一般的绳索取芯钻机机体较大，无法在水幕巷道的狭小空间内作业，需要对水幕钻孔的小型锚固钻机进行改装。对锚固钻机进行改进的方法有：对钻机操作台进行改装，增加卷扬操作机构，通过换向阀改变供油方向，实现卷扬油路和钻机钻进油路的转换，既满足绳索取芯要求，又不影响钻探施工；对钻机主机进行改装，增加卷扬机、支撑杆、尾轮等机构，用于提升内管，由钻机泵站提供动力，由改装操作台上的卷扬操作机构控制；将钻机动力头和夹持器的通孔直径由ϕ73mm调整为ϕ89mm，满足取芯钻杆的进出需求；通过对地面取芯工具和巷道内钻孔参数的分析研究，设计巷道内专用的取芯工具。

专用取芯工具主要由外管总成、内管总成、打捞器三大部分组成。外管总成由变径接头、上扩孔器、弹卡挡头、弹卡室、座环、外管、扶正环、下扩孔器、钻头等部件组成，其作用是传递钻压和扭矩，带动钻头进行钻进。上扩孔器对钻具起导正作用。外管下端安装扶正环，以提高内管的稳定性和与钻头的同轴度，使岩芯顺利地进入到内管，从而提高采取率。内管总成由打捞机构、弹卡机构、到位报信机构、报警机构、取芯机构、内管水压平衡机构等部件组成，其作用主要是单动通水、容纳和提取岩芯。打捞机构用于提升内管总成。弹卡机构在内管总成到位后，将其固定，防止内管窜动，打捞内管总成时，利用外力作用解除对弹卡的限制，继而提升内管总成。到位报信机构利用套的旋移改变弹卡架下部进水孔的过水断面面积，控制泵压大小，从而显示内管总成是否已到位。在岩芯满管后，报警机构利用岩芯顶住内管上行压胀阀片，减少环状过水断面，导致泵压升高，显示内管已满。取芯机构的作用是容纳和卡取岩芯。内管水压平衡机构利用钢球封闭内管，使内管中的水压保持不变，从而防止岩芯脱落，保证岩芯采集完整。打捞器由打捞机构和提升机构组成，是绳索取芯钻具的重要组成部分，具有打捞内管、送入内管等功能。采取岩芯时，将打捞器下入钻杆内，在水压或重力的作用下到达内管总成的上端，此时打捞钩抓住捞矛头，从而牵动内管总成的打捞机构，再利用提升机构将其提升上来。

取芯钻进示意图见图 5-8。将钻头、外管总成与第一根钻杆接好，通过钻机动力头、夹持器加接钻杆把钻头、外管总成送入孔内，将内管总成放入钻杆内。当俯角在 0°～40°之间时，则将水接头与钻杆连接好，利用水压将内管总成压入孔底；当钻孔俯角大于 40°时，利用绳索直接送入，这时内管总成依靠本身自重下入孔底。开动钻机，当内管岩芯取满后，停止钻机转动，打开水接头，将打捞器送入孔内，方法同上（俯角大，依靠自重；俯角小，用水压入），打捞器自动和内管打捞机构相碰接合。连接水接头，开动提升卷扬机，将内管总成提至孔口，打开水接头，取出岩芯。重复以上操作直至施工结束。

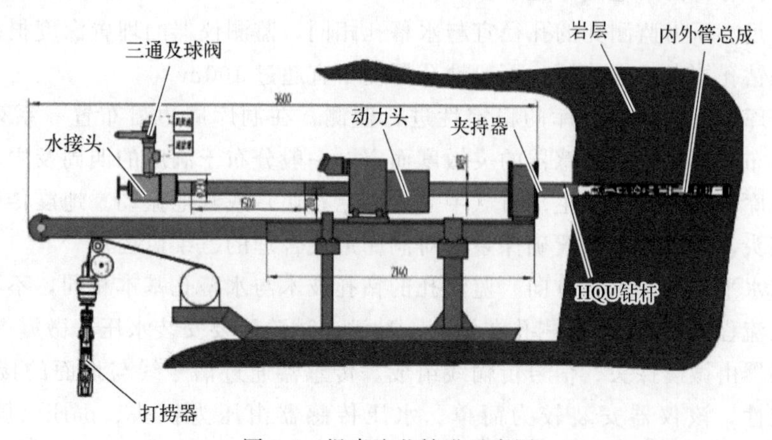

图 5-8　绳索取芯钻进示意图

钻孔孔内成像技术依靠光学原理，使人们能直接观测到钻孔的内部。从 20 世纪 50 年代第一台钻孔照相设备诞生以来，这一技术的发展经历了 4 个阶段，依次为钻孔照相、钻孔电视、全景成像和三维可视化钻孔成像。三维可视化钻孔成像，即数字式全景成像，其创新点在于数字技术的突破，实现了由“看”到“算”的跨越，实现了在查看孔内情况、提供钻孔轨迹的同时，能够进行测量、计算和分析，包括计算结构面产状、岩层和裂隙宽度等，能够对探测结果进行统计分析，并建立数据库。钻孔成像技术已在石油工业、工程地质、岩土工程以及冰川地质等领域普遍推广使用。随着国内自主制造成像仪的日趋成熟，其地质编录速度快、成本低的优势显而易见，越来越多的行业开始推广使用。孔内成像也存在一些限制条件，如钻孔内地下水出水量较大时，孔内流出的水会模糊成像镜头，导致成像不清；如钻孔孔壁泥浆较多，泥浆会遮挡镜头；如孔内存在掉渣或岩粉没有处理干净，成像仪无法送至孔底；如孔壁过于粗糙，成像仪移动过程中颠簸不平，成像质量也很不理想。

（9）钻孔偏差测量

为确保钻孔角度的准确性，一般需至少对水幕孔总数的 20％进行偏差抽检测量。第一次测量应在第一批 5 口钻孔完成后进行，以便对后续钻孔在开钻前进行预校正。钻孔偏差用钻孔测绘仪测量。偏差测量至少应读取钻孔路径的 3 个四分点和钻孔底的读数。钻孔倾斜度允许偏差为 2%，如果超出偏差，应重新修改钻孔方法，并对原孔回填注浆，重打新钻孔予以取代。

5.3.3 监测孔施工技术

LPG 洞库运行期间，需要对水幕的工作压力时空分布进行监控，通过在水幕与洞库之间埋置一系列压力传感器获取对地下流体渗流压力的连续观测数据，加以分析可以得到水幕的运行效率信息，从而确保洞库的安全生产。运行期间，假定水幕系统的工作压力和洞室产品压力保持不变，压力传感器的压力读数应保持动态稳定，并与水幕系统的工作压力相近。如果压力传感器的压力读数持续下降，则说明监测孔附近的水幕孔可能发生了堵塞现象，此时需要特别处置以改良水幕效率。在垂直方向上，压力监测孔一般布置于垂直水幕孔之间或水幕巷道的顶端部位。在水平方向上，压力监测孔应平行于水平水幕孔，并与水平水幕孔处于相同高程，压力监测孔位置的确定应综合考虑水幕效率试验的结果以及强渗透带的空间分布特征等因素。有时由于地面布置水文观测孔受限，也可以采用增加压力孔的数量来弥补地面观测孔的不足。压力监测孔的孔径宜与水幕孔相同，监测仪器的埋置深度根据观测位置而确定，为确保钻孔方向的准确性，一般钻孔深度不宜超过 100m。

为了在洞库运行期间对洞库的稳定性进行监测，在洞库周边需布置一系列的地震传感器。传感器的布置位置根据传感器的灵敏度而定，一般分布于洞库的四周及中心，这样能有效地探测到洞库中任何地方发生落石（半立方以上石块）或其他振动。地震传感器孔中设有二维和三维探头，通过合理布置确保系统对洞库形成合理的三维监控。

监测孔有水平方向、垂直方向。监测孔的钻孔技术与水幕孔基本相同，不再赘述。监测孔的钻孔施工流程见图 5-3。监测孔在钻孔、冲洗、试验后要安装水压、微震等的传感器。

微震传感器由微震探头、信号传输线组成。传感器通过信号线与地面的接收装置连接，监测洞库稳定性，该仪器安装较为简单。水压传感器由压力探头、park（膨胀填塞器）、park 连接管、信号传输线组成，传感器同样通过信号线与地面接收装置连接，监测水幕水压变化，该仪器的压力探头与 park 设计成了一个整体。除传感器设备外，安装时需要的材料及设备见表 5-1。

表 5-1 微震监测孔所用材料及设备表

序号	项目	用途	数量	技术要求
1	水泥	填充微震及压力孔	满足施工使用需求	常规水泥
2	高压水泥泵	把水泥浆泵进孔内	至少 1 台	大于静水压
3	膨胀螺丝挂钩	固定传感器信号线	水幕巷道每 4m 一个	常规挂钩
4	高压氮气	膨胀填塞器(park)	满足施工使用需求	带压力仪表
5	PVC 管	用于灌注水泥	满足施工使用需求	外径不大于孔径
6	水桶	水压传感器的浸泡与调零	若干个	一般生活用水桶

在水幕巷道壁安装好膨胀螺钉挂钩，每隔 4m 一个挂钩，用以铺设固定微震以及压力信号线。采集服务器与数据处理服务器在监控室放置好，接通网络。Paladin 采集支站在仪表间固定好，Paladin 接通网络。安装微震传感器，并灌浆把微震孔封死。微震传感器一般是

垂直孔，可固定在PVC管上计算好的位置（根据安装要求），然后把PCV管插入孔底，连接水泥泵与PVC管进行回填注浆。铺设微震信号线，将所有微震信号线一直铺设到仪表孔孔底，与水压信号线一起再穿越仪表孔。将各个水压传感器连同信号线搬运到各个水压孔前，预留好进水压孔的线长，在孔外用挂钩将水压传感器以及预留进孔的信号线固定好。铺设水压传感器信号线，直到仪表孔孔底。

用绳索将所有信号线从仪表孔底钓到地面，可采用钢丝绳，长度应大于2倍孔深，将信号线每隔一段距离固定在钢丝绳上，地面孔口可设置一个固定支架，利用滑轮提升钢丝绳。在地面铺设所有信号线，将所有信号线一直铺设到仪表间内，将信号线与Paladin信号端口连接。对水压传感器进行调零：将各个水压传感器的过滤头与传感器分开，两个部件同时浸泡在水桶里，让水充满整个水压传感器内腔，合上过滤头，浸泡20min以上。在采集电脑中读取水压传感器读数，将该读数输入到相应设置参数格内（参照系统说明书）。

安装水压传感器时，要先进行调试，后将电缆线牵出至地面。如果是倾角较大的水压孔，水没有从孔内往外冒，可先把水压传感器放进水压孔底，连接膨胀塞充气管与氮气瓶，调整氮气输出压力至规定值，连接水泥泵与PVC管，然后灌水泥密封水压孔。PVC管的作用是输送传感器至指定位置及从孔底反向回填注浆。

如果是倾角较小或水平的水压孔，水会不断从孔内往外冒，回填水泥浆难度大，此时需要在孔口增加一个膨胀塞，膨胀塞设置排气孔及注浆孔，承受较大压力不移动。全部安装完成后，进行压浆，再进行微震事件定位测试。可以用已经测量好位置的爆破来反推算岩石的P波与S波波速。

其他注意事项有：不管使用哪个方案，在灌浆前需要先确认在采集服务器里能否读到水压传感器的读数。如果水压孔安装前没有水，先往水压孔里灌水至淹没水压传感器以上。所有水压以及微震传感器皆为高灵敏度仪器，任何剧烈碰撞以及震动皆有可能损坏内部感应器件，所有传感器不得摔碰与剧烈摇晃。

5.3.4 水质检测孔及仪表电缆孔

水幕的水质及其中布设的水文和地震监测传感器通过1个水质检测孔和1个仪表电缆孔与地表相连。水质检测孔用于监测运行期水幕的水头高程，运行期取水幕水样以检测水质，给水幕注入化学物质（如杀菌剂等）进行水处理。水质检测孔从地表垂直钻入水幕巷道顶部，并且安装内壁保护套管（聚亚胺酯或不锈钢），套管口径应能满足水样提取设备穿行的要求，一般不小于100mm，保护套管应用水泥浆等固结在钻孔内壁。钻孔的口径，应满足内套管的安装，直径一般不小于130mm。

电缆孔用于将水幕巷道里安装的压力传感器和地震传感器的电缆穿出地表。电缆孔的套管一直下到水幕巷道，套管口径应能满足电缆束穿过的要求，一般不小于130mm，保护套管应用水泥浆等固结在钻孔内壁。钻孔的口径，应满足内套管的安装，直径一般不小于150mm。电缆穿出孔的方法前面已述，此处不再赘述。

套管用直接头对接接长，下部要加工专用的托盘，托盘上系2根钢丝绳用于悬吊整根套管。套管下放要逐节进行，用直接头接长一根并粘接牢固后，下放此节，再重复接长下放。为了下放时缓慢匀速，需要在地面设专用的钢丝绳吊架，下放要专人操作。套管悬吊下放到位后，用纯水泥浆灌入套管与钻孔间的环缝中固定套管。水泥浆要流动度大，灌之前要先用水充分润湿孔壁。灌浆时套管内要用长流水冲洗，防止从直通接头处流入套管内的水泥浆堵塞，导致孔口报废。套管固定后，从巷道内将托盘与钢丝绳断开，取下托盘。地面悬吊的钢丝绳从吊架上解开，富余的钢丝绳切除。

5.4 洞罐施工技术

（1）洞罐的组成部分

洞罐由主洞室和主洞室间连接巷道组成。连接巷道连通各主洞室，开挖期间起到施工巷道的作用，洞库运营期起到洞罐内气相、液相平衡的作用。主洞室是洞罐最主要的部分，是产品储存的主要空间。主洞室开挖跨度大、边墙高，设计选择的位置处于围岩较理想的地段，充分利用围岩的自稳性。连接巷道的施工方法与施工巷道的相似，此处不再赘述。

（2）主洞室分层开挖

主洞室由于开挖断面较大，需采用分层开挖。万华二期洞库主洞室高度为 26m，跨度为 22m，分四层开挖。各层开挖的高度分别为：顶层高度 8m，台阶一层高度 6m，台阶二层高度 6m，台阶三层高度 6m。为加快施工进度，在部分关键线路上，采用了三层开挖，开挖的高度为：顶层高度 8m，台阶一层高度 9m，台阶二层高度 9m。主洞室采用四层开挖的优点为：每层开挖的高度小，围岩的压力释放较小，台阶开挖时较安全；主洞室在台阶二层开挖前，其最大开挖高度为 14m，仍能对水幕附加孔补水后主洞室内渗漏水进行注浆封堵，如大于 14m 高度，一般的钻孔、辅助作业设备的高度将不够，必须采用垫渣、搭脚手架等方式辅助堵水注浆，堵水注浆的难度较大，且影响施工进度。主洞室三层开挖的优点有：因开挖层数少，施工进度较快。在施工时，宜首选 4 层开挖，但在工期较紧的关键线路，可选用三层开挖。主洞室分层开挖示意图见图 5-9。

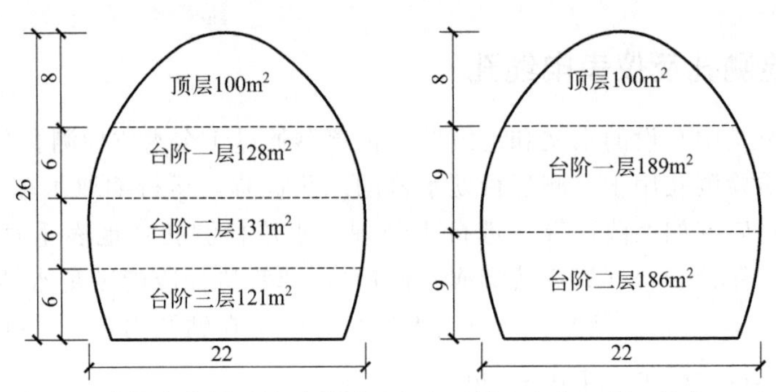

图 5-9　主洞室分层开挖示意图（左为四层、右为三层，单位：m）

（3）主洞室顶层开挖

顶层是主洞室最关键的部位，由于爆破的临空面少，爆破产生的振动最强，爆破对围岩的扰动也是最大的，爆破对地面结构物、相邻洞室及自身围岩稳定的破坏性最大，是爆破振动控制和围岩稳定控制的重点。一般根据围岩质量情况，相应地控制一次爆破的范围和一次爆破的量。主洞室顶层Ⅰ、Ⅱ级围岩一般采用全断面一次光面爆破开挖，爆破进尺宜控制在 3m 左右；Ⅲ级围岩宜采用中导洞法开挖，或采用爆破进尺控制在 2m 左右的全断面一次光面爆破开挖；局部Ⅳ级围岩宜采用爆破进尺控制在 2m 左右的中导洞法开挖。

中导洞法就是在顶层中部开挖一个导洞，导洞的断面尺寸能够满足大型设备开挖、装渣作业。为减少导洞爆破对主洞轮廓的破坏，导洞的顶部要低于主洞室顶部1m左右。导洞开挖一段距离后，对剩余的周边进行光面爆破扩挖，扩挖直至设计轮廓线。扩挖后的部位，按照设计图进行锚喷支护，但是在导洞内，只能做一些临时防护。导洞法开挖的优点是可以有效降低爆破振动对主洞室松动圈的破坏，缺点是因未开挖到设计轮廓线而无法按照设计进行锚喷支护，存在一定的安全隐患。所以导洞的长度不宜过长，一般控制在20m左右，导洞开挖与周边扩挖要同步进行，遇到围岩变差时，要停止导洞开挖，周边扩挖并完成设计支护后，导洞才能继续向前，且应缩短导洞与支护面的距离。

在主洞室采用人工风钻开挖时，因顶层开挖断面面积较大，采用左右两侧半幅前后错开开挖。超前开挖的半幅，只能支护设计轮廓的半幅，但是其左右侧分界侧的边墙只能采用临时支护，或者不支护，所以超前的距离宜控制在30m以内。人工风钻可以用于爆破开挖，但由于人工风钻难以钻垂直向上的角度的孔，而无法钻系统锚杆支护的孔，锚杆支护仍需要凿岩台车钻孔。

上述三种方法，全断面法和导洞法较常用，左右半幅法较少用。主洞室顶层开挖分部示意见图5-10。

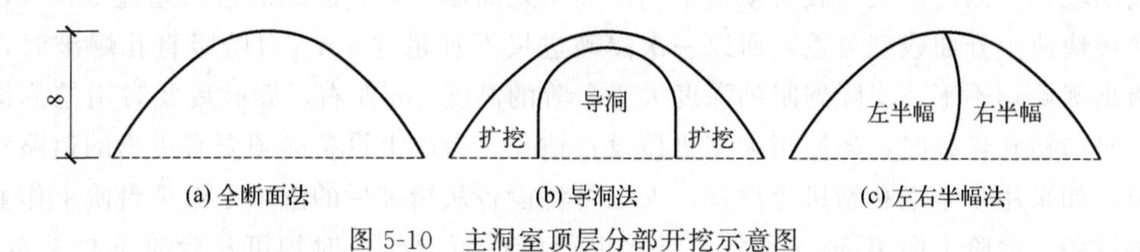

图5-10　主洞室顶层分部开挖示意图

(4) 主洞室台阶开挖

台阶一般采用全断面一次爆破开挖，但局部Ⅳ级围岩段宜采用预留保护层法开挖。预留保护层，即在左右两侧靠近设计轮廓线内预留1m以上，开挖时先在中部拉槽，后再专门对预留的保护层进行光面爆破开挖。此方法可使Ⅳ级围岩段较快速施工，且能保证开挖轮廓面的成型，但预留保护层和中部拉槽的距离不能拉开过大，宜在20m以内，以防长距离不锚喷支护造成局部围岩失稳。主洞室台阶预留保护层法开挖见图5-11。

爆破钻孔宜选用效率高、能耗低、空气污染少的液压凿岩台车，凿岩台车可钻水平向孔、竖直向下孔、竖直向上孔，可见液压凿岩台车钻孔可钻360°任意方向的炮孔，适用于不同方式的爆破。人工风钻由于效率低、能耗高、安全性低、空气污染大等缺点，不宜在洞罐开挖时大规模使用。潜孔钻机存在钻孔角度限制、钻孔效率低等缺点，只能在洞罐台阶开挖时使用。顶层开挖时，只能钻水平向爆破孔；台阶开挖时，可采用水平孔爆破开挖或竖直孔爆破开挖两种方法。台阶竖直孔爆破开挖施工示意见图5-12。

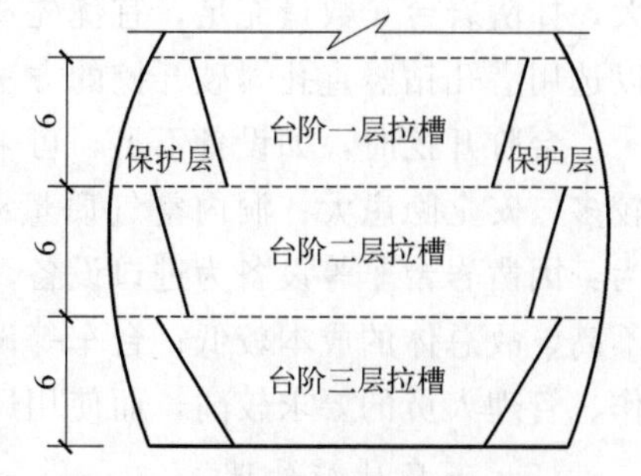

图5-11　主洞室台阶预留保护层法开挖示意图

主洞室台阶采用竖直孔爆破开挖，可在台阶上用潜孔钻机钻爆破孔，台阶下用挖掘机装渣给自卸汽车出渣。潜孔钻机一般投入2台履带式风动潜孔钻机，空压机可放在洞外或通风良好的巷道内，用管道给潜孔钻机供风。因爆破后的渣块较大，且底板很不平顺，需要用

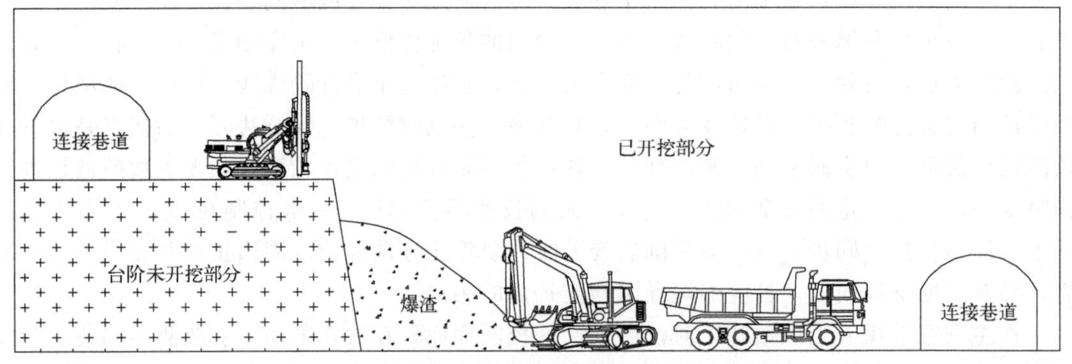

图 5-12 主洞室台阶竖直孔爆破开挖施工示意图

大型挖掘机装渣，同时用挖掘机及时给自卸汽车垫路，确保自卸汽车能及时靠近渣堆。因潜孔钻机钻孔较慢，用此方法可以实现出渣与钻孔平行作业，减少潜孔钻机钻孔的压力。如台阶边墙轮廓线设计为直墙，原则上可以用潜孔钻机直接顺着轮廓线钻孔一次全断面爆破。在实际施工时发现，如果用预裂爆破，可以先起爆周边孔，且一次爆破的长度较长，但产生的爆破振动较大，因此预裂爆破要慎重采用。如用光面爆破，一次爆破进尺超过 6m 时，会出现从底板快速上升曲线型欠挖，所以一次爆破进尺不宜超过 6m。台阶竖直孔爆破时，为防止底板出现崎岖不平，实际炮眼的深度大于台阶的高度 1m 左右，爆破后及时用挖掘机整平底板。竖向钻孔爆破时，如使用大型机械设备钻孔，台阶上设备必须要有进出的道路和躲炮的距离；如采用小型潜孔钻机等设备，人工可将设备从爆破后的渣堆上搬至台阶上作业，爆破时将设备在台阶上搬离 50m 以外，风水电等管线每次作业时均可从台阶下接至台阶上，每次爆破前拆除。台阶开挖采用竖直孔爆破时，要有钻孔设备进出作业面的通道和管线等接至作业面的条件，如每次爆破从台阶下部接引至台阶上部，爆破前再拆除管线，就会出现每次爆破作业因反复“安装—拆除”管线而耽误循环时间，影响开挖进度。台阶开挖采用竖直孔爆破，因潜孔钻钻杆较粗，多采用大直径炸药，药卷间的间距较大，且药卷集中在孔的下端，很容易出现大块石，需要用大型挖掘机装渣或二次爆破破碎大块石，装渣的时间较长。台阶开挖采用竖向爆破孔施工时，因钻机在台阶上进行钻孔爆破，爆破后的渣在台阶下进行装运作业，钻爆破孔可与出渣平行作业，作业面附近的空气质量较差，对钻孔人员健康不利。可见，竖直孔爆破的进尺在 6m 以内，水平孔爆破的进尺在 5m 以内，虽然潜孔钻钻孔和出渣平行作业可以节约一定的时间，但装渣、接管线等其他影响导致出渣时间过长，如采用钻孔高效的凿岩台车，其施工的进度会高于竖直孔爆破。总的来说，两种方法进度差别不大，如凿岩台车数量充足，宜优先选用凿岩台车水平向钻孔爆破；如凿岩台车数量不足，可以选用潜孔钻竖直孔爆破开挖的方法。

台阶开挖时，如设备不足，可采用人工风钻开挖。人工风钻开挖的缺点为：投入的人工较多，安全隐患大；洞内空气质量差，对作业人员的身心健康不利。人工风钻开挖的优点为：因凿岩台车等设备为进口设备，设备的维修保养费用高，而人工风钻设备简单，人工费不高，故总体的成本较低；台车等设备的使用、维修保养、管理等有较高的技术要求，对操作、管理人员的要求较高，而使用风钻则变得简单。

(5) 不良地质处理

主洞室开挖在遇到局部的不良地质结构，按照洞室大断面开挖难度大、支护强度过高时，可采用上、下连接洞穿过该不良地质段。上下连接洞的开挖断面尺寸不宜过大，断面宽×高宜为 7m×7m，该断面尺寸满足凿岩台车钻孔爆破的要求，也能满足装载机与自卸汽车并行装渣的要求，同时满足顶部挂一趟直径 2m 以内的通风管的要求，是不良地质段连接洞理想断面尺寸。为使运营期主洞室内的气相平衡，上连接洞的顶要与主洞室顶的高程一致；为使运营期主洞室内的液相平衡，下连接洞的底要与主洞室的底部高程一致，即上、下连接洞分别位于主洞室断面的上端和下端。为便于施工，也可以在主洞室断面中段高程处设中连接洞。在主洞室在与竖井连接处遇到不良地质采用连接洞法施工时，无需设计中连接洞；如主洞室的中部遇到不良地质，用连接洞代替其中一段主洞室，连接洞两侧均为大断面主洞室时，宜设中连接洞。这两种连接方式中，其连接洞轴线与主洞室轴线平行，实际施工时，可根据围岩的走向等情况将连接洞平面布置设为曲线或折线，使得连接洞能最快地穿过不良地质段。

主洞室的一侧存在不良地质体，但整体围岩质量尚可，无需采用连接洞法等特殊方法开挖时，可考虑采用预留岩柱法，即不开挖主洞室中有危险的一侧的围岩，形成自然的岩柱支撑不良地质岩体。在主洞室内存有与主洞室轴线小角度相交的结构面时，在开挖时位于主洞室开挖线外与主洞室轴线小角度相交的岩体很容易沿着结构面整体垮落；由于主洞室的开挖跨度较大，当开挖面一侧的围岩破碎严重，教条地开挖爆破易引发主洞室坍塌；另外，在花岗岩地层中，侵入各种岩脉的情况较多，如岩脉位于主洞室开挖轮廓一侧且正好近似沿着主洞室轴线，该部位开挖也很容易使岩脉沿着结合面坍塌。再者，主洞室开挖采用分层开挖，下层开挖时对上层已开挖成形的部位仍会有较大的爆破扰动，更易使上述不良地质体出现坍塌。为避免上述不良地质体在施工时出现局部坍塌，可根据现场情况将不良地质体附近的岩体作为预留，不对该部位进行爆破开挖，使不良地质体能利用预留的岩体达到稳定目的。预留岩体时，要保证运营期主洞室内所存产品的液相与气相的平衡。

主洞室顶层开挖后，因围岩较差用钢支撑支护后，台阶开挖时，钢支撑两侧洞脚处要预留岩墙，岩墙的宽度不小于 1m，且随着向下开挖适当加厚岩墙。如开挖前发现不良地质，也可以采用缩颈的方法通过，即确保主洞室顶高与底高的情况下，将开挖的宽度缩小。缩颈段的控制要点为：缩颈段的顶高与原设计的顶高相一致，缩颈段底板与原设计的底板标高相平；缩颈段的宽度，要能通过大型设备、车辆通行的要求，且最好为双车道宽度。缩颈通过不良地质段的施工示意图见图 5-13。

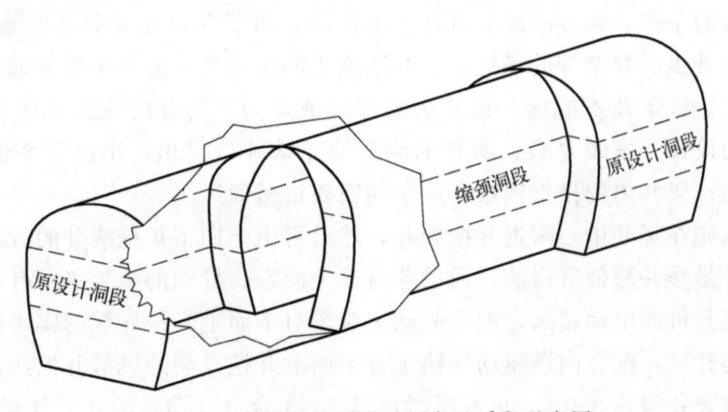

图 5-13 主洞室缩颈通过不良地质段示意图

（6）超前探水

洞罐内的渗水量控制是洞罐开挖的重点之一。为提高堵水的效果，宜采用超前钻孔探明前方岩体中的含水情况。在主洞库顶层开挖前，宜先钻超前探水孔，探水孔的长度宜为30m左右，最短不小于3倍的爆破进尺长度，探孔的数量不少于3个，分别靠近开挖掌子面的左侧开挖边线、右侧开挖边线和拱顶开挖边线，探孔的钻进角度宜与主洞室轴线平行。超前探孔应有一定长度的搭接，搭接长度不小于1个爆破开挖进尺的长度，以便于后续注浆堵水时掌子面不出现较多的漏浆而影响堵水效果。台阶开挖时，由于顶层开挖已探明了含水部位，可在开挖至可能含水部位前时再钻探孔探水，探孔的数量不少于2个，分别布置在左侧边墙和右侧边墙附近，探孔的角度宜与主洞室轴线平行，探孔的长度宜为30m左右。

（7）施工排水

洞罐开挖时，也要注意做好排水，每一层开挖后应设临时排水沟，水能顺利排至临时集水坑，通过集水坑内的水泵抽排至施工巷道内的固定泵站内排水。开挖后因底板不平顺出现的局部积水，可在积水处设临时排水坑后用潜水泵将积水排至移动泵站内排水。

（8）底板开挖

主洞室最下一层台阶开挖时，如采用水平向钻孔爆破，底板宜采用光面爆破；如采用垂直钻孔爆破，底板宜采用预留保护层爆破。底板预留保护层宜预留50cm左右岩体，采用钻水平孔光面爆破。

5.5 竖井施工技术

5.5.1 正井法与反井法

地下水封洞库工程竖井一般作为洞罐进出产品的通道，也可作为洞罐施工期的通风通道。竖井的用途虽有所不同，但竖井的开挖方法是一致的。竖井有“正井法”和“反井法”两种开挖方法。

正井法是在提升设备辅助下从地面自上而下全断面开挖竖井的一种传统开挖方法，是竖井施工最常采用的方法。由于竖井内的全部石渣均弃于井口外，井口附近要具有修建供大型车辆行走的便道的条件，和弃渣或临时堆渣的场所；由于井口要安装辅助施工的提升设备，井口要有安装提升机、井架等的场地。正井法施工的优点为：适用于所有地质条件、施工条件下竖井的施工；施工技术成熟。正井法施工的缺点为：所有的施工工序均要提升系统辅助，提升系统的设计、安装复杂；所有的洞渣均要从井口提出，出渣效率低，施工的进度慢，安全风险高；竖井内的排水困难；施工期需要机械通风。

反井法是指先在竖井中心附近开挖导井，然后再由上向下扩挖成井的方法。使用反井法基本的前提条件是竖井底部有提前贯通的巷道或主洞室。导洞的施工主要有以下几种方法。

利用液压爬升机或电动爬罐，配合驱动运输车自下而上开挖导洞的爬罐法。国外有阿立马克内燃液压爬升机，配合内燃驱动运输车自下而上开挖导洞的机械开挖法；国内开发的电动爬罐，可开挖竖井深达350m，可配凿岩机具2～3台（气动、湿式、气腿向上式）。此种方法国内技术相对落后，需引进国外设备，目前国内竖井很少采用此方法。

钢丝绳悬吊开挖导洞、正面扩大法。先用钻机在地面从竖井中心钻出导孔，导孔孔径满足下穿钢丝绳即可。在地面安装提升机，将钢丝绳穿过导孔至井底通道，从井底通道将小吊盘悬挂在钢丝绳上，人工用风钻自下而上开挖导洞，导洞开挖至地面附近后再从地面自上而下进行扩挖。这种方法开挖的主要风险在于洞孔钻孔很难绝对竖直，倾斜的导孔壁会在施工过程中磨损钢丝绳而发生危险。此种方法在国内很少采用。

反井钻机钻导洞、正面扩大法。在地面利用反井钻机自上而下钻一导孔至井底通道内，在井底通道内安装反向钻头，自下而上钻出导洞，导洞完成后自上而下按照设计尺寸扩挖。

采用反井法的优点是井口施工场地无需很大，施工设备相对较少，机械化程度高，施工人员少，劳动强度低，作业安全，施工速度快，效率高，成本低，扩挖施工时对围岩的破坏小，成井质量好，不需要在竖井口附近弃渣，有利于环保。缺点是适用的深度比较小，而且只有主洞施工到井底处才能开始施工竖井。

5.5.2　正反井结合法

在 LPG 洞库工程施工中，目前采用较多的竖井施工方法为正井法，也有一些工程采用了反井法。LPG 洞库均选在总体地质条件较好的地层，竖井在施工前，必须在中心钻一地质钻孔，摸清竖井处的水文地质情况，在水文地质条件不理想时宜调整竖井位置。由于竖井不承担主洞室的开挖任务，故工期一般比较宽松，一般只有在井口段有少量的钢筋混凝土锁口，井身段采用锚喷支护即可。反井法施工时，需先在竖井中心附近安装反井钻机钻导洞，再安装井口提升系统扩挖，井口提升系统布置与正井法施工时总体一致。正井法存在施工难度大、安全风险高等缺点。反井法在反井钻机导井通过全风化、强风化层时，地下水会大量流失，直接采用反井法对维持地下水的稳定非常不利。从国内已建的若干洞库竖井地质情况来看，竖井井口段的全风化、强风化层一般不是很厚，均在 30m 以内。结合正井法与反井法两种施工方法的优缺点，提出了正＋反井结合法。即靠近地面的竖井井口段（一般在 30m 以内），采用正井法开挖；井口以下井身段采用反井法开挖。此法既能解决地下水大量流失的问题，又能加快施工速度，降低安全风险，在实际施工中取得了良好的效果。

竖井位置确定后，尽早开始井口上端的地层加固处理。加固处理一般采用帷幕注浆堵水和固结地层。开挖采用人工手持风钻钻孔，人工装药光面爆破，汽车吊将小型挖掘机吊入竖井内，小型挖掘机装渣于 $1m^3$ 吊桶，汽车吊将吊桶吊至地面，人工协助吊桶倒渣于井口附近的临时堆渣点。每循环爆破开挖进尺为 1m 左右，出渣后及时进行锚喷支护。锚杆孔采用人工手持风钻钻孔，杆体由吊车送入竖井作业面，人工注浆安装杆体。钢筋网在地面加工厂加工，吊车送入竖井内作业面，人工铺设并固定。喷射混凝土采用小型喷射机，小型喷射机安放在地面上，人工喂料，将喷射机的喷管接长引至竖井内作业面，人工手持喷头喷射混凝土支护。竖井开挖 10m 左右，及时施做锁口钢筋混凝土。钢筋在地面下料并弯曲后，由吊车送入竖井内作业面，人工现场安装，一次安装的高度大于 1.5m。模板由吊车吊入竖井内，人工拼装。混凝土在拌和站集中拌制，混凝土罐车运输至井口，用溜管或泵车送入竖井内的模板仓内。锁口自下而上浇筑至地面，高出地面 0.5m 左右后，拆除竖井内的模板和脚手架，继续向下开挖竖井。竖井向下再开挖 2m 左右时，用浮渣垫高 0.5m，再施做一环锁口钢筋混凝土。如此往复向下，直到完成全部的锁口混凝土。锁口混凝土以下，围岩已进入中风化或微风化，按照锚喷支护即可。井口段正井法开挖施工示意图见图 5-14。

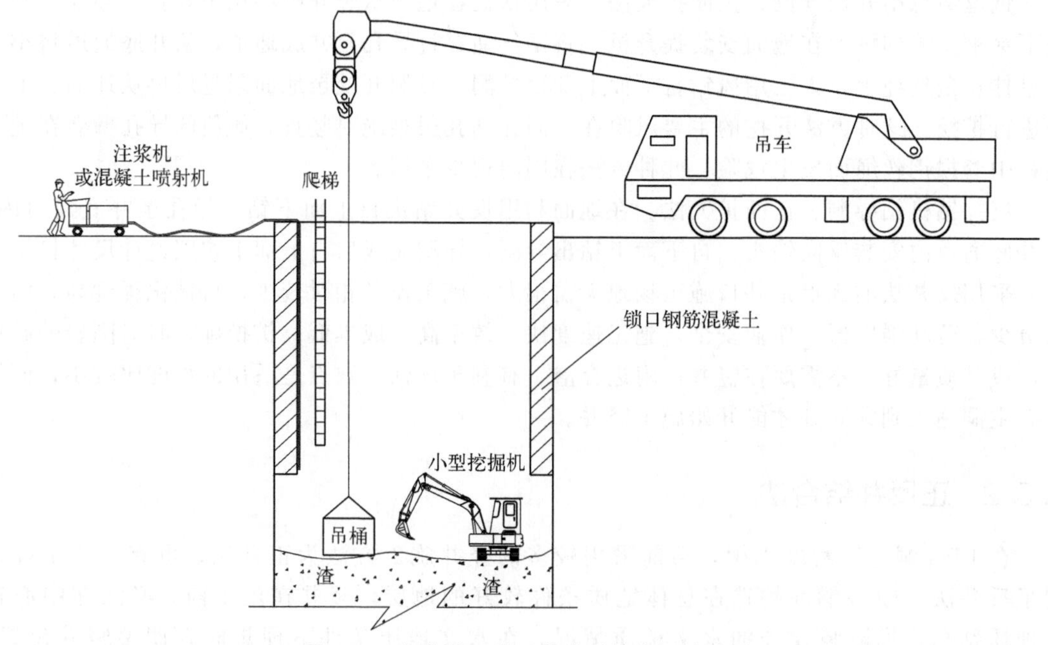

图 5-14　竖井井口段正井法开挖施工示意图

井口段以下的井身部位，采用反井法开挖。目前国内已有系列化的反井钻机，可以满足最大 5m 导井的施工。从反井钻机施工方面看，其技术已比较成熟，能满足不同岩石条件下的钻井，需要采用技术经济的手段进行钻机选型。在坚硬的花岗岩地层，国内目前只能使用小于 2m 直径的刀盘进行反钻，较为成熟的钻机型号一般为 BMC200、BMC300、BMC400，均能使用 1.2m、1.4m、1.6m、2.0m 直径的刀盘。由于选择的刀盘直径不同，其钻孔成本有较大的差异，目前钻井较为经济的刀盘直径为 1.2m、1.4m。从施工技术方面看，地下水封洞库工程竖井的围岩完整性高，在人工钻爆扩挖时，常出现较大块的爆破渣体，易堵塞反井钻机钻的导井，施工时要做好导洞堵塞疏通的预案。根据国内施工经验，1.4m 直径的导洞的堵塞次数较少，为导洞的首选尺寸。反井钻机主要包括两部分：地上部分和井下部分。地上部分主要有主机、操作控制系统、洗井液循环系统、冷却系统、电控系统；井下部分有钻杆、导孔钻头、扩孔钻头等。由于井口段已经开挖，反井钻机必须进入竖井内施工。反井钻机在竖井内作业，竖井直径应不小于 6m。反井钻机分部由吊车吊入竖井内，在竖井内拼装。由于竖井内空间狭小，反井钻机基础要高出竖井开挖面 1m 左右，混凝土基础尺寸尽量小，满足反井钻机稳固安装即可，基础与竖井壁间的空间，可作为反井钻洗孔液中继泵站。中继泵站内安装泥浆型抽水机，将钻孔内返出的含石屑的水抽排至地面。地面设沉淀池，将石屑水沉淀后再用泵压入反井钻机钻杆内，实现洗孔液的循环利用。

反井钻机施工顺序为：反井钻机吊入竖井内→反井钻施工准备→施做钻机基础和循环水池→安装并调试反井钻机→自上而下钻导孔→自下而上反钻导井→拆除反井钻机并吊出竖井。反井钻机地面的施工场地宜为 10m×15m。施工前，先平整场地，确保施工的车辆、物资能安全运至现场。将施工水、电接引至现场；如采用发电机供电，发电机的功率不应小于 250kW；施工用水在钻导孔阶段可一次供应 $10m^3$ 左右即可，在反钻阶段供应量应不少于 $15m^3/h$。

反井钻机施工工艺主要包括两个过程：导孔钻进和扩孔钻进。导孔钻进时，动力头施加向下的推力和旋转扭矩，经钻杆传递给导孔钻头，导孔钻头切削、挤压岩石，破碎的岩屑沿钻杆外壁环形空间由洗孔液（清水或泥浆）提升至地面，这一过程中，钻杆不断向下接长直至钻透至下水平巷道；扩孔钻进时，动力头施加向上的拉力和旋转扭矩，经钻杆传递给扩孔钻头，布置在扩孔钻头上的滚刀挤压岩石，破碎的岩屑靠自重落至下水平巷道，由装岩机等设备运出，这一过程中，钻杆不断拆卸直至扩孔钻头露出地面。反井钻机竖井内作业见图 5-15。

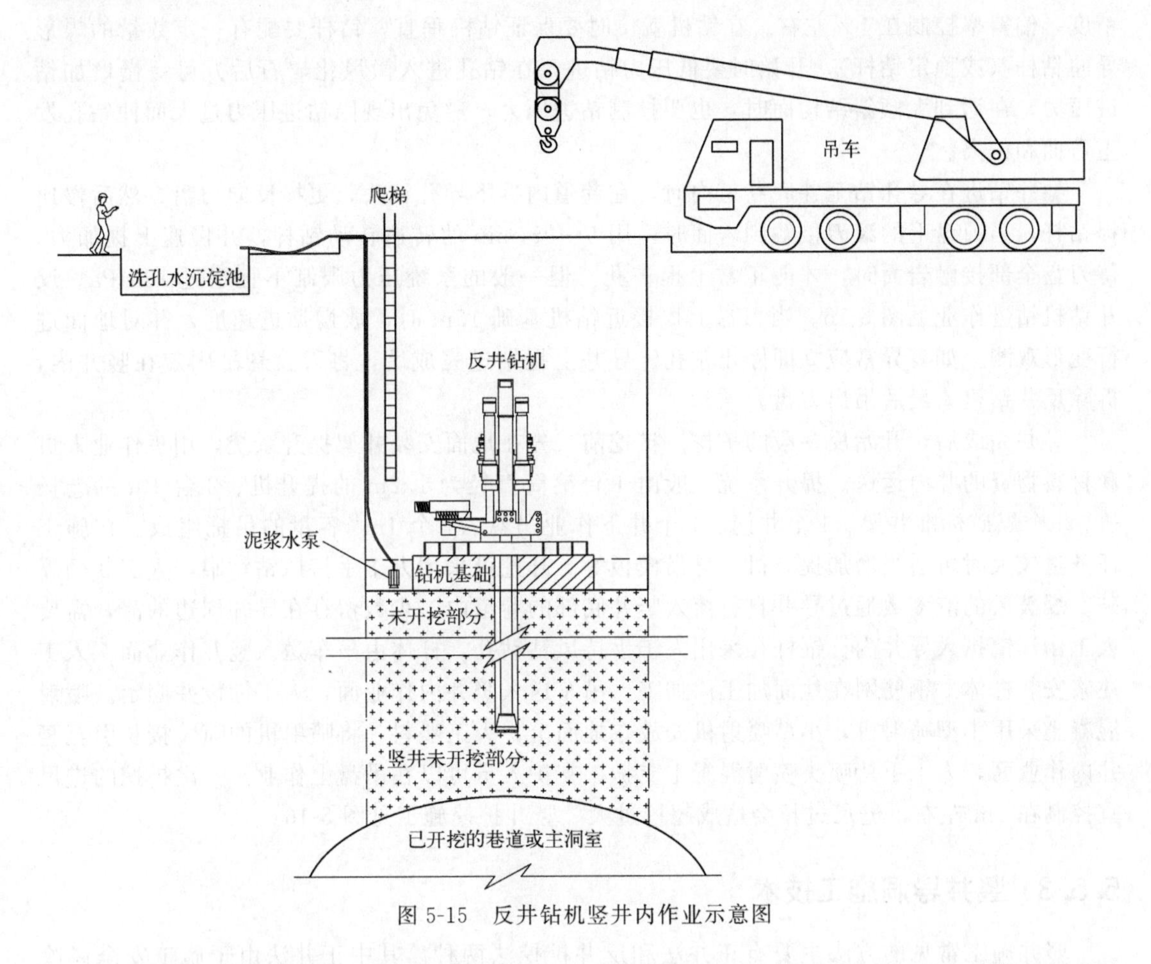

图 5-15　反井钻机竖井内作业示意图

为便于竖井钻爆扩挖，导井的位置宜位于竖井的中心附近，反井钻机也应安装于竖井中心附近。为使钻机安装稳固，采用混凝土施做钻机基础，基础尺寸一般为长 4m×宽 3m×厚 1m，混凝土标号不低于 C25，地脚螺栓处二次浇筑混凝土标号不低于 C30。地面挖一循环水池，钻机的冷却水和孔口反出水抽至池内沉淀。循环水池的容量不小于 $10m^3$，满足人工或挖掘机等清理沉淀泥浆的作业。循环水池一般是临时的，当距离竖井口较近时在反井钻机施工完成后应回填。钻机在现场进行安装，钻机的主机部分直接安装在基础上，其他部分可尽量上下重叠就近安装，用管线将各部分连接起来。主机部分先调平，再用混凝土浇筑地脚螺栓。主机、液压泵站、操作台间连接进、回路油管，完成所有电机受电接线。在钻机安装完成后，应进行钻机的调试，确保管线正确连接，泥浆泵形成循环排渣系统，调试完成后方可开始钻孔。

导孔钻进是反井钻机施工的关键，它关系到钻孔质量和成败。导孔钻头与钻杆要配套，避免出现钻头与钻杆偏差过大。在开孔时，钻压宜为 30～50kN 左右，钻进速度宜为 0.3～

0.6m/h左右；在强风化段钻进时，钻压宜为10～30kN，钻进速度宜为2～4m/h；在微风化带钻进时，钻压宜为10～30kN，钻进速度宜为1～2m/h。开孔钻进时，宜利用开孔钻杆慢速钻进，孔深超过3m后方可更换普通钻杆。在含水覆盖层钻进时，在钻进困难时可进行注浆加固后再从孔口钻下，注浆方法可以多次使用。在钻完一根钻杆后，不能直接停泵更换钻杆，要待孔内的岩屑全部排出后再停泵更换钻杆。反井钻机钻导孔过程中，要控制钻孔的精度，偏斜率控制在1%左右。在钻机就位时要保证钻机垂直，钻杆要配有一定数量的蝶形导向钻杆（或稳定钻杆），开始时要低压力钻进，在钻孔进入微风化岩石后方可缓慢增加钻进压力，在遇到大倾斜结构面时，也要控制钻进压力，避免出现因钻进压力过大而使钻孔发生弯曲和偏离。

导井钻进在导孔钻至井底巷道内时，在巷道内拆下导孔钻头，更换反向刀盘，然后慢速提钻杆，当刀盘上的滚刀接触到岩面时，用5～9r/min的转速转动钻杆，并慢速上提加力。待刀盘全部接触岩面时，才能正常上提扩孔，但一般的系统压力限制不宜超过18MPa。反井钻机钻进作业见图5-15。当刀盘上提接近钻机基础15m时，放慢钻进速度，并对地面进行变形观测，如有异常应立即停止钻孔。导井上提钻进完成后，将刀盘悬吊固定在竖井内，拆除反井钻机，最后吊出刀盘。

导井完成后，开始反井段的扩挖。扩挖前，先在地面安装井架提升系统，用于作业人员和材料物资的井内运送。提升系统一般由1台滚筒直径为1.2m的提升机、2台10t的卷扬机、1个煤矿标准井架、1个井门、1个井下作业吊盘、1个$1m^3$容量的吊桶组成。在施工任务量较大时可适当增加提升机、悬吊模板等。开挖可采用人工手持风钻钻眼，人工装药爆破。爆破后的渣多数通过导井自行落入竖井底部的巷道内，少数留存在导井周边的渣，需要人工用洋镐扒入导井内。锚杆孔采用人工手持风钻钻孔，杆体由吊车送入竖井作业面，人工注浆安装杆体。钢筋网在地面加工厂加工，吊车送入竖井内作业面，人工铺设并固定。喷射混凝土采用小型喷射机，小型喷射机安放在地面上，人工喂料，将喷射机的喷管接长引至竖井内作业面，人工手持喷头喷射混凝土支护。支护人员可以在吊盘上作业。一次扩挖的进尺宜控制在2m左右，进尺过长会造成超挖过大。竖井扩挖施工见图5-16。

5.5.3 竖井导洞施工技术

竖井施工常见的方法主要有正井法和反井扩挖法两种。其中正井法由于施工安全风险高、进度慢等问题，在地下水封洞库工程中很少使用。反井扩挖法施工时，其竖井中导洞一般采用反井钻机钻进。为了使竖井在主洞室开挖期间尽早投入辅助通风，改善主洞室内的作业环境，将水幕巷道与竖井中下部相连，利用水幕巷道提供的作业面，反井钻机可以尽早施工水幕以上段竖井。水幕以下段竖井，因水幕巷道断面狭小，反井钻机作业不便，且下部主洞室能提供的竖井作业时间有限，亟需解决导洞开挖的问题。

万华二期洞库3#操作竖井深度为183m，净空直径6m，采用锚喷支护。3#操作竖井总体采用正+反井结合法施工。从地表开始K0+000～K0+030段采用正井法开挖；K0+030～K0+153段采用反井扩挖法施工；K0+153～K0+159段为竖井穿过水幕巷道段，采用水平巷道钻爆法开挖（从地面通过施工巷道进入水幕巷道，再从水幕巷道进入竖井段。其中施工巷道为斜井，水幕巷道为平洞）；K0+159～K0+183段为水幕巷道以下部分，采用钻爆“导洞+扩挖法”（本方案实施部分）。3#操作竖井各段施工示意图见图5-17，3#操作竖井各段施工的先后顺序见图5-18。

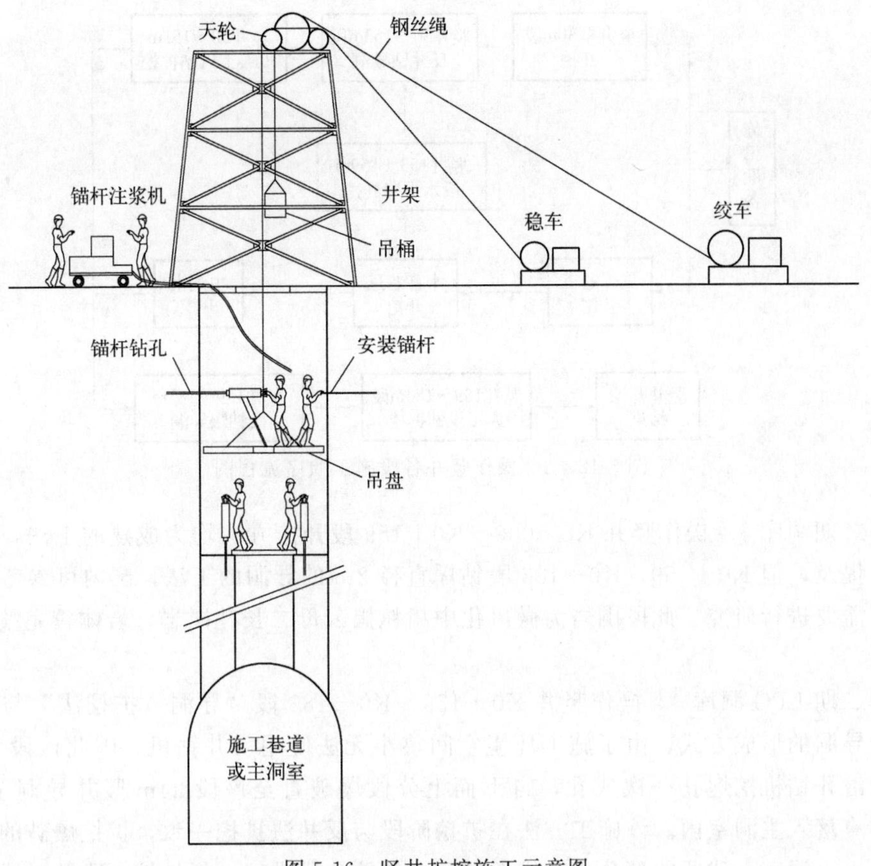

图 5-16　竖井扩挖施工示意图

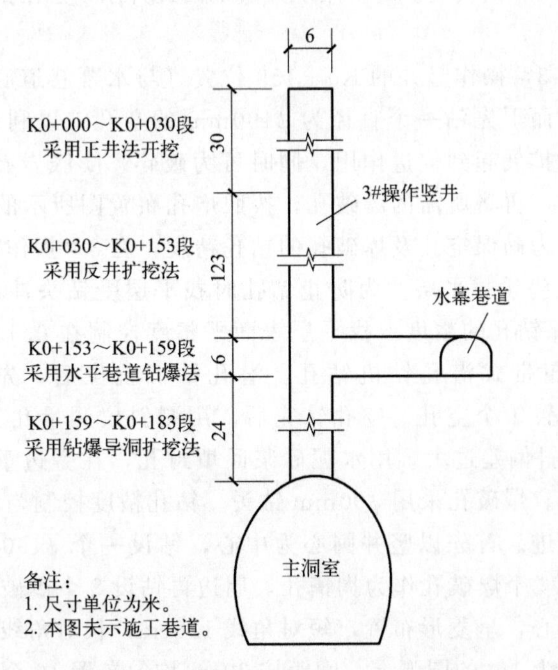

图 5-17　3＃操作竖井各段施工示意图

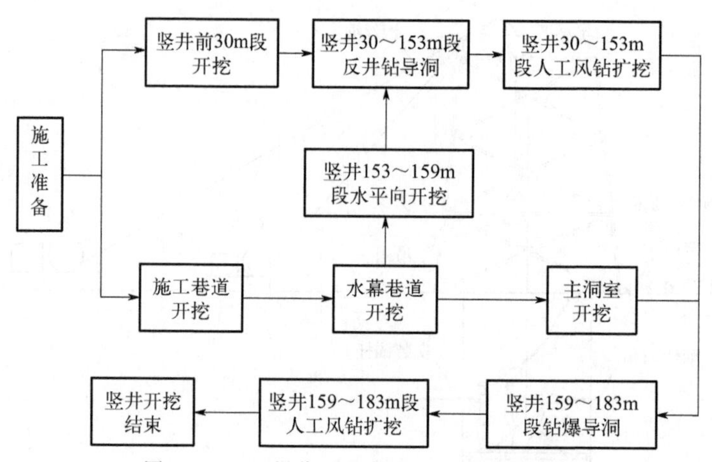

图 5-18　3＃操作竖井各段施工顺序流程图

万华二期洞库 3＃操作竖井 K0＋000～K0＋159 段开挖方法均为成熟的工法，在之前章节中已经提及，但 K0＋159～K0＋183 段钻爆直径 2m 的导洞的工法，国内可参考的文献方案较少，需要进行研究。此段围岩为微风化中粗粒黑云母二长花岗岩，岩体较完整，节理不发育。

万华二期 LPG 洞库 3＃操作竖井 K0＋159～K0＋183 段“导洞＋扩挖法”与反井法的区别在于导洞的形成方式，由于施工环境空间狭小无法使用反井钻机，因此该段 24m 竖井的导洞用潜孔钻机挖炮孔一次成孔，自下而上分段爆破直至该段 24m 竖井导洞全部贯通，爆破后的渣落入主洞室内。该施工方法在扩挖阶段与反井法扩挖一致，扩挖爆破的渣多数通过导洞落入主洞室，残留的部分人工扒至导洞。扩挖分段进行，每扩挖一段及时锚喷支护一段，再向下扩挖下一段。锚喷支护时，用从井口地面提升系统悬吊的吊盘辅助作业，人员上下也用吊桶辅助运送。

在万华二期洞库 3＃操作竖井的 K0＋159 位置（与水幕巷道底板相平），采用潜孔钻机在竖井中心，自上而下先钻一个直径为 ϕ190mm 的空孔，以利于岩石破碎，对岩石的径向裂隙形成和不断扩展起到促进作用，同时可为破碎、膨胀岩石提供一定的容渣空间，有利于洞渣自由坠落。再将所需的爆破孔，按照炮孔布置图所示的位置，用 ϕ90mm 钻头自上而下全部钻通。为确保空孔及爆破孔的钻孔精度，在 3＃操作竖井的 K0＋159 导洞位置地面用 C30 混凝土浇筑找平层。为防止钻孔时找平层受钻头冲击破碎，找平层厚度不宜小于 30cm。为确保钻孔的精度，找平层表面平整度控制在 0.1％。选用钻孔精度控制较好的 ZGYX430E 履带式潜孔钻机钻孔。潜孔钻机就位后，先钻进空孔，空孔采用 ϕ190mm 钻头，共设置 1 个空孔。空孔钻完后，用测斜仪测量孔斜偏差，测量精度控制在 0.5％以内。如孔斜偏差过大，用水泥砂浆回填封孔，在旁边重新钻孔。空孔完成后，围绕着空孔钻爆破孔。爆破孔采用 ϕ90mm 钻头。钻孔精度控制与空孔的一致，偏差过大的孔要封堵后重新钻进。首先以竖井圆心为中心，钻设一个 ϕ190mm 孔作为空孔，再以该掏槽眼为中心钻设 4 个爆破孔作为掏槽孔，周边再钻设 8 个爆破孔作为辅助孔，辅助孔布置以竖井圆心为中心，呈菱形布置，短对角线 128cm，长对角线 148cm；最后，以竖井圆心为中心，在半径为 1m 的圆弧上，间距按 39cm 均匀布置 16 个爆破孔作为周边眼。导洞爆破空孔及爆破孔布置平面见图 5-19。

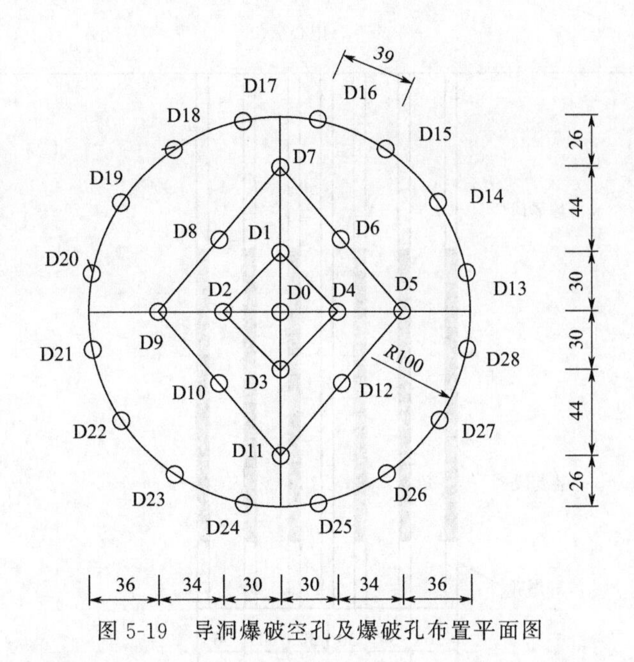

图 5-19　导洞爆破空孔及爆破孔布置平面图

采用 ϕ32mm 的乳化炸药和普通非电毫秒雷管。3 根乳化炸药捆为一束，炸药束连续装药成长 2m 的炸药柱，炸药柱用软细铁丝悬吊在爆破孔的下端。为保证炸药柱能全部起爆，在炸药柱表面通长绑一根导爆索。炸药柱下端并行插入 2 发非电毫秒雷管，雷管脚线另接雷管接长，直至脚线伸出孔口。雷管脚线伸出孔口后，从孔口向孔内倒入稀泥覆盖并填充炸药柱，再向孔内倒入细砂并注满水。如孔内注水从孔底流走，需要再次向孔内灌入泥浆和细砂，直到水能注满孔。伸出孔口的雷管脚线集成一束，用一发非电毫秒雷管起爆。爆破从孔下端自下而上依次分段，每次爆破分段长为 2m。各孔的爆破参数见表 5-2，各孔的装药示意见图 5-20。

表 5-2　导洞爆破参数表

序号	炮眼名称	炮孔编号	孔数	雷管段别	装药结构	装药量/kg	
						单孔	合计
1	掏槽孔	D1	1	1	连续	6	6
2		D2	1	3	连续	6	6
3		D3	1	5	连续	6	6
4		D4	1	7	连续	6	6
5	辅助孔	D5～D8	4	9	连续	6	24
6		D9～D12	4	11	连续	6	24
7	周边孔	D13～D20	8	13	连续	6	48
8		D21～D28	8	15	连续	6	48
合计			28				168

在下一段爆破后，爆破孔上口可能会出现松石，且浮渣会覆盖孔口，需要对孔口进行清理。清理时，将浮渣全部清除，并将孔口的松石挖除。避免因孔口的松石掉入孔内堵塞爆破孔。在孔口清理完成后，方能进行上一段的装药爆破。装药前先测量孔深。周边孔选 4 个孔

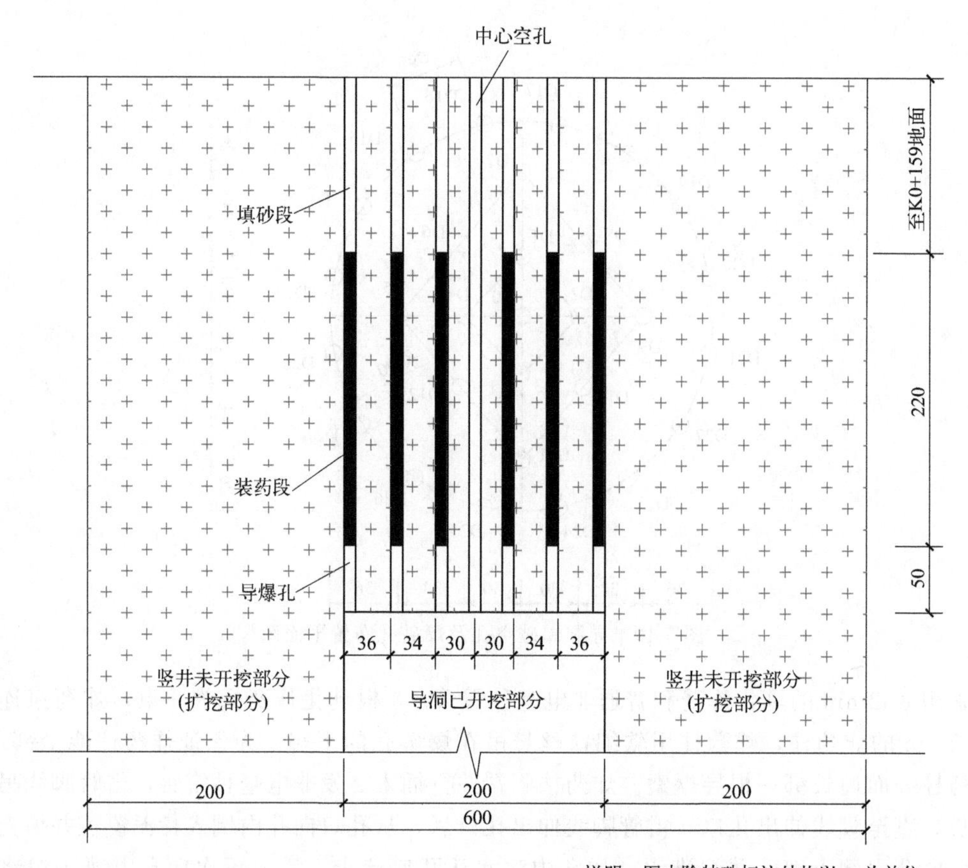

图 5-20　导洞爆破装药示意图

测深度，辅助孔及掏槽孔选 2 个孔测深度，测量深度用线锤即可。在安装炸药时，炮孔中的炸药卷下端距孔底宜为 50cm。

采用此类爆破方式，用 11 次爆破完成该导洞，平均进尺 2.2m，第 1～3 炮由炮孔下端（主洞室）装药，每炮进尺约 1.3m；第 4～9 炮由炮孔上端（连接巷道）装药，每炮进尺约 2.7m；第 10、11 炮由炮孔上端（连接巷道）装药，贯通前两炮减少炸药用量，每炮进尺约 1.9m。爆破全部完成后，导洞爆破成型较好。

5.5.4　集水池及泵坑施工技术

集水池、泵坑在竖井的正下方主洞室底板以下，洞库运营期的进出 LPG 的管线从竖井穿入通过主洞室、集水池至泵坑内。泵坑的上端与主洞室底板间 5m 段为集水池，集水池是与泵坑同轴的加大圆柱形。由于集水池与泵坑相连，要开挖泵坑必须先开挖集水池。集水池、泵坑总深度为 29.6m，从主洞室底板向下 K0＋0～K0＋5m 段为直径 8m 的圆形，K0＋5～K0＋29.6m 段为直径 6m 的圆形，即上 5m 段为集水池，下 24.6m 段为泵坑。

传统的泵坑开挖方法为：人工手持风钻钻爆，小型挖掘机在泵坑内装渣于吊桶，汽车吊或龙门吊将吊桶吊出主洞室底板，在主洞室内人工辅助吊桶侧翻卸渣，再将吊桶吊入泵坑内装渣。施工方法与前述竖井正井法开挖一致，此处不再赘述。万华 LPG 洞库集水池、泵坑开挖时，首次采用伸缩臂挖掘机出渣，开挖方法为：人工手持风钻钻爆，伸缩臂挖掘机直接挖渣至地面。选用伸缩臂挖掘机主机为小松 PC450，功率 257kW，配置 1.9m^3 挖斗，最大垂直挖掘深度 30m，最大挖掘半径 12m。伸缩臂挖机作业示意见图 5-21。

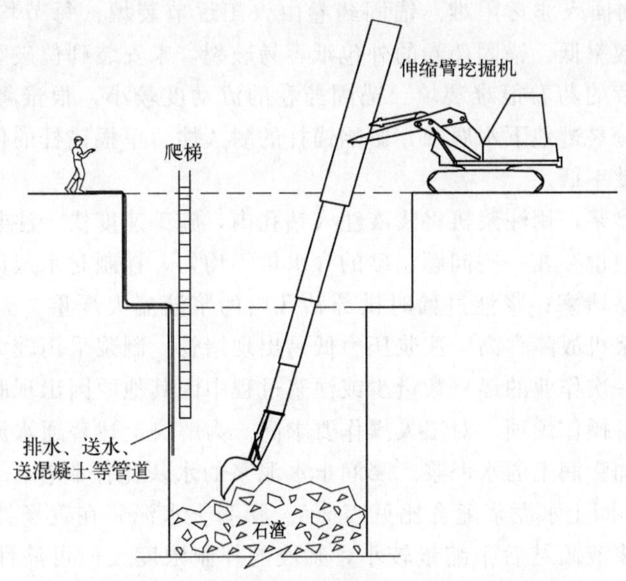

图 5-21 泵坑伸缩臂挖掘机出渣施工示意图

常规的吊车吊桶出渣，采用小型挖掘机（17 型）进行配合装渣。每次爆破后，首先采用吊车将小型挖掘机吊入坑内，再将吊桶吊入，然后人工配合小型挖掘机将渣土装入吊桶，出渣量约为 2m^3/h。新工艺采用伸缩臂挖掘机，将挖斗直接伸入坑内，在泵坑开挖深度 20m 以内时，挖掘机司机可以直接看到挖斗，采用挖斗直接出渣，出渣量约为 10m^3/h。当泵坑深度超过 20m 后，挖掘机司机无法直观看到出渣面，需通过前置的摄像头和人工指挥进行出渣，出渣量约为 5m^3/h，效率有所下降。常规吊桶出渣方式，平均每天的泵坑开挖（包含开挖、支护、预埋件施工等综合指标）深度为 0.6m/d，完成泵坑开挖需要 49d。采用伸缩臂挖掘机方式后，平均每天的泵坑开挖深度为 1.3m/d，完成泵坑开挖实际用了 22d。可见，由于伸缩臂挖机的使用，泵坑的开挖施工期节约了 27d。常规方式出渣，吊车在吊运时，泵坑内有挖掘机司机在坑内作业，因泵坑内空间狭小，挖掘机司机很难避开吊桶。采用伸缩臂挖掘机后，出渣期间泵坑内无人作业，无掉渣伤人风险。

5.6 锚喷支护施工技术

5.6.1 锚杆支护施工技术

（1）锚固材料

目前国内隧道领域普遍使用钢筋锚杆，常采用锚固药卷或现场拌制的水泥砂浆作为锚固材料。锚固药卷的成分主要为水泥与砂的干混合料，使用时在作业现场用水浸泡后使用；锚杆长度在 3m 以内且对锚杆质量要求不高时，使用锚固药卷操作简便、效率高，存在一定的施工优势。

地下水封洞库由于断面大，锚杆长度一般在6m左右，且质量要求高，使用传统的锚固药卷存在以下问题：锚固剂使用前需用水浸泡，浸泡后的药卷比较软，当锚固药卷在孔内的长度超过3m时钢筋插入非常困难。锚固药卷由人工逐节装填，每节均采用竹竿等顶入孔底，装填时间长，效率低。锚固药卷的外包纸容易破裂，未安装到位破裂时，流出的砂浆将堵塞钻孔，导致后续的药卷很难装填。锚固药卷的流动度较小，很难将插入的钢筋充分包裹，钢筋未包裹部分易遭地下水腐蚀，影响锚杆的耐久性。单根锚杆的作业时间长，劳动强度大，工人的作业效率低。

现场拌制水泥砂浆，用注浆机将浆液注入钻孔内，施工速度快、注浆填充总体饱满、人工插入钢筋省力，但也存在一些问题：砂的含水量不均匀，拌制时水灰比很难把握，浆液过浓时易造成注浆管路堵塞；浆液过稀时拱部钻孔内的浆液流失严重，无法保证砂浆的饱满度。选用的锚杆注浆机故障率高，注浆压力低易出现堵管。制浆采用较大的搅拌机，一次拌制的浆液较多，在一次作业的锚杆数量少或注浆过程中因其他原因出现耽误时，造成浆液浪费。制浆、注浆设备操作烦琐，对工人操作要求高。为解决上述普通水泥砂浆锚杆粘接介质的问题，可改用掺加膨润土的水泥浆。膨润土水泥浆的水灰比控制在0.4∶1左右，膨润土掺量在4%左右，膨润土水泥浆配合比见表5-3。膨润土水泥浆在现场拌制，拌制的水泥浆水灰比容易控制，浆液固结后干缩量较小，浆液的拌制浓度大但可灌性较好，且浆液的强度高。

表5-3 膨润土水泥浆配合比

项目	水泥(P·O 42.5)	水	膨润土
每立方米的质量/(kg/m^3)	1311	550	53
质量比	1	0.42	0.4
7d强度	31MPa		
28d强度	42MPa		

膨润土浆液现场拌制时，宜采用性能较好的锚杆注浆机。专用锚杆注浆机将制浆和注浆合二为一，浆液可随制随用，注浆机的压力较大，机体整体小巧，便于现场移动。注浆时，将注浆管插入孔底后，再启动注浆机，注浆管靠孔内注浆反压力被自动顶出孔外；拱部锚杆注浆时，注浆管要人工用力顶住以防注浆管掉落，启动注浆机后，孔内注浆反力将注浆管顶出孔外，注浆后应立即用棉纱等堵塞孔口，待杆体插入时再取走棉纱，防止孔内浆液因自重而流失。

（2）锚杆孔

锚杆孔的角度一般与设计开挖轮廓线垂直。采用人工风钻钻孔时，因风钻自身的限制，拱部锚杆的角度一般沿45°左右的角度斜钻入围岩，不符合锚杆设计角度。人工风钻不适用于锚杆钻孔，应使用钻孔角度不受限制的三臂凿岩台车钻孔。三臂凿岩台车在钻孔前，先按照设计在作业面用油漆等标记出孔位，三臂凿岩台车再进行钻进，为使锚杆角度符合设计要求，要随时挪动调整凿岩台车。

（3）作业台架

作业台架是锚杆安装的辅助设备，一般多为加工的钢结构作业平台，移动作业台架需要装载机辅助。由于作业台架的形状固定不变，存在不方便作业区域，且移动不便，宜改用平台作业。平台作业车移动方便，作业吊篮可以随作业需要灵活移动，使作业人员始终处于最佳的位置，提高了作业效率，降低了劳动强度。

(4) 管式注浆锚杆

在洞库入口段等部位，普通水泥锚杆由于钻孔坍塌等原因造成安装困难，很难在全至强风化围岩中发挥作用，宜采用管式注浆锚杆。管式注浆锚杆的施作工序为：钻孔→孔内插入钢管→从钢管向孔内注浆→浆液从孔口返出→结束。

5.6.2 喷射混凝土支护施工技术

(1) 喷射混凝土工艺流程

喷射混凝土一般有湿喷、干喷及潮喷三种方法，干喷一般禁止使用。湿喷是将混凝土原料加水搅拌后，现场在喷射时只加速凝剂。潮喷是先将混凝土干料搅拌，在现场喷射时加入水和速凝剂。施工前按照配合比将混凝土骨料、添加剂、水泥、水灰比、纤维等按比例搅拌，拌制好的混凝土要及时采用专用车辆送至作业面。湿喷和潮喷施工工艺见图 5-22 和图 5-23。

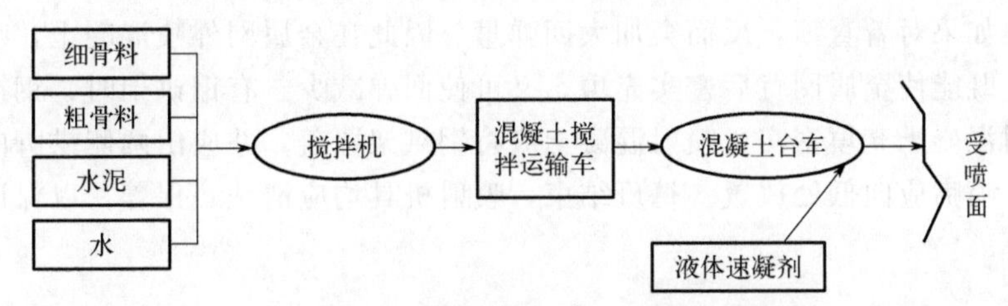

图 5-22 湿喷施工工艺流程图

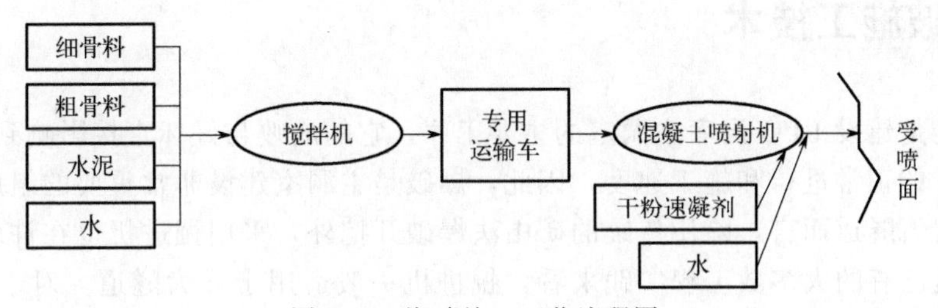

图 5-23 潮喷施工工艺流程图

(2) 湿喷、潮喷适用部位

湿喷混凝土工艺具有环保、质量好等优点，但湿喷的设备体积较大，适于在宽×高为 6m×6m 以上的空间作业，在小空间内无法作业。潮喷混凝土工艺虽然总体落后，但设备体积较小，操作方便，便于在较小的作业空间内应用。根据湿喷和潮喷混凝土工艺的特点，在施工巷道、洞罐内应选用湿喷工艺；竖井、泵坑等部位宜选用潮喷工艺；水幕巷道的断面尺寸如能满足湿喷混凝土工艺的要求，也应选用湿喷工艺。

(3) 湿喷台车施工

湿喷混凝土宜采用喷射混凝土台车，目前喷射混凝土台车的喷射效率为 7～28m^3/h，平均为 18m^3/h，最大喷射高度达 16m；行走采用四轮驱动，移动速度快，喷射前的准备时间短；混凝土在拌和站集中拌制，混凝土运输罐车运送至作业面，直接卸入喷射混凝土台车即可施工，实现喷射全程的机械化作业，较干喷和湿喷大大降低了作业人员的劳动强度。

喷混凝土之前清除岩面松动岩块、杂物、泥浆、油污等，并用高压风水冲洗干净，若用高压水清洗会引起岩面软化时，只能用高压风清扫岩面杂物（视地质情况而定）。清理两层连续喷混凝土之间的侧墙，有集中出水点时设置排水管、塑料布等以消除喷混凝土和岩面之间的水压。喷射作业应分段、分片、分层，由下而上、先凹后凸依次进行。在两次喷射的接缝处，喷混凝土应呈斜面，以便与下一次喷混凝土结合。渗漏水部位喷混凝土时可加大工作风压，喷头与受喷面距离在0.6～1.0m左右为宜，喷射角度要尽量垂直作业面，做到既能减少回弹，又能保证喷射质量。喷射作业中发现松动石块或遮挡喷射混凝土的物体时，应及时清除，按照比例掺量添加速凝剂，并添加均匀。控制喷层厚度，使其均匀，操作时喷头应垂直于受喷面作连续不断的圆周运动，并形成螺旋状运动，后一圈压前一圈三分之一，转动直径约为30cm。喷射线应自下而上，呈“S”形运动。喷射作业中突然断料时，喷头应迅速移离喷射面，严禁用高压气体、水冲击尚未终凝的混凝土。

有金属网时，宜使喷嘴靠近金属网，喷射角度也可适当偏一些，喷射混凝土应覆盖金属网。要求将金属网背后喷护密实，金属网表面不应残留回弹物，使金属网有较大的握裹力。有金属网时，如果对着直喷，反而会加大回弹量。因此在金属网外喷混凝土，喷混凝土应保持一个角度，既能使金属网背后密实充填，又可使回弹减少。有钢拱架时，钢拱架与围岩间隙必须以喷射混凝土充填密实，喷射混凝土应将钢拱架覆盖，并应由两侧拱脚向上喷射。喷完或间歇时，喷嘴应向低处放置。每班结束，喷射机具均应清洗、保养，以保证机具处于完好状态。

5.7 爆破施工技术

爆破开挖是建设LPG洞库主洞室的主要工序，它的成败与好坏直接影响到围岩的稳定，以及后续工序的正常进行和施工速度，因此，爆破是主洞室建设非常重要的组成部分。

对一般岩石隧道而言，除用传统的矿山法爆破开挖外，采用掘进机也在许多国家获得应用。但是，就已有的大多数工程实践来看，掘进机一般适用于长大隧道，对于LPG洞库主洞室的开挖并不经济。而且，由于掘进机在坚硬岩石中开挖隧道时效率不高，以及它固有的设备投资巨大、动力消耗量大、部件大而笨重、运输组装困难等问题，加上硬质合金刀具、开挖方向的控制等技术上的困难等问题一直未完全解决。因此，在洞库断面形式多、巷道转弯半径小、线路坡度大的特点影响下，钻爆法仍将是地下水封洞库的主要施工方法。

目前，LPG洞库开挖一般采用钻爆法施工，施工钻爆循环见图5-24。钻爆法施工对岩层地质条件适用性强，开挖成本低，尤其适合坚硬岩石洞室、破碎洞室及长度相对较短洞室的施工。因此，即使将来掘进机在技术上更完善，钻爆法也仍会是主要的施工方法。在岩石的钻爆开挖过程中，由于爆炸应力波的作用，在主洞室开挖完毕后，岩体轮廓线外表层存在爆破影响区。在该区域内，由于许多新生或被再次扩展的微裂纹、微裂隙的存在，导致了该区内岩石力学参数的劣化，该劣化主要表现在弹性模量、声波速度、岩石强度等参数的降低，同时因孔隙率的增大而导致岩石渗透性的增大等。这种岩石力学参数的劣化，给岩体及其岩体建筑物的安全运行留下了隐患。因此，岩石洞室开挖过程中的爆破控制是岩石工程中的关键技术问题，它涉及岩石力学、工程爆破、爆炸力学及损伤力学等多个科学领域，它对岩体的爆破设计理论及岩石稳定性分析方法的建立具有重要的指导意义。

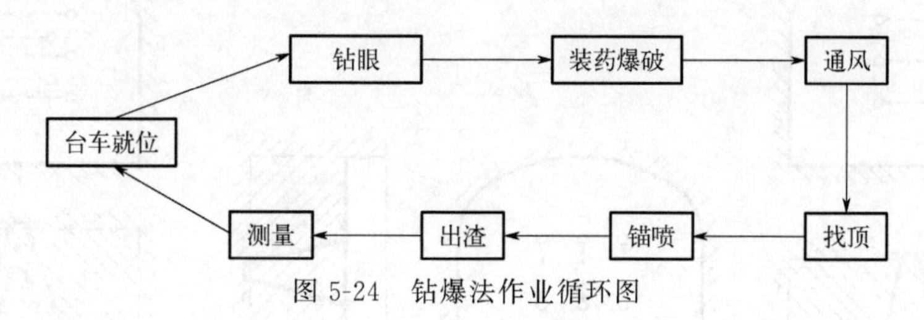

图 5-24　钻爆法作业循环图

根据隧道开挖施工的经验，开挖作业占整个隧道施工工程量的比例较大，造价约占 20%～40%，由于 LPG 洞库建设在较坚硬的岩体中，施工工程量的比例和造价均比一般隧道施工所占的比例要高。从施工作业面的角度分，洞库开挖可分为两类：一类是一个作业面的隧道开挖，另一类是多个作业面的隧道开挖。开挖作业包括钻眼、装药、爆破等几项工作内容，对于 LPG 洞库的开挖作业应注意面临的以下问题和作业要求：因地下照明、潮湿空气、通风、噪声、粉尘及渗水等影响，钻爆作业条件差；钻爆工作与支护、出渣运输等工作交叉进行，使爆破施工场面受到限制，施工难度增大，必须选择合理的爆破施工，保证爆破作业的正常进行。爆破临空面少，岩石的夹制作用大，增大了破碎岩石的难度，并致使岩石爆破的单位耗药量提高，钻孔和爆破质量要求高。对洞室断面的轮廓形成一般均有严格的标准，不允许过大的超、欠挖；必须防止飞石、空气冲击波对洞室内有关设施及结构的损坏。爆破在充分发挥其能力的前提下，减少对围岩的震动破坏，减少对施工用机具设备及支护结构的破坏，并尽量节省爆破器材消耗。

主洞室导坑的形状为梯形断面或矩形断面，断面大小根据地质条件、运输条件、支撑条件、机具设备、安全等因素确定。导坑开挖的关键是掏槽，即在只有一个临空面的条件下（全断面一次开挖时也是一个临空面）首先开挖出一个槽口，作为其余部分的新的临空面，提高爆破效果，先开槽口称为掏槽。掏槽的好坏直接影响其他炮眼的爆破效果，它是爆破掘进的关键。因此，必须合理选择掏槽形式和装药量，使岩石完全破碎形成槽腔和达到较高的槽眼利用率。大断面洞室导坑的开挖，除掏槽所需钻的掏槽眼外，炮眼还有掘进眼，掘进眼包括辅助眼及周边眼。

5.7.1　掏槽种类

掏槽形式，视炮眼与开挖面垂直与否，分为直线形掏槽、倾斜式掏槽和混合掏槽三大类。由于围岩条件变化大，掏槽形式由实际情况确定，通常根据初步选定的掏槽方案实践几次后，根据爆破效果调整改进，找到适合的掏槽形式。下面介绍 LPG 洞库施工中常用的几种掏槽类型。

炮眼分为两排，爆破后槽口呈楔形，槽口垂直的称垂直楔形掏槽，总之，根据爆破后形成的楔形槽，可分为垂直楔形、水平楔形和双楔形掏槽三种，见图 5-25。楔形掏槽常用于中硬以上的均质岩石，且巷道断面大于 $4m^2$ 的工作面，每对掏槽眼间距为 0.2～0.6m，炮眼与工作面相交角度通常为 60°～75°，眼底间距为 0.2～0.3m。水平楔形打眼比较困难，除非是在岩层的层节理比较发育时才使用。竖井的掏槽形式也采用楔形掏槽，掏槽形式如图 5-26 所示。

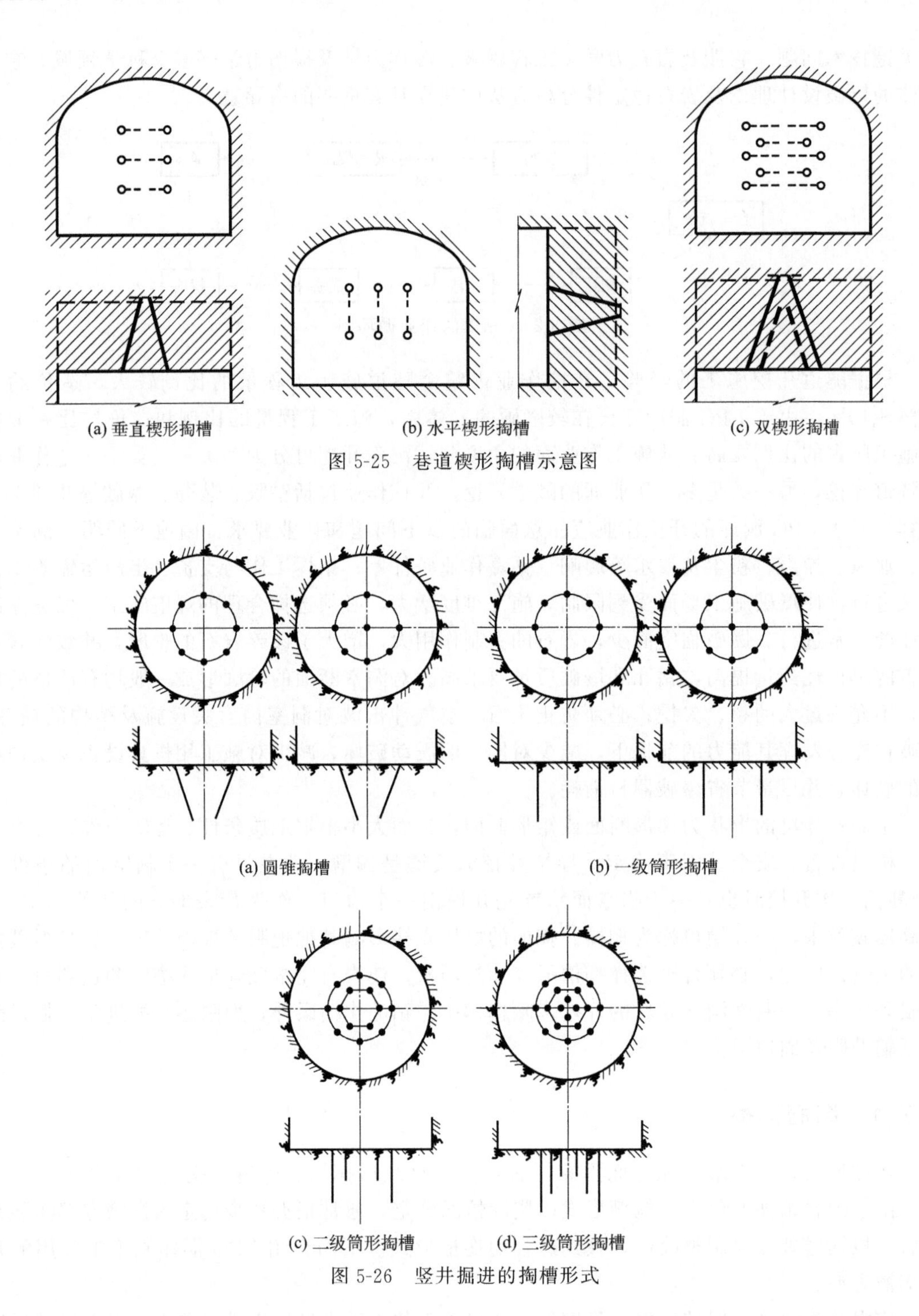

图 5-25 巷道楔形掏槽示意图

图 5-26 竖井掘进的掏槽形式

5.7.2 炸药用量

炸药用量与岩性、炸药威力、断面大小、临空面多少、炮眼直径、炮眼深度等都有关。炸药用量影响爆破效果及装渣作业，并且对围岩扰动大小、机具设备破坏、支护结构是否破坏等都直接有关。

一般情况下，炸药用量的确定要先根据经验数据或经验公式计算，初步确定出炸药的用量，然后再根据现场试验，调整炸药用量到合理的数值。表 5-4 为导坑开挖（一个临空面）时的经验单位用药量（用硝铵炸药）。

表 5-4　导坑开挖单位用药量

导坑截面面积/m^2	不同岩石的单位耗药量/(kg/m^2)		
	软石（Ⅲ类）	中硬岩（Ⅳ类）	坚石（Ⅴ类以上）
5～6	1.3	1.5	2.0
7～9	1.15	1.3	1.9
10～12	1.0	1.2	1.7
13～15	0.9	1.05	1.5

总的用药量为：

$$Q=qV \tag{5-1}$$

式中，Q 为总用药量，kg；q 为单位用药量，kg/m^3；V 为每循环爆破岩石体积（$V=SL$），m^3；S 为导坑掘进断面，m^2；L 为掘进深度，m。

将上式计算出的总药量，按炮眼数目和各炮眼所起作用范围加以分配。掏槽眼爆破条件最困难，分配较多，崩落眼分配较少。周边眼中，底眼分配药量最多，帮眼次之，顶眼最少。在岩巷掘进中，一般也采用经验数据，通常按装药系数（装药长度和炮眼长度百分比）确定，见表 5-5。

表 5-5　中深孔装药系数　　单位：%

炮眼名称		岩石类别		
		软岩	中硬	坚硬
掏槽眼		65	75	75
崩落眼		50	57	60
周边眼	顶眼	10～15	25	30
	帮眼	15～20	25	30

5.7.3　炮眼数目

炮眼数目也影响爆破效果，眼多会增加钻眼时间，眼少则会造成欠挖或渣子块度太大而不利出渣。炮眼数目应根据岩石强度、地质构造、临空面数、坑道断面尺寸、炸药性质、炮眼布置、炮眼直径和炮眼深度确定，初步确定炮眼数目，可根据下式计算：

（1）采用标准直径炮眼时

标准药包直径为 32mm，当炮眼直径为 35mm 时，可得炮眼数为：

$$N=\frac{qS}{\gamma} \tag{5-2}$$

式中，q 为单位用药量，kg/m^2；S 为导坑掘进断面积，m^2；γ 为每米炮眼的平均装药量，kg，计算时可参见表 5-6。

表 5-6 每米炮眼的平均装药量

炸药种类	炸药的有效密度/(g/cm^3)	每米炮眼的平均装药量/kg
62%硝化甘油炸药	1.35～1.40	0.95～1.20
硝铵炸药	0.95～1.05	0.50～0.70
压缩硝铵炸药	1.25～1.35	0.80～0.95
安全硝铵炸药	1.00～1.15	0.50～0.80

(2) 采用非标准直径炮眼时

胶质炸药：

$$N_{胶}=0.00075\frac{qS}{ad^2} \tag{5-3}$$

式中，a 为炮眼装药系数，一般为 0.65～0.75；d 为炮眼直径，m；$N_{胶}$ 为使用胶质炸药时的炮眼数目；其他符号意义同式(5-2)。

5.7.4 炮眼深度

炮眼深度的影响因素有岩石性质、钻眼机械、循环作业方式、炸药威力等，在选择炮眼深度时应综合考虑。炮眼深度与掘进进度有关，深眼钻眼时间长，进尺大，总的作业循环次数少，但相应辅助时间可减少。由于水封洞库岩体为中硬岩，采用三臂凿岩台车可提高钻孔能力，加大钻眼深度，在爆破施工时钻孔的掘进深度可达 4～5m。

确定炮眼深度有以下几种方法，具体方法应根据实际开挖情况综合考虑确定。

(1) 根据巷道断面尺寸及围岩条件确定

$$l=(0.5\sim0.8)B \tag{5-4}$$

式中，l 为周边眼及辅助眼深度，即它们到开挖面的距离，m；B 为导坑高或宽，取其中小者，m；0.5～0.8 为系数，水封式洞库开挖一般取 0.5。

(2) 按进度计划确定

根据洞库掘进任务要求计算炮眼深度：

$$L=L_O/(TN_mN_sN_x\eta) \tag{5-5}$$

式中，L 为炮眼深度，m；L_O 为洞库掘进全长，m；T 为规定完成洞库掘进任务的月数；N_m 为每月工作日，考虑备用系数一般取 25 天；N_s 为每天工作班数；N_x 为每班循环数；η 为炮眼利用率，一般取 0.85。

按掘进循环组织确定炮眼深度：根据完成一个掘进循环的时间和劳动组织，考虑钻眼设备和装岩设备能力等因素，估算炮眼深度如下：

$$L=T_O/[K_pN/(K_dV_d)+\eta S/(\eta_mP_m)] \tag{5-6}$$

式中，T_O 为每循环用于钻眼和装岩的小时数；K_p 为钻眼与装岩的非平行作业时间系数，一般小于 1；N 为每循环钻眼总数；K_d 为同时工作的凿岩机台数；V_d 为每台凿岩机的钻眼速度，m/h；S 为巷道掘进断面，m^2；η_m 为装岩机的时间利用率；P_m 为装岩机生产率，m^3/h。

(3) 根据钻眼能力及经验数据确定平均炮眼深度

$$L=\frac{mvt}{N} \tag{5-7}$$

式中，L 为平均炮眼深度，m；m 为钻机台数；v 为钻眼速度，m/h；t 为钻眼时间，h；N 为炮眼数目。

另外，根据以前的统计资料，在一定的机具设备条件下，平均每掘进 1m 所需要循环时间最短的炮眼深度，可根据表 5-7 确定。

表 5-7　炮眼深度

开挖方法	炮眼深度/m
轻型钻机钻眼，机械装渣	2.0～2.5
重型钻机钻眼，机械装渣	2.5～3.0
三臂凿岩台车，机械装渣	4.0～5.0

5.7.5　炮眼布置与装药

导坑炮眼布置可参考下列几点：炮眼方向在一个临空面的情况下最小抵抗线（药包重心至自由面的距离）不要与炮眼重合；掏槽眼一般布置在开挖面中央，眼深比其他炮眼深 20cm 左右；眼间距要匀称，通常坚硬岩层中帮眼间距为 70～80cm，在中硬岩层岩中帮眼间距为 80～100cm；顶眼间距可大些。眼底距设计轮廓线因地质条件而异，岩层坚硬时应超过 10cm 左右，中硬岩层到达轮廓线。底眼则应超出设计轮廓线外 10～20cm，且眼深宜与掏槽眼相同，以防欠挖。

炮眼直径对凿岩速度、眼数、巷道成形情况和装药参数等都有影响。直径过小会影响装药和炸药稳定爆炸；过大则影响凿眼速度。炮眼直径和相应的装药直径的增加，使炸药能量相对集中，爆轰波参数、爆速以及爆轰的稳定性都相应得到提高，因而有利于改善爆破效果。但是，炮眼直径过大将导致钻眼速度的明显下降，岩石破碎质量、周边平整度和围岩稳定性都有不同程度的影响。所以说，最佳的炮眼直径要以能获得较优的爆破效果，同时又不增加钻孔时间和炸药消耗量为原则。

一般情况下，钻眼速度随炮眼直径呈幂指数下降，因此，只有在钻机能力满足的条件下，如采用机械化程度较高的液压钻车或凿岩台车时，才能够用大直径炮孔来进行爆破。对掏槽眼应采用耦合装药，装药直径即为炮眼直径；对周边眼采用不耦合装药时，装药直径一般指药卷直径。周边眼和辅助眼相对较多，采用小直径炮眼和小直径的药卷，可以缩短打眼时间。经测试小直径 ϕ32mm 比大直径 ϕ42mm 的凿岩速度有明显提高，所以为了节省打眼时间，提高凿岩速度，对于周边眼应采用小直径钻头，选用能力适中的中频凿岩机和中等威力的炸药。

适当的填塞能保证在炮眼内炸药全部爆炸结束前减少爆生气体过早逸出，保证爆压有较长的作用时间，以充分发挥炸药的爆破作用，特别是正向起爆时，炮眼填塞的作用就更重要了。目前的巷道掘进多采用特制的黏土炮泥，填塞长度要求为：炮眼深度小于 0.6m 时，不得装药、爆破；在特殊条件下，如挖底、刷帮、挑顶确需浅眼爆破时，必须制定安全措施，炮眼深度可以小于 0.6m，但必须封满炮泥；炮眼深度为 0.6～1m 时，封泥长度不得小于炮眼深度的 1/2；炮眼深度超过 1m 时，封泥长度不得小于 0.5m；炮眼深度超过 2.5m 时，封泥长度不得小于 1m；光面爆破时，周边光爆炮眼应用炮泥封实，且封泥长度不得小于 0.3m。另外，根据实践证明，当眼深加大，达到一定程度后就可以不用堵塞，甚至在反向装药时亦可以不用堵塞。通过实践，不堵塞不但可以节省大量工作时间、人力、物力，而且还可以减少残眼，甚至不留残眼，提高爆破效果。

5.7.6 起爆与瞎炮处理

工作面上的炮眼应按掏槽眼、辅助眼、崩落眼、帮眼、顶眼、底眼的先后顺序放置段发雷管，以使先爆炮眼所形成的槽腔可作为后爆炮眼的自由面。起爆顺序的间隔时间采用毫秒延期。实践证明，毫秒延期爆破可获得良好的爆破效果。毫秒延期爆破时各炮眼爆破产生的应力场能相互干涉、叠加，增强了破碎作用，能有效减少爆破块度，降低爆破震动的影响。合理确定毫秒爆破的间隔时间，目前尚不能完全从理论上进行计算，需根据现场试验和经验类比来确定。洞库掘进中，考虑抵抗线较小，一般间隔时间在15～75ms之间选定，并随岩石性质、抵抗线大小而调整。当掏槽眼深度超过2.5～3m时，为保证槽腔内岩石的破碎和抛掷，毫秒间隔时间应取大值。试验表明间隔时间在50～100ms时，掏槽效果较好。

由于操作不良、爆破器材质量等原因，引起药包没有爆破，没有引爆的药包称为瞎炮。瞎炮危及安全，在发生瞎炮后，必须严格按照安全技术规程处理。一般处理措施有：经判断确认为瞎炮后，应由原装炮人员当班处理，在进入原现场时，必须认真注意周围环境，是否状况安全。如有困难，可向有关负责人汇报，由其他人员处理，但原装炮人员应在现场将装炮的详细情况交代给处理人员。由于接线不良造成的瞎炮，可重新接线起爆，处理方法必须认真考虑，小心操作。严禁掏挖或者在原炮眼内重新装炸药，应该在距离原炮眼60cm以上的地方，另打眼放炮。如不知道原炮眼位置，或附近可能有其他瞎炮时，不得用此法。电力爆破通电后没有起爆，应将主线从电源上解开，接成短路。此时，若要进入现场时，若用即发雷管，不得早于短路后5min；若用延期雷管，不得早于短路后15min。如用硝铵炸药，可在清除部分堵塞物后，向炮孔内灌水，使炸药溶解，或用压力水冲洗，重新装药爆破。

5.7.7 爆破振动

由于洞库的埋深较大，为减少爆破振动对邻近洞室及地表结构物的影响，对全断面一次、分层开挖的顶层及导洞的开挖宜采用光面爆破（或预留光爆层），不宜采用预裂爆破；对分层开挖法已完成顶层开挖的各台阶分层可以根据断面形状及爆破的具体要求，灵活采用光面和预裂爆破，但采用预裂爆破时须慎重。

在实际工程中，爆破振动作用下洞室安全稳定性的分析方法和相应的安全标准，主要有质点振速法。质点振速法是实际工程中最常用的控制标准，该法于20世纪60年代起普遍作为地面建筑物的安全判据，而作为地下建筑物的判据是一种沿用。因为爆破区与地下水封洞库处于同一岩体时，爆破对洞库的破坏作用主要由应力波在孔洞周边产生反射和绕射所致，而应力大小则与质点振速成正比，所以人们普遍认为洞库的破坏与质点速度直接相关。在我国，一般通过试验监测，利用萨道夫斯基经验公式，回归得到与最大单响药量和爆心距相关的振速经验公式。

$$v=K\left(\frac{Q^{\frac{1}{3}}}{R}\right)^{a} \tag{5-8}$$

式中，v为质点峰值振动速度，cm/s；Q为最大单响药量，kg；R为爆心距，m；K和a为与场地、装药等有关的参数。若已知K和a，则可根据实际采用的Q及R来确定质点峰值振动速度。在采用质点振速法时，还需考虑爆破振动的主振频率影响。

现场布点时受地形、地貌及其他因素的限制，以及具体爆破的目的不同，监测点布置会存在一定的随机性，但要尽量按照下述原则布置。测点布置是重要的监测参数，每次监测时均要按照实际情况详细地记录测点位置，并绘图记录。爆破点前后的爆破振动虽然前方稍大于后方，但总体相差不大，测点分布于爆破点前方更合理。爆破点对应地面水平周围30m范围内的振动一般比较显著，监测范围一般不小于这个范围。在爆破点对应地面水平100m范围内作为主要监测区域，其中50m以内为重点监测区域，在100m范围外某些构筑物出现裂缝或有强烈震感的部位，要布置测点，测点可以布置在构筑物距爆破点最近的部位，也可以直接布置在裂隙处。洞库围岩振动监测时，先要判定后施工巷道与先施工巷道的空间位置关系，测点布置在距爆破点最近的位置附近，一般为底板和边墙。在需要进行回归分析时，测点的布置不少于4个，无需分析时，可以至少布置1个。爆破振动监测采用质点振动峰值来评价爆破的破坏程度，在地表的振动方向主要为垂直方向，而巷道内主要为径向，测点布置要注意传感器的拾振方向。

监测的目的主要是根据爆破采集的振动速度，判断爆破对地面构筑物和巷道围岩的破坏程度。通过萨道夫斯基公式回归分析处理，优化爆破设计。在《爆破安全规程》(GB 6722—2014) 中对相关构筑物的允许振动速度做了明确的规定，在一般情况下只要现场采集的爆破振动速度小于允许振动速度，就可以判定此次爆破不会对该构筑物构成危害，如超过就会产生危害。对一些特殊的结构物或重点保护对象，在参考《爆破安全规程》(GB 6722—2014) 的基础上需要针对性地评估允许振动速度。

5.8　注浆施工技术

LPG洞库位于稳定的地下水位以下，当开挖至透水性较强的岩体处时地下水会沿着裂隙向洞室内渗漏，大量渗漏的地下水会破坏地下水的自然状态，进而影响洞库储存的密封性。洞库由于深埋于地下，渗漏进洞库内的地下水要采用抽水机分级排出，排水难度较大，对施工存在较大的影响。如地下水渗漏量偏大，为了保证洞库的气密性，水幕就要加大补水量，运营期进入洞室的水排出洞外后还要进行水处理，加大了运营成本。要减小地下水渗漏造成的各种影响，必须在洞库施工期做好地下水的渗漏水控制工作。在洞库修建中相对于一般隧道的正常工作条件，对地下水的渗漏控制更为严格，即使地下水的渗漏量较小，对一般隧道施工没有任何影响，但可能会对地下水封洞库的密封性造成影响，必须将地下水渗漏量控制在很小的量。要控制地下水的渗漏量，需结合地质情况采用注浆手段堵水注浆。

在竖井口等覆盖层或强风化地层中，采用注浆手段固结岩体而提高开挖时围岩的稳定，确保施工安全。在封塞混凝土结构物施工后，混凝土结构体因干缩而使密封塞与周围岩石间出现缝隙，也需要采用注浆手段使其充分接触，保持密封塞的密封性。在施工巷道软弱围岩段，常会采用拱架加强支护，其拱部常会存在混凝土空洞，为确保支护安全也会采用注浆回填拱部的空洞；另外在密封塞等上预留的各种孔洞，在水幕巷道内安装各种传感设备后的孔洞，以及施工过程中钻的多余的孔等，均需采用注浆手段进行回填。

5.8.1 注浆方案的选择

注浆技术在地下工程中获得广泛应用以来，对注浆操作类型并无统一分类标准，在一些文献中，依据实践经验，或限于其工程特点，对注浆操作类型作了不同分类，大致有以下几种分类：

① 根据工作面的不同分为：地面注浆与地下注浆；

② 根据注浆目的不同分为：堵水注浆、加固注浆、充填注浆；

③ 根据注浆浆液的混合种类的多少分为：单液注浆、双液注浆及多液注浆；

④ 根据注浆地质的不同分为：岩石注浆、沙层注浆与土层注浆；

⑤ 根据压力的不同分为：高压注浆与低压注浆；

⑥ 根据注浆工艺的不同分为：前进式注浆、后退式注浆、全孔注浆；

⑦ 根据注浆浆液类型分为：水泥系浆液注浆、化学注浆、黏土类浆液注浆等。

不同的分类方法反映了注浆在某一工程中的侧重方面，即注浆在这一工程中的价值体现或难点所在。虽然其他方面可能是一致的，在不同工程中，各工程师根据自己对注浆的理解分类也各不相同。

在洞库修建中，主要依据注浆的作用、注浆的部位，将注浆操作类型划分为五类：

① 堵水预注浆：开挖前先通过地质预报手段探明开挖面前方岩体内的含水情况，必要时对开挖面前方进行中深孔注浆堵水，这种注浆方法称为堵水预注浆或预注浆堵水。堵水预注浆的优点为：堵水注浆的效果较好；较堵水后注浆的工程量小。堵水预注浆的缺点为：需要停止开挖方能进行注浆作业，一定程度上会影响施工进度；钻孔的深度较长，对施工设备要求比较高。为得到较好的堵水效果，在洞罐、竖井口等部位常以堵水预注浆为主要方法；在巷道内只要出水不引起地下水位的下降，可采用堵水后注浆方法。

② 堵水后注浆：开挖后如出现局部的渗漏水，渗水量超标时也要进行堵水注浆，这种注浆方法称为堵水后注浆。堵水后注浆的优点为：注浆一般不影响开挖进度；注浆可采用手风钻等简易钻机。堵水后注浆的缺点为：注浆效果一般不理想，需要通过多加注浆孔注浆的方式得到较好的注浆效果，注浆的工程量相对较大。堵水后注浆主要用于巷道、竖井、泵坑内，洞罐部位宜作为堵水预注浆的补充手段。

③ 固结注浆：在开挖中，为保证开挖处的围岩稳定而采用注浆方法固结破碎、松散岩体，以改善开挖面附近不良的围岩力学特性，为安全开挖创造条件而进行的注浆称为固结注浆，也可称为加固注浆。固结注浆主要用于施工巷道入口段、竖井井口段等部位，注浆与强支护结合效果较理想。

④ 接触注浆：密封塞混凝土浇筑后因混凝土干缩，在封塞混凝土与键槽岩面间出现缝隙，为确保封塞处的密封效果而对该部位进行的注浆即为接触注浆。接触注浆在混凝土结构物干缩稳定后方可进行，如接触注浆处的缝隙较大或存在空洞等情况，应对该部位先进行回填注浆，再进行接触注浆。接触注浆主要用于巷道和竖井的密封塞部位。

⑤ 回填注浆：在支护、混凝土等构筑物施工后，其顶部多会存在空洞，采用注浆方法对空洞进行回填即为回填注浆。回填注浆也用于钻孔内各种传感器的固定和一些多余空洞的封堵。回填注浆多为无压或低压注浆，注浆多采用水泥砂浆等材料。回填注浆主要用于巷道内拱架支护段、二次衬砌支护段和洞罐密封塞等部位。

5.8.2 堵水预注浆

要进行堵水预注浆，事先必须探明开挖面前方是否有地下水存在。探明开挖面前方是否有地下水，一般采用超前地质预报方法，超前地质预报中最可靠的方法为超前钻孔。超前钻孔最主要的目的是超前探水，对钻孔内的出水量划分两个控制指标，即 Q_1 和 Q_2。对于洞罐内渗漏水量控制严格的工程，可适当调低出水量控制指标。在一般透水性强的岩体中，超前钻孔内的出水量会随着钻孔长度的变化而变化，这种情况多出现在中风化以上的岩体中，出水量控制指标宜随着钻孔长度不同而变化；在结构完整的微风化岩体中，少量的地下水只会存在于某些结构面，与钻孔的长度关系不大，出水控制指标可确定为固定值。超前钻孔的数量一般不少于2个，设在开挖面的左右两侧，可分别代表开挖面前方的左侧区域和右侧区域。从注浆的效果方面看，超前钻孔的深度不宜超过30m。

施工巷道从地面延伸至洞罐，在穿越全风化及强风化围岩段时，超前钻孔内的渗水量与钻孔长度关系密切，施工巷道中的渗水量控制指标见表5-8。

表5-8　施工巷道注浆判定渗水量指标

钻孔深度/m	Q_1/(L/min)	Q_2/(L/min)
10	2	20
15	3	30
20	4	40
25	5	50
30	6	60

针对超前钻孔内不同的渗水量，施工巷道宜采取的注浆方案为：超前钻孔内无水时，无需进行堵水预注浆。超前钻孔内水流量小于 Q_1 时，宜从超前钻孔进行堵水注浆。超前钻孔内水流量大于 Q_1 而小于 Q_2 时，宜对开挖面周边进行堵水预注浆。超前钻孔内水流量大于 Q_2 时，宜对开挖面全面进行堵水预注浆。

水幕巷道和洞罐均处在微风化较完整的坚硬岩体中，地下水一般存于一些结构面或较小的裂隙中，且主要结构面和裂隙与洞室主轴线大角度相交，此时超前钻孔内的出水量一般不会随着钻孔长度的加长而增大，加之洞罐内对地下水的渗水量控制较为严格，其超前钻孔内的渗水量指标见表5-9。

表5-9　水幕巷道、洞罐注浆判定渗水量指标

钻孔深度/m	Q_1/(L/min)	Q_2/(L/min)
10	2	20
15	2	20
20	2	20
25	2	20
30	2	20

针对超前钻孔内不同的渗水量，水幕巷道和洞罐宜采取的注浆方案为：超前钻孔内无水时，无需进行堵水预注浆。超前钻孔内水流量小于 Q_1 时，宜从超前钻孔进行堵水注浆。超前钻孔内水流量大于 Q_1 而小于 Q_2 时，宜对钻孔对应的开挖面周边（部分周边）进行堵水

预注浆。超前钻孔内水流量大于 Q_2 时，宜对整个开挖面周边进行堵水预注浆。超前钻孔在施钻过程中，要记录出水的位置，在距离出水点一个开挖循环进尺左右时（一般为 3～7m）停止开挖，用预留的这部分岩体作为注浆的止浆岩盘。

注浆方式是指浆液的压注形式和压注顺序。根据浆液的压注形式不同，注浆方式可分为压入式注浆和循环式注浆。压入式注浆是把浆液直接压入注浆孔充填裂隙，这种注浆方式注浆速度快、压力高，浆液充填密实，结石体强度高，可注入细小裂隙，是最常用的注浆方式。循环式注浆需要配置一套注浆管和一套回浆管，为实现稳定的注浆压力而将多余的浆液再放回储浆池，这样可以很好地控制浆液扩散的范围和注浆材料的消耗量。在地下水封洞库施工中，一般采用压入式注浆，循环式注浆很少使用。

按照注浆的分段关系，注浆方式一般分为全孔一次式注浆、分段前进式注浆和分段后退式注浆。全孔一次式注浆即将注浆孔按照设计深度一次钻至底、一次注浆完成的注浆方式，这种注浆方式施工速度快。当钻孔穿过较多的含水层，由于浆液会沿着阻力较小的、缝隙较宽的裂隙扩散较远，小裂隙处的浆液扩散效果一般较差，因此为使浆液在各含水层中均能均匀扩散，保证注浆效果宜采用分段注浆。分段前进式注浆即将设计钻孔按照长度分成几段，每次钻进一段后注浆一段。分段前进式注浆的优点是注浆效果较好；缺点是从第二段开始至最后一段注浆时，均需对之前已完成注浆段进行钻孔，从已完成钻孔重复钻进，会延长了注浆施工时间，也加大了注浆施工工作量。分段后退式注浆即将注浆孔一次钻至设计长度，使用止浆塞从最前方向后注浆。分段后退式注浆的优点是无重复钻孔过程，可以加快注浆速度；缺点是需要采用性能良好、工作可靠的止浆塞，且塞子在孔内较难选择完整不漏浆的位置。

在地下水封洞库工程中，施工巷道和竖井井口处于微风化以上岩体段的透水性好，注浆钻孔同时会穿过的含水层较多，宜采用分段前进式注浆；水幕巷道、洞罐内由于围岩完整性较高，钻孔同时穿透多个含水层的情况很少，宜采用全孔一次性注浆；分段后退式注浆受到设备和地质条件限制，目前在国内很少使用。

采用分段前进式注浆时，一般岩石根据裂隙的发育程度和钻孔涌水量来确定注浆段长，钻孔内涌水量对应的注浆分段长度见表 5-10。在破碎岩体中，分段长度一般根据钻孔冲洗的漏失量和维护孔壁的难易程度而定。破碎岩体中前进式注浆分段长度见表 5-11。

表 5-10　一般注浆分段长度选择表

裂隙发育程度	钻孔涌水量/(L/min)	注浆分段长度/m
发育	＞160	5～10
较发育	80～160	10～15
不太发育	30～80	15～20
不发育	＜30	20～30

表 5-11　破碎岩体中前进式注浆分段长度选择表

钻孔冲洗液漏失情况	冲洗液漏失量/(L/min)	注浆分段长度/m
微弱漏失	30～50	＞5
小量漏失	50～80	3～4
中量漏失	80～100	2～3
大量漏失	＞100	＜2

注浆孔的布置与数量是注浆成败的关键因素之一，也是注浆工程量大小的关键因素之一。因此，必须根据注浆的目的、岩层裂隙的发育程度、注浆压力、浆液扩散的有效半径等参数合理确定注浆钻孔的布置，使其尽量与较多的裂隙相交。巷道和洞室内预注浆孔的布置一般有两种方式，为全周边布孔和部分周边布孔，布孔示意见图 5-27～图 5-32。

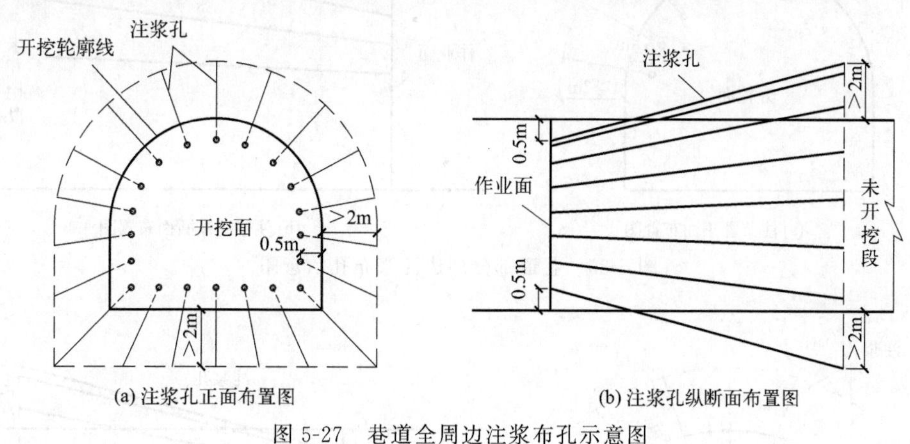

(a) 注浆孔正面布置图　　(b) 注浆孔纵断面布置图

图 5-27　巷道全周边注浆布孔示意图

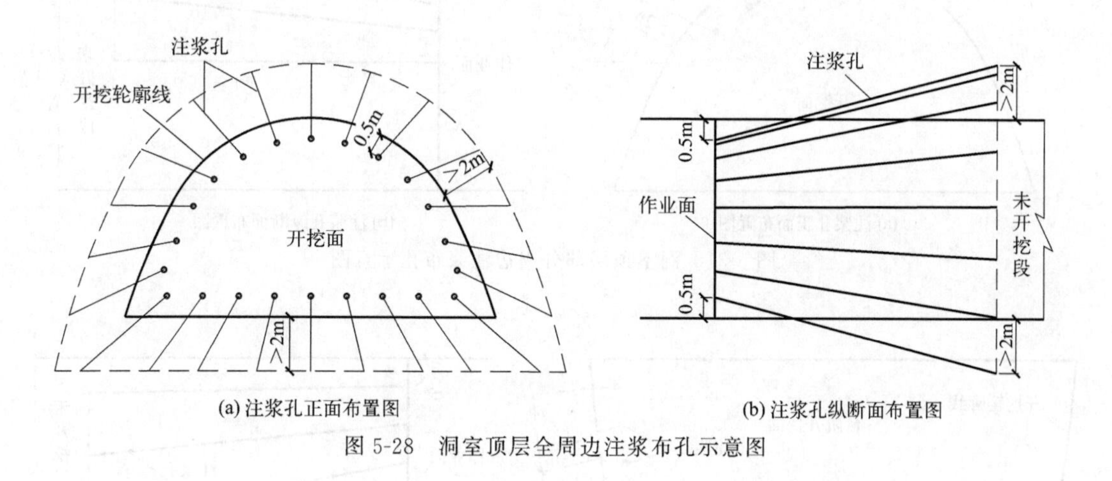

(a) 注浆孔正面布置图　　(b) 注浆孔纵断面布置图

图 5-28　洞室顶层全周边注浆布孔示意图

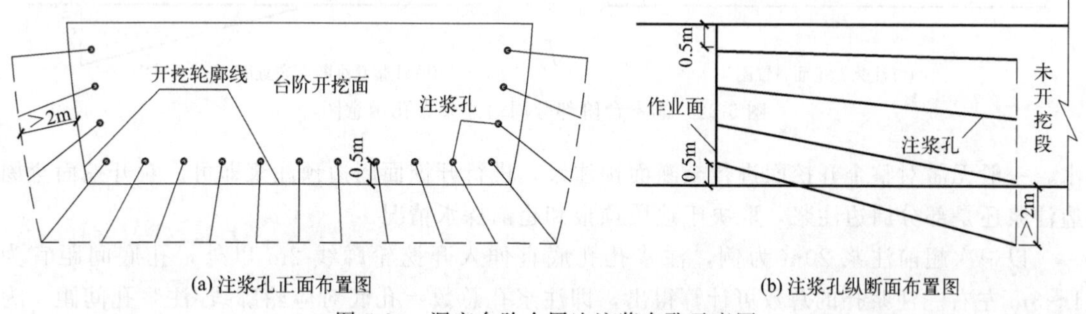

(a) 注浆孔正面布置图　　(b) 注浆孔纵断面布置图

图 5-29　洞室台阶全周边注浆布孔示意图

洞室顶层开挖时，如采用导洞法开挖，在探明导洞开挖面前方存在含水裂隙需进行注浆封堵时，应停止导洞向前开挖，将导洞段扩挖成顶层设计断面，再对顶层设计断面进行注浆。由于地下水封洞库不会穿过岩溶、煤层等不良地质地层，注浆堵水的地层主要为裂隙

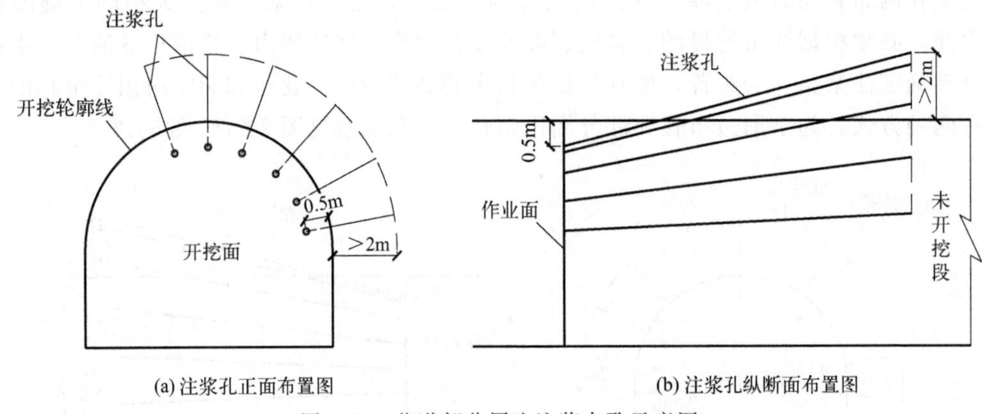

(a) 注浆孔正面布置图　(b) 注浆孔纵断面布置图

图 5-30　巷道部分周边注浆布孔示意图

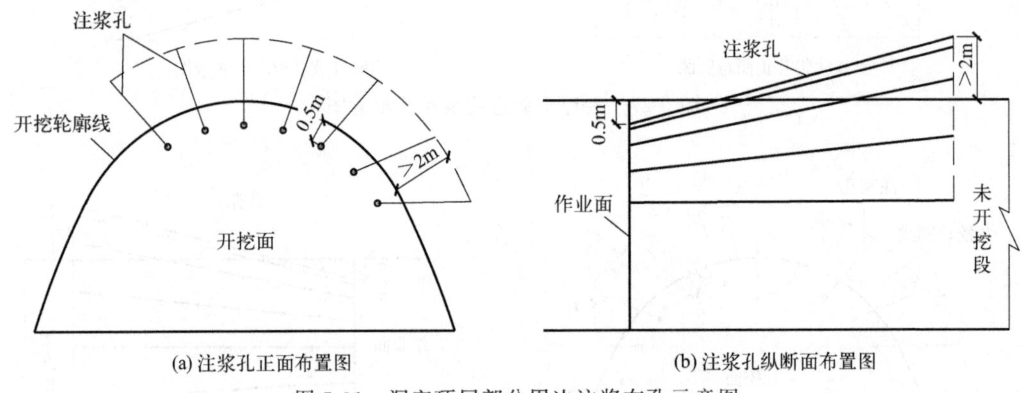

(a) 注浆孔正面布置图　(b) 注浆孔纵断面布置图

图 5-31　洞室顶层部分周边注浆布孔示意图

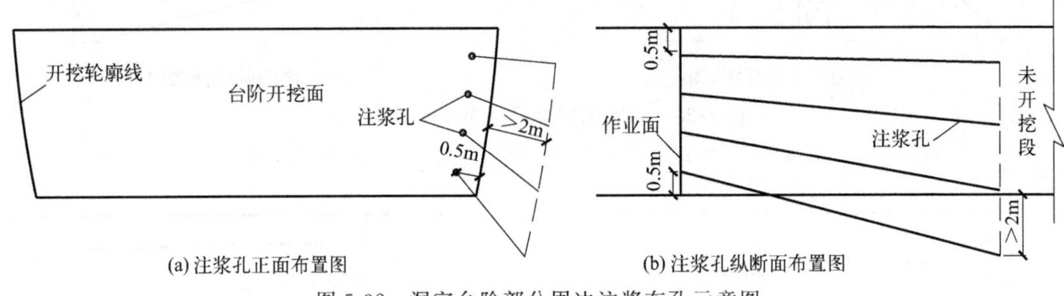

(a) 注浆孔正面布置图　(b) 注浆孔纵断面布置图

图 5-32　洞室台阶部分周边注浆布孔示意图

水，一般无需对整个开挖面进行全断面预注浆，进行开挖面周边预注浆即可。对开挖面全周边注浆还是部分周边注浆，取决于地质预报和超前探水情况。

以一次超前注浆 20m 为例，注浆孔孔底宜伸入开挖轮廓线 2m 以外，孔底间距宜为 1～3m 左右。注浆孔的总数可计算得出，即注浆孔总数＝孔底对应轮廓线/注浆孔间距。为便于钻孔作业，开孔孔位对应轮廓线宜在开挖轮廓线以内 0.5m 处，开孔间距可计算得出：开孔间距＝开孔孔位对应轮廓线/总孔数。开孔处间距过小影响钻孔或注浆作业时，可适当调整孔位，孔位可采用锯齿形布置。

为减少注浆工程量，注浆孔一次设计不宜过多，一般可按照上述参数设计第一圈（或局部)。第一圈注浆结束后，如检查孔或探孔内的出水量仍超标，可根据情况在第一圈孔间增加钻孔或增加第二圈。在第一圈孔内加密时，注浆孔的设计参数与原孔相同。增加第二圈孔时，开孔位置和孔底位置宜在第一圈的基础上相应缩回0.5～1m，孔底间距宜与第一圈相同，开孔间距计算后可适当调整，与第一圈孔形成梅花形布置。第二圈注浆后，如检查孔或探孔内水量超标，可再在第二圈孔内增加注浆孔。同理，在水量超标时，可继续增加注浆孔。如一次注浆的注浆孔数过多时，宜对巷道、洞室的结构设计进行优化。采用全断面周边布孔还是局部周边布孔，应根据探孔内、岩面的出水量，并结合地质预报情况确定。在连续进行预注浆堵水段，相邻两次注浆段要有一定的搭接，搭接长度宜为3～5m，以搭接段作为下次注浆的止浆岩盘。

竖井口地面预注浆时，注浆孔布置于竖井井筒0.5m以外，孔斜与井筒保持一致，地面开孔平面布置与井筒呈同心圆等距离排列，注浆孔长度宜超过预堵水段5m以上，总长宜在50m以内，孔间距宜为1～2m。一环注浆孔的数量=注浆孔布置环的周长/孔间距。注浆孔在井筒外一般布置1～3环，环间距宜为1～2m。竖井地面预注浆孔布置见图5-33。竖井内由于空间有限，钻深孔进行预注浆难度较大，宜以后注浆为主。

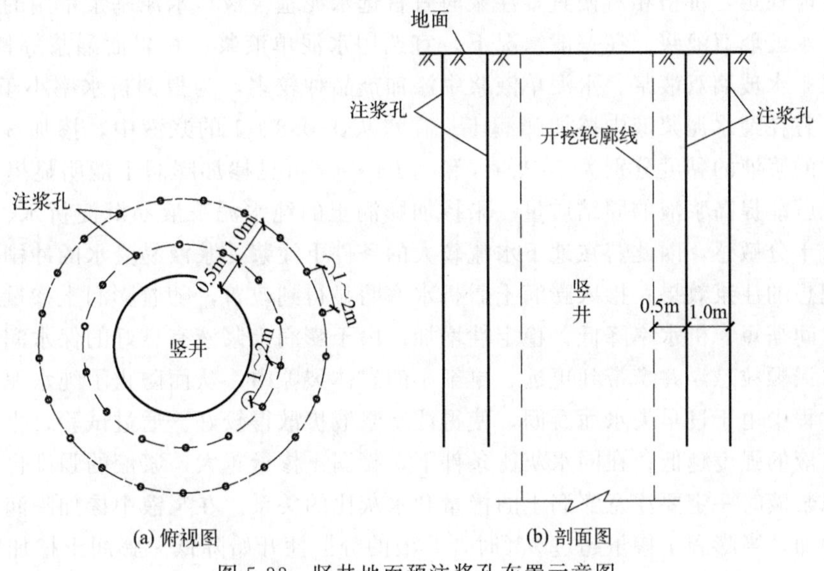

图5-33　竖井地面预注浆孔布置示意图

注浆孔孔口的止浆是注浆成败的关键，对于预注浆一般的孔口止浆方法有2种，分别为：安装栓塞和安装孔口管。安装栓塞操作简便，先制作或购置成品的止浆栓塞，注浆前在注浆孔孔口段安装栓塞，栓塞尾部与注浆管路连接。安装孔口管工艺较复杂，先加工孔口管，在注浆孔孔口段钻好后在孔内插入孔口管，用注浆手段将孔口管和注浆孔孔口段完全粘接在一起，再换用较小的钻头从孔口管内进入钻孔至设计深度。止浆栓塞一般有机械式和水涨式两种，机械式栓塞安装的压力较低，适宜注浆压力较小和孔壁较完整、顺直的注浆孔；水涨式栓塞安装压力较高，适宜注浆压力较大和孔壁相对粗糙的注浆孔。止浆栓塞现场施工工艺较简单，但存在以下问题：当注浆钻孔孔内壁不够顺直时（三臂凿岩台车由于钻杆刚度较小，孔内壁如肠状），栓塞膨胀后很难完全接触孔内壁，导致接触压力降低，在注浆压力较大时容易漏浆，甚至将栓塞从孔内压出存在事故隐患；栓塞安装工人责任心不够，或在某些区域安装不便时，容易出现安装不到位的情况，此时也易出现栓塞从孔内被浆液挤出的情况；在注浆孔孔口段存在软弱岩体时，栓塞膨胀后孔壁随之发生变形，栓塞无法安装固定；在注浆孔口段裂隙较多时，采用栓塞注浆时，浆液可从裂隙绕过栓塞漏出，也会使注浆失败；栓塞一般需要专业的厂家加工制作，单个的价格相对较高，使用不当造成损坏而无法重复利用时，使用的费用较高。

孔口管止浆是将一段钢管焊接上法兰盘后采用注浆固定在孔口的止浆措施，孔口管在施工现场即可加工，管长可根据孔口段的岩体情况确定，注浆孔孔口段需采用较大的钻头钻孔，安装时将孔口管插入孔内注入水泥浆液即可，待水泥浆终凝后从孔口管内钻进注浆孔。孔口管虽然安装相对烦琐，但安装固定的质量一般较好，存在的问题为：从管内钻进时，如钻杆的角度控制不好会磨损管壁，需要对管壁进行焊接修复后再进行注浆；孔口管注浆安装后，须待浆液终凝后方可进行钻孔，对工期有一定的影响。

从以上对比可以看出，孔口管止浆法虽然现场安装比较烦琐，但安装的可靠度较高，且使用价格较低。在现场施工时，要统筹安排后注浆的各项工作，后序孔口管安装可与前序孔钻孔、注浆等作业平行进行，以减小安装孔口管对施工工期的影响。

注浆材料要选择与洞库内储存的产品不发生反应的品种，且性能要有较好的耐久性。水泥基浆液性能稳定，价格相对便宜，注浆时宜首选水泥基浆液。水泥基浆常用的有水泥单液浆和水泥＋水玻璃双液浆。在一般情况下，宜选用水泥单液浆；在岩面漏浆等特殊情况下，宜选用水泥＋水玻璃双液浆。水泥单液浆中添加剂品种较多，为得到析水率小于5%的稳定水泥浆液，宜在纯水泥浆液中掺加膨润土。在水灰比0.8∶1的浆液中，掺加3%的膨润土和不掺加时的浆液的黏度分别为48Pa·s和23Pa·s，可见掺加膨润土能明显提高纯水泥浆的黏度，也就能提高浆液的固结质量。未掺加膨润土的纯水泥浆液易沉淀析水、稳定性差，且对用水量十分敏感，因此若在地下水流较大的条件下注浆，浆液易受水的冲刷和稀释，最终达不到理想的注浆效果；掺入膨润土后析水率明显得到改善，随着膨润土掺量的增加，浆液的稳定时间缩短，析水率降低，稳定性增加。由于膨润土浆液有良好的保水润滑性和流动性，可将水泥颗粒悬浮并携带到更远、更细小的岩体裂隙中，从而防止了纯水泥浆液在岩体裂隙流动过程中由于过早失水而凝固，使得注浆浆液扩散得较好。通过试验，当浆液的水灰比越大，浆液的强度越低；在同水灰比条件下，膨润土掺量越大，浆液的强度也会降低，所以配置水泥浆液时一定要注意膨润土的掺量和水灰比的关系。在浆液中掺加膨润土后，浆液的分散性增加，当膨润土掺量超过3%时，浆液的分散性开始降低。膨润土掺加对水泥浆液的强度有一定的影响，掺量在4%以内时浆液强度的降低是允许的，大于4%掺量时会较大程度地降低浆液的强度。在一般工程注浆时，注浆时选用不同水灰比的纯水泥浆液，按照先稀后浓的步骤注浆，在地下水封洞库工程中，由于岩体相对完整，注浆量总体不大，采用不同浓度的浆液的量现场很难把握，并综合上述试验情况，可采用水灰比0.8∶1的水泥浆液，掺加3%的膨润土。

水泥＋水玻璃双液浆是在水泥单液浆的基础上，为使浆液快速凝固而添加水玻璃。水泥＋水玻璃双液浆是一种水硬性浆材，它具有早期强度高、结石率高、凝结时间可控性强、防渗性良好、料源广等优点；但也存在操作要求严，可灌性差，结石体后期强度低以及耐久性差等不足。在注浆中，其主要用于封堵大涌水或跑浆严重的浅层围岩封闭注浆，作为水泥单液浆的补充浆液。注浆时，当岩面漏浆处不再漏浆时，后续的浆液仍应改为水泥单液浆。水泥＋水玻璃双液浆拌制时，无需在水泥浆液中掺加膨润土。水玻璃的浓度宜为35°Bé，与水泥浆的掺和体积比为宜为1∶1。

注浆时，宜先对注浆量根据经验进行估算，考虑施工阶段围岩孔隙率和空隙填充的系数，以及钻孔间距和长度等参数，估算的公式如下：

$$Q=\lambda V=n\alpha(1+\beta)V \tag{5-9}$$

式中，Q 为注入量，m^3；λ 为注入率；V 为加固对象的体积，m^3；n 为地层孔隙率；α 为填充率；β 为损失系数。

注浆过程中宜控制浆液的注入速度，注浆速度即单位时间内的注入量。注入速度可以由压力-速度曲线确定。先根据注浆前的注水试验测出压力-速度曲线。通常该曲线的规律是速度增大，压力上升，速度升到一定程度时，压力开始下降；随后，若速度继续增大，压力趋于平稳。曲线中压力的最大值对应的速度称为临界速度。速度小于临界速度为渗透固结，固结形状为球形；大于临界速度小于5倍的临界速度，呈渗透脉状注入固结，固结形状为扁平球形；速度大于5倍临界速度呈劈裂注入固结，固结形状为平板状。最后根据设计的注入形态要求选定合适的注入速度，也可以根据经验值取为5～20L/min。

浆液从注浆孔向四周流动的距离取决于：要填充的节理性质，如宽度、粗糙程度以及填充物等；浆液的流动性质；节理内的有效应力。从逻辑上讲，可采用允许达到的最高注浆压力，因为这样浆液向四周穿透的距离较大，因而可以减少浆液设备的多次搬动，降低了施工操作费用。

允许注浆压力的上限要满足下面两个条件：必须避免在注浆孔内产生水力劈裂；在节理体系中必须避免水力劈裂和岩体上抬。当设定注浆压力时，要确定一个下限压力。这个压力要满足：注浆孔与节理相交处的压力必须足以把浆液驱入节理中；保证使注浆液到达的距离与注浆孔的间距相适应。通常在注浆孔口测量注浆压力，各国通用的允许最大注浆压力经验法则是：欧洲经验法则为1bar/m，美国经验法则为0.22bar/m（$1bar=10^5Pa$）。

不同的地质情况下地下水封洞库工程可采用的注浆压力和注浆速度之间的关系如表5-12所示。

表5-12　注浆参数的选择

岩石类型	注浆速度/(m^3/h)	注浆压力/MPa
细裂隙	0.5～1.0	(0.3～0.5)逆向压力
中、大裂隙	2	(0.35～0.5)逆向压力
空洞	20	
支护结构渗水处理	0.5～2	(0.1～0.3)结构物强度

逆向压力主要根据岩层裂隙、浆材类型、止浆岩墙的厚度、水压力等因素考虑，通常选择3～4倍的涌水压力，涌水压力值通过地质调查孔或深孔监测得出。

裂隙黏性地层及松散破碎带处，裂隙岩层中注浆是否结束主要按注浆量进行控制。岩石裂隙注浆主要按照注浆压力加以控制。一般钻孔的孔深与注浆压力的确定见表5-13。

表5-13　注浆压力控制指标

孔深/m	3～6	6～12	12～24
注浆压力/MPa	0.5	1.0	1.5

如果钻孔内有流水且水伴有一定的水压力，应当考虑孔内水压力的影响，注浆结束压力以2～3倍的孔内水压力进行控制，也可以在孔内水压力的基础上增加1～2MPa。同时，还

有一种情况应当提高注浆压力，这种情况应当在注浆之前所作的压水试验中确定围岩的渗透性低于 10^{-6}m/s 的岩体中，注浆压力应达到足够高以便扩大裂隙，使水泥浆液能穿透取得较好的注浆效果。

注浆过程中，注浆孔的钻进、注浆要分序进行。在有多排注浆孔时，要逐排进行钻孔、注浆。在巷道、洞室作业面注浆时，宜按照由外环向内环的顺序；在竖井口注浆时，也宜按照由外环向内环的顺序进行钻孔、注浆。在同一排内，宜隔孔进行钻孔、注浆，即先钻奇数号孔并注浆，再钻偶数号孔并注浆。为使效果较好，一序孔不完成注浆，另一序孔不进行注浆；上一排孔不完成注浆，下一排孔不进行注浆。

一循环的设计所有注浆孔完成注浆后，应检查或评定注浆的效果，确定是否进行补充注浆。检查注浆效果一般要设专门的检查孔，看检查孔内的流水情况。在施工任务较重的情况下，注浆后钻设检查孔，再设计补充补浆方案，会影响注浆的施工进度。为加快注浆效果的评定，可将确定注浆方案的超前探孔作为检查孔，在注浆时先关闭超前探孔防止孔内地下水流失，注浆过程中经常观察探孔内的水量变化，及时对注浆方案进行调整，直到探孔内的出水量达到允许值时，方可对探孔进行注浆封堵，结束本循环的注浆。这样做可以在注浆过程中及时做好注浆方案的调整，无需最后再进行效果检查。

5.8.3 堵水后注浆

巷道、洞室、竖井开挖后，在工作面以后的部分区域如果出现渗漏水，需要进行堵水后注浆。渗漏点的出水量超过设计规定的堵水标准方可进行注浆，一般情况下巷道内单点的渗漏水量超过 2L/min 时进行该部位的堵水后注浆；洞罐内的渗漏水量超过 1L/min 时进行该部位的堵水后注浆；竖井内的渗漏水量超过 0.5L/min 时进行该部位的堵水后注浆。

注浆孔的位置应与渗漏水裂隙相交，这样的孔导水性较好，注浆堵水效果也较好。注浆孔的布置宜为环形或线形，如地下水沿着某条裂隙流出，可沿着与出水裂隙相交的方向设 1 排或几排注浆孔；如漏水部位裂隙情况复杂，漏水呈片渗漏时，宜围着漏水区域进行布孔，注浆孔可布置成环形；如单点股状出水，可布置沿着流水点的注浆孔。注浆孔的数量根据漏水区域、注浆扩散半径而定，一般注浆孔间距宜为 1～1.5m。巷道、洞室内注浆孔长度一般 5～20m，竖井内的注浆孔长度一般为 3～5m。

后注浆的材料、孔口处理、注浆分段等方法与预注浆一致，此处不再赘述。注浆顺序要根据渗漏水情况确定，如沿着裂隙流水，可先注钻孔后不出水的孔，再注出水小的孔，最后注出水大的孔；如呈片流水，要先注外环的孔，再注内环的孔；竖井内注浆要自上而下的顺序注浆。注浆压力一般为孔内静水压力的 2～3 倍或在孔内水压力的基础上增加 1～2MPa。

注浆完成后，无需设检查孔进行注浆效果的检查，而是直接根据渗漏水量的变化情况确定补充注浆的方案，注浆的过程为持续改进的过程，直到渗漏水量小于注浆要求。

5.8.4 岩体固结注浆

为保障围岩开挖的正常工作条件，尽管渗水量非常微小或者没有而不需要进行堵水注浆，但对围岩出现的小断层、软弱夹层、岩石分界面等或对围岩力学特性存在疑问，都应进行固结注浆予以改善加固，保证开挖的正常工作条件。这就是固结注浆的判定控制标准。固结注浆对围岩稳定是至关重要的。

固结注浆孔深度与循环开挖进尺密切相关，注浆范围在开挖轮廓线外2～10m，注浆压力视现场情况确定，宜为1.0～3.0MPa。注浆的材料、孔口处理、注浆分段、注浆顺序等方法与后注浆一致，此处不再赘述。固结注浆应以注浆压力为注浆结束控制条件，注浆后可设检查孔检查注浆效果。检查孔钻好后，宜对检查孔按照注浆方式进行注水试验，注水流量大于设计值时要进行补充注浆，注水试验结束后采用注浆方法对检查孔进行封堵。

5.8.5 回填注浆

回填注浆是为了填满施工过程中岩石的孔隙、节理、断层以及在混凝土衬砌、混凝土环和钢模之后的孔隙，堵塞气体逃逸通道。因此，根据开挖后的地质描述，对有孔隙、节理、断层处应进行注浆，在较厚锚喷支护的背后、混凝土衬砌的拱部、巷道密封塞的顶部等位置，也应进行填充注浆。

回填注浆的材料、孔口处理等方法与上述一致，此处不再赘述。注浆孔一般设在需回填部位的下部、中部，上部一般设排气孔，排气孔宜1～3个。

回填注浆的注浆压力应视现场条件最终确定，一般注浆压力为0.5MPa左右，注浆孔深应伸入回填空腔内，只要设1个孔作为排气孔，排气孔应设在空腔内最高处。回填注浆后，注浆饱满情况一般以最上面排气孔是否回浆作为判断依据。

5.8.6 缝隙接触注浆

密封塞混凝土浇筑完成后，存在一个混凝土的收缩徐变过程，导致密封塞混凝土与键槽岩体之间产生一定的缝隙，接触注浆用来获得混凝土和岩石的密闭及固结围岩或控制洞室周围岩石渗漏。因此，全部的衬砌和混凝土封塞完成至少14天后系统地进行接触注浆。为便于钻孔，在混凝土浇筑前先预埋钢管，钢管前端用石膏填塞，防止混凝土堵塞钢管，钢管前端尽可能靠近岩面。在注浆前，用钻机沿着钢管钻进，待白色石膏浆流完后再继续向前钻进0.5m左右。回填注浆孔，也宜重新钻开进行接触注浆。封塞段接触注浆孔的数量宜为每平方米1个左右，有回填注浆孔的部位，无需另行布置接触注浆孔。

注浆浆液宜采用膨润土水泥浆，浆液配比宜为1∶1，膨润土掺量宜为4%。注浆压力应视现场情况而定，宜控制在2.0MPa以内。注浆的顺序宜为由低到高、由外向里。注浆结束标准以注浆压力进行控制，在注浆压力达到设计值且无进浆，持续等待超过10分钟左右，即可结束单孔注浆。在注浆孔数较少时，宜一次全部注浆；如注浆孔数较多，宜分次分区域注浆。

5.9 封塞施工技术

封塞为双截锥形钢筋混凝土结构，其施工质量对洞库运营期间的密闭性有重要影响。封塞分为巷道封塞和竖井封塞，巷道封塞设置在施工巷道内，距离主洞库最短距离为10m，主要承受施工巷道内的水压力。竖井封塞设置在竖井内，距离洞库顶部最短距离为3m，主要承受竖井管道的重力。巷道封塞和竖井封塞完成后，使洞库成为一个密闭的容器，从而达到储存产品的目的。

注浆用水泥的强度应大于 32.5N/mm^2，钢筋混凝土用水泥的强度应大于 42.5N/mm^2。粗集料应使用质地坚硬、耐久、洁净的碎石，级别不低于Ⅱ级。砂子应采用天然砂，级别不低于Ⅱ级。竖井封塞上的膨润土应满足：8≤pH≤12，不得含有腐蚀性成分。钢筋应满足设计要求。其他对混凝土质量有害的各种物质的最大许可量为：氯化物为 600g/m^3、硫化物为 450g/m^3。

封塞施工至少 3 个月前，应进行适配性试验。混凝土最大水灰比和水泥用量应满足规范要求，最大水泥用量不宜超过 350kg/m^3。宜掺加粉煤灰、矿粉等外加剂，外加剂的掺量应符合水工大体积混凝土的相关规范规定。为了尽可能地降低混凝土干缩裂缝的出现，混凝土的试拌最大温度控制在 50℃以内。混凝土拌制后，放入 1m^3 的立方体钢模板中，在立方体中心位置预埋温度传感器，混凝土终凝后，在立方体四周用厚度不小于 2cm 的泡沫板包围，并将立方块放置于封塞附近的同环境条件区域。连续观测至少一周的立方体中心温度值。巷道封塞施工窗口以下坍落度以 160～180mm 为宜，窗口以上以 220～230mm 为宜，竖井封塞坍落度宜为 120～180mm。竖井封塞上回填的膨润土，用水拌制后，观测出 7～14d、14～28d 的泥浆沉降量，以利于回填量的控制。

巷道封塞混凝土浇筑后，宜在一周后进行顶部的回填注浆，在两周后进行接触注浆。竖井封塞无需进行回填注浆，在混凝土浇筑两周后进行接触注浆。竖井封塞基础注浆后，可以向竖井内注水淹没密封塞。在注入水水面超过竖井封塞 20m 以上时，向竖井内投入膨润土。

5.9.1 巷道封塞施工技术

巷道封塞施工工艺流程图见图 5-34。

巷道封塞底座为双截锥形，属于大体积混凝土，厚度一般为 5m，深入岩体最小厚度为 1m，具体尺寸应满足结构受力要求。考虑到岩石节理缝隙，位置应距离主洞至少 10m。开挖后采用锚杆及加固注浆支护，为使混凝土与岩面更好粘接，不允许喷混凝土。封塞施工前 3 个月应进行稳定性分析，对封塞外部荷载及封塞厚度合理性进行说明，并对岩体稳定性进行分析，如巷道位置岩石因风化程度高或者有不利结构面等原因不满足要求，应调整封塞位置及设计厚度。

封塞开挖成形对封塞结构极为重要，需要严格控制，应做到以下两方面：一是封塞所处施工巷道开挖要符合规范要求，成形美观；二是后期开挖封塞时，要考虑岩体特性和节理走向，严格控制爆破孔的间距、深度、角度，采用控制光面爆破，尽量避免超挖，不允许有欠挖。必须采取光面爆破施工，若一次成形没有把握，可分次进行，便于前后两次根据测量结果进行合理调整。底座开挖后，进行切口测绘：两个横断面之间的距离不应大于 50cm，封塞超挖不大于 30cm，不允许有欠挖。如果超挖或钢筋清除量超过了以上规定的数值，应开凿岩石尽量使形状平滑，钢筋根据实际切口调整以与钢筋清除量相一致。封塞开挖符合要求后，根据施工图进行锚杆支护，为使混凝土与岩面更好结合，严禁进行喷射混凝土支护，锚杆角度应尽可能垂直岩面。若有涌水大于 2L/min 则进行注浆处理；无需注浆封堵的出水，应用钢管集中引排，确保不影响混凝土施工，在混凝土施工完成后，对排水钢管注浆封堵。

钢筋应在设计图纸的基础上依据开挖轮廓进行适当调整，距离岩面不应小于 10cm，不应大于 30cm。加工安装应符合钢筋混凝土施工技术规范要求。预埋泵管处附近的钢筋不应过密，如过密应适当调整，以泵送混凝土在出口处不会因为钢筋过密而堵塞为宜。窗口处截断的钢筋后期应按要求补充。钢筋安装完成后，预埋冷却水管道及温度测量传感器。

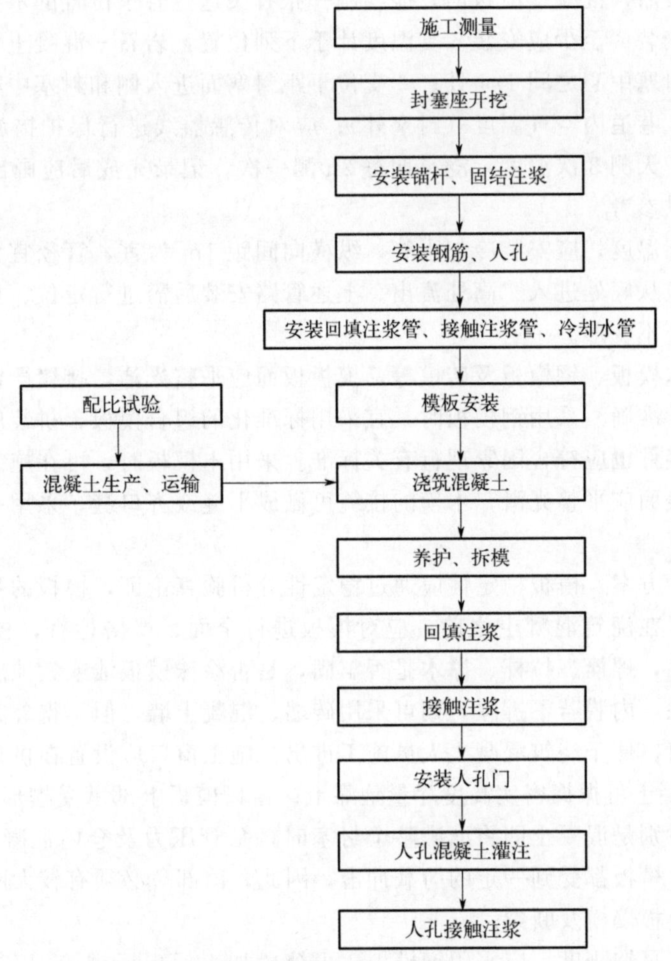

图 5-34　巷道封塞施工工艺流程

有人孔的封塞，钢筋安装前要先安装固定好人孔。人孔形状为双截锥，为洞罐后期接触注浆检查及设备检查时人员进出设置，人孔应采用钢板加工制作，能承受上部混凝土的压力，孔口尽量密闭，混凝土混合流出率<5%，外漏部分板材需防腐。人孔顶部安装放空管，管口必须高于人孔顶部。放空管应安装在封塞顶部以排除凝固期间聚集的空气并且核实混凝土是否已到达冠顶。放空管以同样的方式安装在人孔里。放空管位置为冠顶最高点，尤其是在可能出现的气窝处。放空管数量至少 4 根，直径不小于 75mm，顶端距岩石表面约 5cm，每根管子应穿过模板并接入封塞内部。安装后，混凝土浇筑前，应绘制一张有关这些管子位置的示意图。注浆回填应填满封塞顶部所有可能存在的空隙。注浆回填应通过放空管或回填注浆管，回填管应放置在封塞拱部，除放空管外数量至少 4 个，直径大于 50mm；每根管子应穿过模板。其顶端有一个石膏塞（或水泥塞），顶端距岩石 5cm。管子应固定牢固，防止振动棒振落。安装后，混凝土浇筑前，应绘制一张有关这些管子位置的示意图。

接触注浆将确保在混凝土凝固和收缩后混凝土及岩石之间良好的接触。接触注浆应通过回填管道、放空管和接触注浆管道进行。注浆管位置应依据封塞开挖后岩石情况确定，注浆管顶端距岩石面 3cm 左右，数量依据注浆扩散半径确定，但孔间隔（如果相关文件里没有规定）不超过 3m（在孔底测得的），直径大于 50mm，每根管子应穿过模板；其顶端装设有一个石膏塞。安装后，混凝土浇筑前，应绘制一张有关这些管子位置的示意图。

温度传感器安装。至少应安装5支温度计于下列位置：岩石—混凝土界面；一支位于距封塞面进入侧和封塞中心之间1/4处；一支位于距封塞面进入侧和封塞中心之间中点处；一支位于封塞中心；巷道内空气温度（封塞外）；应对传感器线进行保护措施，防止施工时被破坏。在凝固期一天测3次温度，浇筑期每2h测一次，记录完成后应画出温度曲线，为以后的封塞施工提供参考。

为降低混凝土温度，应安装冷却水管，纵横向间距1m为宜，管径宜大于30mm，应形成循环回路，水流从底处进入、高处流出。上述管路安装后需进行定位、加固，以确保混凝土浇筑时不移位、不变形。

模板可采用木模板、钢模板及砖模等，模板板面应平整光洁，接缝严密，不漏浆，保证结构物形状、尺寸准确。采用钢模板时，宜采用标准化的组合模板，拼装应符合现行国家标准，各种螺栓连接件也应符合国家现行有关标准。采用木模板时，可在施工现场制作，木模与混凝土接触的表面应平整光滑，木模的接缝可做成平缝或齐口缝，采用平缝时应采取措施防止漏浆。

无论采取哪种方案，模板稳定性应通过稳定性分析验算论证，模板的强度及拉杆的布置应满足力学要求；在浇筑混凝土之前，应对模板进行全面、严格检查，核对图纸位置、尺寸，制作是否密贴，螺栓、拉杆、撑木是否牢固，是否涂抹模板油或其他脱模剂。封塞完成后模板应全部拆除，内膜若不拆除，则可采用砖墙、混凝土墙，但不得外露钢筋。巷道侧模板应预留施工窗口，便于浇筑混凝土人员施工进出。施工窗口应设置在拱顶，高度不宜大于80cm，从而使混凝土可振捣密实高度尽量地靠上。窗口模板上部承受楔形混凝土压力最大，在后期泵送时，特别是混凝土即将灌满整个封塞时，泵管压力及仓内混凝土压力急剧增大，泵管每泵送一次，模板都受到一定的荷载冲击，因此，该部位必须有较大刚度，最上部有拉杆及斜撑，防止模板爆模及断裂。

人孔模板应有足够刚度，应采用钢模板，可分段加工后现场拼接，安装时应支撑牢固，并应采取防止上浮措施。模板最高点必须设置放空管，放空管向上倾斜不少于15°。人孔模板应制作进出口堵头，堵头可采用强度较大的钢板，堵头安装必须牢固，主洞室侧应采取防腐处理，安装后可与人孔焊接成一体，若钢板不能承受住较大的注浆压力而引起变形，则注浆前应在钢板中间设置对向拉杆。

封塞施工时主洞侧宜采用砖模板，制作简单，安全可靠，并不用后期拆除，巷道侧模板采用木模板，制作时间较短，可以作为借鉴，巷道封塞模板示意图见图5-35。

主洞室侧模板采用标准砖块，砖墙厚度为50cm，采用M20砂浆砌筑。在砖墙中预埋拉杆，拉杆采用ϕ16mm钢筋，外侧端头车丝，拉杆外上垫板及螺帽，内侧外漏长度不小于30cm，拉杆纵向间距100cm，横向间距70cm。垫板和螺帽要进行防腐处理或者完成后采用水泥砂浆覆盖，也可以把拉杆直接预埋在砖墙内。

施工巷道侧模板采用木模，用15mm光面胶合板作为面板，胶合板后设50mm木板作为衬板，衬板后设150mm方木做纵横向支撑。采用直径16mm的对拉螺栓，在模板上设人工操作窗口及预埋注浆管。人工操作窗设在顶部，用于混凝土浇筑，窗口大小为100cm×80cm（高×宽）。

人孔模板采用自制钢模板，模板厚度为1cm，分为四块，两端两块为圆筒形，长度分别为150cm、100cm（考虑模板位置，预留50cm）。中间两块为截锥形，长度均为175cm。四

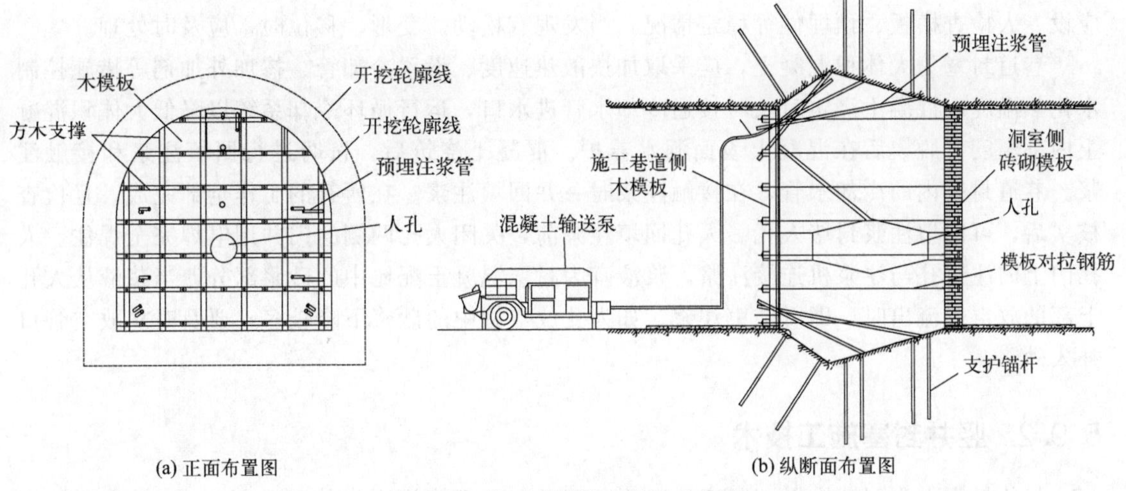

图 5-35　施工巷道封塞模板示意图

块钢模板采用法兰连接，法兰厚度为 1cm，螺栓为 M20，现场组装时，先设可靠脚手架支撑，人孔下部钢筋绑扎完成后，落在钢筋上，固定牢固。为防止模板上浮，采用钢筋与底板预埋钢筋焊接，每 100cm 固定一组。人孔模板示意图见图 5-36。

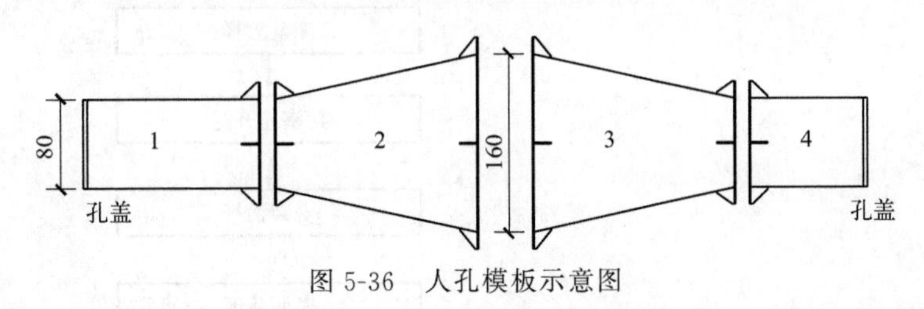

图 5-36　人孔模板示意图

模板的制作要与施工方法相结合，窗口模板要提前预制完成，浇筑至窗口下部时安装该模板，泵送后期窗口模板上部位置承受较大压力，应特别加固。窗口上部混凝土泵送时，需插入一根泵送管，为防止泵送管抖动幅度过大，应在模板外侧连接一根软管。

混凝土浇筑前，应对模板、钢筋、预埋件进行检查。模板内的杂物、积水和钢筋上的污垢应清除干净，模板如有缝隙应堵塞严密，模板内刷脱模剂，浇筑前应检查混凝土和易性和坍落度，窗口以下可振捣部位坍落度为 180mm±20mm。窗口以上无法振捣位置为 220mm 为宜。

为减小模板侧压力，防止爆模，应合理选择浇筑速度，每小时浇筑高度应根据混凝土配比试验确定初凝时间。但混凝土配制时间与施作时间之差应限制在 90min 内，混凝土应均匀分层上升，应在下层混凝土初凝前或重塑前浇筑完成上层混凝土。混凝土应采用振动器振捣密实，密实的标志是混凝土停止下沉，不再冒出气泡，表面呈现平坦、泛浆。混凝土应连续进行，因故必须中断时，其间断时间应小于前层混凝土初凝时间或重塑时间。模板上预留的操作窗口要尽量高，混凝土浇筑高度到达操作窗口下沿时，封堵操作窗口，用混凝土输送泵压入混凝土。混凝土泵管前端尽可能与超挖最高点靠近，为了使混凝土在窗口上部浇筑较容易，可把一根软管与混凝土管连接，消减泵送时泵管产生的反推力。操作窗口上部应采用坍落度较大混凝土，以利于混凝土流动，使拱顶部位混凝土浇筑自密实。在封塞最高点设置放空管，待泵送混凝土从放空管溢出时，说明封塞灌注已满，浇筑完成。混凝土浇筑期间，应设专人检查模板、预埋件等稳定情况，当发现有松动、变形、移位时，应及时处理。

巷道封塞为大体积混凝土，应采取加快散热速度、设置冷却管、掺加外加剂等措施控制水化热温度，混凝土浇筑时及时接通冷却水管进水口，运行循环冷却系统以降低大体积混凝土内部温度，脱模后在混凝土表面洒水养护。混凝土浇筑后，按时进行回填注浆和接触注浆。巷道封塞内的冷却水管，在接触注浆时一并回填注浆。在所有的工作全部完成，且检查核实后，可回填注浆封堵人孔。人孔回填注浆前，关闭人孔两侧的门并用电焊完全焊住。人孔门上的注浆孔与注浆机连接注浆，浆液宜为封塞混凝土配比中的砂浆部分，当浆液从人孔上部的放空管流出时，即可结束注浆。如人孔放空管中的砂浆下降较多，要及时从放空管口补入砂浆。

5.9.2 竖井封塞施工技术

竖井封塞也为双截锥形，厚度一般为 3m 以上，键槽深入岩体不小于 1m，封塞下端位置距离主洞轮廓至少为 3m。竖井封塞处的支护及模板施工在竖井管道安装前完成，混凝土浇筑在管道安装后进行。封塞键槽开挖后，采用锚杆及加固注浆支护，不允许在表面喷混凝土支护。竖井封塞混凝土施工工艺如图 5-37 所示。

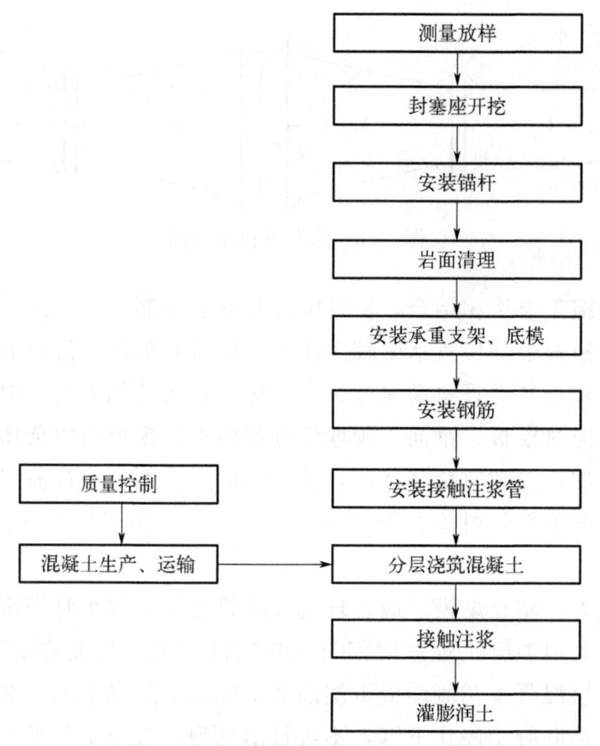

图 5-37 竖井封塞混凝土施工工艺

竖井封塞的模板因承重较大，宜采用“工字钢＋钢板”的全钢结构。竖井模板稳定性应通过稳定性分析论证，应有足够的强度，面板变形为 1.5mm，第一次浇筑前可按第一次浇筑混凝土方量重量进行水袋预压试验。竖井底模一般可分三部分：下部支撑、中部钢梁、上部钢板。下部支撑的结构如图 5-38 所示，采用设多个牛腿结构支撑。中部钢梁现场加工，采用工字钢制作，放置在牛腿上。竖井封塞键槽开挖后，及时施做下部支撑的固定锚杆。在竖井工艺管道安装前，安装下部支撑的牛腿、中部支撑的钢梁和上部钢板模板。钢梁上部铺设钢板，钢板要拼接严密并焊接全部接缝，周边要尽量贴近岩面，所有缝隙处均用沾有水泥浆的棉纱堵塞。

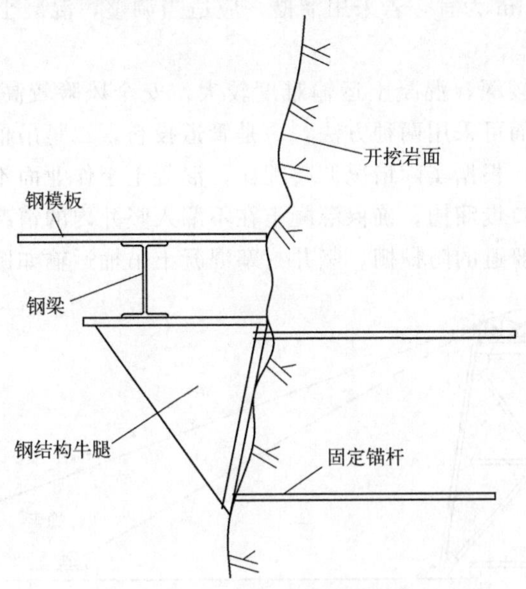

图 5-38　竖井封塞模板下部支撑结构示意图

在竖井工艺管道安装时，在钢模板上放出管道要穿越的位置，进行切割，并在水流较集中的位置附近割排水孔，孔内安装一根排水钢管。排水管下端要穿透模板，上端要高于封塞混凝土的上面。从竖井流下的水，通过搭设雨棚的方法将水引入排水管，确保封塞作业面内无水落入。竖井封塞模板结构如图 5-39 所示。

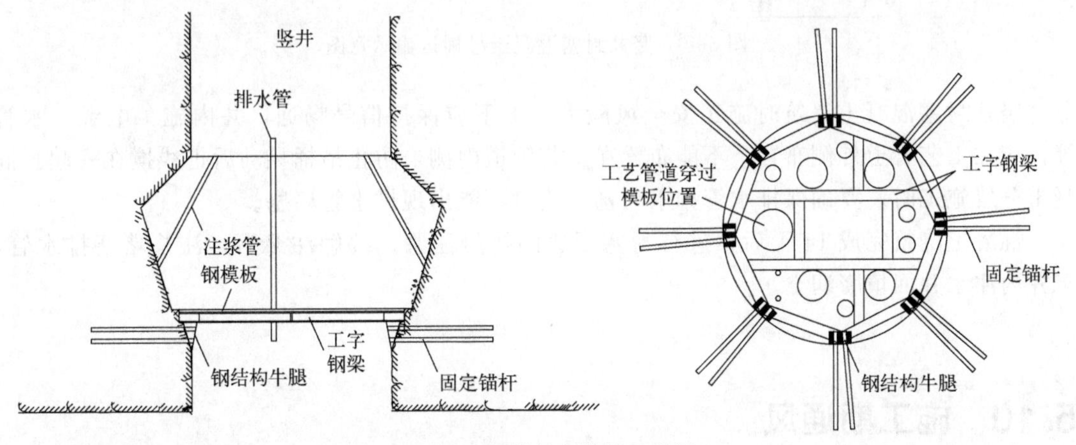

图 5-39　竖井封塞模板示意图

按照设计图纸，钢筋在地面加工车间加工成形。加工好的钢筋利用竖井内吊桶运至作业面安装。由于竖井内管道较多，运输通道狭窄，部分钢筋需要截断运输，在安装时再采用挤压套筒等连接，与竖井管道交叉位置按要求进行截断或绕过。管道直径小于 DN65 时钢筋绕过，否则只能截断，截断位置按设计要求施做加力钢筋。钢筋安装完成后，预埋接触注浆管。

竖井封塞模板要承受混凝土凝固前的全部重量，考虑模板承重能力，混凝土浇筑可分次分层浇筑。混凝土分层浇筑时，每层浇筑后要进行拉毛处理，便于两层间的结合。3m 封塞一般分三层施工，第一次浇筑约 0.5m 厚，第二次浇筑约 1m 厚，第三次浇筑约 1.5m。混凝土坍落度值 80～120mm 为宜，若采用溜槽，应适当调整，混凝土质量要求同巷道封塞混凝土。

封塞位置距离井口较深，混凝土运输难度较大，安全风险较高，是竖井封塞施工的难点。从井口输送至作业面可采用两种方法：一是管道投料，二是吊桶利用提升机作业。管道投料法应进行现场试验，根据实际情况调整配比，混凝土至作业面不能产生离析。采用提升机吊桶作业时，在竖井口设溜槽，确保混凝土在不漏入竖井内的情况下装入吊桶。在竖井内封塞作业面，要设人员躲避的防护棚。竖井封塞混凝土吊桶运输如图 5-40 所示。

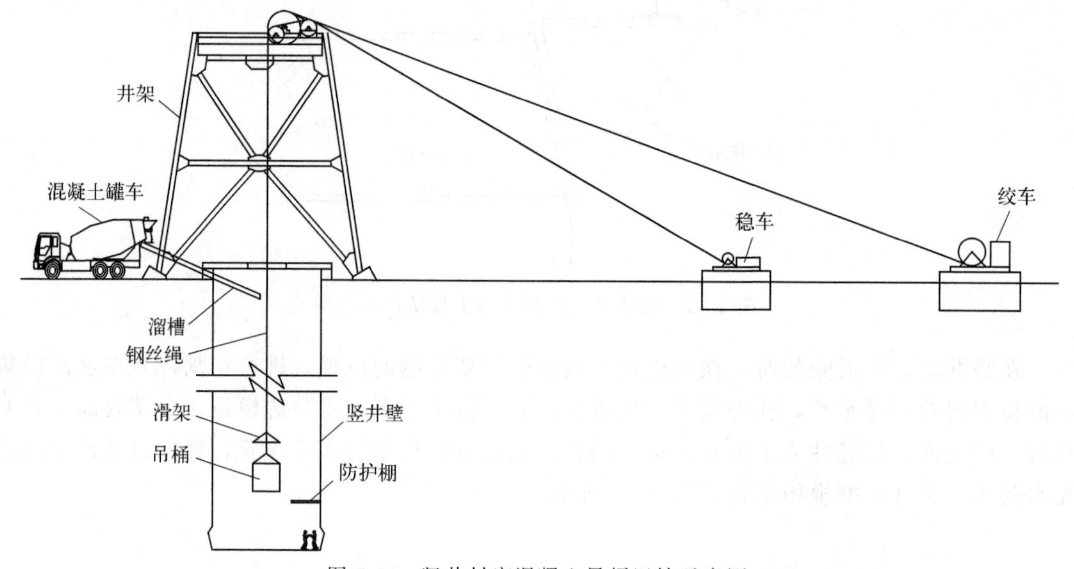

图 5-40　竖井封塞混凝土吊桶运输示意图

竖井封塞混凝土浇筑时施工安全风险大，上下应保持信号畅通。井内施工电缆、水管等，应在工艺管道外侧布置，不能布置在工艺管道内侧，防止吊桶晃动后把线搅在一起。混凝土分层施工时，要确保排水管排水顺畅，绝对不能出现排水管堵塞。

混凝土浇筑完成 14 天后，进行封塞周边的接触注浆。接触注浆后，注浆堵塞排水管，竖井内注水并回填膨润土。

5.10 施工期通风

LPG 洞库工程较一般的隧洞工程，施工期通风有超大断面、多工作面、结构复杂、口小腹大、交叉施工高污染等特点，为复杂的洞室群工程。一般隧洞工程常用的通风方式有自然通风、巷道式通风、通风机压入式通风等，主洞库群工程通风在综合运用自然通风、巷道式通风、通风机压入式通风的基础上，采用网络式通风方式。洞库设计要尽可能地创造一些辅助通风的条件，如设计专用的通风竖井、工艺竖井辅助通风、主洞室间增加连接巷道导风等。压入风的通风机需要大功率、大风量，通风管采用较大直径、风量损失小的软风管。

施工巷道入口段，一般在 150m 以内，采用自然通风方式，施工巷道开挖 150m 后，采用常规压入式通风。水幕巷道与一般的交通隧道相似，一般采用全断面一次爆破开挖，施工期通风采用常规压入式。主洞室因断面较大，一般分三至四层开挖。主洞室顶层一般采用全断面一次爆破开挖，采用压入式通风。主洞室台阶层因断面较大，利用通风竖井和工艺竖井形成巷道式通风。在一组洞罐上，一般只设一个通风竖井和一个工艺竖井，一组洞罐一般由多条主洞室组成，没有竖井的主洞室必须利用连接巷道与有竖井的主洞室连通，即形成网络式通风方式。根据矿井通风网络理论基础，可以建立通风网格模型，基于 CFD 数值模拟计算最佳的通风参数。

利用洞外与洞内空气温差做驱动力的称为热压通风，即热位压差。利用风压做驱动力的称为风压通风，即超静压差。地下水封洞库深埋于地下，与外界相连的为施工巷道和工艺竖井，因施工巷道口与工艺竖井口一般的高差不大，且经过施工巷道—主洞室—工艺竖井类似“U 型管”的风道，不能形成较好的热位差，自然通风只能作为辅助的通风方式。在通风机强制压风形成超静压差的基础上，采用压入式、巷道式、网络式是地下水封洞库的主要通风方式。洞库地下结构部分简化示意见图 5-41。

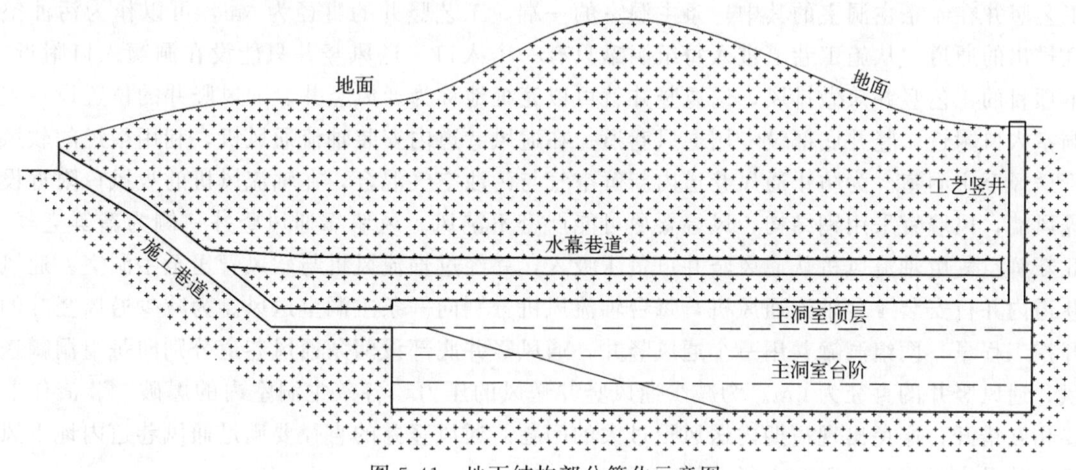

图 5-41　地下结构部分简化示意图

5.10.1　通风竖井

空气流动要受到物理守恒定律的支配，其理论基础是空气动力学原理，即质量、能量、动量守恒定律。地下洞库工程的通风设计，也必须遵守守恒定律，要想将污浊空气从洞库内排出，必须有等量的新鲜空气进入洞库。通风设计必须要有污浊空气排出和新鲜空气进入洞库的通道。地下洞库的地下结构主要由施工巷道、水幕巷道、洞罐、工艺竖井等组成，在施工巷道、水幕巷道、主洞室顶层开挖时，工艺竖井尚未贯通，无法形成理想的进风通道与排风风道，新鲜空气只能从施工巷道用通风机与风管压入作业面，污浊空气再从施工巷道反向压出，此阶段即为常见的纯压入式通风。主洞室台阶开挖期间，开挖断面扩大为“顶层断面＋台阶断面”，从施工巷道送入的新鲜空气流在主洞内因断面扩大而降低了风速。在主洞室顶层开挖期间，从施工巷道送入的新鲜空气受通风管道阻力的沿程损失后，实际达到主洞室顶层开挖面的风量较小，风流往往只略高于最低能带动空气中悬浮物的速度。主洞室台阶开挖时，开挖断面会成倍地增加，从施工巷道送入的新鲜空气流的速度，已经无法带动开挖面附近空气中的悬浮物，严重影响主洞室的爆破开挖。为了辅助主洞室台阶开挖通风，工艺竖井要尽早开挖，在相应的主洞室顶层开挖到工艺竖井底部对应位置时，工艺竖井要和主洞室顶层尽快贯通，尤其要确保在主洞室台阶开挖时，工艺竖井与主洞室连通。工艺竖井与主洞室连通后，具备了一进一出的通风条件，此时采用巷道式通风方案。

工艺竖井贯通后，竖井断面积远大于通风管截面积，加之长距离风管送风的风量损失，实际达到主洞室的新鲜空气较少，按照送风量与排风量守恒的规律，从工艺竖井排出污浊空气也很少，此时巷道式通风的效果依然不理想。既然工艺竖井的排风量能力较大，只要加大向主洞室送风的能力，就能充分地发挥工艺竖井的排风能力。送风的轴流通风机在施工巷道口处，距离主洞室均在1500m外，轴流通风机通过软风管送至主洞室的风量损失较大。如果将轴流通风机移至主洞室入口处附近，就能最大限度地减短软风管的长度，但必须解决新鲜空气从地面如何自流至通风机处的问题。采用通风竖井，就能很好地解决这个问题。

如果每个主洞室的两端，分别有一个送风竖井和一个排风竖井，最有利于主洞室施工期通风，但是如此增加的工程量较大，也会增加施工的工期和地下水密封的难度，是得不偿失的。本项目共有2组洞罐，每个洞罐均由4条主洞室组成，每个洞罐上设了一个工艺竖井，工艺竖井在4条主洞室的其中一条主洞室的一端，工艺竖井的直径为6m，可以作为污浊空气排出的通道。从施工巷道进入每组洞罐只有一个入口，送风竖井只能设在洞罐入口附近。本项目的工艺竖井兼做排风，送风竖井就可以笼统地称为通风竖井。通风竖井的位置设在主洞室入口附近，竖井底部设专用通风巷道。在通风巷道内安装轴流通风机，利用很短的软风管送风至主洞室。为防止通风巷道内新鲜空气与污浊空气混合，在轴流风机的吸风口附近设隔风墙，风墙宜采用钢结构，风墙要尽可能严密不漏风。风墙靠通风竖井一侧为新鲜空气，此新鲜空气由轴流风机从通风竖井口负压吸入，并经过轴流风机与软风管送至主洞室。通风巷道内并行安装4台轴流通风机，每台轴流风机分别向一条主洞室送风。为减少通风竖井的开挖工程量，两组洞罐共用一个通风竖井，通风竖井底部设两条通风巷道分别向每组洞罐送风，通风竖井的直径为6m。为减少通风竖井送风的压力，各条主洞室内的爆破、装渣作业要相互错开，避免出现短期内送风量过大的问题。通风竖井的直径要满足通风巷道内地下风机站的最大需风量，竖井直径计算如下。

$$R_S=\sqrt{\frac{(\sum Q_n N)\eta}{\pi V_S}} \tag{5-10}$$

式中 η——风机同时工作概率；

Q_n——风机最大功率时的需风量，m^3/min；

V_S——竖井内自然风速，m/s；

N——风机台数；

R_S——竖井直径，m。

5.10.2 导风连接巷道

每组洞罐上只有一个工艺竖井排风，工艺竖井不在其上的3条主洞室必须与有工艺竖井的主洞室的顶层利用连接巷道连通，此连接巷道的主要作用是将污浊空气导引至工艺竖井底部，利用工艺竖井的烟囱效应将污浊空气排至地面。从通风竖井送至主洞室的新鲜风，需要利用软通风管送至远离工艺竖井的一端，宜在洞罐入口附近设主洞室间的顶层连接巷道，此连接巷道的主要作用是将软通风管导至相应的主洞室。

导风连接巷道宜与其他连接巷道同一断面尺寸，方便兼做施工辅助连接巷道。导风连接巷道一般位置主洞室的两端，当几条主洞室长度相差较大时，可在适当部位加设导风连接巷道，避免主洞室一端出现过长的盲段而影响空气流通，一般盲段的长度不宜大于 100m。导风连接巷道作为洞罐内的一部分，也是有效库容，施工后期无需封堵或回填。

5.10.3　通风参数计算

地下洞室群施工通风设计及设备选型和布置，有赖于施工通风参数风量和风压及其正确计算。然而通风参数的正确计算有赖于采用符合地下洞室群施工通风实际的计算方法。在进行地下洞室施工通风设计时，应抓住最大风量和最高风压这 2 个控制因素来进行。在地下洞室群实际掘进过程中，施工通风风量、风压是变化的函数，不同洞室的掘进工作面位置、断面尺寸、所采用的施工方法、设备配置数量、类型和布置位置等参数的不同均会产生不同的施工通风效果。

洞室参数包括洞壁粗糙高度和开挖洞室的形体尺寸，开挖洞室的形体尺寸又包括：洞室施工开挖的断面面积 S(单位：m^2)、洞室的长度 L(单位：m)、开挖的最大容积 V（单位：m^3）。爆破参数包括：单位耗药量（单位：kg/m^3）、单位长度炮眼装药量（单位：kg/m）、炮眼装药系数、超钻系数、钻孔孔距（单位：m）、钻孔排距（单位：m）等。机械设备参数包括：钻机、装载机、自卸汽车的型号和数量等。通风布置参数主要决定于施工中风机的布置情况，包括风管、风道长度等。其他参数为施工通风的影响系数，包括：洞室内通风要求的最小风速 V_{min}(单位：m/s)、单位马力柴油机械设备每分钟要求的通风量 μ(单位：m^3/min)、大断面通风涡流扩散的影响系数 K_w、洞室施工环境修正系数 K_S、百米风管的漏风率等。

施工人员所需风量综合考虑按如下的公式进行计算：

$$Q_p = v_p mK \tag{5-11}$$

式中，Q_p 为施工人员所需风量，m^3/min；v_p 为洞井内每人所需新鲜空气量，一般按 $3.0m^3/min$ 计；m 为洞井内同时工作的最多人数；K 为风量备用系数，一般取用 1.10～1.15。

爆破作业排烟需风量。管道式通风是目前地下工程中最常用的一种通风方法，风流经由管道输送。本文所采用的管道式通风主要分压入式和混合式通风。

稀释爆破有害气体所用风量，爆破后通风时间 15min～30min，稀释至允许范围。

压入式通风风量计算公式为：

$$Q_b = \frac{21.4}{t}\sqrt{ASL} \tag{5-12}$$

混合式通风风量计算公式为：

$$Q_b = \frac{7.8}{t}\sqrt[3]{A(SL)^2} \tag{5-13}$$

式中，Q_b 为排除炮烟需风量，m^3/min；A 为每次爆破用药量，kg。

在压入式通风中，L 为隧洞长度，m，若 $L<L_k$，取用 L；若 $L>L_k$，取用 L_k，$L_k=400A/l$（有效射程）；在混合式通风中 L 为稀释区长度，抽出式风机的吸风口到工作面的距离，m，一般为 30m 左右；S 为开挖断面面积，m^2；t 为通风时间，min。

内燃机作业废气稀释需风量。很多国家和公司经过试验和统计，规定了柴油机的功率通风计算系数 μ（单位功率在单位时间内所需的通风量）。使用时，以该系数乘以各工作区域内柴油设备的总功率，经验地确定出某区域内的需风量。

综合考虑按如下的公式进行计算：

$$Q_g=\mu\sum N_i \tag{5-14}$$

式中，Q_g 为某工作区所需风量，m^3/min；μ 为单位功率通风计算系数；N_i 为各台燃油设备的额定功率，kW。

目前一般规定的按柴油机功率计算风量标准可参考表 5-14。

表 5-14　内燃机每千瓦通风量　　单位：m^3/min

内燃机种类	无净化装置	有净化装置
装载机	2.94	1.47
自卸汽车类	1.14	0.91
机车类	1.12	0.90

施工通风必须满足施工人员的正常呼吸需要，并能满足冲淡、排除爆破及施工机械所产生的有害气体和粉尘，按公式分别计算出各自需要的通风量后，选用其中的最大风量值 Q。洞内使用柴油机械时，与同时工作的人员所需的通风量相加。

洞内最小风速需风量：

$$Q_d=60v_{min}S_{max} \tag{5-15}$$

式中，Q_d 为保证最小风速所需风量，m^3/min；v_{min} 为洞内要求的最小风速，m/s，根据开挖面的大小取值，大断面隧洞掘进一般不小于 0.15m/s，小断面隧洞和导洞掘进不小于 0.25m/s，但均不应大于 6m/s；S_{max} 为隧洞最大断面面积，m^2。

依据以上原则选定的施工通风量 Q，除应满足洞内容许最小风速外，还应注意不得超过洞内最大容许风速。

考虑到风管漏风，实际工程中，通风机的工作风量常采用下式计算。

$$Q_m=\left(1+\frac{PL}{100}\right)Q \tag{5-16}$$

式中，Q_m 为风机工作风量，m^3/min；Q 为施工需要的最大风量，m^3/min；P 为 100m 风管的漏风量，m^3/min；L 为风管长度，m。

5.11　巷道内管线拆除及巷道注水

为防止水幕巷道内杂物或淤泥堵塞水幕孔，影响水幕的正常运行，应按要求对水幕巷道进行清洗。水幕巷道清洗要求较高，需要除去所有的石渣、木头、纸屑、塑料片等，以及砂、泥等细小物质。清洗后检查清洗效果，通过检查底板抽出水的质量来判断清洁度，抽出的水不含砂、泥浆、松散的砂砾等。在向底板注入水时，应保持水清洁，泛起的轻微浑浊高度不超过0.5m。所有施工完成后，需要对施工巷道进行清洗，清洗时用高压水冲洗施工巷道拱部、边墙与底板，冲洗的水用抽水机排出洞外。

在水幕巷道、施工巷道清洗完成，主洞室封塞完成，巷道注水水源确定并引至地面注水口附近，且操作竖井内注入的水超过水幕巷道顶标高时，可进行巷道内管线拆除。巷道内管线包括：巷道顶部悬挂的施工通风管、边墙悬挂的动力电缆、边墙悬挂的照明电缆及照明灯、边墙悬挂的通信信号电缆、边墙下端悬挂的供排水管路、边墙下端悬挂的水幕供水管路、巷道底板安装的安全警示设施、巷道内各部分散设置的排水设施等。

管线拆除要分段按计划实施，总体拆除顺序为从下到上、从辅到主。先拆除安全警示设施、多余的供排水管路，不影响后续持续作业的设施。再拆除通信、信号线路和进水管路，此时水幕巷道停止注水，但不得拔出孔口塞子，不得让孔内水流出。最后拆除排水泵站和管路，计算好巷道内渗水按时间淹没的高度位置，淹没早的部位要先拆除。

水幕以下段设施全部拆除后，即可从补水口向巷道内注水，注水至距离水幕巷道底板以下渗水淹没水幕巷道大于2d的位置，暂停巷道注水。此时开始水幕孔孔口塞子的拔除，所有的塞子要在48h内全部拔出并运出洞外。对于不易拔出的少量塞子，割除塞子露在孔外的钢管，确保注水通道顺畅。水幕孔的塞子全部拔出后，尽快恢复向巷道内注水，直至注水淹没到设计高程位置。注水应保证水的质量，若细菌超指标，应加次氯酸钠等予以杀菌。

5.12　污水处理

施工期LPG洞库内所产生的不可避免的污水来源主要是：钻孔作业时钻孔内流出的洗孔水，爆破作业后产生的炸药水，装渣作业时产生的石粉水，混凝土作业时产生的水泥、外加剂水，注浆作业时产生的水泥水，以及洞内降尘产生的粉尘水等。洗孔水、石粉水、降尘水中主要的污染物是石粉，检测指标是浊度和悬浮物。水泥、外加剂水的主要污染物是水泥和速凝剂，检测指标是pH值。炸药水的污染物主要是炸药，检测指标是氨氮。

施工期产生的可避免的污水来源主要为：车辆损坏、维修时产生的油水，工人在现场产生的污水。油水的主要污染物是行走车辆的柴油、机油等油品，为避免污染水体，车辆出现漏油时要及时维修，维修要指定场地，场地内设接油措施。

万华LPG洞库施工期间，在洞库现场设置九级沉淀池，经过沉淀的污水送入万华工业园的污水处理厂，在污水处理厂处理达标后外排入海。在洞库内固定泵站处开挖了一处沉淀洞室，污水从作业面用移动抽水机抽至沉淀洞室，经过沉淀后的水流向固定泵站洞室，由固定泵站将水排出洞外，此为第一级沉淀。在洞口附近设了8级沉淀池，由洞内排出的水依次自流过地面的8级沉淀池，此为第二至第九级沉淀。第九级沉淀后的污水，排向万华工业园内的污水处理厂。为了减少污水处理厂的压力，工业园内建设期的地面降尘洒水、地面装置混凝土养生等均用九级沉淀后的水。由于工业园二期建设占地约4平方公里，建设规模较大，降尘洒水、混凝土养生等水的需求量较大，实际排入工业园污水处理厂的水较少。

在施工期间，现场对水质进行长期的监测，典型的监测数据见表5-15。

表 5-15 日常监测数据实例

监测日期：2019 年 10 月 22 日

取样部位	pH 值指标	浊度指标/(mg/L)	氨氮指标/(mg/L)
第二级沉淀池	10.5	104	9.5
第三级沉淀池	10.5	83	9.1
第四级沉淀池	10.7	51	9.1
第五级沉淀池	10.7	31	8.9
第六级沉淀池	10.8	16.9	8.9
第七级沉淀池	10.7	12	8.8
第八级沉淀池	10.5	10	8.3
第九级沉淀池	10.4	9.5	8.1

从监测数据看，九级沉淀对浊度指标的降低效果比较明显，但对氨氮指标、pH 值指标的降低效果不明显。按照《污水综合排放标准》(GB 8978—1996) 的规定，一级污水水质指标为：6＜pH＜9，浊度＜50mg/L，氨氮＜15mg/L。可见，除 pH 值以外的其他指标均能达到污水排放一级指标，需要将该污水加药调节 pH 值。

5.13 风险管控

LPG 洞库除了具有与建筑施工和隧道施工中类似的高空坠落、物体打击、机械伤害、触电、坍塌和爆破伤害等高风险外，还具有较高的交通安全风险。同时施工前期的规划、选址等工作也是至关重要，否则施工过程，还存有突泥涌水、可燃气体、有毒有害气体以及质量管控等风险因素。竖井施工过程中除了存有高处坠落、物体打击、触电、坍塌和爆破伤害外，还具有窒息和提升设备使用等多方面安全风险，一旦发生钢丝绳断裂、吊桶过卷等现象，后果将不堪设想。洞库内施工期间行走及施工机械较多，产生大量的排放尾气，加上钻孔、爆破时，产生的粉尘和有害气体，存有粉尘、振动、噪声及尘肺等职业危害。

安全的总体保证与施工质量控制是密不可分的，所以洞库施工过程中，边墙超欠挖、锚喷支护质量、注浆质量以及后续封塞质量，都会对洞库施工、通风效果、洞库稳定以及后期运营等环节，造成不同程度的影响。为了确保洞库施工安全，保证后期施工生产运营顺利正常，重点将对主要风险源和施工质量进行管控，其中洞库坍塌、物体打击、交通伤害、爆破伤害、高空坠落、触电、有毒气体伤害以及施工质量是洞库施工中存在的主要风险，针对以上主要风险，重点对策如下：

防坍塌对策：严格按照爆破设计，控制装药量，坚持短进尺、弱爆破。及时锚网喷支护，保证支护参数和质量，支护紧跟掌子面。做好地质素描、超前探孔等地质预报工作，发现问题，可提前防范处理。对围岩变化大、地质较差的区域，应及时与监理、设计和建设单位方协调，采取其他措施加强支护。做好沉降和收敛观测工作，发现拱部或边墙有较大变形，可提前采取立钢拱架、加长锚杆等防范措施。加强作业人员安全教育，如有发现围岩松动、掉块等异常情况，作业人员必须及时撤离危险区域。

防物体打击对策：工作前，及时清理操作平台、竖井井口以及竖井吊盘上的石块及杂物，避免施工过程中，因震动或人为不小心等因素，造成石块或杂物掉落，砸伤下方施工人员。施工过程中，严禁工人上扔下抛施工工具或材料等物体，必须规范传递。施工作业人员进入掌子面或在未喷混凝土支护作业区域前，要仔细找顶并及时清理风化危石，避免石块掉落伤人。严禁人员在吊装物下方通行，避免钢丝绳断裂、被吊物体坠落，砸伤人员，导致安全事故发生。要求规范佩戴和使用安全帽，安全帽下颚带要系牢，安全帽完好无损，不得私自钻孔加工，导致破坏安全帽自身结构，减小承载力。

防交通伤害对策：建立机械、车辆洞内行车以及日常检查制度和记录，确保车辆、机械正常使用。对进场司机进行安全教育，要求操作人员持证上岗，并严格执行洞内行车制度。限制洞内行车速度，严禁挂空挡行车，保证行车照明。严格执行“三不超、五不开”制度，即：不超速、不超载、不超劳，无证不开、无令不开、酒后不开、带病不开、不开带病车。在交叉口、转弯处及台架下方，设置“缓行”“限速”凸透镜和低压警示灯等标识，同时设置防撞沙堆，避免交通事故发生。规定空车、重车行车路线和人员行走方向，要求进洞人员必须穿反光衣，同时派专人指挥，疏导交通。

防爆破伤害对策：从事爆破人员必须持证上岗，进场前要进行岗前培训，熟悉现场实际作业安全状况及危险源。严格按照爆破设计，控制装药量，避免飞石事件发生。起爆前做好爆破防护警戒工作，根据爆破点不同，每次防护的位置也有所变动，要实行动态管理，尤其竖井井口和洞库洞口暴露露天部分的爆破作业时，必须采用钢筋网、胶皮网和沙袋等防护设施，避免飞石伤人事故发生。爆后及时通风，待炮烟散去后，认真检查，发现盲炮，及时小心处理。加强火工品使用和管理，避免丢失、爆炸现象发生；加强人员安全教育，严禁在火工品库房、炸药附近和洞内吸烟、动火。

防高空坠落对策：登高作业前，检查作业台架爬梯、护栏及平台是否完好，如有破损，及时修复。加强人员教育，要求在无任何防护措施的情况下，必须正确使用安全带。在洞库联络通道与主洞库交接处，设置安全警示带及警示标识，做好临边防护工作。坚持检查竖井提升装置，确保钢丝绳、挂钩、卡扣等部件完好。做好竖井井口防护工作，尤其是施工过后，拆除井架时，必须派专人看守，直至完善封闭围挡。加强绞车操作工安全教育，在人员进出井时，确定人员站稳、扶好后方准启动设备。

防触电对策：严格按照临时用电标准，规范布设施工线路，保证“三项五线”“一机、一箱、一闸、一漏”等配置。作业区线路及临时照明线路不准拖地，必须悬挂在墙壁上，避免漏电事故发生。从电人员，必须持证上岗，进场前要对电工进行岗前培训，交代安全相关注意事项。移动式临时照明、台架用电及竖井内施工用电，必须采用36V以下安全电压，避免触电事故发生。作业人员，移动电缆或接线时，必须正确佩戴绝缘手套，穿绝缘鞋，并断电作业，严禁带电操作。配电箱盖门要上锁，除接线时间外，配电箱盖门必须时刻保持关闭状态，防止行车过程中，将路面积水溅到配电箱内，导致安全事故发生。维修电路或配电箱时，不准一名电工独立操作，必须派专人看守上级供电系统，避免其他人员将电闸合上，导致维修人员触电伤亡。配电柜、配电箱旁设置干粉灭火器，以防火灾事故发生。

防有毒有害气体对策：加强通风、降尘工作，尤其是在下井前和爆破后，必须保证通风15min后，方准下井和到掌子面工作。保证有害气体检测工作，检测人员要按时上报检测情况，同时按规定对检测仪器进行校对，确保正常使用。

质量管控对策：严格按照设计图纸施工，保证测量、放样准确，采取有效措施做好点位标记。严格按照施工组织设计及安全技术交底施做，要求技术人员提前做好分部分项交底，保证交底下发的科学性、及时性和指导性，确保施工人员在现场具有可操作性。严格按照爆破设计方案布孔、施钻、装药、爆破开挖，保证孔深、孔距、角度、单孔装药量以及爆破网路合理性，确保爆破开挖成形质量，控制较大超欠挖现象发生，从而保证洞库自身稳定效果。从进场原材料上进行源头控制，要求使用的砂、石、水泥、钢纤维、速凝剂、钢筋等原材料必须符合国家和行业标准。保证初喷支护和复喷支护的及时性和有效性，确保喷混凝土支护的厚度和钢纤维混凝土质量。规范施做安装锚杆，保证锚杆孔垂直于岩面并按设计布设，保证锚杆长度和浆液饱满度，最终保证锚杆支护质量。及时对洞库围岩进行地质素描，并根据素描结果，对划层、断层、软弱围岩等地段进行加强支护处理。按要求做好超前探孔工作，保证探孔深度和循环次数，做好预报工作。规范做好注浆堵水和提前预注浆工作，避免地表水位沉降过快和洞库积水过多等现象发生。建立完善质量管理体系，保证技术监管力量，对爆破施工、竖井提升、封塞浇筑等重大重要施工方案须进行专家论证。

5.14 库容测量

LPG 洞库的容积测量技术，包括几何测量法和容积比较法。洞库容积较大，注水实验一般采用较大口径的流量计，由于洞库的裂隙水的影响以及大口径流量计精度等问题，不能满足洞库容积测量的精度要求。因此对洞库容积测量一般采用声呐测量法、摄影测量法、全站仪法和三维激光扫描法等几何测量法来完成。声呐测量法的测量噪声大，精度难以控制；摄影测量法的工作烦琐，测量周期较长。现阶段一般采用全站仪法和三维激光扫描法来实现对 LPG 洞库的容积测量。

本书主要介绍利用三维激光扫描仪对 LPG 洞库进行三维扫描来进行库容测量的方法，根据扫描的点云数据进行三维立体数字建模，其目的是对洞库形状和容积做出精确的测量。测量洞库总容积、每单位高度的容积，给出洞库容积与液体界面高度关系的换算表（测量从底板到洞库顶部）。库容测量应在洞库清扫后和洞库验收前进行。精确地对洞库进行容积测量，可以为洞库库容的动态管理提供科学的依据，可以满足管理者对库容的分析、处理、辅助决策方面的总体要求，同时库容容积测量工作也为施工期工作量的验收提供了依据。

5.14.1 三维扫描技术

地下水封洞库的形状复杂性和测量的精度，洞库壁凹凸不平，传统全站仪测量容量存在较大误差。万华 LPG 洞库采用先进的三维激光扫描技术来代替传统的全站仪测量方法。三维激光扫描仪的选用体现了精确性、高效性、实时性的原则。三维扫描技术，改变了已有的数据采集方式，采用面式数据采集方式替代传统的点式数据采集方式，这是测量技术发展史上的一次巨大变革。三维测量技术是近年来几何测量技术中的重点研究领域，该技术以获取被测物体三维轮廓数据为目的，主要包括数据测量与数据后续处理。伴随着光电传感器件以及计算机技术的日趋成熟，三维测量技术得到了不断丰富和发展，越来越广泛的应用对该技术的发展也提出了更新的要求，同时催化了一些相关技术领域的发展，如摄像机测量技术、图像工程、数据补偿技术、颜色渲染技术、测量视角自动选择技术等。

一般采用控制扫描仪三维激光扫描成像系统，IMAGER 5010C 的激光是波长为 1.5μm

的一级激光（EN 60825-1），激光束完全无害。因为激光波长和测距系统的优越性，控制扫描仪的测程可达 187m，是长测程的相位式激光扫描仪，扫描速率可达每秒 1016027 个点。在较高的测量率的情况下有四种数据质量等级和七种分辨率可以设置，依据项目或测量物体的外形选择最佳配置，在较远的距离下也能保持相当高的点密度。控制扫描仪的高质量制作水准和密封等级使它能够在恶劣的环境条件下完成高难度的测量分析任务。控制扫描仪如图 5-42。

图 5-42　控制扫描仪 Z＋F5010C

5.14.2　总体作业流程

三维激光扫描作业流程分为前期规划、外业数据采集、内业数据处理三个部分。前期规划包括制定任务实施计划，完成扫描环境踏勘，根据测量场景大小、复杂程度和工程精度要求，确定扫描路线、扫描站数、仪器扫描密度，并设置扫描站点。然后按照操作规程进行外业数据采集工作，包括控制点测量、扫描点的设置及测量、全景扫描、细节扫描及拍照等。最后是内业数据处理阶段，在这个阶段对外业采集到的点云图像综合运用各种处理方法，建立精确的三维模型，计算各部位的精准体积，并按本项目的实际需求整理出相应的成果资料。其总体流程如图 5-43 所示。

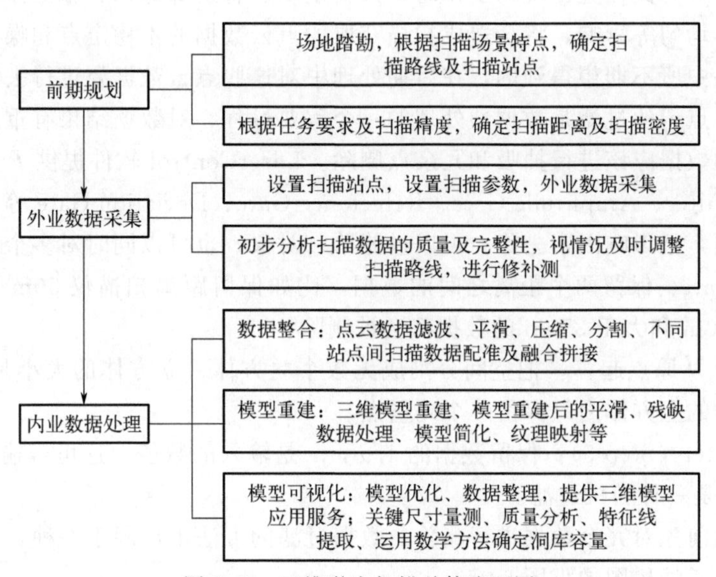

图 5-43　三维激光扫描总体流程图

5.14.3　数据处理

以万华 LPG 洞库的一段数据来说明整个数据处理过程。利用 Z＋F5010C 三维激光扫描仪为数据获取工具，利用 LaserControl 等软件来处理点云数据。洞库三维扫描点云数据见图 5-44。

图 5-44　洞库三维扫描点云数据

（1）点云图像过滤

对三维点云数据进行预处理，一般需要对获取的原始数据进行再加工，检查数据的完整性及数据的一致性，进行数据格式的规范化、进行点云过滤等操作。由于扫描仪在现场使用中工作环境复杂，尤其在施工现场工作时，人员走动、管道等遮挡、施工浮尘及扫描目标本身反射特性的不均匀等影响，将会造成扫描获取的点云数据的不稳定点和噪声点，这些点的存在是扫描结果中所不期望得到的，在后期处理中对这些点云数据要进行去除，这个过程称为点云的过滤，点云的过滤是数据预处理的一个重要过程，对数据结果有重要影响。

采集回来的数据应该进行抽吸和冗余点删除。LaserControl 软件提供了大量的数据过滤器，如：Gate Filter、Amplitude Gate、Refectance Gate、Deviation Gate 等。通过这些过滤器定义过滤选项，把影响因素去除。可以过滤单一对象，也可以同时对多个对象进行操作。

① Range gate：保留两个距离之间的数据，比如保留距离扫描仪 50m 到 350m 之间的数据，而小于 50m 和大于 350m 的数据都会被删除。

② Octree：从原点起算，把空间分割成无数个立方体，立方体的大小是输入的 X、Y、Z 值，每个这样的立方体内只保留一个测量点。

③ Point filter（Step 5）：保留数据的 $1/x$，x 是输入的数值，这里若输入 5，则保留原来数据的 1/5，是一种随机过滤。

数据过滤之前先对冗余数据进行删除。数据过滤的方法不局限于一种，根据情况选择所需的过滤器。点云抽稀图像见图 5-45。

（2）点云图像拼接

一般来说三维扫描仪很难从一个方向扫描一次便可得到扫描目标的完整点云数据，反映一个扫描实体信息通常要由若干幅扫描才能完成，但每个扫描图幅都是以扫描仪位置为零点的局部坐标系，亦即每次经扫描而得到的点云数据的坐标系是独立和不关联的。但实际上每幅点云数据都是扫描场景的一部分，那么就有必要将这些点云数据转换到同一坐标系里，所以要对得到的点云数据进行拼接匹配。在点云数据的拼接过程中或者说三维数据在处理软件的操作中，势必进行一系列的三维变换，如平移、旋转和缩放等。一般而言，实现两幅扫描

图 5-45 洞库三维扫描点云抽稀图像

图像的拼接的前提条件是，两幅扫描图像中应该有重合的部分，即前后两次扫描中目标物体应该有一部分都被扫描到，一般重叠部分应该占整个图像的 20%～30%，如果重叠部分所占的比例太小，则很难保证拼接的精度，所占比例太大，则会增加扫描次数和拼接的工作量。本项目中将不同站点、不同角度扫描得到的三维数据转换到统一的项目坐标系中，将两个站点之间的公共反射片作为同名点，进行拼接。根据数据使用的需要，还可以对拼接完成的数据进行多层数据的合并、点云数据的去噪、删减、降低点云密度等操作。

在 LaserControl 软件中使用反射片拼接，系统推荐 SOP 自动被计算（配对点会自动检测到）的方法来寻找相对应点，通过链接、名称也可以寻找到相应对应点，在拼接中至少需要 3 组对应点，默认设置容差为 0.1m，见图 5-46 和图 5-47。

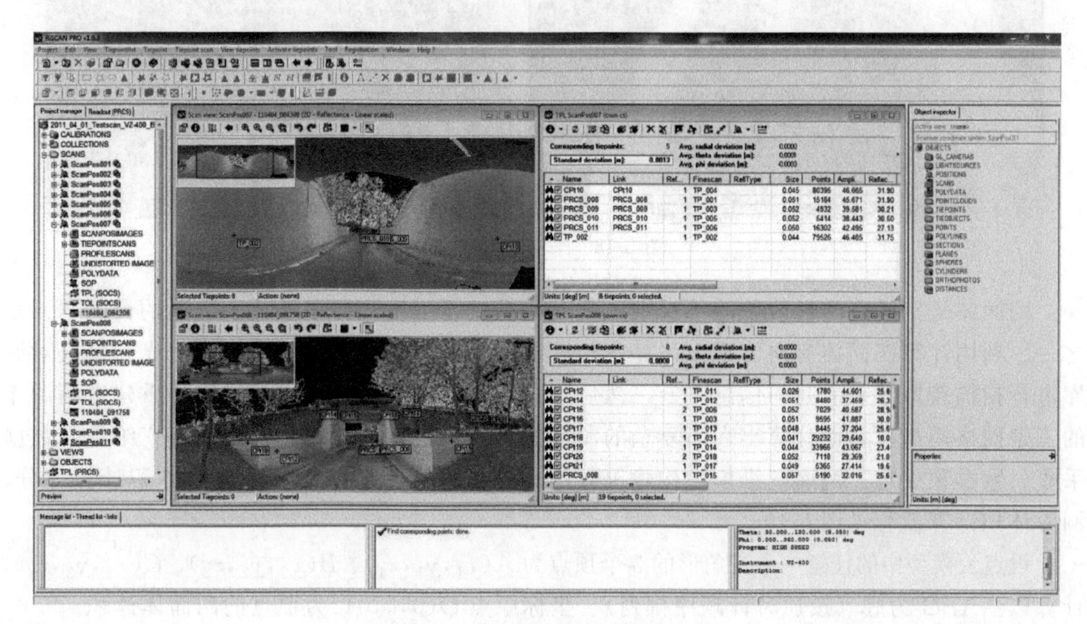

图 5-46 使用反射片拼接界面

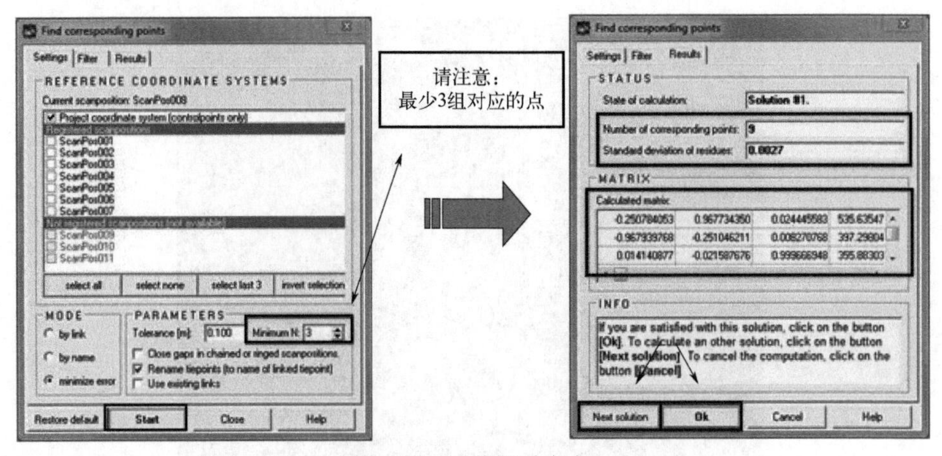

图 5-47　寻找相对应点

5.14.4　容积计算

利用三维激光扫描仪对具有复杂表面的洞室进行扫描，获取其表面几何信息，将获取的表面点云数据通过拓扑重建得到洞库的三角网格模型。本项目针对洞库的三角网格模型，运用一种四面体有向体积法来计算三角网格模型体积，见图 5-48。

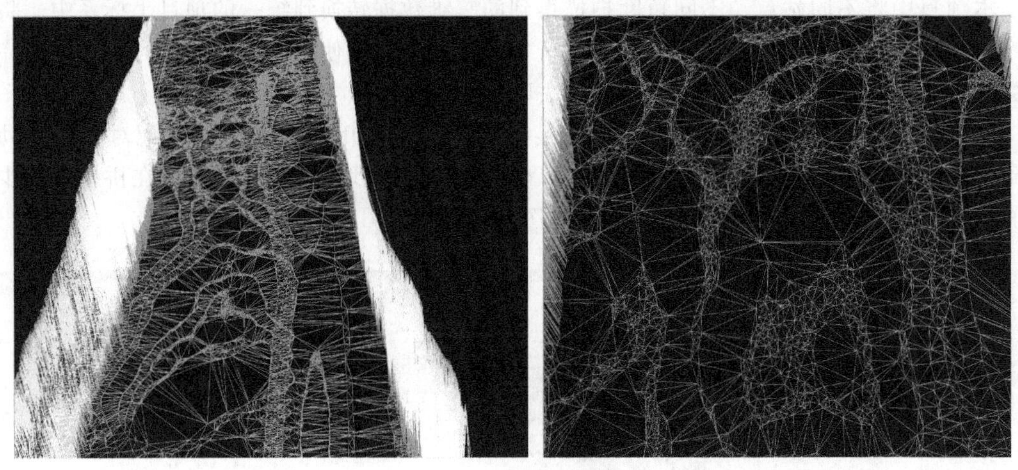

图 5-48　三角网格模型

四面体是三维空间最简单的不规则体单元，是进行三维几何拓扑关系描述的最基本元素之一。利用计算四面体有向体积来计算三角网格模型体积的实质是利用三维激光扫描仪对洞库进行扫描获取其表面几何信息点云，然后经过对点云数据预处理并通过拓扑重建得到洞库的三角网格模型，从而计算出表面复杂的洞库的体积。其计算流程包括对洞库三维空间数据采集、数据预处理、洞库三维模型构建等数据准备部分和基于四面体的模型体积计算部分，洞库体积计算流程见图 5-49。

设点云模型中的任意一个三角形的 3 个顶点为 $A(x_1,y_1,z_1)$、$B(x_2,y_2,z_2)$、$C(x_3,y_3,z_3)$，计算以△ABC 为底（按逆时针顺序排列）、坐标原点 $O(0,0,0)$ 为顶点的四面体体积。

设 OA 方向的单位向量为 $\mathbf{N}$，△ABC 所在平面一侧的单位法向量为 $\mathbf{N}_1$，△ABC 按逆

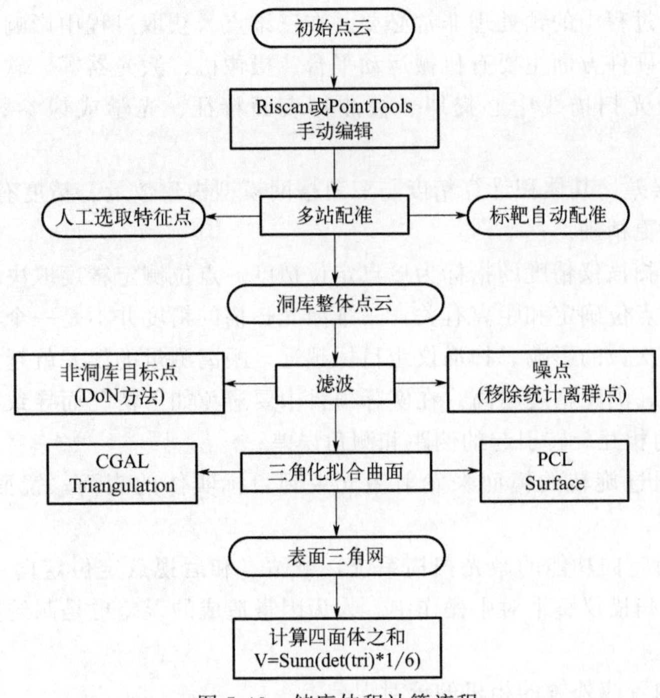

图 5-49　储库体积计算流程

时针排列时与 $\boldsymbol{N}$ 成右手系，则当内积 $\boldsymbol{N} \cdot \boldsymbol{N}_1>0$，四面体体积为正，否则为负。设三角格网模型表面由 n 个分片三角形组成，则总的体积为三角形与原点构成的四面体有向体积之和，其算法如图 5-50 所示。

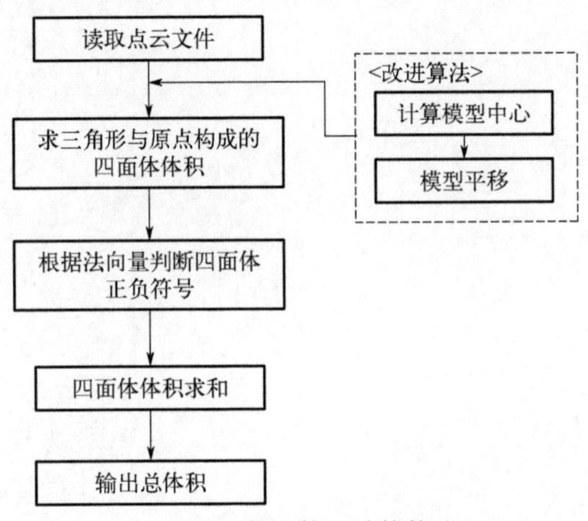

图 5-50　储库体积计算算法

5.14.5　精度分析

对 LPG 洞库库容进行测量，测量误差不应大于 0.5%。影响模型体积计算精度的因素主要有两个方面：

① 三维点云获取过程。在三维点云数据的获取过程中，扫描仪扫描的点云的密度大小直接影响其精度的离散性，而扫描仪本身的误差与环境因素，也影响实际获得点云数据的精

度，因此数据准备过程中的预处理非常必要。在三维点云获取过程中影响精度总体上分硬件和软件两个方面，硬件方面主要有机械运动平台、摄像机、激光器等，软件方面主要有物像对应关系测量、激光扫描线中心提取、被测物表面特征、光学成像参数、光平面位置等因素。

② 数据建模误差，其体积计算精度与三角格网模型构建数量、精度有关。点云密度大，建模精度高，结果更精确。

衡量三维激光扫描仪精度的指标为单点定位精度。点位测定精度取决于仪器的测距精度和测角精度。由于点位确定和距离有关，三维激光扫描的精度并不是一个固定值。测距精度受测量长度和测量次数的影响。扫描仪距目标越远，距离测量的误差就越大，点位精度就越低。测距次数越多，测距精度越高。在实际项目中要避免如下情况而导致的仪器误差：

① 轴系之间的相互旋转引起的测距和测角误差；

② 扫描系统通过旋转的镜面来发射激光束到目标实体的表面，镜面的旋转引起测距误差；

③ 对具有绝对定向功能的激光扫描系统，测站点和后视点定位定向精度会影响扫描获取数据的精度，如扫描仪整平对中操作中，人为因素造成的误差也是制约数据精度的一个重要原因；

④ 扫描系统内置或外置的相机的校对误差。

第6章 操作竖井安装

6.1 概述

作为洞罐与地面设施联系的唯一通道，本章主要介绍 LPG 洞库操作竖井安装。

操作竖井设施安装具有以下特点：

① 井深过大，空间受限。竖井垂直井深达 200m 以上，直径仅有 6m，井内钢结构、管道密布，施工人员需长时间在井内作业，施工难度很大，安全风险非常高。

② 裂隙涌水。由于地质条件特殊，洞罐洞壁、操作竖井井壁有大量裂隙水涌出，造成竖井内部犹如大到暴雨的施工环境，施工作业及焊接难度大。

③ 单向垂直施工。竖井是一个垂直狭窄的构造，施工作业只能单向进行，无法在垂直空间同步施工，因此需要合理规划工序，尽可能将井内作业转移至地面完成。

④ 密封严格，洞罐内无法维修。洞罐实质上是一个压力容器，为防止泄漏，作为唯一通道的操作竖井需要安装严密的防漏装置及混凝土封塞层，这就导致了操作竖井内不可拆卸的套管、设施安装必须一次合格，投用后无法维修，因此质量要求非常高。

操作竖井内安装进罐管线、出罐管线、裂隙水管线、液位报警管线、气相管线、仪表测量管线等 9 种功能管线及 LPG 液下泵、裂隙水液下泵、V 形密封装置、完井工具、液位报警系统、温度仪表测量系统、阴极保护系统等设施，泵坑内安装套筒。

6.2 操作竖井安装技术要点

操作竖井安装与地面管道、设施安装的最大不同在于安装工序的不可逆性。竖井内管道、设备等的安装必须按照工序一步一步进行，环环相扣，上道工序未完成下道工序就无法进行，因此合理的工序设置、严格的质量要求是竖井安装的重中之重。

万华 LPG 洞库操作竖井安装施工技术要点如下：

① 理清关键工序，制定合理施工计划；

② 加强材料管理，确认采购周期；

③ 严控防腐质量及时间，确保工序衔接；

④ 准确标定每层结构及管道标高；

⑤ 严格把控施工质量；

⑥ 注重施工安全管理。

操作竖井安装施工关键工序图见图 6-1。

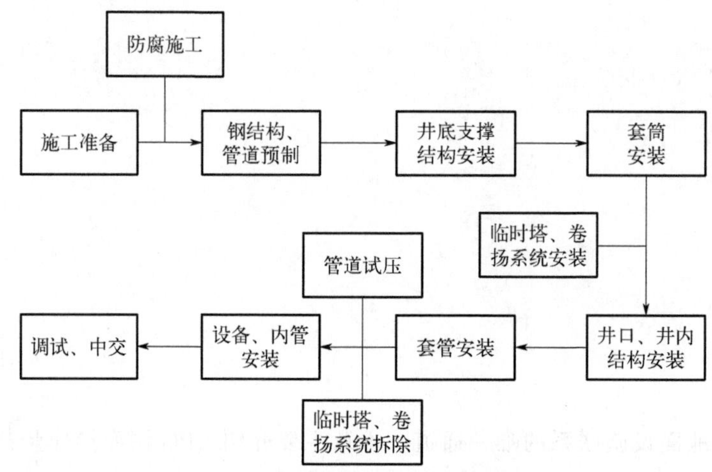

图 6-1　操作竖井安装施工关键工序图

6.2.1 施工准备工作

在施工准备阶段需要确定关键工序的识别、施工计划的制定、材料到货计划及管理措施、现场基础验收及复测，为此需要完成下述准备工作。

（1）技术准备

组织各专业人员熟悉图纸，掌握施工图纸的全部内容和设计意图，参加由建设单位、设计单位、监理单位组织的设计交底和图纸会审。组织人员着手开始工程项目质量计划、安全计划和施工组织设计以及特殊专项施工方案的编写。在完成图纸审核及施工组织设计编制后，绘制网络计划图，识别出关键线路，继而确定关键工序，然后根据关键工序和工期编制五级施工计划。组织有关人员提出材料计划、劳动力、施工机具等各项需用计划，同时组织人员编制工程施工预算。

做好技术交底工作。工程每一道工序开工前，施工队长都要对各班组进行书面技术交底，通过技术交底使参加施工的所有人员对工程技术要求做到心中有数，以便按合理的工序和工艺进行施工。

（2）物资准备

组织人员针对工程所需用的各类物资，核对市场供货渠道，并同有关各方沟通联系，同时按设计要求尽快订立供货关系（或合同）。做好材料需要量计划和货源安排，对地方材料要落实货源办理订购手续。操作竖井安装中使用的进口设备较多，需尽早沟通与采购，以保证现场施工工序节点。部分装置设备的安装需要国外厂家进行指导和调试，也应与厂方提前预约时间。

（3）现场准备

对技术文件和图纸等资料进行会审交底，并接收水准点、坐标点进行复测。工程概况牌、安全警示牌、管理人员名单及监督电话牌、安全生产牌、文明施工牌、消防安全牌、施工现场总平面布置图及各类规章制度、岗位职责等尽快上墙，并对围墙进行景观化设计。完成现场测量放线工作，积极为开工创造条件。由于操作竖井安装为垂直向安装，需要在地面进行大量预制工作，而操作竖井地面区域一般有换热器、聚节器等设备，为避免安装过程中相互影响，需提前规划出预制场地，并建立预制车间，以保证施工进度和焊接质量。

（4）基础验收

以操作竖井中线为基准测量出井口钢结构基础的实际高程、水平中心线。竖井内泵坑竣工的环形断面测绘，至少每5m一个。根据设计图纸要求，检查所有预埋件的数量和位置的正确性，以竖井中线为基准在确切的锚固钢结构位置，进行对基础的外观检查及基础的位置、几何尺寸的测量。

6.2.2　专用工具的制作

由于操作竖井工程的特殊性，为减少井内作业的工作量，降低工程安全风险，提高施工质量，需要制作大量专用工具以辅助安装。

（1）临时塔架

由于操作竖井内壁裂隙涌水量大，井内焊接作业质量难以保证，而竖井管道的安装质量要求非常高，所有管道均需要进行无损检测，临时塔架的主要作用就是将套管的焊接作业从井内转移到井口，且减少吊车的使用量，同时为后期套管的压力试验提供操作平台。临时塔架见图6-2。

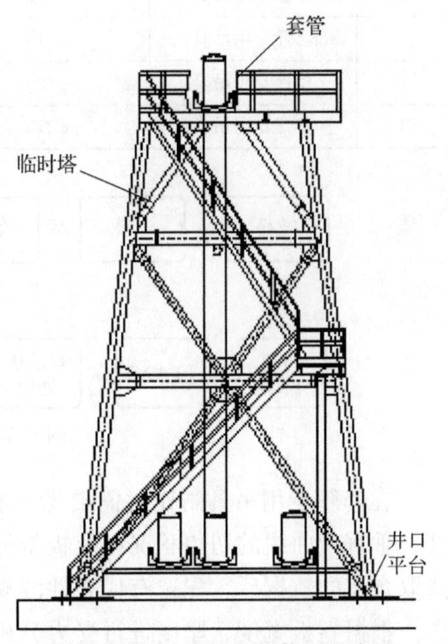

图6-2　临时塔架安装使用示意图

临时塔架一般根据操作竖井现场情况设计制作，设计时进行强度、刚度及稳定性计算，必须满足竖井设备施工过程中所承受载荷，且需进行载荷试验。临时塔架底部借用井口围堰的四角为基础，使用后拆除，既保证了其稳固性也不影响井口围堰的施工。塔顶部铺设4.5mm花纹钢板，四周安装1.5m高的护栏，作为操作平台，以保障安全。临时塔架的制作高度需便于套管的组对和焊接作业，套管长度为12m定尺，因此塔高为单根套管长度加井口钢结构高度减500mm。临时塔中间结构梁的布设在保证结构稳定性的同时必须结合管线平面布置图，预留管道安装通道。

（2）套管专用吊具

竖井套管为垂直安装，因此需要制作专用吊具。套管专用吊具具有双重作用，它不仅是套管的吊具，也是套管的托具，因此每种规格的套管管线，至少需要有2个以上同种规格的套管专用吊具，吊、托交替使用才能完成套管的支撑和吊装任务，见图6-3、图6-4。

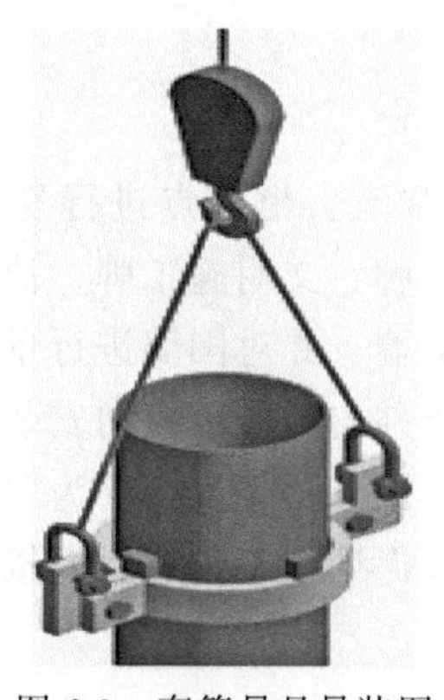

图 6-3　套管吊具吊装图

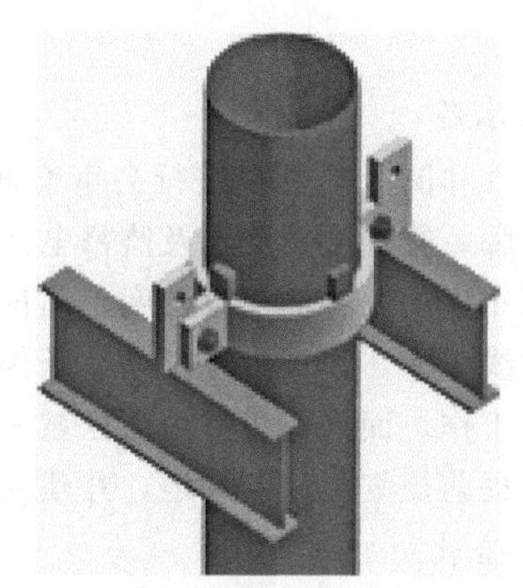

图 6-4　套管吊具承托图

在套管水压试验时单体重量达到最大，根据套管直径的大小单体重量一般约为 5～180t。竖井套管的直径有多种规格，最大管径为 DN800mm，最小管径为 DN150mm，套管总长度一般在 175～238m，因此，套管吊具制作难度大，要求高，竖井套管专用吊具规格见表 6-1。套管吊具制作工艺流程图见图 6-5。

表 6-1　竖井套管专用吊具常用规格表

序号	名称	套管外径/mm	吊具内径/mm	吊具板厚/mm	吊具高度/mm
1	套管专用吊具	ϕ813	ϕ833	δ=65	190
2	套管专用吊具	ϕ610	ϕ630	δ=55	180
3	套管专用吊具	ϕ406	ϕ426	δ=50	130
4	套管专用吊具	ϕ273	ϕ293	δ=40	120

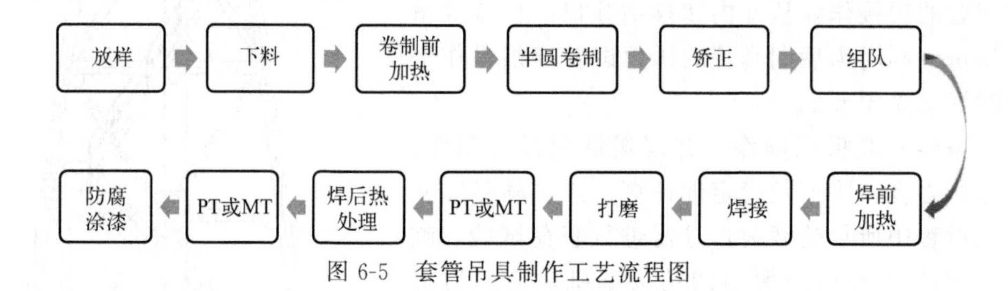

图 6-5　套管吊具制作工艺流程图

在套管专用吊具制作时需要考虑板材最小弯曲半径、最基本弯曲性能、弯曲角、弯曲长度、垂直弯曲线的切边状况以及板带轧制方向有关的弯曲取向，从技术上应满足质量要求。在选取合适的数据后，先选有代表性的规格卷制两套，焊接打磨后进行无损检测，合格后成批制作。根据卷板宽度、厚度进行受力分析，W11-45×3000 三辊对称式卷板机可以满足卷制要求。构件表面不平整，有刻槽、缺口，厚度突变等缺陷会造成应力不均匀，缺陷处应力集中塑性降低、脆性增加。因此下料时应确保切边状况良好，不满足要求时进行修补和磨光。一般优质碳素钢在 100℃以上，随温度升高，总的趋势是强度、弹性降低，塑性增大；250℃左右，抗拉强度略有提高，塑性和韧性降低，脆性增加——即出现蓝脆现象。因此加热温度控制在 150～200℃。半圆卷制时，采取多次辊压达到曲率，避免应力过大；上料时，板料在上下辊之间必须摆正，在辊压过程中也要随时检查纠正，防止歪扭现象；调整辊轴间距时，保证两端距离一致；曲率控制，用样板随时检查；小于上辊直径半圆卷制时，采用卷制和专用工具顶压。

(3) 内管专用托具

内管专用托具的作用与套管吊具相似，用于液下泵和内管等设备在套管内的下放或提出的临时支撑，由两片半圆形与套管法兰等厚的钢板加工而成，使用高强螺栓与套管法兰相连，上部装有四个自由楔，当自由楔向外侧旋转打开时，内管可以顺利放入套管中，当自由楔向内旋转时，自由楔的端部可以支撑住内管法兰（图 6-6、图 6-7），以便进行内管连接或拆除。内管托具按套管法兰规格每种至少制作一套。

图 6-6 内管托具示意图

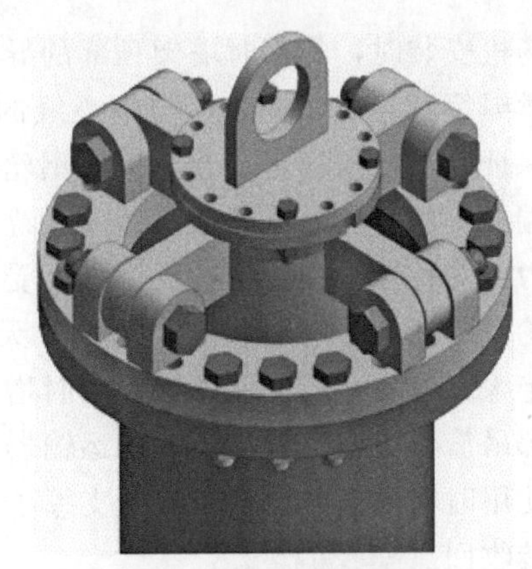

图 6-7 托具支撑状态图

(4) 双吊盘提升系统

由于操作竖井深度较大，井内作业十分艰难，采用双吊盘提升系统可减少井内作业的危险系数，方便施工，确保人员安全。

操作竖井内钢结构安装宜从上向下安装，大吊盘可作为安装操作平台，但是这样操作时在上层钢结构安装完成后，吊盘就只能向下运行，所以需要再增加一个吊篮作为施工人员上下竖井的通道及材料运输的工具来使用。

双吊盘提升系统组件由卷扬机、钢丝绳、天轮、地轮、绳夹、卡环、吊篮、吊盘等共同组成（图 6-8），作为操作竖井井内施工操作平台及运输工具。提升系统组件参见表 6-2。

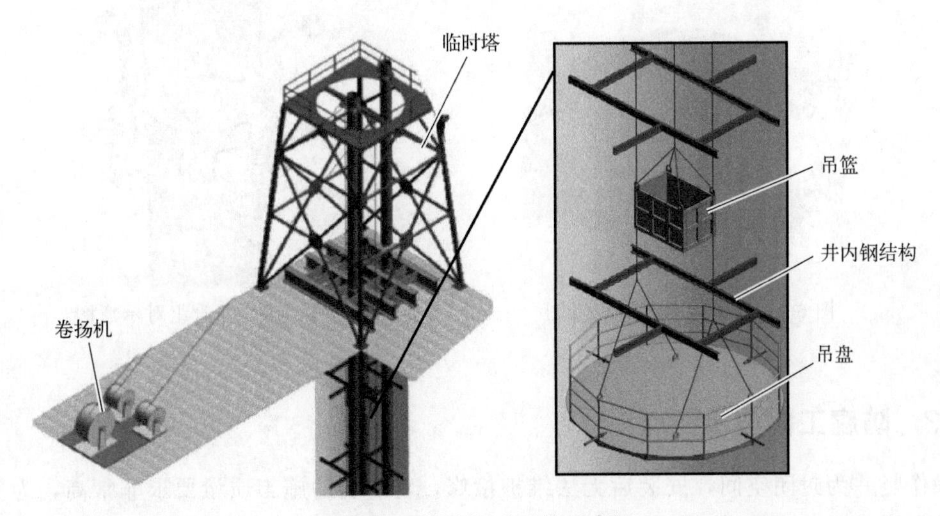

图 6-8 双吊盘提升系统示意图

表 6-2 双吊盘提升系统组件表

名称	规格型号	性能	速率	数量	备注
卷扬机	JTP-1.2×1.5	5t	9m/min	1 台	吊篮
卷扬机	JM5	5t	20m/min	2 台	吊盘
天轮		5t		6 台	
钢丝绳	19.5mm			与井深匹配	
卡环		5t		9	

卷扬机安装时，与临时塔架顶部的导向天轮的最小距离不得小于 25 倍卷筒长度，以保证当钢丝绳绕到卷筒一端时，与中心线的夹角不大于 1.5°。钢丝绳应从卷筒下方绕入卷扬机，以保证卷扬机的稳定。卷筒上的钢丝绳不能全部放出，至少保留 3～4 圈，以保证钢丝绳固定端的牢固。应尽可能保证钢丝绳绕入卷筒的方向在卷筒中部与卷筒轴线垂直，保证卷扬机受力的对称性，在使用过程中不因受侧向力而发生摆动。

天轮安装在临时塔架承重梁上部，天轮与梁间用绝缘材料隔开，螺栓穿过天轮连接孔时，用绝缘胶管隔开，使钢丝绳与临时塔架间有绝缘保护。

上部吊篮作为施工人员上下的运输器，在两侧设置导向稳定绳索；下部吊盘作为施工平台，在使用时将吊盘四周稳固装置支撑于井壁上，起到稳定作用，调整吊盘高度时可将稳固装置旋转收回。

(5) 套管组对装置

套管在操作竖井口组对时，管道较长且两端均为自由端，由于自身重力影响，管道会发生摆动，导致组对间隙、同心度、垂直度控制难度较大。为此，需要制作专门的套管组对装置，可精密调节管道同心度、组对间隙等以提升组对质量，同时大大增加了套管组对的速度，减少了吊车使用量。

套管组对装置是由两个半圆形钢板组成，在钢板端部有两个可调螺栓孔，可根据管径大小适当调节间隙以适用多种规格管道的组对。在半圆形钢板上均布 4～8 个螺纹顶杆，通过螺纹旋转可精密调节上下两根管道端口，以保证管道组对质量。套管组对装置见图 6-9、图 6-10。

图 6-9 套管组对装置示意图

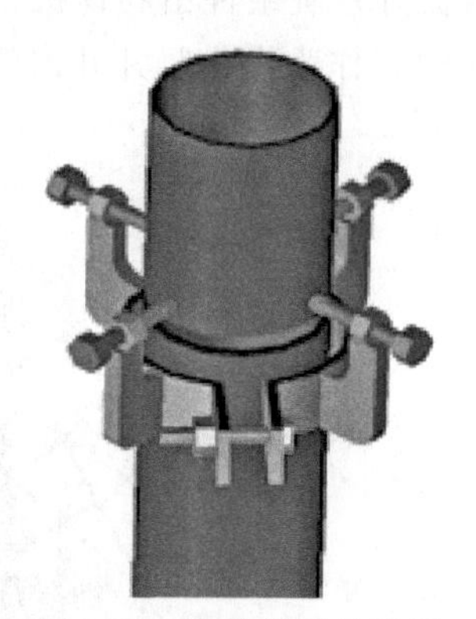

图 6-10 套管组对示意图

6.2.3 防腐工程技术要点

操作竖井为封闭空间，安装后无法维护检修，对防腐的施工质量要求非常高，为了保证防腐效果操作竖井内管道及结构防腐工程采用涂层防腐和阴极保护双重保护设计。

(1) 涂层防腐技术

① 外涂层防腐施工要点：井内金属结构件及套管、内管表面的涂层防腐工程喷砂除锈，表喷砂清理等级应达到Sa2.5级，喷砂除锈后，应对凹槽、角缝等通常易残存沙尘处进行清扫。构件喷砂前应进行表面检查，对油污、焊接飞溅、切割毛刺、临时点焊点等必须处理后才能进行喷砂处理，对有明显加工缺陷的构件必须作好记录，经返修处理后，方可进行喷砂施工。管道和预制构件喷砂前，应对管道、构件标识进行保护或转移。喷砂作业需要在喷砂房内进行，喷砂房设有通风除尘设施，保护工作人员身体以及施工环境。涂装作业房内需设置除湿及温控设施，施工环境条件应达到：温度控制在5～35℃，相对湿度应控制在70%以下，目测空气应清洁，无烟气、灰尘及水汽。

需特别注意竖井封塞里的套管段，涂层的最后一层油漆需要混合硅石粉，以确保封塞混凝土和套管表面良好的粘接，从而起到支撑管道的作用。

② 在5℃以下及35℃以上时不能进行涂装作业，涂装时构件表面不应有结露，涂装后4h内不应受雨淋湿。操作竖井设计工作年限为50年，因此涂层的厚度大，在漆料配比、上下涂层间隔时间及涂层单层厚度应满足环氧厚浆玻璃鳞片漆的性能及施工技术要求，涂层数为3层。涂层干漆膜总厚度允许偏差±15μm，每遍涂层干漆膜厚度的允许偏差±5μm。对于尖端、棱角等难保证厚度的部位，应先喷涂一次，然后再进行整体喷涂。由于涂层厚度较大，每层涂层必须充分干燥，表面不允许有凝露。涂装完成后，需要进行漆膜附着力试验。在检测范围内，当涂层完整程度达到70%以上时，涂层附着力达到合格质量标准的要求。涂装件在完成后还要进行外观检查，漆膜应光滑均匀，无漏涂、误涂、脱皮、透锈、明显皱皮、流坠、针眼和气泡等缺陷。

(2) 阴极保护防腐技术

① 阴极保护系统使用外加电流牺牲阳极进行保护，可以根据设计寿命、水电阻率、保护电流密度、保护电位、极化电位等参数来计算牺牲阳极的发生电流量，从而准确确定牺牲阳极用量，保证使用年限。保护电流通过恒电位仪控制，设置参比电极可以随时测量结构的极化电位，能够直观地监测到保护效果。

阴极保护系统主要包括恒电位仪、MMO阳极、防爆接线箱、参比电极、阴极电缆、参比电缆、零位测试电缆等。它的保护作用由三部分组成：保护操作竖井内套管和钢结构等的外加电流阴极保护；保护泵坑内套筒、管道和钢结构的牺牲阳极块；保护竖井裂隙水套管内的管道、泵等的牺牲阳极带。

② 阴极保护相关参数。

水电阻率：$\rho=30\Omega \cdot m$。

平均保护电流密度：$10mA/m^2$。

辅助阳极：MMO混合金属氧化物阳极。

阳极形式：棒状。

控制方式：恒电位。

参比电极：银/氯化银参比电极。

MMO辅助阳极的参数见表6-3。

③ 恒电位仪。恒电位仪是为操作竖井内管道和钢结构提供阴极保护电流的供电设备，该设备应具有需要不间断供电和断电测试功能。恒电位仪采用数控高频开关恒电位仪，部分技术指标如下：

参比电位控制范围：－3～0V 连续可调（Ag/AgCl 电极作参比电极，下同）；

参比电位控制误差：≤±5mV；

参比电极输入阻抗：＞2MΩ，流经参比电极电流＜1μA；

恒电流控制精度：≤±1%；

满载工作效率：≥90%；

RS-485MODBUS 数字通信功能；

保护功能：过流、过压等故障的自动保护功能，防雷击保护功能。

表 6-3 MMO 辅助阳极参数表

涂层类型	IrO_2-Ta_2O_5-X	长度	1000mm
损耗率	2mg/(A·a)	厚度	1.5mm
设计寿命	25 年	外径	ϕ25mm
最大设计运行电流	100A/m^2	表面积	0.079m^2
单支阳极输出电流	7.9A/支	重量	0.498kg

参比电位、预置电位、输出电压、输出电流参数以总线方式接入 PLC 系统。

④ 辅助阳极。辅助阳极采用 MMO 混合金属氧化物阳极，MMO 活性涂层钛阳极是以钛作为基底，采用热分解方法形成铂族金属的氧化物涂层。这些金属氧化物具有很多独特的性能，如接近金属的导电性、低损耗率及其他电化学性能。MMO 活性涂层钛阳极的电化学特性归因于 MMO 活性涂层，而阳极强度归因于钛基底。它具有重量轻、化学稳定性好、低而均匀的涂层损耗率、优异的导电性等特点。MMO 阳极悬挂采用聚乙烯吊绳固定，上端固定在地面钢支架上，下端采用连接配重块方便维护更换。

⑤ 牺牲阳极。牺牲阳极阴极保护系统主要保护泵坑内套筒、套管和钢结构支架部分，根据项目的现场情况，适宜选用铝-锌-铟-镉牺牲阳极。相关设计参数：

水电阻率：$\rho=30\Omega\cdot m$。

保护电流密度：$I=20mA/m^2$。

保护电位：－0.80V～1.05V（银/氯化银参比电极）。

极化电位：＜100mV。

⑥ 牺牲阳极块安装。牺牲阳极块一般为长方体或梯形体，支架式安装，根据计算数量在管道或钢结构表面均布安装，原则上安装位置不能妨碍管道定位、设备安装及钢结构支撑，可做适当调整。阳极两端的阳极铁心与管道或结构采用电焊连接，焊缝长度不小于6cm，无虚焊、假焊，在焊接完成后焊缝处应补涂防腐覆盖层，其防腐要求不低于其所在管道或结构的防腐等级。

6.3 操作竖井钢结构制作安装

6.3.1 钢结构总体技术要求

由于操作竖井内空间狭小，因此竖井钢结构在预制应考虑到选用的安装方法可能引起的安装限制，竖井内壁的开挖不是规则的形状，完整的钢结构框架可能与操作和安装步骤不兼容，这就要求钢结构在竖井里进行分片组装。操作竖井几何尺寸需要进行测绘，得到其最终完工尺寸。如果钢结构在测绘前预制，那么通长型钢必须留有余量，根据测绘的数据再进行调整切除。同理，泵坑套筒支撑结构也需要分片预制，在泵坑内进行组装焊接。操作竖井口钢结构主梁和内部横梁，作为安装时的支撑结构，应在套管安装前全部焊接完成，以保证其强度满足安装需求。连接板支撑件需要现场焊接。

钢结构预制工艺流程见图6-11。

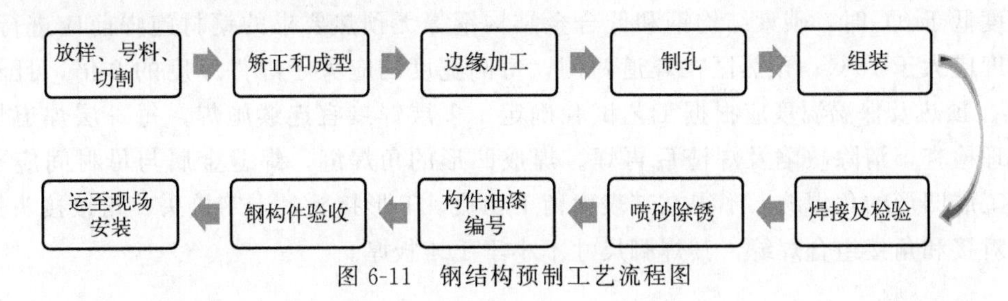

图6-11　钢结构预制工艺流程图

6.3.2　材料检验

材料进厂后，应检查材料质量证明书及材料的品种、型号、规格，质量应符合设计要求及有关国家标准的规定。钢材规格用钢尺或卡尺检查，必要时进行材质化验。钢材切割或剪切后应用放大镜、钢尺及焊缝质量规检查钢材有无裂纹、夹渣、分层和大于1mm的缺棱，有疑义时作渗透、磁粉或超声波探伤检查。焊条进厂后，应放置在干燥区域，按照焊材贮存要求进行保管。

6.3.3　钢结构预制

（1）技术要求

钢结构在放样、号料、切割、矫正等预制过程中应充分考虑焊接接头的收缩量及规范偏差要求，所用的钢尺需经过计量检定，并将标定的偏差值计入测量尺寸。尺寸划法应先量全长后分尺寸，不得分段丈量相加，避免偏差积累。放样用样板应定期（10个工作日）校验，因磨损或变形而不合格时应修复后使用。号料优先采用数控切割，条件不允许时采用半自动切割，采用双头半自动割可有效控制热变形，筋板采用剪切下料，一般不允许采用手工切割。钢板边沿10mm范围内因轧制原因材质不均时，易产生缺陷，重要零件如梁、柱的翼板、腹板采用时钢板边沿应割去不用。

（2）钢结构组装及焊接

钢结构组装前，零部件应经检查合格，连接接触面和沿焊缝边缘每边30～50mm范围内的铁锈、毛刺、污垢、冰雪等应清除干净。操作竖井内钢结构长度较小，板材、型材一般不允许拼接，构件的组装应在部件组装、焊接、矫正后进行。组装时需要考虑向操作竖井内运输及安装空间是否满足，如能满足要求则尽可能地多进行组装，以减少竖井内作业的工作量。构件的隐蔽部位应焊接、涂装，并经检查合格后方可封闭。

钢结构焊接前需要提前准备相应的焊接工艺卡，焊工需经过统一考试并取得合格证后方可从事焊接工作。合格证中注有施焊项目及有效期限。当焊工停焊时间超过6个月时需要重新考核。

施焊前，焊工应复查焊件组对情况，按照焊接工艺卡要求进行焊前检查。对接接头、T形接头、角接接头、十字接头等对接焊缝及对接和角接组合焊缝，应在焊缝的两端设置引弧板，其坡口形式与焊件相同。引弧的焊缝长度埋弧焊应大于50mm，手工电弧焊及气体保护焊应大于20mm。焊接完毕应采用气割切除引弧板，并修磨平整，不得敲击去除。

焊接时，焊工应遵守焊接工艺，不得自由施焊及在焊道外的母材上引弧。角焊缝转角宜连续施焊，起落弧点距焊缝端部宜大于10.0mm；角焊缝端部宜大于10.0mm，弧坑填满。环境温度低于0℃时，碳素结构钢和低合金结构钢等无预热要求的钢材施焊前应进行预热，预热温度应大于15℃；预热区在焊道两侧，每侧宽度均应大于焊件厚度的2倍，且不小于100mm。预热及保温温度应根据工艺试验确定。多层焊接宜连续施焊，每一层焊道焊完后及时清理检查，清除缺陷及焊渣后再焊。焊成凹形的角焊缝，焊缝金属与母材间应平缓过渡；加工成凹形的角焊缝，不得在其表面留下切痕。T形接头、十字接头、角接接头等要求熔透的对接和角接组合焊缝，其焊脚尺寸不小于1/4板厚。

6.3.4 钢结构安装

(1) 井底钢结构的安装

一般情况下，操作竖井底钢结构通过施工巷道和主洞室运至操作竖井底泵坑周围。支撑结构定位在指定高度和X、Y位置处的锚杆上进行焊接，检查结构的安装与理论位置的最大偏差应符合设计要求，且保证顶面水平。在地质结构特殊情况下，井底钢结构无法通过施工巷道和主洞室运至其最终位置时，泵坑钢结构应在临时塔架、井口、井内钢结构安装之前从竖井上口吊装至泵坑底部。泵坑钢结构的吊装需根据竖井深度、竖井直径、最大单重等综合条件选用吊车，满足绳长和吊装能力。

竖井泵坑设计有5层钢结构，需要分批次安装，在最底层钢结构S08安装完成后应安装出库套管缓冲罐，然后才能安装次一层钢结构S07，在S07钢结构上安装入库和裂隙水套管缓冲罐后，再安装上一层钢结构，以此类推。

(2) 井口钢结构的安装

LPG洞库井口钢结构共有三部分：操作平台一、操作平台二、井口支撑结构。其中井口支撑结构在竖井套管安装时起到支撑套管及安装平台的作用，需要优先安装；两个操作平台在竖井内管道、设备等安装完成后再进行施工，否则会影响井内管道、设备的安装。支撑结构安装前需对井口基础进行复验，确定其坐标位，以保证管道安装精度。井口结构的安装采用先主梁后次梁的安装顺序，个别次梁需要设置成活动梁，避免套管安装时与锚固圈或牺牲阳极碰撞。

(3) 锚固钢结构安装

钢结构锚固支架安装在竖井内壁之前应进行竖井几何测绘。检查竖井所需的圆周线（以轴线为圆心）从底部到顶部是否一致，竖井轴线其X、Y坐标与竖井中线的是否相同。这些坐标以竖井附近的地面基准点为基准；测定各个钢结构位置处的锚固支架的确切X、Y、Z坐标，进而确定钢结构梁的尺寸。锚固支架安装以活动吊盘作为操作平台，活动吊篮为运输工具，竖井测绘确定的位置与钢结构设计值最大允许偏差符合设计要求。锚固钢结构安装时，吊盘在每个工作位置使用稳固装置支撑在井壁上，保持平衡及稳定，钢结构安装从顶部开始、底部结束，安装结束后吊盘从竖井底部拆除。钢结构梁的最终位置和设计位置的最大偏差不应超过设计要求。U 形螺栓孔轴线的位置最大允许偏差也不应超过设计要求偏差值。

6.4 竖井管道安装

6.4.1 管道材料验收和管理

所有材料应根据要求和相应的施工程序文件进行验收和管理。材料进厂后应检查材料质量证明书及材料的品种、型号、规格、质量是否符合设计要求及有关国家标准的规定，钢材规格用钢尺或卡尺检查。管道接收后应根据相关的程序和规范标准对材料的特性进行标示，以免混用、错用。在材料接收和运输时管道安装人员应用橡胶皮、木板等材料保护管道上的涂层，用吊带吊装。

6.4.2 预制管段的标识方法

标识原则：所有半成品的编号标识，均要和图纸编号相同。焊口接头的编号同样也要和图纸的焊接编号相同。所有管段的编号标识的位置，要基本相同，应标在管口或法兰附近50mm 处，焊口标识应按统一要求执行，同时应与管段的编号相错开，防止发生误导。

当管段进行防腐时，要注意编号的移植，使用记号笔将焊缝信息移植到管道内部，以便利于查找。使用不同颜色的油漆笔对不同管线进行标识，以便一眼能识别管线区域，加快管段的查找。管段预制完成后，应在图纸上和预制半成品统计表上，做好标记和统计，说明半成品管段的具体参数和主要去向，直到安装完毕。

6.4.3 套管制作要求

为了尽量减少现场焊接数量，除完井工具管段和调整段外，其他单根套管长度要求为12m 定尺，在套管上对称焊接四个吊装挡块，挡块的底面必须调整在同一平面，且与套管中线垂直。套管顶部管段至少应有 500mm 的过长量，用于最终长度调整。其预制应包括顶部法兰和侧向接头。

6.4.4 内管制作要求

为了尽量减少现场法兰组对数量，除完井工具管段和调整段外，其他单根内管长度要求为 12m 定尺，内管法兰需要加工开槽，用于电缆或液压油管的安装固定。进罐管线、出罐管线、裂隙水管线内管的顶部管段的正下方的管长应有至少 500mm 的过长量，用于最后的内管总长调整。对于这些管线，其顶部管段焊接在套管顶部法兰上。为了最大限度地减少管内壁的同心差，所有对焊法兰的管段寻求最佳匹配位置和方位。每根管段作相应的顺序标记，所有管段的记号和方位应在图纸上详细标明。焊接在每根管端的对焊法兰和配件应如图纸所示。为了保证在套管内正确的安装次序，需对每个完成长度仔细测量和记录。为了提高工作效率，根据现场实际情况尽可能在车间进行预制，以减少现场焊接作业量。

6.4.5 管道预制技术要求

管段预制时主要以图纸所示尺寸为标准但需考虑现场的实际情况，考虑运输和安装方便，并在最上部留有调整节，同时管道组件应具有足够的刚性，不得产生永久变形。管道切割及坡口制备采用半自动切割机操作，以保证切割精度及坡口角度。

管口组对时，采用自制专用组对器进行对口，禁止强力对口，并做好保护防腐层的措施。组对时两管口中心线应在同一条直线上，平直度偏差不得超过设计要求，全长最大偏差不超过设计值。禁止用强力组对的方法来减少错边量或不同心度偏差，也不能用加热的方法缩小对口间隙。加工好的管子两端管口应进行密封保护。管子与管件的对口应做到内壁齐平，内壁错边量等厚对接焊缝不超过壁厚的10%，且不大于1mm；不等厚对接焊缝不超过薄壁管管壁厚度的20%，且不大于2mm。

在组装法兰时，尤其要保护好法兰面，严防破坏法兰的密封面。法兰面因组对需要接触平台面时，平台面应清扫干净，并应尽量减少法兰面在平台上的移动，以防止硬物或杂质划伤法兰密封面。法兰在组对完成之后，应该使用专用胶带将其密封平面保护起来，以避免或减少在搬运和喷砂喷漆时密封面的损坏。

将已经加工、打磨好的管段与各种管件按图纸进行组装、点焊成半成品。在组对过程中，要注意充分利用水平尺进行检测，保证相关部件相互间的垂直或平行关系。

6.4.6 管道焊接及检验

竖井管道的焊接应严格按照焊接工艺卡的参数要求执行，采用小电流、短电弧、窄焊道、多层多道焊接，控制线能量，减少热输入。管道焊接时，禁止在焊件表面引弧或试验电流，管内应防止穿堂风。当遇到雨、雪、大风或大气相对湿度超过90%时，应采取有效防护措施后方可施焊；当环境温度低于0℃或焊件温度低于－18℃时，需在始焊处100mm范围内应预热到15℃以上。预热时应均匀加热，内外热透并防止局部过热。所有竖井管道的对接焊缝需100%进行射线检测。预制完的管段应将内部清理干净，并密封管口，以防杂物进入并及时编号妥善保管。

竖井管道所有焊缝均需进行无损检测，对接焊缝采用射线检测的方式二级合格，承插焊缝及角焊缝采用磁粉或渗透检测的方式一级合格。万华LPG洞库操作竖井部分焊缝使用TOFD检测替代射线检测，TOFD相比于射线检测时间安排更加灵活，便于追赶工期，检测准确度非常高，适用于大直径的厚壁管道。

套管焊接时采用氩弧焊封底，需要严格注意控制管内部余高，避免安装内管时影响中心器的下放。

操作竖井管道除常规材质外，还有一种特殊材质管段需要焊接，即完井工具L80。L80为美国石油协会套管钢级的一种，依据标准要求必须进行调质热处理（Q+T），力学性能指标要求较严格。L80石油套管一般带螺纹或接箍供货，但是洞罐操作竖井中完井工具需要和碳钢管道A106-B进行焊接，这是很少见的异种钢焊接，并且L80钢级石油套管执行的是API 5CT产品标准，与国产钢材工艺标准不同，国内的施工规范或标准没有对应的焊接技术，这就需要对其化学成分进行细致的分析来研究其可焊性。

根据完井工具厂家提供的质量证明文件，可以分析出L80钢材碳当量很高，具有很大的淬硬倾向，可焊性很差，容易出现焊接裂纹。L80 和 A106-B 钢管的焊接采用过渡匹配的原则选用低氢型韧性焊材 J507R。为有效防止冷裂纹的产生，必须进行焊前预热，焊前预热的温度根据经验公式计算可知应该在 100℃到 300℃之间，实验研究将预热温度初步设定均分为四组数据进行，分析得出合适的焊接预热温度及层间温度，以减少焊缝熔合区裂纹出现的概率。试验结果显示，随着预热温度的升高，焊缝的断面裂纹率显著降低。完井工具焊接后需立即进行焊缝热处理，以减少焊缝区域的应力集中，使焊缝具有良好的抗裂性。维氏硬度的测定也显示出在适当的预热温度和焊后热处理工艺下，能够减少淬硬倾向，防止裂纹产生。

6.4.7 套管安装

(1) 套管安装步骤

操作竖井套管安装前需要测量每根管段的长度，做好书面记录，在井口钢结构上标出每条管线的十字中心线，作为吊装定位基准。在需要吊装的套管管段上安装套管吊具，作为套管的吊耳，含有阳极块的管段安装阳极块，吊起套管穿过临时塔架顶部安放在井口标记的位置上，吊入另一根套管，用套管组对装置进行组对。利用一根 2m 长钢板尺和水平仪，精确调整两根套管同心度，组对验收和点焊后套管上部的操作卡箍松开，吊车进行另一次作业。套管对接口封底焊接，封底焊接完成后用 2m 长的钢板尺再次检查同心度，误差不得超过设计标准值，盖面层焊接，焊接完成及外观合格后焊缝进行 RT 无损检测。每次作业吊车提起套管（套管最大重约 72t），拆除套管下部吊具，完成上部吊具就位，按上述步骤循环，完成所有套管安装。

(2) 套管长度调整

计算核对套管总长与累计的套管长度，核对顶部和底部锚固带在封塞里的实际位置，所有的测量结果应确保底部元件和锚固带在其预期位置。定位前需要测量套管轴线井口 X、Y 处的偏差值，如每根套管的底部标记偏差值、封塞锚固带偏差值、液位测量和报警套管上部孔偏差值、进库和出库套管变径短接内管座偏差值等一系列偏差数据，以确保各安装位置的正确性。进库套管、出库套管和裂隙水套管放进缓冲罐之前拆除缓冲罐顶部挡板，仔细检查缓冲罐，确保内部没有任何杂物。

(3) 水压试验

套管试验压力为 1.5 倍的设计压力，如丙烷竖井套管底部试验压力约 4200kPa（表压）。套管安装时应对底部管帽进行编号，压力试验结束后将底部试压管帽切除，并逐一检查记录，防止遗漏。水压试验完成后，还需使用吊篮进入竖井内将液位测量管线的全部丝堵拆除，使用 U 形螺栓将套管与支撑结构固定牢靠。

竖井管道注满水后，重量增加超过 1.5 倍，应提前与设计沟通确认井口支撑结构及套管吊具的承载力是否满足，如不满足建议变更为气压试验。

6.4.8 内管安装

(1) 内管压力试验

所有的内管安装进套管之前在地面分段进行水压试验，试验介质温度不得低于 5℃。同时，其试验介质温度均应高于相应金属材料的无延性转变温度。水压试验时，向管道系统内注水过程中宜利用各管段高点的法兰、阀门、排气口、排液口等排净管道系统内的空气。必要时可增设临时排气口，但试验合格后应及时将临时排气口封闭；液压试验应分级缓慢升压，达到试验压力后稳压10min且无异常现象。然后降至设计压力，稳压30min，不降压、无泄漏和无变形为合格。应准确记录压力试验数据，及时填报。

(2) 安装准备

内管的安装应在竖井封塞最后一层混凝土灌注养护期结束后，避免由于内管施工期间的附加重量使套管产生位移。内管安装前需要拆除临时塔架、卷扬机提升系统，并搭设泵、短管、阀组装固定平台。根据不同内管各管段的连接形式、规格，准备不同规格、形式的吊具和内管托具装置。电缆、液压油管分别卷在卷线盘上，卷线盘安装在套管旁边。井内电缆、液压油管和内管同时安装。

(3) 内管安装技术要求

内管安装长度控制要求：法兰、内管管段、垫圈厚度、特殊元件（阀门、泵、管件等）、现场焊缝（一般限于顶部，用于长度调整）这些要全部统计在长度计算内；内管定位中心器在内管吊装前安装在内管上。法兰处的电缆/软管保护装置随内管一起安装，电缆、液压油管用保护夹固定在内管上。泵、电缆、液压管线在供货厂专家指导下测试阀门、泵和电机，作好测试记录。进料管、产品泵、气相线安装内管管柱底部和顶部，相对于已记录的套管顶部法兰、底部、变径头高程位置相宜。液位测量和报警传感器连接法兰的高程，必须与液位设备供应商给出的设计要求相符，其最大偏差应符合设计要求。

(4) 安装步骤

产品线安装：设备、内管安装时，拆除套管专用吊具，所有套管重量由封塞混凝土支撑。在组装固定平台旁，放置干净木板，在木板上放置密封装置内管部分，安装XSV阀，特殊管段连接液压油管，进行液压试验。满足要求后，安装液下泵、止回阀，并和平台固定，在泵厂家指导下完成动力电缆、控制电缆、密封水管等测试工作，安装内管、中心定位器、中心器，组装第一次吊装组件。将第一次完成的吊装组件用吊车吊入套管，放置在内管专用托具上，完成第一次吊装，各内管管段连接时，法兰处的电缆/软管保护装置通过法兰连接螺栓固定。管段两法兰间电缆和液压油管夹持在内管法兰上。内管法兰连接螺栓必须使用液压扳手进行紧固，并进行扭力测试，以保证其密封性。需要调整长度的管段就是顶部管段下面的管段，调整管段预留500mm过长量，其长度应调整到使V形密封位于其相对于套管及加工区域的设计位置。此设计位置必须允许内管在套管内因热胀冷缩引起的位移。一般来说，在其上下方向均应至少有100mm的位移量。

6.4.9 VAM管安装

竖井内管中有两条管线仪表测量管线和气相管线的内管不是采用法兰连接而是使用特殊螺纹管道，即VAM TOP、BGT1扣型连接，特殊扣上扣扭矩通过扭矩变送器传输至扭矩测控仪进行实时监控，当上扣扭矩达到最小扭矩至最大扭矩范围内时，上扣完成。

特殊扣连接的内管安装与法兰连接的内管吊装方法类似，采用倒装法，从上至下逐节安装。两台吊车配合吊装，吊车顶部还需要一个旋转头，避免内管旋转时引起摩擦，一台汽车吊吊装内管，一台汽车吊用于提升悬吊式液压管钳成套系统。厂家提供的预制短管，两端的梯形螺纹已经预制好，并且一端已安装好管箍，管箍已拧紧。含有失效安全阀特制短管一段含有管箍，把专用吊具装置和管箍相连。吊具一端慢慢提升，另一端用木板保护，提起后缓慢移到井口，把专用托具固定在套管口上，托住管箍下部。卸下吊具安装在另一短管（称为管段 2）上，把装有吊具的一端慢慢提升，另一端用木板保护，提起后缓慢移到井口，“管段 2”的下端和“管段 1”上端的管箍对准，缓慢转动“管段 2”，使“管段 2”下端螺纹拧进管箍内少许，然后通过电脑控制专用工具用一定的扭矩将短管和管箍拧紧，电脑上可以显示并记录扭矩值，使扭矩在销售商规定的范围内，并检查打印出的扭矩曲线是否正确。重复上述步骤，VAM 管安装完成。

6.5 竖井设备安装

6.5.1 套筒制作与安装

套筒的底板与筒体应为相同材质，套筒的顶端焊接提升吊耳和加强环，套筒内壁装设防涡流板。牺牲阳极焊在套筒底部和外部，焊在底部的阳极块应避开与井底钢结构接触部位。套筒要求进行内外喷丸处理和防腐，防腐要求和标准与套管相同，应注意避免在牺牲阳极上涂上油漆。万华 LPG 洞库套筒规格见表 6-4。

表 6-4　竖井套筒规格表

序号	名称	规格	单位	数量	单重/t	备注
1	进罐线套筒	ϕ1219mm	台	1	7.95	
2	出罐线套筒	ϕ1118mm	台	4	17.5	
3	裂隙水套筒	ϕ457mm	台	2	0.35	

根据现场实际，LPG 洞罐内拱顶高度为 26m，进罐线套筒和裂隙水套筒可以在洞罐内使用汽车吊进行吊装，出罐线套筒高度为 24.1m 无法在洞罐内吊装，只能选择从地面竖井口使用大型吊车通过竖井吊装至泵坑底部。汽车吊的选型应充分考虑竖井深度、套筒重量、高度等关键因素。套筒吊装前需要在井底支撑钢结构上画出套筒定位中心线；吊装时落钩至支撑结构上方 1m 时应缓慢转动吊车起重臂，使套筒重心接近支撑结构定位中心，然后缓慢调整、检查确保最终吊装定位与中心重合，焊接固定。套筒安装后应在上部端口加装临时挡板，防止杂物落入，在套管安装时方可拆除。

6.5.2 液压安全阀及液下泵安装

操作竖井内的液压安全阀、液下泵、密封管、流量孔板、液压油管、控制电缆等设备或构件的安装随着内管安装同时进行。将密封短管（V 形密封装置内构件）垂直固定，下方安装液压安全阀和上部连管（特殊管段含四个出液孔），然后对液压安全阀试压，检查阀的开启以及接头是否有渗漏。上部连管上法兰与液下泵相连，垂直固定连接油管，同时用水压泵对电机冷却部分试压，检查接头是否渗漏，用摇表检查电阻是否符合要求。密封短管、液压安全阀、上部连管和液下泵组装成组合管段，将专用吊具和组合管段的上法兰口相连，管段吊装时，管段一端慢慢提升，另一端用木板保护。将吊起的管段和液下泵上端的单向阀连接，组对时，将动力电缆、控制电缆、液压安全阀控制油管固定在法兰的U形槽上，并且在管道上每3m用专用卡具固定，并且每装一段油管后，都要对油管路进行试压，保压15min。重复上述内管安装，按间距要求固定液压油管和控制电缆。最后管段的吊装需要注意在管段组对前，将金属垫片临时绑扎在短管中部的法兰下部，组对后把全部内管缓慢提起，提升高度根据剩余电缆长度确定，以便于多余电缆、油管缠绕在管道上为原则，同时拆除专用托具，把临时绑扎的金属垫片放在套管口的法兰上，中部法兰和套管口法兰连接。对液压系统安全阀试压进行检查，同时对电机冷却部分试压进行检查，用摇表对电缆进行绝缘检测，检测结果符合要求，则安装完成。

内管V形密封是否能达到套管密封的设计位置，一方面可以依据现场长度测量判断，另一方面可以从吊车的测力计的数据来判断，若达到设计位置其拉力会明显减小，也可以从内管本身产生的轻微波动判断出来。

6.6 洞罐温度监测仪表安装

首先根据测温点安装布置图，计算所需监测电缆的长度，并增加部分余量。将需要使用的温度测量电缆盘运到洞罐里，距竖井集水坑20～30m处。将电缆安装在可移动的安放电缆支架上，转动电缆盘和不锈钢绳卷盘，将两者每隔1m进行绑扎，将绑扎好的电缆拖拉至井底套管的下口处。在套管下口提前焊一个45°弯管，对提升电缆进行保护。从套管口缓慢放一钢丝绳，在钢丝绳下挂一重物，以便钢丝绳顺利通过套管，当重物到达井底时，取下重物，用同规格的绳夹将电缆防护钢丝绳和提升钢丝绳相连。集水坑上边的指挥人员通过对讲机指挥所有工作人员步调一致进行提升。井口吊车缓慢提升钢丝绳，洞罐内人员随着电缆提升转动电缆盘和不锈钢绳卷盘，同时安排2～3组人员每隔1m将电缆与钢丝绳进行绑扎，待电缆提升出套管法兰口后留取足够的安装长度，将钢丝绳固定在法兰下方孔耳螺栓上，电缆通过半管接头、防爆格兰头穿出盲板，在两个盲板之间的法兰中注入填充树脂进行密封。

移动洞罐内的剩余监测电缆，按设计图纸中测温点位置分开布置各个洞室的分支电缆走向，同时进行钢丝绳和电缆的绑扎，吊车钩头挂装符合要求的吊篮，作业人员乘坐吊篮至洞罐顶部，钻孔安装固定锚钩，然后将监测电缆及测温探头安装至锚钩上，待全部分支安装完成后，对电缆及温度传感器进行测试。

第7章

地面设施安装

7.1 概述

LPG 洞库地面设施主要包括：码头装卸设施、增压设施、地面低温 LPG 换热升温设施、裂隙水处理设施、凝结水回收、过滤器、聚结器、汽化器、LPG 喷射器，以及仪表、电气等设施。辅助生产设施包括：变电所、机柜间、消防设施。

地面设施安装前，首先根据总图竖向设计，对场地进行平整，并遵循先地下、后地上的原则进行施工。区域内的地下管网、钢结构及设备基础全部施工完成后，将地面进行硬化，实现无土化施工，以保证预制安装的管道洁净。动设备的安装，基础施工质量是控制的关键，动设备传动部分的同轴度、偏心率符合标准要求，达到整体振动小、噪声小的预期效果。工艺管道配管要重点控制固定焊口，不能进行强力组对。与设备连接的工艺管道应由设备端反向配管使最后一道固定焊口远离设备接口，避免焊接应力，消除工艺管道与设备的强力对口，应实现无应力自由连接。确保管道和动设备的正确连接，尤为重要。低温管道焊接应力的消除和保冷施工是施工过程质量控制重点。

7.2 管道施工

LPG 洞库的工艺操作工况复杂，LPG 管道多，属甲 A 类危险介质，现场管理、焊接等工作都应严格要求，每条管道都应按标准进行水压试验，阀门按相应标准试压合格。流量计、调节阀等仪表与管道连接时，选用底平异径管，管道组成件要按有关规定检试验合格才能使用，低温管道应加强焊材管理。

铬钼合金钢、含镍低温钢、不锈钢、镍及镍合金、钛及钛合金材料管道组成件，采用光谱分析方法对主要合金元素含量进行验证性检验，并作好记录和标志。每批（同炉批号、同材质、同规格）抽检 5%，且不少于 1 件。如第一次抽检不合格，则该批管道组成件不得验收。

合金钢螺柱和螺母应采用光谱分析对其主要合金元素含量进行验证性检验，每批抽检5%，且不少于10件。

7.2.1 管道防腐

防腐施工工艺见图7-1。

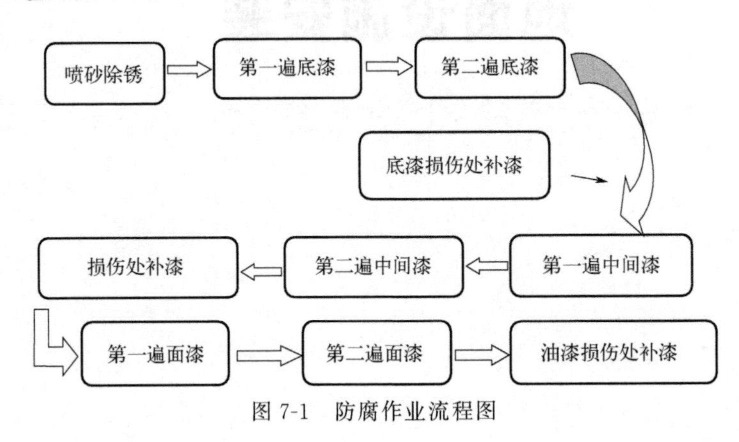

图7-1 防腐作业流程图

管道喷砂前应做好法兰密封面或者非喷砂面的保护、构件标识保护或转移、新旧砂混合使用，以控制喷砂处理后构件的表面粗糙度。

管道喷涂底漆前，应对法兰密封面或者非喷漆面进行保护，同时进行标识的保护或移植。喷涂第二道油漆与前道油漆喷涂的时间间隔必须满足油漆性能要求。喷涂质量与喷涂时的气象条件及周围的环境有着密切的关系，作业时现场应满足以下条件：

① 温度：以13～30℃为宜，最低不低于5℃，最高不高于50℃；

② 湿度：一般在80%以下进行；

③ 冬季施工时要防止凝露现象，否则，必须使构件充分干燥后才能进行喷涂作业，夏季不宜在强烈日光照射下施工。

涂膜厚度的控制，首先通过涂料使用量来进行，使用后的膜厚理论计算式如下：

$$t=a(1/d_t-w_s/100d_s) \tag{7-1}$$

式中 t——涂膜厚度，μm；

d_t——涂料密度，g/ml；

a——涂布量，g/m^2；

d_s——溶剂密度，g/cm^3；

w_s——溶剂的重量，%。

以上计算的a为理论涂布量，与实际的有差别，通常情况下涂刷为理论涂布量×1.05；喷涂为理论涂布量×1.30（具体参照油漆说明）。

油漆表干后采用干膜厚度测量仪测定，厚度没有达到的部位必须补涂，确保设计的干膜厚度。

镀锌或不锈钢管材，设计有涂漆要求时，应符合下列要求。表面处理：SSPC-SP1（溶剂清理）和扫砂，粗糙度25～50μm；涂刷方案：底漆为纯环氧漆，涂刷一道，干膜厚度为50μm，面漆应符合设计文件要求，防腐后的材料必须做好材质标识。

7.2.2　管道预制

管道预制前原材料检验合格，合金管材和管件光谱分析合格。管道在预制平台上进行组对加工。下料前应对照单线图进行现场实测，以现场实测尺寸下料预制，并在图上标注管线编号、现场组焊位置和调节余量。严格控制管道的用量，对 100mm 以上的切割量不能作为废料处理。合理选择自由管段和封闭管段，自由管段尺寸偏差±10mm，封闭管段尺寸偏差±1.5mm。

在预制过程中，必须对管子做好标识移植，避免用错。管道预制管段应按规定要求编号(管线号、焊口编号、焊接日期和焊工号)，以便于质量控制和安装时查找。对于管道设计长度固定、转弯多的管段，应注意固定焊接段，有一定余量，避免固定焊接口间隙超差或造成设备连接口强制组对。应充分考虑静设备热胀冷缩，以及机泵、压缩机、塔等设备基础沉降对连接管道施加的附加位移，可通过增加 U 形弯或利用弹簧支吊架等形式进行补偿。

不锈钢管材必须用机械或等离子切割，小于 DN100mm 的管道采用砂轮切割机下料，其余管材可用火焰切割下料，切口表面应平整，无裂纹、重皮、毛刺凹凸、缩口，熔渣、氧化物、铁屑等应及时去掉。切口端面的倾斜偏差不大于管道外径的 1%，且不超过 2mm，见图 7-2。

管道焊接坡口应按规范进行加工。中、低压管道坡口形式采用 V 形，高压管道采用 YV（双 V）形坡口，见图 7-3。坡口加工应平整，不得有裂纹、重皮、毛刺和氧化铁等，用磨光机将坡口和附近 10mm 范围内打磨出金属光泽，具体坡口形式按焊接工艺卡执行。

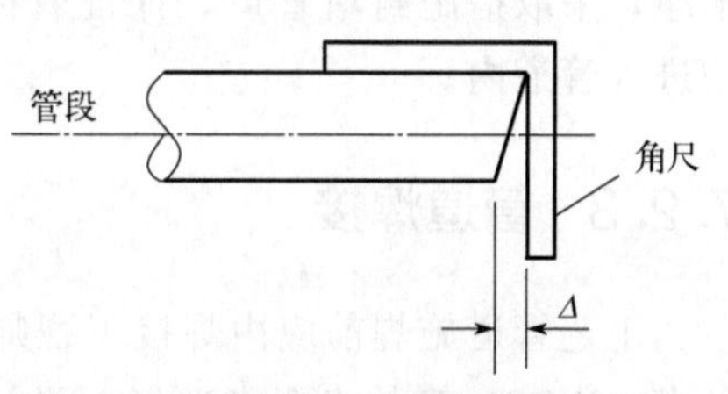

图 7-2　管道预制切口端面偏差示意图

管道内壁或外壁的错边量应符合规定，管子、管件的对口应做到内壁齐平。等厚管道内壁错边量不应超过壁厚的 10%，且不大于 2mm。不等厚管道组成件组对时，当内壁错边量超过 1.5mm 或外壁错边量超过 3mm 时应进行修整处理，见图 7-4 所示。

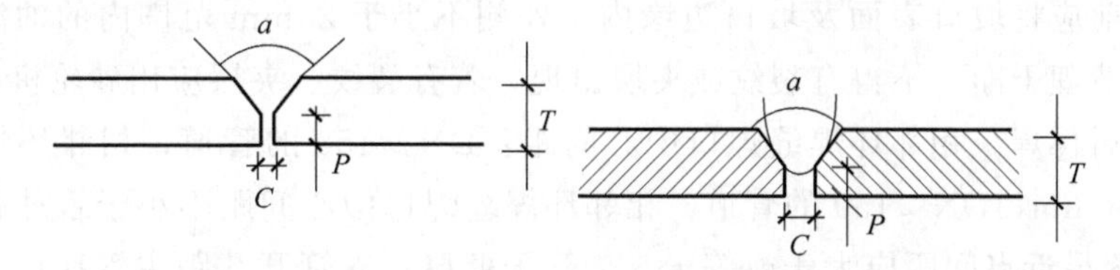

图 7-3　焊道坡口示意图（C=2mm；P=1～2mm；a=65°～75°）

管道组对前，将接口内、外表面 30mm 范围内的泥垢，油污、铁锈等清除干净，用钢丝刷或拖布将管内杂物清除。组对时管口中心线应在同一条直线上，平直度偏差不得超过 1mm/m，全长最大偏差不超过 10mm，禁止用强力组对的方法来减少错边量或不同心度偏差，也不能用加热的方法缩小对口间隙。

法兰密封面与管子中心线垂直度应满足：DN＜100mm 时小于 0.5mm，100mm≤DN≤300mm 时小于 1.0mm，DN＞300mm 时小于 2.0mm。

管子对口时应在距接口中心 200mm 处测量平直度，测量方法如图 7-5 所示。

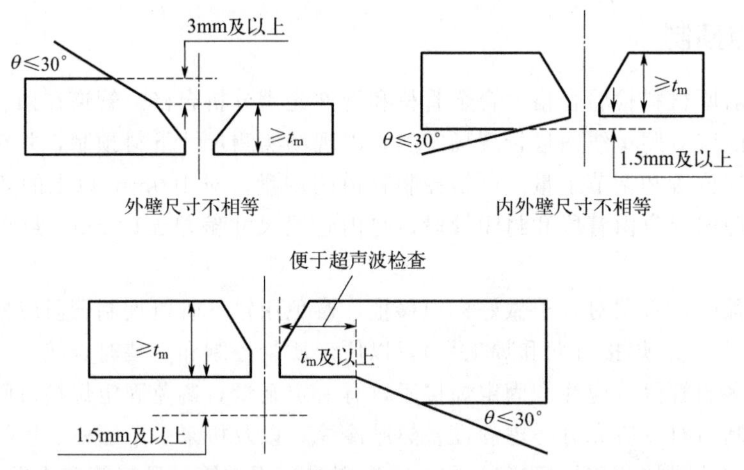

图 7-4　不等厚管道错边量修整示意图（t_m：管壁所需最小厚度）

当 DN＜100mm 时，a＜1mm；DN≥100mm 时，a＜2mm；但管道全长允许偏差小于 10mm。

对预制和安装时未封闭的管段，应将内部清理干净，采取措施封堵管口，保证管内清洁，避免杂物进入管道内。

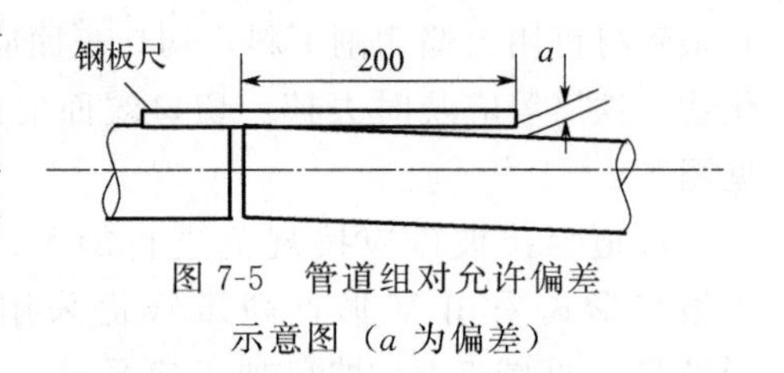

图 7-5　管道组对允许偏差示意图（a 为偏差）

7.2.3　管道焊接

工艺管道施焊前应由焊接工程师进行技术交底，各焊接方法及焊材严格按照焊接作业指导书（WPS）和技术要求选择，设计要求需要进行热处理的管道，预热和焊后热处理应符合工艺要求，便可有效消除焊接残余应力，减少应力腐蚀。所选用的焊接材料应符合国家有关规定，有产品合格证或经复验，出厂时间不得超过一年。焊接作业时环境温度不低于零下 20℃，环境湿度不大于 90%。电弧焊时风速小于 8m/s，氩弧焊时风速小于 2m/s。施工现场应设置焊条二级库，有专人管理，严格执行焊条、焊丝验收、储存、烘干、发放及回收制度。焊接前应将坡口表面及坡口边缘内、外侧不小于 25mm 范围内的油漆、锈垢、毛刺或镀锌层等清理干净，不得有裂纹或夹层出现，若有裂纹、夹层应用砂轮机打磨后作液体渗透检验合格后再焊。相邻环焊缝焊口中心间距：DN≥150 的管道，相邻环焊缝焊口中心间距不小于 150mm，DN＜150 的管道，相邻环焊缝焊口中心间距不小于管外径，且不小于 50mm；纵焊缝最近点间距应大于或等于 5 倍管子壁厚；支管开孔距主管环焊缝或纵焊缝的最近点间距不小于 3 倍主管壁厚。当耳柱、支架焊接在管子上时，支架或耳柱焊口不应穿越管子或管件焊口。

焊接组对的点固焊及固定卡具的焊接，要求同正式焊接。管道组对点固焊接用氩弧焊机进行点焊，点固长度为 10～20mm，点焊高度 2～4mm，不超过管壁厚度的 2/3，不少于 3 点。点固定检查无误，方可进行管道的焊接。采用钨极氩弧焊打底、手工电弧焊填充和盖面。焊接时，不得在管道表面引弧和试验电流，每条焊缝应一次连续焊接完成。当因故中断焊接时，应根据工艺要求采取保温或后热缓冷等措施以防止产生裂纹，再次进行焊接前应检查焊层表面，确认无裂纹后，按工艺要求继续施焊。焊接和焊后热处理时，阀门应保持半开状态，承插焊焊口至少焊接2层，每层焊接应在不同点起焊。

焊接预制完的管段应标注管线号、焊口号，并将焊接日报表交质量检查员及技术员审核，管段内清理干净后封闭所有管口，放到指定地点。焊口标识采用手写（DN80以上）及纸贴形式（DN80以下），标识要清晰可辨。焊口标识如表7-1所示。

表7-1 管道焊口标识表

管线号			
焊口号		材质	
焊工号		焊接日期	

管道焊接完成后应及时清除焊缝表面的渣皮、飞溅，焊缝表面不得有裂纹，焊缝不得有未熔合、根部未焊透等缺陷，咬边深度不大于0.5mm，连续咬边长度不大于100mm，且焊缝两侧咬边总长不大于该焊缝全长的10%，焊缝表面不得有局部密集气孔、单个气孔和夹渣。

LPG洞库使用低温钢管道，是无镍低温钢，碳含量较低，焊缝硬倾向和冷裂倾向较小，材质韧性和塑性较好，一般不易产生硬化和裂纹缺陷，焊接性能和加工性能较好。焊材按照与母材成分相近的原则选用焊丝和焊条，增强焊缝的低温冲击韧性指标。焊接时采用氩弧焊打底、焊条电弧焊填充及盖面法。一般不需要焊前预热，当环境温度低于5℃时应进行预热，预热温度控制在100～150℃。焊接过程中要控制热输入，由于热输入越大，越容易使焊缝区和热影响区组织晶粒粗化，会降低钢材的低温韧性。为保证焊接接头良好的低温冲击韧性，应采用小电流、不摆动、快速多层多道焊的方法，将焊接线能量严格控制在20kJ/cm，道间温度与预热温度一样控制在100～150℃。

不锈钢热膨胀系数为碳素钢1.5倍，导热率为碳素钢的1/3，容易产生较大的焊接变形、热裂纹、晶间腐蚀和应力腐蚀开裂。因此应严格控制热输入，即采用较小的线能量、小电流、短电弧、快速多层、多道焊，并将多层焊接接头错开，严格将层间温度控制在60℃以下。不锈钢组对时所用工、卡具均不得为碳钢材质，以防渗碳污染，组对完毕后，不锈钢焊件坡口两侧各100mm范围内应刷白垩粉，以防飞溅黏附。焊接前不锈钢管道内部充氩保护，氩气纯度不低于99.96%。不锈钢管道焊接接头焊后立即使用不锈钢的钢丝刷进行清理，焊缝表面用不锈钢专用酸洗钝化液（膏）处理不锈钢接头表面，清除焊接时产生的氧化物。

7.2.4 管道安装

（1）管道安装的一般规定

工艺管道的施工原则：先埋地后架空，先室内后室外；对同类介质管线，先高压后低压，先大管后小管，先主干管线后分支管线，先机后管（先连接工艺设备，后连接管子），先定后活（先连接固定接口，后连接活动接口）。与管道有关的土建工程已施工完毕，并经土建与安装单位人员共同检查合格，与管道连接的设备、管架、管墩应找正，安装固定完毕，二次灌浆达到规定强度，且管架、管墩的坡向、坡度符合设计要求。预制管道内已清理干净，不留污物或杂物，有内洁度自检记录。

核对设备上为安装或焊接管道支吊架用的护板位置及数量是否满足管道安装要求，不应在管道焊缝位置及其边缘上开孔；应力腐蚀的管道，其焊缝热处理应符合规定；焊缝与其他连接件的设置应便于检修，并不得紧贴墙壁、模板或管架。

管材、管件、阀门等已经验收合格，阀门安装位置和方向应正确，保持阀门清洁。法兰连接或螺纹连接的阀门宜在关闭状态下安装，焊接式阀门在开启状态下安装，采用承插焊接方式连接的阀门，在承插端头应留有0.5～1mm的间隙。安装时注意阀门流向，在安装前反复核对，如遇设计流向与介质流向方向相反的阀门，必须做特殊标志，并及时与设计沟通，试压前做最终检查。

安装基本要求：布管时，应注意首尾衔接，相邻两管口应呈锯齿形错开，管道的坡向、坡度应符合设计要求。管道安装时，应注意对密封面及密封垫片进行外观检查，不得有影响密封性能的缺陷存在。法兰连接时应保持平行，其偏差不应大于法兰外径的0.15%，且不大于2mm，不得用强紧螺栓的方法消除倾斜。法兰连接时应保持同轴，其螺栓应对正，保证螺栓能自由穿入，螺栓安装方向一致，紧固螺栓应对称均匀，紧固后外露3～5扣。图7-6为法兰盘组对示例。

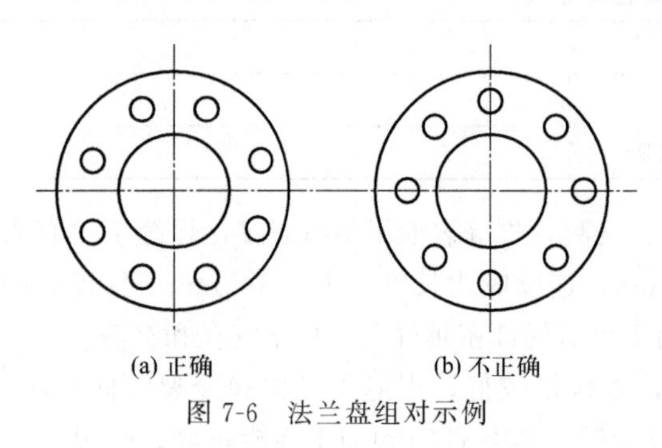

图7-6　法兰盘组对示例

（2）管道安装

安装前应对阀门、法兰与管道的配合情况进行检查，安装切割或修改时，要保证管内清洁，及时将管内焊渣清除。将管道放置到待安装之处，采用专用卡具。进行组对时，对最后封闭段，先实际测量后，再用管道切割机进行切割，按要求切割出坡口。为保证管道内的清洁度，管道安装过程开孔焊接后应及时清理干净，不便清洁的管段，应标注方位提前进行管段预制，中断时应及时封堵管口，不能让砂土和异物进入管道内。管道上仪表部件的开孔和焊接应在管道安装前进行。合金钢管道和不锈钢管道上不应焊接临时支撑物，焊接时应在坡口内引弧，严禁在非焊接部位引弧，管材及管件表面不得有电弧擦伤等缺陷。不锈钢管道在安装过程中应与碳钢管道隔离开，防止碳化。在安装不锈钢管道时，不得用铁质工具直接敲击。管道安装工作需暂停较长时间时，应及时封闭管口。保持管道标识清晰，防止管材使用错误。组对时，可以使用自制三脚架或小型的龙门架等。不允许直接用钢丝绳或手拉葫芦套在钢管上进行调节组对，应用尼龙吊带过渡后，再使用手拉葫芦调整。

动设备（如泵、压缩机等）接口配管时，不允许任何外力施加于动设备口，不得用强力组对。可加偏垫或加多层垫铁等方法来消除接口端面的空隙、偏斜、错口或不同心等缺陷。配管期间，不宜将动设备管法兰接口自带的金属薄盲板拆除。若须拆除设备管接口自带的金属薄盲板，应采取有效措施封闭接口，不允许动设备管接口敞开暴露状态，特别对垂直朝上的动设备管接口，一定要采取保护措施（如安装石棉盲板），防止异物进入。与泵、压缩机等动设备进、出口相连部分，应设置有标记的薄钢盲板或其他硬质盲板隔离，其固定焊口应远离机器。动设备的配管顺序是从外部到设备口，合拢管段安装之前，动设备一次对中工作完成，工艺管道配管完成，管道的支架全部完成，同时临时支架彻底拆除。用四套螺栓将管法兰临时安装在动设备接口，合拢管段用倒链垂直吊装，末端用临时支架固定，管段焊口点焊，与动设备螺栓连接时，合拢管段应处于自由状态，管段的重量由倒链承受，最终焊口由两名焊工对称进行焊接，以减小热变形。焊接完成后，合拢管段的重量应由调整支架承受，再次确认法兰面的平行度，开始拧紧螺栓，动设备再次对中，加临时盲板，与正式垫片的厚度一致。

动设备合拢管段安装示意图，如图7-7所示。

与动设备连接的管道及其支、吊架安装完毕后，管道应在自由状态下，卸下与其连接管道的法兰螺栓，能使所有法兰螺栓顺利通过螺栓孔，并检查法兰密封面间的平行偏差、径向偏差及间距。检测合格后，应作好法兰密封面的平行偏差、径向偏差及间距的记录。大型高转速设备的配管，最后一道焊缝宜选在离设备最近的第一个弯头后，并且在设备联轴器处安装测量面隙（平行度）和轴隙（同心度）的百分表，通过百分表的变化判断间隙是否超标。转动及试车前，应对管道与转动机器连接法兰进行最终连接检测。

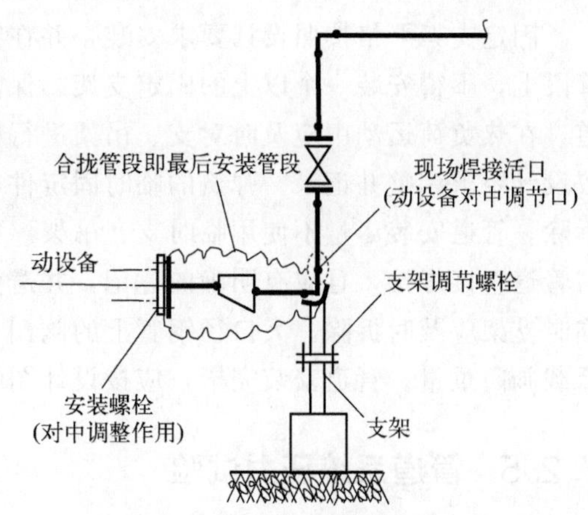

图7-7　动设备合拢管段安装示意

需冷拉伸管道在拉伸时，应在设备上设置量具，监视设备移位。管道经试压、吹扫合格后，应对该管道与机器的接口进行复位检查，其偏差值应符合规定，管道水平度及垂直度的偏差应小于1mm/m，管道安装合格后，不得承受设计规定以外的附加载荷。重新紧固设备进出口法兰盘螺栓时，应在设备联轴器上用百分表测量设备位移。

(3) 管墩与管道支架施工

在整平后的地面上，根据设计图纸，准确放出管墩或管架的具体位置，在制作完毕并检查合格的管墩和管架上进行工艺管道的安装。

支架分类：按材料分为钢结构、钢筋混凝土结构；按用途分为活动支架（允许管道滑动）、固定支架（不允许管道滑动）。

管道支、吊架安装：管道支架特别是应力管线的支架和设备配管的支架，必须严格按设计要求安装。管道对接焊缝距离支、吊架不得小于50mm，需要热处理的焊缝距离支、吊装不得小于30mm。支、吊架的标高必须符合管线的设计标高与坡度，对于有坡度的管道，应根据两点间的距离和坡度大小算出两点间的高差，然后按直线距离确定支架的位置。管道安装时，应及时固定和调整支、吊架，管子与支架接触良好，不得有间隙。管道与支架焊接时，不得有咬边现象。合金钢、不锈钢管的托架、支座不得与管本体直接焊接，应用内加隔离填料（石棉板加强板或管卡）隔离。

无热位移的管道，其吊架（包括弹簧吊架）应垂直安装；有热位移的管道，固定点应设在位移的相反方向（图7-8），位移值按设计图纸确定。两根热位移相反或位移值不等的管道，不得使用同一吊杆。

导向支架或滑动支架的滑动面应洁净平整，不得有歪斜和卡涩现象，其安装位置应从支撑面中心向位移反方向偏移（图7-9），偏移量为位移值的1/2（位移值由设计定）。

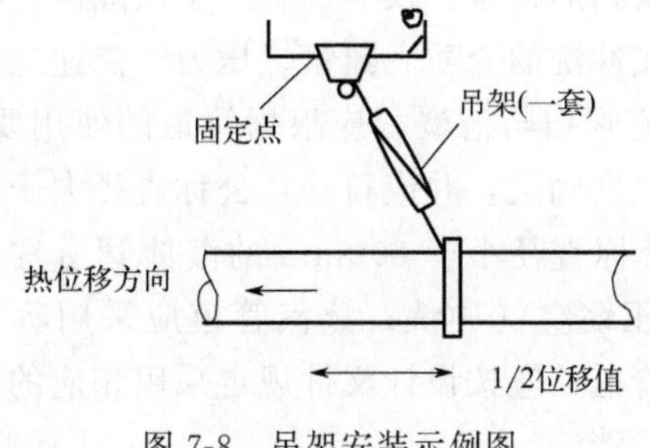

图7-8　吊架安装示例图

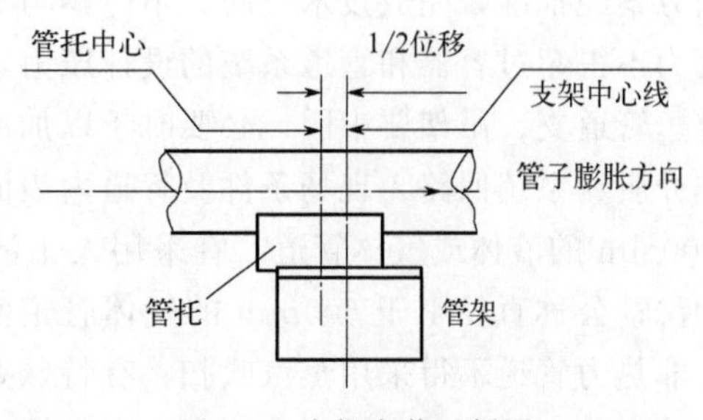

图7-9　支架安装示例图

固定支架严格按照设计要求安装，并在补偿器预拉伸前固定。无补偿装置、有位移的直管段上，不得安装一个以上的固定支架。保温层不得妨碍热移位的正常进行，有热移位的管道，在热负荷运动中应及时对支、吊架进行检查与调整。弹簧支、吊架的弹簧安装高度，应按设计要求调整并记录。弹簧的临时固定件，应待系统安装、试压、绝热等施工完毕后方可拆除。管道安装尽量不使用临时支、吊架。如使用临时支、吊架，使用的临时支、吊架不得与管道直接焊接，且应有明确的标记，并避免与正式支、吊架位置冲突，在管道安装完毕后临时支架应及时拆除。大口径钢管上的阀门，应设有专用的阀门支架（托架），不得以管道承载阀门重量。管道安装完毕，应按设计图纸逐个核对支、吊架的形式和位置。

7.2.5 管道系统压力试验

管道输送属可燃介质的管道系统，在水压强度试验合格后，进行气体泄漏性试验。管道系统试压前，管道安装完毕，焊缝及管道的标记不应涂漆，热处理、焊接无损检验合格。不锈钢和其他 Ni-Cr 合金钢管道试压用水的氯离子浓度不超过 25ppm。试验前试压方案经批准，并进行技术交底。试压系统正确连接，不应参与系统试压的设备、仪表、管道等应予以隔离，正确加设临时盲板，标识明显，记录完整，试压用临时加固措施可靠。选用合适的试压方法、试压介质、试压值，管道、试压设备及检测仪表量程、精度等级、检验周期及数量均符合要求。对法兰、阀门、垫片、螺栓等应进行检查确认，保证打压一次成功。试压系统应采取一定的安全措施，所有的敞口已封堵，临时上（排）水线系统连接好，压力表、试压泵均应安装完毕。试压如不合格，必须泄压后再对泄漏点按施工程序进行处理，处理合格后，再重新进行试压，直至合格。管道焊缝进行涂漆前应清除表面的铁锈、铁屑、焊渣、毛刺、油、水等污物，涂漆的种类、颜色、涂敷层数、厚度和标记应符合设计文件规定，涂层应均匀、完整、无损坏、流淌现象，涂膜附着牢固，无剥落、皱纹、气泡、针孔等缺陷。

7.2.6 管道系统吹扫

管道在强度试压合格后，即进行管道的吹扫，吹扫前应将系统内的仪表、阀门加以保护，并将滤网、止回阀阀芯等拆除，妥善保管，待吹扫后复位。用压缩空气分段进行吹扫，先主管后支管，先大口径管道后小口径管道，利用管道作为储气筒集气、升压、放炮，循环进行直至管内吹扫干净。也可以利用试压后管道内的存水进行吹扫，用水清洗应连续进行，以出口水的色泽或透明度与入口处的水经目测一致为合格。吹扫时设备与管道应隔离，防止脏物进入设备内。

管道吹扫前管道安装检查应合格，管道系统全部施工完毕，符合设计和相关规范要求，吹扫方案经批准，完成技术交底，不应参与该系统吹扫的设备、仪表、管道予以隔离。吹扫的压力不得超过容器和管道系统的设计压力，吹扫或冲洗的介质、流量、压力、流速应符合规定，管道支、吊架要牢固，必要时予以加固。管道吹扫与清洗，应根据管道的使用要求、工作介质、系统回路、现场条件及管道内表面脏污程度确定，并应符合：公称直径大于或等于 600mm 的液体或气体管道，宜采用人工清理；公称直径小于 600mm 的液体管道宜采用水冲洗；公称直径小于 600mm 的气体管道宜采用压缩空气冲洗；蒸汽管道应采用蒸汽吹扫，非热力管道不得采用蒸汽吹扫；有特殊要求的管道，应按设计文件规定采用相应的吹扫与清洗方法；需要时可采用高压水、空气爆破吹扫与清洗。

7.2.7　管道系统泄漏性试验

管道系统泄漏性试验，应在压力试验完成并经吹扫合格后进行。管道系统泄漏性试验也可结合试车同时进行。试验介质、试验压力、试验步骤等应符合规定，同时应重点检查阀门的填料函、法兰或螺纹连接处、放空阀、排气阀、排水阀等所有密封点，无泄漏为合格。

7.2.8　管道的静电接地

管道与金属栈桥，应在进出装置处、始端、末端、分支处以及长距离无分支管每隔100m处设防静电接地，平行管道净距小于100mm时，应每隔20m加跨接线。管道交叉且净距小于100mm时，也应加设跨接线。输送可燃液体、可燃气体、液化烃的管道在进出装置或设施处，爆炸危险场所的边界，管道泵及其过滤器、缓冲器等部位均应设静电接地设施，有静电接地要求的不锈钢及其他特殊材料的管道，其导线连接板不得与工艺管道直接焊接，应采用与工艺管道同材质的钢板过渡。管道系统的对地电阻值超过100Ω时，应设两处接地引线，接地引线宜采用焊接形式。要求静电接地的管道，各段管子之间应导电，当每对法兰或螺纹接头间电阻值超过0.03Ω时，应设导线跨接。用作静电接地的材料或零件，安装前不得涂漆，导电接触面必须除锈并紧密连接，静电接地安装完毕后，必须进行测试，电阻值超过规定值时，应进行检查与调整。静电跨接，用与管道同种材料的连接钢板同管道焊接进行过渡，用ϕ8mm单头螺栓及螺母和铜鼻子及绞股铜导线跨接，绞股铜导线规格为25mm^2。管道的接地干网用4mm×12mm的扁钢与电气接地干线相连，连接位置为就近的接地端子板，装置区内的工艺管道接地点之间的距离为30m，管廊上的工艺管道接地点之间的距离为60～100m。

7.3　设备安装

LPG洞库地面主要有裂隙水处理设施，包括真空解析塔和轻烃压缩回注两个部分，主要设备包括：裂隙水处理塔器2台，离心泵2台，撬装（真空—增压尾气处理设施）2套。

7.3.1　静设备安装

万华二期洞库裂隙水处理设施，共有静设备33台，见表7-2。

表7-2　洞库项目设备数量表

序号	设备类型	单位	数量
1	塔类	台	2
2	分离类	台	11
3	槽罐类	台	2
4	换热器类	台	8
5	喷射器类	台	2
6	其他类	台	8
	合计	台	33

(1) 设备基础

结合设备平面布置图和设备本体图，对基础的标高及中心线，地脚螺栓和预埋件的数量、方位进行复测，及早发现与设备衔接方面的问题。设备基础施工方应提供基础测量报告，并在基础上明显地画出标高基准线、纵横中心线和设备位号，相应的建构筑物上应标有坐标轴线。混凝土基础外形尺寸，坐标位置及预埋件的允许偏差应符合表 7-3 的规定。基础外观不得有裂纹等超标缺陷，预埋地脚螺栓的螺纹应无损坏、无锈蚀，且有保护措施。有沉降观测要求的设备基础应有沉降观测水准点。

表 7-3　块体式混凝土基础质量标准表

<table>
<tr><th>序号</th><th colspan="3">检查项目</th><th>允许偏差值/mm</th><th>检验方法</th></tr>
<tr><td>1</td><td colspan="3">基础坐标位置 X、Y(纵、横轴线)</td><td>20</td><td>全站仪或经纬仪、钢尺检查</td></tr>
<tr><td>2</td><td colspan="3">基础各不同平面的标高</td><td>0,−20</td><td>水准仪、水平尺和钢尺检查</td></tr>
<tr><td rowspan="3">3</td><td colspan="3">基础上平面外形尺寸</td><td>±20</td><td rowspan="3">钢尺检查</td></tr>
<tr><td colspan="3">凸台上平面外形尺寸</td><td>0,−20</td></tr>
<tr><td colspan="3">凹穴尺寸</td><td>+20,0</td></tr>
<tr><td rowspan="2">4</td><td rowspan="2">基础上平面的水平度(包括地坪上需要安装设备的部分)</td><td colspan="2">每米</td><td>5</td><td rowspan="2">水准仪、水平尺和钢尺检查</td></tr>
<tr><td colspan="2">全长</td><td>10</td></tr>
<tr><td rowspan="2">5</td><td rowspan="2">侧面垂直度</td><td colspan="2">每米</td><td>5</td><td rowspan="2">经纬仪或吊线坠、钢尺检查</td></tr>
<tr><td colspan="2">全高</td><td>10</td></tr>
<tr><td rowspan="7">6</td><td rowspan="7">预埋地脚螺栓</td><td colspan="2">标高(顶端)</td><td>+10,0</td><td rowspan="4">水准仪、水平尺、吊线坠和钢尺检查</td></tr>
<tr><td colspan="2">垂直度</td><td>2</td></tr>
<tr><td rowspan="2">立式设备</td><td>螺栓中心圆直径 D_1</td><td>±5</td></tr>
<tr><td>相邻螺栓中心距 B(在根部和顶部两处测量)</td><td>±2</td></tr>
<tr><td rowspan="3">卧式设备</td><td>纵向中心距 A</td><td>±5</td><td rowspan="3">水准仪和钢尺检查</td></tr>
<tr><td>相邻螺栓中心距 B(在根部和顶部两处测量)</td><td>±2</td></tr>
<tr><td>对角线长度之差 $|C_1-C_2|$</td><td>5</td></tr>
<tr><td rowspan="3">7</td><td rowspan="3">地脚螺栓预留孔</td><td colspan="2">中心线位置</td><td>10</td><td rowspan="3">吊线坠、钢尺检查</td></tr>
<tr><td colspan="2">深度</td><td>+20,0</td></tr>
<tr><td colspan="2">孔中心线垂直度</td><td>10</td></tr>
<tr><td rowspan="3">8</td><td rowspan="3">预埋件</td><td colspan="2">标高(平面)</td><td>+5,0</td><td rowspan="3">水准仪或水平尺、钢尺检查</td></tr>
<tr><td colspan="2">中心线位置</td><td>5</td></tr>
<tr><td colspan="2">水平度</td><td>5</td></tr>
</table>

注：X、Y 为相对轴线距离；D_1 为立式设备地脚螺栓中心圆直径；A 为卧式设备纵向地脚螺栓间距；B 为相邻地脚螺栓中心距；C_1 和 C_2 为卧式设备地脚螺栓对角线长。

图 7-10、图 7-11 分别为立式设备和卧式设备的基础。

卧式设备滑动端基础预埋板的上表面应光滑平整，不得有挂渣、飞溅。水平度偏差不得大于 2mm/m。混凝土基础抹面不得高出预埋板的上表面。

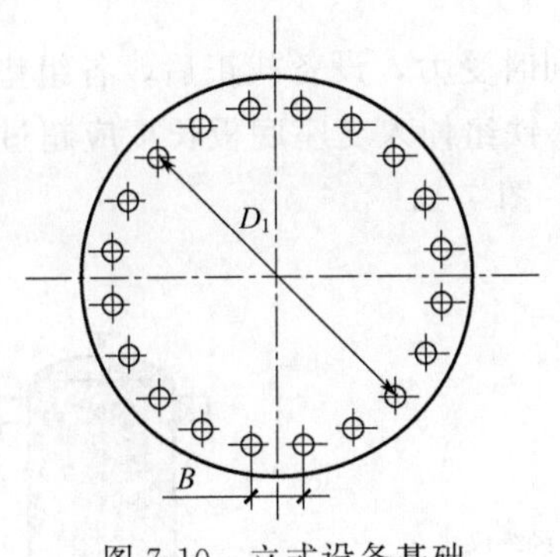

图7-10　立式设备基础

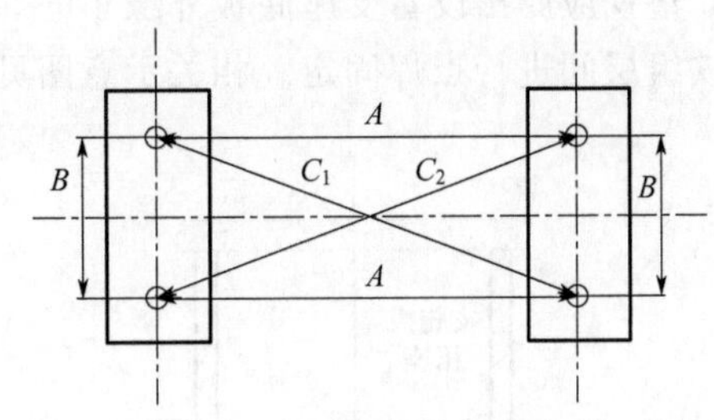

图7-11　卧式设备基础

混凝土基础表面应进行处理，并将放置垫铁处铲平，其余部分凿成麻面，以100mm×100mm面积内有3～5个深度不小于10mm的麻点为宜。

（2）垫铁安装

设备采用垫铁组找正、找平时，垫铁组位置及数量按下列规定设置：裙式支座每个地脚螺栓近旁至少设置1组垫铁；鞍式支座、耳式支座每个地脚螺栓应对称设置2组垫铁；有加强筋的设备支座，垫铁应垫在加强筋下；相邻两垫铁组的中心距不应大于500mm，垫铁组高度宜为30～80mm；支柱式设备每组垫铁的块数不应超过3块，其他设备每组垫铁的块数不应超过5块；垫铁表面应平整、光滑、无毛刺、无油污，斜垫铁的表面粗糙度、斜度应符合要求，垫铁的大小应一致；每组垫铁的斜垫铁下面应有平垫铁，放置平垫铁时，最厚的放在下面，薄的放在中间；斜垫铁应成对相向使用，搭接长度应不小于全长的3/4，放置垫铁处的混凝土基础表面应铲平，其尺寸宜比垫铁每边大于50mm。

（3）设备安装

找正与找平应按基础上的安装基准线（中心标记、水平标记）对应设备上的基准测点进行调整和测量，调整和测量的基准规定为：设备支承（裙式支座、耳式支座、支架等）的底面标高应以基础上的标高基准线为基准；设备的中心线位置及管口方位应以基础上的中心线为基准；立式设备的方位应以基础上距离设备最近的中心线为基准；立式设备的铅垂度应以设备两端和0°、90°或180°、270°铅垂轮廓面，主法兰口的测点为基准；卧式设备的水平度一般应以设备两侧的中心线为基准。

找平与找正应符合下列规定：在同一平面内互相垂直的两个或两个以上的方向进行；高度超过20m的立式设备，为避免气象条件影响，其铅垂度的调整和测量工作应避免在一侧受阳光照射及风力大于4级的条件下进行；对于非常高的设备应在早晨进行铅垂度的测量；找正与找平均用垫铁来调整，地脚螺栓的紧固要均匀，严禁采用改变地脚螺栓紧固程度的方法来调整，找正与找平允许偏差应符合规定。

立式设备的高度超过10m或有要求的，采用经纬仪来找正；卧式设备的长度超过8m或有要求的，采用水平仪来找平。找正与找平时，必须采用一平两斜垫铁组调整，平垫铁放在下面，斜垫铁的斜面应相向搭接使用，保证设备支座受力均衡。安装在钢结构上的设备找平与找正后，其垫铁应与钢结构基础焊牢。找正与找平后，应紧固所有地脚螺栓，螺栓外露2～3扣。预留孔地脚螺栓的安装应符合下列要求：垂直度偏差≤0.5%的螺栓长度；螺栓与孔壁的间距≥20mm，与孔底的间距≥80mm；螺栓应清洗干净，螺栓、垫片与底座之间应接触良好。

设备找正时，锤击垫铁的力量应使相邻的垫铁组同时受力，设备找正后，各组垫铁均应被压紧，垫铁应露出设备支座底板外缘 10～30mm，垫铁组伸入支座底板长度应超过地脚螺栓，垫铁组层间进行点焊固定。相关示意图见图 7-12～图 7-14。

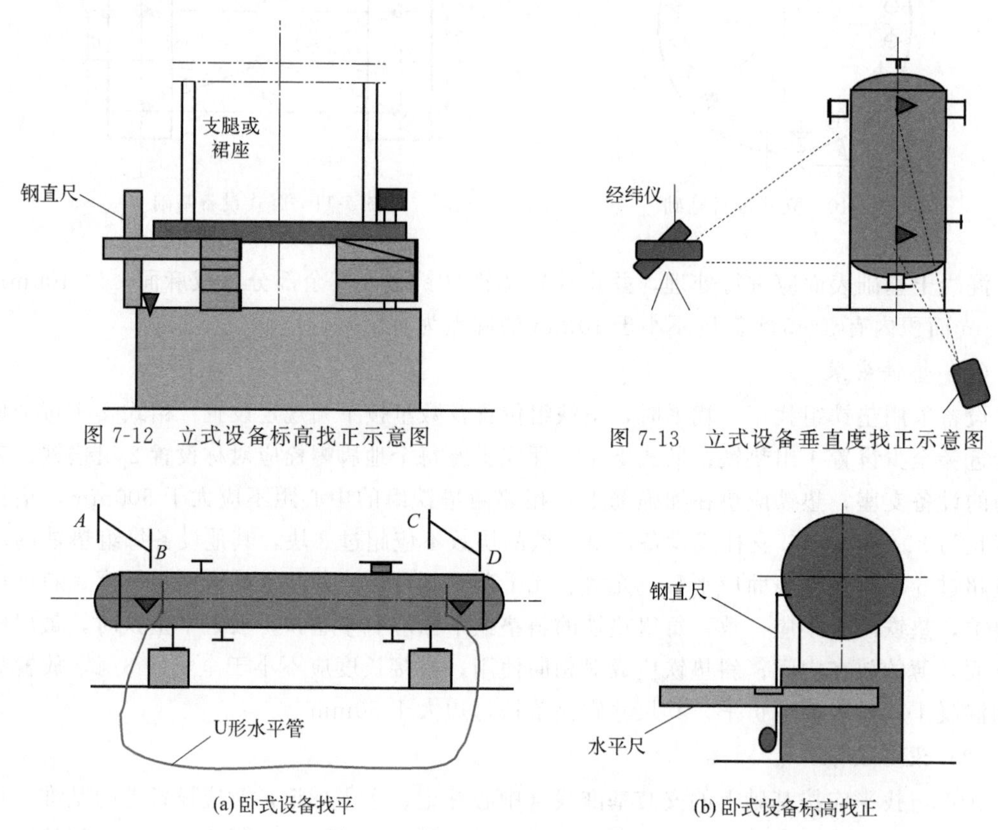

图 7-12　立式设备标高找正示意图

图 7-13　立式设备垂直度找正示意图

图 7-14　卧式设备找平找正示意图

设备安装允许偏差如表 7-4 所示。

表 7-4　设备安装允许偏差值表

检查项目	允许偏差/mm			
	一般设备		与机械设备衔接设备	
	立式	卧式	立式	卧式
中心线位置	$D \leqslant 2000$，±5 $D > 2000$，±10	±5	±3	±3
标高	±5	±5	相对标高±3	相对标高±3
水平度	—	轴向：$L/1000$； 径向：$2D/1000$	—	轴向：$0.6L/1000$； 径向：$2D/1000$
垂直度	$D \leqslant 3000$，$H/1000$； $D > 3000$，$H/1000$； MAX≤50	—	$D \leqslant 3000$，$H/1000$； $D > 3000$，$H/1000$； MAX≤50	—
方位	沿底座环圆周测量： $D \leqslant 2000$，10 $D > 2000$，15	—	沿底座环 圆周测量：5	—

塔器安装过程中主要控制基础表面处理、基础标高、地脚螺栓、垫铁数量、间距、灌浆密实度、塔的中心线、垂直度、设备接管方位确认、预留孔位置、涂层质量、保温及防火材料质量、保温层厚度、保护层安装等多道施工工序。内件装填数量、大小排列符合图样，安装尺寸正确，各部膨胀间隙及尺寸距离符合图样，不堵塞，连接螺栓紧固且均匀。塔盘构件安装齐全，位置正确，平整且无明显变形，浮阀开度一致无卡塞。筛板气、液分布元件结构符合设计，装配齐全、正确并且清洁无杂物，安装允许偏差均在规范许可的范围内。安装前清除表面油污、焊渣、铁锈、毛刺等杂物，对内件进行分层整理、编号以便安装。内件安装一般应在设备耐压试验合格，并清扫干净后进行。如在试验前进行，应采取措施，需在设备上焊接的部件，必须在耐压试验前施焊。

压力容器应有技术监督部门的监检报告。对于安全附件安装检查，应注意其是否经校验或调试合格并铅封，且具有妥善的保护措施；安装是否牢固可靠，严密平整且符合图样。设备安装质量应符合规范，安装的倾斜角度必须符合设计文件要求。压力试验前检查其方案，跟踪试压过程，检查并记录试压结果。

立式换热器和卧式换热器安装找正应符合设计文件要求和表7-4的规定。

套管式换热器安装时，应保证整体水平。测定水平度，应以换热器顶层换热管的上表面为基准；测定换热器安装标高，应以支架底板的下平面为基准；测定单排管的垂直度，应以一根支架柱的外侧面为基准。

板片式换热器安装、组装时，应按产品技术文件的规定进行。换热器上、下导杆的滑动表面应清洗干净，并涂润滑脂；压紧板上的滚动轴承应清洁、转动灵活，检查合格后，应加润滑脂；在防爆环境中，应加防爆润滑脂。组装后，管片侧面板边端应平齐。安装夹紧螺柱前，应将夹紧螺柱清理干净，并涂上润滑脂；安装时，应交错对称均匀地拧紧夹紧螺柱，并随时检测夹紧尺寸；安装后，两压紧板的平行度应符合表7-5的规定，且管片侧面的斜对角线标志应是一条直线。

表7-5　压紧板平行度允许偏差表

检查项目		允许偏差值/mm	检验方法
平行度	$L_3<1000$	$\leqslant 2$	钢尺检查
	$L_3\geqslant 1000$	$<3L_3/1000$ 且不大于4	

注：L_3 为压紧板夹紧尺寸。

板翘式换热器安装时，在换热器支座与钢构架之间应按设计文件规定设置隔离垫块，有脱脂要求的换热器，在气密性试验后，必须进行脱脂处理。换热器安装完毕，且各通道干燥后，应用0.02MPa的干燥氮气密封。

(4) 灌浆

灌浆前应清除预留孔中的杂物、积水。用水将基础表面冲洗干净，保持湿润不少于24h，灌浆前1h吸干积水。地脚螺栓预留孔的灌浆工作应在设备初找正后进行，捣固时应防止地脚螺栓倾斜。二次灌浆应在设备找正、找平、隐蔽工程检验合格，且记录经确认后进行。地脚螺栓预留孔或二次灌浆层灌浆应一次完成。立式设备裙座内部灌浆面应与底座环上表面平齐。设备外缘的灌浆层应压实抹光，上表面应有向外的坡度，高度应低于设备支座底板边缘的上表面。

(5) 设备成品保护

到达现场的设备，应保证设备管口或开口封闭。对现场已经安装完成的不锈钢、钛、镍、锆、铝制设备及时用防火布进行隔离，防止现场铁离子污染及焊接飞溅损伤，必要时采用脚手架搭设进行硬隔离。对于已经热处理的设备应防止电弧或火焰损伤。不锈钢、钛、镍、锆、铝制设备在搬运及吊装作业时，所用碳钢构件、索具不能直接与设备壳体直接接触。安装完的设备地脚螺栓及时抹黄油进行保护。

7.3.2 动设备安装

万华二期洞库动设备如表 7-6 所示。

表 7-6 动设备明细表

设备名称	设备类型	工作介质	安装方式
丙烷洞库产品液下泵 1	离心泵	丙烷	立式
丙烷洞库产品液下泵 2	离心泵	丙烷	立式
丙烷洞库裂隙水液下泵 1	离心泵	裂隙水	立式
丙烷洞库裂隙水液下泵 2	离心泵	裂隙水	立式
真空解析塔塔底泵	离心泵	裂隙水	卧式
真空增压尾气处理水环真空泵	其他回转泵	裂隙水	卧式

万华二期洞库共有动设备机泵 12 台。设备基础验收合格后，泵吊装就位，进行一次找正。找正位置为泵底座中心线，找正精度——位置偏差±5mm，标高偏差±5mm；水平度允许偏差——纵向为 0.05mm/m，横向为 0.10mm/m。泵组初找正合格后，宜在 24h 内进行地脚螺栓孔的灌浆。灌浆时，地脚螺栓垂直度应不大于 0.15mm/m。地脚螺栓孔灌浆混凝土强度达到设计强度 75%以上时，方可进行地脚螺栓的紧固。泵一次找正完毕后，进行精找正，找正位置为泵进出口法兰面，调整设备底座的垫铁，使安装方位和水平度符合一次找正精度，并进行二次灌浆。设备精找正完毕后，进行联轴器精找正。

采用垫铁安装时，放置垫铁的混凝土表面应铲平，水平度及接触面应符合要求，二次灌浆表面应铲出麻面。采用斜垫铁找正，找正应以加工面为基准。对公用底座泵，调整联轴节对中时，在驱动机下面宜垫耐腐蚀材料薄片，否则可采用铜皮。

（1）与泵组连接的管道

与泵组连接的管道法兰密封面间的平行度允许偏差、同轴度允许偏差当设计文件或产品技术文件未规定时，不应超过表 7-7 的规定值。配对法兰面在自由状态下的间距，以能顺利插入垫片的最小距离为宜。与泵组连接的管道，应从泵组侧开始安装，并应先安装管支架，管道和阀门等的重量和附加力矩不得作用在泵组上。管道与泵组连接后，应当对原找正精度进行复验，当发现管道连接引起偏差时，应调整管道。

表 7-7 法兰密封面平行度允许偏差、同轴度允许偏差

机器转速 V_r/(r/min)	平行度允许偏差/mm	同轴度允许偏差/mm
$V_r \leqslant 3000$	0.40	全部螺栓顺利穿入
$3000 < V_r \leqslant 6000$	0.15	0.50
$V_r > 6000$	0.10	0.20

泵组试车前，应对管道与泵组的连接法兰进行最终连接检查。检查时在联轴器上架设百分表监视位移，然后松开和拧紧法兰连接螺栓进行观测，位移值应符合下列规定：当转速大于6000r/min时，位移值应小于0.02mm；当转速小于或等于6000r/min时，位移值应小于0.05mm。

具有机械密封的离心泵，单体试车时应机械密封，并在泵口加锥体滤网，以防损坏密封口，待试车合格后投料前更换正式机械密封。

(2) 垫铁布置

泵安装采用垫铁安装方式，垫铁选用规格为120mm×60mm或160mm×80mm。垫铁布置时，以地脚螺栓两侧各放置一组为原则，并尽量靠近地脚螺栓，当地脚螺栓间距小于300mm时，可在各地脚螺栓的同一侧放置一组垫铁。相邻两垫铁组的间距，可根据机器的重量、底座的结构形式以及载荷分布等具体情况而定，宜为500～1000mm。垫铁与基础接触应均匀，其接触面积不应小于50%，斜垫铁的接触面积不应小于70%，平垫铁顶面水平度的允许偏差应小于2mm/m，各垫铁组顶面的标高应与机器底面实际安装标高相符。每组垫铁应放置平稳，接触良好，将垫铁表面油污清理干净，斜垫铁应配对使用，与平垫铁组成垫铁组时，垫铁的层数宜为三层（即一平二斜），最多不得超过四层，薄垫铁厚度不应小于2mm，并放在斜垫铁与厚平垫铁之间，层间接触应紧密，垫铁高度为30～70mm。泵调整后，平垫铁应露出设备支座底板外缘10～30mm。斜垫铁比平垫铁至少长10mm，垫铁组伸入设备底座的长度应超过地脚螺栓，且应保证设备与支座受力均匀。配对斜垫铁的搭接长度不应小于全长的3/4，相互间的倾斜角度小于或等于3°。机泵用垫铁找平、找正后，用0.25kg或0.5kg重的手锤敲击检查垫铁组的松紧程度，应无松动现象。检查合格后，应随即用电焊在垫铁组的三侧进行层间点焊固定，垫铁与机泵底座之间不得点焊。

(3) 地脚螺栓

地脚螺栓的光杆部分应无油污和氧化层，螺杆应垂直无歪斜，地脚螺栓不应碰底孔，任何一部位距孔壁的距离不得小于15mm。螺母拧紧后，螺栓必须露出螺母1.5～3倍的螺距，螺纹部分应涂少量的油脂。

(4) 灌浆

地脚螺栓预留孔的一次灌浆工作，在设备的初步找正、找平并经过检查合格后进行。灌浆前，将预留孔内的杂物、积水等清理干净。灌浆时，基础应提前吹扫干净并洒水养护，振动捣实，地脚螺栓在灌浆时不得歪斜。地脚螺栓预留孔灌浆后混凝土强度达到设计强度的75%以上时才能进行设备的最终找正、找平，并紧固地脚螺栓。待精度找正合格后，才可以进行二次灌浆。二次灌浆，应在机泵的最终找平、找正及隐蔽工程检查合格后24h内进行，否则在灌浆前应对机泵找平、找正的数据进行复测核查。二次灌浆前将基础表面清理干净并用水润透，灌浆采用无收缩混凝土，其厚度一般为30～70mm，底部内部应灌满填实。

二次灌浆前应敷设模板，外模板至设备底座面外缘的距离不宜小于60mm，模板拆除后应进行抹面处理。二次灌浆层的施工必须连续进行，不得分次浇灌。灌浆用料必须现配现用，灌浆后应按规定养护。

(5) 泵联轴器对中

泵联轴器对中应在二次灌浆完毕、进出口管道安装完成后进行。泵联轴器对中前，应先脱开进、出口管道法兰，检查管道应力。泵联轴器对中采用双表或三表找正法，盘动轴进行数据记录，准确记录百分表读数。调节联轴器对中时，在驱动机下面宜垫耐腐蚀材料薄片，即不锈钢板，厚度为0.2mm、0.3mm、0.5mm、1mm，但泵头支座下禁止加垫片。驱动机轴与泵轴、驱动机轴与变速器轴以联轴器连接时，联轴器的径向位移、端面间隙、轴线倾斜均应符合设备技术文件规定，管道与动设备最终连接后，必要时应对联轴器两轴的对中偏差进行调整，其偏差不应超过规范规定。

（6）泵类设备的保护

泵类设备吊装就位后应及时封闭进出口法兰或其他敞口部位，防止异物进入泵体。泵的油杯等易损、易丢失部件应拆卸下来妥善保管，待单机试车时安装使用。吊装就位后，应采取有效的措施进行产品保护。泵体严禁承重。设备安装后、配管前，不得随意拆卸进口、出口设置的盲板。设备就位、安装、找正时，严禁敲打法兰密封面。设备吊装、就位、找正时，必须稳起稳落，严防震动。当日未用完的螺栓、垫片、垫铁等，收工时必须收回，不得留在现场。

（7）电机的单机试运转

瞬间点动电机，检查电机旋转方向，方向确保转动正确。启动电机，连续运转2h，检查轴承温升，温度应符合产品技术文件规定和设计文件的要求。驱动机试运转合格后，复查泵组轴对中，安装联轴器。

（8）泵组的试运转

泵单机试车的检查在基础灌浆料满足强度要求后进行，应检查确认电机与泵的转向一致，固定连接部位无松动，按技术文件或说明书规定加注润滑油、脂，单机试车前检查机泵入口处是否按规定安装过滤网（器），各指示仪表、安全保护装置及电控装置情况，盘车是否灵活且无异常现象。高温泵和低温泵在单机试车前应按规定进行预热或预冷。检查泵管线阀门开关情况。通常泵试运转时应检查泵的转速、流量（或电流）、出口压力、振动、温升等是否符合设备技术文件和相应的规范要求。检查泵的冷却水管路是否畅通，吸入管路是否充满输送液体并排尽空气，检查转子及各运动部件运转是否正常，有无异常声响。泵在额定工况点连续运转时间不应小于2h，高速泵及特殊要求的泵试运转时间应符合设备技术文件规定，泵严禁空负荷试运行。泵单机试车完毕后，应关闭进出口阀门，将泵内积存的液体放净，防止锈蚀和冻裂。

7.4 绝热施工

低温合金钢管道需保冷隔热，其中阀门保冷填充材料使用橡塑或发泡型材料。保冷设在干燥的绝热层上，在管道连接支管及金属件上绝热层边缘向外伸展出150mm或至垫木处，并予以封闭。防潮层（防水层）是抵抗水渗透进入绝热层的屏障，绝热层水的存在会导致金属腐蚀以及保温层保温效果的降低。因此，在施工中应保证防潮层与构件结合良好、完整严密。防潮层安装前应仔细检查绝热层聚氨酯拼缝是否完全密封，聚氨酯表面是否平整，如果不平整不能安装防潮层。防潮层应搭接，搭接宽度为30～50mm，防潮层应完整严密、厚度均匀、无气孔、鼓泡或开裂等缺陷。防潮层由阻燃性玛蹄脂和无碱细格平纹玻璃纤维布组成，第一层为3mm厚的阻燃性玛蹄脂，第二层为0.1mm厚的无碱细格平纹玻璃纤维布，纤维布搭接30mm，第三层为3mm厚的阻燃性玛蹄脂。

部分碳钢管需要作保温隔热施工，隔热材料装配时，预制瓦横向接缝和纵向接缝应相互错开，内表面和接缝都用适当的填料填实或黏合。预制瓦外表面应用铁丝扎紧，拼缝应严密，使用密封胶接缝必须满涂密封胶，伸缩缝填充材料应使用橡塑材料。保温后外径＜600mm的管道，保温材料应使用不锈钢丝捆扎，外径≥600mm应使用不锈钢带捆扎。此外，当绝热材料为散料时，对于可拆配件的隔热，宜采用填充式施工。对于外形不规则的管道支架部位可采用浇灌式施工，现场发泡的聚氨酯硬质泡沫塑料需采用喷涂式施工。

凡隔热管道与附件必须设置保护层。无防潮层的隔热结构，保护层在隔热层外；有防潮层的隔热结构，保护层则在防潮层外。保护层的敷设，必须有利于防水、排水。首先在隔热层或防潮层外紧贴一层石油沥青油毡，用铁丝捆扎平整，油毡接口处至少搭接50mm，水平管道接口尽可能朝下。铁皮或铝皮保护层，将其紧贴在油毡外面，不得有脱壳或凸凹不平的现象。环向和纵向接口至少搭接50mm。水平管路环向搭接缝宜顺管路坡向；纵向搭接缝宜置于管路两侧且接口朝下，避免雨水浸湿。接缝处应严密、平整，用手枪式电钻钻孔，自攻螺钉紧固。钻头或螺钉不得刺破防潮层，保护层端头应封闭。保护层的管道直径大于DN200时，阀门、法兰的保护层应使用厚度0.75mm彩涂钢板。介质温度＜200℃的管道，弯头与直管段保护层的搭接宽度应为100mm；介质温度≥200℃的管道，搭接宽度应为150mm。弯头绝热后外径≥200mm，保护层弓部内侧加一条25～40mm金属条相连，金属条与各节用2个不锈钢自攻钉固定。不锈钢带（丝）、自攻螺钉材质为304，钢带规格为0.5mm×20mm。

立式设备保护层应采用S形挂钩，搭接宽度50mm，且每片不少于2个，S形挂钩必须采用不锈钢带。立式储罐和直径大于或等于5m的设备应使用0.75mm波纹彩涂钢板，罐顶及封头部位使用0.75mm厚的平板彩涂钢板，其他设备及管道采用0.5mm厚平板彩涂钢板。设备封头绝热后外径＜2m时，保护层内侧须增加一条30～50mm金属条。绝热后外径≥2m，内侧加两条30～50mm金属条，金属条与各节用2个不锈钢自攻钉固定。

直径＜2m的卧式设备或高度＜10m的立式设备，保护层应采用不锈钢带加固，钢带间距为800mm。直径≥2m的卧式设备或高度≥10m的立式设备，保护层应采用不锈钢带加固，钢带间距为450mm。

7.5 电气及仪表安装

7.5.1 电气安装

（1）高、低压盘柜安装

成排配电柜安装时，先把每台柜调整到大致水平位置，然后再精确地调整第一台盘柜，以此作为标准，将其他盘柜逐次调整。调整好的配电盘柜，安装垂直度偏差不大于1.5mm，盘面一致排列整齐，相邻盘面偏差小于1mm，盘面总偏差小于5mm，盘柜间缝隙小于2mm。配电盘柜之间以及配电盘柜与基础型钢之间不能采用焊接，应用镀锌螺栓连接，且防松零件齐全。基础型钢垂直度小于1mm/m，且全长小于5mm；水平度小于1mm/m，全长小于5mm；位置误差及不平行度全长小于5mm。在有震动场所，盘柜下应按设计要求采取防震措施，设计无要求时，可加装10mm厚弹性垫。开关部件的解体检查、清洗、组装按厂家要求完成。柜内电器安装牢固，型号规格与设计相符。各电器应单独拆装更换，不应影响其他电器及导线束的固定，两个发热元件之间的连接应采用耐热导线或裸铜线套瓷管。强弱电端子隔离布置有困难时，应有明显标志并设空端子隔开或采用绝缘的隔板。接线端子应与导线截面匹配，不使用小端子配大截面导线。潮湿环境宜采用防潮端子。接地排与中性排不应混接，箱体的保护接地线可以设在盘后，盘面的保护接地线必须做在盘面的明处，便于检测，不得将接地线压在配电盘的固定螺栓上，应开单压螺栓孔。盘柜内母线规格、材质、对地及相间距离应符合要求，盘柜上的小母线应采用直径不小于6mm的铜棒或铜管，小母线两侧应有标明其代号或名称的绝缘标志牌。母线安装、连接符合要求，连接螺栓应用力矩扳手紧固。

二次回路连线不应有接头，铜芯绝缘导线的最大截面不应小于1.5mm^2，导线芯线无损伤。配线应整齐、清晰、美观、绝缘良好。导线与电气元件间采用螺栓连接、插接、焊接或压接等，均应牢固可靠。每个接线端子的每侧接线宜为1根，不得超过2根；对于插接式端子，不同截面的两根导线不得接在同一端子上；对于螺栓连接端子，当接两根导线时，中间应加平垫片。二次回路接地应设专用螺栓。二次回路连线施工完毕后，测试其绝缘性能时，应有防止弱电设备损坏的安全措施。

抽屉式配电柜安装时抽屉的机械联锁或电气联锁应动作正确可靠，断路器分闸后，隔离触头才能分开。抽屉与柜体间的二次回路连接插件应接触良好。抽屉与柜体间接触及柜体、框架的接地应良好。

手车式柜安装时应检查防止电气误操作的“五防”装置齐全、动作灵活可靠。手车推入工作位置的触头顶部与静触头底部的间隙应符合产品要求。安全隔板应开启灵活，随手车的进出而相应动作。

柜体中的抽屉、小车接地齐全，牢固可靠，抽屉、小车推拉灵活，同型号能互换。主触头及二次回路连接插件接触良好，动作灵活可靠。校验一、二次回路，接线准确，连接可靠，标志齐全。继电器试验记录，电气测量仪表检验记录，电气设备交接试验记录齐全。

(2) 变压器安装

变压器现场安装前对油箱及所有附件进行外观检查，应无损伤、密封良好，油箱无渗漏，充油套管的油位正常、无渗漏，瓷体无损伤。变压器本体安装中心线、标高符合设计要求。

有载调压切换装置传动机构中的操作机构、电动机、传动齿轮和杠杆应固定牢固，连接位置正确，操作灵活，无卡阻现象。切换开关的触头、连接线应完整无损，接触良好。限流电阻工作正常，切换装置的工作顺序符合要求。位置换热器应动作正常，切换开关油箱应清洁，做密封试验，油箱绝缘油绝缘温度符合要求。

冷却装置在安装前，应用气体或油压按制造要求压力值进行密封试验。散热器、强迫油循环风冷却器，持续30min无渗漏。强迫油循环水冷却器，持续1h无渗漏。冷却装置安装前应用合格的绝缘油冲洗干净，安装完后应立即注满油。油管路应清洗干净，管路中阀门应操作灵活，开位正常，阀及法兰密封良好。油泵转向正确，差压继电器、流速继电器检验合格，密封良好，动作可靠。

储油柜安装前应清洗干净，胶囊式储油柜或隔膜式储油柜的胶囊、隔膜应良好，无漏气现象，绝缘油试验合格，油位表动作和油位管指示必须与油柜真实油位一致。所有法兰连接处，应用耐油密封垫密封，密封垫质量要好，与法兰尺寸相配合，法兰连接面应平整、清洁，密封垫应干净、安装位置准确，整体密封检查无漏油、渗油现象。

顶盖沿气体继电器气流方向有1%～1.5%的升高坡度，散热器、油路中的阀门、压力释放阀、安全气道等附件安装符合厂家技术文件要求。气体继电器、温度计试验合格。分接开关位置已调好且接触电阻合格。接地线规格符合设计要求且连接可靠。变压器的各类保护接线正确。整组试验符合设计文件要求。

(3) 母线安装

母线材料（铜、铝、铝合金等）运输与保管应防腐蚀性气体侵蚀和防机械损伤，并有出厂合格证与技术文件。母线表面应光滑平整，不应有裂纹褶皱和夹杂物等。各种金属附件不应有气焊割孔或电焊吹孔，应除锈，刷防腐漆，不能脱层。母线与母线、母线与分支、母线与电器接线端子接线时，其搭接面的处理应符合下列要求：①铜与铜室外、对母线有腐蚀的室内（高温、潮湿、腐蚀性气体）必须搪锡，干燥室内可直接连接；②铝与铝直接连接；③钢与钢必须搪锡或镀锌，不得直接连接；④铜与铝，铜导体应搪锡，采用铜铝过渡板；⑤钢与铜或铝，钢搭接面必行搪锡；封闭母线螺栓固定搭接面应镀银；母线安装时，室内、室外、配电装置安全净距应符合规范规定。母线排列有序，相色标志正确，安全距离符合要求。绝缘件无裂纹及缺损，母线固定不应有额外应力。母线应矫正平直，切断面应平整。矩形母线应进行冷弯，不得热弯，母线煨弯无裂纹，使用硬木锤进行校正，大型母线需用机械弯曲。母线的接触面加工必须平整、无氧化膜，铜、铝母线加工后截面减少值不超过3%～5%。硬母线的连接采用焊接，贯穿螺栓连接或夹板及挟持螺栓搭接，严禁用内螺纹管接头或锡焊连接。硬母线的焊接，从焊条、焊丝及焊接技术，都应符合国家现行有关标准规范的要求。软母线不得有扭结、松股、断股、其他明显损伤或严重腐蚀等缺陷，采用的金属要有合格证。软母线与线夹连接应采用液压压接或螺栓连接。放线过程中导线不得与地面摩擦，并对导线严格检查，有扭结、断股和明显松股或损伤时严禁使用。螺栓连接线夹应用力矩扳手紧固，紧固力矩适中。

母线与母线或母线与电器接线端子的螺栓搭接接触面加工后必须清洁、涂复合脂。母线平置时，钻孔位置及大小符合要求，螺栓配套且大小合适，贯穿螺栓应由下往上，夹板位置合适，母线两外侧均应有平垫圈，母线安装指标应符合安装的技术要求。

(4) 动力电缆安装

电缆敷设前，应将敷设场地整理好，对电缆的规格、型号、产品合格证等技术文件进行审核，不符合要求的不能施工。电缆敷设时，电缆应从盘上端引出，不应使电缆在地面上拖拉，电缆不得损伤。机械敷设时，速度不宜超过15m/min。

敷设电缆时，在敷设前24h内的平均温度及敷设现场温度不应低于表7-8中规定的温度：

表7-8　电缆允许敷设最低温度表

电缆类型	电缆结构	允许敷设最低温度/℃
油浸纸绝缘电力电缆	充油电缆	−10
	其他油纸电缆	0

续表

电缆类型	电缆结构	允许敷设最低温度/℃
橡皮绝缘电力电缆	橡皮或 PVC 护套	−15
	裸铅套	−20
	铅护套钢带铠装	0
控制电缆	耐寒护套	−20
	橡胶绝缘 PVC 护套	−15
	PVC 绝缘及护套	−10

敷设电缆应排列整齐，不宜交叉，应固定，设标志牌。电缆垂直或超过 45°倾斜敷设，桥架上每 2m 固定。电缆水平敷设每 5～10m 固定。

装置区内敷设的电力电缆和控制电缆不应设置在同一层支架上。高低压电缆，强弱电缆和控制电缆应按顺序分层设置。并列敷设电缆相互间的净距离应符合设计要求。电缆与热力管道、热力设备之间净距离，平行时不应小于 1m，交叉时不应小于 0.5m。

管道区内敷设的电缆在引入建筑物、穿过楼板及墙壁，从沟道引至电杆、设备、墙外表面或室内人行道距地面 2m 以下的各场所时，电缆应设一定机械强度的保护管或加装保护罩。管道区内应无积水、无杂物堵塞，穿电缆时不得损伤保护层，利用电缆保护管作接地线时，接地线应焊接牢固。

直埋敷设的电缆距地面距离不应小于 0.7m，一般应在冻土层以下，受限制时，应采取保护措施。直埋电缆路径上可能受到机械损伤、化学作用、地下电流、振动、热影响等危害，应采取保护措施，电缆的上下铺垫不小于 100mm 的软土或砂层，并加保护板层（可采用混凝土板，多用砖块）。直埋电缆每隔 50～100m 处、电缆接头处、转弯处、进入建筑物等，应设明显标志。

电缆的防火与阻燃，对易受外部着火影响的电缆密集场所或可能引起火蔓延而酿成严重事故的电缆回路，必须按设计要求的防火阻燃措施施工。选用防火阻燃电缆，其防火阻燃材料必须经过技术或产品鉴定。

(5) 不间断电源（UPS）安装

不间断电源的整流装置、逆变装置和静态开关装置的规格、型号必须符合设计要求。内部接线连接正确，紧固件齐全，可靠不松动，焊接连接无脱落现象，不间断电源的输入、输出各级保护系统和输出的电压稳定性、波形畸变系数、频率、相位、静态开关的动作等各项技术性能指标试验调整必须符合产品技术文件及设计要求。不间断电源装置间连线的线间、线对地间绝缘电阻值应大于 0.5MΩ。不间断电源输出端的中性线（N 极），应与由接地装置直接引来的接地干线相连接。

(6) 电气接地安装

接地装置敷设，垂直接地体的间距不宜小于长度的 2 倍，水平接地体的间距不宜小于 5m；接地体（线）要防止发生机械损伤和化学腐蚀等伤害，在与道路、基础、管道等交叉及可能遭受损伤处，均应穿钢管或角钢加以保护。有化学腐蚀的部位应采取防腐措施。接地体敷设完后的回填土内不应夹有石块和建筑垃圾等；外取的土壤不得有较强的腐蚀性；在回填土时应分层夯实。接地干线应有两点与接地网连接，每个电气装置的接地应以单独的接地线与接地干线相连接，不得在同一个接地线中串接几个电气装置。接地体（线）的连接应采用焊接，焊接必须牢固，其焊接长度要求：扁钢为其宽度的2倍（且不少3个棱边焊接）；圆钢为其直径的6倍；圆钢与扁钢连接时，其长度为圆钢直径的6倍；扁钢与钢管及角钢焊接时，应将扁钢弯成弧形（或直角形）与钢管（或角钢）焊接。接地体（线）的埋设、焊接、防腐要符合设计及规范要求。与设备连接的接地线必须用镀锌螺栓固定。保护接地的干线应采用不少于两根导体在不同点与接地体相连。

避雷针（带、网）及接地装置，应采用自下而上的施工程序，首先安装集中接地装置，再安装引下线，后安装接闪器。引下线是引导雷电流入地中的通道，并能保证在雷电流通过时不致熔化，每一组防雷装置至少有2根引下线。接地体埋于地下与引下线入地端相连接，雷电流由此发散到大地；利用基础钢筋作接地体，应在基础外留出不少于两个的引出头，供测试接地电阻用。

(7) 照明装置安装

照明、插座配管排列有序，横平竖直，固定牢固，穿线截面总和不大于管内截面40%。明配管，管径DN15～DN20时，管卡支承距离不大于1.5m；DN25～DN32时，管卡支承距离不大于2m，配管时遇到下列情况需增设接线盒：管长超过30m没弯；管长超过20m有一个弯；管长超过15m有两个弯；管长超过8m有三个弯。管口无毛刺，弯曲半径不小于6倍管外径，无裂纹，弯扁程度不大于管外径10%。灯具、插座固定，在同一场所，安装高度差不大于5mm，并排时不大于1mm；插座在同一场所，接线相位应一致，火线、地线位置应符合要求，负荷三相分配均匀，防爆密封措施正确。

7.5.2 仪表安装

(1) 仪表安装一般规定

仪表的安装应按设计文件规定施工，当设计文件未具体明确时，应符合下列要求：光线充足，操作和维护方便；仪表的中心距操作地面的高度宜为1.2～1.5m；显示仪表应安装在便于观察示值的位置；仪表不应安装在有振动、潮湿、易受机械损伤、有强电磁场干扰、高温、温度变化剧烈和有腐蚀性气体的位置。仪表安装时接线盒的引入口不应朝上，施工过程中应及时封闭接线盒盖及引入口。接线盒内的接线正确、牢固，线号标识正确清晰，就地安装的压力表不应固定在有剧烈振动的设备或管道上，随同设备或管道进行压力试验时无渗漏。

① 检测元件安装在能真实反映输入变量的位置。在设备和管道上安装的仪表应按设计文件确定的位置安装。仪表安装前应按设计数据核对其位号、型号、规格、材质和附件。随包装附带的技术文件、非安装附件和备件应妥善保存。安装过程中不应敲击、震动仪表。仪表安装后应牢固、平正。仪表与设备、管道或构件的连接及固定部位应受力均匀，不应承受非正常的外力。设计文件规定需要脱脂的仪表，应经脱脂检查合格后安装。直接安装在管道上的仪表，宜在管道吹扫后压力试验前安装，当必须与管道同时安装时，在管道吹扫前应将仪表拆下。仪表上接线盒的引入口不应朝上，当不可避免时，应采取密封措施。对仪表和仪表电源设备进行绝缘电阻测量时，应有防止弱电设备及电子元件被损坏的措施。仪表设备的产品铭牌和仪表位号标志应齐全、牢固、清晰。

② 仪表盘、柜、箱的安装。仪表盘、柜、操作台的安装位置和平面布置应按设计文件施工。就地仪表箱、保温箱和保护箱的位置，应符合设计文件要求，且应选在光线充足、通

风好和操作维修方便的地方。

仪表盘、柜、操作台的型钢底座的制作尺寸，应与仪表盘、柜、操作台相符，其直线度允许偏差为1mm/m，当型钢底座长度大于5m时，全长允许偏差为5mm。仪表盘、柜、操作台的型钢底座安装时，上表面应保持水平，其水平度允许偏差为1mm/m。

仪表盘、柜、操作台的型钢底座应在地面施工完成前安装找正，其上表面宜高出地面。型钢底座应进行防腐处理。仪表盘、柜、操作台安装在振动场所，应按设计文件要求采取防震措施。仪表盘、柜、箱安装在多尘、潮湿、有腐蚀性气体或爆炸和火灾危险环境，应按设计文件要求选型并采取密封措施。

仪表箱、保温箱、保护箱的安装应固定牢固；垂直度允许偏差为3mm，当箱的高度大于1～2m时，垂直度允许偏差为4mm；水平度的允许偏差为3mm；成排安装时应整齐美观。仪表盘、柜、台、箱在搬运和安装过程中，应防止变形和表面油漆损伤。安装加工中严禁使用气焊方法。

③ 就地接线箱的安装应符合下列规定：周围环境温度不宜高于45℃；到各检测点的距离应适当，箱体中心距操作地面的高度宜为1.2～1.5m；不应影响操作、通行和设备维修；接线箱应密封并标明编号，箱内接线应标明线号。

(2) 温度检测仪表的安装

接触式温度检测仪表（如水银温度计、双金属温度计、压力式温度计、热电阻、热电偶等）的测温元件应安装在能准确反映被测对象温度的地方。在多粉尘的部位安装测温元件，应采取防止磨损的保护措施。测温元件安装在易受被测物料强烈冲击的位置应采取防弯曲措施。表面温度计的感温面应与被测对象表面紧密接触，固定牢固。压力式温度计的温度包必须全部放入被测对象中，毛细管的敷设应有保护措施，其弯曲半径不应小于50mm，周围温度变化剧烈时应采取隔热措施。

温度仪表在设备或管道上安装取源部件的开孔和焊接工作，必须在设备或管道的防腐、衬里和压力试验前进行，温度取源部件的材质符合设计要求。热电阻应作导通和绝缘检查，并抽10%进行热电性能试验。

(3) 压力检测仪表的安装

压力检测仪表在设备或管道上安装取源部件的开孔和焊接工作，必须在设备或管道的防腐、衬里和压力试验前进行。压力取源部件的材质符合设计要求。压力取源部件与温度取源部件在同一管段上时，应安装在温度取源部件的上游侧。压力取源部件的端部不应超出设备或管道的内壁。当检测温度高于60℃的液体、蒸汽和可凝性气体的压力时，就地安装的压力表的取源部件应带有环形或U形冷凝弯。在水平或倾斜的管道上安装压力取源部件时，取压点的方位应符合规定。测量气体压力时，在管道的上半部；测量液体压力时，在管道的下半部与管道的水平中心线呈0°～45°夹角的范围内；测量蒸汽压力时，在管道的上半部，以及下半部与管道的水平中心线呈0°～45°夹角的范围内。系统应正确安装包括取压口的开口位置、连接导管的合理铺设和仪表安装位置等。取压口的位置选择应避免处于管路弯曲、分叉及流束形成涡流的区域，当管路中有突出物体（如测温组件）时，取压口应取在其前面。当必须在调节阀门附近取压时，若取压口在其前，则与阀门距离应不小于2倍管径；若取压口在其后，则与阀门距离应不小于3倍管径。对于宽广容器，取压口应处于流体流动平稳和无涡流的区域。总之，在工艺流程上确定的取压口位置应能保证测得所要选取的工艺参数。测压仪表应垂直于水平面安装。仪表测定点与仪表安装处在同一水平位置，否则应考虑附加高度误差的修正。仪表安装处与测定点之间的距离应尽量短，以免指示迟缓。保证密封性，不应有泄漏现象出现，尤其是易燃易爆气体介质和有毒有害介质。

(4) 流量检测仪表的安装

流量检测仪表的流量取源部件节流装置安装前应进行外观检查，孔板的入口和喷嘴的出口边缘应无毛刺、圆角和可见损伤，并按设计数据和制造标准规定测量验证其制造尺寸。节流件安装前进行清洗时不应损伤节流件。节流件必须在管道吹洗后安装，安装的方向必须使流体从节流件的上游端面流向节流件的下游端面。孔板的锐边或喷嘴的曲面侧应迎着被测流体的流向。在水平和倾斜的管道上安装的孔板或喷嘴，若有排泄孔，当流体为液体时排泄孔的位置应在管道的正上方，当流体为气体或蒸汽时排泄孔应在管道的正下方。

流量取源部件上、下游直管段的最小长度应按设计文件确定，且应符合产品技术文件的技术要求。直管段管子内表面应清洁，无凹坑和凸出物，在节流件的上游安装温度计时，温度计与节流件间的直管距离应符合要求，在节流件的下游安装温度计时，温度计与节流件间的直管距离不小于5倍管道内径。流量仪表安装时差压变送器正负压室与测量管道的连接必须正确，引压管倾斜方向和坡度以及隔离器、冷凝器、沉降器、集气器的安装均应符合设计文件的规定。

电磁流量计的安装应符合下列规定：流量计外壳、被测流体和管道连接法兰三者之间应为等电位连接，并应接地；在垂直的管道上安装时，被测流体的流向应自下而上，水平的管道上安装时，两个测量电极不应在管道的正上方和正下方位置；流量计上游直管段长度和安装支撑方式应符合设计文件要求。

超声波流量计上、下游直管段长度应符合设计文件要求。对于水平管道，换能器的位置应在与水平直径呈45°夹角的范围内。被测管道内壁不应有影响测量精度的结垢层或涂层。

(5) 物位检测仪表的安装

物位检测仪表中的外贴式超声波液位开关应按设计标高进行安装，雷达液位计的安装按制造厂说明书进行。浮力式液位计的安装高度应符合设计文件规定，浮筒液位计的安装应使浮筒呈垂直状态，处于浮筒中心正常操作液位或分界液位的高度。钢带液位计的导管应垂直安装，钢带应处于导管的中心并滑动自如。用差压计或差压变送器测量液位时，仪表安装高度不应高于下部取压口，双法兰式差压变送器毛细管的敷设应有保护措施，其弯曲半径不应小于50mm，周围温度变化剧烈时应采取隔热措施。核辐射式液位计安装前应编制具体的安装方案，安装中的安全防护措施必须符合有关放射性同位素工作卫生防护国家标准规定。在安装现场应有明显的警戒标志。

(6) 成分分析和物性检测仪表

分析取样系统应按设计文件的要求安装，应有完整的取样预处理装置，预处理装置应单独安装，并宜靠近传送器。被分析样品的排放管应直接与排放总管连接，总管应引至室外安全场所，其集液处应有排液装置。湿度计测湿元件的安装地点应避开热辐射、剧烈振动、油和水滴，或采取相应的防护措施。可燃气体检测器和有毒气体检测器的安装位置应根据所检测气体的密度确定。其密度大于空气时，检测器应安装在距地面200～300mm的位置；其密度小于空气时，检测器应安装在泄漏域的上方位置。

(7) 调节阀及其辅助设备安装

调节阀的安装位置应便于观察、操作和维护。调节阀安装应垂直，其底座离地面距离应大于200mm，调节阀膜头离旁通管外壁距离应大于300mm，执行机构的信号管线应有足够的伸缩量，使其不妨碍执行机构的动作，调节阀安装方向应与工艺管道及仪表流程图一致，带定位器的调节阀，应将定位器固定在调节阀支座上，并便于观察和维修。定位器的反馈杆与调节阀阀杆接触应紧密牢固，气动薄膜调节阀膜头须做气密性试验：将0.1MPa仪表空气输入膜头，切断气源后5min内压力不下降，调节阀应进行耐压强度试验。

(8) 控制仪表和综合控制系统

在控制室内安装的各类控制、显示、记录仪表和辅助单元，综合控制系统设备均应在室内开箱，开箱和搬运中应防止剧烈振动和避免灰尘、潮气进入设备。

综合控制系统设备安装前应具备下列条件：基础底座安装完毕；地板、顶棚、内墙、门窗施工完毕；空调系统已投入运行；供电系统及室内照明施工完毕并已投入运行；接地系统施工完毕，接地电阻符合设计规定。综合控制系统设备安装就位后应保证产品规定的供电条件、温度、湿度和室内清洁。

7.6 安全管理

项目的安全管理必须坚持“安全第一，预防为主，综合治理”的方针。通过系统的危险源辨识和风险评估，制订并实施安全管理计划，对人的不安全行为、物的不安全状态、环境的不安全因素以及管理上的缺陷进行有效控制，保证人身和财产安全。坚持人员安全管理制度，坚持安全知识培训及宣讲制度，保证施工现场安全防护设施和设备配套齐全。

安装过程中风险程度较高的施工主要集中在吊装作业和试运行阶段：

吊装起重作业应分工明确，责任到人，要做到统一指挥，并使用统一规定的信号、旗语。吊装作业前对吊装物体进行核算，选择合适的起重机械。吊装前检查起重机械安全性，对有关人员进行技术交底并交代安全注意事项。吊装和运输作业期间设立专职HSE监督员，做好监督和检查工作。

(1) 吊装作业安全措施

① 在吊装作业前，起重施工员必须按方案向作业人员进行交底，说明起吊物的重量、捆绑形式、钢丝绳的安全系数及作业中注意的安全事项。

② 吊装作业时，起重物下严禁站人，并派专人监护。

③ 起重作业人员指挥吊装作业时，需用哨子、旗帜或对讲机进行指挥，吊车司机必须听从指挥。

④ 吊装前必须检查吊装工卡具及钢丝绳。

⑤ 吊装时要求用警戒带将吊装区域围起来，严禁无关人员进入吊装作业区。

(2) 高处作业管理措施

① 高处作业人员必须佩戴安全带，方可进行作业。

② 凡在高处作业的人员，严禁向地面抛扔工具、废弃物等，以防伤人。

③ 在高处的作业人员，应时刻检查平台等处放置的工具、构件、废弃物是否安全，防止物体高空坠落，造成人员或设备伤害。

第8章 工程项目管理

8.1 概述

目前世界已建成的 LPG 洞库多数为发达国家建造或承建。由于储存介质的特殊性及建设条件的复杂性，LPG 洞库面临的建设难度是较大的。国内 LPG 洞库的发展历程较短，目前能达到规模化生产运营的屈指可数。

万华 LPG 洞库项目的建设是基于新发展的需要。万华异氰酸酯产业日益做大，单产品风险日益凸显，急需培育具有高成长性与现有产业链具有相关性的新产业分担产业风险。因此，万华结合自身优势，根据长期对产品市场的调研与跟踪，从实现与现有异氰酸酯配套和培育具有竞争力的产业链出发，提出建设“环氧丙烷及丙烯酸酯一体化项目”。环氧丙烷及丙烯酸酯一体化项目，以丙烷、丁烷等原料为基础，生产丙烯、异丁烷等，再进一步深加工生产环氧丙烷、丙烯酸及酯等高端精细化学品。因为生产需要的丙烷、丁烷等原料需求量大，国内无法满足需求，主要从国外进口。项目开展初期，万华对地上球罐、低温储罐、地下水封洞库进行了调研，从经济、安全、环保、占地、生产成本、市场等多方面综合考虑，认为地下水封洞库更具有战略优势，因此决定实施 LPG 洞库项目，即万华一期项目的建设。

万华一期洞库成功投产运行后，取得了较大效益，印证了地下水封洞库的诸多优势，恰逢万华实施聚氨酯产业链一体化——乙烯项目，丙烷年需求量达到 200 万吨，原有的丙烷洞库已经无法满足周转操作需求，为了提高乙烯联合装置的供料保障，降低装置生产的风险，万华洞库二期项目的建设需求也应运而生。

在建设之初，万华 LPG 洞库项目组在万华工程建设管理中心的领导下，秉承着安全、优质、高效的理念，肩负着把万华 LPG 洞库做大、做好、做优的担当和使命，在项目的建设过程中，夜以继日、敢于担当、勇于创新，理论与实践紧密结合，实现了项目一次投产。不仅创造了世界储量最大的 LPG 洞库，还开创了地下原料储库、地上生产装置的先河，成为中国 LPG 洞库界的一个里程碑。

在万华化学工程建设管理中心的领导下，组成了万华 LPG 洞库项目管理团队。管理团队应用项目管理的理论、观点和方法，为保证项目的决策和实施（项目可研、工程招标、设计、采购、施工、试车等各个环节）的顺利进行，明确了项目管理的范围、目标、组织机构、运行模式、管理职责以及文件资料管理要求，分析项目建设所需资源的配置，实施过程各个环节的工作任务和管理要求。项目的管理主要包括设计管理、采购管理、安全管理、质量管理、进度管理、成本管理、合同执行管理、沟通管理、信息文档管理等，开展了项目发展的全生命周期管理。

通过项目管理团队的认真策划，在建设过程中不断地积累经验教训，项目管理团队的管理水平不断提升，达到了控制财务、资源，提高安全、质量管理，缩短项目工期，降低成本的目的。为我国 LPG 建设洞库积累了宝贵的项目管理经验，有利于推进 LPG 洞库在我国的顺利发展。

8.2 勘察设计管理

勘察、设计工作属于项目的龙头，LPG 洞库项目能否顺利开展实施，需要在项目初期重点对地下的工程地质和水文地质条件进行多方位、多专业综合把控。项目勘察及设计管理的工作因此就显得极为重要。

项目勘察管理工作包含：对勘察单位的考察和资格预审，项目招投标与合同签订，勘察过程中的 HSE、质量、进度、费用控制管理，后期的勘察技术服务管理与勘察资料的送审与归档。

项目设计管理工作包含从设计单位的考察及选定至项目竣工验收的全过程管理。从工作内容可以分为两个部分：项目前期管理和项目设计管理。

项目前期管理的工作内容有：负责项目政府立项报批、节能评价、安全设施、环境保护、消防、职业卫生、建筑物图审、防雷的条件审查、设施设计审查、验收批复等各项手续的办理。

项目设计管理的工作内容有：设计单位的考察及选定，技术服务，设计方案的确定；可行性研究、基础设计、详细设计、竣工图等各阶段设计条件管控、质量、进度的管理。

因为 LPG 洞库有别于其他化工项目，是一个涵盖了工程地质、水文地质地下工程和储运工艺等多个专业的项目，有其特殊性，各设计阶段的内容深度有别于地上工程，在项目的勘察及设计管理工作中，需要根据项目情况，贴合项目实际，分阶段有针对性地进行管理。

8.2.1 各阶段的任务及控制要点

项目建设自决策开发至项目实施，分为项目决策、项目立项、基础设计、详细设计、施工期服务等多个阶段。

（1）项目决策

建设单位根据自身需求及项目特点确定是否开展 LPG 洞库的建设。LPG 洞库项目能否顺利展开建设，有一个很大的先决条件，即：能否找到一块地质条件满足 LPG 洞库建设的区域。因此，本阶段的重点工作是项目选址勘察。

地下工程项目很重要的特点就是地质构造的复杂性、不确定性，无法通过地面勘察手段将地下地质构造完全勘察清楚，在地下工程建设过程中需要勘察单位全过程提供技术服务，勘察单位的工作尽量具有连续性。因此勘察单位的选择与管理就较为重要，至少做到以下几点：

① 对潜在的承包商进行考察和资格预审，筛选符合要求的勘察单位参与项目投标，勘察单位资质要求综合甲级以上，同时要求该单位具有同类工程项目业绩；

② 要求勘察单位按现代项目管理制度建立勘察项目部，勘察单位应有主管领导联系项目部，勘察项目负责人宜由勘察单位在职领导担任，项目部应配置项目总工和主要专业的负责人，如工程地质、水文地质、工程物探、工程测量等；

③ 项目部人员结构应合理，人员应相对固定，主要工作人员（项目负责人、项目总工及主要专业的骨干人员）一般不得兼职其他项目；

④ 项目负责人和项目总工一般应具有高级工程师及以上职称，且项目负责人要求具有注册土木工程师（岩土）执业资格；

⑤ 各专业人员及辅助人员数量应能满足工作要求，各专业人员配备计划应与勘察成果提交计划、工程进度计划相配套。

选址勘察工作应首先通过勘察单位、设计单位与建设单位充分沟通交流后，充分了解建设单位的需求，从技术、经济等角度来大致圈定选址勘察的工作范围。选址勘察工作应充分收集各项资料进行分析，辅以少量现场工作量来确定洞库项目建设的地质可行性。

选址勘察需要收集或提供的资料及勘察成果、文件主要包括：

① 选址任务书或勘察任务书，明确选址范围、水封洞库性质、规模、储存介质种类及有关工艺要求等；

② 地形图［比例尺：(1∶10000)～(1∶50000)］；

③ 区域地质报告及其附图［比例尺：(1∶50000)～(1∶200000)］、航测（卫星）照片、遥感图等；

④ 区域代表性地质剖面、综合地质柱状图和其他有关地质资料；

⑤ 区域地震地质资料，包括历史地震资料、抗震设防烈度资料、近期活动构造体系图及地震站资料等；

⑥ 已有各种岩石地下建筑及采石场等的经验资料；

⑦ 地表水体（江、河、湖、海、大型水库等）有关水文资料；

⑧ 区域地下水位、区域地下水的利用和各级区域侵蚀基准面高程（或水文网割切深度）等方面资料；

⑨ 气象资料；

⑩ 交通、地方经济和有用矿产等资料；

⑪ 研究已有资料，综合分析预选几处库址，对比分析评价库址。

(2) 项目立项

① 可行性研究阶段勘察。可行性研究阶段勘察（初步勘察）是地下水封洞库项目勘察中最关键的一个勘察阶段，可行性研究阶段勘察在选址勘察阶段选定的场地内进行，其目的主要是：基本查明选址阶段推荐库址区的工程地质和水文地质条件，基本划分岩体质量等级，提出适宜建库岩体范围，为确定洞库的平面位置、主洞室轴线方向及埋深范围提供地质建议，为最终确定库址及库区布置进行地质论证和提供可行性研究所需的勘察成果。勘察工作一个重要的工作任务就是首先通过工程地质调查与工程物探对整个场地的宏观地质条件有

个初步认识，大致了解拟选场地地质构造的发育规律。然后针对初步查明的地质构造等，有针对性地布置一定量的钻孔进行验证。充分利用有限的钻孔，在孔内进行各种孔内测试工作。按照这种循序渐进逐步深入的勘察工作方式，达到高效、经济、准确的勘察效果。

本阶段完成的勘察工作应当包括：

a. 补充调查库址的地形、地貌条件和物理地质现象。

b. 基本查明库址区域的岩性（层）、构造，岩土物理力学性质及不良地质现象的成因、分布范围、发展趋势和对工程的影响程度。

c. 重点查明松散、软弱层的分布。

d. 基本查明岩层的产状，主要断层、破碎带和节理裂隙密集带的位置、产状、规模及其组合关系。

e. 基本查明场区的应力状态与分布规律。

f. 基本查明库址区域的地下（地表）水位、水压、渗透系数、水温和水化学成分及对混凝土的侵蚀性、涌水量丰富的含水层、汇水构造、强透水带以及与地表溪沟连通的断层、破碎带和节理裂隙密集带，预测开挖洞室时突然涌水的可能性，估算最大涌水量、正常涌水量及地下水影响范围。

g. 采用 BQ 法、Q 系统法等多种方法，进行围岩工程地质预分类，确定适宜建库的可用岩体范围、面的分布和组合情况，并结合岩体应力初步评价洞室岩体稳定性。

h. 初步建立地下水动态观测网并实施长期监测。

② 可研阶段的设计条件。可行性研究阶段设计管理的重点工作为各方信息资料收集和方案调研。

需要收集的资料有：现有场地的条件（地下管线、场地竖向、周边自然及社区环境），勘察单位提供的选址阶段初步勘察报告，工程地质专题研究单位提供的地下评估报告，水文地质专题研究单位提供的水文评估报告，码头初步条件（依托码头的运载能力，物料的接卸流量、温度、压力条件等），承运商船型，设计基础条件（当地的气象资料、液化石油气组成）等。

需要调研方案有：项目规模明确洞库项目的设计范围，调研低温丙烷/丁烷的换热方案，调研裂隙水处理的合理方案（结合当地的污水排放标准）。另外，需要提前规划 LPG 洞库项目配套设施条件，如：项目的用水（工业用水、生活用水、蒸汽、循环水）、用电、用气（仪表风、工厂风、氮气）、消防（消防高位水池、消防站等）和火炬等依托条件。

典型的 LPG 洞库的配置见图 8-1。

③ 可行性研究报告。设计单位在收到建设单位提供的上述资料后，应当及时高效地编

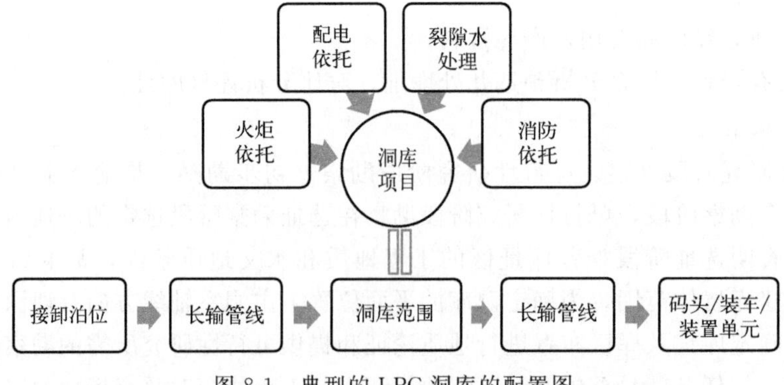

图 8-1 典型的 LPG 洞库的配置图

制“项目可行性研究报告”。可行性研究报告中应做到内容齐全、结论明确、数据准确、论据充分，以满足定方案定项目的需要。应该从项目的规划和政策背景系统分析项目的可行性，要求论证全面，结论可靠。主要包括LPG洞库项目建设的必要性、原料来源及规模、库址现状条件、地质条件、储运工艺、裂隙水处理方案、组织机构及定员、投资、财务、风险分析等多方面内容。选用的主要设备的规格、参数应该满足预订货的要求，引进的技术设备的资料应该满足合同谈判的要求；确定的主要工程技术数据，应该能满足项目基础设计的要求。对建设投资和生产成本应该进行分项详细估算，其误差应该控制在±10%以内。应该反映在可行性研究过程中出现的某些方案的重大分歧及未被采纳的理由，以供建设单位权衡利弊进行最终决策。

④ 项目立项条件及报告。项目立项需要编制“项目申请报告”，报告应当以设计单位编制的“项目可行性研究报告”为基础，结合LPG洞库项目的产业分析及准入要求，从如下角度进行分析论证：资源开发及综合利用分析，要求明确资源开发方案、资源利用方案、资源节约措施，对资源开发、利用的合理性和有效性进行分析论证；节能方案分析，对能耗状况和能耗指标分析、节能措施和节能效果分析准确，计算正确；建设用地、征地拆迁及移民安置分析，论证项目选址及用地方案、土地利用合理性分析、征地拆迁和移民安置规划方案，制定项目建设用地、征地拆迁及移民安置规划方案，并进行分析评价；环境和生态影响分析，包括环境和生态现状、生态环境影响分析、生态环境保护措施、地质灾害影响分析、特殊环境影响分析，满足环保要求；经济影响分析，包括经济费用效益或费用效果分析、行业影响分析、区域经济影响分析、宏观经济影响分析，数据准确，分析合理；社会影响分析，包括社会影响效果分析、社会适应性分析、社会风险及对策分析。

项目立项申请手续见图8-2。

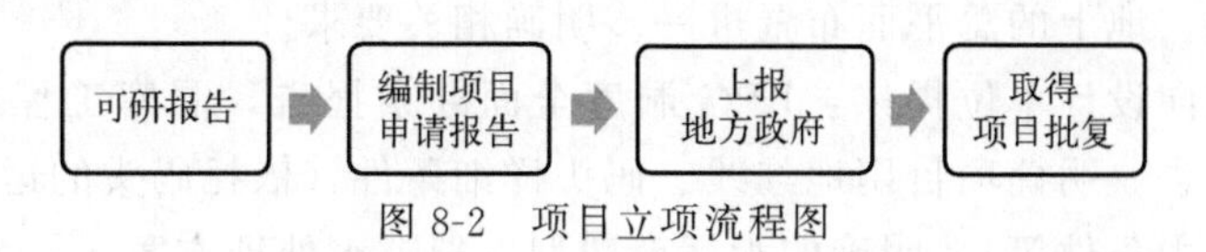

图8-2　项目立项流程图

(3) 基础设计

① 基础设计阶段勘察。基础设计阶段勘察（详细勘察）前应搜集拟建LPG洞库可行性研究成果资料，如初步勘察报告及图件、可行性研究报告及相关附件、附有LPG洞库布置的库址区地形图、附有坐标的地面各拟建或已建建（构）筑物总平面图。

② 详细勘察主要应进行下列工作：

a. 查明拟建LPG洞库地下工程场地的工程地质条件，结合地下工程布置，有针对性地查明对拟建工程有影响的断层、破碎带和节理裂隙密集带的位置、产状、性状、规模及其组合关系。

b. 查明库址区水文地质条件，预测洞室掘进时突然涌水的可能性及位置，并分析库址区岩体渗透性的空间分布规律。

c. 采用BQ法、Q系统法等多种方法，综合确定各钻孔岩体基本质量等级，结合场地地质条件，预判拟建洞库布置范围内的各级岩体所占百分比及分布情况，进行围岩工程地质分类。

d. 建立数值地质模型，对主洞室整体围岩稳定性进行计算分析评价。

e. 根据场地工程地质条件进一步论证洞库平面位置及适宜性，并结合模拟计算结果提出有关地下工程部署的优化建议。

f. 评价主洞室特殊部位岩体稳定性，并提出处理建议。

g. 建议竖井的封塞位置，并评价该段岩体的稳定性。

h. 进行洞库围岩块体稳定分析评价，评价洞顶、边墙、竖井和洞室交叉部位岩体的稳定性，提出处理建议。

i. 预测拟建洞库岩体产生岩爆的可能性。

j. 确定设计地下水位标高，并综合岩体工程地质条件和储存介质压力要求，优化洞库埋深。

k. 采用水动力学和数值模拟等方法对洞库施工期和运营期的涌水量进行预测。

l. 详细查明巷道进出口及浅埋段、竖井口各土（岩）层分布情况，详细查明巷道进出口边坡的稳定条件。对于拟选堆渣场地进行工程地质评价。

m. 建立地下水动态监测网，提出存在问题及对施工图设计和施工阶段勘察工作的建议。

③ 设计开工会。在取得可行性研究报告及项目政府立项批复后，应该根据项目情况，由项目部设计管理适时组织设计开工会，开工会的目的是明确项目的设计相关方、确定输入条件及工艺方案、审查 LPG 洞库的地上和地下布置。

开工会参加的人员有：

设计单位：项目经理、各专业负责人及设计人员。

建设单位：项目经理、装置经理、设计管理及相关专业人员。

相关单位：勘察单位、工程地质专题研究单位、水文地质专题研究单位等。

开工会重点工作是再一次明确设计输入条件、对地上的工艺技术方案进行综合评定，对地下的总平面布置、地上的总平面布置进一步明确相关要求。

建设单位应该向设计单位提供：LPG 洞库全面勘察报告，洞库工程地质评价报告，洞库水文地质评价报告。明确项目用地红线、码头详细条件（依托码头的运载能力，物料的接卸流量、温度、压力条件等）、明确的承运商船型、裂隙水处理方案。

④ 基础设计阶段 HAZOP 分析。建设单位和设计单位需要在基础设计阶段后期组织 HAZOP 分析，并作为设计依据。

⑤ 基础设计文件审查。设计单位提交基础设计文件后，由建设单位设计管理人员组织对各专业设计文件的审查，组织安全、环保、职业卫生、消防、节能专篇的审查。设计审查应明确分工、具体到人、分专业指定专人审查。审核人对基础设计方案负责；对于审查意见及建议，不整改拒不开展后续详细设计。

基础设计文件包含设计基础及工艺说明、管道仪表流程图（PID）、工艺流程图（PFD）、设备布置图、设备数据表及设备图、连锁说明、电气、火灾报警、电视监控、扩音对讲、三废排放说明、安全系统泄放说明等。

本阶段重点审查：结构方案及工程地质、水文地质方案、工艺技术方案、与上下游的接口条件（输送介质的温度、压力、流量、接口位置等）、HAZOP 报告的落实情况。

专篇编制过程中，贯彻国家、省、市等相关的法律、法规及规定，及时与编写人员对接沟通，重点落实政策及规定，对于发现的问题及时协调解决。专篇编制完成后，尽快组织专家内审，及时发现、纠正专篇中存在的问题，进一步提高专篇送审稿的质量，尽可能避免出现原则性问题。

⑥ 长周期设备询价。LPG 洞库项目涉及长周期设备，考虑到订货周期及设计需要提供的资料，在基础设计阶段末期，需要要求设计单位提交长周期设备询价文件，以供与长周期设备厂家交流订货。

长周期设备包括 LPG 液下泵、裂隙水泵、液位开关和温度传感器系统、XSV 安全阀及控制系统、YSV 安全阀及控制系统、管夹阀及控制系统、VAM 管、完井工具等。

⑦ 项目手续。基础设计阶段及详细设计阶段初期项目手续办理主要包括安全、环保、职业卫生相关的手续，分别取得安全、环保、职业卫生、规划部门的预评价批复及专篇批复，作为开工建设的依据，见图 8-3。

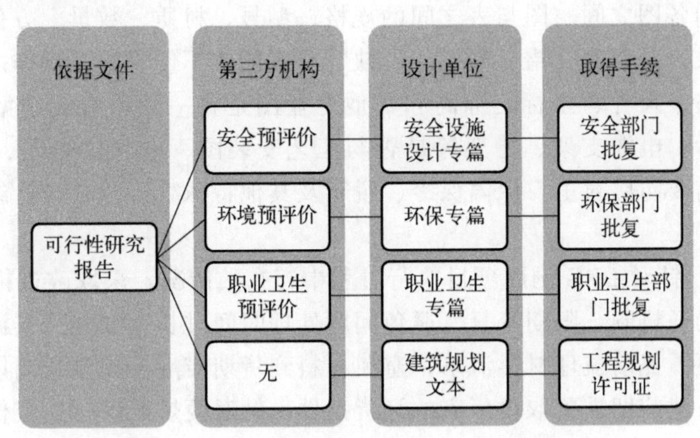

图 8-3　基础设计阶段项目批复文件工作流程图

(4) 详细设计

① 订货资料。详细设计阶段开始，建设单位设计管理人员组织协调设计单位提供各专业的采购询价文件。询价文件包含如下内容：

设备类：产品外输泵、裂隙水真空解析处理单元、裂隙水增压泵、真空解析塔、塔内件、换热设施、喷射器、完井工具、脱水器、安全阀、爆破片等。

仪表类：微震/温度/压力传感器、切断阀、液位计、流量计、压力表等。

电气类：电气盘柜、变压器等。

LPG 洞库项目部按照设计单位提供的采购询价文件及相关图纸进行采购。采购数据表首先需经过项目部各专业人员签字确认。

采用信息化台账管理进行设备材料的采购管理，建设单位设计管理人员按照设备图纸提交进度，督促采购部门将设备供应商提供的图纸和技术资料提交设计单位。

② 过程文件审查。详细设计阶段是项目进入工程化的阶段，审查分以下方面进行：根据之前的审查结果，重点审查、核对之前审查意见及建议在详细设计文件中是否已经落实，对于未设计或未理解意图的及时跟踪修改；再次组织各专业设计文件审查，多专业协同审查，例如平台是否满足使用需求、结构及土建是否干涉、管道支架形式及数量是否合理、外管及管道的管线接口连接等，管道配管 3D 模型审查。

③ 施工图纸交底及图纸会审。详细设计结束后，由项目部主持召开施工图设计交底会，参会方提出问题，设计单位各专业负责解答，参会方达成共识并形成会议纪要。施工图设计交底的主要任务是：交底范围和设计意图；原料、产品及生产技术特点；说明设计文件的组成和查找方法以及图例符号表达的意义；明确设计、施工、验收遵守的标准规范；介绍同类

工程项目的经验教训及三废处理和综合利用等；与界区外工程的关系和衔接要求；对生产准备的要求；设备选型、选材的技术特点以及对施工检验方法和试车程序等提出的特殊要求；专业建安工程量；设计遗留问题或待现场处理的问题。

项目部主持召开施工图会审会议，与会人员提出问题，设计单位各专业负责解答，与会各方达成共识，并形成会议纪要。

图纸会审内容包括：图纸、说明书、相关技术文件、材料表等是否齐全，是否与目录相符，有无遗漏，有无设计漏项；施工图中的技术条件、质量要求及推荐或指定的施工验收规范是否符合国家和行业现行的标准和规范；设计选材、选型是否合理，是否影响安装；专业图之间、专业图内各图之间、图与表之间的规格、型号、材质、数量、方位、坐标、标高等重要数据是否一致，是否有“错、漏、碰、缺”及不能或不便于施工操作之处，如土建预留孔、预埋件的规格、尺寸、坐标、标高和其他专业图是否一致，有无遗漏；设备基础、框架、钢结构、平台、电缆支架、槽架等是否与工艺安装图、电气仪表图、设备安装图等一致；设备、管道需要防腐衬里、保温保冷、脱脂及其他特殊处理时，设计结构是否合理，技术要求是否可行。

④ 管理提升。针对 LPG 洞库项目执行过程中存在的情况，采取改进措施来提升项目的管理水平。建立沟通机制，限期答复，避免问题处理时间过长。加强工艺源头控制、过程控制，减少后期变更。提前梳理材料清单，避免材料到货期滞后。控制长周期设备的订货及交流，在配管模型搭建前期需要取得厂家的订货条件。针对丙烷洞库雷达液位计测量信号受丙烷进料操作影响，测量信号数值偏差大，对液位测量仪表进行选型研究，了解结业操作特点，选用更适用的测量仪表，提高自动化水平，减少人员操作量。

地下工程专业的设计代表，需要在项目初期进驻现场配合。结合经验，合理编制注浆设计方案，避免过度设计，导致注浆量支护量过大。加强设计回访力度，了解现场应用需求，在工程中优化改进。

⑤ 项目手续办理。项目详细设计阶段手续办理包括 LPG 洞库项目的建筑物图审合格证、消防设施设计批复文件等，见图 8-4。

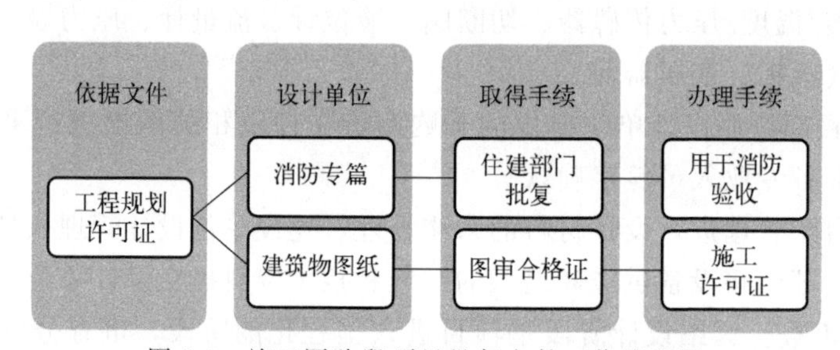

图 8-4 施工图阶段项目批复文件工作流程图

(5) 施工期服务

① 施工期地质服务。施工期地质服务即施工勘察是详细设计和施工阶段的岩土工程勘察，应在详细勘察的基础上进行，结合基础设计成果，通过对开挖段围岩的地质勘察和未开挖段洞室的超前地质预报为施工图设计和开挖施工提供地质依据和建议，并在施工过程中校验和完善前期勘察的地质成果，查明并解决详细勘察时提出的有关工程地质、水文地质问题，为施工图设计、施工方案的优化提供所需的勘察成果。

施工勘察前应向勘察单位提供施工勘察任务委托书或中标通知书（包含勘察技术要求）；

详细勘察报告及有关图表；基础设计资料，主要包括附坐标的洞库总平面图、剖面图、各巷道和洞室的截面图、各类围岩和特殊部位的典型支护图、竖向布置图等有关图件；洞库开挖施工方案。

施工勘察是LPG洞库工程建设中等同于选址勘察、初步勘察、详细勘察等前期勘察阶段不可或缺的重要勘察阶段，其主要工作如下：随巷道、竖井、主洞室的开挖进行围岩地质素描和编录，校核并确定围岩类别；按围岩地质编录结果编制巷道、竖井、主洞室的地质展示图和主洞室顶、底板和端墙围岩地质图以及洞库围岩富水程度图等图件；随着开挖工作的进行，不断分析研究地质规律，通过超前地质预报提供掌子面前方一定范围的地质资料；结合围岩地质素描和超前地质预报成果，对巷道、竖井、主洞室围岩、超前探水孔和洞室内各类地下水出露点进行量测，分析各出水点对场地地下水的影响，对施工期场地地下水进行监测，查明洞库不同位置的地下水位下降幅度和施工期降落漏斗情况，为堵水注浆方案设计和优化提供依据和建议；实测洞库涌水量，搜集水幕孔相关供水记录和试验数据，预测洞库运营期地下水位恢复动态，分析评价洞库运营期间涌水量、水幕补给量等参数；继续进行地下水动态观测和资料整理分析工作，为洞库运营期间水文地质监测方案的设计提供所需资料，并提出地质方面的建议；进行围岩爆破松动圈测试，为施工图设计和施工方案的优化提供依据。

② 设计代表现场服务。工程开工后设计单位应及时向现场派驻设计代表，设计代表在施工建设阶段的服务时间、人数和质量应满足现场需要。设计代表的主要工作包含如下内容：建立工作日志，记录每个工作日的工作活动，确保工作过程规范严谨；熟悉施工图设计文件，深度领会设计意图，及时修正设计中的错、漏、碰等现象；经常深入项目现场，随时掌握项目进度情况，主动处理与解决设计及施工（包括责任期维护及尾留工程施工）中与设计有关的问题；配合建设单位对设计方案和施工方案进行优化；积极配合建设单位、监理和施工单位的工作，做好建设单位方的参谋；对他方提出的变更设计，设计代表应经过深入调查，权衡利弊，并请示设计单位同意后方可进行变更设计；修改完善设计及局部变更设计，认真做好变更图纸和工程变更台账的记录和管理工作，对方案性的变更设计，应及时报告设计单位，由设计单位研究提出变更设计方案，报建设单位审核同意后进行变更设计；参加工程质量事故分析并提供技术处理措施；参加隐蔽工程、主体工程中间检查、投产试运行和工程交（竣）工验收，并协助建设单位整理相关资料。

③ 项目的动态设计管理。施工阶段，设计单位的地下工程设计人员需要常驻现场，24小时配合勘察单位及施工单位出具开挖端面处的支护方案、超前支护方案，处置开挖过程中出现的问题。

④ 变更管控。项目执行过程中，处理变更的原则是尽量维持原设计，出现如下情况时，经项目部等审批后，确定需要实施的变更，由建设单位设计管理人员向设计单位下达变更需求。

变更的原则为：在不降低原设计标准和质量的前提下，可降低造价或节省土地；在不降低原设计标准和质量的前提下，解决特殊的技术困难；由于环保、地质等方面的原因或其他不可预见因素，必须进行变更设计；采用新技术、新材料、新设备，有利于提高工程质量标准，提高效率和技术进步；当施工图设计与现场情况不符时，为符合现场情况而进行变更设计；施工图设计错、漏、碰、缺及设计明显不合理；为加快工程进度而采取的相关措施所引起；由于市场导向及特殊需求发生变化，需增减、改进某些具体项目内容；在施工过程中，由于施工方面、资源市场的原因，如材料供应或者施工条件不成熟，需改用其他材料代替而引起的变更。

项目部在接到设计变更文件后，组织施工单位实施，及时在相关施工图上做好标识，标识变更内容、时间、来源，并与监理单位、施工单位核对施工图纸变更标识情况。项目部竣工时，施工单位应将“设计修改联络签”附到竣工图中，并根据设计变更对竣工资料进行修改；有竣工图设计要求时，设计单位应收集所有变更，编制竣工图。

8.2.2 技术服务

LPG洞库的技术服务管理的对象主要有工程地质专题研究单位、水文地质专题研究单位、第三方技术审查单位。

(1) 工程地质专题研究

工程地质专题研究的主要目的是为设计单位的各阶段设计方案进行验证，核实其正确性，优化地下结构设计，并提供相关技术支撑，以达到安全建设及运行的设计要求。主要工程内容如下：

① 洞库区初始地应力场。根据LPG洞库区具体地质情况和研究区域的大小，结合现场地应力试验测试数据，进行地应力张量分析，获得地应力-高程之间的关系式，采用合理的数值计算模型，反演洞库区的应力场，以反演结果与地应力测试数据的差值最小为目标，获得研究区的合适初始地应力，为后续围岩稳定性研究等提供洞库数值模型的应力边界条件。

② 节理岩体力学参数。根据LPG洞库区节理裂隙分布特征及规律，构建地质强度指标(GSI)和岩体质量等级（Q值）之间的关系式，结合岩石及节理的室内力学试验，通过Hoek-Brown强度准则估算出节理岩体的等效力学参数，并通过实际开挖过程中的监控量测数据进行动态反演更新，确定出各级围岩的综合力学参数值，为后续连续介质力学模型中力学参数的选取提供依据。

③ 洞库区岩体结构模型。对地表测线法获得的节理数据进行统计分析，进行结构面关键指标的合理估算，结合钻孔摄像获得的深部岩体节理特性，确定出洞库区岩体结构面的优势产状及规模特征，并通过计算机仿真技术构建洞库区岩体结构模型，为后续非连续介质力学模型、块体理论分析提供结构面几何特征信息。

④ 地下工程结构设计参数优化。基于三维离散元数值计算原理，利用3DEC软件，分别从连续介质力学、非连续介质力学角度建立能够体现洞库工程地质特性的数值模型，进行洞室布置参数（埋深、轴向、截面形状和尺寸、间距）的数值模拟研究，选定围岩塑性区体积、位移、应力重分布情况作为评价指标，分别确定洞室埋深、轴向、截面形状和尺寸、间距；基于块体理论，确定各洞室设计参数下的关键块体稳定性、规模及支护可行性，进行洞室布置参数的校核，并对洞室轴向进行优化分析。

⑤ 地下工程结构的稳定性和支护安全性。通过数值模拟软件，分别从连续介质力学、非连续介质力学角度建立能够体现洞库群地质特征与各部分结构特征的二、三维数值模型，以基础设计方案的洞室群结构设计模型为依据，进行不考虑渗流的洞室群围岩稳定性模拟研究。选取典型横断面作为特征断面，从应力场、位移场、塑性区分布特征和围岩安全系数等

方面对围岩的稳定性状况和支护的安全性进行分析评价。

⑥ 施工期地下工程布置及支护方案的动态优化与设计变更论证。基于开挖后围岩地质编录及监控量测数据，开展施工期洞库工程地质工作配合及其验证与支护优化，核实原有计算模型、参数的正确性，配合设计单位对地下工程布置方案及围岩支护方案进行动态调整与优化。根据施工中现场的具体情况，以计划施工期3年为期进行及时跟踪、反馈计算、工程地质问题咨询及现场处理。对建设单位可能要求的各项设计变更，开展工程地质及数值模拟论证，并进行现场咨询与处理。

⑦ 洞库运行期微震监测方案设计。为了对洞库运行期地下工程结构的稳定性状况进行全面监测追踪，基于洞库布置特征、微震传感器性能及全面协同微震监测方法，配合设计单位确定出运行期微震监测设计方案。

上述工作中，工程地质专题研究需要分阶段提交："洞库可行性研究阶段围岩稳定性数值分析报告""洞库地下工程结构设计参数优化研究报告""洞库围岩稳定性和支护安全性研究报告""洞库施工期地下工程布置及支护方案的动态优化报告""洞库运行期微震监测方案设计报告"。

(2) 水文地质专题研究

水文地质工作是LPG洞库设计和施工中重要的组成部分，甚至是决定性的部分，对施工中出现的各类水文地质问题提供全面的技术支持，确保施工进程。在各施工区段，包括水幕巷道、水幕孔、主洞室、竖井及交通巷道等如果缺乏现场专业水文地质技术力量支持，将会造成施工工作不协调、问题处理不及时情况，对洞库水封效果会产生长期的影响。随着水幕巷道、主洞室等的大面积开挖，将面临更多同类问题，特别是以水幕效率试验及水幕系统调整（必须在主洞室二层开挖结束前完成）为中心的大量水文地质试验和数据分析工作，工作量大，任务极为繁重，仅仅依赖设计代表会商这种临机处置的工作机制将难以保证项目工程质量和工期进度。因此，在选址勘察阶段、施工期及试运行期间组织开展专项的水文地质现场试验和技术服务工作。

① 前期区域水文地质专项调查。从水文地质专业角度来看，仅考虑洞室所在场区水文地质条件严重不足，必须对场区所在的完整区域水文地质单元开展全面的水文地质调查和测量。

工作方式：现场水文地质调查、后续数据分析处理以及图件绘制。

提交成果：LPG洞库工程水文地质评估报告。

② 基础设计阶段水文地质专题。在前期水文地质调查成果的基础上建立地下水数值模型，对地下水渗流场进行模拟，并利用水文地质模型估算洞库施工各阶段不同工况下的涌水量。根据库区内水文地质条件结合水幕巷道布局和洞库规模设计水幕系统，主要包括水幕孔间距、水幕孔与洞室、水幕覆盖范围以及水幕超压等。根据水文地质条件和地下水渗流场特征，针对主要出渗部位、可能的缺压地段，以及断裂、破碎带、节理裂隙密集带分布区和库区周界尤其是地下水渗流下游，进行系统的地下水水位、水质监测方案设计。

工作方式：建立研究区三维地下水数值模型，根据勘察资料及现场施工情况对水幕系统及地下水监测系统进行基础设计。

提交成果：研究库区地下水渗流场三维数值模拟及涌水量评价、水幕系统设计、地下压力计孔及压力传感器布置图、地下水监测井平面布置图及不同监测井结构图。

③ 施工期现场水文地质信息收集与技术处置。施工期间的水文地质工作重点是：地下

监测孔布孔试验、单孔注水-回落试验、水幕孔分片效率试验和补孔试验、现场超前预测和注浆会商等方面。根据各施工区段最新施工开挖条件、最新水文地质状况进行水文地质条件描述和地下水监测数据参数识别，修正和更新前期勘察数据和水文地质概念模型，进行施工期洞室水幕补水及涌水以及地下水位变化的模拟计算预测等，以保证洞室施工及后期安全运营。同时，根据竖井、通风井、水幕巷道及主洞室等开挖施工特点、功能，对施工过程中异常涌水、涌砂、水位异常下降等水文地质相关异常情况，做出及时的技术响应，并讨论和建议进一步施工勘探调查方案和处置方法，保证工程质量和施工进度。

工作方式：现场常驻技术人员参与施工地质/第三方监测的日常工作，收集不同工程部位、不同地下构筑物的水文地质信息，参与施工会商制定灌浆方案。

提交成果：工作日志、异常情况技术处置方案、定期技术报告（月报、季报和年报）。

④ 水幕系统水力效率试验（包括全面水力试验和气密性试验）。组织实施水幕孔单孔注水-回落试验，并分析其渗透性特征，根据水幕巷道、主洞室顶层施工开挖程度，设计水幕效率试验的片区分割方案和技术流程，根据试验结果，提出加孔或其他可行的工程措施。

工作方式：技术人员现场组织试验操作（需要监测方和施工承包方配合工作），现场负责组织试验的开展和数据的获取，试验结束后两周完成数据整理分析，并组织补孔效率试验（包括针对个别异常孔利用双栓塞水力试验和孔间电磁扫描技术试验）。水幕系统全面水力试验和气密试验阶段根据工程整体时间进程加密水文地质数据监测并分析判别洞库密封性。

提交成果：分片区水力效率试验报告、全面水力效率试验报告、气密试验地下水监测与分析报告。

⑤ 地下水监测系统施工组织。根据库区水文地质条件，针对主要出渗部位，可能缺压地段以及断裂带、节理裂隙密集带分布区，制定合适的原位试验方案，并组织实施，以确保地下水水位、水质监测方案设计得以圆满达成。

工作方式：现场组织（需要施工方配合工作）监测钻孔的封堵和设备安装，开展地下监测点的定位和试验。

提交成果：专题技术报告，监测数据的分析包含在日常水文地质工作中，以定期报告形式提交。

⑥ 试运行期水文地质服务。在3个月试运行期内，根据洞室工作压力及变化，获取整个水文地质监测网资料、分析判断整个洞库区地下水流场、地下水位动态特征、地下水水质状况，分析洞库的运行状态（水封状态），根据实际情况调整运行方案，确保洞库正常安全运营。

工作方式：数据收集，现场校核。

提交成果：试运行期专题技术报告。

(3) 第三方技术审查

LPG洞库技术起源于欧洲，欧洲的技术资料相对完善，且国内已建成或在建的LPG地下水封洞库均引进或借鉴了国外技术。LPG洞库在建设期及运行期引进有项目实施经验的第三方对重点部位、重点节点进行第三方技术审查，可以有效推进项目的实施，降低项目的风险。以万华一期洞库工程为例，各阶段的审查要点见图8-5。

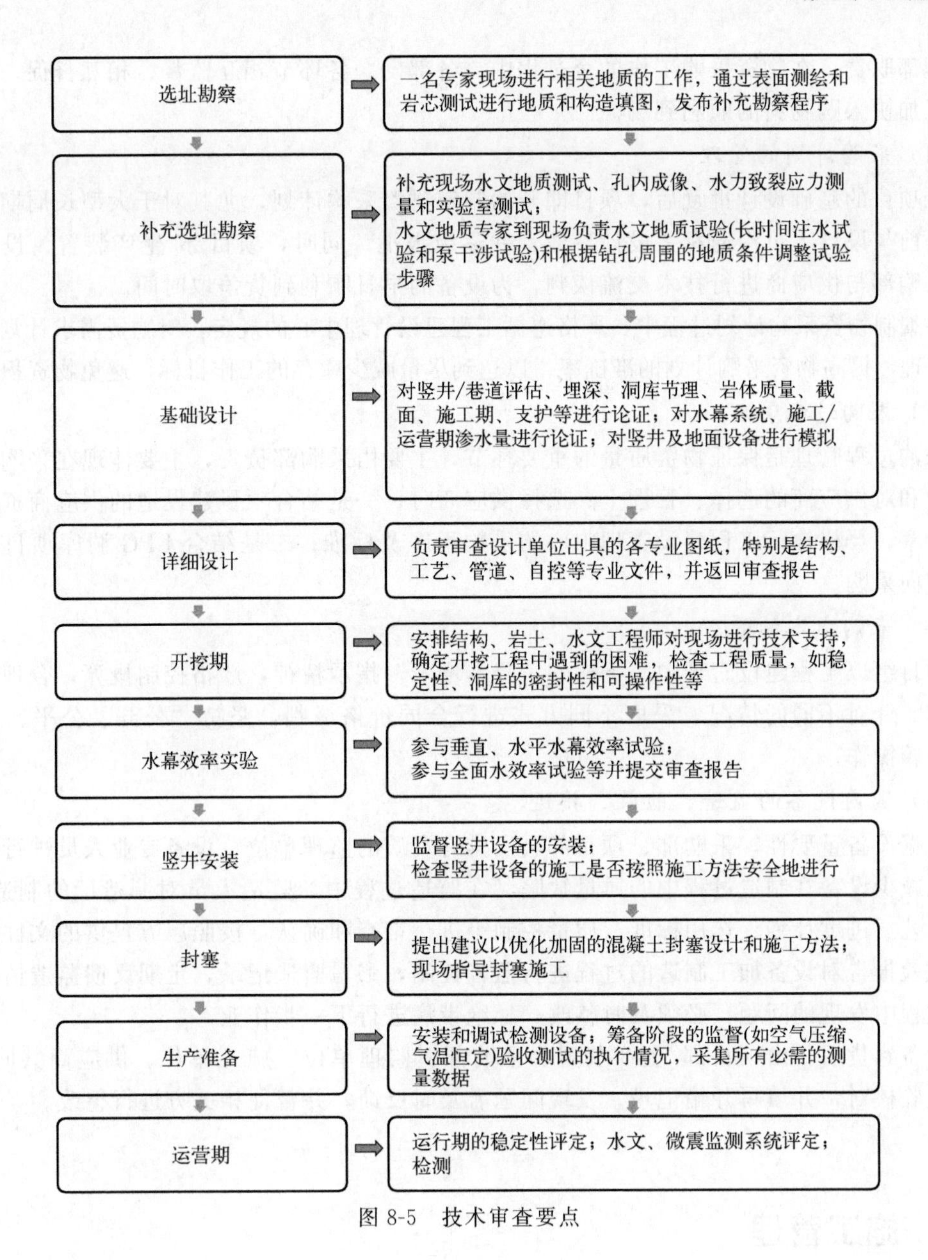

图 8-5　技术审查要点

8.3 采购管理

万华 LPG 洞库项目的采购管理工作是由采购部、设备管理部、LPG 洞库项目部、生产装置等多个部门联合完成的，各部门权责明晰，分工合作。采购管理工作始终以“打造优质洞库工程”为准则，反复优化采购方案，节约投资，优化成本，同时确保各项物资到货的及时性，以保证 LPG 洞库项目的顺利进行。

项目部设置一名采购管理专员，采购部安排专人对项目部的采购管理工作进行支持；会同各相关部门制定项目的采购计划；负责非设备类采购物资的提报及接收货；跟催采购物资的实施计划，并适时组织会议推进；负责组织剩余物资的协调退库工作；督促采购部完成采购管理部职责。在物资采购工作的全过程中，各部门、各环节相互监督、相互督促、同心协力，以加快采购物料的顺利到场。

（1）采购计划的管理

在项目的基础设计批复后，项目即开始制定物资采购计划，尤其对于大型长周期关键设备应提前与设计人员沟通相关设计参数，并逐级报批；同时，项目部/生产装置、设备管理部、采购部与供应商进行技术交流谈判，为设备的早日顺利到货争取时间。

在编制物资采购计划过程中，严格遵循工程建设管理中心的规定，对物资需求计划进行有效的管理，提高物资采购计划的准确率，以达到尽量减少库存的工作目标，避免物资积压。

（2）采购过程管理

采购过程管理是保证物资质量的重要环节，主要由采购部负责，主要体现在采购程序的执行上和对供应商的选择、管理上。选择供应商时，一是结合项目建设地的供应商资源进行现场考察，严格执行工程建设管理中心的采购程序及标准；二是结合 LPG 洞库项目的特点定点定向采购。

（3）采购成本的管理

项目组以工程建设管理中心下达的“降本增效”指示精神，严格控制概算，合理优化采购成本。针对不同的情况，采取不同方式进行合同价格谈判，坚持“公开、公平、公正”，杜绝暗箱操作。

（4）国内设备的监造、验收、接运

根据设备重要性，采购部、项目部会安排有资质的监理单位、设备专业人员进行驻厂监造，以减少设备在制造过程中的质量缺陷。在监造过程中，监造人员对制造厂的制造方案、焊接工艺、进度计划、选用标准、质量控制等进行审查和确认，按照厂方提供的文件资料和检测试验报告对设备加工制造的过程进行监督控制，书写监造记录，定期反馈监造情况。对监造过程中发现的问题，必须及时整改，杜绝带病进行下一步作业。

设备到货后，由项目部/生产装置、采购部、监理单位、施工单位、供应商共同参检，认真检验核对，并填写开箱记录。发现问题需及时反馈，并督促相关方进行整改。

8.4 施工管理

项目采用 E＋P＋C＋监理＋第三方支持服务的管理模式。项目部总体把关，监理单位全过程监理控制，第三方技术服务单位全程配合，共同进退。项目建设过程中，勘察、设计、施工、监理、第三方支持服务单位、项目部及工程管理部、HSE 部、设计管理部、采购部等职能部门各司其职，又紧密相连，为 LPG 洞库的顺利完成提供了有力保障。

在 LPG 洞库项目的建设过程中，始终以“四控、两管、一协调”的管理原则，紧抓各项重点，逐步形成了以安全为天、质量为先、抢进度、降成本、善管理为主的管理理念。努力健全、完善承包商的管理体系，增强项目管理团队自主管理能力。提升项目管理团队的自主管理应首先提高主要管理人员的自主管理意识，自上而下逐级增强管理意识，不断地提升业务和管理水平，以提高全员的自主管理意识。

LPG 洞库施工以地下工程为主体，施工过程中会采用大量的爆破施工、支护作业、高处作业，施工风险很大。项目部需做好施工管理工作。

首先，抓好项目的前期准备，包括施工组织设计（重点是人力、机具）、质量控制计划、HSE控制计划、设计交底、施工图审查、施工场地总体规划、开工条件确认等。

其次，做好项目的过程控制，安全/质量放在首位，充分利用监理的专业能力，留下影像资料；将一、二、三级项目计划层层分解落实，重要且紧急事项要适时制定日计划，且按要求反馈完成情况；严格审核签证的合理性，及时借鉴已完工项目的优化措施，降低成本；严格落实合同的各项条款；抓好过程资料的同步率（不得低于80%），确保资料的真实性；设计、监理、勘察、施工、专家咨询等各方人员有效沟通对接；做好监理人员的考勤/考核管理等；做好项目总结、管理措施总结、概算与结算对比分析，供后期借鉴。

同时，还要制定科学有效的管理措施。针对LPG洞库的施工特点，项目部督促施工单位设置了VR体验馆，让参建人员身临其境体会各项风险危害，需要采取的应对预防措施及安全逃生方法，制定了一系列的管理制度：

① 周检查制度：每周组织一次高级检查、一次专项检查，形成专题检查报告；

② 风险预判制度：每月25日前召开下月安全/质量隐患预判分析会，制定相应对策；

③ 季度审计制度：要求每季度对承包商进行安全/质量审计，形成审计报告，并及时督促整改；

④ 制定问题标准整改集：针对洞库施工特点，项目部对安全用电和文明施工做出了具体的错题整改集，并严格执行，有效地提高了安全用电和文明施工的规范性；

⑤ 季度应急演练制度：每季度完成一次针对性的应急演练；为应对洞内交通风险，督促编写了机具、车辆管理规程，主要规范出渣车辆、入洞作业车辆行驶标准及车辆检维修内容；

⑥ 问题协调解决机制：为避免长周期设备影响工程施工进度，项目部每月定期组织机电仪、设计、采购专题会议，督促长周期设备按期到货；

⑦ 领导夜巡制度：项目部、监理总监、施工单位骨干管理人员每天不少于1人次的夜间检查制度；

⑧ 现场问题必须在24小时内解决，所有管理人员必须24小时开机，出现问题必须当日出具解决方案；

⑨ 对比先进找差距：组织监理和施工单位到外单位学习管理经验和优秀做法，找出不足之处进行改进，使整体管理上新台阶。

引入高水平监理公司，借用高素质专业监理人员的技术素养和管理经验，对项目建设施工进行监督管理，提升项目施工管理人员建设管理水平，协助施工单位提高自主管理能力，督促施工单位按照设计文件、相关规范、规定及相关法律进行施工，达到预期目的。项目部不干预和影响监理人员的正常工作，支持监理人员本着“公平、独立、诚信、科学”的监理准则开展建设工程监理与相关服务活动。项目部按照工程建设管理中心的有关管理规定对监理进行考核，及时更换不称职的监理人员。对于监理公司未认真履行监理职责，出现工程质量问题、安全问题的按照相关质量和安全管理奖惩规定进行处罚；造成工程质量事故和安全事故的，按照国家相关法律法规及合同，追究监理单位相应法律责任。

严把监理人员入场关，做到专业配套、人员数量、专业素质、技术水平等满足监理工作的需要，并经项目部及万华相关人员面试后方可入场。及时审批监理规划及各专业的监理细则（包括监理旁站和平行检验计划），定期检查执行情况。在每个主项专业工程开工前，协助监理对施工单位相关管理人员进行监理技术交底，明确质量要求和控制重点、难点及检查验收点，同时联合监理对施工单位内部的技术交底进行见证。

施工单位入场时，必须建立健全项目组织机构，对现场主要管理人员的能力和业绩进行重点审查，对项目的主要人员（项目经理、施工经理、技术负责人）进行面试答辩，一旦入场不得更换。施工过程中对项目施工单位的管理人员进行定期考核，对不能满足要求的人员予以清退更换，确保项目的管理到位。

8.4.1 安全控制管理

（1）LPG 洞库工程安全管理思路

依据工程建设管理中心的安全管理要求，项目部采取了符合 LPG 洞库项目的安全管理方法。

HSE 管理文化方面，强调管理层有责任带领并发动全体员工来实现健康、安全的目标和指标；要求各级主管要明确 HSE 职责，保障所需的资源，展示良好的 HSE 行为，通过有效的双向沟通、考核、审查来不断改善工程管理的 HSE 业绩。

领导承诺方面，要求管理层做出明确的、公开的、文件化的 HSE 承诺，设立明确的、公开的、文件化的 HSE 方针、目标，建立明确的 HSE 指标，确定人员职责和业绩考核办法，分配相应的资源，确保 HSE 指标的实现，在业务发展和决策中应充分考虑 HSE 的要求，组织建立文件化 HSE 管理体系，强有力地推行落实，并持续改进。

鼓励全员参与，明确每个单位的安全区域和区域安全责任，向员工明确“安全是我的责任”，鼓励每位员工积极参与到 HSE 活动中。同时每位员工都要进行安全承诺，有责任参与风险分析、程序制定和事故调查，进行安全稽核，参加安全检查，上报安全隐患和事故，积极参加各种 HSE 培训，提高员工自身的 HSE 技能。

践行安全质量稽核，借助安全质量管理系统平台，每位员工可以将现场发现的违章情况录入安全质量管理平台，责任方会根据录入的违章信息进行现场整改，并将整改图片上传至安全质量管理平台，关闭违章项，实现违章信息的闭环管理，同时管理人员随时能够调取违章信息，作为工程安全管理的经验进行分享。

实施绩效考核管理制度与奖罚管理制度相结合，项目部带领监理及施工单位完成项目 HSE 考核任务，在 HSE 管理的全过程实施奖罚考核，按照 HSE 奖罚管理程序对承包商进行奖罚管理。结合日常行动指标、综合行动指标进行综合排名，奖优罚劣。

每周召开周安全例会，每月召开月度安全例会，根据需要组织专题会议，解决施工中存在的违章情况、预控措施、施工难点、安全管理要求等。

建立应急响应制度，一旦发生事故，第一时间启动应急预案，抢救受伤人员，保护现场，组织事故调查，本着四不放过的原则，处理事故，吸取事故教训，并将之转化为施工经验。

LPG 洞库项目工程安全管理重点及难点有：爆破作业、高处坠物、高处坠落、吊装伤害等高风险作业。

（2）施工安全风险分析

项目风险分析主要采用 LECD 危害辨识与危险评价法，其简化公式：

$$D=LEC \tag{8-1}$$

式中 L——发生事故的可能性大小；

E——暴露于危险环境的频繁程度；

C——发生事故造成的后果。

发生事故的可能性大小（L）。事故或危险事件发生的可能性大小，当用概率来表示时，绝对不可能的事件发生的概率为 0；而必然发生的事件的概率为 1。但在作系统安全考虑时，绝对不发生事故是不可能的，所以人为地将“发生事故可能性极小”的分数定为 0.1，而必然要发生的事件的分数定为 10。介于这两种情况之间的情况指定了若干个中间值，如表 8-1 所示。

表 8-1　发生事故的可能性（*L*）

分数值	事故发生的可能性
10	完全可以预料
6	相当可能
3	可能，但不经常
1	可能性小，完全意外
0.5	很不可能，可以设想
0.2	极不可能
0.1	实际不可能

暴露于危险环境的频繁程度（E）。人员或设备出现在危险环境中的时间越多，则危险性越大。规定连续暴露在此危险环境的情况定为 10，而非常罕见地出现在危险环境中定为 0.5。同样，将介于两者之间的各种情况规定若干个中间值，如表 8-2 所示。

表 8-2　暴露于危险环境的频繁程度（*E*）

分数值	暴露于危险环境的频繁程度
10	连续暴露
6	每天工作时间内暴露
3	每周一次，或偶然暴露
2	每月一次暴露
1	每年几次暴露
0.5	非常罕见的暴露

发生事故可能造成的后果（C）。事故造成的人身伤害变化范围很大，对伤亡事故来说，可从极小的轻伤直到多人死亡的严重结果。由于范围广阔，所以规定分数值为 1～100，轻伤规定分数为 1，造成十人以上死亡的可能性分数规定为 100，其他情况的数值均在 1 与 100 之间，如表 8-3 所示。

表 8-3　发生事故可能造成的后果（*C*）

分数值	发生事故可能造成的后果
100	10 人以上死亡
40	2～9 人死亡
15	1 人死亡
7	伤残
3	重伤
1	轻伤

危险性分值（D）。根据式(8-1) 就可以计算作业的危险程度，但关键是如何确定各个

分值和总分的评价。根据经验，可参照表 8-4 方法进行危险等级的划分，但应注意危险等级的划分是凭经验判断，难免带有局限性，不能认为是普遍适用的，应用时需要根据实际情况予以修正。

表 8-4　危险等级划分（*D*）

D 值	危险程度	危险等级
＞320	极其危险	5
160～320	高度危险	4
70～＜160	显著危险	3
20～＜70	一般危险	2
＜20	稍有危险	1

重大危险的鉴别和评价是制定安全管理制度、预防措施的基础，可从以下几个方面来确定重大危险：①评价人员的定性、定量判断，不符合法律、法规和其他要求的；②相关方有合理抱怨和要求的；③曾经发生过事故，且未有采取有效防范、控制措施的；④直接观察到可能导致事故的危险，且无适当控制措施的；⑤依据作业条件危险性评价的结果，属于显著危险及其以上级别的危险。

对整个项目施工过程进行危险评价，将 *D* 值超过 70 以上作为重大危险进行控制，具体识别过程如表 8-5。

表 8-5　重大危险源评价表

序号	工序/部位	危险源	诱发因素	风险值 *D*＝*LEC*			
				L	*E*	*C*	*D*
一、开挖施工							
1	开挖作业	坍塌	超前地质预报不及时或支护措施不到位	3	6	7	126
2	开挖作业	掉块伤人	排危找顶不彻底或支护不及时	6	6	7	252
3	爆破作业	火工品爆炸	残眼司钻、装药作业不合规或现场临存不规范	3	6	15	270
4	爆破作业	放炮伤害	爆破安全距离不足或爆破区域周边安全警戒防护不到位	3	6	7	126
二、支护作业							
5	锚杆装设	高处坠落	人员高处作业安全带系挂不规范或平台车设备故障	3	6	7	126
6	锚杆装设	物体打击	上下垂直交叉作业或平台车吊篮内工具、材料未固定放置	3	6	7	126
三、车辆运输作业							
7	车辆运输	车辆伤害	行车时对周边环境检查确认不到位、违规违章驾驶或车辆带病运转	3	6	7	126
8	车辆运输	机械伤害	车辆检维修安全措施落实不到位	3	6	7	126
9	车辆运输	车辆倾翻	行车安全环境确认不到位	3	6	7	126
四、竖井(泵坑)开挖							
10	人员上下作业面	高处坠落	爬梯设置不规范或劳动防护用品、防坠器材使用不规范、吊桶钢丝绳不合规、绞车带病运转、安全带系挂不规范、违规搭乘吊桶	6	6	7	252

续表

序号	工序/部位	危险源	诱发因素	风险值 $D=LEC$			
				L	E	C	D
11	出渣作业、材料吊运	起重伤害	起重吊装设备带病运转、吊装作业未设专人指挥、吊装作业不规范	3	6	7	126
12	司钻作业、扒渣作业	人员坠入导井	导井口安全防护措施不到位、扒渣作业环节人员安全带系挂不规范	6	6	7	252
13	爆破作业	火工品爆炸	火工品上下运输不规范、残眼司钻、装药不合规	3	6	15	270
14	爆破作业、扒渣作业	物体打击	竖井内爆破作业或扒渣作业主洞内竖井区域安全警戒防护不到位	3	6	7	126
五、竖井钢结构及管道安装							
15	竖井钢结构及管道安装	高处坠落	爬梯设置不规范、劳动防护用品及防坠器材使用不规范、吊桶钢丝绳不合规、绞车带病运转、安全带系挂不规范、违规搭乘吊桶	6	6	7	252
六、其他							
16	临电作业	触电	临电线路设施设置不规范、人员劳动防护用品未能规范使用、违规检修作业、非专职电工进行临电作业	3	6	7	126

针对以上作业过程识别出的重大危险，形成重大危险源清单。

(3) 施工过程安全管理

LPG洞库施工中涉及开挖的分项工程有施工巷道、水幕巷道及主洞室开挖，采用人工和台车两种方式开挖。结合LPG洞库开挖施工过程特点，项目部与监理单位应做好联合检查：

① 作业人员是否经过承包商培训并考核合格后上岗；

② 是否进行作业前的安全讲话及安全风险和注意事项进行安全告知；

③ 开挖作业区域是否存在危石、残药、盲炮，水、电、作业机具、设备是否处于安全使用状态；

④ 作业台车是否处于安全的使用状态；

⑤ 支护、喷浆是否采取了合格的安全措施；

⑥ 作业面照明是否满足安全施工要求等。

在竖井及泵坑关键工序安全管理方面，应检查：

① 井架是否合格，搭拆过程是否做好安全措施，并做好验收工作；

② 井口及周边的安全设施是否到位；

③ 爆破通知，爆破前的安全疏散及爆破期间的警戒、防护是否到位；竖井内作业环境是否合规；人员通道及防护措施是否到位；

④ 施工风险源是否全部排除，如是否存在危石、残药、瞎炮、盲炮；支护是否到位；是否配备起重指挥，并全程指挥作业；

⑤ 装运渣是否满足安全管理。

（4）爆破作业安全管理

LPG洞库开挖均采用钻爆法施工，火工品使用量大、安全风险高，且施工高峰期爆破作业面多，存在交叉现象。爆破作业过程安全管控不到位极易引发人员重伤及以上安全事故发生，爆破安全风险是施工过程管控的重点。重点管控：爆破作业人员是否取得爆破作业人员许可证；临时炸药存放点的合理性，是否经地方公安机关同意；爆破器材的存储、发放、退库、登记工作是否规范管理；爆破器材加工是否设置安全措施及临时存放是否安全；爆破期间的安全措施是否到位及盲炮、哑炮处理方案；爆破后的通风处理是否合规；火工品的回收与销毁。

（5）交通运输安全管理

洞库施工时，出渣作业相对集中，高峰时能达到400余车次/d。此外，用于施工的混凝土罐车、交通运输车、轻型载货汽车、工程指挥车等众多车辆在洞库内频繁通行，且施工巷道为长下坡（设计10%纵坡），行车环境复杂，存在极大交通安全风险。为有效防范和遏制交通安全事故的发生，项目部和监理单位需做好如下安全管理，包括：车辆驾驶人员证件是否合规，车辆检查是否合格并取得机具合格证；交通巷道内的安全设施（防撞堆、安全警示标志、广角棱镜）及照明是否合规；通行车辆是否满足车辆通行管理规定，是否存在违规驾驶情况；车辆检维修制度执行情况；事故及紧急情况处理方案等。

（6）施工用电安全管理

LPG洞库施工过程中，中、大型用电机械设备多，施工高峰期作业面多，现场临电线路、设施布设复杂，用电安全风险贯穿整个施工过程，电力线路、设施安全保障工作至关重要。要求重点确认：施工组织设计是否有效执行；电工作业人员是否经专业机构培训并考核合格，持证上岗；安全用电警示标识是否合格；现场临电设施放置区域是否配备灭火器；总配电箱、分配电箱、开关箱设置是否满足要求；电缆设施是否合规；施工现场机械设备、手持式电动工具及其用电安全装置是否符合标准、规定；现场临时用电设施及电线路是否有专职电工负责。

（7）高处作业安全管理

LPG洞库施工中人工开挖、风水管路及电线路安装、锚杆安装及注浆、主洞掌子面装药、设备安装、钢结构/管道安装等涉及高处作业，为有效防范和遏制洞库施工中人员高空坠落事故的发生，应对施工作业人员身体状况、业务熟练程度、施工期间的安全管理措施重点关注。

（8）起重作业安全管理

起重作业风险较高，应重点关注以下几方面：人员是否持证上岗，工作服是否合格；作业前的机具/设备检查是否到位；起重吊装作业过程是否规范；严禁使用起重机械吊运超载或重量不清的物件或埋置物体。

（9）作业许可管理

根据万华作业许可管理制度，结合LPG洞库施工的实际情况，竖井正挖阶段按受限空间作业进行管理应严格执行作业许可管理；现场爆破作业频繁、爆破安全风险大，应严格执行作业许可管理。

① 竖井开挖作业许可管理。竖井施工人员、现场负责人、作业监护人需经施工单位安全管理部门专项培训，了解掌握受限空间作业存在安全风险、防范措施、管理制度及应急救

援常识。竖井正挖阶段作业，现场应明确现场负责人、监护人及作业人员安全职责。竖井正挖阶段施工作业须严格执行“先通风、再检测、后作业”的原则，检测指标包括氧浓度、易燃易爆物质（可燃性气体）浓度、有毒有害气体浓度，检测结果应当符合相关国家标准或者行业标准的规定。未经通风和检测合格，任何人员不得进入竖井施工作业面。检测的时间不得早于作业开始前30min，气体浓度检测人员现场检测中须做好安全防护措施，检测人员应如实记录气体检测数据，并存档备查。竖井正挖阶段施工必须落实地面监护人，在无监护人的情况下，严禁擅自进入竖井施工作业。竖井正挖施工作业前需认真分析存在安全风险，落实安全防范措施，填写作业许可证，将气体检测结果如实填写在作业许可证上，经监理单位检查验证，签字后方可进行施工作业，并将签字审批后的作业许可证公示于作业现场。作业许可证有效期12h，超过时间需重新进行审批。竖井作业人员下井前应如实填写受限空间作业登记表。作业监护人应与井底作业人员通过对讲机保持密切联系，确保井底作业面一旦发生任何紧急情况，地面能够立即采取措施响应，作业监护人严禁擅自离岗。作业中应定时对竖井内气体进行检测，至少每2h检测一次。如检测分析结果有明显变化，应立即停止作业，撤离人员，对现场进行处理，分析合格后方可恢复作业。监护人员不得进入井底作业面救人。

② 爆破作业许可管理。爆破员、爆破安全员均须经施工单位安全管理部门培训交底，掌握了解爆破器材危险特性、施工中安全防范措施及应急常识。爆破作业前认真分析存在安全风险，填写作业许可证，落实现场安全防护措施，经监理单位检查验证，签发作业许可证后方可进行作业，作业许可证有效期1天。爆破器材现场临时存放、装药作业区域须由爆破安全员设警戒线并进行监护，警戒范围内不允许非涉爆人员进入，且无其他交叉作业。爆破安全员对火工品现场临时存放规范性、装药作业合规性进行监督检查，及时纠正存在的不足。装药完毕起爆前须由爆破安全员对警戒范围内人员疏散、撤离及人员警戒防护情况进行检查确认，无异常方可通知起爆。爆破作业完毕通风15min后，由爆破员、爆破安全员一同对起爆点爆破效果、残药/盲炮情况进行检查确认，无异常方可结束作业。

（10）职业健康环境管理

LPG洞库在施工作业中会产生粉尘、噪声、震动等职业危害，同时也会产生大量的污水，污水处理措施不当，将对周边环境造成影响，必须处理达标排放。为强化施工过程管理，降低施工中作业人员的职业危害，同时做到环境保护，项目部和监理单位的管理重点如下：

① 现场作业人员须严格执行入职体检，无职业禁忌证方可安排入职。

② 上岗前经施工单位HSE部职业健康教育培训、交底，掌握了解施工中职业健康有害因素及防护措施。施工单位须根据不同工种存在职业危害因素为作业人员配备符合规范、标准要求的劳动防护用品，结合现场实际情况制定劳动防护用品发放标准，建立作业人员劳动防护用品卡片，做好及时发放、登记工作。

③ 施工单位应组织现场作业人员开展劳动防护用品规范佩戴培训教育工作。

④ 根据洞库施工环境实际情况，施工单位应完善配备通风除尘设备、设施及日常职业危害因素监测设备设施，落实专人负责职业健康有害因素的监测工作，结合监测数据做好通风除尘设备的运行管理，确保洞库内施工环境满足规范标准。

⑤ 施工单位根据现场情况合理优化施工工艺，降低施工中产生的粉尘、噪声、震动，并结合现场实际情况采取洒水降尘措施。

⑥ 施工单位根据万华工业园环境管理要求，结合洞库施工中污水排放量，完善现场污水处理设施及监测仪器配备，落实专人做好施工过程污水监测、排放管理工作。污水集中沉淀、排放区域须设置专人负责管理，及时对污水中悬浮杂物、油污等进行清理，定期对沉淀池内淤积沉淀物进行清理，防范堵塞抽排设施。

⑦ 污水排放应每周提交污水排放申请，并将污水试样送检，经检测达到污水排放标准，方可通知现场进行排放；严禁未经许可，随意排放至雨、污管网。污水监测人员每周对污水取样检测不少于 3 次，发现污水指标变化幅度较大时，应及时反馈现场或污水处理中心分析原因并及时处理。

（11）事故及应急安全管理

LPG 洞库施工中存在诸多安全风险，过程管控措施落实不到位极易引发安全事故发生。为确保施工中一旦突发安全事件，现场能够迅速反应、高效响应，将突发事件造成后果和影响降至最低范畴，结合应急管理规定及 LPG 洞库项目特点，采取如下管理措施：

① 要求施工单位根据洞库施工中存在安全风险制定综合应急救援预案、专项应急救援预案及现场处置方案，报送监理单位、项目部审核、批准；

② 要求施工单位建立健全现场突发事件应急指挥机构、响应机构，落实到具体人员并明确责任，确保突发事件发生时能够迅速响应；

③ 要求施工单位应定期组织管理人员及施工一线作业人员开展事故应急救援预案的培训、教育工作，使管理人员及施工一线作业人员熟知、掌握应急救援体系和应急救援应知应会常识；

④ 要求施工单位结合施工推进存在安全风险情况适时组织应急救援演练，应急救援预案中各应急响应小组全员参与演练，对演练过程进行总结，演练中各响应环节存在不足及时调整预案，确保预案的可运行性；

⑤ 要求施工单位在现场公示施工中突发事件上报及响应流程（图 8-6），确保每一名人员均熟知突发事件响应流程。

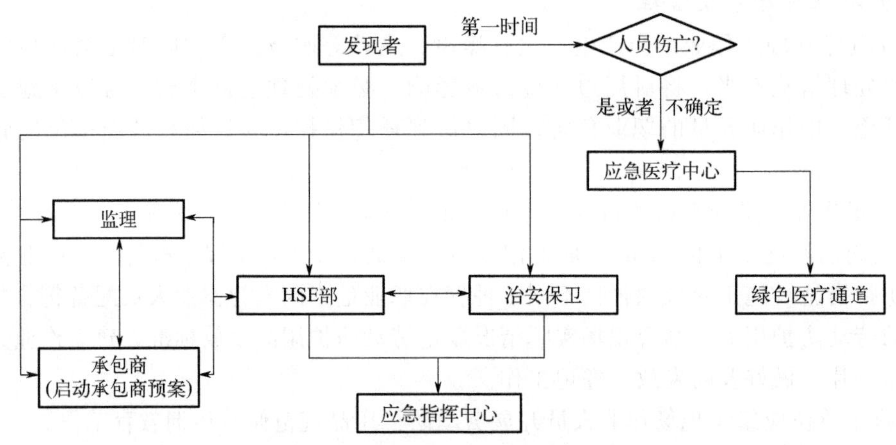

图 8-6　突发事件上报及响应流程图

⑥ 要求施工单位高度重视施工生产过程中的每一期可记录安全事件，认真分析事件发生原因、责任人，形成事件分析报告，并严格按照“四不放过”原则追究至相关人员。

（12）安全管理提升措施

LPG 洞库的建设可采取的主要安全管理提升措施如下：

① 施工过程中产生的污水量较大，要求进行污水分级处理，并将处理后的水用于洒水降尘或地基处理使用，剩余的污水则通过管道输送至废水处理厂进行废水处理；

② 土石方避免堆放在洞口附近，可直接从洞内运至弃渣场，避免二次转运；

③ 散装水泥输送进水泥罐时，要求在水泥罐上安装使用除尘器，消除粉尘，避免引起环境污染，影响健康；

④ 在出渣口周边设置洗车台，保证车辆清洁上路；

⑤ 收集施工中产生的废油、废桶，优先进行二次利用，不能利用的交给专门的废油处理单位；

⑥ 进行地质素描后要求尽快喷射一层 3cm 左右的钢纤维混凝土，避免落石风险；

⑦ 严格管控制作的配电箱，未经验收合格严禁使用，迎爆破方向增加一层护壁，增加运输用吊耳及托运用钢丝绳，同时外购成品配电箱消除用电配电箱的不规范行为；

⑧ 临时炸药库房收发火工品，要求双人双锁，在实际执行时要求培训 3～5 名火工品仓库管理人员，避免人员不足导致违规操作；

⑨ 在交通巷道内，用防护栏杆将人行道单独隔离，做到人车分流，减少交通事故率。

8.4.2 质量控制管理

LPG 洞库项目管理执行了万华化学工程建设管理中心为工业园质量管理编制的质量管理手册、多个管理程序及各专业的质量管理规定。万华化学质量控制管理体系如图 8-7。

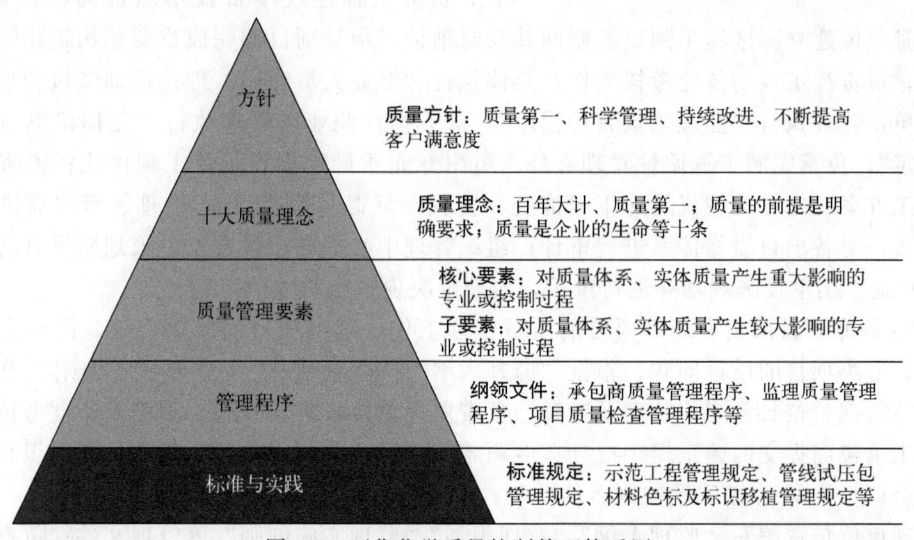

图 8-7　万华化学质量控制管理体系图

LPG 洞库项目部也针对 LPG 洞库的施工特点专门制定高质量管控方案。

（1）质量管理组织机构

万华化学实行以施工单位为施工主体、项目部/监理为管理主体、质量管理部门监督、支持的管理模式，见图 8-8。

项目内实行以施工单位等承包商为质量管理主要责任单位、监理单位为质量管理次要责

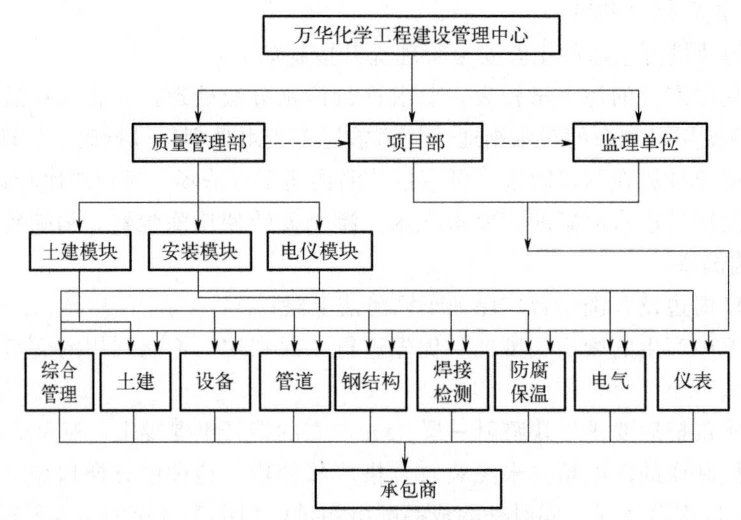

图 8-8 公司质量管理组织机构图

任单位、项目部为质量管理主体的管理模式，见图 8-9。

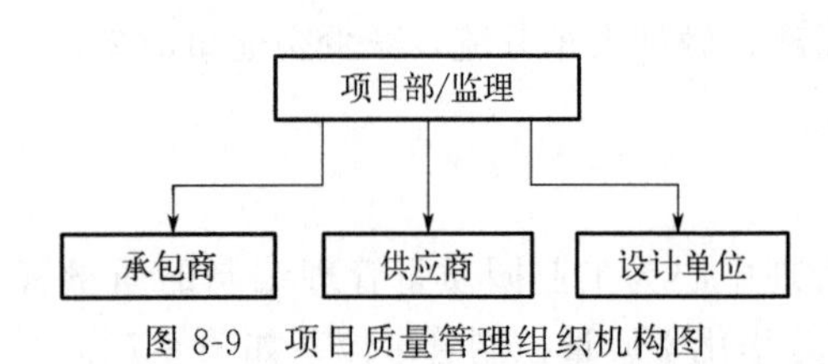

图 8-9 项目质量管理组织机构图

(2) 质量管理职责

质量管理部门，负责办理重要建构筑物施工许可手续，组织建构筑物中交、竣工验收和工程竣工备案工作；负责工程建设政府主管部门及周边公共关系维护，协调项目用地、场平等相关事宜；负责工程建设项目技术质量问题协调解决；组织测量单位建立园区施工测量控制网并及时维护，指导项目部完成重要建构筑物的定位放线验收；负责焊工入场技能考核工作，具体执行“专业人员实操、理论培训考核管理规定”；对监理单位管理执行“监理质量管理程序”；对无损检测业务管理执行“无损检测质量控制管理规定”；负责编制工程质量管理文件，组织专业质量检查和示范工程评比；审查各专业重大施工方案，指导关键或特殊工程检查和验收；负责对各项目部/监理、承包商进行质量评比考核，对各项目质量体系进行审计；组织管理中心季度质量会议，策划质量月活动；负责 10kV 施工用电设施规划和运行维护，协调解决项目临时水电事宜。

LPG 洞库项目部负责统筹项目的质量管理工作，组织项目的质量会议，图纸会审、技术交底，解决项目的质量问题；审批“监理大纲”“监理规划”“监理实施细则”等管理文件；统筹监理单位日常工作管理及考勤；负责监理单位日常、月度、季度及年度考核；组织审批施工承包商提交的施工组织设计、专项施工方案、单位工程开工报告，并组织召开第一次工地会议；参与 A 级质量控制点的验收；质量事故的上报及配合处理。

监理单位负责编写“监理大纲”“监理规划”“监理实施细则”等管理文件；负责对承包商资质、施工组织设计、开工报告等报验资料的审核；定期召开监理例会，组织质量检查，进行 A、B 级质量控制点的验收，参与设备开箱验收，负责见证取样，组织分部分项、单位工程验收；负责现场无损检测点口，签发无损检测委托单，进行过程协调；发送监理联系单、监理通知单，监督承包商对质量问题进行整改并回复；报送质量周报、月报；组织“三查四定”、中间交接验收工作，签署相关文件；整理工程建设的监理文件，并组织移交，参与项目的竣工验收，完成建设单位委托的相关工作。

施工单位是工程建设主体，对建设质量负主要责任。施工单位资质、施工单位人员资质、施工单位人员配置应符合国家法律法规和合同要求；参加图纸会审、设计交底、技术交流等活动；施工单位应编制施工组织设计、施工方案、质量计划等管理文件，对施工人员进行技术交底，负责特种设备的安装告知和监检报验，负责“三查四定”尾项整改，参加中间交接、组织编制和移交竣工资料；施工质量控制计划的具体实施。

第三方负责审核施工单位编制的施工方案，配合编制可行性方案；负责勘察、水文、地质分析，对后续施工提出建设性意见；按照项目部安排完成各项工作（勘察、水文、地质）的质量控制。

(3) 质量管理实施

质量管理主要包含质量计划编制、质量保证、质量控制三个过程。严格把好质量关，坚持“百年大计，质量第一”的方针，切实做到：勘察、设计、水文、地质、施工有机结合；LPG 洞库项目部、勘察单位、设计单位、施工单位、监理单位、第三方技术服务单位、采购部、供应商在质量管理方面各负其责，打造质量至上、本质安全、符合设计的优质工程。

LPG 洞库项目的施工管理应重点突出监理的管理作用，督促其依照法律、法规以及有关技术标准、建设工程监理规范、设计文件，并代表建设单位对施工质量实施监理，对施工质量承担监理责任。项目部也应对监理工作进行考核，指导项目监理机构有效地开展监理工作。

建立健全质量保证体系。主要包含：

① 针对 LPG 洞库工程需要，选择有丰富 LPG 洞库施工经验的监理、施工人员担任项目主要管理人员；

② 将监理、施工单位的职能与其质量管理职责紧密结合起来，从原材料购置、现场施工、宣传教育、财务核算等各方面保证工程质量；

③ 责成施工单位成立质量管理委员会，层层分解落实质量责任指标，为工程质量提供全面保障；

④ 明确施工准备阶段的要求，对监理、施工单位进场后开展的质量相关工作进行要求、规范；

⑤ 开展全面的质量教育活动，树立“百年大计、质量为本”的质量意识；

⑥ 积极开展 QC 小组等质量管理活动，并组织示范工程、优秀做法参观，对施工质量提出具体要求；

⑦ 为规范 LPG 洞库地面的质量，项目部均采用了万华工业园制定的各专业统一管理规定，便于实施管理、控制、考核；

⑧ 编制各专业的质量管理考核标准的文件，并定期进行考核。

(4) 主要质量控制点

① 材料的质量控制。对进场的原材料质量严加控制。所有原材料都必须按公司质量体系文件进行检验，并在使用前报送监理审查，未经检验合格的原材料，不得投入使用。

② 工程管理的质量控制有：

a. 施工单位设专职质检员，施工班组设质检员。施工过程严格坚持“三检制”，初检、复检合格后，项目部专业工程师积极参与检查验收；

b. 项目部每周组织一次质量检查，每月组织一次全面质量检查，并实行严格的评分制，召开相应的工程质量总结分析周、月、季例会；

c. 发现违反施工程序，不按设计图纸、规范、规程施工，使用不符合质量要求的原材料、成品和设备时，立即进行处罚，并组织整改；

d. 正确处理进度与质量的关系。在施工过程中，正确处理进度与质量的关系，将“进度必须服从质量”作为首条标准，绝不因为抢工期而忽视质量；

e. 建立施工质量预警机制。针对 LPG 洞库项目的施工特点，建立预警机制。

(5) 施工质量管理目标

施工质量管理目标为：重大质量事故为零；工程质量合格，符合国家、行业工程建设规范要求；乙供材验收合格率 100%；重要工序验证率 100%；质量验评，单位工程的质量合格率 100%；焊接一次合格率 98%以上；按标准规范要求须复验的设备、材料，复验率 100%，错用或使用不合格设备、材料为零；国家施工质量相关强制法规执行率 100%。

(6) 质量管理程序

在质量管理程序上，强调隐蔽工程和中间验收。经监理单位和项目部验收，工程质量符合标准、规范和设计图纸等要求，验收后尽快签字确认。加强 A 级质量控制点验收，A 级质量控制点为重要的质量控制点即停止检查点，未经检验合格，不得进入下道工序施工，由项目部、监理、施工单位共同检查、确认。

凡是工程质量不合格，必须进行返修、加固或报废处理，造成直接经济损失低于 5000 元的为质量问题，大于 5000 元的为质量事故，按图 8-10 程序进行处理。

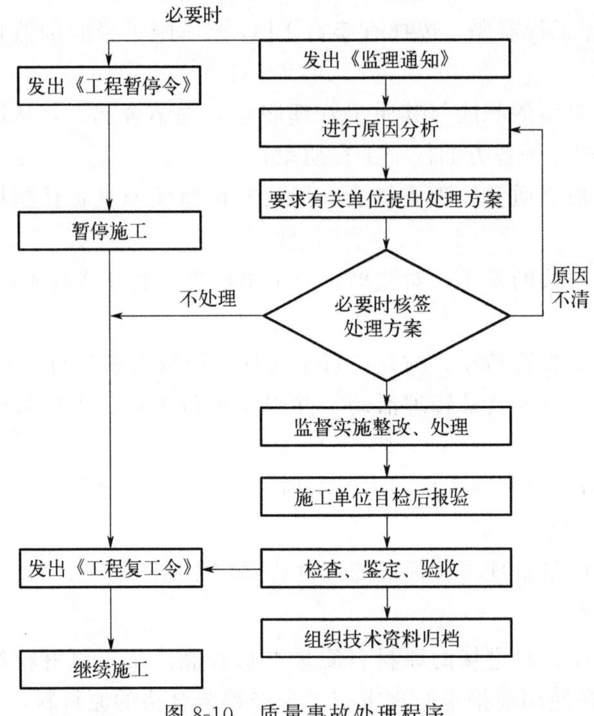

图 8-10　质量事故处理程序

质量问题、事故处理程序：

① 由勘察、设计原因造成的，施工单位负责处理，由此造成的费用增加、工期延误由建设单位先行负责，建设单位根据合同向勘察、设计单位索赔；

② 由材料、设备原因造成的，由材料、设备采购部门及施工单位联合处理，由此造成

的费用增加、工期延误根据责任划分；

③ 由施工单位自身原因造成的，施工单位自行处理，建设单位根据合同索赔因工期延误造成的损失；

④ 由监理、项目部管理失误造成的，施工单位负责处理，由此造成的费用增加、工期延误由建设单位负责，建设单位根据监理合同或内部管理制度追究相关责任人责任。

注重交工资料同步控制。施工资料应与工程施工同步，一方面施工技术人员在编制施工单位资料时就是熟悉图纸的过程，另一方面也是熟悉技术要求的过程。交工资料的表格中都明确了施工质量验收规范偏差等要求，监理审查资料也需要熟悉图纸和规范。

施工资料与工程施工的同步可以有效缩短中交后交工资料整理时间，确保中交后3个月完成竣工资料整理归档。

(7) 质量管理提升措施

为加快施工进度，并保证施工质量，在可能有较大出水的部位，要施做超前探孔，根据探孔的出水量情况进行超前注浆堵水。等到所有开挖结束后，再进行封塞处的键槽开挖。采用减少超爆或灌注水泥砂浆等方法来解决施工巷道拱架支护段喷射混凝土很难喷射密实的问题。竖井开挖采用正井法和反井法相结合的方式进行施工，在缩短工期的同时，能有效避免竖井失水过量。在超挖较大的部位，采用喷射混凝土进行回填，填的混凝土表面要做到顺接，不得出现喷射混凝土表面形状的明显突变，影响结构的稳定性。竖井口钢结构，在竖井口附近地面先整体焊接，验收质量合格后，再整体吊装到位，以解决作业空间限制、空气潮湿，导致焊接质量不佳的状况。采用更为可靠的异种钢焊接技术，严格控制好焊前预热和焊后热处理；加强焊条的烘烤和领回收及焊条和焊丝的质量监督，以保证热处理后的质量。

质量管控对策：严格按照设计图纸施工，保证测量、放样准确，采取有效措施做好点位标记。严格按照施工组织设计及安全技术交底施做，要求技术人员提前做好分部分项交底，保证交底下发的科学性、及时性和指导性，确保施工人员在现场具有可操作性。严格按照爆破设计方案布孔、司钻、装药、爆破开挖，保证孔深、孔距、角度、单孔装药量以及爆破网路合理性，确保爆破开挖成形质量，控制较大超欠挖现象发生，从而保证洞库自身稳定效果。从进场原材料上进行源头控制，要求使用的砂、石、水泥、钢纤维、速凝剂、钢筋等原材料必须符合国家和行业标准。保证初喷支护和复喷支护的及时性和有效性，确保喷混凝土支护的厚度和钢纤维混凝土质量。规范施做安装锚杆，保证锚杆孔垂直于岩面并按设计布设，保证锚杆长度和浆液饱满度，最终保证锚杆支护质量。及时对洞库围岩进行地质素描，并根据素描结果，对划层、断层、软弱围岩等地段进行加强支护处理。按要求做好超前探孔工作，保证探孔深度和循环次数，做好预报工作。规范做好注浆堵水和提前预注浆工作，避免地表水位沉降过快和洞库积水过多等现象发生。建立完善质量管理体系，保证技术监管力量，对爆破施工、竖井提升、封塞浇筑等重大重要施工方案须进行专家论证。

8.4.3 进度控制管理

(1) 进度保证措施

为保障LPG洞库项目的进度计划有效落实，项目的管理思路为层层落实、逐级负责。LPG洞库项目部与监理单位联合管理，每周组织一次进度对接会，查找制约因素，协调勘察、设计、采购、施工、第三方技术服务等单位，理顺各方关系，加快施工进度。

合理分配项目部进度管理职责，项目部配合工程建设管理中心编制项目的一、二级项目计划，统筹编制项目总进度计划、年度施工计划，安排、指导、协调和监督总体进度控制管理工作。监理单位协助项目部编制项目总进度计划，指导、协调和监督施工单位执行进度计划，签发下达纠正进度目标偏离的措施文件。施工单位主要负责建立符合要求的进度计划管理体系；负责编制、修改、更新、上报施工进度计划及其他进度计划，并保证其与项目总进度计划相吻合；执行监理下发的进度目标纠偏措施。

① 进度管理程序。项目实体工程开工前，施工单位根据合同及建设单位（项目部）的总体进度（一、二级项目计划）要求编制项目的总体进度计划，并根据监理批准的进度计划组织施工。找出项目的关键路径，关键路径分析是制定和控制项目进度计划的工具。

进度控制采取“周保月，月保年，年保总体”的分阶段保证体系，项目开工后，施工单位每月底编制下月月度施工计划报监理单位审批。

在每周一次的项目例会上施工单位汇报三周滚动计划，总结上周计划完成情况，查找制约因素，制定纠偏措施；安排本周工作进度；统筹下周工作安排，便于项目部协调设计、采购、友邻施工单位创造条件。

② 进度管理措施。建立进度控制目标体系，明确项目部、监理单位、施工单位的职责分工。建立工程进度报告制度，及时反馈进度数据。

组织进度协调会议，进行进度偏差分析，并做好纠偏措施。严把工程质量关，避免因施工质量造成的工程返工现象，加快工程建设进度。

（2）进度管理提升措施

为解决炸药供应不足的问题，优先选择附近有炸药库的供应商，提前修建临时炸药库，并配备炸药车，保证炸药供应的及时性。同时，现场常备施工用发电机，可临时用自发电继续现场施工，减少长时间停电造成的进度损失。配备车况良好的运输车辆，同时做好维修管理。设车辆维修车间，建立专门的车辆维修班组，以保证出渣车辆的稳定运行。

8.4.4 成本控制管理

项目成本管理过程包括设计估算、设计概算、成本预算、成本核算/结算等几个方面。力争做到总体项目费用不超过概算；在同类项目建设成本上国内领先；采购费用比同行业水平低2%以上。

LPG洞库的项目成本管理的主要措施有：建立施工单位费控管理程序，从资格预审、招投标、合同签署、开工前准备、施工过程、完工评估等各个环节进行全过程管理；建立设计概算管理相关程序或制度，设计单位依据基础设计文件及相关规定编制基础设计投资概算；建立施工图预算管理相关程序或制度，施工单位收到完整图纸后2个月内，按要求分主项、专业编制正式版施工图预算文件，经审核后作为进度付款及工程结算的直接依据；建立设计变更费用管理相关程序或制度，施工单位可分阶段或工程完工后分主项编制设计变更结算，经审核后作为工程结算的直接依据；建立施工签证管理相关程序或制度，施工单位应在签证内容施工完成后14d内及时办理施工签证，经审核后的签证费用作为最终结算费用；建立甲供材核算管理相关程序或制度，施工单位在编制和提交预结算文件同时编制并提交甲供材预结算文件，经审核后的甲供材结算量作为工程结算的直接依据；建立工程进度付款管理相关程序或制度，施工单位按月提交纸质版进度付款申请文件，同时在OA系统提交进度付款申请，经审核后作为财务付款依据；建立乙供材询价管理相关程序或制度，施工单位应根据工程工期情况，对负责购买的物资在施工前通过 PS 线上流程按照要求提报乙供材价格审批流程，经审批后作为结算依据；建立工程结算管理相关程序或制度，施工单位按合同约定时间及时提交工程结算，经审核后作为结算依据；施工单位、监理和相关部门应不定期组织召开工程施工费用专题会议，及时总结和传达现场费用问题，商量和提出解决对策。

8.4.5 合同控制管理

工程施工合同控制主要涉及财务部、费控部、计划管理部、审计部、项目部等部门。在前期的招投标中，计划管理部、费控部、财务部、项目部联合编制招标文件，审计合规部负责监督全程。

8.4.6 信息文档控制管理

（1）信息管理

根据项目管理需求，对项目信息管理的目标、组织和职责、硬件配置及应用软件、使用范围、信息安全、系统集成、信息集成与交换、信息交付、网络系统管理与维护、培训等做出具体规划。

（2）工程施工管理信息内容

应用软件：对重点项目进度管理采用 P6 进度管理软件，相应编制“工作分解结构（WBS）编码规定”及“项目进度计量与检测规定”；安全质量监控平台、工艺管道焊接管理平台等。

项目的网络环境：使用万华网络交换信息，包括电子邮件、图纸、文档和计划等，各施工承包商利用万华创建的网络账号对采购、费用及安全、质量和进度数据进行网络传递。

信息硬件设施配备：项目部根据项目规模以及自身情况配备相关网络硬件设施。

通信系统：项目部根据项目规模以及自身情况配备相应的有线电话、无线对讲系统、门禁及周边探测和监视系统。

（3）信息安全管理

制定信息与文档管理方法，从信息设备、数据存储与传输、网络访问、商业敏感信息的保护等方面进行规定，从而保证信息安全与维持关键技术信息数据的保密状态。建设工程项目参建人员、参建单位签署保密协议，以约束其对本项目关键信息保密。

（4）信息系统维护

建立项目信息平台相关软件、硬件的日常维护工作，为项目人员提供支持，保证项目信息系统运转顺畅。

（5）信息文档控制管理提升措施

开工前期认准确细化工程项目，使项目划分子项所含工序齐全，为工程质量控制和过程资料的完整、真实打下好的基础。项目划分时，同一个主项应预留地下、地上的资料编号段，方便相关联单元的插入；建设工程项目参建人员、参建单位应签署保密协议，以约束其对本项目信息保密。

8.4.7 项目沟通协调

项目沟通管理的目标是及时而适当地创建、收集、发送、存储和处理项目的信息。

项目沟通管理过程包括：沟通计划编制，它包括确定项目干系人的信息和沟通需要；信息发送，包括及时向项目干系人提供所需信息；绩效报告，包括收集并发布有关项目绩效的信息，包括状态报告、进展报告和预测；管理收尾，包括生成、收集和分发信息来使阶段或项目的完成正规化。

在项目实施过程中，各单位、部门、专业、人员之间主要采取以下几种方式进行沟通、协调，解决、通报项目管理方面的事宜：

口头沟通适用于紧急且不用留下书面记录的事宜，如纠正作业违章行为；电话或口头确认不作为正式联络，以电话或口头交流有关决定或重要事项应立即以传真或信函确认。

电子邮件联络视为非正式联络，适用于问题的初步协调和意见的初步沟通，需经工作联络单确认后方可作为正式联络文件。工作联络单是工程建设管理中心对外的正式沟通方式，适用于工程建设管理中心与各参建方之间的正式协调和联络。

在项目实施过程中，如果任何一方认为需要召集会议的，提出方应向其他各方通过邮件或传真提前协商会议召开时间、会议议程及主要议题，在获得各方同意后，作为会议召集人组织会议。会议主要内容要形成书面的会议纪要，会议纪要应包含会议时间、地点、参加人员和纪要编号，以及会议讨论确定的重要事项、责任单位、完成日期。纪要由会议组织方负责记录整理；会议应有与会各方的签到表；会议纪要应通过邮件或传真方式及时传送到与会各方。

8.5 中间交接及竣工验收

8.5.1 三查四定及中交

在项目中间交接前，项目部组织各相关单位进行“三查四定”，除了查找设计漏项，还要对现场施工问题进行检查，形成检查表，逐一落实整改后再进行中间交接。

由工程建设管理中心成立的中间交接领导小组全面负责中间交接各项程序、标准的制定以及领导、组织中间交接工作；领导小组成员由建设单位（含项目部）、监理和施工单位相关人员共同组成。

生产设施由生产单位接收管理，非生产性设施（综合楼、办公楼、浴室、门卫等）由相关部门接收管理。

工程中间交接标志着工程施工完成，由单机试车转入联动试车阶段，是施工单位向建设单位使用单位办理工程交接的必要程序，双方共同签署“工程中间交接证书”是中间交接工作程序的完成标志。中间交接只是使用责任的交接，不解除施工单位对工程质量、竣工验收应负的责任。中间交接程序流程如图 8-11。

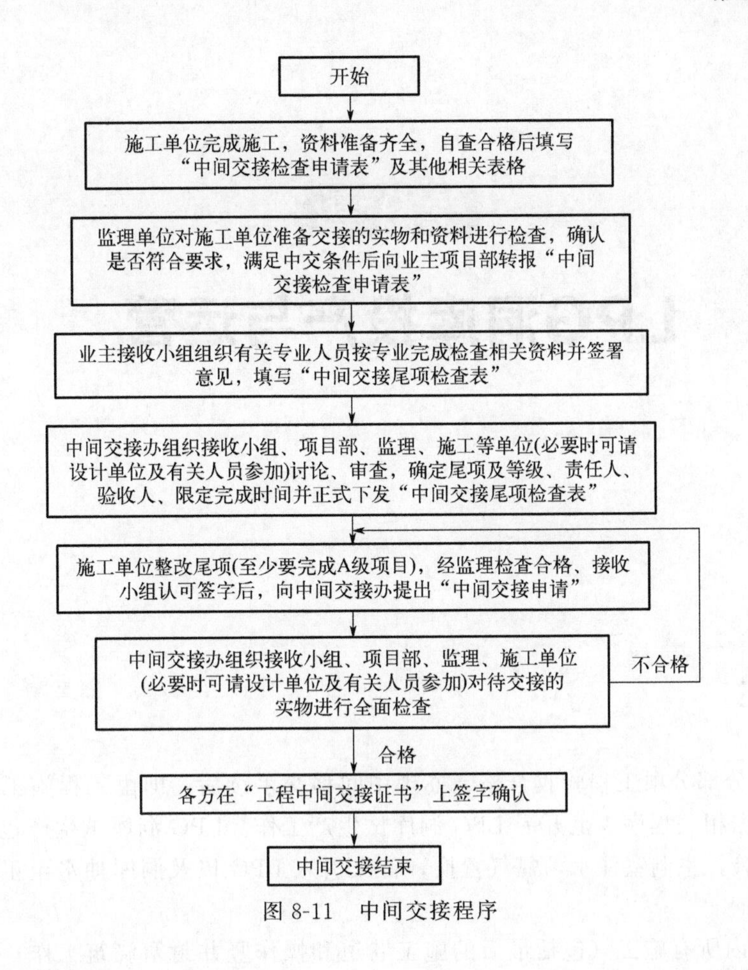

图 8-11　中间交接程序

8.5.2　竣工验收

项目竣工后，提交从项目立项决策、项目物资采购、项目勘察设计、项目施工、项目生产运行、项目经济等方面的后评价报告及工程项目管理工作的综合评价报告。

① 项目文件。项目文件包括项目前期文件、项目竣工文件和项目竣工验收的相关文件。

② 专项验收。专项验收工作包含项目安全、环保、职业卫生和消防验收、档案验收、工程结算，并编制项目竣工财务决算报告，完成单项工程和整个项目建筑工程质量监督备案手续及专项验收所需的施工资料。

③ 初步验收。初步验收阶段应组织成立初步验收组，实施初步验收；初步验收程序包括：建设单位汇报竣工验收报告；质量监督机构报告工程质量监督情况；对消防、环境保护、安全设施、职业病防护设施、档案和竣工决算审计等专项验收进行符合性审查；审阅单项总结；现场查验工程建设情况；对存在的问题落实有关单位限期整改；对建设项目做出全面评价，形成由验收组成员签署的初步验收意见。

④ 竣工验收。由工程建设管理中心牵头组织成立竣工验收委员会，对有政府专项资金的项目，在初步验收通过后，向政府主管部门提出竣工验收申请。竣工验收程序如下：确定竣工验收会议议程；汇报工程竣工验收报告和初步验收情况；观看项目建设声像资料；现场查验建设项目情况；审议竣工验收报告；对专项验收进行符合性确认；对建设项目遗留问题提出整改意见并限期落实；签署并颁发竣工验收鉴定书。

第9章

LPG洞库投产与运营

9.1 概述

LPG 洞库分部分项工程验收合格、办理中间移交手续后，即由工程施工阶段转入试生产阶段，应根据相关程序规范开展 LPG 洞库试生产工作。LPG 洞库试生产包含施工巷道注水，气密性试验，主洞室注水，氮气置换，首次引入 LPG 以及洞库抽水至正常操作水位等整个过程。

LPG 洞罐内所有施工（包括最后的施工巷道和操作竖井封塞浇筑工作）完成后，向洞罐内注入一定体积水质达标的淡水，然后抽出，测试洞罐内 LPG 液下泵、裂隙水泵及水位测量仪表，同时确保水充满洞罐底部蓄水池，以便在后续试验过程中测得准确的裂隙水流量。

施工巷道注水是在洞库气密性试验前，先向水幕巷道内注满无菌新鲜淡水，维持水幕巷道的地下水压力一直高于 LPG 洞库的洞罐储存压力，确保气密性试验期间洞罐内的压缩空气不会通过岩石裂隙泄漏出去。

气密性试验是通过往主洞室注入压缩空气，观察一定时间，待主洞室内压缩空气的温度达到稳定状态后，再继续观察记录一定时间内主洞室压力，确认压力变化符合无泄漏洞室的计算压力，即可认为主洞室气密性合格。气密性试验是洞库试生产工作的核心部分，只有气密性试验合格了，才能说明洞库真正通过交工验收。

气密性试验合格并泄压完成后，洞罐内还含有大量的压缩空气，因此在洞库首次引入 LPG 物料前，必须注入惰性气体进行空气置换使洞罐惰性化，以避免形成爆炸性气体混合物。

当检测确认洞罐内气相中的氧含量低于 8%后，即可判定洞罐氮气置换合格，此时，洞罐即可开始一边抽水一边注入气相 LPG，在洞罐内建立 LPG 在洞室温度下的饱和蒸气压环境后，即可注入液相 LPG。继续对洞罐进行抽水，直至洞罐内的水位降至正常操作水位，LPG 洞库正常投用运行。

LPG 洞库正常运行期间，需严格落实安全生产各项管理制度，做好洞库物料储存管理、库存管理、进出料管理以及裂隙水管理等日常监管工作。为保证 LPG 洞库“安、稳、长、满、优”运行，需认真做好洞库运行期间的水文地质监测、微震监测以及操作竖井设备设施的腐蚀监测。机电仪设备设施的日常巡检维护、故障检修，同样是 LPG 洞库正常运行期间一项不可或缺的重要环节。此外，消防和应急管理，是任何一个化工单元都必不可少的重要组成部分，作为储存能力巨大的 LPG 洞库同样也不例外。

9.2 气密性试验与首次进料

LPG 洞库气密性试验的目的是利用压缩空气将洞罐压力升至试验压力，稳压后检测洞罐的稳定性与气密性，确保洞罐运行后密封性能完好；测试 LPG 液下泵、裂隙水泵、液位开关、液位测量仪表、压力测量仪表等关键设备及仪表的功能，确保其可靠性；检测与校验洞库的库容；将洞罐注水后残余空间内的空气置换合格，检测含氧量小于 8%，以确保接收 LPG 进料后在洞罐内不会形成爆炸性可燃气体环境；同时，根据测试期间对裂隙水量的记录，掌握洞库在不同压力状况下裂隙水流量曲线，为后期操作运营积累经验。

9.2.1 试生产准备

LPG 洞库试生产准备主要包括组织准备、人员准备、技术准备、安全准备以及外部条件准备五个方面。

(1) 组织准备

根据试生产工作需要，建立 LPG 洞库试生产组织并明确职责，试生产组织架构一般包括：生产装置、生产管理部、项目部、设备管理部、HSE（健康、安全和环境管理体系，简称 HSE）部、试生产顾问及承包商等。

生产装置作为 LPG 洞库试生产方案的执行主体，负责洞库试生产方案的编制，落实试生产设备及相关临时设施、工具的租借或采购，落实试生产人员组织及职责，负责洞库试生产期间各项参数的记录、汇总，以及试生产期间与上下游各相关方之间的沟通协调等。

生产管理部负责对 LPG 洞库试生产的总体协调，负责落实对试生产资源如电力、淡水、压缩空气、氮气的总体调配，负责统筹洞库试生产期间园区各上下游相关方之间的相互协作，以及试生产期间所需物资的支持调拨等。

项目部负责协助落实 LPG 洞库试生产所需临时设备、设施及工具等的租借，以及协助承包商进行临时设备、设施安装的指导等。

设备管理部机械设备、电气及仪表等各专业人员负责提供技术支持，负责完成机械、仪表、电气开车前的最后检查，提供足够的资源用于处理设备、仪表、电气等的现场故障，确保 SIS（安全仪表系统）、DCS（集散控制系统）、空压机、裂隙水泵、LPG 液下泵、液位检测仪表及液位开关等供货商及时提供有效的技术支持。

HSE 部负责制定应急救援及响应计划，确保紧急情况下消防及应急救助人员能及时到达现场提供支援；负责检查、监督工作票的签署、执行情况，制止违规行为；以及监督检查安全阀、紧急停车系统和消防系统等正常投用。

洞库试生产顾问负责试生产方案的审查、审核，提供洞库试生产的技术指导，负责对洞库各项试生产参数进行分析并对试生产结果进行评价，以及试生产期间其他相关的技术支持等工作。

承包商负责根据试生产方案，完成试生产临时设备设施、管道、仪表等的安装，负责试生产期间临时设备如空气压缩机等的操作、监控以及运行检查，负责协助业主完成相关试生产参数如注水量、抽水量、压缩空气注入量、氮气注入量、洞库的温度、压力等的原始记录，协助完成业主要求提供的其他帮助。

(2) 人员准备

LPG 洞库试生产工作开始前，需确保所有参与试生产的人员已全部完成相关培训，具体培训内容包括但不限于工艺、HSE、设备、仪表、电气等各个专业。工艺人员及设备、仪表、电气人员需通过 LPG 洞库基础知识、专业知识培训，并经实操培训。所有参与试生产人员需通过经过审批正式发布的 LPG 洞库试生产方案培训，了解洞库试生产的基本程序、相关要求及注意事项，了解洞库试生产所需记录的参数及记录频次等要求。所有参与试生产人员需了解试生产期间所需的个人防护设备，并按要求佩戴。所有参与试生产人员需完成 HSE 知识培训，通过法律法规要求的上岗取证考试，并通过相应岗位所要求的资格考试。

此外，还需确认参与 LPG 洞库试生产的专家及顾问等人员已按时到达现场，洞库试生产项目组已与试生产专家及顾问等进行了充分沟通，并就试生产程序等问题达成共识。

(3) 技术准备

LPG 洞库试生产工作开始前，需落实的技术准备工作包括但不限于以下内容。

首先是 LPG 洞库工程中间交接完成。洞库水幕巷道效率测试完成并达到设计标准，洞罐底板清洗完毕并由建设单位及监理单位验收通过，洞库库容测量完成，洞库封塞施工完成。所有竖井设备如 LPG 液下泵、裂隙水泵、液位测量仪表、液位开关、压力测量仪表、温度测量仪表、微震监测系统及阴极保护系统等均已安装完毕，竖井内套管、内管均已进行气密性试验并符合要求。DCS 及 SIS 系统各项功能测试完毕，并投入使用。LPG 洞库试生产方案已由洞库试生产项目组、专家及设计单位审核通过。

其次是各项生产管理制度已经编制完成并审批通过，包括但不限于工艺说明书、工艺操作规程、工艺控制说明书、联锁操作说明书、工艺操作步序图、HSE 技术规程、事故应急预案、SOP（标准操作程序）、巡检制度以及交接班制度等生产准备文件。

LPG 洞库试生产临时设备、设施及用具、备品配件以及试生产设备所需的润滑脂、润滑油等物质准备齐全。试生产临时设备主要有空气压缩机、冷干机等，其他试生产临时材料还包括需提前预制安装的临时管道及各类管件材料例如法兰、垫片及螺栓等。此外，还有流量计、高精度压力表、温度计等试生产临时仪表。表 9-1 为万华一期洞库试生产临时仪表一览表。

表 9-1　万华一期洞库试生产临时仪表一览表

序号	工具及仪表名称	规格型号	用途	备注
1	温度计	三线或四线铂金电阻，精度 0.10℃	测量洞库洞壁温度	洞库施工时安装
2	压力测量表	精度 50Pa	测量洞库顶部压力	安装在气相放空线顶部
3	数码气压计	精度 20Pa	测量大气压	
4	实时记录系统		测试控制，数据贮存及处理	
5	温度表	精度±1℃	测量现场试生产控制室温度	放置在试生产控制室内

续表

序号	工具及仪表名称	规格型号	用途	备注
6	温度表	RTD,精度±1℃	测量气相线压缩空气或氮气温度	安装在洞库气相注入管线上
7	数码压力表	量程 1.5MPa,精度 5kPa		安装在操作竖井井口
8	消声器			气体排放时使用

此外，还需确认通信联络系统运行可靠。厂区内对讲机系统投用并正常运行，准备对讲机若干台，使用专用频道。对讲机系统使用前，必须进行测试，以确定通信正常。

(4) 安全准备

首先，安全、消防应急及医疗救助系统已经完善。

消防系统包括消防水泵站、泡沫站、消防水喷淋系统均已投用并运行正常，消防报警系统已投用并运行正常，事故应急系统已建立并正常运行。依托厂区新建或当地已建立的特勤消防站和气防站已投入使用。

特勤消防站设消防救援中心，通过消防指挥系统（FCS）实现事故预警、接处警、地理信息显示和监控联动，集中受理厂区消防电话、自动火灾报警主机信号监管等各类人工、自动报警信号；实现对应急资源、人员、危化品、消防车辆等的动态管理，为处理突发事件提供资源保障。消防救援中心与厂区内调度、安保及医疗等设置专用信息传递网络，以保证报警、灭火救援工作高效运转，提高区域综合抵御火灾的能力，最大限度地减少火灾所带来的损失。

气防站主要负责厂区气防工作的管理并承担厂区中毒、窒息等事故的救助，协同厂区医护人员进行现场急救，对员工进行有毒有害气体防护的培训、教育并组织演练，对空气呼吸器进行充填、更换、维护保养校验，并对高危、窒息、中毒危险性较高的场所进行监护。气防站设专职消（气）防管理人员若干，24h执勤，负责对厂区气防工作日常管理及落实，配备气防车及有毒有害气体防护、检测、洗消等气防装备器材。

厂区内建立临时医疗救助站，用于对伤病员进行简易医疗急救处置后转送当地医院。

环保工作达到“三同时”要求。洞库裂隙水处理系统包括真空闪蒸、尾气增压等配套设施已投用并正常运行，达到“同时设计、同时施工及同时投产使用”要求。

(5) 外部条件准备

外部条件准备，主要指厂区内的水、电、气（汽）、风等各项公用工程，以及保运、调度、分析、保卫、后勤等外部人力资源。

① 供排水系统已经投运正常。洞罐注水、巷道注水及操作竖井消防水应急系统均已投用并已运行正常，水源供应能力应满足洞罐每天压力上升需求。库区地面清净雨水排水系统投入使用并运行正常，外围配套污水处理系统投入使用并运行正常，洞库配套循环水系统投入使用并正常运行。

② 供电系统已平稳运行。洞库LPG液下泵、裂隙水泵等设备设施供电系统，仪表电系统以及照明供电系统投入使用并正常运行。洞库UPS仪表备用电源就位并正常使用。

③ 公用工程系统已投运正常。洞库竖井区5.9MPa（表压）氮气、0.7MPa（表压）氮气供氮系统，仪表风系统，压缩空气系统，以及蒸汽系统投入使用并正常运行，并且流量应能满足洞库试生产使用需求。

④ 保运工作已经落实。试生产期间工艺、设备、电气、仪表及一线人员已落实，并已

分工明确。承包商提供足够的人力支持，并已明确职责。保运设备、工具如各规格的活动扳手、呆扳手、管钳、电工钳、压力表、温度表、法兰、软管、短接、盲板、垫片均已到位。试生产人员所需的个人防护装备全部到位。

⑤ 生产调度系统已经正常运行。生产调度机构已建立完善，职责明确，并已设定洞库试生产专职联络人。生产调度人员 24h 专人值班并保持沟通联系。

⑥ 化验分析准备工作已经就绪。质检中心已投用并正常运行，质检人员已通过专业培训具备独立上岗资格，质检中心设定专职人员负责洞库物料质量分析。现场采样设备、设施已安装完毕并投用。

⑦ 现场保卫已经落实。已建立专职安保队伍，安保人员 24h 值班并按规定时间、路线进行巡逻。已落实人员进出管理制度，所有人员均凭卡进出，无关人员不允许进入试生产区域。CCTV 系统投用并运行正常。

⑧ 生活后勤服务已经落实。试生产期间厂外、厂内交通、膳宿安排已落实，试生产期间临时办公设置已落实。

9.2.2 气密性试验

LPG 洞库气密性试验是利用压缩空气将洞罐压力升至试验压力，稳压后检测洞罐的稳定性与气密性。试验期间需要记录主洞室内各个位置压力随时间的变化情况，压力的变化必须仅仅只是由主洞室内空气温度变化、溶于裂隙水的空气及集水坑水位变化引起的。洞罐压力的变化必须在试验误差以内，符合无泄漏洞库的计算压力，确保洞罐气密性完好。

洞库气密性试验主要分为以下几个环节，如图 9-1 所示。

图 9-1 洞库气密性试验主要环节

洞库气密性试验压力的确定需综合考虑洞库顶部水力势能、洞库形状因数以及水力安全余量等水文地质参数，还需兼顾洞库最大操作压力等操作条件。

洞库气密性试验开始前需确认主洞室内各位置温度传感器、水幕巷道内各位置压力传感器已全部安装完成，试验期间需每小时记录一次温度和压力值。温度传感器尽可能在主洞室内均布设置，压力传感器尽可能在水幕巷道内均布设置，以便尽可能完整准确检测洞库内各位置的温度和压力参数。

万华二期洞库水幕巷道压力监测系统，设计投入 57 个高精度量程为 2.0MPa 的振弦式压力传感器，其中 27 个设计安装在丙烷洞库二的水幕巷道中，30 个安装在丙烷洞库三的水幕巷道中，另有 8 个水位传感器分别安装在丙烷洞库二和丙烷洞库三的水幕巷道内，见图 9-2。丙烷洞库二使用 1 个 32 通道采集器，丙烷洞库三使用 1 个 34 通道采集器，最终将采集器采集的压力信号通过网络和光纤传输到中控室采集计算机，通过采集计算机上的监测和预警软件实时显示监测数据。

万华二期洞库温度监测系统共安装 105 个温度传感器，其中，丙烷洞库二安装 51 套，丙烷洞库三安装 54 套，采用三线铂金电阻温度计（RTD）对洞库温度变化进行精准监测。两座洞库分别采用两个 32 通道温度采集仪进行温度连续监测，监测数据通过网络和光纤传

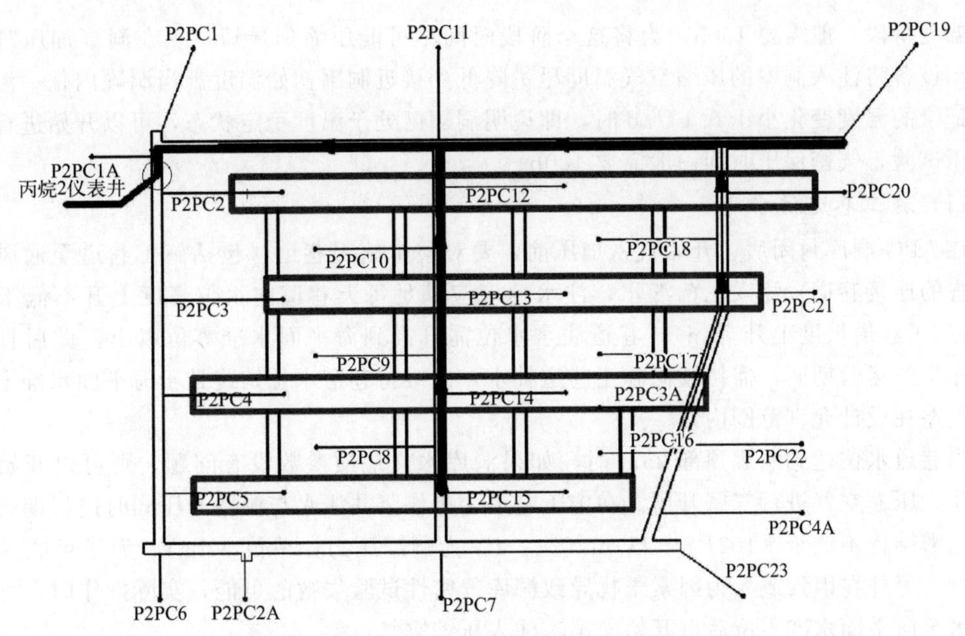

图 9-2　万华二期洞库水幕巷道压力传感器布置图

输到采集计算机和中控室服务器。

可以在距离 LPG 洞库操作竖井尽可能近的地方建一间小屋，作为试验期间的控制中心。小屋地板必须坚固，屋内温度控制在 20℃左右。小屋应具备一定的抗震能力，要严格限制附近重型车辆通行。各种测量仪器的电缆都要与小屋的信号采集和记录系统相连。所有的电缆应有清晰的标识。为测量洞库压力，还应在洞库操作竖井套管气相平衡管线和控制中心之间连接临时管道，通过一根保温铜管连接气相平衡管线顶部压力表和控制中心压力表。洞库气密性试验期间，现场及试验控制中心应安排专人 24h 轮班值守，以便根据试验进展及现场实际情况随时进行调整，确保试验进展安全平稳。也可用后期投产运营后使用的 CCR 中心控制室，兼做洞库气密性试验控制中心。

LPG 洞库开始加压前，需要掌握如下信息：洞库内的地热温度（来自 RTD），洞库裂隙水渗透速率以及洞库容积-深度曲线（来自洞库的光测断面成像，包括集水坑）。

LPG 洞库开始接收压缩空气注入，直至洞库气密性试验合格，整个试验期间，需每小时记录如下参数：

① 洞库压力，由操作竖井放空管线顶部安装的带数字显示器的测压仪测量；

② 大气压力，由数字大气压计测量；

③ 压缩空气入洞库温度，由洞库电阻温度计 RTD 测量；

④ 控制中心的温度；

⑤ 洞库外输裂隙水流量，由洞库排水管线流量计测量；

⑥ 洞库裂隙水水位；

⑦ 水幕巷道水压传感器（读数每小时自动记录一次）示数。

另外，每天需记录施工巷道注水量和施工巷道内水位里程位置，以及 LPG 洞库地面及周边区域各地下水位监测井的水位。

如果是两座洞罐同时准备进行气密性试验，第二座洞罐试验用的空气可部分或全部利用第一座洞罐试验后的压缩空气。一旦洞罐内压力升到试验压力，即开始进入稳定温度阶段。

稳定温度阶段一般需要 100h，为将这个阶段时间尽可能压缩到最短，须在洞罐加压阶段使用冷却设备将注入洞库的压缩空气温度尽量降低到接近洞罐初始温度。当洞罐内任一温度传感器记录的温度变化小于 0.1℃/d 时，即说明洞罐已处于温度稳定状态，可以开始进行气密性保压试验，气密保压时间一般需要 100h。

（1）施工巷道注水

在 LPG 洞库封闭后、开始气密加压前，要对整个施工巷道（包括施工巷道至通风竖井等位置的连接巷道）注入无菌淡水，注水速度应满足每天巷道内水位高度上升不低于 10m（即沿施工巷道坡度上升 75m）。巷道注水水位需升高到海平面水准零位以上，此后直至整个洞库生产运营期间，需持续向施工巷道补水，以维持巷道水位始终处于海平面水准零位以上（误差在设计允许范围内）。

当巷道水位达到洞罐顶部 25m 时，如果洞库水文地质参数没有问题，则可以开始向洞罐内注入压缩空气进行气密升压。在施工巷道、操作竖井注水与洞罐升压同时进行期间，洞顶水位需维持不低于（$102P_c+25$）m（注：P_c 为洞罐压力，单位 MPa）。为尽可能降低因不可抗力等外在因素或人为因素干扰导致洞库气密性试验失败的可能，实际操作时，可在巷道注水至海平面水准零位后再开始向洞罐注入压缩空气。

施工巷道注水的水质指标：悬浮物<20mg/L，好氧细菌总数<1000 个/mL，厌氧细菌总数<1000 个/mL，硫酸盐还原菌 0 个/mL，黏液形成细菌 0 个/mL。

施工巷道注水期间应每隔 3～6h 进行一次现场巡检，每天记录一次注水管线流量计读数以及巷道内水位上升达到的里程位置，并计算核对注水瞬时流量。图 9-3 为万华二期洞库巷

图 9-3　万华二期洞库巷道注水及巷道水位记录

道注水及巷道水位记录。

由于施工巷道注水需要的无菌淡水总量大，注水持续时间长，需提前提报用水需求。注水期间，根据厂区统一安排随时调整注水流量。因此，在制定洞库试生产计划时，应留出相应的时间余量，以便根据实际供水满足情况进行调整。

（2）注入压缩空气

LPG洞库气密试验升压用的压缩空气，经压缩机压缩增压、冷干机冷却后，维持注入洞罐的温度接近洞库气密试验前初始温度（误差不超过±2℃），通过操作竖井气相放空管线注入洞罐。所需的空气压缩机组数量，应满足洞罐24h升压100kPa的要求，并预留1～2台备用压缩机。注入洞罐压缩空气的温度，根据冷干机出口空气温度和空气入库前气相放空管线上安装的RTD温度值进行调节。

万华一期洞库气密试验时，使用15台（14用1备）流量30m³/min、出口压力1.7MPa的空气增压机和5台（4用1备）流量140m³/min、出口温度不高于19℃的冷干机，并借助园区已投产运营的压缩空气管网（运行压力约0.75MPa）辅助进行气密升压，见图9-4、图9-5。

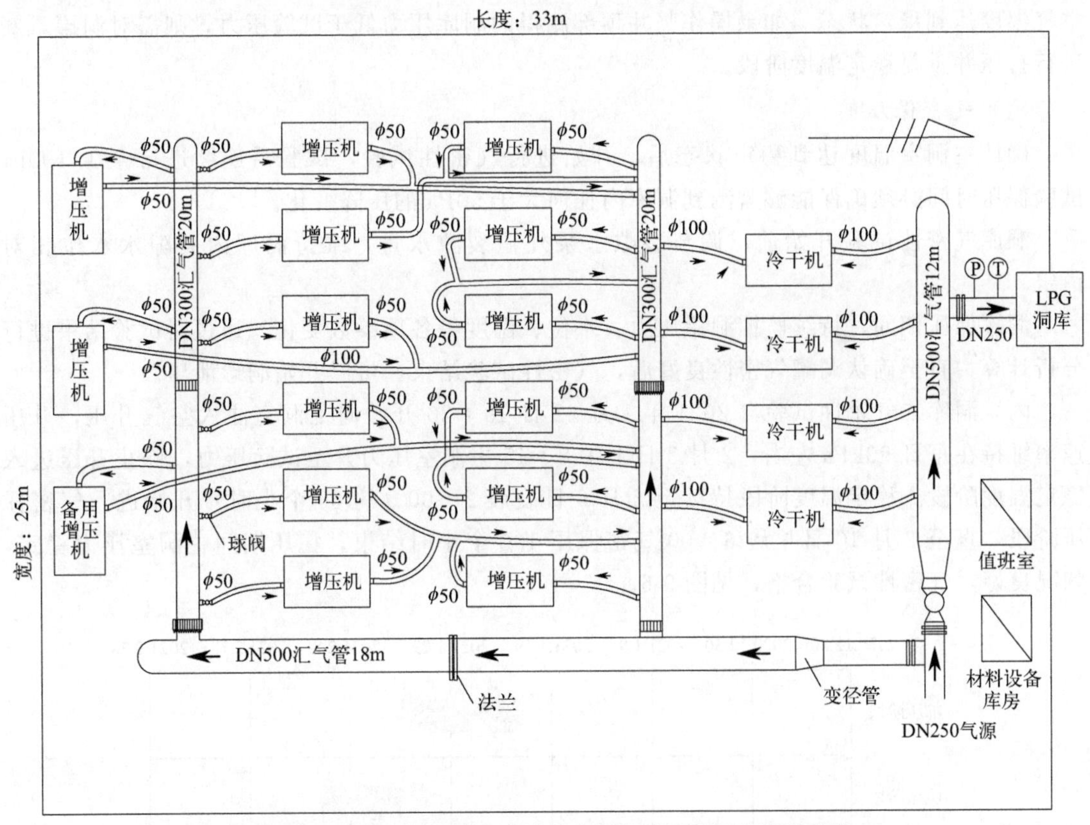

图9-4　万华一期洞库气密试验空压机及冷干机连接示意图

（3）稳定温度

洞罐压力升至试验压力后，对洞罐气相入库管线加装盲法兰，洞罐开始进入稳定温度阶段。这一阶段一般持续100h，当主洞室内任一温度传感器RTD记录的温度变化不超过0.1℃/d时，认为洞罐内达到温度稳定状态。

其间，如果出现水文地质相关的瞬时现象，或其他无法预见的事件，导致不能从主洞室

图 9-5　万华二期洞库气密试验空压机组现场照片

温度传感器读取温度数值，则稳定温度阶段必须延长，最多可能延长至 15d，以确保洞罐内空气温度达到稳定状态。如果操作竖井顶部测得的洞库压力低于试验压力，则需对洞罐重新进行打压并重复稳定温度阶段。

（4）气密保压

确认主洞室温度达到稳定状态后，开始进行气密性试验，试验需连续进行至少 100h，试验保压时间必须确保能够监测到洞库内任何大于 50Pa 的压降变化。

洞库气密性试验开始前，调节裂隙水泵外输裂隙水量，维持洞库内裂隙水水位相对恒定。

洞罐保压期间，持续监控洞罐压力、水位、温度等各项参数变化，通过对试验结果进行分析计算，直至确认洞罐气密性良好后，气密性试验结束，可以开始洞罐泄压。

丙烷洞库二气密性试验自 2021 年 1 月 22 日 19：20 开始向主洞室注入空气升压，升压速率维持在每日 90kPa 左右，2 月 3 日上午 8：45 主洞室压力升至试验压力，停止升压进入稳定温度阶段。稳定温度阶段持续至 2 月 6 日凌晨 2：00（约 66 个小时）开始进入气密保压阶段，直至 2 月 10 日早晨 6：00 气密保压 100 个小时结束，稳压期间主洞室压力稳定，状况良好，气密性试验合格，见图 9-6。

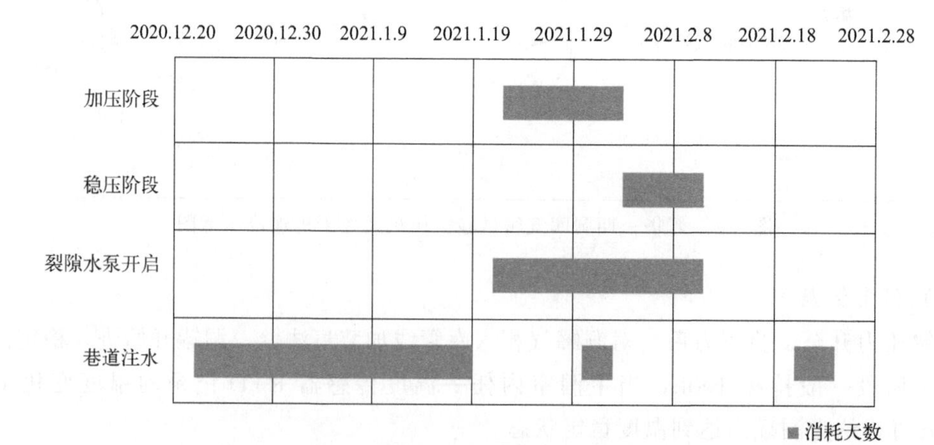

图 9-6　丙烷洞库二气密性试验时间分布图

丙烷洞库三气密性试验自 2021 年 2 月 10 日 21：00 开始接收丙烷洞库二倒气，主洞室升压，至 2 月 28 日中午 12：00 主洞室压力升至试验压力，停止升压进入稳定温度阶段。稳定温度阶段持续至 3 月 2 日 15：00（约 51h）开始进入气密保压阶段，直至 3 月 6 日 19：00 气密保压 100 个小时结束，稳压期间主洞室压力稳定，状况良好，气密性试验合格，见图 9-7。

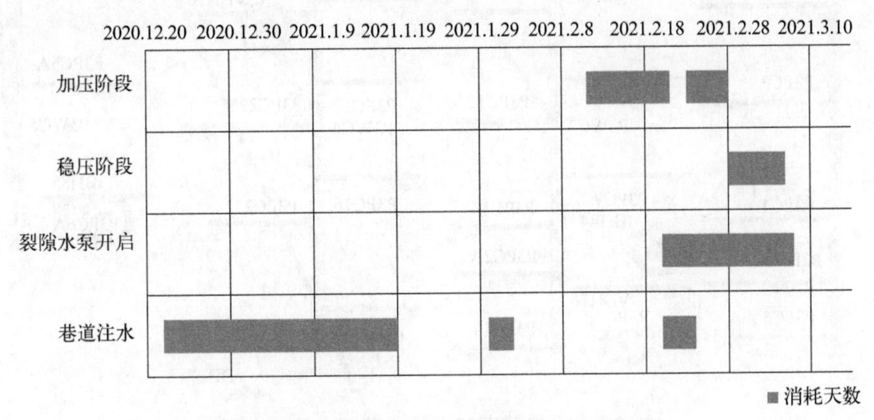

图 9-7　丙烷洞库三气密性试验时间分布图

在 LPG 洞库的运营中，水封压力的安全性是洞库能否安全运营的关键因素。因此，在洞库气密性试验过程中，需对水幕巷道内各支压力传感器等效水头与主洞室顶板水头差进行重点监测。压力计分布图见图 9-8、图 9-9。

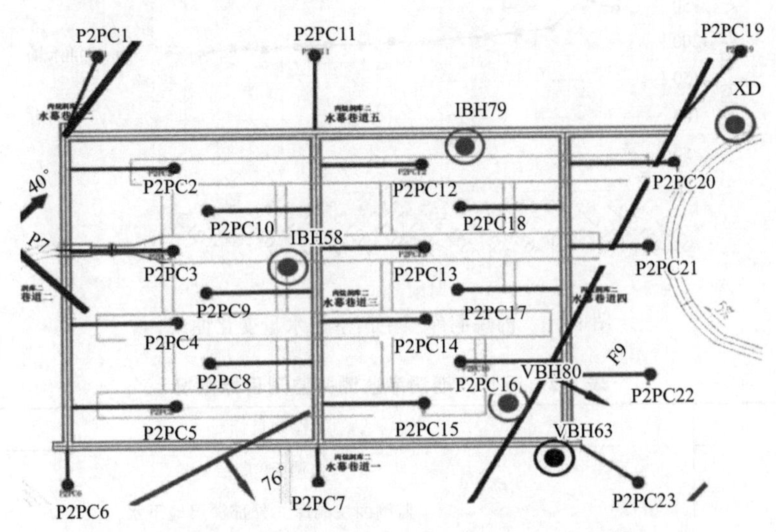

图 9-8　丙烷洞库二水幕巷道压力计分布图

在 LPG 洞库气密性试验稳压阶段，主洞室水位一般控制在泵坑内部，因此可以较为准确地根据泵坑内液位的变化情况和主洞室的排水量来计算主洞室的涌水量。

由图 9-10 可知，在气密性试验期间，丙烷洞库三的涌水量基本稳定在 $200m^3/d$，数据稳定。

在万华二期洞库气密性试验过程中，28 个地面监测井共有 25 个监测井正常投入监测使用。各监测井监测目标见表 9-2。

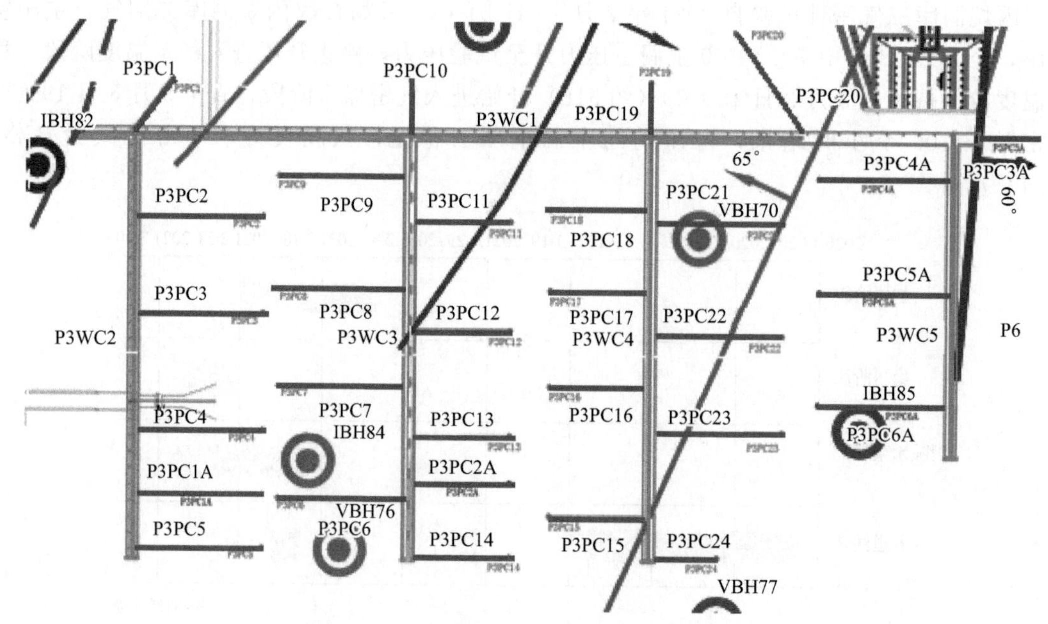

图 9-9　丙烷洞库三水幕巷道压力计分布图

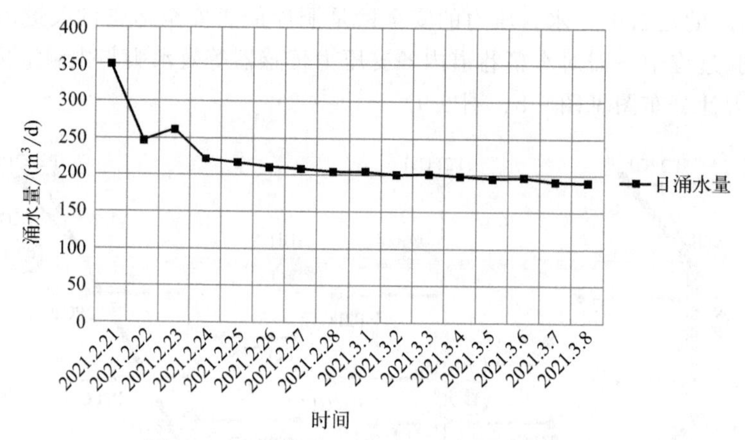

图 9-10　丙烷洞库三主洞室涌水量变化曲线

表 9-2　万华二期洞库监测井监测目标概况

编号	检测目标
VBH56	监测 F9 断层
IBH57	监测丙烷洞库二外部深层地下水
VBH59	监测丙烷洞库二外部深层地下水
VBH61	监测丙烷洞库二外部深层地下水
VBH63	监测 F9 断层
VBH64	监测 P9 断层
IBH66	监测 F9 断层
VBH67	监测丙烷洞库三外部深层地下水
IBH68	监测丙烷洞库深层地下水

续表

编号	检测目标
IBH71	监测混合地下水
IBH72	监测 F8 断层
VBH73	监测丙烷洞库三外部深层地下水
VBH74	监测 F9 断层
VBH75	监测丙烷洞库三外部深层地下水
VBH77	监测丙烷洞库三外部深层地下水
VBH78	监测混合地下水
VBH80	监测丙烷洞库二水幕系统地下水
IBH81	监测丙烷洞库深层地下水
IBH82	监测 F9 断层
IBH83	监测丙烷洞库三水幕系统地下水
IBH85	监测丙烷洞库三外部深层地下水
XD01	监测浅层地下水
XD02	监测浅层地下水
XD03	监测浅层地下水
XD04	监测浅层地下水

根据地面监测井每日水位变化数据分析可知，大部分的监测井在试验期间的水位变化曲线呈现一平缓的水平直线（图 9-11），数据稳定，说明在试验过程中，监测井的水位没有较大幅度上的变动，可知洞库以及周围岩体裂隙中水位稳定，无较大波动。

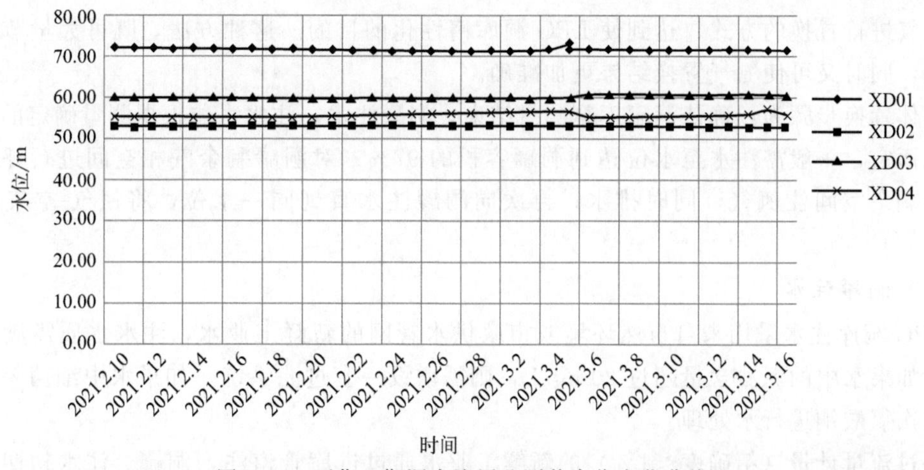

图 9-11　万华二期洞库浅层监测井水位变化曲线

在气密性试验期间，为保持水幕巷道压力传感器数据的稳定，便于观察试验的动态，因此需要维持施工巷道水位稳定在设计水位。在维持施工巷道水位期间需对施工巷道进行注水，丙烷洞库二主洞室在稳压期间的施工巷道注水量见图 9-12。

洞库气密性试验期间，水幕层的水主要渗入到主洞室，通过对比丙烷洞库二主洞室的涌水量可以发现，二者在丙烷洞库二稳压期间都维持较为稳定的状态，说明水幕层与洞室周围

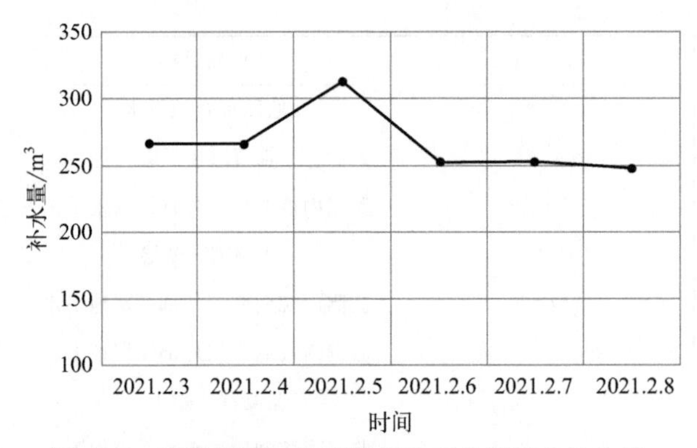

图 9-12 丙烷洞库二稳压期间施工巷道注水量曲线

裂隙水基本上都处于饱和状态，表明库区的水文地质条件满足洞库安全运营的要求。

9.2.3 惰化置换

在气密性试验结束时，洞罐内充满压缩空气，在接收 LPG 入洞库前，需要将洞罐进行惰化以避免生成爆炸性可燃气体混合物。

由于 LPG 洞库容积大且一般只修建一座操作竖井，采用直接通入氮气进行置换的方式，无法有效确保主洞室内氮气与空气充分混合均匀（当然，如果时间无限延长，最终理论上可以达到氮气与空气充分混合均匀的状态，但显然这在实际生产案例中是不现实的）。因而一般采用直接注水置换的方式，由于主洞室开挖成型不规则，注水结束后在主洞室顶部仍有少量存留的空气，同样无法达到预期的置换目的。

经过综合评估，采用先向主洞室注水，利用水置换洞室内的空气，再向洞室剩余气相中注入氮气进行置换的方式，达到使 LPG 洞库惰性化的目的。这种方法，既可大量节约氮气的消耗，同时又可使氮气置换结果更加准确。

具体置换步骤为：确认洞罐库容测量结束；洞罐注水，注水水位根据测量确定的实际洞罐容积而定，一般需注水至水位达到洞罐容积的 97%；对洞罐剩余气相空间进行评估；向洞罐内剩余空间注氮气，同时排水；再次向洞罐注水直到同一水位，将氮气-空气混合气排出。

(1) 洞罐注水

LPG 洞库注水采用来自自然环境或市政供水管网的新鲜工业水，注水水质需满足质量要求。如果水中的泥沙含量超过 20mg/L，则需增设一套过滤系统。如果水中细菌超标，则需采用次氯酸钠进行水处理。

经过流量计量（精确度<1%）的新鲜工业水通过进库管道注入洞罐。注水初期洞罐内的压力为试验压力，注水的同时需持续对洞罐进行排气泄压。洞罐内的空气通过放空管线排出洞罐，以使洞罐内压力降至最小操作压力，注意控制排气速度和注水速度，确保洞罐每天最大压力降不超过 100kPa。洞罐泄压期间，排气管线需使用消声器以降低现场噪声。

如果是两个洞罐同时试验，程序与一个洞罐相同，但可以优化。在洞罐 A 注水时，排出的空气可注入洞罐 B，直至洞罐 B 达到试验压力。洞罐 B 的验收试验可以在这一阶段完成。如果试验和计算显示洞罐 B 气密性良好，则可以开始泄压了，泄压速度如上所述。在洞罐 A 进行抽水和 LPG 第一次入库时，从洞罐 A 抽出的水可以注入洞罐 B。

在 LPG 洞库注水过程中，需每 2h 记录一次进入洞罐的水量、操作竖井井口注水口处的水温、洞罐内的温度、洞罐水位、洞罐压力以及大气压力等参数。所有地面监测井水位、水幕巷道水压传感器数据和水位传感器数据需每天记录一次。

（2）氮气注入

LPG 洞库水位升至 97%库容体积后，停止注水，将洞罐内压力降至常压后，可以开始向洞罐内注入氮气。注入氮气前，需根据洞罐内自由空气体积提前核算所需的氮气量，确定瞬时氮气注入流量。为使 LPG 洞库内的氧气含量降至 8%，注入氮气的量约为洞罐内自由空气容积的 1.6 倍。

氮气通过放空管线注入 LPG 洞库，同时启动洞库 LPG 液下泵进行抽水外排，排水的最大流速决定于 LPG 液下泵的抽水能力和氮气注入的流量，确保洞罐每天最大压力上涨不超过 100kPa。

如厂区现场没有氮气管网，需要使用气化器将液氮换热气化，注入 LPG 洞库，通过流量计和温度计测量注入氮气的流量及温度。

LPG 洞库注入氮气期间，需每 2h 记录一次洞库压力、大气压力、洞库水位、排水量及注入氮气量等参数。所有地面监测井水位及水幕巷道水位需每天记录一次，水幕巷道水压传感器指示值需每天记录两次。

（3）洞罐排气

LPG 洞库注氮气结束后，需要经过一个稳定期（通常为 1～2d）以使洞罐内的空气和氮气充分混合。之后，在洞罐放空管线出口处进行检测，确定洞罐内氧含量≤8%，氮气置换合格。若氧含量检测结果＞8%、氮气置换不合格，则需继续向洞罐内注入氮气，直至空气、氮气充分混合后洞罐内氧含量检测合格。

洞罐内注入的大量气体，为避免与 LPG 混合，给后期 LPG 注入时气体压缩液化带来困难，混合气体需经放空管线排出。排气注意控制流速，确保洞罐每天最大压力降不超过 100kPa。

LPG 洞库排气期间，同时向洞罐再次注水。根据洞罐顶部几何尺寸，将洞罐水位再次提升至最高允许水位处。一般 LPG 洞库压力排至 50kPa（表压）后，即可准备进行首次 LPG 进料。

LPG 洞库排气期间，需每 2h 记录一次洞罐压力、注水量、洞罐水位以及洞罐混合气中的氧气含量。所有地面监测井水位、水幕巷道水压传感器数据和水位传感器数据需每天记录一次。

9.2.4　首次进料

LPG 洞库首次进料前，洞罐内压力低，此时注入洞罐的液相 LPG 会再次气化，造成洞罐内局部水温降低，极端工况下，如操作控制不当可能造成局部水结冰的恶劣情况。为避免这种情况发生，同时尽可能降低操作控制难度，LPG 洞库首次进料时大多选择先向洞罐内注入气相 LPG，待洞罐内压力达到 LPG 在洞罐温度下的饱和蒸气压后，再开始向洞罐内注入液相 LPG。

LPG 洞库首次进料大体分为两步：

第一步：通过放空管线将气相LPG缓慢注入洞罐，直至洞罐内LPG分压逐渐增高至洞罐温度下的饱和蒸气压。通过控制注入参数，使操作压力不超过洞罐最大操作压力。当洞罐压力上涨幅度变小并接近洞罐温度下对应的LPG饱和蒸气压时，说明洞罐内开始存在液态LPG。

第二步：启动LPG液下泵进行抽水，同时通过放空管线将液相LPG注入洞罐。为了控制洞罐内压力不超过最大操作压力同时也不低于洞罐温度下的LPG饱和蒸气压，需要调节抽水流量和液相产品注入流量保持一致。如果LPG注入流量不足，为了保证洞罐内LPG压力高于其对应的饱和蒸气压，需要根据LPG注入流量调节抽水量。

由于洞罐内已经注入LPG，尽管LPG难溶于水，但抽出的水中仍可能混有轻烃类物质，增加下游污水处理难度。因此，液相LPG经放空管从上部注入洞罐，而不是通过产品入库管线从下部注入洞罐，以尽可能减少LPG与水的接触，从而降低水中LPG的溶解度。

如实际条件不满足持续向洞罐内注入液相LPG的情况，则此阶段向洞罐内注入的液相LPG的最小量，需满足在洞罐抽水至正常操作水位后洞罐内仍然存在液相LPG。

在开始接收气相LPG注入前，LPG洞库内所有的安全设备、监测和检测仪表都要做好准备并投入使用。

LPG洞库首次进料期间，需每2h记录一次洞库压力、LPG注入量、抽出的水量以及洞库LPG液位和水位。

LPG洞库抽水外排期间，需持续监测洞罐抽出的水中的轻烃含量、COD、氨氮及pH等参数，一旦数据异常，或检测到水中含有轻烃类物质，需及时通知下游污水处理装置。必要时，可增设临时设施，在排放前先对洞罐内抽出的水进行脱除轻烃处理，处理合格后再排放至下游污水处理装置。整个抽水过程持续的时间，根据洞库库容的大小而不同，一般可能持续数月时间。

当LPG洞库水位接近洞罐底板位置后，可逐步减小LPG液下泵抽水频率降低抽水量，直至停止LPG液下泵。启动裂隙水泵继续小流量抽水，并投用配套裂隙水处理设施。当LPG洞库水位抽至正常操作水位后，LPG洞库即可投入正常运行。

万华二期洞库投产时，先对丙烷洞库二进行气相丙烷注入并同时抽水倒至丙烷洞库三，以最大限度节省丙烷洞库三惰化置换消耗用水，同时减少丙烷洞库二直接抽水外排的损耗浪费，操作流程示意简图见图9-13。

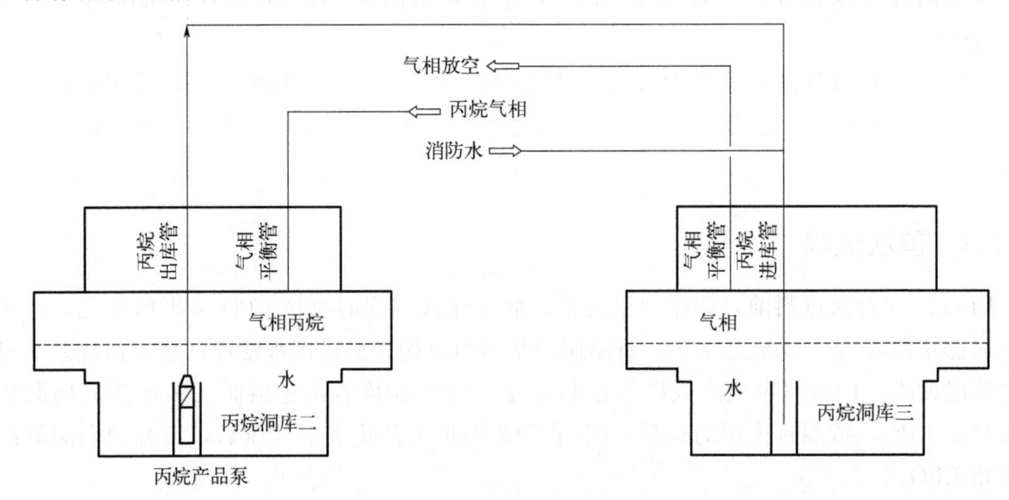

图9-13　丙烷洞库二抽水倒至丙烷洞库三流程示意图

丙烷洞库二一边接收气相丙烷、一边抽水倒至丙烷洞库三时，因丙烷洞库二内已经接收气相丙烷注入进料，尽管丙烷难溶于水，但仍然有可能夹带部分丙烷气进入丙烷洞库三，并在丙烷洞库三内解析挥发出来，与洞罐内的空气形成丙烷气和空气混合气爆炸性气体环境，存在丙烷洞库三燃爆的风险。

为此，建立数学模型进行分析，见图9-14。通过理论模拟，当丙烷洞库二中水剩余不足8000m^{3}时，丙烷洞库二排水管道出口挥发的气相丙烷浓度逐渐上升至接近爆炸下限，之后排出的水中挥发出的丙烷将存在燃爆风险。丙烷洞库三在开始注入丙烷之后很长一段时间内丙烷摩尔浓度基本为0（或浓度极低），直到丙烷洞库二中的水几乎完全排出时，丙烷洞库三水中的丙烷摩尔浓度仍低于爆炸下限平衡时所需的水中丙烷浓度。同时考虑到丙烷在丙烷洞库三进口处的解析以及在丙烷洞库三中气相的扩散，丙烷洞库三水中的丙烷摩尔浓度达到理论计算值的可能性很小，因此确认丙烷洞库三存在燃爆风险的可能性很低。

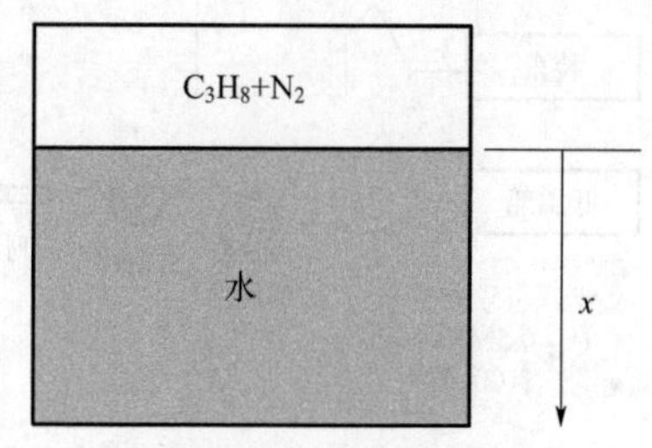

图9-14　丙烷洞库三燃爆风险分析模型示意图

9.3 日常操作管理

LPG洞库正常生产运行后，日常操作管理主要包括物料储存管理、库存管理、进出料管理以及裂隙水处理等内容。

LPG洞库储存的物料大多来自配套码头接卸的大型低温LPG运输船。低温LPG卸船后经码头增压泵增压后，通过密闭管线送往LPG洞库区。LPG洞库区设有配套的换热器等升温设施，利用循环水对码头卸货的低温LPG进行换热升温至2℃以上后注入洞库。LPG洞库设有专门用于输送LPG物料的液下泵，可将洞库内储存的LPG输送至下游生产装置，或直接装车或装船外售。

此外，LPG洞库还设有专用的裂隙水泵，用于将洞库内多余的裂隙水抽出，以维持洞库裂隙水水位处于正常状态。LPG洞库抽出的裂隙水中可能含有少量轻烃类物质，需先经过脱除轻烃处理后再送至污水处理厂进一步处理。图9-15为万华一期洞库物料流程简图。

9.3.1 物料储存管理

LPG洞库物料储存管理主要指的是洞库储存介质的压力、温度、液位、裂隙水水位等参数的日常管理。

（1）洞库压力管理

LPG洞库的压力管理非常重要，包括洞库内储存的LPG物料的压力、洞库顶部水幕系统地下水的压力以及洞库LPG外输的压力等。LPG洞库水幕巷道内安装有压力传感器，数据传输至地面并进入控制室，结合地面水位监测井水位数据及洞库压力数据，可以分析洞库运行状况。

随着LPG物料卸船入库，洞库内的压力会逐渐升高，洞库内储存的LPG与洞库周围地

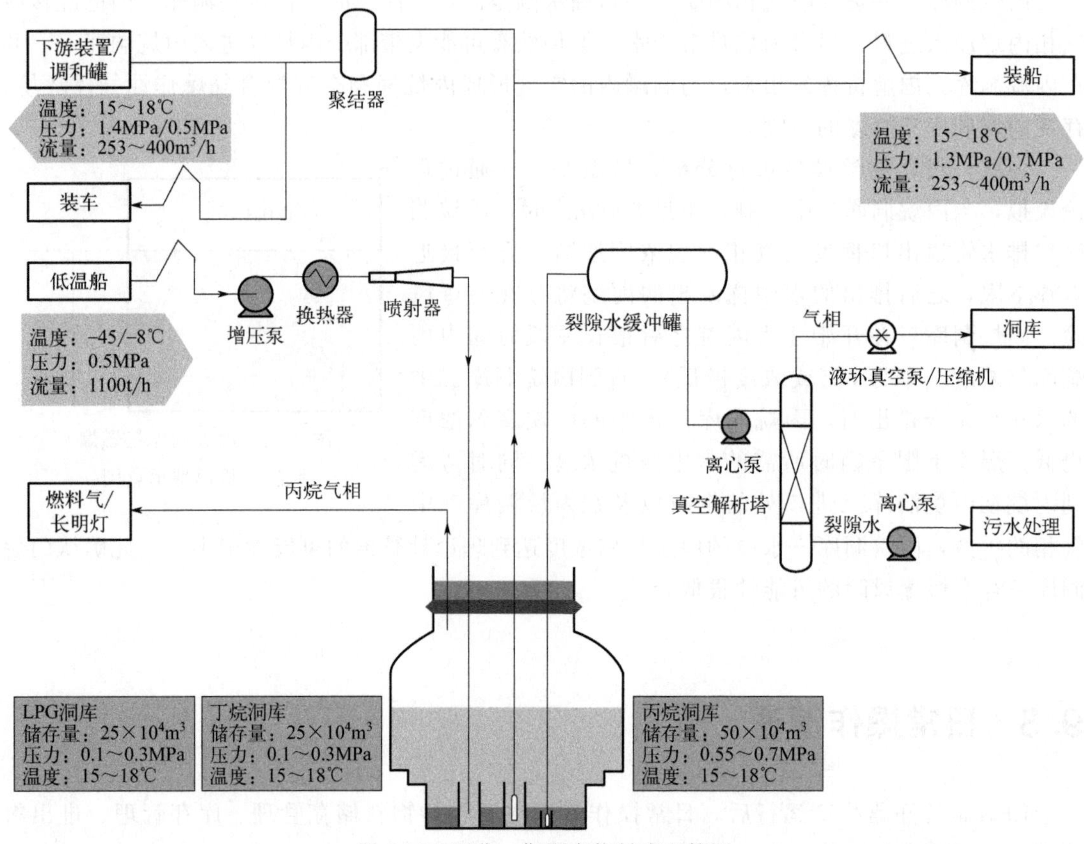

图 9-15　万华一期洞库物料流程简图

下水的压力差会逐渐缩小，LPG 洞库的地下水封功效会逐渐减弱，进而可能导致洞库内储存的 LPG 外泄，造成洞库气密失效报废，因此，需要采取措施降低洞库的压力。比较简单的方式是在 LPG 卸船入库管线上设置喷射器，利用 LPG 卸船入库流量作为驱动，通过喷射器抽吸洞库的气相，在喷射器内进行加压液化后再注入洞库，从而实现降低洞库压力的目的。LPG 洞库一般设有压力高报警功能和压力高高联锁切断进料的功能，也可以在程序上实现洞库压力的自动控制，降低操作员人为失误的风险。

LPG 洞库大多选用带有变频功能的液下泵，可通过调节液下泵变频器的频率控制 LPG 洞库内物料外输的压力。

（2）洞库温度管理

LPG 洞库在地下基本处于 16℃左右的恒温环境，洞库内温度的变化主要来自卸船入库 LPG 的温度，而卸船入库 LPG 的温度取决于配套换热器的换热能力和低温 LPG 的卸船流量。具体温度管理相关内容，详见后文低温 LPG 升温入库操作。

（3）洞库水位管理

裂隙水广泛存在于钻孔、竖井、洞罐等地下工程中。LPG 洞库正常运行工况下，地下水会沿着洞室周边的裂隙源源不断地渗透至主洞室内，从而将主洞室内储存的 LPG 封存在洞库内，这部分水就是裂隙水。由于裂隙水的密度比 LPG 重，渗透至洞罐内的裂隙水沿着洞室底板排水沟汇入滤砂池，水中夹带的泥砂沉降在滤砂池的底部。不含泥砂的裂隙水漫过滤砂池进入泵坑内，通过裂隙水泵抽出洞库。

泵坑内裂隙水的水位实际指的是裂隙水与LPG的界面。如果裂隙水水位过高，则可能漫过LPG液下泵套筒，进入LPG液下泵套管内，造成LPG液下泵外输的LPG物料带水，可能导致下游装置生产异常甚至造成装置停车；如果LPG液下泵外输的LPG是装车或装船外售，则由于物料含水，可能造成质量事故。反之，如果裂隙水水位过低，则洞库内的LPG产品可能经裂隙水泵抽出，造成下游裂隙水处理超压损坏，甚至破裂，引发LPG物料泄漏或着火爆炸事故。因此，日常生产运行期间，操作人员需注意控制LPG洞库裂隙水的水位处于正常操作范围内。

（4）洞库液位管理

LPG洞库内储存的LPG是气液两相共存的状态，LPG液位实际指的是LPG液相与气相的界位。LPG洞库设置有低低液位报警及联锁、低液位报警及联锁、高液位报警以及高高液位报警及联锁等功能。如果LPG液位过高，则洞库顶部的LPG气相空间变小，气相被压缩，洞库内LPG压力升高，存在洞库超压的风险。反之，如果LPG液位过低，则可能导致LPG液下泵抽空损坏，进而导致下游装置原料中断，造成装置紧急停车。因此，LPG洞库正常运行期间，需注意维持洞库内LPG处于一定的液位以上，也即保持洞库一定的库存余量，保证向下游装置连续稳定供应LPG原料。

9.3.2　库存管理

LPG洞库的库存管理是一项非常重要而又比较复杂的工作。由于LPG洞库收、付料环节多，节点复杂，流程长，吞吐量大，以洞库为中心的库存管理受洞库本体计量、装卸船计量、下游收料装置流量计的误差及运行状态的影响，实际库存管理难度较大。LPG洞库施工挖掘主要是采取爆破的方式，洞库竣工后的表面是凹凸不平的，形状不规则，这对洞库库存计量也造成一定的影响。另外，码头装、卸船流量计，下游装置收料流量计，LPG洞库气、液相供料流量计的计量精度同样是影响洞库库存计量的重要因素。

LPG洞库的库存量包括物料的液相质量及气相质量。

库存盘点是以LPG洞库的温度、压力、LPG液位及裂隙水水位等实际参数，根据LPG计量方法计算LPG洞库每天的实际库存。其中，LPG洞库的液位对库存计量的影响最为显著，因此，LPG洞库液位测量系统的稳定性对库存管理尤为关键。为了提高LPG洞库计量参数的可靠性，在卸货完毕后，一般需静置12h后再进行计量。

在LPG洞库投用前DCS系统组态调试阶段，也可将库存计算公式写入组态程序，这样操作人员即可在DCS画面上直接读取LPG洞库的实时库存数据。

LPG洞库的出料包括液相出料和气相出料，液相出料包括向下游装置供料、装车、装船以及向其他洞库或罐区倒料等，气相出料包括向气相管网供气以及其他需要使用LPG洞库气相的用户。

针对参与LPG洞库盘点计量的流量计，例如向下游装置供料的流量计，为了保证计量结果的可靠性和准确性，至少每年应对流量计进行一次校验。

除了进行每日LPG洞库库存盘点外，还可每周、每月、每年进行专门的库存周盘点、月度盘点和年度盘点，以便更好地掌控LPG洞库的库存盈亏信息。

9.3.3　进出料管理

关于LPG洞库的进、出料，前文也有提及，此处主要从低温LPG卸船和LPG洞库产品外输两个方面进行介绍。

(1) 码头 LPG 卸船操作

大型 LPG 运输船（Very Large Gas Carrier，简称 VLGC），是专门用于装运 LPG 的液货船，运送的 LPG 处于低温常压状态。低温 LPG 卸船操作是由码头接低温 LPG 船卸入 LPG 洞库，包括船舶入港前的确认检查、船舶靠岸、卸船作业前工作、连接装卸臂、打通 LPG 卸船流程、换热升温设施投用、开始卸船作业、停止卸船作业以及卸船作业后工作等若干环节。码头操作要点见图 9-16。

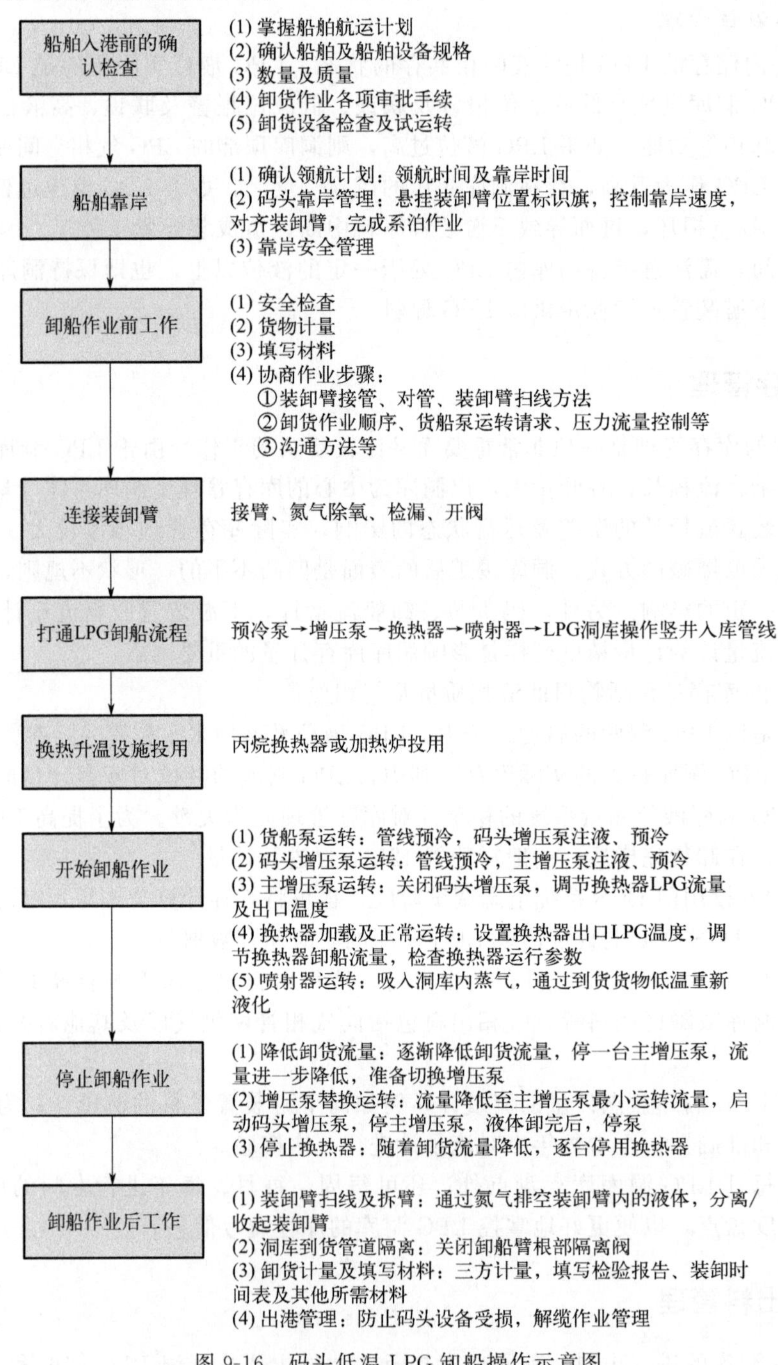

图 9-16　码头低温 LPG 卸船操作示意图

（2）低温LPG升温入库操作（图9-17）

低温LPG卸船输送进入洞库前需将LPG温度提升至2℃以上，万华LPG洞库采用循环水作为热媒，利用换热器给低温LPG换热升温。根据实际生产情况，换热后LPG进入洞罐温度一般取10～16℃。区别于普通常温物料卸船，低温LPG卸船流程中有管线预冷和低温物料换热两部分操作。

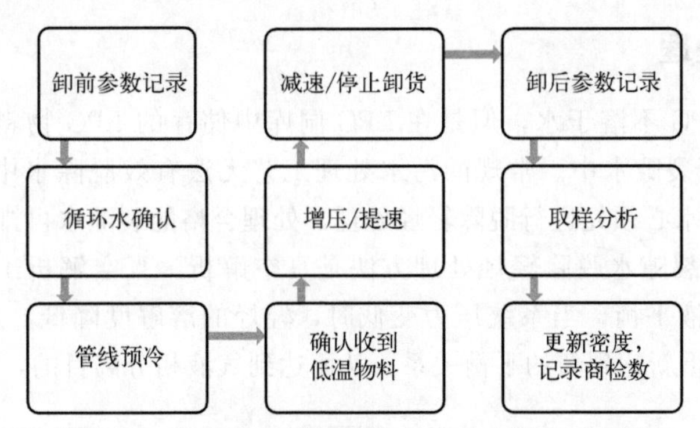

图9-17　库区接收低温LPG卸船入库操作示意图

低温LPG卸船期间，如卸船换热器温度控制回路故障、循环水中断或换热器旁路误打开，将可能造成换热器出口换热升温后的LPG物料长时间低于0℃，导致裂隙水在泵坑及周边岩石缝隙中结冰，造成缝隙堵塞，存在LPG洞库结构损坏的风险。为保证洞库安全运行，一般设置有换热器循环水流量低等报警提示，用以提醒操作人员及时干预，必要时通知码头停止卸船；设置换热器循环水流量低低联锁、换热器循环水出口温度低低联锁以及换热器LPG出口温度低低联锁，关闭换热器入口LPG来料切断阀；设置换热后LPG注入洞库温度三选二低低联锁，关闭LPG入库切断阀，停止接收LPG。

如液态LPG入库温度高，压力高，超过LPG洞库设计压力，可能存在LPG洞库超压损坏的风险。为保证洞库安全运行，一般设置换热后LPG入库温度高报警和LPG洞库压力高报警，提醒操作人员及时干预，必要时可通过喷射器对LPG洞库进行降压；设置LPG洞库压力高高联锁，关闭LPG入库切断阀，停止接收LPG物料注入洞库。

如LPG洞库液位计指示故障，可能导致洞库液位高，造成LPG洞库压力达到卸船增压泵的出口压力，超过LPG洞库设计压力，存在潜在的LPG进入岩石缝隙，造成水幕系统不可逆的损坏，进而导致LPG泄漏、LPG洞库报废的风险。为保证洞库安全运行，一般设置LPG洞库压力高报警，提醒操作人员及时干预，必要时可通过喷射器对LPG洞库进行降压；设置LPG洞库压力高高联锁和LPG洞库液位高高联锁，关闭LPG入库切断阀，停止接收LPG物料注入洞库。

需要注意，低温LPG卸船前需对卸船管线进行预冷，控制管线温度下降速度，预冷后再逐步提高卸船流量。卸船过程中，需及时投用喷射器对LPG洞库进行降压，控制LPG洞库的升压速度不超过4kPa/h。

（3）LPG洞库物料外输操作

LPG洞库储存的LPG物料由液下泵增压后输送至洞库外，可以送至下游生产装置，也可以送至汽车装卸站装槽车销售，还可以送至码头进行装船。为避免外输LPG物料带水，在LPG出库外输流程上一般设置聚结脱水器用于脱除LPG物料中夹带的游离水，经过聚结脱水的 LPG 物料游离水含量不超过 0.0015%。

LPG 洞库首次投用或进行设备设施检修后，LPG 外输管线内可能存有大量的水，因此，需先启动 LPG 液下泵通过回流管线循环置换，循环时注意关闭供料切断阀，防止管线中的水进入下游设施。循环一段时间后，取样分析，检测管线中 LPG 产品的含水量，确认检测结果满足要求后再打开供料切断阀，将 LPG 洞库中的 LPG 物料输送至下游设施。

9.3.4 裂隙水处理

自然状态下的 LPG 不溶于水，但是在 LPG 洞库中储存的 LPG 物料由于裂隙水的存在，会有少部分 LPG 溶于裂隙水中。常规的污水处理工艺无法有效脱除水中溶解的轻烃类物质，因此，LPG 洞库裂隙水必须先进行脱除轻烃处理，处理合格的裂隙水再排入下游污水处理厂。

LPG 洞库常用的裂隙水脱除轻烃处理方法是真空解析。真空解析工艺是一个物理过程，轻烃溶于水中达到气液平衡，当系统压力变低时，轻烃的溶解度降低，从而破坏了原气液平衡，轻烃解析出来，重新达到新的平衡关系，从而达到气液相分离目的，工艺流程见图 9-18。

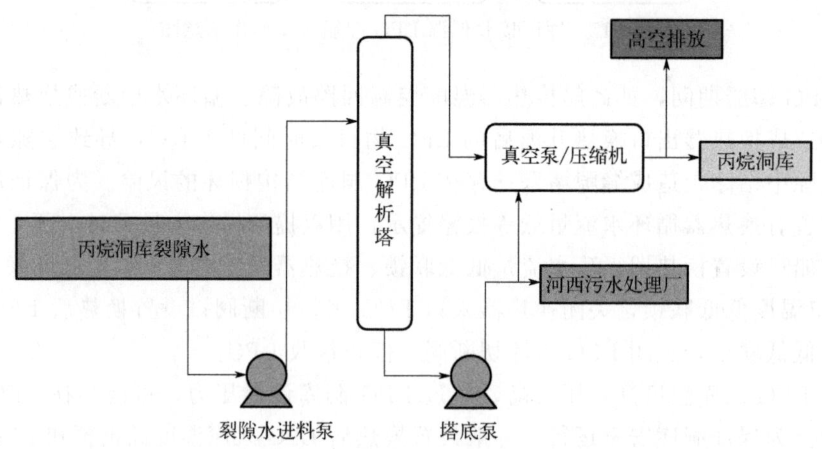

图 9-18 万华二期洞库裂隙水处理设施工艺流程简图

真空-增压尾气处理设施是裂隙水处理的主要设备，由真空泵、压缩机、管道、阀门、换热器等组成。利用真空-增压尾气处理设施的真空泵对真空解析塔进行抽真空，从 LPG 洞库抽出的裂隙水在真空解析塔内发生真空闪蒸，解析出的 LPG 气相从真空解析塔塔顶抽出，再经过真空-增压尾气处理设施的压缩机增压后回注洞罐；脱除轻烃的裂隙水由塔底排出，经真空解析塔塔底泵送入污水处理厂继续处理。

真空解析工艺技术的主要特点有：真空闪蒸，技术成熟、可靠；采用真空-增压尾气处理设施保证真空解析塔塔顶压力；真空-增压尾气处理设施分离出来的轻烃经增压后可回注洞库；处理后的裂隙水轻烃含量<0.005%。

9.4 日常安全检查

LPG 洞库日常安全检查，除日常工艺现场巡检及 DCS 监控外，还包括对现场设备设施、仪表、管线及其附属设施，配套消防设施、应急设施、应急通信设施以及视频监控设施等相关设施定期进行的安全检查及维护。万华LPG洞库日常安全检查内容及频次对照表见表9-3。

表9-3 万华LPG洞库日常安全检查内容及频次对照表

序号	检查内容	检查频次	检查证据
1	安全阀检查	每季一次	工艺检查表
2	固定式气体检测仪检查	每月一次	工艺检查表
3	采样器检查	每月一次	工艺检查表
4	紧急切断阀检查	每月一次	工艺检查表
5	调节阀检查	每月一次	工艺检查表
6	外管专项检查	每月一次	工艺检查表
7	管道放压检查	每月一次	工艺检查表
8	灭火器检查	每月两次	灭火器检查卡
9	消火栓箱及消火栓检查	每月一次	消防设施检查卡
10	消防炮检查	每月一次	消防设施检查卡
11	消防沙箱检查	每月一次	消防设施检查卡
12	消防水幕枪检查	每月一次	工艺检查表
13	手动火灾报警器外观检查	每月一次	工艺检查表
14	声光报警系统检查测试	每月一次	工艺检查表、DCS报警记录
15	应急物资检查	每月一次	应急物资检查卡
16	长期上锁检查	每季一次	工艺检查表
17	防爆摄像头检查	每月一次	工艺检查表
18	防爆扩音对讲及扬声器检查	每月一次	工艺检查表
19	视镜检查	每季度一次	工艺检查表
20	就地压力表检查	每季度一次	工艺检查表
21	就地温度表检查	每季度一次	工艺检查表
22	现场液位计检查表	每季度一次	工艺检查表
23	长期盲板检查	每季度一次	工艺检查表

LPG洞库的紧急切断阀分为两类，一类是安装在操作竖井各条管线底部使用液压油作为动力的液压安全阀，另一类是安装在地面管线重要部位的使用仪表空气作为动力的可以实现紧急情况下迅速切断功能的常规气动切断阀。

液压安全阀定期检查内容包括：

① 检查紧急液压安全阀液压油压力是否正常；

② 检查紧急液压安全阀液压油管路有无泄漏情况；

③ 检查紧急液压安全阀阀门开启、关闭情况是否正常；

④ 检查紧急液压安全阀阀门开关指示与实际状态是否一致。

输送液相LPG介质的管线，需时刻保持管线流程畅通，严禁出现管线满液、两端封闭的工况。为避免可能出现的管线憋压情况，需逐条确认管线的泄压位置，编制管线放压台账及放压改动登记表。当出现管线放压位置改动时，及时进行登记记录，如改动时间超过本班次，需进行书面交接。每月固定时间，对照管线放压台账及放压改动登记表，对现场管线放压情况进行一次全面排查，确保管线无憋压。

9.5 日常运行监测

LPG 洞库结构主要采用高边墙作为支撑，洞库容积和跨度较大；洞库深埋地下，长期处于动态地下水环境中，围岩处于水-岩-油多相多场相互耦合作用下的洞室群岩体，应力变化复杂，发生二次微破裂的概率倍增，其破坏程度远远大于原岩的渗透率。针对洞库工程工作环境的特殊性和空间结构复杂性，确保洞库安全、健康、稳定成为其重中之重，必须对其进行有效的安全监测。

LPG 洞库安全监测包括水文地质监测、微震监测和腐蚀监测等。

9.5.1 水文地质监测

LPG 洞库水文地质监测的目的是监测产品储存的水封密闭所需的水文地质数据，评估洞库在其整个运行期间的水文地质条件，包括水幕巷道水压和水位监测。水幕系统监测洞库周围的孔隙水压力，水位系统提供水幕巷道补水信号。

在 LPG 洞库运营理想状态下，周围的水压应该略大于洞库内的压力，通过分析监测结果，实时调整水幕系统水位压力，从而确保洞库的安全运行。

水幕水压监测的目的重点在于监测水幕周围以及洞库周围的水压分布，维护洞库周围的压力始终处于平稳状态。压力监测对来自相邻区域的水压变化和微地震综合评估，可以分析在洞库中潜在的顶部坍塌或者是岩体碎化现象，这对于洞库的运营管理是至关重要的。压力监测的重点区域是在洞库水幕的注水孔间区，以及洞库周围一定区域（比如 50m）之内的水压分布。

LPG 洞库水幕系统监测能够观测洞库周围孔隙水压力，并根据监测数据来描述洞库周围压力梯度模型，进行局部和全局分析。压力数据可以直观地反映出 LPG 洞库的水封状况，通过监测结果，实时调整水幕系统压力从而确保洞库的安全运行。如果监测到压力不正常变化应引起重视，水幕水位监测结果用以评估这个区域的围岩及地下水压力稳定性，能够直接反映 LPG 洞库的安全可靠性。因此，LPG 洞库的水幕水位监测是洞库安全监测的重要一环。

LPG 洞库水压监测传感器安装在水幕巷道中，钻孔方式以水平钻孔为主，附带部分倾斜向下钻孔。水幕水压监测完全覆盖洞库垂直投影面积，实现了对 LPG 洞库三维立体的实时水压监测。

LPG 洞库水幕监测系统硬件部分主要有水幕系统水压传感器、线缆和光纤、水压监测信号采集器、采集器接线箱（内置带电源转换模块、多路复用器、气压调节模块、MIMI UPS）等。根据要求 LPG 洞库对应的地面机柜间内采集基站接线箱集成水幕和微震采集设备及附属线路和配件，与相应的洞库现场机柜间微震采集监测共用一个接线箱，微震、水幕水压水位、温度监测的监测数据主机共用。

LPG 洞库水幕系统水压监测采用振弦式高精度水压传感器，见图 9-19。其可自动采集振弦传感器压力信号，能够智能识别不同压力传感器型号，其测量精度高、功能全、耐高压、防水性能优越、抗干扰能力强、适应长期监测运行。水压传感器自带温度监测功能，便于监测软件同步解析压力和温度的关系。采集设备、通信设备与监测软件融合匹配，可以实现水幕巷道水压监测的自动化高精度监测。

振弦式水压传感器的工作原理是：当传感器处于液体中，被测量载荷作用在渗压计上，引起感应模板变形，其变形带动振弦转变成振弦压力的变化，从而改变振弦的频率，电磁圈激振振弦并测量其频率，频率信号经线缆传输至采集器即可得出水压载荷压力值，并同步测得温度值。

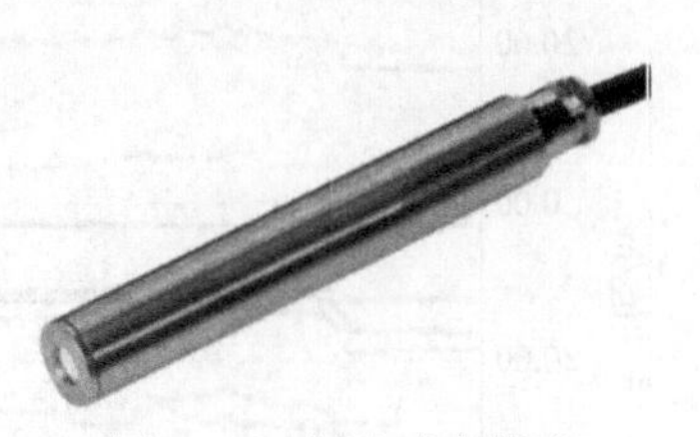

图 9-19　振弦式高精度水压传感器

水位传感器用以监测水幕巷道内水位高度，采用的是与压力传感器一样的振弦式压力传感器。水幕巷道的水位自动监测可以防止通风竖井水位监测系统出现故障，而导致洞库补水系统失效。水位自动监测设置报警值，一旦水位高度低于预警值，软件系统将通过向 DCS 系统发送预警或通过串口、网口发送预警信号到内网，预警信号将触发洞库自动补水系统启动。水位传感器安装位置为水文监测仪表井底与水幕巷道交接的水幕巷道中，具体位置为巷道左侧壁、右侧壁、左底板和右底板。

水幕数据采集器利用轮询监测原理，单台数据采集器可以采集上百个水位传感器的压力值，后期水幕监测传感器数量的变化或扩容对采集系统没有影响。

LPG 洞库运行期间与水文地质相关的监测内容主要有：主洞室内压力、主洞室内温度、主洞室内裂隙水渗流量、主洞室内液面标高、泵坑水位标高、操作竖井水位、通风竖井水位及补水量、水幕巷道水位数据、水幕巷道压力传感器压力值以及地面监测井水位等。

LPG 洞库营运期间相关水文地质工作主要以地下水动态监测为主，监测数据的采集通过洞库自动化数据采集系统完成。

万华一期洞库共安装了 41 支压力传感器。丙烷洞库安装 17 支压力传感器，其中 12 个用于监测丙烷水幕层的压力，5 个用于监测洞室顶部的压力；LPG 洞库安装 12 支压力传感器，其中 8 个用于监测水幕层的压力，4 个用于监测洞室顶部的压力；丁烷洞库安装 12 支压力传感器，其中 8 个用于监测水幕层的压力，4 个用于监测洞室顶部的压力。水位传感器安装在丁烷和 LPG 水幕巷道内，每个洞库安装了 4 个，总共 8 个，用于监测水幕巷道内的水位。水幕巷道水压检测传感器和水位监测传感器的监测频率均为每小时记录一次数据。

将压力数据转化为水头数据，万华一期洞库 2016 年至 2018 年主洞室与其水幕巷道内压力传感器的水头变化曲线如图 9-20 所示。

LPG 洞库通风竖井每日补水量数据为洞库运行期间通过水幕系统人工向洞库补充的水量，主洞室排水量为洞库运行期间通过裂隙渗流出去的水量，二者之间的关系可以判断洞库的运行状况。LPG 的进库、出库都会引起洞库的补水量及排水量的变化。补水量及排水量均为自动监测，监测频率为每小时一次。

LPG 洞库主洞室压力、液位、水位、温度、裂隙水渗透量以及操作竖井水位等数据，可由操作人员每小时一次对照 DCS 画面进行记录，并根据数据变化及时进行人工干预和调整。随着主动性监控技术的发展，目前手抄式数据记录方式已逐渐淘汰，操作人员只需每小时浏览一次监控画面，相关工艺监控参数系统自动记录，既减轻了操作人员的工作量，又提高了数据记录的准确性。

LPG 洞库地面监测井按照不同的监测目标划分为浅层地下水监测井、深层地下水监测

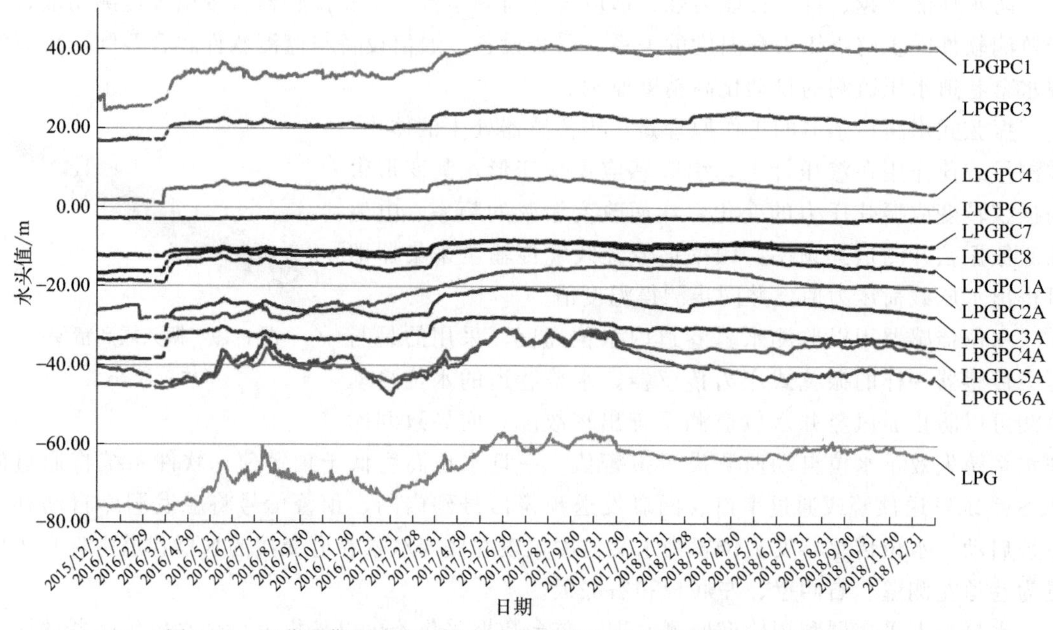

图 9-20 万华一期洞库主洞室与水幕巷道内压力传感器水头动态变化图

井、水幕层监测井、断层及深层地下水混合监测井、岩脉监测井、节理破碎带监测井和水力保护边界监测井几类。地面监测井内安装有自动记录水位数据的探头，监测频率为每小时一次。

LPG 洞库地面监测井监测的水位数据对库区的地下水水位变化有直观的反映，部分浅层地下水监测井对当地的降雨也有较为敏感的响应；水幕层监测井与洞库水幕系统直接相通，对水幕系统的水头变化有直观反映；若洞库水封性失效，断层破碎带等将会成为 LPG 泄漏的通道，各类构造监测井可以监测其周围的地下水水位变化，对突发情况做出及时响应。

除此之外，地面监测井也用于取样和投放消毒剂。一般每半年对 LPG 洞库监测井及周边地面监测井的水质进行一次取样分析检测，由专业服务团队进行分析并出具水质分析报告，建设单位可根据其报告中所提的建议对 LPG 洞库水幕系统进行投放消毒剂等处理，确保水幕系统正常运行。

根据 LPG 洞库的供水水质要求，水中微生物含量应为 0。万华一期洞库运行期间，2016 年至 2019 年共进行了 6 次地下水取样，取样时间分别为 2016 年 8 月、2017 年 3 月、2017 年 9 月、2018 年 5 月、2018 年 10 月、2019 年 7 月，所取样品检测内容包括地下水物理化学特征和地下水微生物含量两个部分。

送检水样共检测硫酸根离子（SO_4^{2-}）、偏硅酸根离子（SiO_3^{2-}）、氯离子（Cl^-）、碳酸氢根离子（HCO_3^-）、碳酸根离子（CO_3^{2-}）、硝酸根离子（NO_3^-）、亚硝酸根离子（NO_2^-）、钠离子（Na^+）、钙离子（Ca^{2+}）、钾离子（K^+）、镁离子（Mg^{2+}）、二价铁离子（Fe^{2+}）、三价铁离子（Fe^{3+}）、铝离子（Al^{3+}）、二价锰离子（Mn^{2+}）、硫离子（S^{2-}），总计 16 种阴阳离子。

送检样品共检测与微生物含量有关的四种指标，分别为总好氧细菌含量、总厌氧细菌含量、黏液形成菌含量和硫酸盐还原菌含量。

微生物过多，会导致裂隙堵塞，影响LPG洞库的水封性能。万华一期洞库主要采用定期投放次氯酸钠的方式对水幕地下水进行消毒杀菌，以达到控制地下水中微生物含量的作用。根据多次的水质检测结果，每次投放消毒剂之后，地下水中微生物的含量都有所降低，水质得到了改善。

9.5.2 微震监测

LPG洞库微震监测系统主要用于监测洞库及周围岩体的稳定性，设置目的包括：在工程建设阶段和洞库运营期间监测洞库水幕、连接巷道和主洞室的地质条件；确保LPG洞库运营中的稳定性；在建设和运营中观测区域和局部的地质灾变。

LPG洞库微震监测系统主要分软硬件两部分，微震监测系统架构如图9-21。硬件方面主要包括地下微震传感器、地表微震数据采集单元、数据传输模块、时间同步单元、采集接线箱和控制室内微震主机、数据显示存储终端等。

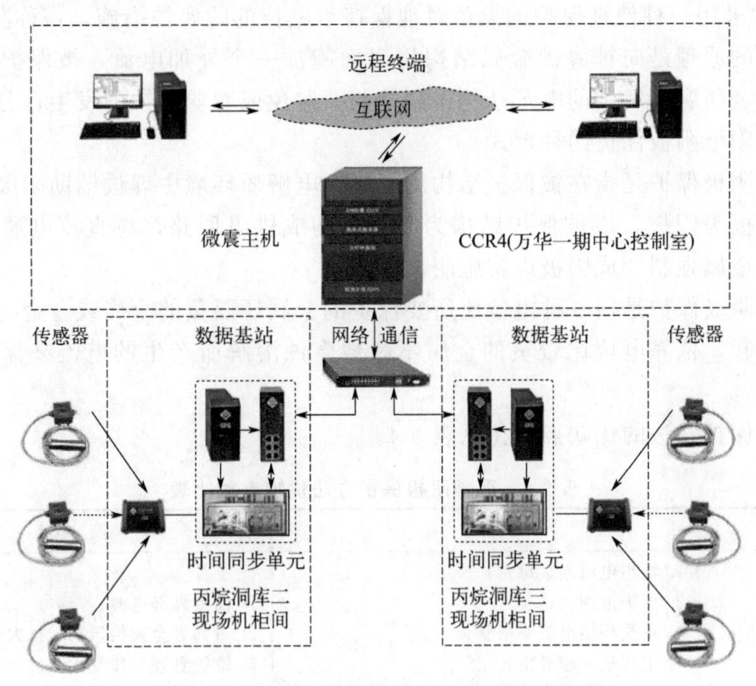

图9-21 万华二期洞库微震监测系统架构图

LPG洞库中传感器矩阵设计需要满足如下定位精确度要求：微震信号的位置误差要小于洞库宽度的一半；对震源强度的灵敏度要达到对0.5～1m的岩体开裂事件（换算为地震震级大概为2级）的有效监控。

微震传感器按照设计要求埋设后，对周围围岩的震动破裂情况进行监测，一旦采集到微震信号，通过线缆（监测井）传送到地面丙烷洞库内的采集基站，采集基站中已经预先集成了数据采集器、光电转换、时间同步单元等，数据采集器将记录存储这些数据，同时通过光纤或宽带将采集信息发送到控制室微震监测主机。

所有采集信息和处理的微震事件都将存储在微震主机中，如果有多个远程终端进行数据处理和分析，可以通过交换机调取微震主机中的数据并实时查看微振动监测系统运行情况。

因地震波的传播速度达几千米每秒，因而监测软件对震源位置的计算要求时间精度达到毫秒级，系统内软硬件通过 GPS 实时保持系统在时间上的精准同步。

微震监测系统主要记录 LPG 洞库的微震信号类型，分为 5 类：LPG 液下泵和裂隙水泵的噪声信号；地面工程干扰噪声；由地面活动引起的 LPG 洞库内部微震信号；由 LPG 洞库进、出物料引起的洞库内部微震信号；自然地震信号。

微震监测系统软件主要有数据采集和显示、数据处理程序等，可以允许用户在空间和时间上实现 3D 可视化，使用户直观地了解微地震事件的位置、震级大小、裂隙发展方向等信息。

万华 LPG 洞库项目微震监测系统从投用至今，系统运行正常，能够有效并且清晰记录下万华 LPG 洞库范围之内以及附近发生的微震事件。

9.5.3 腐蚀监测

LPG 洞库操作竖井内的管道、泵以及支架等所有钢质材料，均需要进行防腐蚀保护。LPG 洞库通常采用一种使被保护的设备对地保持负电位的防腐蚀措施，俗称阴极保护。

阴极保护的原理是向被腐蚀金属结构物表面施加一个外加电流，被保护结构物成为阴极，从而使得金属腐蚀发生的电子迁移得到抑制，避免或减弱腐蚀的发生，分为外加电流阴极保护和牺牲阳极阴极保护两种形式。

外加电流阴极保护是指在被保护结构周围同一电解质环境中埋设辅助阳极，通过一直流电源以辅助阳极为阳极，以被保护结构为阴极，构成供电回路，将直流电通向被保护的金属，使被保护金属强制变成阴极以实施阴极保护。

牺牲阳极阴极保护是用一种电位比所要保护的金属还要负的金属或合金与被保护的金属电性连接在一起，依靠电位比较负的金属不断地腐蚀溶解所产生的电流来保护其他金属的方法。

两种阴极保护方法的优缺点对比见表 9-4。

表 9-4 两种阴极保护方法优缺点对比表

方法	优点	缺点
外加电流阴极保护法	1. 输出电流连续可调； 2. 保护范围大； 3. 不受环境电阻率限制； 4. 工程越大越经济； 5. 保护装置寿命长	1. 需要外部电源； 2. 对邻近金属构筑物干扰大； 3. 维护管理工作量大
牺牲阳极阴极保护法	1. 不需要外部电源； 2. 对邻近构筑物无干扰或很小； 3. 投产调试后可不需管理； 4. 工程越小越经济； 5. 保护电流分布均匀、利用率高	1. 高电阻率环境不宜使用； 2. 保护电流几乎不可调； 3. 覆盖层质量必须好； 4. 投产调试工作复杂； 5. 消耗有色金属

LPG 洞库竖井内需要进行阴极保护的设备设施主要分为两类：操作竖井混凝土封塞至地面井口之间的部位，包括套管外壁和套管支撑结构；主洞室泵坑内 LPG 物料与裂隙水界面以下的部位，包括套管外壁，进出料套筒外壁、底部内外壁，裂隙水液下泵套筒内外壁、底部内外壁，裂隙水液下泵套管外壁，裂隙水出管线外壁，裂隙水液下泵，套管及套筒支撑钢结构。

针对不同的部位，选用不同的阴极保护方法。LPG 洞库竖井设备阴极保护系统分为三种类型：竖井内混凝土封塞以上部分套管和钢结构采用外加电流阴极保护；洞库泵坑内套筒、管道和钢结构的牺牲阳极阴极保护，采用阳极块；裂隙水套管内的管道、泵的牺牲阳极阴极保护系统，采用阳极带。

外加电流阴极保护系统，主要包括恒电位仪、MMO阳极、防爆接线箱、参比电极、阳极电缆、阴极电缆、参比电缆、零位测试电缆等。恒电位仪是为竖井内管道和钢结构提供阴极保护电流的供电设备，该设备应具有需要不间断供电和断电测试功能。

LPG洞库竖井设施阴极保护的具体内容及监测要求见表9-5。

表9-5 阴极保护监测表

位置	阴极保护类型	具体内容及监测要求
集水坑内周边	牺牲阳极阴极保护	• 使用铝-锌-铟-镉阳极； • 与外界完全隔绝； • 设计寿命66到77年，满足洞库使用要求； • 无需进行监控
裂隙水泵及其内管	牺牲阳极阴极保护	• 内管表面缠绕锌片阳极带； • 设计使用15年； • 裂隙水泵停车检修时，需进行外观检查，检测是否有沉积物、测量尺寸(宽度和厚度)，拍照并检查内管检测质量变化
操作竖井周边	恒电位仪外加电流阴极保护	• 每半月记录一次恒电位仪参数； • 每半年检查一次阴极保护系统； • 每半年取竖井水样分析氯离子； • 每年检测一次试样数据； • 每年测量一次绝缘联结处绝缘值； • 每年做一次外观检查； • 每十年做一次综合检查

为便于检查阴极保护效果，在LPG洞库操作竖井内安装有一组腐蚀试样，具体安装位置如下：

试样1：悬挂在竖井内，与大气接触；

试样2：顶部试样，不与阴极保护系统相连；

试样3：中部试样，不与阴极保护系统相连；

试样4：底部试样，不与阴极保护系统相连；

试样5：顶部试样，与阴极保护系统相连；

试样6：中部试样，与阴极保护系统相连；

试样7：底部试样，与阴极保护系统相连。

其中，顶部试样在竖井水位下1m处，中部试样在竖井中部，底部试样在混凝土封塞上方1m处。每年对试样进行一次检测，通过分析试样数据判断阴极保护的运行效果。LPG洞库操作竖井区域每条管线都设置有绝缘法兰，用于避免外加阴极保护电流流失到地面装置。

根据《绝缘接头与绝缘法兰技术规范》(SY/T 0516—2016)，绝缘法兰是对同时具有埋地钢制管道要求的密封性能和电化学保护工程所要求的电绝缘性能的管道法兰的统称，包括一对钢法兰、两法兰间的绝缘密封件、法兰紧固件和紧固件绝缘零件以及与两片法兰已分别相焊的一对钢制短管。它用于将竖井管道与地面管道系统绝缘，避免地面管道的杂散电流影响竖井内的阴极保护系统。图9-22为绝缘法兰示意图。

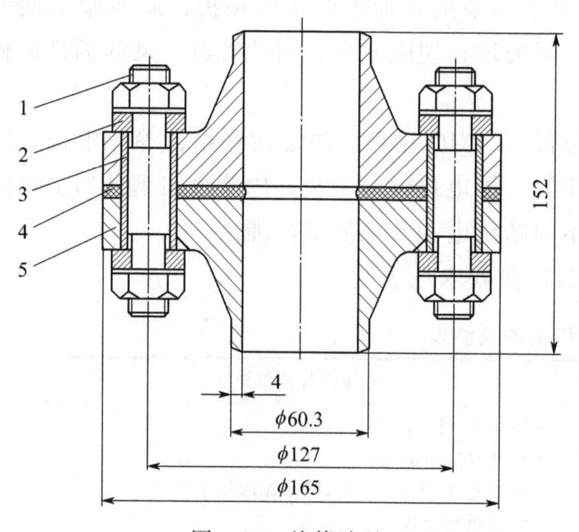

图 9-22　绝缘法兰

1—螺柱螺母；2—绝缘板；3—绝缘管；4—绝缘垫片；5—法兰

LPG 洞库绝缘法兰的安装位置，包括 LPG 进库管线、LPG 出库管线、裂隙水管线、液位测量管线、液位报警管线、压力测量管线、气相放空管线以及套管气相平衡线等。

每年需要对竖井区域进行外观检查，旨在找出所有可能影响阴极保护系统或者加速腐蚀的现象。

首先，对 LPG 洞库操作竖井管线和其他导体之间的接触检查。对操作竖井内套管、不锈钢液压油管线和其他导体例如钢格板之间的接触，会造成阴极保护的电流外泄并导致阴极保护效率降低，建议在不锈钢管线和钢格板之间增加绝缘垫板隔开，例如 PTFE。

其次，对 LPG 洞库操作竖井管线的防水，例如保温、绝缘法兰处集水等的检查。一般情况下，LPG 洞库裂隙水出库管线外部会设置有保温层，大多数时候保温层内可能会保有水分，这种潮湿的环境会导致阴极保护效率降低。因此建议除非确实必须保温的管线，否则不要加保温，此外，建议每年将保温拆除并且对管线的外观状况进行检查。

再次，对绝缘接头的检查。一个绝缘接头由多个绝缘部分组成，用于法兰之间的隔绝。检查时，需确认绝缘接头各部件完好，绝缘接头的电阻不能低于 100kΩ。一个绝缘套管的缺失就会导致整个系统的电流漏出。当然，即使所有元件都完好地接头也不代表绝缘效果就一定很好。有时一些导电流体，例如水，流过接头的时候就会形成一个电流的旁路，因此很有必要增加一个计算好长度的绝缘套管。

裂隙水泵检修期间，可以对裂隙水管上缠绕的芯片阳极带进行检查，主要检查是否有断裂破损或者连接点脱落的情况，回装时也要注意缓慢进行，防止碰撞导致的失效。

9.6　设备及仪表维保

LPG 洞库设备及仪表维保，主要包括日常维护保养和故障检修两部分。日常维护保养主要是设备、仪表和电气等专业工程师日常进行的点巡检。现场设备检修方式分为：预防性检修、预测性检修、故障性检修，故障性检修分一般故障检修和紧急抢修。

设备检维修管理采取以预防/预测性检修为主的设备检维修管理方式。设备的预防/预测性检修主要是年度计划性大修和根据设备检修周期主动执行的检修，以及通过检测网络收集状态信息，并据此判断劣化趋势，安排检修。

预防性检修，是根据设备运行时间和故障间隔时间提前制定检修计划，并做好检修前材料、工具、备件、人员、方案等的准备，并参照标准检修规程进行检修工作。

预测性检修主要根据日常点检、专业检查、操作人员的反馈，以及专业状态分析结果等，由检维修负责人对检修内容确认，并根据设备的现场使用要求情况，制定检修计划、安排检修人员，同时做好检修前材料、工具、备件的准备工作。

采取一般故障维修检修的设备通常为备件采购周期短、维修费用低、检修时间短、出现故障后不会影响区域生产和安全的设备。

紧急抢修是对于预测预防性管理的设备，在未到达检修周期而突然出现故障或故障隐患，且不立即检修将影响或可能影响生产和安全，组织紧急抢修。紧急抢修必须上报上级管理人员。

9.6.1　日常维护及保养

为了准确掌握设备运行状况，实行有效的预防措施；保持和改善设备工作性能，延长设备使用寿命，预防事故、故障发生；确保区域安全、稳定运行，力求以最少的费用获得最大的经济效益，设备、仪表和电气等专业工程师以及各专业承包商维保人员必须进行日常点巡检工作。日常点巡检工作，包括小神探点巡检、人工巡检及振动监测点检。

点检，是利用故障诊断系统的振动监测仪器对重要设备进行振动数据采集及故障分析。巡检，是利用巡检系统的手持终端及人工巡视，采用“视、听、嗅、触”等感官方法对设备状态进行检查。

巡视检查应按规定的时间、路线进行，若生产不稳定、气候异常或开停车等特殊情况时，应增加巡检次数，以确保安全生产。如遇到抢修任务等特殊情况无法实施点巡检的，应在巡检系统及记录中注明，说明原因。

设备现场点巡检方式需做到“五定”，即：定人、定点、定路线、定标准、定频次。定人，是指点巡检应保持相对固定的巡检人员，如原定巡检人员因故不能巡检，应由具备相应水平同时熟悉此区域的人员代为巡检。定点，是指点巡检应于每日固定时间开始，无特殊情况时，当日巡检当日必须完成，并按时将数据上传至点巡检系统。定路线，是指制定标准的巡检路线图，确保巡检路线合理，即：在最短的巡检路线内完成所要求设备巡检部位的巡检工作，无特殊情况不轻易改动巡检路线。定标准，是指确定巡检部位（即检查点）、每个部位的检查方法和每个部位应满足的设备状态标准等。定频次，是指各级巡检应严格按照巡检计划要求频次执行，不得漏检、缺检。

9.6.2　故障检修

设备检修过程严格按相关管理制度、规定，按流程做到检修任务申请、检修任务下达、检修过程质量控制、设备移交、资料的归档等。

设备检修前，需严格执行工作许可程序及作业危害分析（JHA），必须进行排液、吹扫、清理等工作，符合检修条件后方可检修。现场施工作业及安全监护严格按照公司 HSE 管理制度执行。现场检修作业条件不具备，安全监护不到位，禁止一切作业。当现场检修与计划安排有冲突时，需及时联系区域机电仪工程师协调相关检修条件，确保检修工作按计划完成。

检修作业现场要规范并作好标识，如警示线、检修作业的标识等，检修工器具、备件等摆放整齐。设备检修严格按照标准操作程序（SOP）或检修方案中的要求执行，现场作业按照 HSE 管理制度中的作业要求执行。科学检修，文明施工，做到工完料净场地清。图 9-23 为 LPG 洞库设备仪表检维修流程。

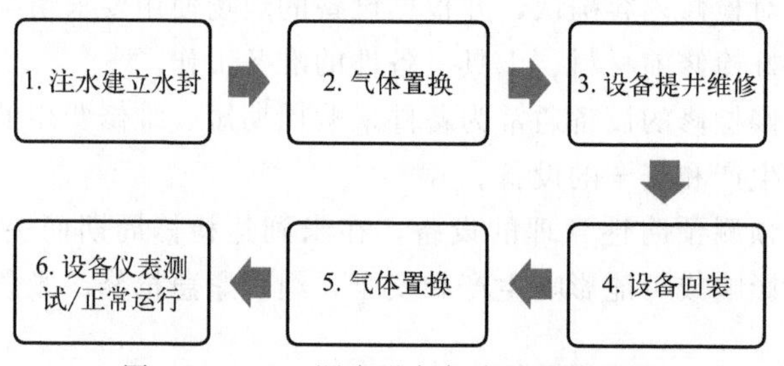

图 9-23　LPG 洞库设备仪表检维修流程

由于 LPG 洞库设备及仪表设施全部安装在操作竖井内，而洞库一旦封闭后人员再也无法进入，因此，检修时需要进行井内提升作业，将故障的设备及仪表设施吊装提出竖井，在地面上进行检修处理。

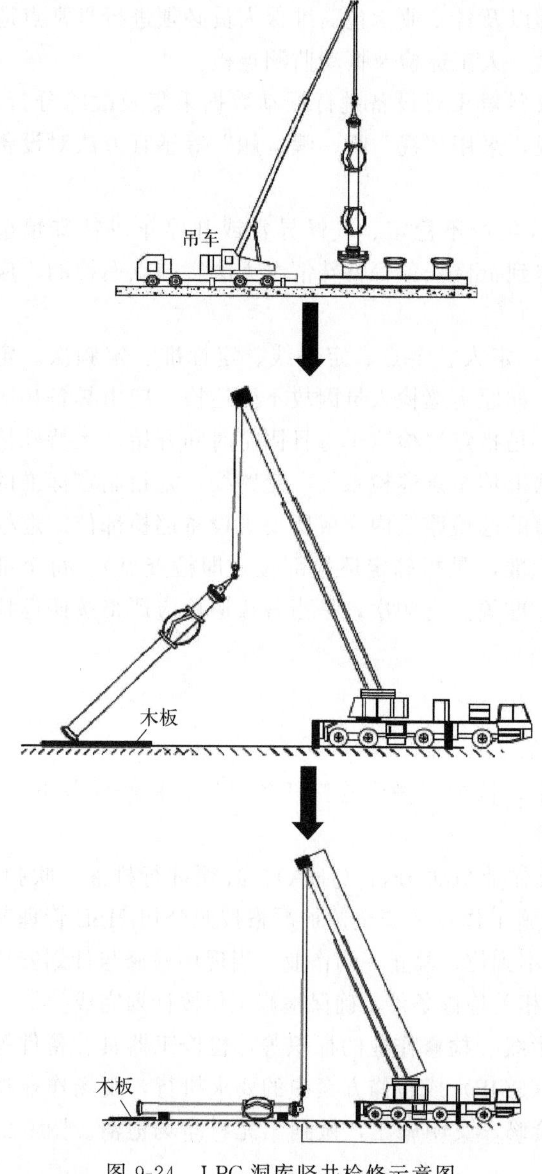

图 9-24　LPG 洞库竖井检修示意图

提井作业前，需要工艺人员先向操作竖井内进行注水，提升操作竖井底部泵坑内的水位，对需要检修的设备及仪表设施进行水封。之后，再利用氮气置换需要检修的设备及仪表设施所在的套管和内管内的 LPG 物料，可燃气体检测分析合格后，方可开始进行提井作业。

开始进行工艺处置时，需要提前办理氮气、消防水使用许可，对相关联锁进行旁路审批，确认防爆扳手、夹具、盲板、垫片以及消防器材等是否准备齐全，确认检修区域是否警戒，检修相关人员是否进行安全培训告知并配备合格的个人防护用品 PPE。

对 LPG 洞库进行注水建立水封时，需严格控制注水流量，若洞库水位上涨速度过快，将可能对洞库超声波液位计造成损害。注水完成后，启动裂隙水泵调节抽水量保持 LPG 洞库水位稳定在规定范围内。

水封建立完成，对需要检修的设备仪表所在的套管和内管分别进行氮气置换，工艺人员现场检查确认置换检测合格后，将现场移交给设备人员开始进行检修作业。图 9-24 为 LPG 洞库竖井检修示意图。

LPG 洞库操作竖井检修期间，需持续检测操作竖井井口周围可燃气体含量是否合格，持续检测套管及竖井库内作业环境中的可燃气体浓度，防止提井过程中套管内壁渗透LPG及水封溶解的LPG挥发出来形成爆炸性环境。一旦检测到浓度超标（可燃气体含量>2%LEL），需立即暂停作业。检修期间，操作竖井井口周围50m范围内禁止动火作业。

LPG洞库操作竖井检修期间，注意检查套管中取出的仪表线元件、电线有无破损，并用专用线轮收集，液压油管接头检查有无泄漏，并做好防损坏保护。

LPG洞库操作竖井检修期间，使用液压扳手或扭力扳手拆装管线，需注意避免挤伤、碰伤，在作业前，组织进行液压扳手使用专项培训。管线吊装期间，注意避免砸伤、碰伤，提前对吊装区域用警戒绳进行警戒隔离，无关人员不得进入。从竖井内提出的管线使用枕木垫起来，避免直接放置到地面上。电气及仪表人员拆线、接线时，需严格执行上锁挂签测试程序（LTT）及临时用电管理规定，防止触电。在井口拆装螺栓时，注意防止螺栓、工具掉落至操作竖井内，严格执行孔洞临边作业管理规定，拆卸螺栓时将井口用篷布盖上，所有工具尾部拴上绳子。

检修结束回装完成后，工艺人员还需进行系统复位工艺处置。以液位报警线检修为例，利用氮气进行气密试漏，合格后，将管线内的混合气进行放空置换，并检测混合气中氧含量，若检测结果氧含量低于2%，即为氮气置换合格。将液位报警线气相平衡线与其他管线气相平衡管线上的盲板拆除。利用气相平衡线向液位报警线套管充压，置换套管和内管内氮气，以减小气相密度差，使液位报警线液位测量值与洞库实际液位基本一致。观察液位报警线套管压力与洞库压力基本一致时，液位报警线即可投用。启动裂隙水泵，将LPG洞库水位抽至正常操作模式高水位与低水位之间维持正常运行。LPG洞库出料线套筒内残留的水，通过启动LPG液下泵打进行循环置换。

9.7 应急管理

9.7.1 消防应急设施

LPG洞库消防应急设施包含喷淋水幕系统、紧急注水系统、竖井封塞补水系统、洞库水幕补水系统、火灾自动报警系统以及其他常规消防设施等用于消防用途的固定设备。

LPG洞库地面设施与其他设施之间设置消防水幕，发生LPG泄漏时，可远程启动消防水幕，形成水幕墙，防止泄漏出的LPG挥发扩散至其他区域。单个水幕枪覆盖面积约直径10m的半圆形。LPG洞库消防水幕枪（图9-25）强度为1.0L/(s·m)，火灾延续供水时间为6h。

LPG洞库操作竖井内设置有专用消防水紧急注水线，一旦竖井内设备或管线设施发生LPG泄漏，可及时打开紧急注水阀门（图9-26），向洞罐泵坑内注入消防水，提升泵坑内的水位。紧急注水量≥850m^3/h，注水压力≥1.0MPa，可在20min内注满泵坑。

LPG洞库操作竖井封塞由钢筋混凝土浇筑而成，厚度约5m。封塞上方的操作竖井内填充20m高膨润土并充水。竖井内设置有1根DN100供水管，可以向竖井内封塞上方补充工业水（IW），供水管线设置液位控制阀，通过操作竖井水位计自动维持竖井内水面高度位于设定范围内，见图9-27。

图 9-25 万华一期洞库消防水幕枪

图 9-26 万华一期洞库紧急注水切断阀

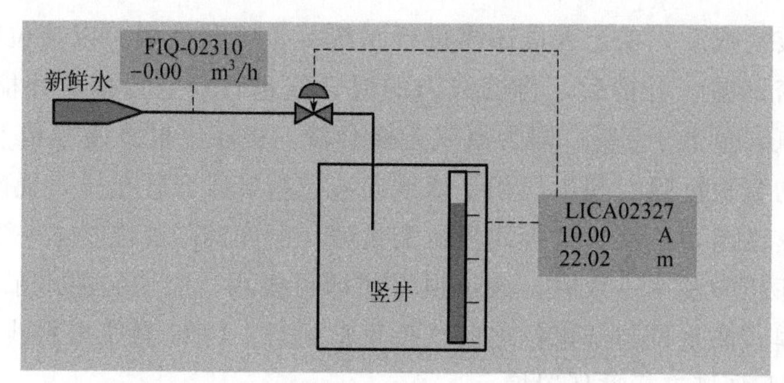

图 9-27 万华一期洞库竖井封塞补水示意图

为了保证 LPG 洞库的水密封性及保持库区的水文地质环境，在储库上方 20m 处设置水幕系统。水幕系统由水幕巷道和横向水幕孔组成。水幕系统的作用是：保持地下洞库内外压力差，便于人工补充地下水，控制洞库周围的地下水流和水压，以起到防止 LPG 泄漏的作用。LPG 洞库顶部设置 1 条与主洞室长度方向平行、3 条与主洞室长度方向垂直的主水幕巷道。主水幕巷道两侧钻横向水幕孔，横向水幕孔距巷道底 1m。不同 LPG 洞库的水幕系统相互连通，设计考虑运行时通过专用的通风竖井注水管道补充工业水（IW），供水管线同样设置有液位控制阀，通过通风竖井水位计自动维持竖井内水面高度位于设定范围内，见图 9-28。

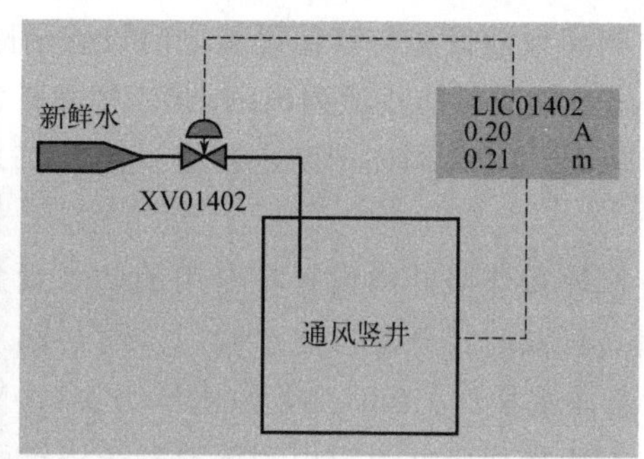

图 9-28 万华一期洞库水幕补水示意图

此外，LPG 洞库现场还设有多种常规消防设施，主要包含室外固定消防水炮、消防栓、灭火器、消防沙箱、消防器材箱及箱内器材（如水带、水枪、异径接口、消防扳手等），均需按照规范要求定期进行检查。

消防水幕检查内容包括：

① 检查消防水幕枪设施齐全完好，有无破损；

② 经检查消防水幕枪有无滴水、漏水现象；

③ 检查消防水幕枪根部阀处于锁开状态；

④ 检查消防水幕枪表面防腐漆完好，有无锈蚀。

LPG洞库现场同样配套设有火灾自动报警系统，由各类火灾探测器、手动火灾报警按钮、声光报警器、消防电话以及各类消防联动设施（如应急照明系统等）等组成。手动火灾报警器需定期进行外观检查，检查手动火灾报警器部件是否完整、手动火灾报警器防雨罩是否完好等。声光报警系统需定期进行检查测试，包括检查声光报警器是否完好，有无损坏；测试声光报警声音及显示是否正常；测试声光报警DCS控制系统是否正常。

对LPG洞库竖井区现场配置的防爆摄像机、防爆扩音对讲及扬声器同样需定期进行检查。防爆摄像机检查内容包括：控制室内能控制摄像头灵活转动、放大及缩小；摄像头无异物遮挡，画面清晰。防爆扩音对讲及扬声器检查内容包括：扩音对讲部件完好，无异常；扩音对讲能相互进行有效通话；扩音对讲声音清晰，区域能清楚听到广播；扩音对讲现场有操作说明书。

9.7.2 应急处置措施

LPG洞库应急预案包括一个综合预案、八类专项应急预案和若干个现场处置方案，应急预案体系架构如图9-29。

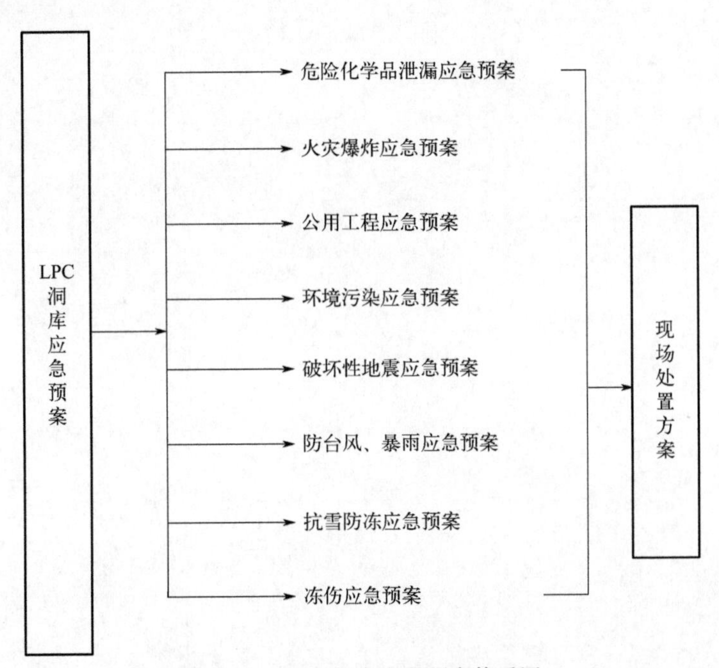

图9-29 LPG洞库应急预案体系图

LPG洞库采用常温高压的储存方式，如遇公用工程停运、发生自然灾害时易在管道及设备法兰等薄弱部位发生泄漏，处理不及时易引发火灾爆炸等次生事故。装置设备正常运行时处于高压工作条件下，且丙烷卸船管线工作温度较低，容易出现低温冷脆，若设备存在质量隐患或人员操作失误等事故诱因存在，易造成大量危险化学品泄漏，进而导致火灾爆炸、人员受伤、死亡或急性中毒、环境污染等事故。

现场发生 LPG 泄漏时，应迅速撤离泄漏污染区人员至上风处，并进行隔离，严格限制出入，切断火源。建议应急处理人员佩戴自给正压式空气呼吸器，穿消防防护服，尽可能切断泄漏源。用工业覆盖层或吸附/吸收剂盖住泄漏点附近的下水道等地方，防止气体进入。合理通风，加速扩散，喷雾状水稀释。构筑围堤或挖坑收容产生的大量废水。漏气容器要妥善处理，修复、检验后再用。

发生危险化学品火灾爆炸事故时，应遵循“先控制、后消灭”的原则。针对不同的危险化学品，选择正确的灭火剂和灭火方法控制火灾，当外围火点已彻底扑灭、火种等危险源已全部控制、堵漏准备就绪并有把握在短时间内完成、消防力量已准备就绪时，可实施灭火。

LPG 洞库所在装置发生火灾时，当班操作人员要立即通知班长和消防指挥中心，同时关闭火灾部位的上、下游阀门，切断物料来源。在岗员工应立即对初期火灾进行扑救，就近原则运用灭火器材（如灭火器、消防栓等）扑灭火源。班长立即启动装置应急预案，配合消防队开展灭火工作，视情况判断装置是否需要紧急停工。

当火灾蔓延到非本装置力量所能控制的程度时，现场指挥要及时启动更高级别应急预案。火灾警报拉响后各岗位组织本装置人员撤离到安全区域待命。当火灾失控危及救援人员生命安全时，应立即指挥现场全部人员撤离至安全区域。火灾扑灭后，应派人监护现场，防止复燃。

后记

万华化学与LPG洞库是在万华烟台工业园的建设初期结缘，历经十载春秋，万华人经历了最初的懵懂到现在的略有见解，企业也切身见到了效益，得到了收获。万华化学的发展，离不开党和国家的支持，在项目建设过程和运营中，接待了大量同行志士的参观调研。编纂本书的目的也是秉承着万华化学“为党奉献，为国分忧，为民造福”的信念，希望推动地下水封洞库技术能有进一步的提升与发展，让液化石油气大规模储存带来的经济、安全、环保和效益切实惠及企业、惠及民生。

万华一期洞库投产运行至今八年有余，二期洞库也已平稳运行三年，本书的编著是对万华化学地下水封洞库一期及二期工程建设实践的总结和回顾，凝聚了各参建单位的经验与智慧，希望给读者有所思悟。

最后，衷心感谢专著评审组、同行领导和专家在本书编著过程中给予的支持与帮助。由于水平有限，书中可能存在疏漏、不妥之处，恳请广大专家与读者批评指正。

万华化学集团股份有限公司高级顾问

刘博学

参考文献

[1] 洪开荣，陈海峰，郭德福，等．大型地下水封洞库修建技术[M]. 北京：中国铁道出版社，2013：108-111.

[2] 张莉，钱利亚，张秀山．某 LPG 地下洞库围岩稳定性评价[J]. 西部探矿工程，2000，12（63）：21-23.

[3] 中国石油天然气集团公司．Q/SY 1567—2013. 地下水封石洞液化石油气设计导则[S]，2013.

[4] 中国地质大学（武汉）．烟台万华液化烃地下水封洞库可行性研究、基础设计两阶段 工程地质工作专篇[R]. 武汉：中国地质大学，2012.

[5] 中华人民共和国住房和城乡建设部．地下水封石洞油库设计标准：GB/T 50455—2020[S]. 北京：中国计划出版社，2020.

[6] 中华人民共和国住房和城乡建设部．锚杆与喷射混凝土支护工程技术规范：GB 50086—2015[S]. 北京：中国计划出版社，2016.

[7] 加拿大微震工程公司．烟台万华 LPG 地下洞库微震、压力、水位、温度检测系统技术协议[R]. 金斯顿：加拿大微震工程公司，2013.

[8] 中华人民共和国住房和城乡建设部．地下水封石洞油库施工及验收规范：GB 50996—2014[S]. 北京：中国计划出版社，2015.

[9] 张群成．汕头 LPG 地下液化气库竖井安装[J]. 工程建设与设计，2005（7）：38-40.

[10] 朱建玮，庄明辉，王军，等．42CrMo 转子轴与 Q235B 辐板焊接工艺[J]. 电焊机，2018，48（1）：115-120.

[11] 于鸣溅．青岛 LZ 燃气 LPG 地下储库工程项目质量管理研究[D]. 青岛：中国海洋大学，2012.

[12] 陈前银，黄京卫，韩立春．LPG 地下洞库操作竖井安装用的卷扬提升装置．CN 215946680U[P]. 2022-03-04.

[13] 王泽宁，孙海粟，宋晓伟．一种竖井内钢梁的施工安装方法．CN 112125238B[P]. 2021-11-30.

[14] 孙雪莹，李玉忠，朱旭东，等．一种用于竖井内管道安装的吊装工具．CN 202864657U[P]. 2013-04-10.

[15] 涂云，佟洪祥，逄凯丽．一种新型地下水封洞库温度线缆穿越装置．CN 216528097U[P]. 2022-05-13.

[16] 夏喜林，张东焱，安玉亮，等．一种水封洞库套管锚固装置．CN 204851267U[P]. 2015-12-09.

[17] 任文明，梁久正，陈雪见，等．一种地下水封洞库竖井井口管道支承装置．CN 208816844U[P]. 2019-05-03.

[18] 牛家兴，马京云，瞿帆，等．储油洞库竖井施工用提升装置．CN 204508532U[P]. 2015-07-29.

[19] 洪开荣．大型地下水封洞库修建技术[M]. 北京：中国铁道出版社，2013：274-294.

[20] 陈前银，唐书伟，杨保成，等．LPG 地下洞库操作竖井工程创优经验总结[J]. 工程焊接，2015（3）：19-22.

[21] 姚长江．BIM 技术在 LPG 地下水封洞库操作竖井工程中的应用实践[J]. 工程建设与设计，2015（增刊）：139-141.

[22] 陈前银，杨保成，姚长江．LPG 地下洞库操作竖井安装技术[J]. 安装，2016（2）：47-50，53.

[23] 姚长江，韩立春，杜世民．地下水封洞库竖井管道设备安装关键技术[J]. 安装，2017（7）：43-45.

[24] 郭春雷，刘红波．LPG 洞库竖井管道防腐技术[J]. 石油石化物资采购，2021（16）：50-51.

[25] 孟庆坤．地下洞库竖井管道安装中的材料控制分析[J]. 中国化工贸易，2020（34）：165-166.

[26] 李晓凤．竖井阴极保护施工[J]. 石油化工建设，2015，37（3）：44-45.

[27] 3DEC 7. 0 documentation[M]. Itasca：Itasca Consulting Group，2023.

[28] 李友生，陆宝麒．大型地下水封石洞油库建设关键技术集成创新[M]. 北京：中国石化出版社，2016：305-317.

[29] 杨森．大型地下水封石洞油库设计[M]. 北京：地质出版社，2016：20-26.

[30] 叶文超．地下水封洞库水幕系统效率试验分析——以我国东部某地下水封 LPG 洞库为例[D]. 武汉：中国地质大学，2013.

[31] Barton N. Some new Q-value correlations to assist in site characterisation and tunnel design[J]. International Journal of Rock Mechanics & Mining Sciences，2002，39（2）：185-216.

[32] Kim T，Lee K K，Ko K S，et al. Groundwater flow system inferred from hydraulic stresses and heads at an underground LPG storage cavern site[J]. Journal of Hydrology，2000，236（3-4）：165-184.

[33] Cha S S, Lee J Y, Lee D H, et al. Engineering characterization of hydraulic properties in a pilot rock cavern for underground LNG storage[J]. Engineering Geology, 2006, 84(3-4): 229-243.

[34] Lee C I, Song J J. Rock engineering in underground energy storage in Korea[J]. Tunnelling and Underground Space Technology, 2003, 18(5): 467-483.

[35] 徐绍利，张杰坤．在我国东部沿海修建地下水封石洞油库若干问题的探讨[J]. 地球科学，1985(1): 39-43.

[36] 李浩，张友静，华锡生，等．硐室数字摄影地质编录及其基本算法研究[J]. 武汉大学学报（信息科学版），2004(9): 753-939.

[37] 康小兵，许模，陈旭．岩体质量Q系统分类法及其应用[J]. 中国地质灾害与防治学报，2008, 19(4): 91-95.

[38] 胡德新，程凤君．水封洞库中的地下水的监测与控制[J]. 勘察科学与技术，2009(6): 43-45.

[39] 宋鲲，晏鄂川，陈刚．地下水封洞库岩体渗透系数估算研究[J]. 岩石力学与工程学报，2014, 33(3): 575-580.

[40] 曹洋兵，晏鄂川，胡德新，等．岩体结构面产状测量的钻孔摄像技术及其可靠性[J]. 地球科学（中国地质大学学报），2014, 39(4): 473-480.

[41] 季惠彬，叶文超，胡成．水文地质条件对地下水封洞库选址的影响研究[J]. 安全与环境工程，2013, 20(2): 138-141.

[42] 郭书太，崔少东，王成虎．地下水封油库工程中三维地应力测量及其应用[J]. 地质力学学报，2016, 22(1): 114-124.

[43] 朱华，王伟．地下水封洞库工程地质勘察技术方法与应用[J]. 工程勘察，2021, 49(12): 6-12.

[44] 梁佳佳，魏超锋，李世银，等．钻孔抽压水多塞封孔器．CN 203022679U[P]. 2013-06-26.

[45] 梁佳佳，江志豪，朱华，等．细针接触式岩体结构面三维形貌测量仪．CN 217442469U[P]. 2022-09-16.

[46] 陈磊，王东瑞，张洪，等．一种适用范围广的岩体原位强度试验反力装置．CN 216361731U[P]. 2022-04-22.

[47] 纪铜鑫，王帝，王柳，等．脱钩器．CN 218956818U[P]. 2023-05-02.

[48] Goodman R E, Shi G. Block theory and its application to rock engineering[M]. Englewood Cliffs: Prentice Hall, 1985.

[49] Zhang C Q, Zhou H, Feng X T. An index for estimating the stability of brittle surrounding rock mass: FAI and its engineering application[J]. Rock Mechanics and Rock Engineering, 2011, 44(4): 401-414.

[50] 曹洋兵．爆破开挖下地下水封储气库围岩水封性与稳定性研究[R]. 武汉：中国科学院武汉岩土力学研究所博士后，2016.

[51] 曹洋兵，詹淦基，黄真萍，等．一种岩体随机结构面的三维离散元表征方法．CN 201710957126. 1[P]. 2020-06-12.

[52] 曹洋兵，程志伟，黄真萍，等．地下水封洞库施工巷道开挖对仰坡稳定性的影响规律[J]. 山地学报，2020, 38(1): 62-72.

[53] 谢浩．地下水封洞库洞室动态设计方法及其工程应用[D]. 福州：福州大学，2022.

[54] 夏喜林，关于建造LPG地下水封岩洞储库的几个问题，油气储运[J], 1997, 17(7): 28-31.

[55] 《石油和化工工程设计工作手册》编委会．油气储库工程设计[M]. 青岛：中国石油大学出版社，2010: 399-403.

[56] 洪开荣，等．大型地下水封洞库修建技术[M]. 北京：中国铁道出版社，2013: 1-23.

[57] 中国化工博物馆．中国化工通史（古代卷）[M]. 北京：化学工业出版社，2014: 256-259.

[58] GB/T 50266—2013. 工程岩体试验方法标准[S].

[59] GB/T 50218—2014. 工程岩体分级标准[S].

[60] 曹洋兵. 大型地下水封储气库围岩变形破坏机制与锚喷支护研究[D]. 武汉：中国地质大学，2014.

[61] GB 50086—2015. 岩土锚杆与喷射混凝土支护工程技术规范[S].

[62] 曹洋兵，晏鄂川，徐军，等．基于Q系统与数值模拟的地下岩洞锚喷支护参数研究[J]. 长江科学院院报，2015, 32(9): 140-145, 156.

[63] 曹洋兵，晏鄂川，吕飞飞，等. 地下水封洞库预选场地的地质适宜性评价[J]. 长江科学院院报，2015, 32(11): 71-77.

[64] Cao Yang-Bing, Feng Xia-Ting, Yan E-Chuan, et al. Calculation method and distribution characteristics of fracture hydraulic aperture from field experiments in fractured granite area. Rock Mechanics and Rock Engineering. 2016, 49(5): 1629-1647.

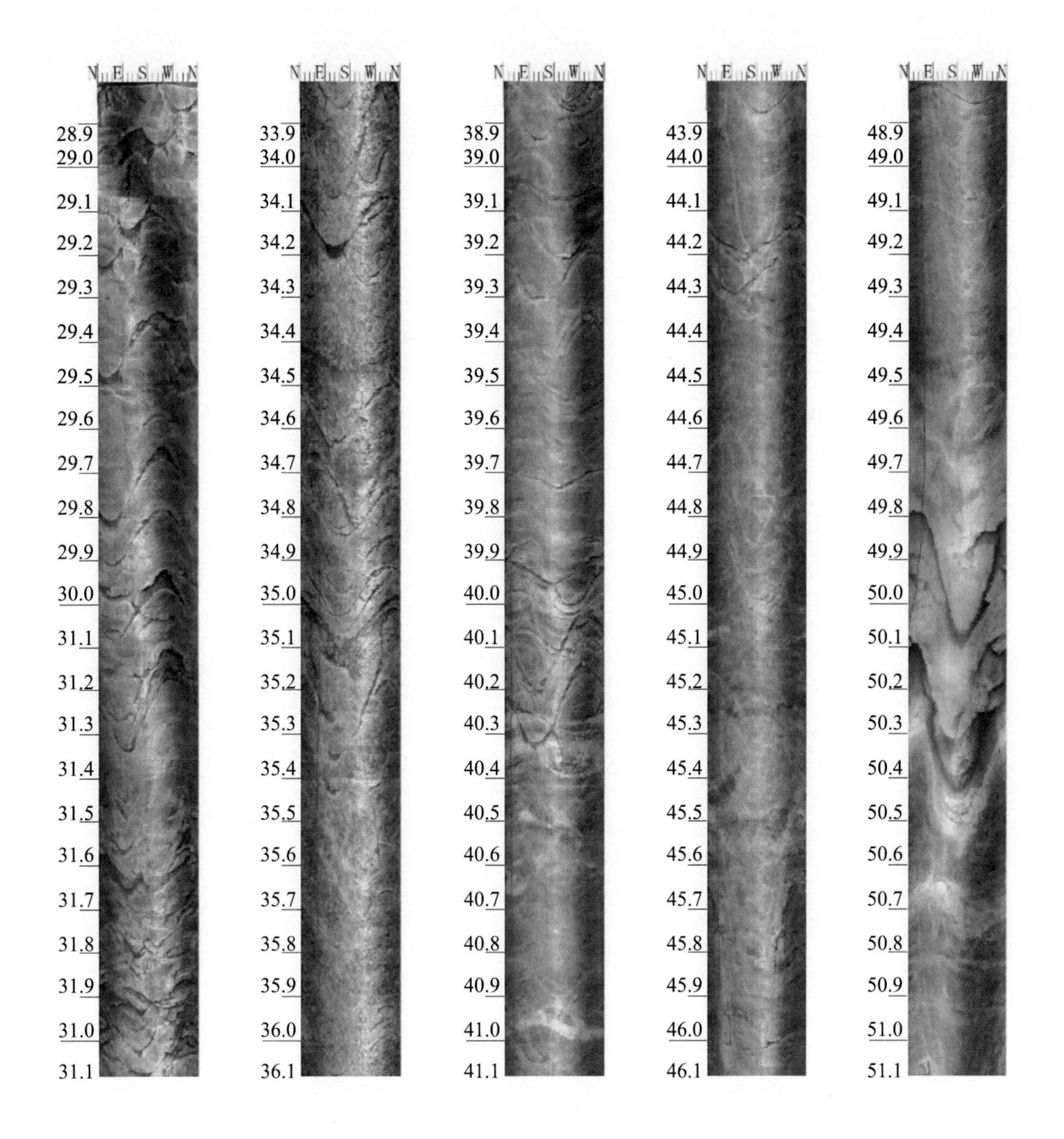

图2-5　智能钻孔数字成像

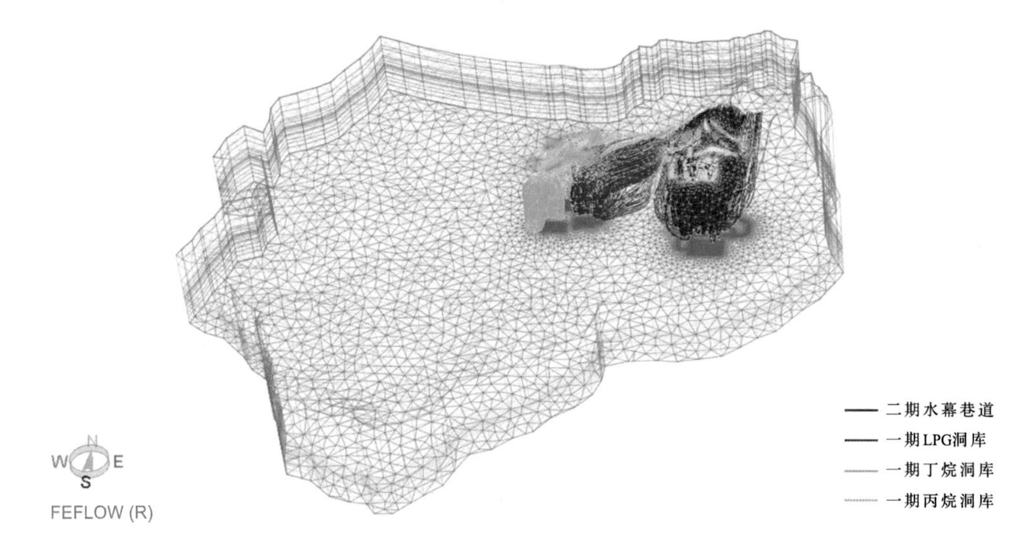

图3-19　万华二期洞库水幕施工阶段各洞库处流线示意图

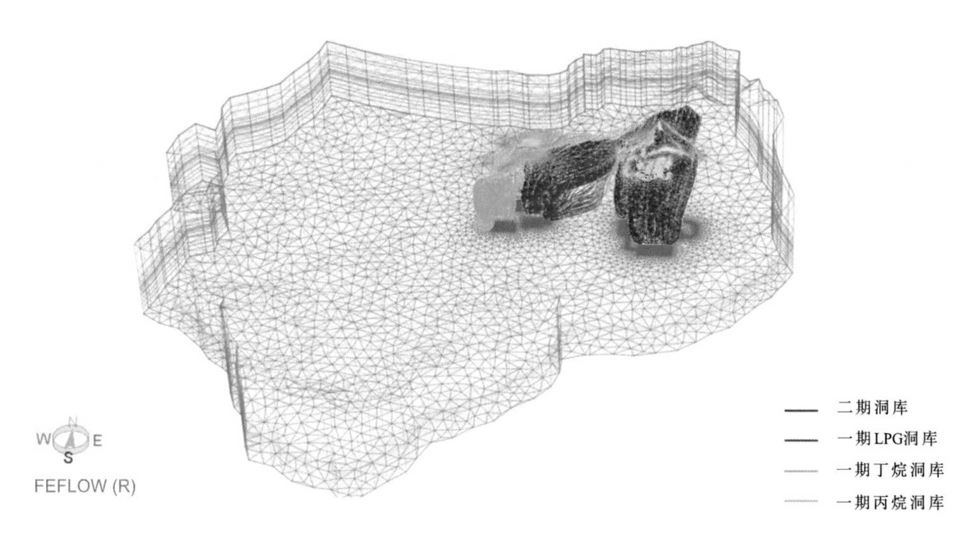

图3-23　洞库施工阶段各洞库处流线示意图

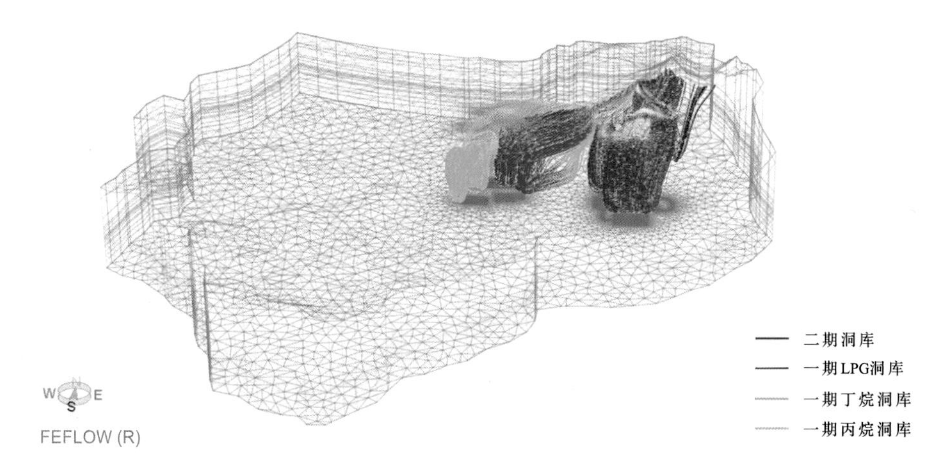

图3-27　万华二期洞库运营阶段各洞库处流线示意图

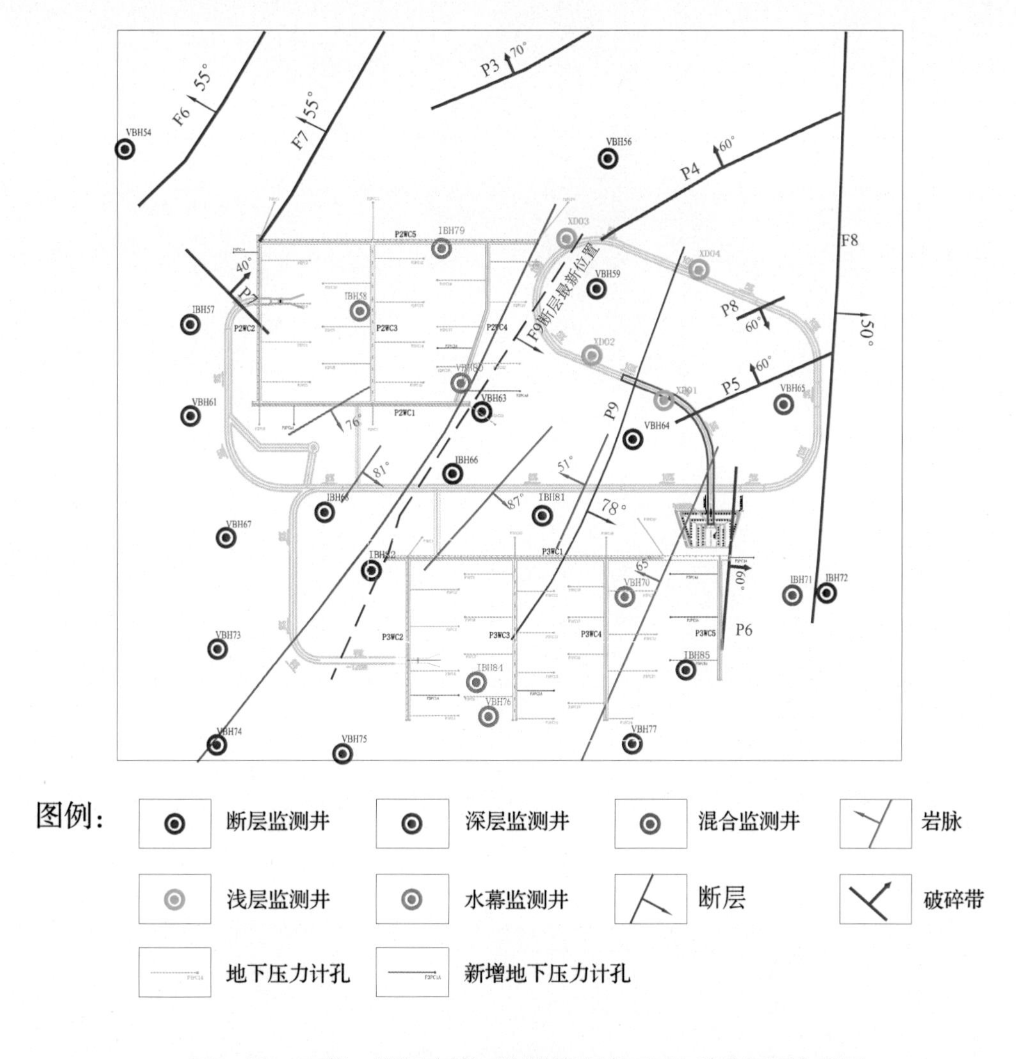

图3-28　万华二期洞库地面监测井和地下压力计孔平面布置图

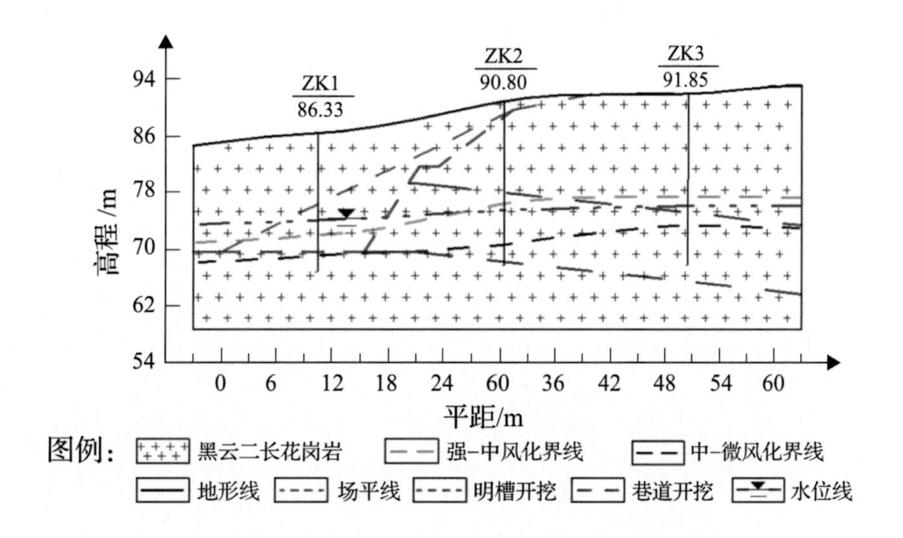

图3-53　施工巷道洞口区域的工程地质剖面

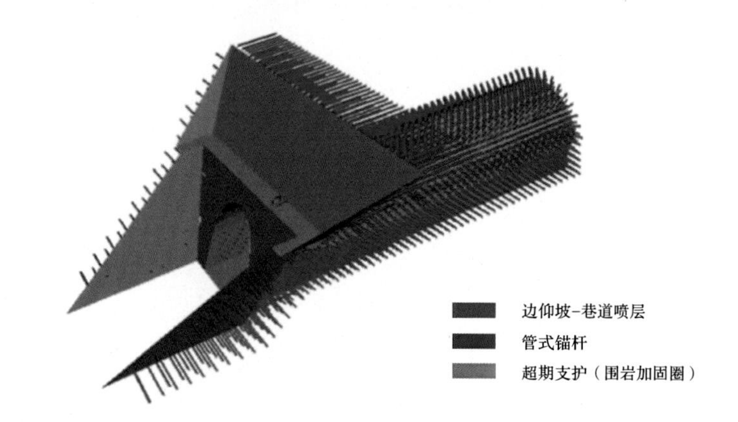

图3-55　施工巷道-边仰坡体系支护方案图

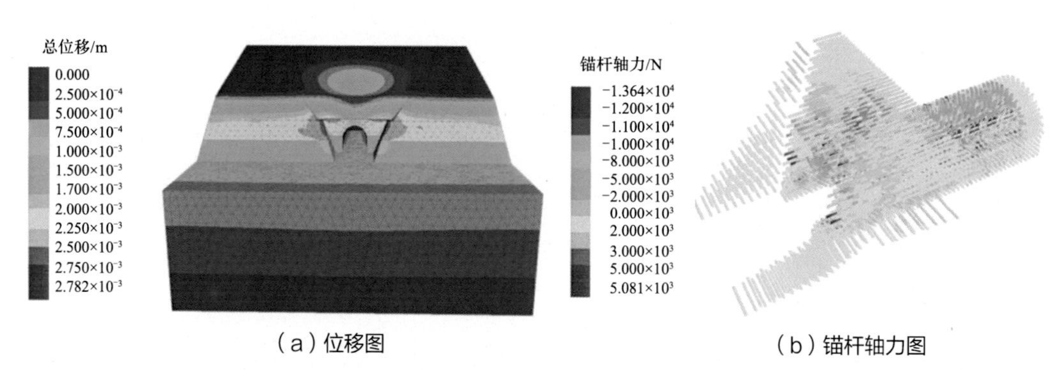

（a）位移图　　（b）锚杆轴力图

图3-56　开挖下施工巷道-边仰坡体系位移与锚杆轴力图

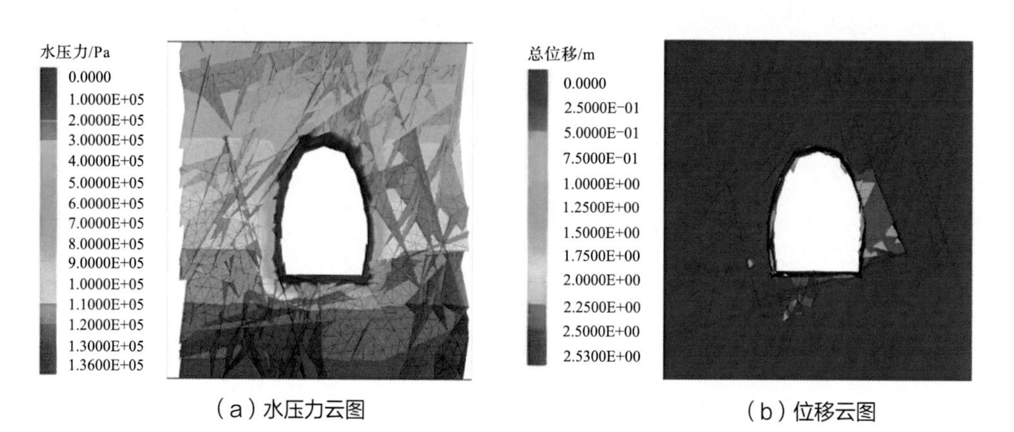

（a）水压力云图　　（b）位移云图

图3-58　渗流-应力耦合作用下洞室围岩开挖响应图

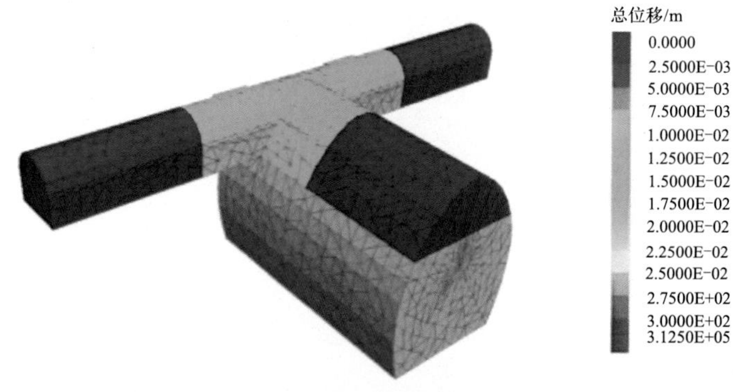

图3-59　洞室与连接巷道交叉处数值模型图

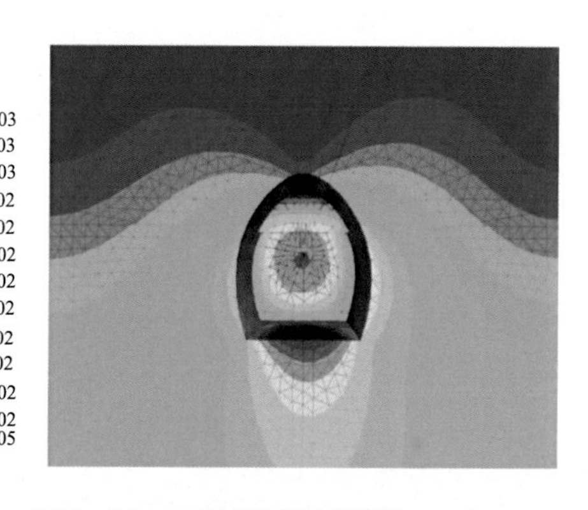

图3-60　围岩位移图(单位：m)

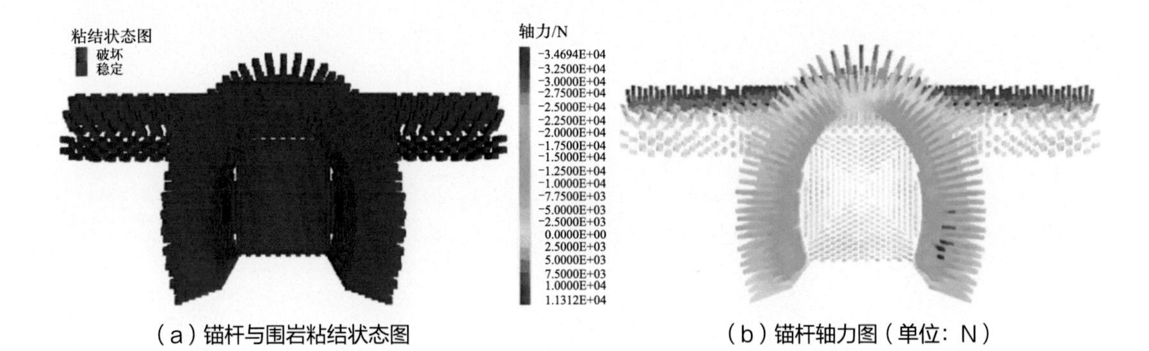

（a）锚杆与围岩粘结状态图　　（b）锚杆轴力图（单位：N）

图3-61　锚杆与围岩粘结状态及轴力图

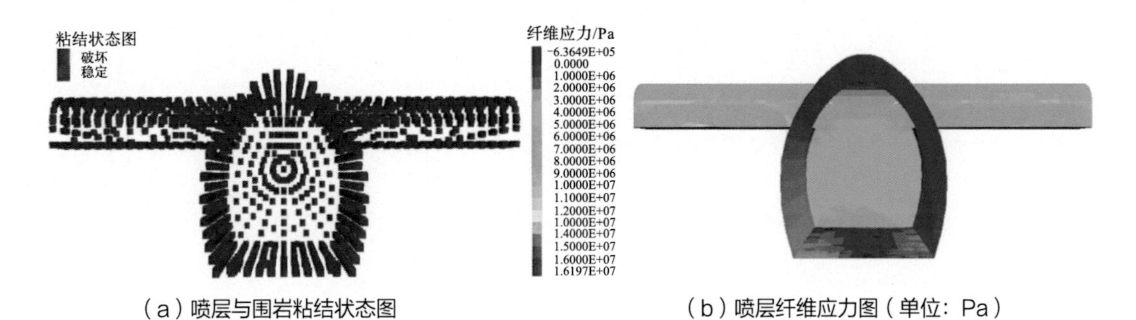

（a）喷层与围岩粘结状态图　　（b）喷层纤维应力图（单位：Pa）

图3-62　喷层与围岩粘结状态及纤维应力图

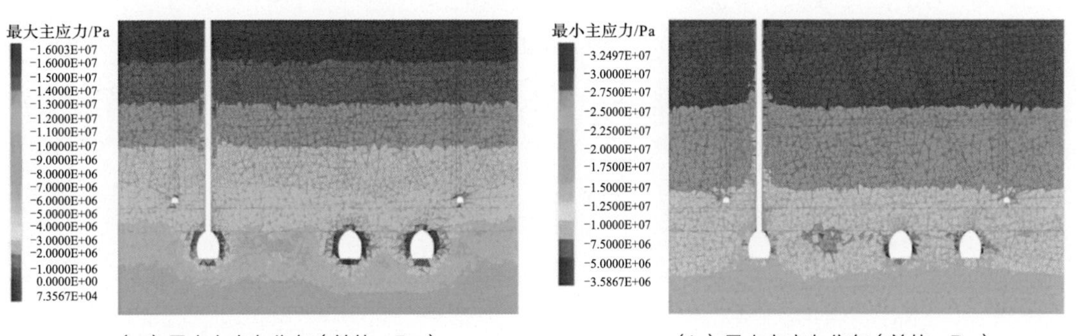

（a）最大主应力分布（单位：Pa）　　（b）最小主应力分布（单位：Pa）

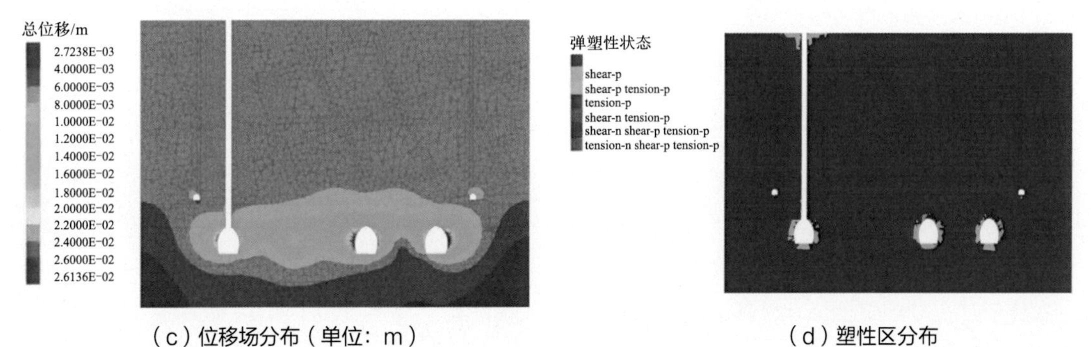

（c）位移场分布（单位：m）　　（d）塑性区分布

图3-64　沿竖井轴线的围岩应力场、位移场及塑性区分布图(X—X剖面)

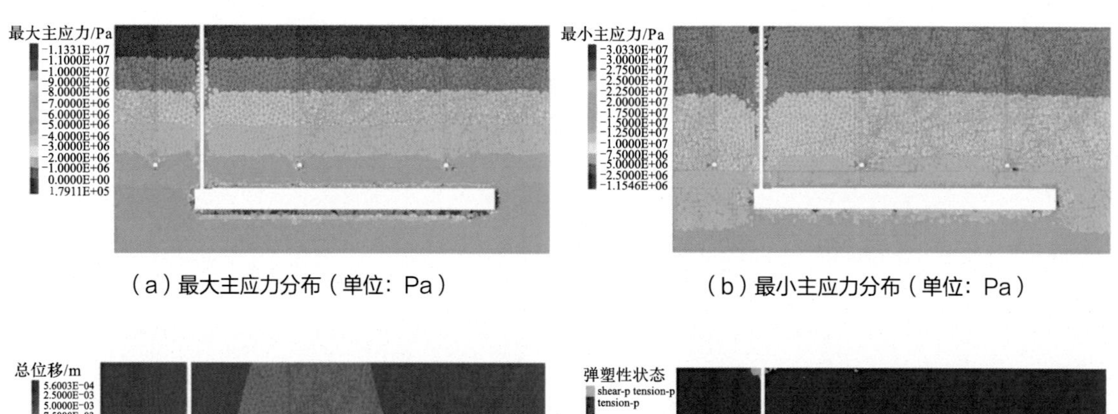

（a）最大主应力分布（单位：Pa）

（b）最小主应力分布（单位：Pa）

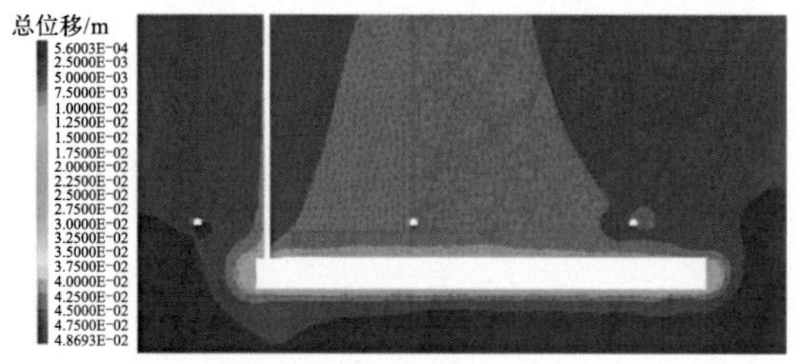

（c）位移场分布（单位：m）

（d）塑性区分布

图3-65　沿竖井轴线的围岩应力场、位移场及塑性区分布图(Y—Y剖面)

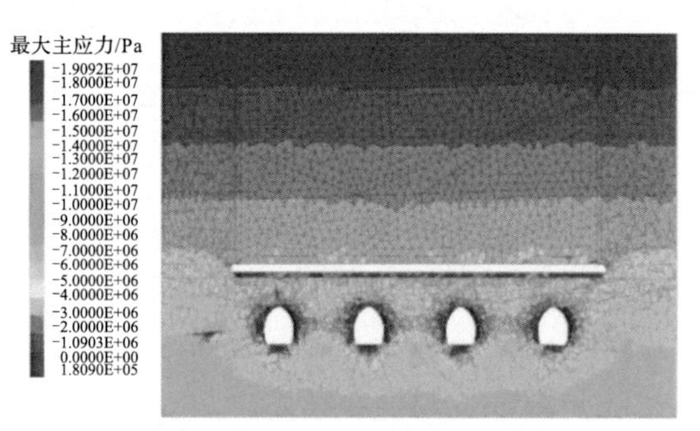

（a）最大主应力分布（单位：Pa）

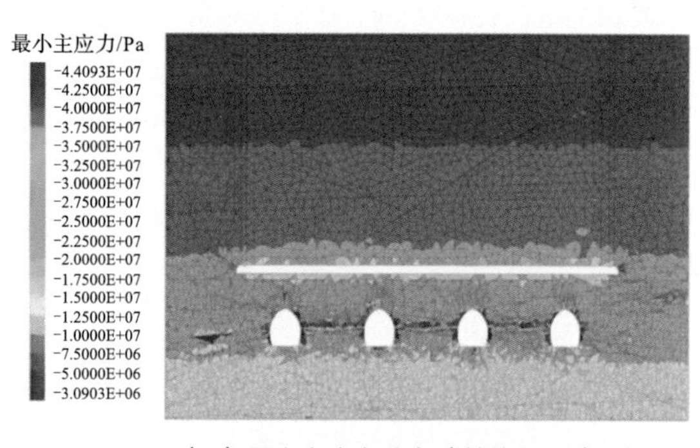

（b）最小主应力分布（单位：Pa）

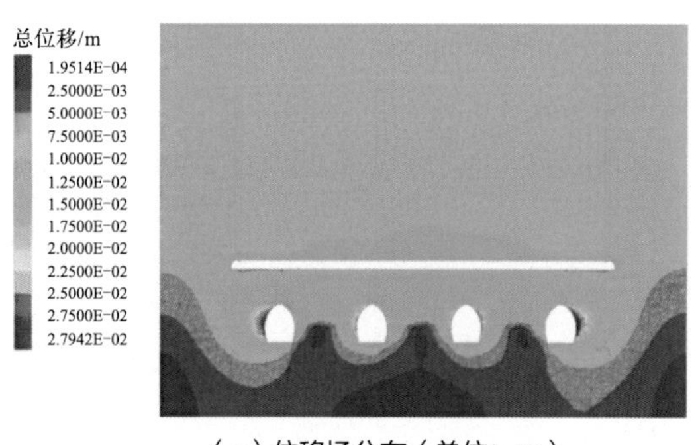

（c）位移场分布（单位：m）

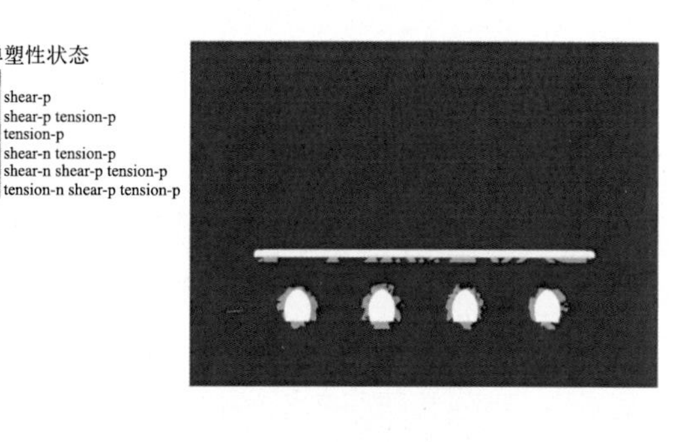

（d）塑性区分布

图3-66　沿水幕巷道纵轴线的围岩应力场、位移场及塑性区分布图(X-X剖面)

(a) 洞库模型区块划分

3DEC_DP 4.10
Axes
Block

(b) 结构面块体组合

图4-11 洞室及结构面切割模型

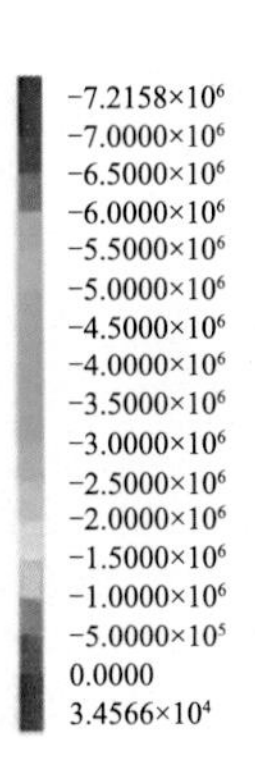

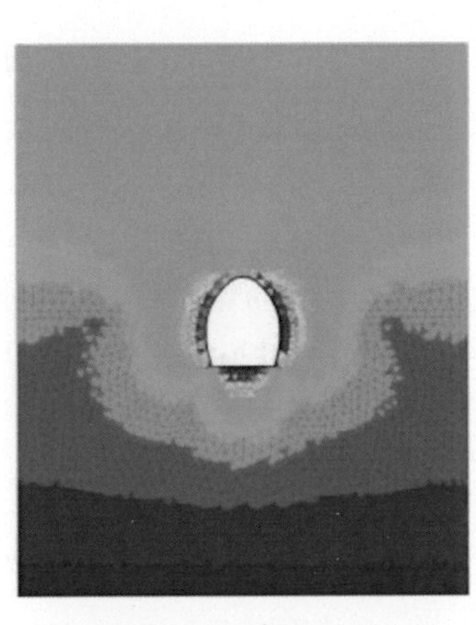

(a) 最大主应力（单位：Pa）

-2.7328×10^{7}
-2.6000×10^{7}
-2.4000×10^{7}
-2.2000×10^{7}
-2.0000×10^{7}
-1.8000×10^{7}
-1.6000×10^{7}
-1.4000×10^{7}
-1.2000×10^{7}
-1.0000×10^{7}
-8.0000×10^{6}
-7.9640×10^{6}

(b) 最小主应力（单位：Pa）

0.0000
1.0000×10^{-3}
2.0000×10^{-3}
3.0000×10^{-3}
4.0000×10^{-3}
5.0000×10^{-3}
6.0000×10^{-3}
7.0000×10^{-3}
8.0000×10^{-3}
9.0000×10^{-3}
1.0000×10^{-2}
1.1000×10^{-2}
1.1528×10^{-2}

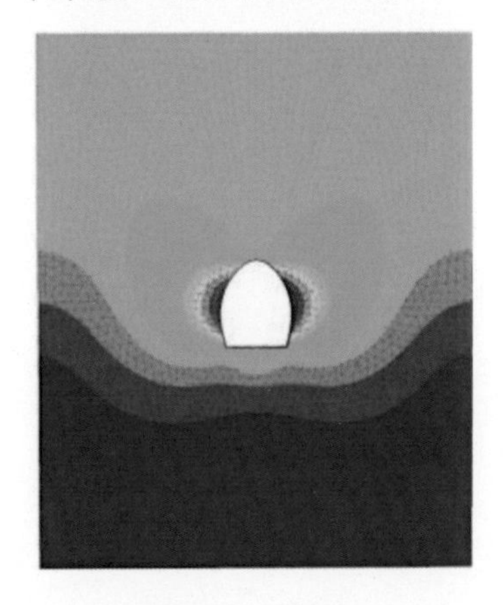

(c) 位移场分布（单位：m）

(d) 塑性区分布

图4-14 洞室开挖后的应力场、位移场及洞室周围塑性区分布图

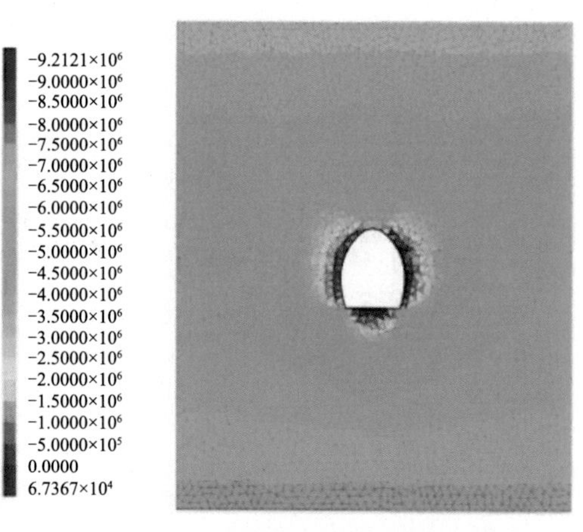

（a）最大主应力（单位：Pa）

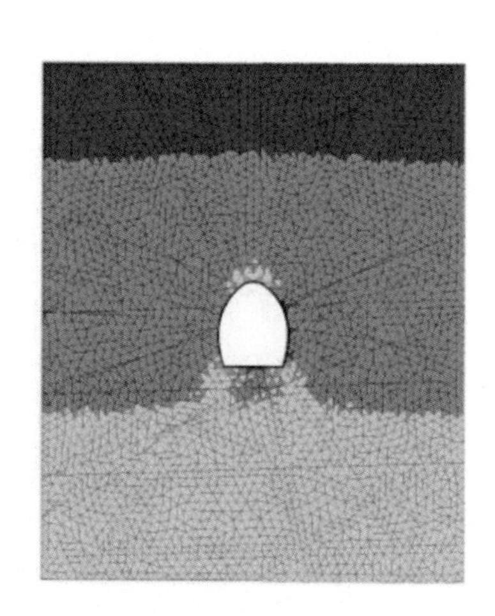

（b）最小主应力（单位：Pa）

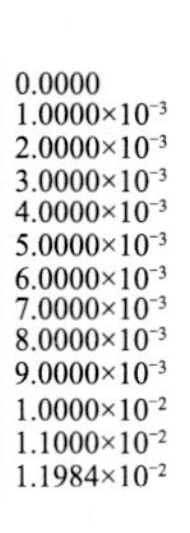

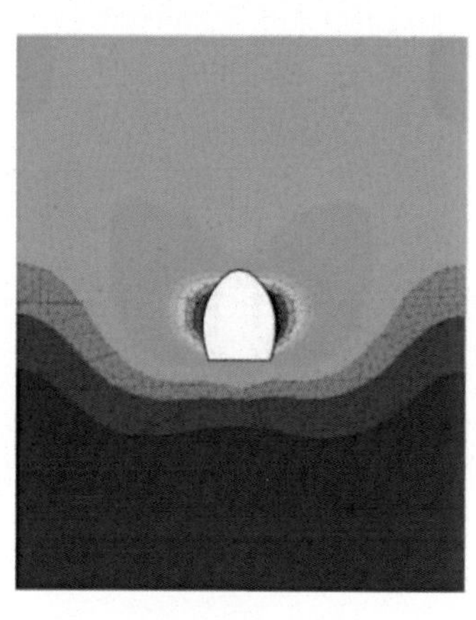

（c）位移场分布（单位：m）

（d）塑性区分布

图4-16　非连续介质下洞室开挖后的应力场、位移场及洞室周围塑性区分布图